学以致用系列丛书

# Excel高效办公入门与实战

智云科技　编著

清华大学出版社
北　京

## 内 容 简 介

全书共分为12章。第1～5章介绍Excel基础操作，第6～8章介绍Excel数据计算、分析和管理，第9章介绍Excel数据的高级分析，第10章介绍Excel与Word数据共享和协同办公，第11～12章对人事档案管理系统和员工酬薪管理系统综合案例进行了完整创建。此外，本书各章还穿插了丰富的栏目板块，如小绝招、长知识和给你支招等，提高读者的实战操作能力。

本书内容系统全面，案例实用，适用于想快速掌握Excel并使用Excel进行商务办公的行政与人事工作的用户，同时还适合不同层次的办公人员、文秘、财务人员和国家公务员等。此外，本书也适合各类家庭用户和社会培训学员使用，或作为各大中专院校及各类电脑培训机构的教程使用。



**图书在版编目(CIP)数据**

Excel 高效办公入门与实战 / 智云科技编著. —北京：清华大学出版社，2016 (2017.11重印)
（学以致用系列丛书）
ISBN 978-7-302-44328-5

Ⅰ.①E…　Ⅱ.①智…　Ⅲ.①表处理软件　Ⅳ.①TP391.13

中国版本图书馆 CIP 数据核字 (2016) 第 164347 号

**责任编辑：**李玉萍
**封面设计：**杨玉兰
**责任校对：**张彦彬
**责任印制：**宋　林
**出版发行：**清华大学出版社
　　**网　　址：**http://www.tup.com.cn，http://www.wqbook.com
　　**地　　址：**北京清华大学学研大厦 A 座　　**邮　　编：**100084
　　**社 总 机：**010-62770175　　**邮　　购：**010-62786544
　　**投稿与读者服务：**010-62776969，c-service@tup.tsinghua.edu.cn
　　**质量反馈：**010-62772015，zhiliang@tup.tsinghua.edu.cn
**印 刷 者：**清华大学印刷厂
**装 订 者：**北京市密云县京文制本装订厂
**经　　销：**全国新华书店
**开　　本：**190mm×260mm　　**印　张：**19.5　　**字　数：**478 千字
（附DVD 1张）
**版　　次：**2016 年 9 月第 1 版　　**印　次：**2017 年11月第 2 次印刷
**定　　价：**59.00 元

---

产品编号：068492-01

# 前言

## 关于本丛书

如今，学会使用计算机已不再是休闲娱乐的一种生活方式，在工作节奏如此快的今天，它已成为各行业人士工作中不可替代的一种工作方式。为了让更多的初学者学会计算机和相关软件的操作，经过我们精心策划和创作，“学以致用系列丛书”已在2015年年初和广大读者见面了。该丛书自上市以来，一直反响很好，而且销量突破预计。

为了回馈广大读者，让更多的人学会使用电脑和一些常用软件的操作，时隔一年，我们对“学以致用系列丛书”进行了全新升级改版，不仅优化了版式效果，更对内容进行了全面更新，并拓展了深度，让读者能学到更多实用的技巧。

本丛书涉及电脑基础与入门、网上开店、Office办公软件、图形图像和网页设计等方面，每本书的内容和讲解方式都根据其特有的应用要求进行量身打造，目的是让读者真正学得会、用得好。“学以致用系列丛书”具体包括的书目如下：

- Excel高效办公入门与实战
- Excel函数和图表入门与实战
- Excel数据透视表入门与实战
- Access 数据库基础及应用（第2版）
- PPT设计与制作（第2版）
- 新手学开网店（第2版）
- 网店装修与推广（第2版）
- Office 2013入门与实战（第2版）
- 新手学电脑（第2版）
- 中老年人学电脑（第2版）
- 电脑组装、维护与故障排除（第2版）
- 电脑安全与黑客攻防（第2版）
- 网页设计与制作入门与实战
- AutoCAD 2016中文版入门与实战
- Photoshop CS6平面设计入门与实战

## 丛书两大特色

本丛书主要体现了“理论知识和操作学得会，实战工作中能够用得好”的策划和创作宗旨。

### 理论知识和操作学得会

◆ **讲解上——实用为先，语言精练**

本丛书在内容挑选方面注重3个“最”——内容最实用，操作最常见，案例最典型，并且用最通俗的语言精练讲解理论知识，以提高读者的阅读和学习效率。

◆ **外观上——单双混排，全程图解**

本丛书采用灵活的单双混排方式，主打图解式操作，并且每个操作步骤在内容和配图上均采用编号进行逐一对应，使整个操作更清晰，让读者能够轻松和快速掌握。

◆ **结构上——布局科学，学习＋提升同步进行**

本丛书每章知识的内容安排上，采取“主体知识＋给你支招”的结构。其中，“主体知识”是针对当前章节涉及的所有理论知识进行讲解；“给你支招”是对本章相关知识的延伸与提升，其实用性和技巧性更强。

◆ **信息上——栏目丰富，延展学习**

本丛书在知识讲解过程中，还穿插了各种栏目版块，如小绝招、给你支招和长知识。通过这些栏目，有效增加了本书的知识量，扩展了读者的学习宽度，从而帮助读者掌握更多实用的技巧操作。

### 实战工作中能够用得好

本丛书在讲解过程中，采用“知识点＋实例操作”的结构来讲解，为了让读者清楚涉及的知识在实际工作中的具体应用，所有的案例均来源于实际工作中的典型案例，比较有针对性。通过这种讲解方式，让读者能在真实的环境中体会知识的应用，从而达到举一反三、融会贯通的目的。

## 关于本书内容

本书是“学以致用系列丛书”中的《Excel高效办公入门与实战》，全书共分为12章，主要包括Excel基础操作、数据计算、分析和管理、数据高级分析、Excel与Word协同办公和综合实践等部分，各部分的具体内容如下。

| 章节介绍 | 内容体系 | 作　用 |
|---|---|---|
| Chapter 01~Chapter 05 | 这部分主要是讲解Excel的基础、通用和必备操作，其中包括Excel工作环境的自定义、标准表格创建、格式的设置以及对象的添加使用等 | 通过本部分的学习，用户可轻松地制作和设置专业的商务表格 |
| Chapter 06~Chapter 08 | 这部分是对数据进行计算、分析和管理，让复杂的数据计算变得简单，让潜在规律和问题被发现并直观展示 | 帮助用户对表格数据进行计算、管理和分析 |
| Chapter 09 | 这部分属于数据的高级分析部分，其中主要内容是数据透视表、数据透视图以及辅助工具切片器 | 对数据进行多维透视分析，帮助用户发现数据的深层规律或潜在问题 |
| Chapter 10 | 这部分主要介绍Word和Excel之间的数据共享和相互调用的一些实用知识 | 帮助用户轻松地对Office办公组件进行数据共享与互换 |
| Chapter 11~Chapter 12 | 这部分主要是综合实例，将本书的知识点有机结合并串联起来，分析这些知识应用到实际工作中的情况，帮助用户巩固相关知识点，同时实现升华知识点的目的 | 巩固、复习和提高本书的相关知识点，达到举一反三的目的 |

## 关于本书特点

| 特　点 | 说　明 |
|---|---|
| 系统全面 | 本书体系完善，由浅入深地对Excel商务办公的实用操作知识和技巧进行了全面讲解，通过基础操作、数据计算、分析和管理、数据高级分析、Excel与Word的协同办公以及综合实践这5大部分的学习，帮助读者更系统地掌握本书的知识 |
| 案例实用 | 本书为了让读者更容易学会使用Excel，不仅对理论知识配备了大量的案例操作，而且在案例选择上也很注重实用性，这些案例不单单是为了验证知识操作，也是实际工作和生活中常遇到的问题。通过这些案例，可以让读者在学会知识的同时解决工作和生活中的问题，达到双赢的目的 |
| 拓展丰富 | 在本书讲解的过程中安排了上百个“小绝招”和“长知识”板块，用于对相关知识的提升和延展。另外，在每章的最后还专门增加了“给你支招”板块，让读者学会更多的进阶技巧，从而提高工作效率 |
| 实用性强 | 本书不仅语言通俗易懂，同时结合实践工作中的应用来讲解知识，让读者轻松掌握理论知识的同时，能很好地将理论应用到实际工作中，真正做到学以致用 |

## 关于读者对象

本书主要定位于想快速掌握Excel，并使用Excel进行商务办公从事行政与人事等方面工作的用户，同时还适合不同层次的办公人员、文秘、财务人员和国家公务员等。此外，本书也适用于各类家庭用户和社会培训学员使用，或作为各大中专院校及各类电脑培训机构的教材使用。

## 关于创作团队

本书由智云科技编著，参与本书编写的人员有邱超群、杨群、罗浩、林菊芳、马英、邱银春、罗丹丹、刘畅、林晓军、周磊、蒋明熙、甘林圣、丁颖、蒋杰、何超等，在此对大家的辛勤工作表示衷心的感谢！

由于编者经验有限，加之时间仓促，书中难免会有疏漏和不足，恳请专家和读者不吝赐教。

编 者

# 目录

## Chapter 01 开启高效办公前需先了解学习目标



## Chapter 02 Excel办公入门操作



## Chapter 03 高效办公的必会技巧

## Chapter 04 表格编辑第一步：格式化



## Chapter 05 让表格更丰富：对象的使用

## Chapter 06 数据的处理：公式与函数



## Chapter 07 数据的图形化分析：图表

## Chapter 08 数据管理进阶：排序与分类汇总



## Chapter 09 数据的高级分析：透视功能

## Chapter 10 这样才更高效：协同办公



## Chapter 11 人事档案管理系统

## Chapter 12 员工薪酬管理系统

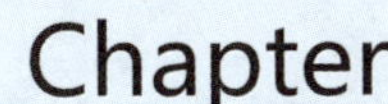

# Chapter 01 开启高效办公前需先了解学习目标

## 学习目标

办公是每个办公人员都会的技能，但能否高效地办公就不是每个办公人员都会的了。同样的工作，某个人可能只需要一两个小时就能完成，但有些人却要一两天才能做完，这就是办公是否高效的问题了。Excel是Office办公软件系列中人们使用最多的一个组件，要想使用Excel进行高效办公，必须要了解本章的这些内容。

## 本章要点

- Excel的应用领域有哪些
- Excel经历了哪些版本
- 细说Excel三大组成部分
- 默认布局不顺手怎么办
- 说说隐藏屏幕提示信息
- 把隐藏的功能"揪"出来
- 将常用功能单独放置

| 知识要点 | 学习时间 | 学习难度 |
|---|---|---|
| Excel 经历了哪些版本 | 10 分钟 | ★ |
| 细说 Excel 三大组成部分 | 10 分钟 | ★ |
| 定制符合个人习惯的操作环境 | 20 分钟 | ★★ |

# 1.1 Excel 的应用领域有哪些

**阿智：**小白，你知道Excel可以用在哪些领域吗？

**小白：**Excel嘛，不就是用来记录数据吗？还能做其他的事？

**阿智：**Excel的功能其实是非常强大的，它可以用在好多领域，帮助人们快速完成数据的记录、计算和管理等。现在我就给你简单介绍一下它最常应用的领域吧。

Excel的基本功能就是数据的记录、计算和分析，在实际生活中，它被广泛应用于日常数据记录、财务数据处理、企业开支预算、行政人事管理等诸多领域。

学习目标 了解Excel的应用领域

难度指数 ★

## 日常数据记录

Excel在日常数据记录中的应用表现为可记录大型企业每日每人的工作数据和日常销售数据，如图1-1所示；也可用于个人记录自己的每日工作安排等。

收银机日常销售

销售数据 | 销售报表 | 库存

| 日期 | 时间 | 交易号 | SKU/产品编号 |
|---|---|---|---|
| 2016/2/1 | 10:30 | 1001 | 90001 |
| 2016/2/1 | 10:33 | 1002 | 90023 |
| 2016/2/1 | 10:45 | 1003 | 90005 |

销售数据 | 销售报表 | 库存

| SKU/产品编号 | 说明 |
|---|---|
| 90001 | 毯子 |
| 90002 | 枕头 |
| 90004 | 方形盘 |
| 90005 | 圆形盘 |
| 90023 | 桌布（6 英寸圆形） |
| 总计 | |

图1-1

## 财务数据处理

财务数据的处理对于大多数人来说都是很复杂的，但Excel强大的计算功能可以让财务数据分析、计算和处理都变得非常简单。如图1-2所示为年度财务报表。

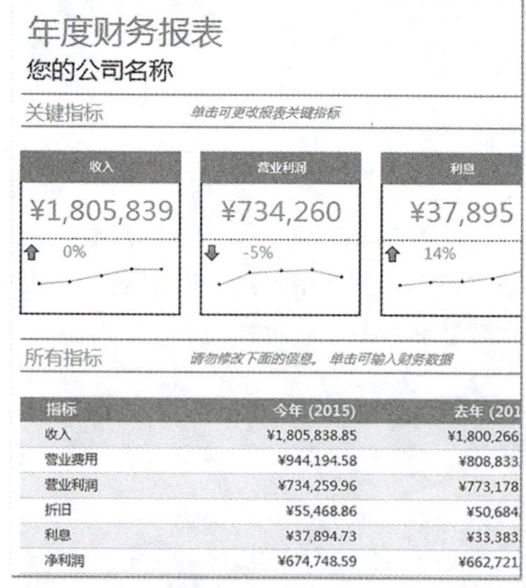
年度财务报表

您的公司名称

关键指标 单击可更改报表关键指标

| 收入 | 营业利润 | 利息 |
|---|---|---|
| ¥1,805,839 | ¥734,260 | ¥37,895 |
| 0% | -5% | 14% |

所有指标 请勿修改下面的信息。单击可输入财务数据

| 指标 | 今年 (2015) | 去年 (201 |
|---|---|---|
| 收入 | ¥1,805,838.85 | ¥1,800,266 |
| 营业费用 | ¥944,194.58 | ¥808,833 |
| 营业利润 | ¥734,259.96 | ¥773,178 |
| 折旧 | ¥55,468.86 | ¥50,684 |
| 利息 | ¥37,894.73 | ¥33,383 |
| 净利润 | ¥674,748.59 | ¥662,721 |

图1-2

## 企业开支预算

企业开支是一笔非常庞大的数据，使用Excel可以将各项开支预算清晰明确地列举出

来，然后借助Excel分析工具轻松进行分析。如图1-3所示，这是费用预算表。

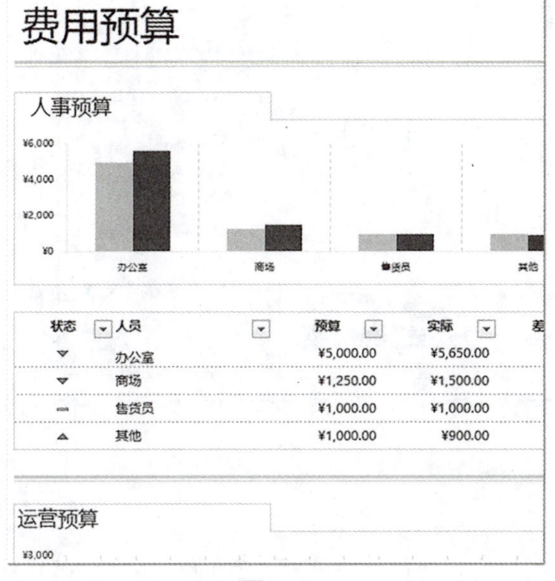


| 状态 | 人员 | 预算 | 实际 | 差 |
|---|---|---|---|---|
| ▽ | 办公室 | ¥5,000.00 | ¥5,650.00 | |
| ▽ | 商场 | ¥1,250.00 | ¥1,500.00 | |
| — | 售货员 | ¥1,000.00 | ¥1,000.00 | |
| △ | 其他 | ¥1,000.00 | ¥900.00 | |

图1-3

## 行政人事管理

Excel在行政人事管理中的应用也非常广泛，大到整个人事系统的管理，小到员工各种信息的记录，都可以使用Excel来完成。如图1-4所示，这是员工考勤信息记录表。

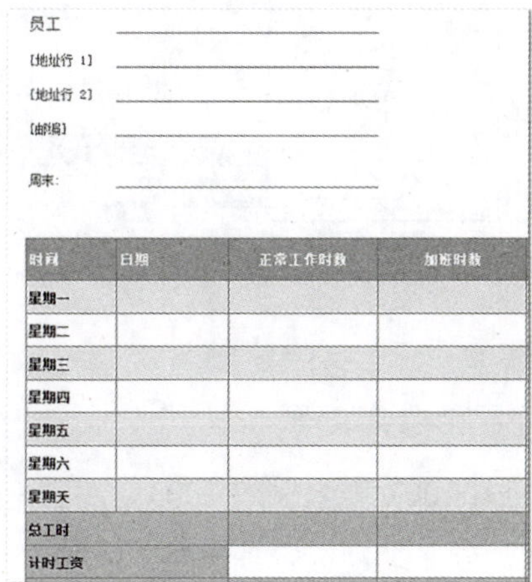

员工

[地址行 1]

[地址行 2]

[邮编]

周末:

| 时间 | 日期 | 正常工作时数 | 加班时数 |
|---|---|---|---|
| 星期一 | | | |
| 星期二 | | | |
| 星期三 | | | |
| 星期四 | | | |
| 星期五 | | | |
| 星期六 | | | |
| 星期天 | | | |
| 总工时 | | | |
| 计时工资 | | | |

图1-4

# 1.2 Excel经历了哪些版本

**阿智：**你知道现在人们正在使用的Excel都有哪些版本吗?

**小白：**这个怎么会不知道呢，不都是Excel 2010吗?

**阿智：**不是的。Excel从出现到现在经历的版本可多了，但就目前而言，大多数人正在使用的，可能就只剩下Excel 2003、Excel 2007、Excel 2010和Excel 2013了。

随着人们对数据处理功能的要求不断增加，Excel也一直在更新它的版本。就目前最常见的4个版本而言，虽然它们的功能不断增加，但在基本使用方法上还是大同小异的。

## Excel 2003

Excel 2003是目前保留的最古老、最经典的一个版本，其使用的是大多数Windows应用程序使用的菜单式界面，功能一目了然，其主界面如图1-5所示。

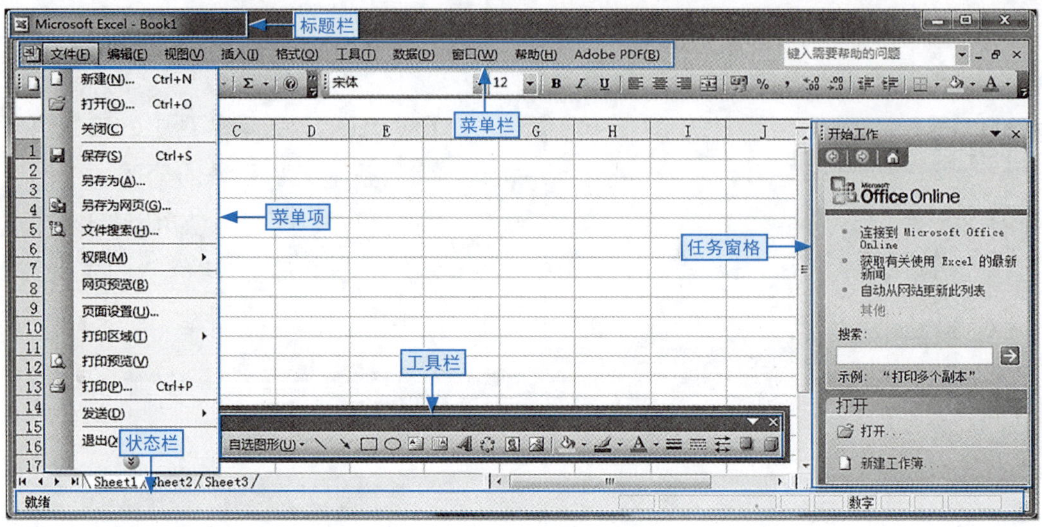


图1-5

## Excel 2007

Excel 2007是继Excel 2003后的第一个改进版本，其在界面上作了很大的改变，将大多数命令按钮放到了功能区选项卡中，主要命令则位于单击Office按钮弹出的菜单视图中，其主界面如图1-6所示。

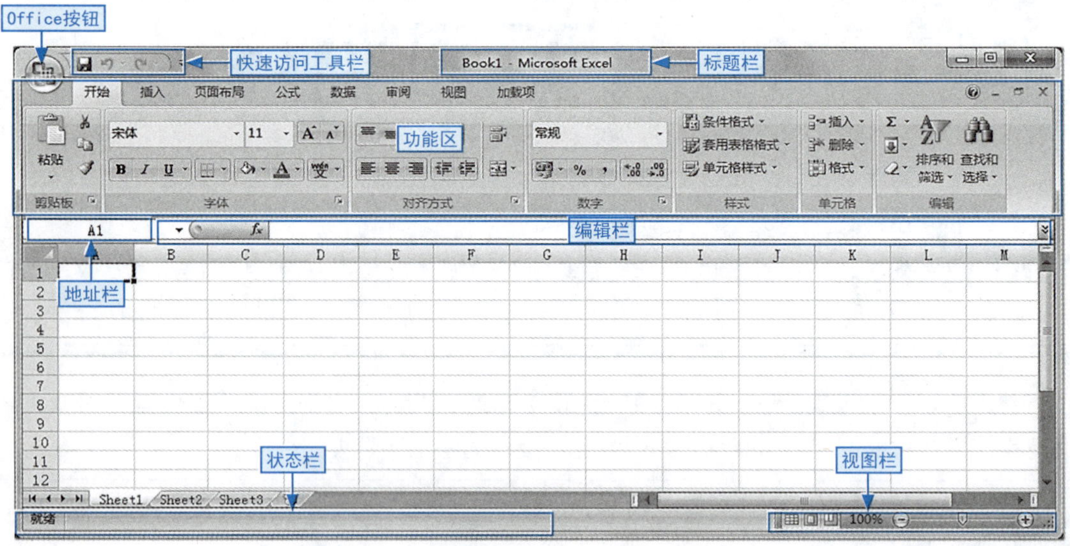


图1-6

## Excel 2010

Excel 2010是对Excel 2007的再次改进，它沿用了Excel 2007的选项卡式界面，但将某些重要功能放置到了“Background”视图中，其主界面如图1-7所示。

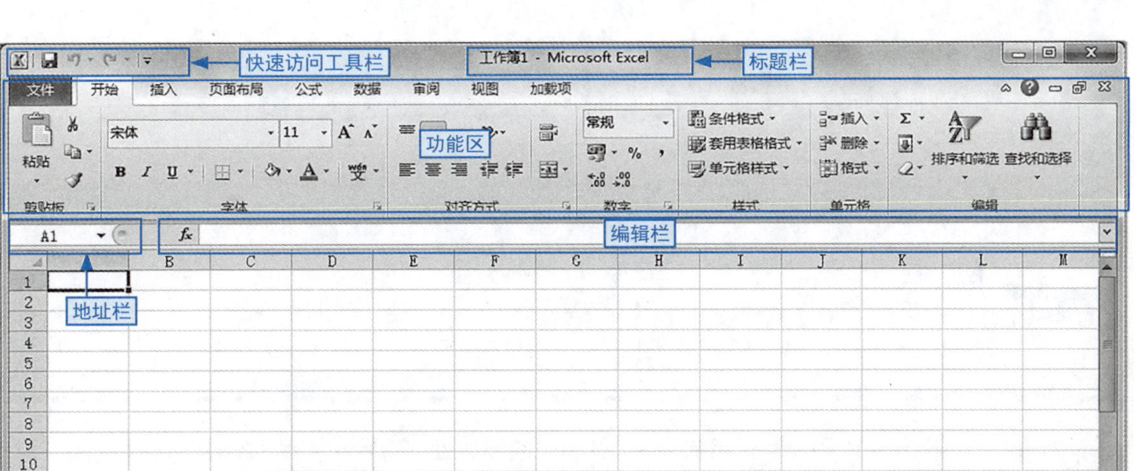

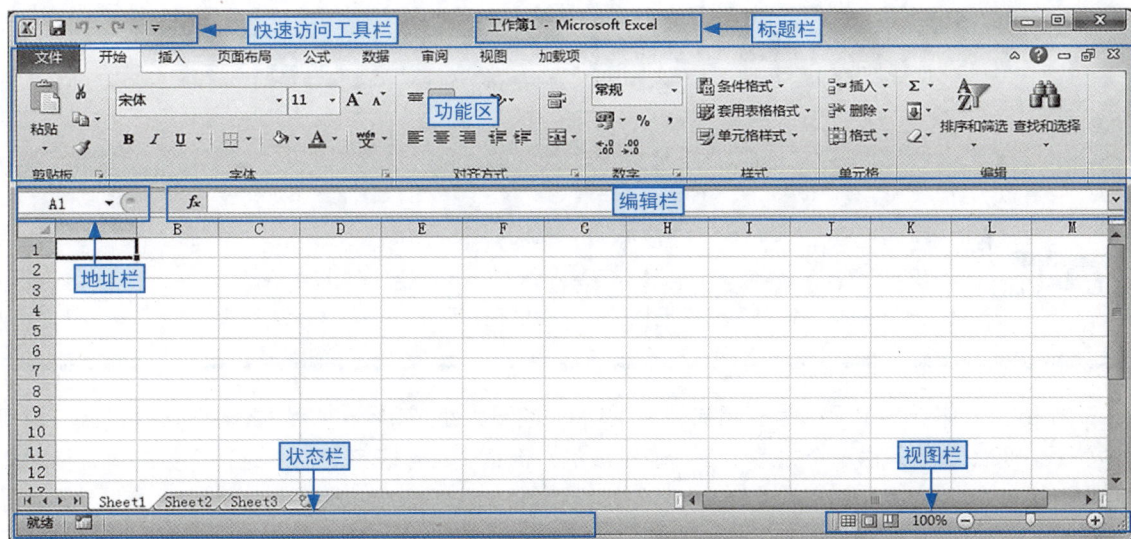

图1-7

## Excel 2013

Excel 2013是对Excel 2010的再次改进，其界面棱角更加突出，也更注重网络协同办公，与Microsoft账户完美结合，同时增加了触摸模式，更适合带触摸屏的系统，其主界面如图1-8所示。

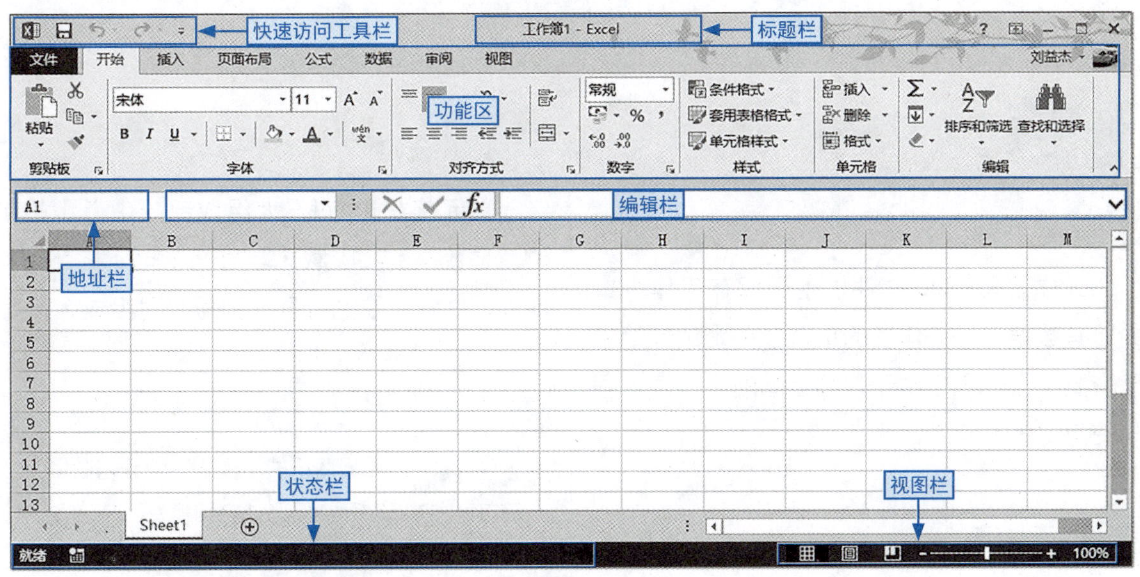


图1-8

# 1.3 细说 Excel 三大组成部分

**阿智：**你知道Excel的三大组成部分吗？

**小白：**Excel不就是由一个一个格子组成的吗？

**阿智：**你看到的一个一个格子，只是Excel三大组成部分的其中一部分——单元格。从使用Excel的层面上来说，除单元格外，还有工作簿和工作表两大组成部分。

工作簿、工作表和单元格是应用层面上的Excel的三大组成部分，它们之间存在着包含与被包含的关系，即工作簿是由一个或多个工作表组成的，而每个工作表又是由固定行列数的单元格组成的，如图1-9所示。

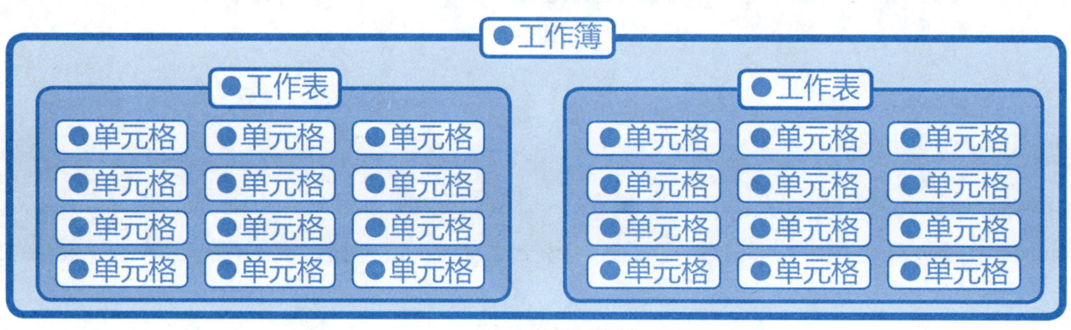


图1-9

学习目标
了解Excel的组成部分
难度指数
★


## 工作簿

工作簿是Excel文件，用于保存工作表中的所有数据，是工作表的集合。每个工作簿中至少要包含一张工作表，可容纳的工作表上限与使用的版本有关。

## 工作表

工作表是单元格的载体，由多行和多列单元格共同组成，每张工作表都有固定的单元格数量，其具体数量也与使用的版本相关。

## 单元格

单元格是Excel三大组成部分中最小的单位，是数据的实际载体。每一个单元格都有其地址，由其所在的行号与列号共同组成。

**不同版本的工作表、单元格数量**

工作表中的单元格数量与版本密切相关。Excel 2003最多有65 536行×255列；Excel 2007、Excel 2010和Excel 2013均有1 048 576行×16 384列。

# 1.4 定制符合个人习惯的操作环境

**阿智：**Excel 2013的操作环境还可以根据自己的需要进行定制哦。

**小白：**哇，还有这功能，快给我说说！

**阿智：**从Excel 2010开始，Excel就允许用户自己定制符合自己习惯的操作环境了，包括界面布局、操作提示和隐藏功能等，甚至能把你自己常用的一些命令单独放在一起。

Office软件默认的工作环境都是一样的，但默认的工作环境可能并不适合每个用户的使用习惯。为了更加高效地完成工作，Excel 2013为用户提供了定制操作环境的功能。

## 1.4.1 默认布局不顺手怎么办

Excel 2013默认的布局模式适用于大多数人的使用需求，当然用户也可以根据自己的实际情况进行更改。

学习目标　掌握如何调整Excel 2013的布局环境

难度指数　★

**步骤01** 打开Excel 2013软件，❶单击“自定义快速访问工具栏”按钮，❷选择“在功能区下方显示”选项，如图1-10所示。

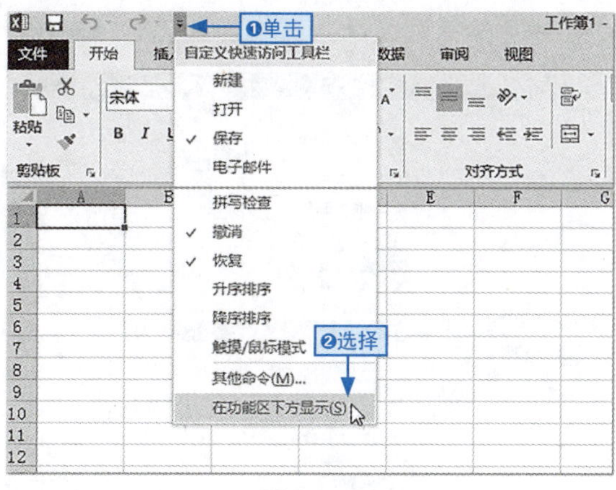


图1-10

**步骤02** ❶单击“功能区显示选项”按钮，❷选择“显示选项卡”选项，可隐藏功能区，仅显示选项卡，如图1-11所示。

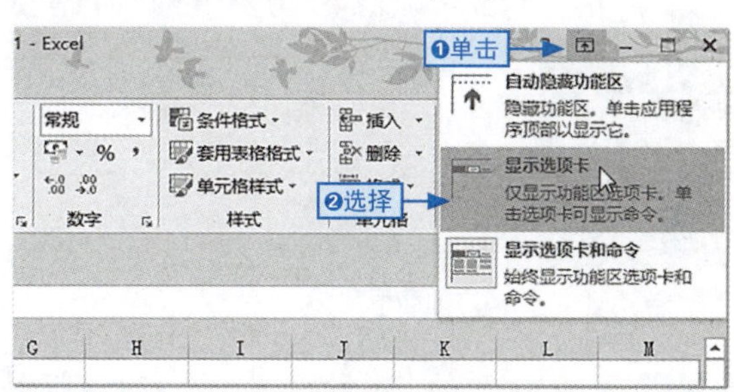


图1-11

### 3种显示选项如何选择

在“功能区显示选项”列表中有3个选项，其中“显示选项卡和命令”选项是系统默认的布局方式。选择“显示选项卡”选项时，功能区将被隐藏，仅显示其上方的选项卡（可有效扩大编辑区的大小）；选择“自动隐藏功能区”选项后，Excel将全屏显示，标题栏中仅在右侧显示 … ⊡ × 3个按钮，单击 … 按钮临时恢复默认布局，单击 ⊡ 按钮重新设置显示选项，单击 × 按钮关闭Excel。

## 1.4.2 说说隐藏屏幕提示信息

屏幕提示是Excel的一个辅助功能，可以在鼠标指针向某命令或按钮时显示其名称和功能。如果用户对Excel非常熟悉了，也可以隐藏这些提示。

学习目标 掌握怎样不显示屏幕提示信息
难度指数 ★

**步骤01** ❶在主界面单击“文件”按钮，❷在打开的Background视图左侧单击“选项”按钮，如图1-12所示。

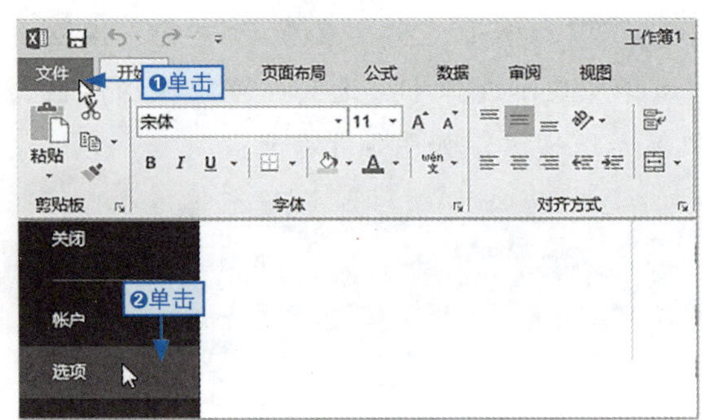


图1-12

**步骤02** 在打开的“Excel 选项”对话框的“常规”选项卡中，❶单击“屏幕提示样式”下拉按钮，❷在弹出的下拉列表中选择“不显示屏幕提示”选项，如图1-13所示。

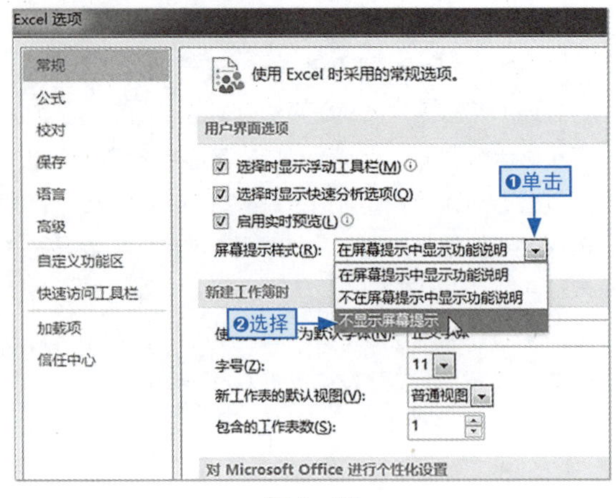


图1-13

## 1.4.3 把隐藏的功能“揪”出来

Excel 2013功能区中显示的命令按钮是有限的，有些并没有显示出来，我们可以通过自定义功能区来将某些功能显示到屏幕上。

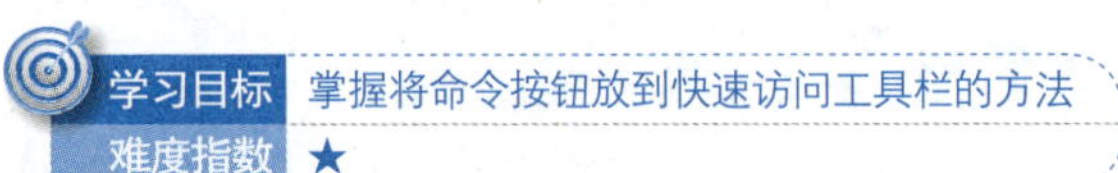
学习目标 掌握将命令按钮放到快速访问工具栏的方法
难度指数 ★

**步骤01** ❶在主界面单击“自定义快速访问工具栏”按钮，❷选择“其他命令”选项，如图1-14所示。

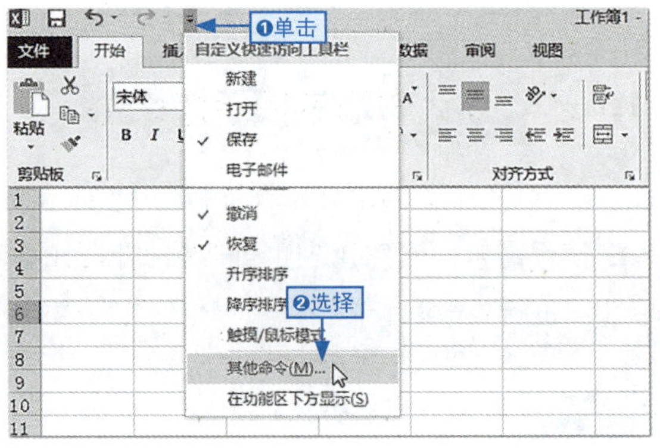


图1-14

**步骤02** ❶在打开的“Excel选项”对话框的“从下列位置选择命令”下拉列表框中选择“不在功能区中的命令”选项，❷在下方的列表框中选择“记录单”选项，如图1-15所示。

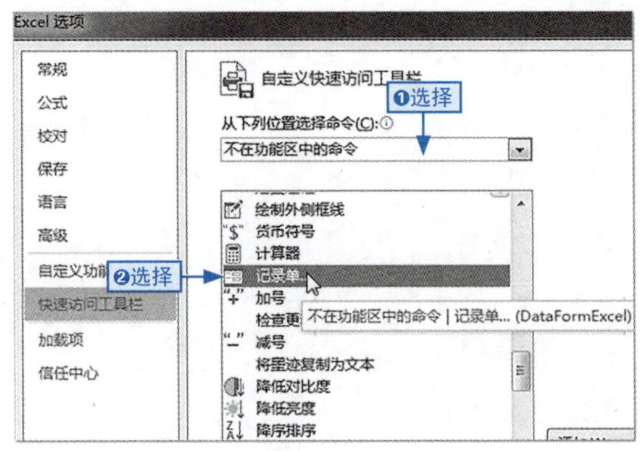


图1-15

步骤03 ❶单击“添加”按钮将其添加到右侧的列表框中，❷单击“确定”按钮关闭对话框即可，如图1-16所示。

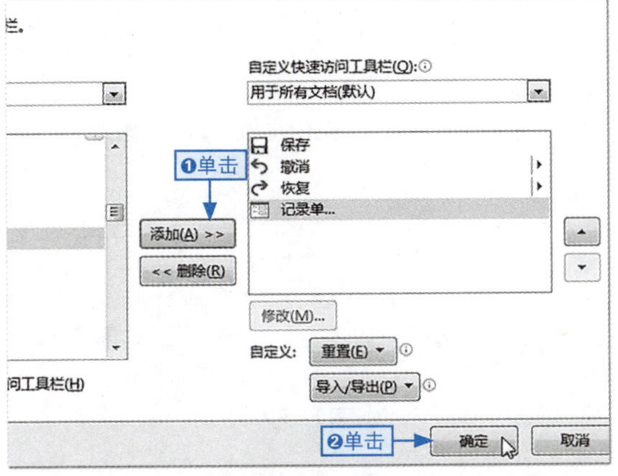

图1-16

## 1.4.4 将常用功能单独放置

Excel 2013提供了自定义选项卡功能，用户可以将一些常用功能的命令按钮分组排列在一起，方便自己使用。如这里我们建立一组设置表格边框的命令。

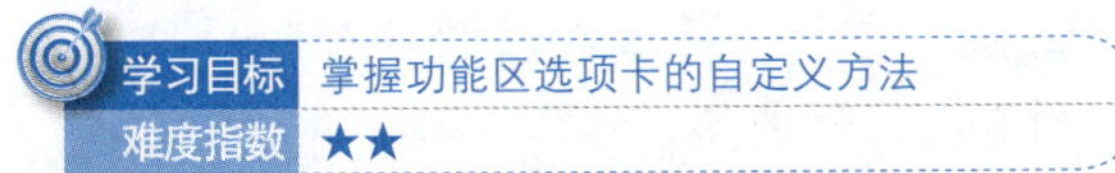
学习目标　掌握功能区选项卡的自定义方法
难度指数　★★

步骤01 ❶在主界面单击“文件”按钮，❷在打开的Background视图左侧单击“选项”按钮，如图1-17所示。

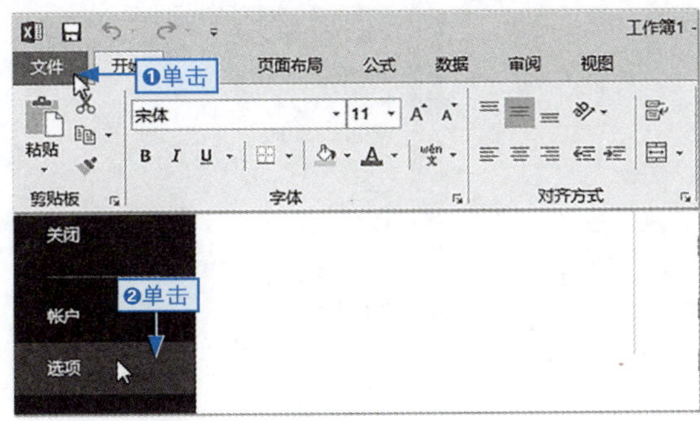

图1-17

步骤02 ❶选择“自定义功能区”选项，❷在右侧单击“新建选项卡”按钮，如图1-18所示。

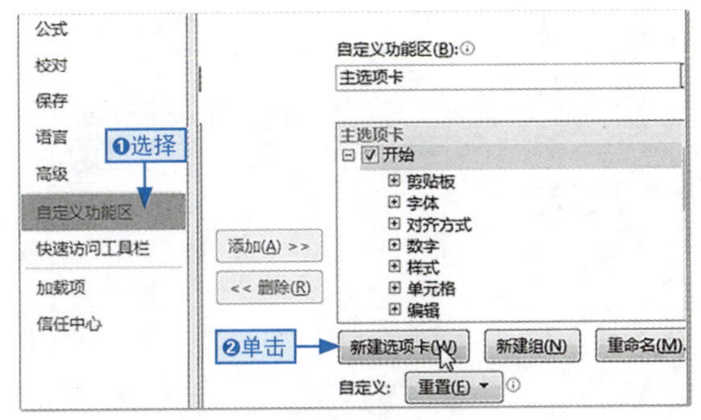

图1-18

步骤03 ❶选中新建的选项卡，❷单击“重命名”按钮，❸输入新选项卡的名称，❹单击“确定”按钮，如图1-19所示。

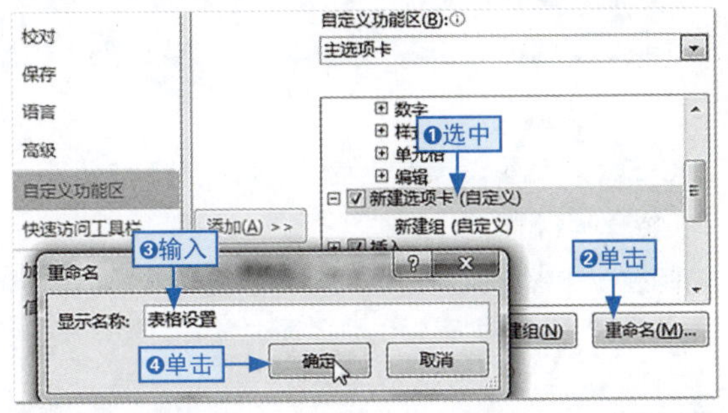

图1-19

步骤04 ❶选择新建的组，❷单击“重命名”按钮，❸选择合适的图标选项，❹输入组的名称，❺单击“确定”按钮，如图1-20所示。

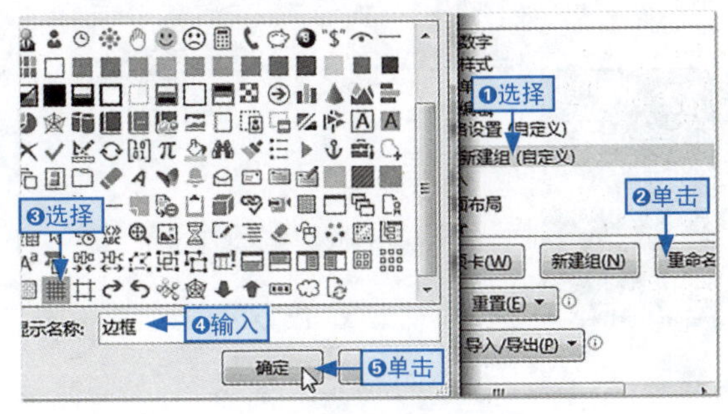

图1-20

**步骤05** 保持新建组的选中状态，❶在左侧列表框中选择要添加的选项，❷单击“添加”按钮，如图1-21所示。

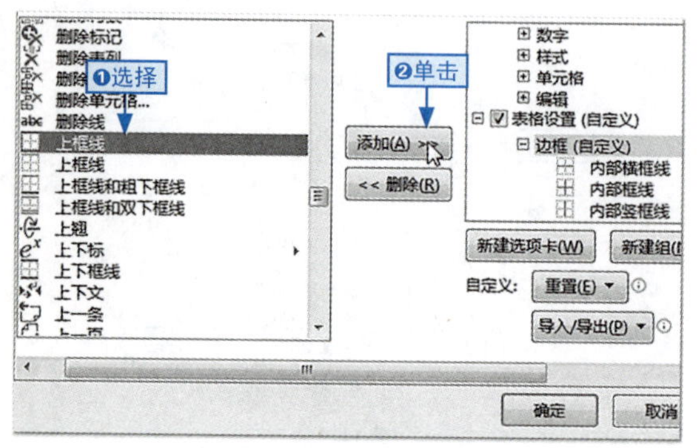


图1-21

**步骤06** 添加其他需要的命令，可根据需要调整各选项的位置，完成后单击“确定”按钮即可，如图1-22所示。

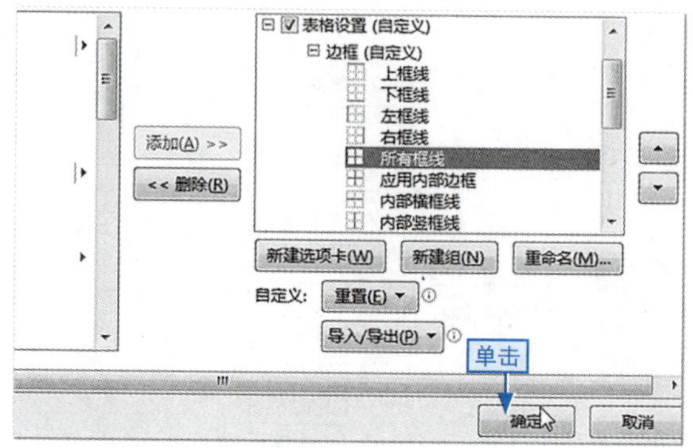


图1-22

## 给你支招 | 固定显示常用文件

**小白：** 我几乎每天都会使用到同一个工作簿，有没有什么方法可以将它固定显示在“最近使用的工作簿”列表中呢?

**阿智：** 当然可以，“最近使用的工作簿”列表默认显示最近打开过的多个文件，超过一定数量后旧文件会被清除出列表。也可以通过以下方法将某个文件固定显示在列表中。

**步骤01** ❶打开所需文件，单击“文件”选项卡，❷单击“打开”按钮，如图1-23所示。

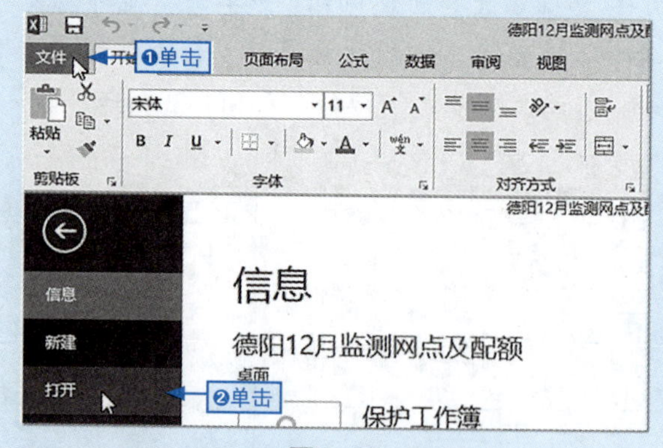


图1-23

**步骤02** 单击文件名右侧的“将此项目固定到列表”按钮即可，如图1-24所示。

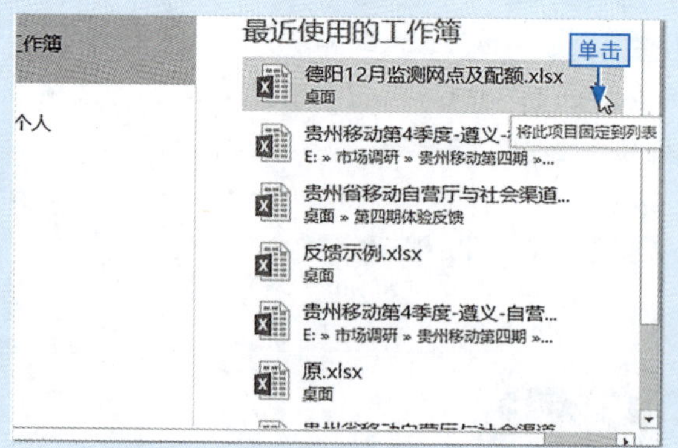


图1-24

## 给你支招 | 预览要打开文件的效果

**小白：**我可不可以在打开工作簿之前，先大致看看它的内容呢？

**阿智：**当然可以，在Windows 7及以上系统中，完整安装Excel 2010以上版本就可以通过Windows资源管理器预览其效果。

**步骤01** 在Excel 2013工作主界面按Ctrl+O组合键，❶在“打开”界面的左侧单击“计算机”选项，❷在右侧选择文件夹位置或单击“浏览”按钮，如图1-25所示。

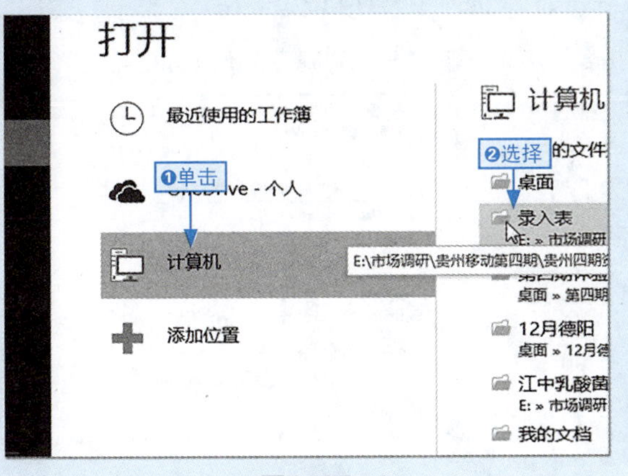


图1-25

**步骤02** ❶在打开的对话框中单击右上角的“显示预览窗格”按钮，❷在列表框中选择需要预览的工作簿，即可在右侧看到预览效果，如图1-26所示。

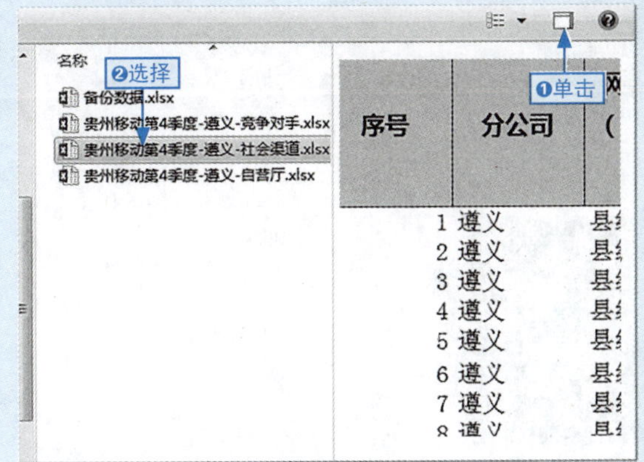


图1-26

## 给你支招 | 设置整个工作簿显示的选项

**小白：**别人发给我的一张工作簿，为什么打开后看不到滚动条，只能通过滚动鼠标或按键盘来查看不在屏幕中的单元格？而且找不到工作表标签了？

**阿智：**这有两种可能。一是该工作簿中包含宏代码，在工作簿被打开的时候隐藏了滚动条和工作表标签。二是更改了该工作簿的显示选项。我们可以尝试通过以下方法来显示出滚动条和工作表标签。

**步骤01** ❶单击“文件”按钮，❷单击“选项”按钮，打开“Excel选项”对话框，如图1-27所示。

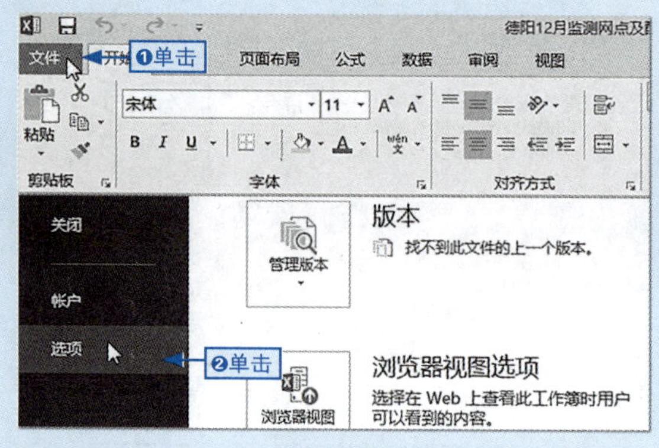


图1-27

**步骤02** ❶在左侧列表框选择“高级”选项，❷选中“此工作簿的显示选项”选项组中的所有复选框即可，如图1-28所示。

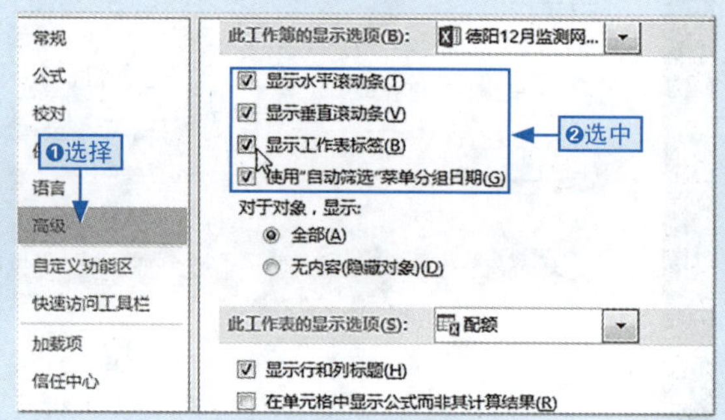


图1-28

# Chapter 02 Excel办公入门操作

## 学习目标

Excel的应用说起来很简单，基本上会一点儿电脑操作的人都可以使用，但要真正用好，还需要掌握一些必要的常识。本章将讲解Excel 2013的一些入门操作，通过对本章内容的学习，读者能够轻松掌握Excel的工作簿、工作表和单元格的基本操作，以及数据输入和编辑等知识。

## 本章要点

- 快速创建空白工作簿
- 工作表的基本操作
- 普通文本的输入
- 有规律数据的输入
- 输入超过11位的数字数据
- 多个单元格输入相同内容
- 输入本列已有内容
- 常规的查找和替换

| 知识要点 | 学习时间 | 学习难度 |
| --- | --- | --- |
| 创建员工档案表 | 15 分钟 | ★ |
| 完善工资表 | 25 分钟 | ★★ |
| 编辑员工考勤表 | 30 分钟 | ★★ |

# 2.1 创建员工档案表

**阿智**：小白，你知道要创建一份员工档案表首先要做什么吗?

**小白**：首先肯定得创建一个工作簿。

**阿智**：对，要从无到有地创建一份员工档案表，首先必须要创建一个工作簿，然后对其中的表格重命名、输入数据等。最重要的是，一定要保存工作簿，否则你的一切操作都是白费的。

员工档案表的创建非常简单，创建空白工作簿后对其中包含的工作表重命名、输入数据后保存即可。在Excel 2013中首次保存工作簿，可能与其他版本的文件保存方式有稍许区别。

## 2.1.1 快速创建空白工作簿

工作簿的创建方法有多种，而最常用的是直接启动Excel，它会自动创建一张不包含任何数据的空白工作簿。

学习目标
了解新建工作簿的基本方法
难度指数
★


**步骤01** 单击“开始”按钮，在打开的“开始”菜单中选择“所有程序”→Microsoft Office 2013→Excel 2013命令，如图2-1所示。

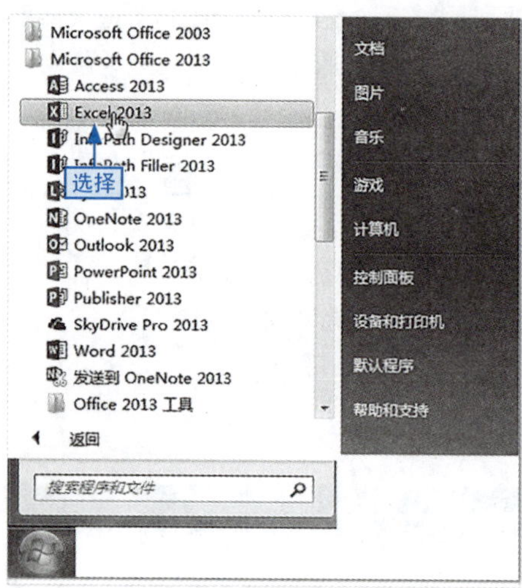


图2-1

**步骤02** 在打开的开始页面中选择“空白工作簿”选项，Excel自动创建一个名为“工作簿1”的包含一张空白工作表的工作簿，如图2-2所示。

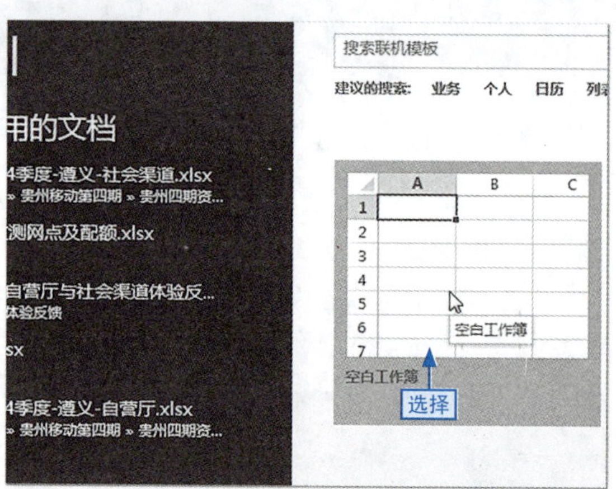


图2-2

## 2.1.2 工作表的基本操作

在员工档案表中可能需要多张工作表，而Excel 2013启动后默认只包含一张空白工作表，我们需要插入所需的工作表并进行重新命名。

| 本节素材 | ⊙素材\Chapter02\无 |
|---|---|
| 本节效果 | ⊙效果\Chapter02\员工档案表1.xlsx |
| 学习目标 | 能够插入工作表并修改其名称及调整位置 |
| 难度指数 | ★★ |

**步骤01** 启动Excel 2013并新建空白工作簿，❶在工作表标签上右击，❷在弹出的快捷菜单中选择“重命名”命令，如图2-3所示。

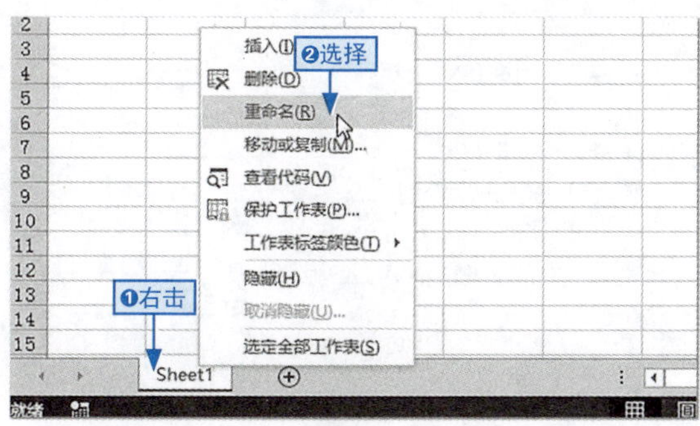


图2-3

**步骤02** 当工作表标签名称变为可编辑状态时，直接输入工作表名称，按Enter键，如图2-4所示。

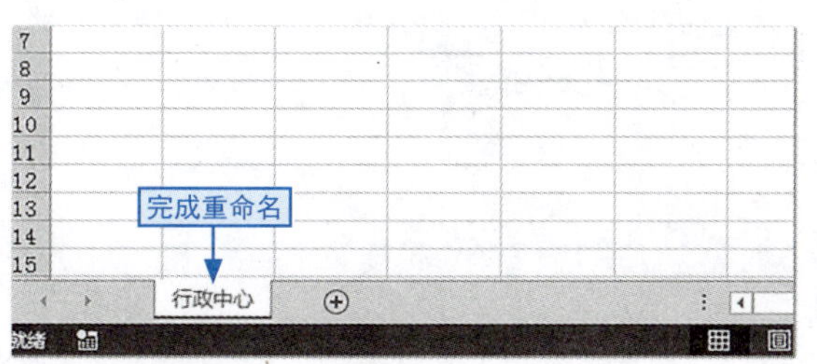


图2-4

**步骤03** 单击“新工作表”按钮，插入一张新工作表，如图2-5所示。

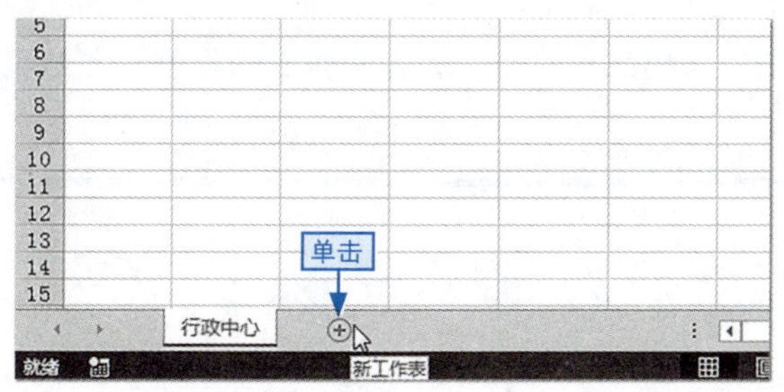


图2-5

**步骤04** 双击插入的工作表标签进入重命名状态，输入名称，如图2-6所示。

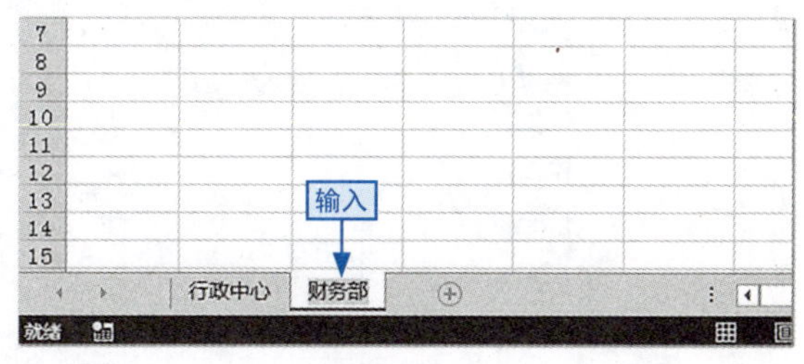


图2-6

**步骤05** 用同样的方法插入并重命名其他工作表，如图2-7所示。

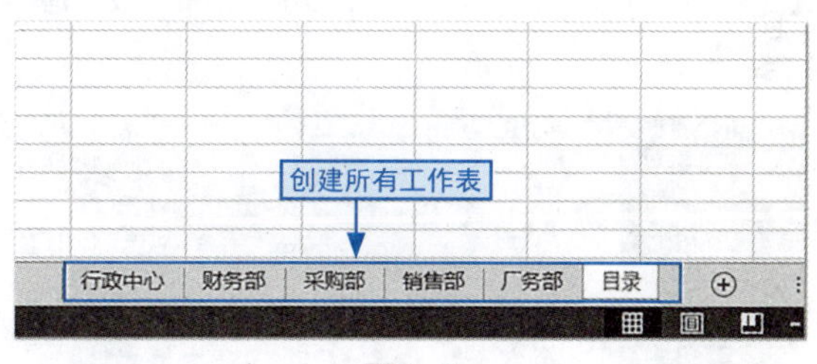


图2-7

**步骤06** ❶在“目录”工作表标签上右击，❷在弹出的快捷菜单中选择“移动或复制命令”命令，如图2-8所示。

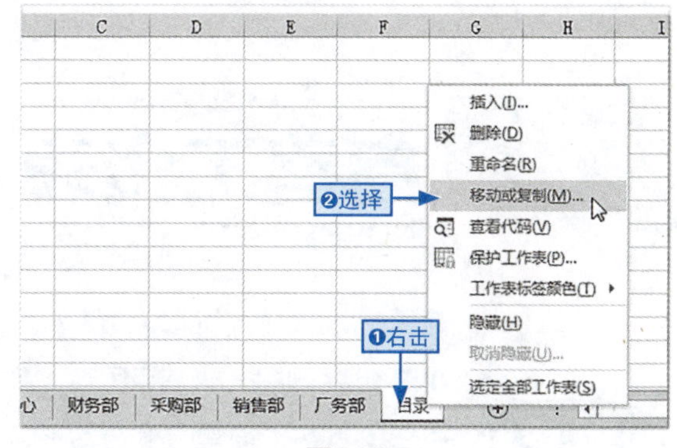


图2-8

**步骤07** ❶在打开的对话框中选择“行政中心”选项，❷单击“确定”按钮将其移动到最前面，如图2-9所示。

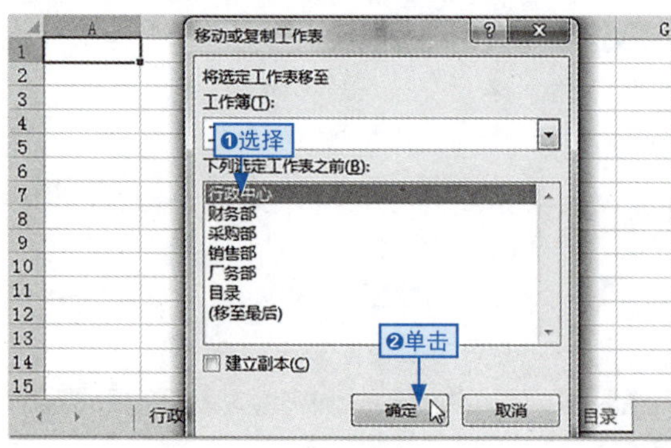


图2-9

**步骤08** 按Ctrl+S组合键，❶在打开的页面中选择“计算机”选项，❷在右侧单击“浏览”按钮，如图2-10所示。

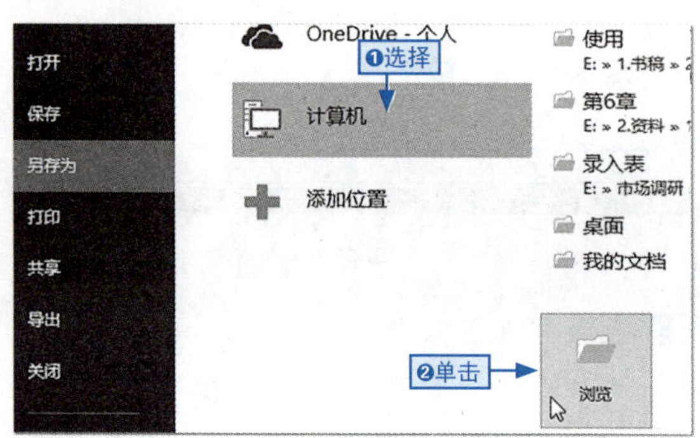


图2-10

**步骤09** ❶在打开的对话框中选择文件保存的位置，❷输入文件名称，❸单击“保存”按钮，如图2-11所示。

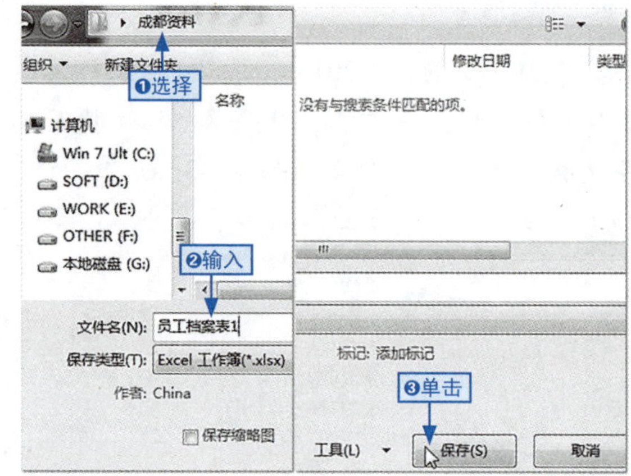


图2-11

**快速选择文件保存位置**

按Ctrl+S组合键进入“另存为”页面并选择“计算机”选项后，在右侧会列举出最近使用的文件位置。如果要保存的位置正好在此列表中，可以直接选择相应的选项，打开对话框保存即可。

# 2.2 完善工资表

**阿智**：我这里有份兼职人员工资表，你可以帮我完善一下吗?

**小白**：这个对我来说有点困难，需要做些什么呢?

**阿智**：其实很简单，我已经将工作表的布局结构做好了，你只需要往里面输入数据就行。

数据的输入是制作Excel工作表的一个基本操作，没有数据的工作表被称为空白工作表，没有多大的实际意义。在数据输入的时候，也有很多需要注意的地方。

## 2.2.1 普通文本的输入

普通文本的输入非常简单，选择目标单元格，通过键盘输入内容后按Enter键或单击其他任意单元格即可。

| 本节素材 | ⊙素材\Chapter02\兼职人员工资表1.xlsx |
| --- | --- |
| 本节效果 | ⊙效果\Chapter02\兼职人员工资表1.xlsx |
| 学习目标 | 掌握普通无规律文本输入方法 |
| 难度指数 | ★ |

步骤01 ❶选择要输入文本的单元格，❷将文本插入点定位到编辑栏中，如图2-12所示。

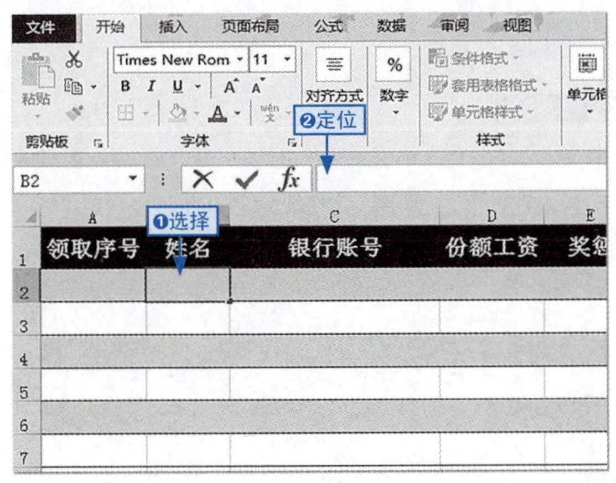


图2-12

步骤02 ❶通过键盘输入内容，❷单击编辑栏左侧“输入”按钮或其他任意单元格完成输入，如图2-13所示。

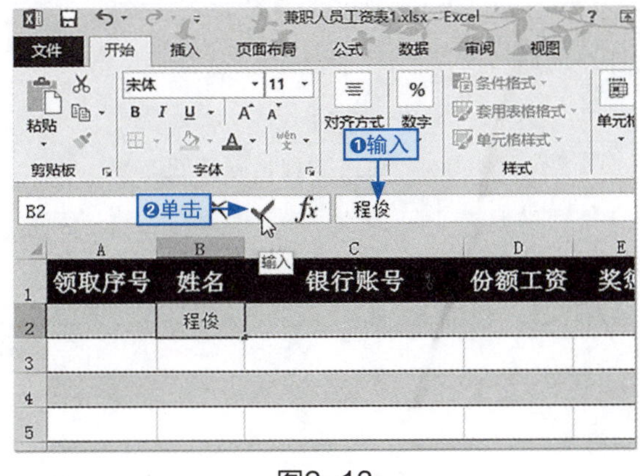


图2-13

步骤03 选择B3单元格，直接输入内容，完成后按Enter键，如图2-14所示。

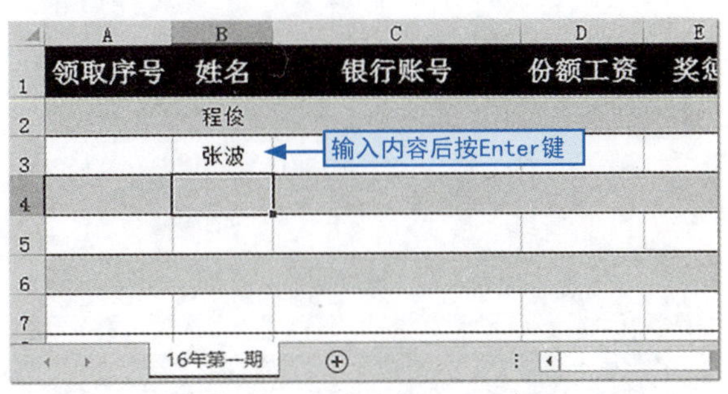


图2-14

步骤04 ❶用同样的方法输入其他文本，❷完成后单击“保存”按钮（或按Ctrl+S组合键）保存工作簿，如图2-15所示。

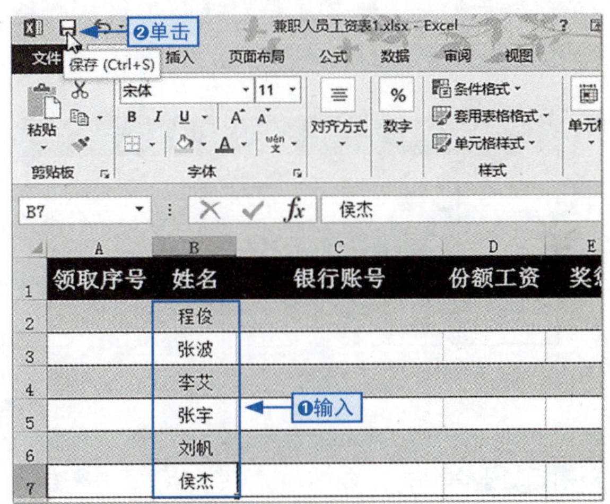


图2-15

## 2.2.2 有规律数据的输入

对于一些有规律的数据，Excel可以非常快速地完成它们的输入，例如工资发放中的发放序号等序列。

| 本节素材 | ⊙素材\Chapter02\兼职人员工资表2.xlsx |
| --- | --- |
| 本节效果 | ⊙效果\Chapter02\兼职人员工资表2.xlsx |
| 学习目标 | 学习“自动填选项”的使用 |
| 难度指数 | ★ |

**步骤01** ❶打开“兼职人员工资表2.xlsx”工作簿，❷在A2单元格中输入普通文本序号的起始数据，如图2-16所示。

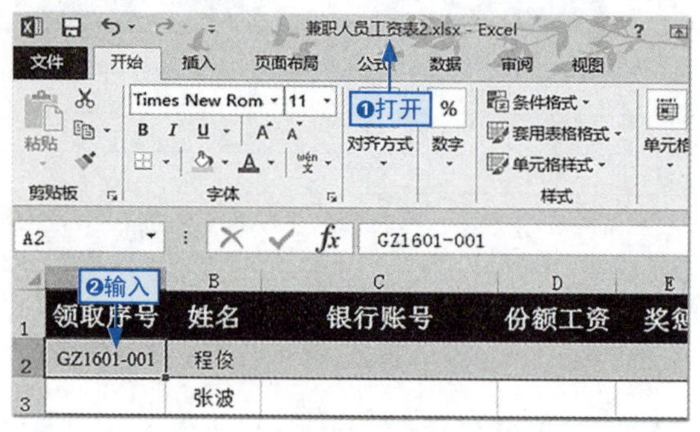


图2-16

**步骤02** 将鼠标指针移动到A2单元格右下角的黑色方点上，按住鼠标左键向下拖动到合适位置，如图2-17所示。

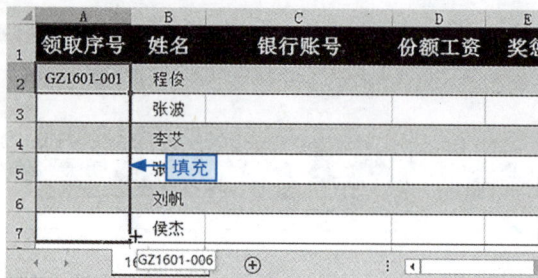

| | A | B | C | D | E |
|---|---|---|---|---|---|
| 1 | 领取序号 | 姓名 | 银行账号 | 份额工资 | 奖 |
| 2 | GZ1601-001 | 程俊 | | | |
| 3 | | 张波 | | | |
| 4 | | 李艾 | | | |
| 5 | | 张 填充 | | | |
| 6 | | 刘帆 | | | |
| 7 | | 侯杰 | | | |

图2-17

**步骤03** ❶单击“自动填选项”按钮，❷选择“不带格式填充”选项，如图2-18所示，完成后按Ctrl+S组合键保存工作簿。

| | A | B | C | D | E |
|---|---|---|---|---|---|
| 1 | 领取序号 | 姓名 | 银行账号 | 份额工资 | 奖 |
| 2 | GZ1601-001 | 程俊 | | | |
| 3 | GZ1601-002 | 复制单元格(C) | | | |
| 4 | GZ1601-003 | 填充序列 ❷选择 | | | |
| 5 | GZ1601-004 | 仅填充格式(F) | | | |
| 6 | GZ1601-005 | 不带格式填充(O) | | | |
| 7 | GZ1601-006 | 快速填充(F) ❶单击 | | | |

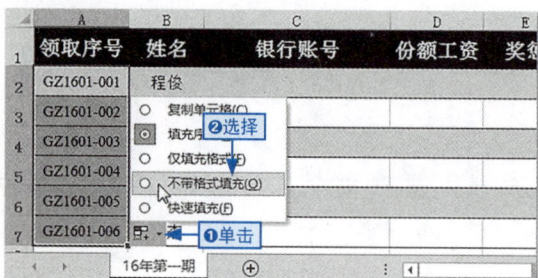

图2-18

## 2.2.3 输入超过11位的数字数据

在Excel中，如果纯数字数据超过11位，会被自动转为科学计数法表示，并且15位以后的数据会被以0记录，这会给阅读和数据处理带来麻烦。

可以通过以下方法来让Excel完整地显示和保存11位以上的纯数字。

| | |
|---|---|
| 本节素材 | 素材\Chapter02\兼职人员工资表3.xlsx |
| 本节效果 | 效果\Chapter02\兼职人员工资表3.xlsx |
| 学习目标 | 掌握如何完整保存超过11位的数字数据 |
| 难度指数 | ★ |

**步骤01** ❶打开“兼职人员工资表3.xlsx”工作簿，❷在C2单元格中输入“'”后再继续输入银行账号，如图2-19所示。

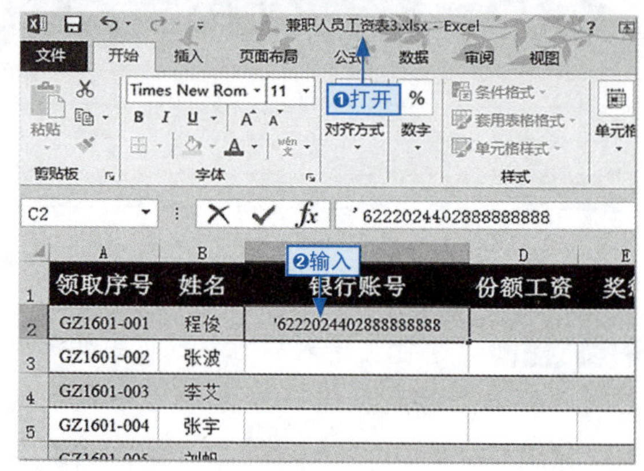


图2-19

**“'”可以强制转换数据类型**

在数字数据之前加入半角状态下的“'”，可以强制将数值数据按文本数据存储，此时单元格左上角会有一个三角形图标，单击该按钮，可以恢复为数值数据。

**步骤02** ❶选择C3单元格，❷在“开始”选项卡中单击“数字格式”下拉按钮，❸选择“文本”选项，如图2-20所示。

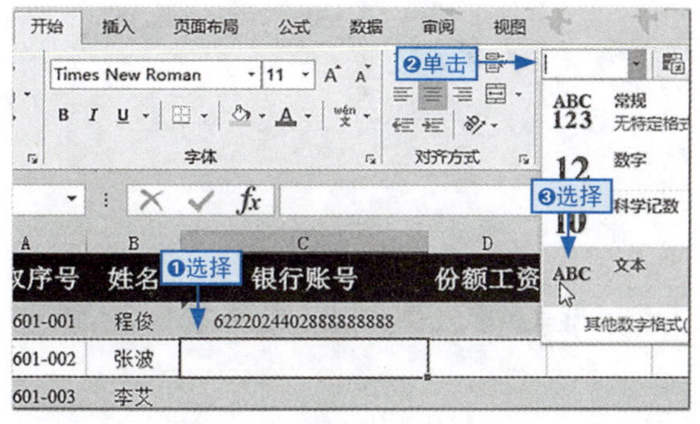


图2-20

**步骤03** 按普通文本的输入方法输入员工银行账号，可得到与输入“'”打头相同的效果，如图2-21所示。

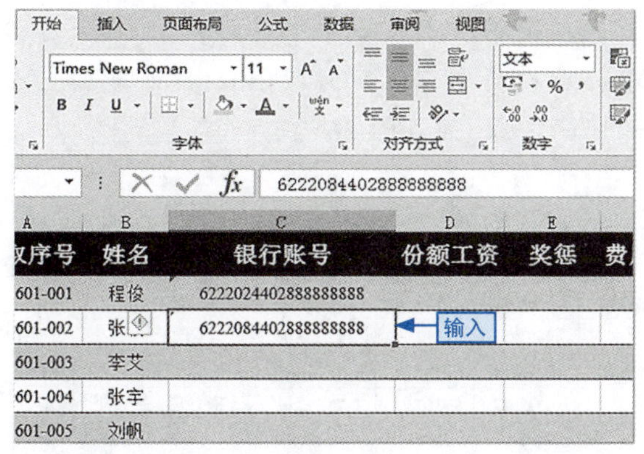


图2-21

**步骤04** 用同样的方法输入其他员工的银行账号，完成后按Ctrl+S组合键保存工作簿，如图2-22所示。

C7　621065*********1818

| | A | B | C | D | E |
|---|---|---|---|---|---|
| 1 | 领取序号 | 姓名 | 银行账号 | 份额工资 | 奖惩 |
| 2 | GZ1601-001 | 程俊 | 6222024402*****5318 | | |
| 3 | GZ1601-002 | 张波 | 6222084402*****2201 | | |
| 4 | GZ1601-003 | 李艾 | 6200128888*****1125 | | |
| 5 | GZ1601-004 | 张宇 | 621056*********5482 | | |
| 6 | GZ1601-005 | 刘帆 | 622048*********6618 | | |
| 7 | GZ1601-006 | 侯杰 | 621065*********1818 | | |

输入

图2-22

**两种输入长数字的方法如何选择**

以上两种方法都可以完整地保存超过11位的长数字数据。当这样的数据只有一两个时，可以采用数字前加“'”的方法；如果有多行或多列都需要这样的数据，则通过更改单元格的数据类型来输入要更方便一些。

## 2.2.4 多个单元格输入相同内容

在工作表中输入数据时，可能会遇到连续多个单元格都要求输入完全相同数据的情况，这也有快速方法。

**步骤01** ❶打开“兼职人员工资表4.xlsx”工作簿，❷选择要输入相同数据的所有单元格，如图2-23所示。

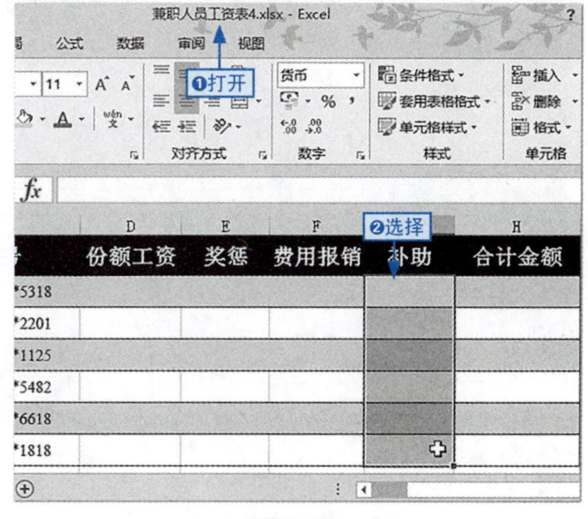


图2-23

**步骤02** 按输入普通文本的方法输入需要的数据，按Ctrl+Enter组合键完成输入即可，如图2-24所示。

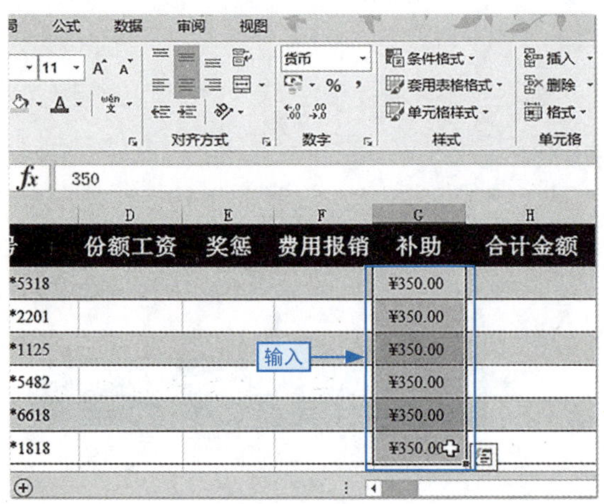


图2-24

### 2.2.5 输入本列已有内容

当某列中已经输入了一些文本内容后，如果在同列其他地方输入的前几个字符与已有内容相同，则可以自动输入之前已有的内容。

| | |
|---|---|
| 本节素材 | 素材\Chapter02\兼职人员工资表5.xlsx |
| 本节效果 | 效果\Chapter02\兼职人员工资表5.xlsx |
| 学习目标 | 掌握记忆输入功能的用法 |
| 难度指数 | ★ |

**步骤01** ❶打开"兼职人员工资表5.xlsx"工作簿，❷在目标单元格中输入备注信息的内容，如图2-25所示。

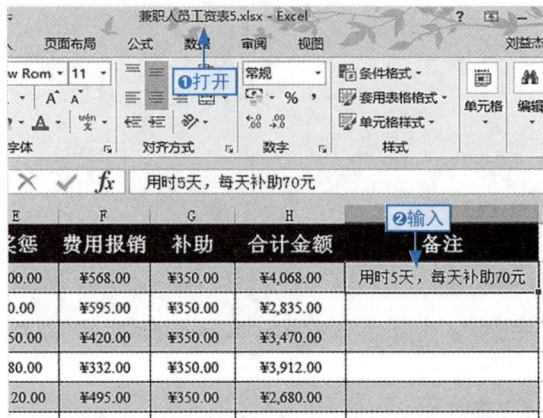

图2-25

**步骤02** 在同列其他单元格中输入与该内容前面相同的一个或多个字符时，Excel会自动填补后面的内容，此时按Enter键可复制上面相同的内容，如图2-26所示。

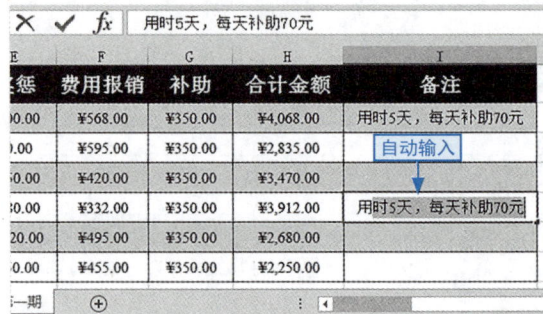

图2-26

## 2.3 编辑员工考勤表

**阿智**：你这是想要做什么啊？

**小白**：我想把这个考勤表弄得更直观些。

**阿智**：你这样一个一个改太慢了，可以用查找和替换功能一次性更改，还可以一次性设置多个单元格格式呢。

当需要在工作表中将很多相同的内容修改成另一相同内容时，可以使用查找和替换功能快速完成。此功能不仅提供了普通内容的替换，同时也可以对多个分布无规律的单元格格式进行统一设置。

## 2.3.1 常规的查找和替换

常规的查找和替换功能可以快速找到工作表中指定的内容，并将其替换为新指定的内容，常用于统一修改某个特定的错误，如错别字等。

| 本节素材 | 素材\Chapter02\研发部考勤表1.xlsx |
|---|---|
| 本节效果 | 效果\Chapter02\研发部考勤表1.xlsx |
| 学习目标 | 了解Excel查找和替换功能的使用 |
| 难度指数 | ★ |

**步骤01** ❶打开“研发部考勤表1.xlsx”工作簿，❷在“编辑”组中单击“查找和选择”按钮，❸在弹出的下拉菜单中选择“替换”命令，如图2-27所示。

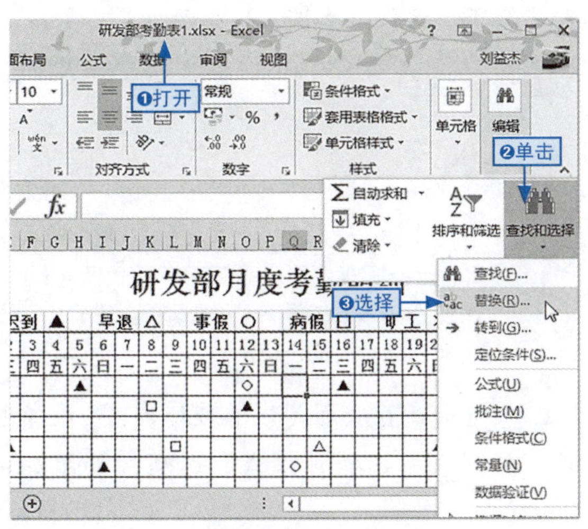


图2-27

### 查找和替换的快捷用法

要打开“查找和替换”对话框，也可以在工作表中直接按 Ctrl+F 组合键或 Ctrl+H 组合键，前者打开对话框的“查找”选项卡，后者打开对话框的“替换”选项卡。

**步骤02** 打开“查找和替换”对话框，并切换到“替换”选项卡。❶在“查找内容”文本下拉列表框中输入原内容，❷在“替换为”文本框中输入新内容，❸单击“替换”按钮，如图2-28所示。

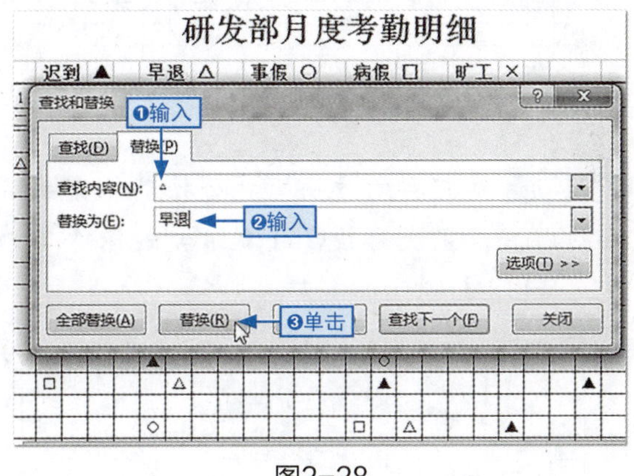


图2-28

**步骤03** 多次单击“替换”按钮，完成所需内容的全部替换，如图2-29所示。

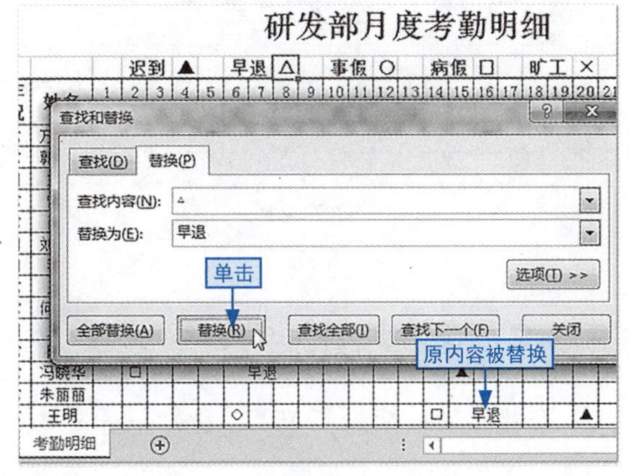


图2-29

**步骤04** 也可以一次完成全部替换，❶选择要替换的单元格区域，❷在对话框中重新输入要查找和替换的内容，❸单击“全部替换”按钮，如图2-30所示。

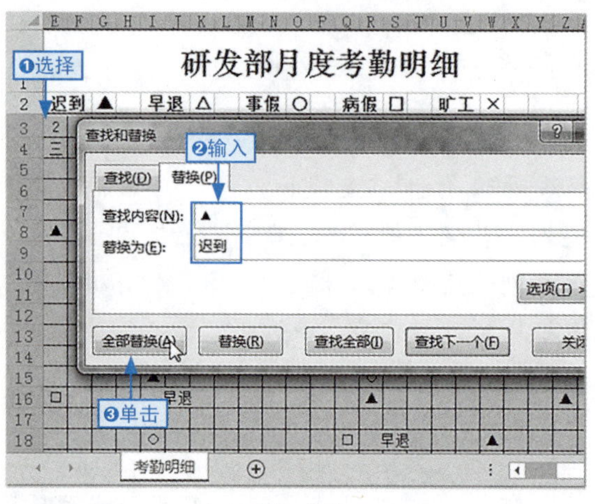


图2-30

步骤05 用同样的方法查找替换其他需要替换的内容，完成后按Ctrl+S组合键保存工作簿，如图2-31所示。

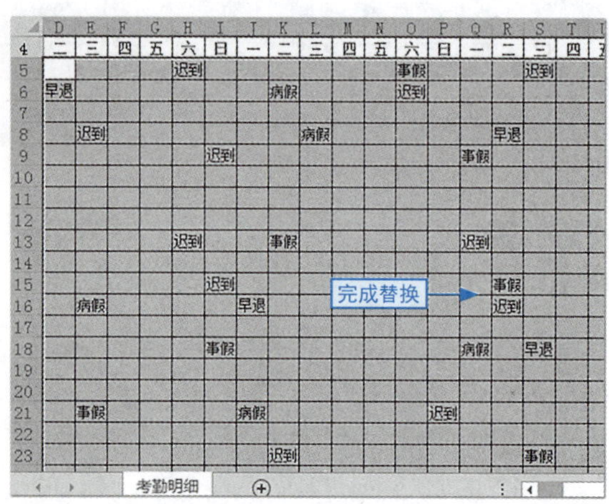


图2-31

## 2.3.2 查找和替换的高级选项

查找和替换功能不仅可以替换普通文本，也可以查找和替换单元格格式。查找的范围也不仅限于当前工作表，还可以跨工作表。

| | |
|---|---|
| 本节素材 | 素材\Chapter02\研发部考勤表2.xlsx |
| 本节效果 | 效果\Chapter02\研发部考勤表2.xlsx |
| 学习目标 | 掌握查找和替换高级选项的使用 |
| 难度指数 | ★★ |

步骤01 ❶打开“研发部考勤表2.xlsx”工作簿，❷在“编辑”组中单击“查找和选择”按钮，❸在弹出的下拉菜单中选择“替换”命令，如图2-32所示。

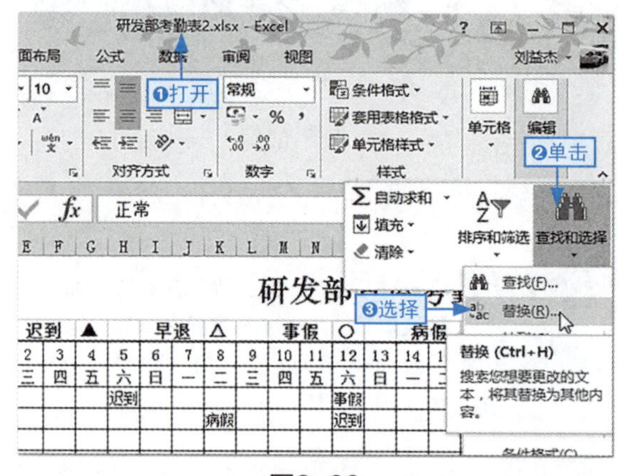


图2-32

步骤02 ❶在打开对话框的“查找内容”和“替换为”下拉列表框中输入相同内容，❷单击“选项”按钮，如图2-33所示。

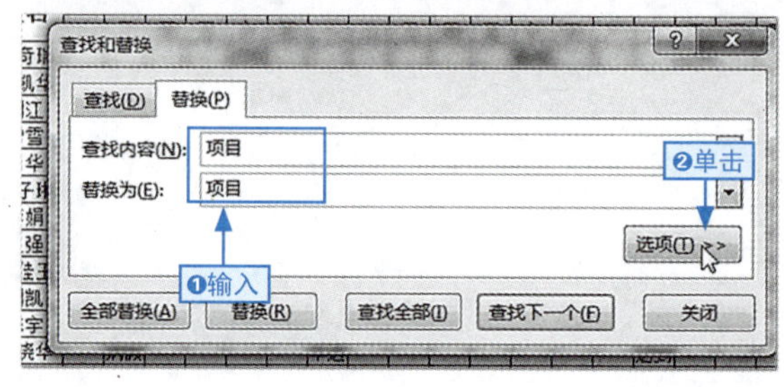


图2-33

步骤03 ❶单击“格式”下拉按钮，❷在弹出的下拉列表中选择“格式”选项，如图2-34所示。

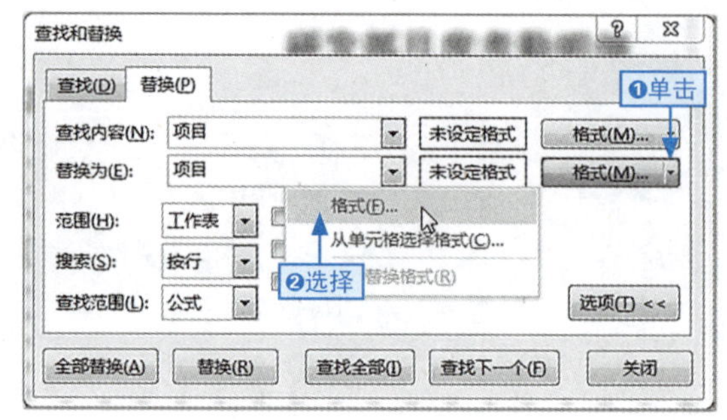


图2-34

**步骤04** 设置好单元格格式，❶在返回的对话框中单击“全部替换”按钮，❷单击“确定”按钮完成修改，如图2-35所示。

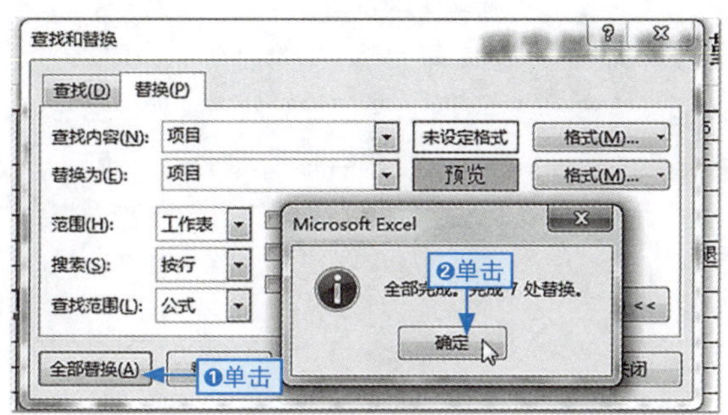


图2-35

## 2.3.3 数据的移动和复制

在工作表的编辑过程中，很多数据是可以重复使用的，此时就可以使用数据的移动和复制功能来快速完成新数据的制作，而无须再去一个一个输入。

| 本节素材 | 素材\Chapter02\研发部考勤表3.xlsx |
|---|---|
| 本节效果 | 效果\Chapter02\研发部考勤表3.xlsx |
| 学习目标 | 掌握移动和复制数据的方法 |
| 难度指数 | ★★ |

**步骤01** ❶打开“研发部考勤表3.xlsx”文件，❷按住Ctrl键向右拖动现有工作表标签，复制一张工作表，如图2-36所示。

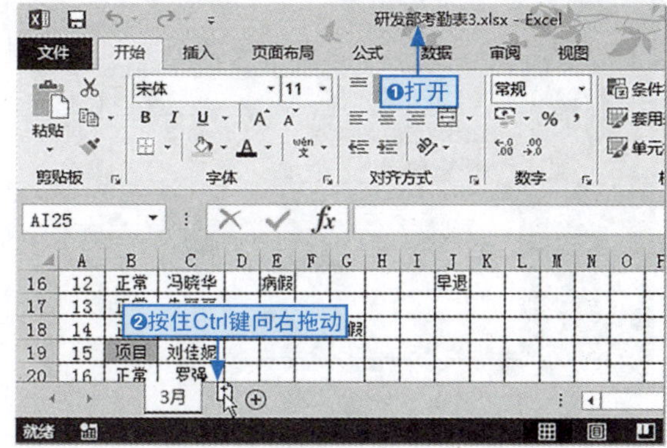


图2-36

**步骤02** ❶重命名复制的工作表，❷删除其中不需要的内容，如图2-37所示。

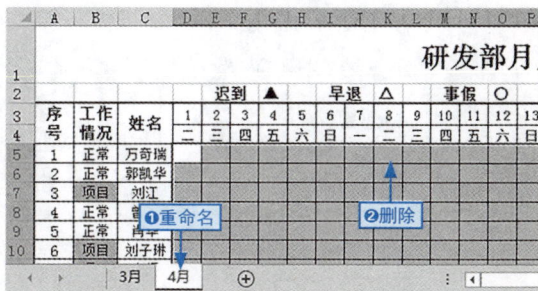

图2-37

**步骤03** ❶选择B3:B24单元格区域，❷按住Shift键，当鼠标指针变为十字形状时，拖动到C列单元格右侧，将两列数据互换，如图2-38所示。

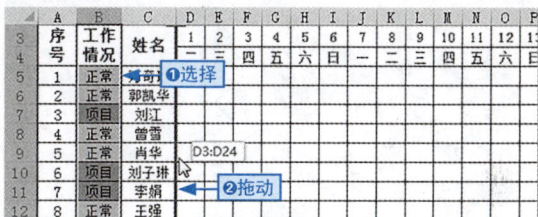

图2-38

**步骤04** ❶选择G4:M4单元格区域，按Ctrl+C组合键复制，❷选择D4单元格，❸单击“粘贴”按钮，如图2-39所示。

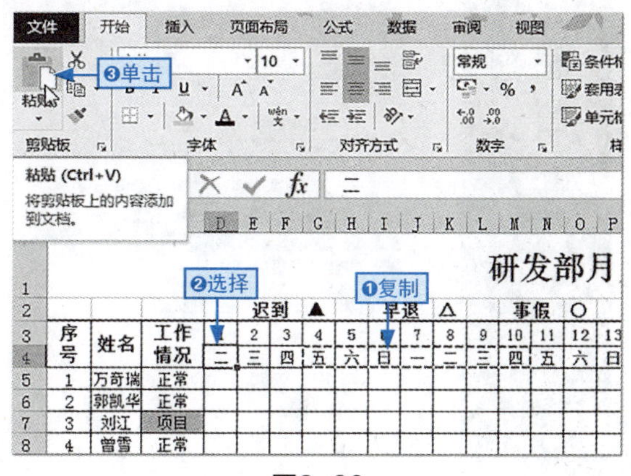


图2-39

步骤05 ❶多次粘贴复制的内容，❷在AH列标签上右击，在弹出的快捷菜单中选择“删除”命令，如图2-40所示。

图2-40

**根据星期改变格式**

在本实例中，2016 年 4 月 1 日为星期五，因此，我们需要做适当的调整。当用户复制了星期数据并粘贴到所需位置，日期行会自动将周六和周日对应的日期改变格式，这是因为本素材文件中包含有相应的条件格式公式，具体操作将在后面的章节进行详细讲解。

## 给你支招 | 怎样为工作簿设置打开密码

**小白：**我的工作簿数据很重要，怎么才能不让其他人随便打开我的工作簿呢？

**阿智：**可以为你的工作簿设置密码。只有输入正确的密码才能打开工作簿，这就可以很好地保护文件内容的安全。

步骤01 在需要被保护的工作簿中单击“文件”按钮，在打开的界面中，❶单击“保护工作簿”下拉按钮，❷选择“用密码进行加密”命令，如图2-41所示。

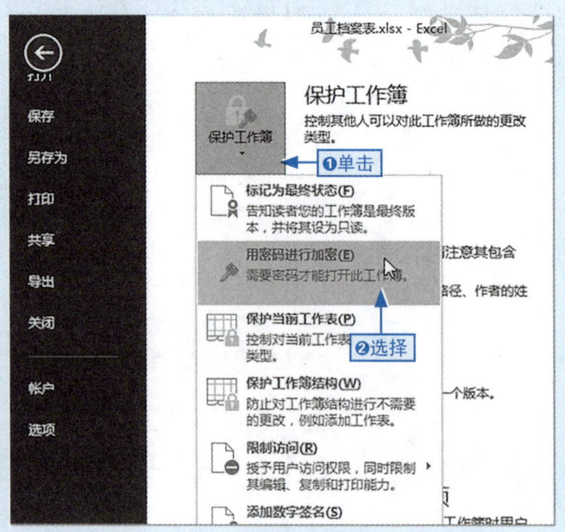

图2-41

步骤02 ❶在打开的对话框中输入密码，❷单击“确定”按钮，❸重新输入密码，❹单击“确定”按钮，如图2-42所示，完成后保存工作簿即可。

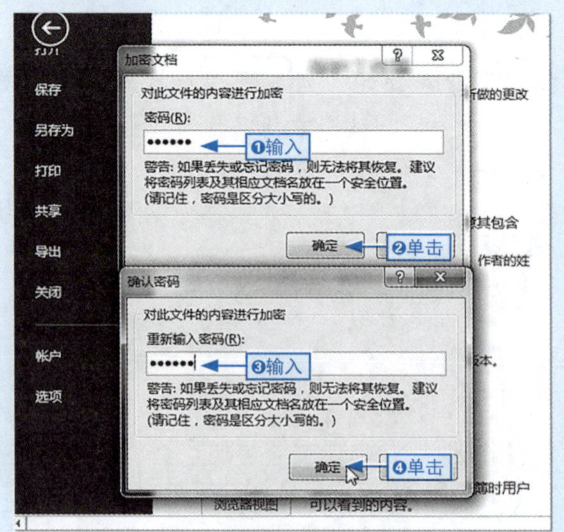

图2-42

## 给你支招 | 让工作簿只能看不能改

**小白：**我记得在Excel 2003中可以给工作簿设置编辑密码，文件可以打开，但要凭密码才可修改内容。为什么在Excel 2013中却没有此功能了呢？

**阿智：**这个功能还是有的，只是它并不在Excel里，而转到了系统的保存选项里面。下面就来看看如何为Excel 2013文件设置编辑密码。

**步骤01** ❶在“Background”视图中的“另存为”选项卡中选择“计算机”选项，❷单击“浏览”按钮，如图2-43所示。

图2-43

**步骤02** 在打开的对话框中选择文件保存的位置，❶单击“工具”下拉按钮，❷在弹出的下拉菜单中选择“常规选项”命令，如图2-44所示。

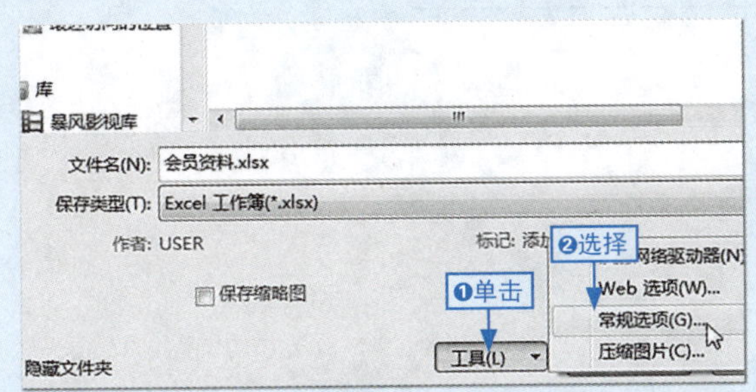


图2-44

**步骤03** ❶在“修改权限密码”文本框中输入修改密码，❷选中“建议只读”复选框，❸单击“确定”按钮，如图2-45所示。

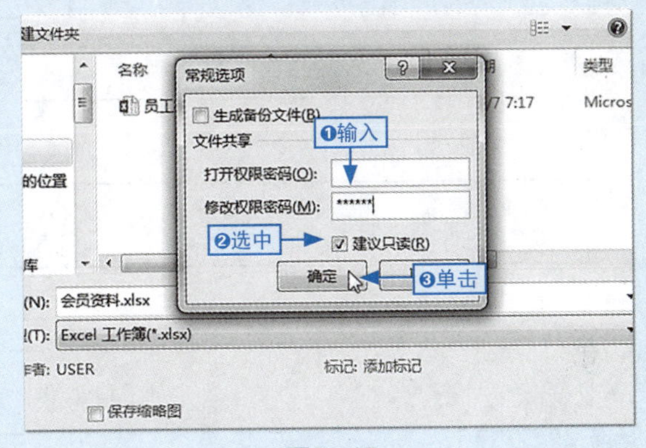


图2-45

**步骤04** ❶在打开的对话框中再次输入修改密码，❷单击“确定”按钮，如图2-46所示，最后单击“保存”按钮保存工作簿。

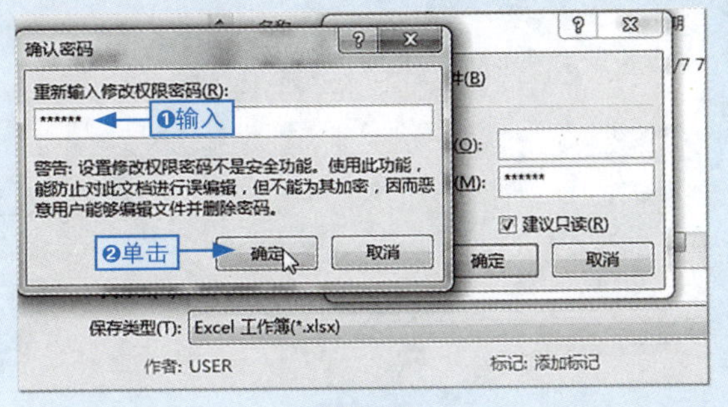


图2-46

## 阅读随笔

# Chapter 03

# 高效办公的必会技巧

## 学习目标

任何工作只要学会了一定的技巧，总会让效率有不同程度的提高。使用Excel办公也是一样，只有掌握了一些实用的技巧，才会做到真正的高效办公。本章就将为大家介绍一些非常实用的Excel高效办公技巧。

## 本章要点

- 从文本文档导入数据
- 使用分列功能拆分数据
- 同时操作多张工作表
- 同列中不能输入相同数据
- 限制数据的输入选项
- 控制单元格数据的长度
- 利用超链接打开指定文件夹
- 在不同工作表之间的跳转
- 用超链接打开文件
- 为超链接设置屏幕提示

| 知识要点 | 学习时间 | 学习难度 |
| --- | --- | --- |
| 编辑员工注册信息 | 50 分钟 | ★★★ |
| 完善社保缴纳记录 | 60 分钟 | ★★★★ |
| 文件管理中的跳转 | 30 分钟 | ★★ |

# 3.1 编辑员工注册信息

**小白：**我从系统中得到了一份员工注册信息数据，但它是文本文档，我想把它放到Excel里进行编辑可以吗?

**阿智：**当然可以，而且不需要你一个一个去输入，Excel可以直接将一些结构规整的文本文档数据导入，生成一条条记录。导入的数据如果类型不对，还可以进行一些快捷的处理。

有些数据并不是以Excel文件方式存在的，但它们的结构和Excel中的表格差不多。Excel支持从某些地方直接导入数据到工作表中，如从文本文档、网站、Access和SQL Server等导入。

## 3.1.1 从文本文档导入数据

从文本文档导入数据是使用最多的一种数据导入方式，很多设备或软件生成的数据都能以文本文档的方式存在。

| | |
|---|---|
| 本节素材 | ⊙素材\Chapter03\注册数据.txt |
| 本节效果 | ⊙效果\Chapter03\注册数据.xlsx |
| 学习目标 | 了解从文本文档导入数据的操作方法 |
| 难度指数 | ★★ |

**步骤01** 启动Excel，在开始界面中选择“空白工作簿”选项，新建一个空白工作簿，如图3-1所示。

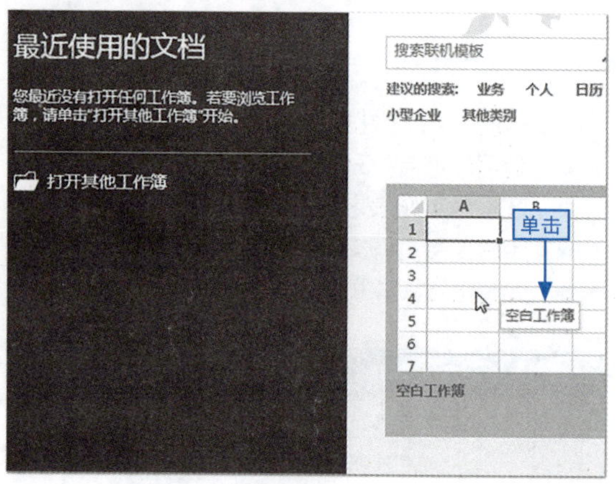


图3-1

**步骤02** ❶单击“数据”选项卡，❷在“获取外部数据”组中单击“自文本”按钮，如图3-2所示。

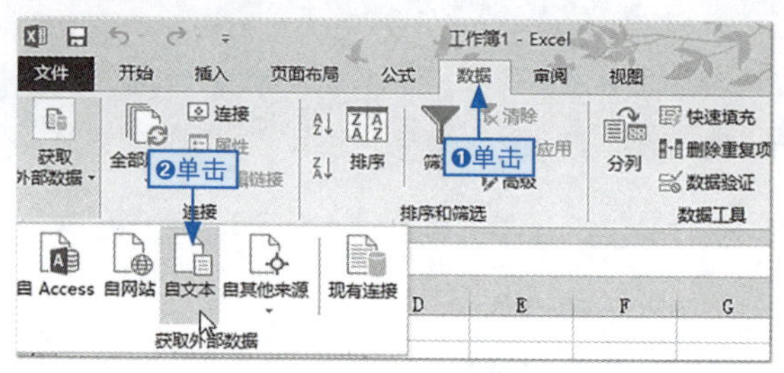


图3-2

**步骤03** ❶在打开的对话框中选择要导入的“注册数据.txt”文件，❷单击“导入”按钮，如图3-3所示。

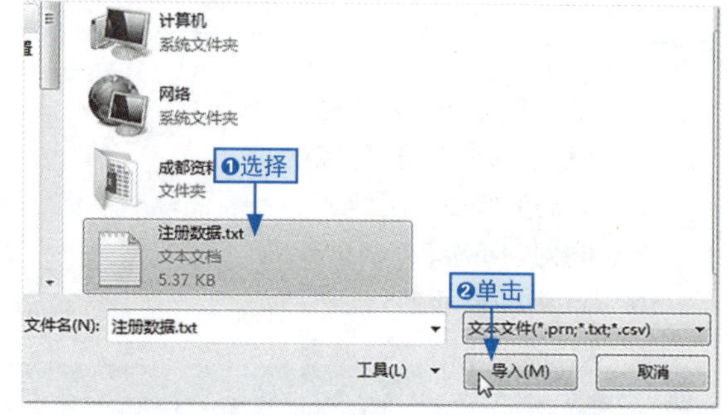


图3-3

步骤04 ❶在打开的对话框中选中“分隔符号”单选按钮，❷单击“下一步”按钮，如图3-4所示。

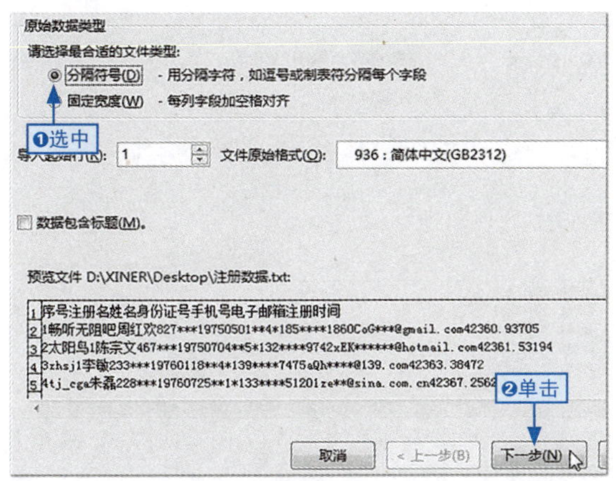


图3-4

步骤05 ❶在打开的对话框中选择合适的分隔符号，比如选中“Tab键”复选框并预览分隔后的效果，❷确认无误后单击“下一步”按钮，如图3-5所示。

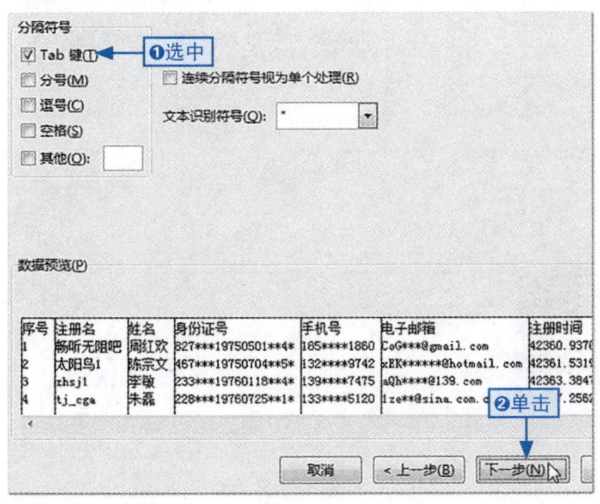


图3-5

步骤06 ❶在打开的对话框中分别对每列的数据格式进行设置（这里可以指定某些列的数据不导入），❷完成后单击“完成”按钮，如图3-6所示。

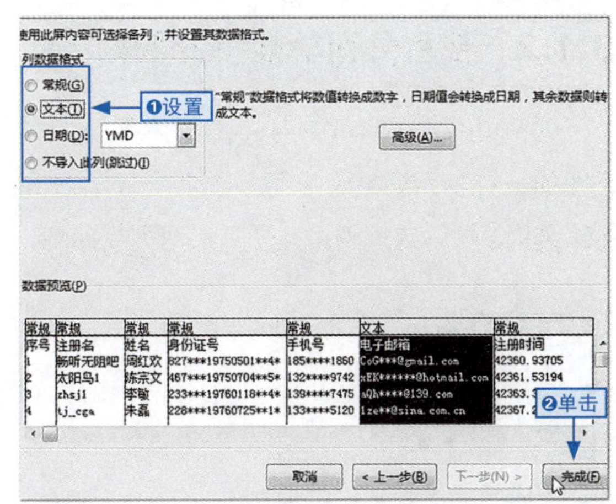


图3-6

步骤07 ❶在打开的对话框中选择数据导入位置，❷单击“确定”按钮，如图3-7所示。

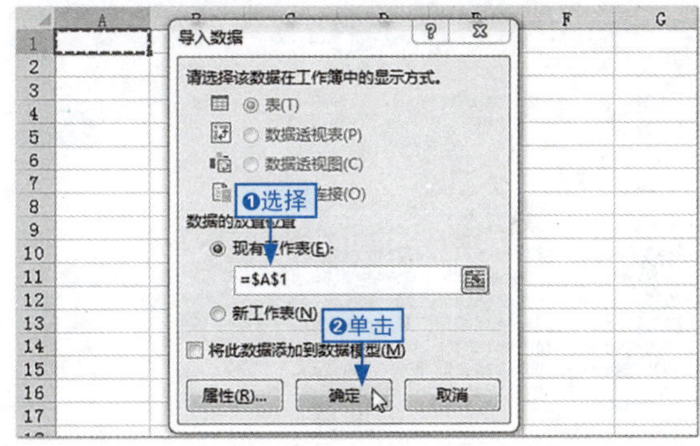


图3-7

步骤08 打开“另存为”对话框，选择文件保存的位置，❶输入文件名，❷单击“保存”按钮，如图3-8所示。

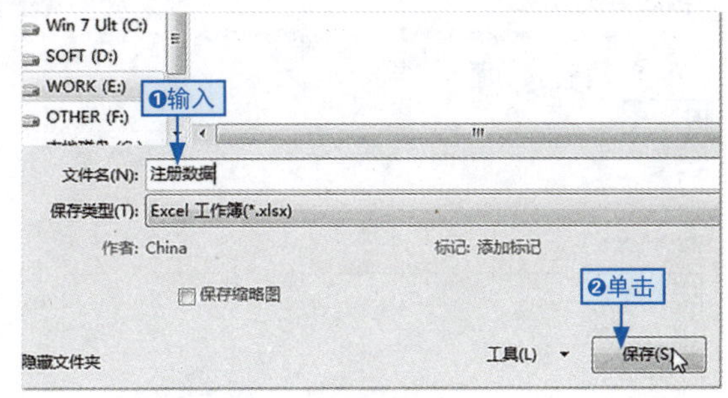


图3-8

## 3.1.2 使用分列功能拆分数据

分列功能是Excel中对外部导入数据批量处理的一种常用方式，它可以根据一列数据的特殊结构，按一定规则将其分隔为两列或多列。

| 本节素材 | ⊙素材\Chapter03\注册数据1.xlsx |
| --- | --- |
| 本节效果 | ⊙效果\Chapter03\注册数据1.xlsx |
| 学习目标 | 学会将一列数据拆分为两列 |
| 难度指数 | ★★ |

**步骤01** 打开“注册数据1.xlsx”素材文件，❶选择G列，❷在“数据”选项卡的“数据工具”组中单击“分列”按钮，如图3-9所示。

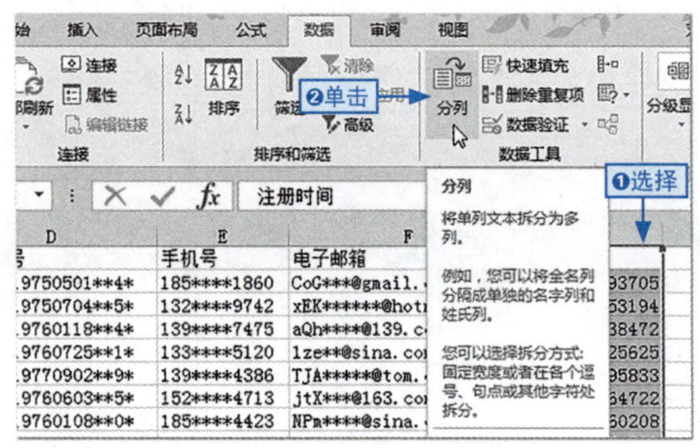


图3-9

**步骤02** ❶在打开的分列向导对话框中选中“分隔符号”单选按钮，❷单击“下一步”按钮，如图3-10所示。

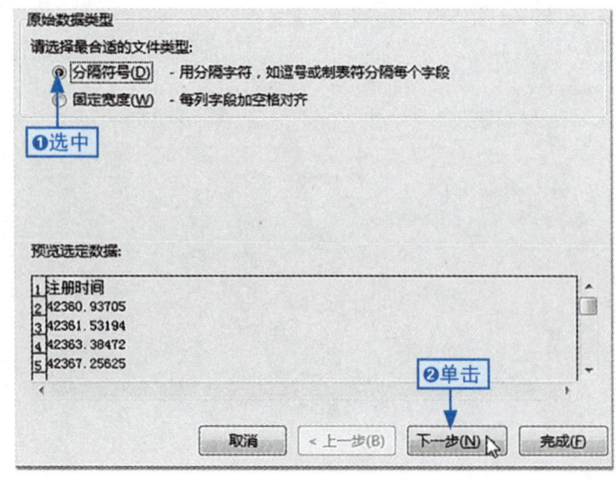


图3-10

**步骤03** ❶选中“其他”复选框，❷在其右侧文本框中输入分隔符号，这里输入“.”，❸单击“下一步”按钮，如图3-11所示。

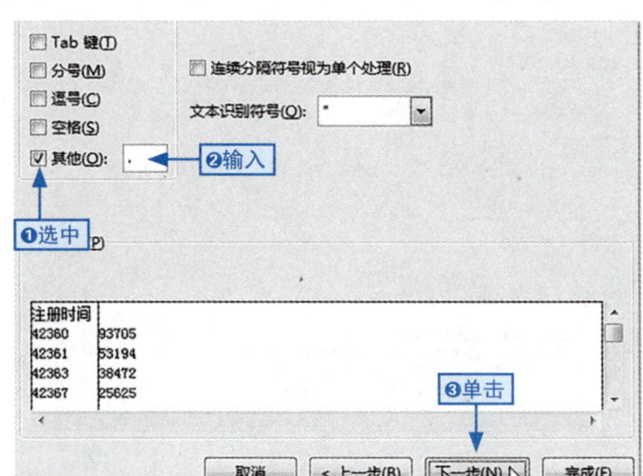


图3-11

**步骤04** ❶选择分隔后的第一列，❷在向导对话框中选中“日期”单选按钮，❸单击“完成”按钮，如图3-12所示。

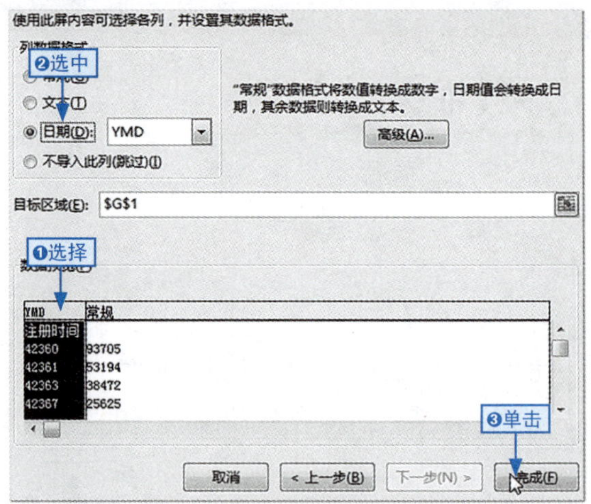


图3-12

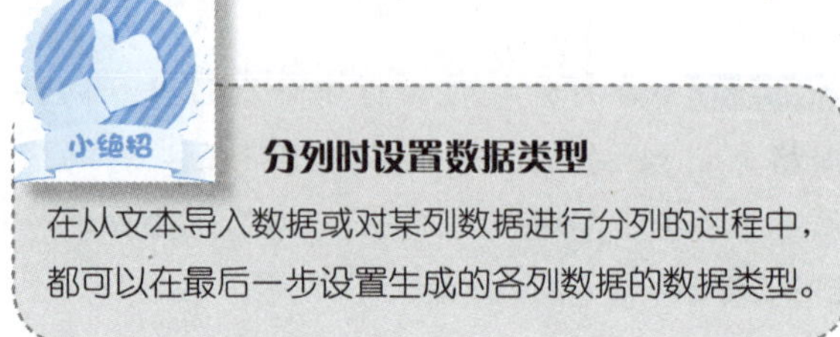


**分列时设置数据类型**

在从文本导入数据或对某列数据进行分列的过程中，都可以在最后一步设置生成的各列数据的数据类型。

## 3.1.3 快速改变数据类型

在导入的数据中，很多数据都是以文本形式存在的，可能不方便参与计算或设置数据类型，此时可以利用选择性粘贴功能来快速修改数据类型。

| | |
|---|---|
| 本节素材 | ⊙素材\Chapter03\注册数据2.xlsx |
| 本节效果 | ⊙效果\Chapter03\注册数据2.xlsx |
| 学习目标 | 利用选择性粘贴功能快速修改数据类型 |
| 难度指数 | ★★ |

**步骤01** 打开"注册数据2.xlsx"素材文件，在任意空白单元格中输入目标数据，这里输入0.00001，接着复制该单元格，如图3-13所示。

| F | G | H | I | J |
|---|---|---|---|---|
| 邮箱 | 注册日期 | 注册时间 | | |
| **@gmail.com | 2015/12/22 | 93705 | | 0.00001 |
| *****@hotmail.com | 2015/12/23 | 53194 | | |
| ***@139.com | 2015/12/25 | 38472 | | |
| *@sina.com.cn | 2015/12/29 | 25625 | | |
| ****@tom.com | 2015/12/29 | 95833 | | |
| **@163.com | 2015/12/30 | 64722 | | |
| ***@sina.com.cn | 2016/1/4 | 60208 | | |
| *@163.com | 2016/1/6 | 54722 | | |
| ****@tom.com | 2016/1/6 | 56181 | | |
| **@qq.com | 2016/1/8 | 21562 | | |
| ****@gmail.com | 2016/1/8 | 95069 | | |
| **@qq.com | 2016/1/12 | 7431 | | |
| *****@qq.com | 2016/1/12 | 31125 | | |
| *****@139.com | 2016/1/17 | 5139 | | |

输入

图3-13

**步骤02** ❶选择要转换数据类型的单元格区域，❷单击"粘贴"下拉按钮，❸选择"选择性粘贴"选项，如图3-14所示。

图3-14

**小绝招 选择性粘贴改变数据类型的讲究**

Excel在将一个以文本类型存储的数值数据进行四则运算时，得到的结果会是数值数据，选择性粘贴功能就是利用此功能来将以文本类型存储的数据转换为可计算的数据，输入1进行"乘"运算，可以不改变数值的大小。

**步骤03** ❶在打开的对话框中选中"乘"单选按钮，❷单击"确定"按钮，如图3-15所示。

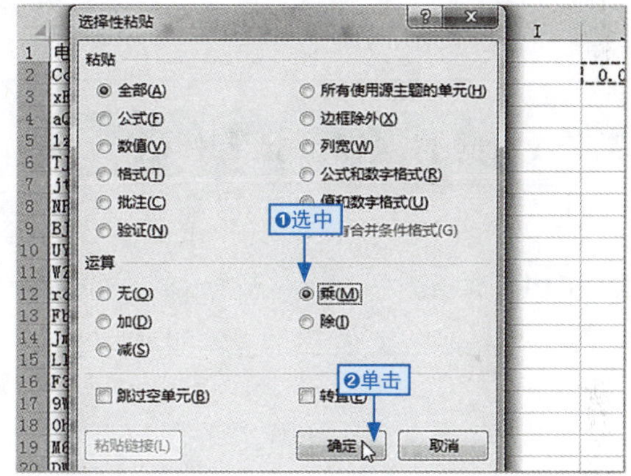


图3-15

**步骤04** 保持单元格区域的选中状态，❶在"开始"选项卡中单击"数字格式"下拉按钮，❷选择"时间"选项，如图3-16所示。

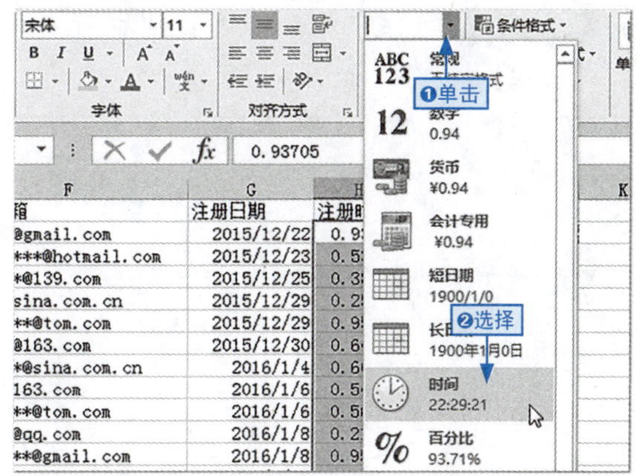


图3-16

# 3.2 完善社保缴纳记录

**小白：**我要完善一下这个社保缴纳记录表，怎么能同时编辑多张工作表中的数据，并且一些特定的单元格中只能输入一些符合条件的数据呢？

**阿智：**这个好办，同时编辑多张工作表的数据可以利用工作表组来完成，而限制数据输入可以用数据有效性来实现。

实际工作中的很多工作簿可能包含有几个甚至十几个结构完全相同的工作表，我们可以通过工作表组的方式来对这些结构相同的工作表进行统一修改，也可以利用数据有效性对特定单元格输入的内容进行限制。

## 3.2.1 同时操作多张工作表

当工作表中有多张结构相同的工作表时，按住Ctrl键选择工作表，被选择的工作表就会自动创建为一个组，此后的操作即可同时在多张工作表中进行。

| | |
|---|---|
| 本节素材 | 素材\Chapter03\社保缴纳记录1.xlsx |
| 本节效果 | 效果\Chapter03\社保缴纳记录1.xlsx |
| 学习目标 | 学习编辑多张工作表的方法 |
| 难度指数 | ★★ |

**步骤01** 打开工作簿，按住Ctrl键选择所有工作表，此时标题栏中的工作簿名称后面会有“[工作组]”字样，如图3-17所示。

图3-17

**步骤02** ❶按住Ctrl键选择C、D、E、G、J、K和L列，❷右击，❸在弹出的快捷菜单中选择“删除”命令，如图3-18所示。

图3-18

**步骤03** 保持所有工作表的选择状态，将E1单元格的值改为“参保日期”，按Enter键，如图3-19所示。

图3-19

**步骤04** 单击任意工作表标签，退出工作组状态，可以看到每张工作表中的数据都进行了相应的修改，如图3-20所示。

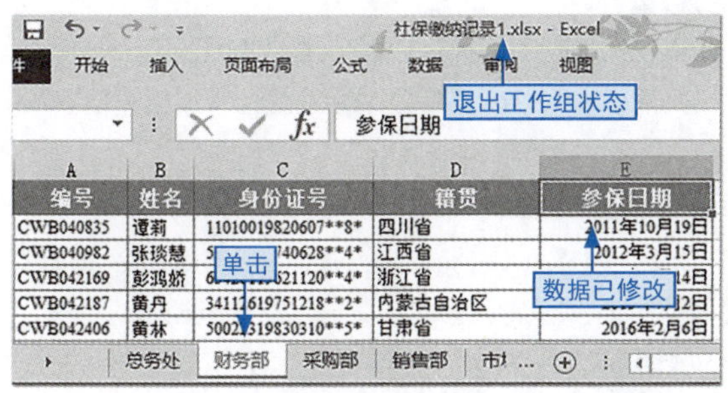


图3-20

## 3.2.2 同列中不能输入相同数据

在很多工作表中，某些字段要求的值可能是唯一的，比如员工编号或身份证号等，这时可利用数据有效性来限制同一列中不允许输入重复数据。

| | |
|---|---|
| 本节素材 | 素材\Chapter03\社保缴纳记录2.xlsx |
| 本节效果 | 效果\Chapter03\社保缴纳记录2.xlsx |
| 学习目标 | 掌握用数据有效性限制输入重复数据的方法 |
| 难度指数 | ★★★ |

**步骤01** 打开“社保缴纳记录2.xlsx”素材文件，❶在第1张工作表中选择A列，❷在“数据”选项卡的“数据工具”组中单击“数据验证”下拉按钮，如图3-21所示。

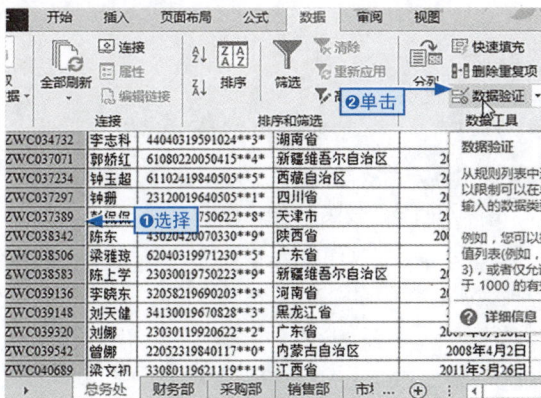

图3-21

**步骤02** 打开“数据验证”对话框，❶在“允许”下拉列表框中选择“自定义”选项，❷在“公式”文本框中输入公式“=COUNTIF($A:$A,A1)<=1”，❸单击“确定”按钮，如图3-22所示。

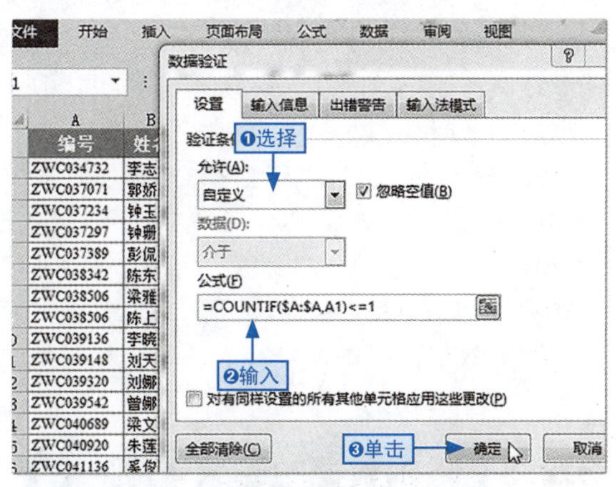


图3-22

**唯一性验证公式的简单解释**

本例中使用到了验证数据唯一性的一个简单公式，其主要由COUNTIF()函数构成，该公式表示在整个A列中统计当前单元格数值的个数，只有当统计结果小于或等于1时，才允许单元格接受该数值的输入。该函数的具体用法将在后面的章节中进行讲解。

**步骤03** ❶当在A列中输入已有数据时，❷将会得到错误提示，更改为非已有数据后方可完成输入，如图3-23所示。

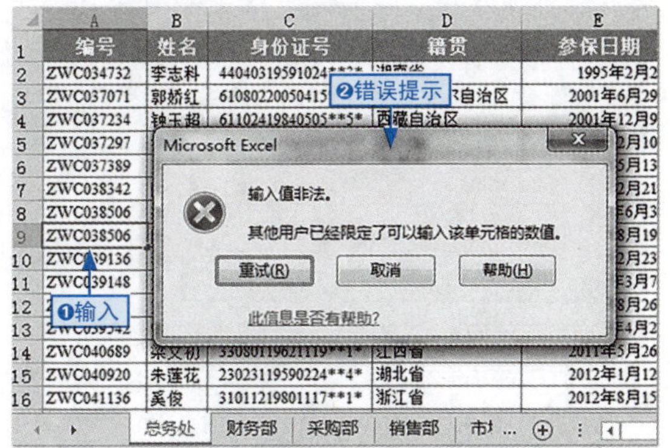


图3-23

长知识

**设置数据有效性的目标设置数据有效性的目标选择**

在设置数据有效性时，刚开始选择的单元格就是要为其设置有效性规则的目标区域。如果要使用公式来设置有效性验证条件，则必须要注意公式中单元格的引用位置。数据有效性验证公式会根据当前验证单元格的位置来得到公式计算的结果，从而判断是否是允许输入的值。

例如在以上实例中，如果当前验证的是A6单元格，则A6单元格中的判断公式为“=COUNTIF($A:$A,A6)<=1”。如果在选择整个A列时，将判断公式设置为了“=COUNTIF($A:$A,A2)<=1”，那么在判断A6单元格时，判断公式将会是“=COUNTIF($A:$A,A7)<=1”。这是在选择整个A列设置判断时，公式默认是判断该列的第1个单元格，即A1，而A6相当于A1而言，位置下移了5位，所以整个公式中的相对引用都会下移5位，即公式中的A2会自动变为A7。因此在设置公式时，一定要根据当前选择单元格区域来预测，以此来判断其他位置的单元格公式是否正确。

## 3.2.3 限制数据的输入选项

在某些字段中可能只要求输入特定的几个数据，此时可以利用数据有效性生成一个简单的下拉列表，直接从中选择。

| | |
|---|---|
| 本节素材 | ⊙素材\Chapter03\社保缴纳记录3.xlsx |
| 本节效果 | ⊙效果\Chapter03\社保缴纳记录3.xlsx |
| 学习目标 | 了解利用数据有效性生成下拉菜单的方法 |
| 难度指数 | ★★ |

步骤01 打开“社保缴纳记录3.xlsx”素材文件，❶在第1张工作表中选择G2:G17单元格区域，❷在“数据”选项卡的“数据工具”组中单击“数据验证”按钮，如图3-24所示。

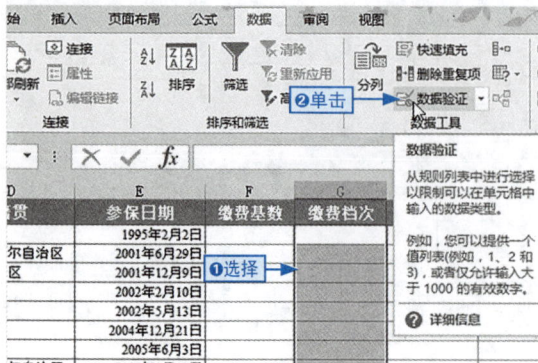

图3-24

步骤02 ❶在“允许”下拉列表框中选择“序列”选项，❷取消选中“忽略空值”复选框，如图3-25所示。

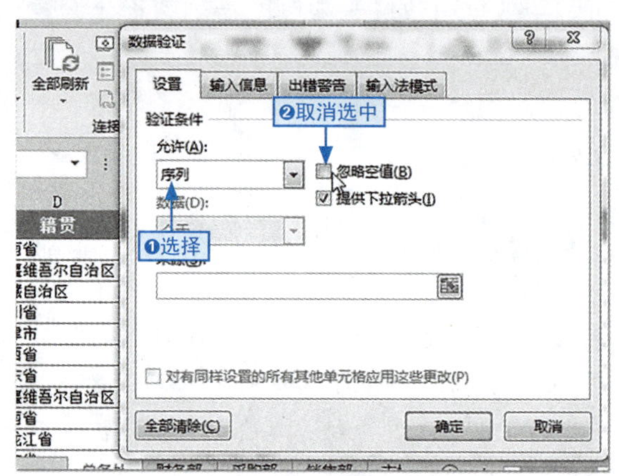

图3-25

**验证条件中的两个复选框**

在设置数据有效性时，有“忽略空值”和“提供下拉箭头”两个复选框（后者只有选择样式为“序列”时才会出现）。其中“忽略空值”表示设置了有效性验证的单元格区域允许接受空数据，“提供下拉箭头”表示将设置的序列以选项形式提供给用户来选择。

**步骤03** ❶在“来源”文本框中输入要显示的列表选项，用半角逗号“,”分隔，这里输入“一档（60%）,二档（80%）,三档（100%）”，❷完成后单击“确定”按钮，如图3-26所示。

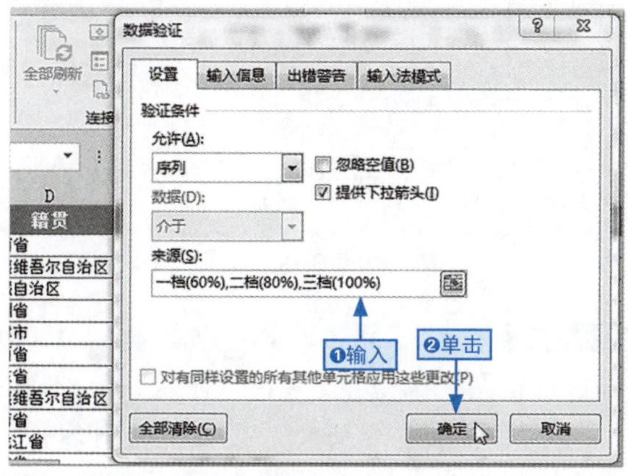


图3-26

**步骤04** ❶当选择G2:G17区域中任意单元格时，会出现下拉按钮，❷单击此按钮，即可选择数据完成输入，如图3-27所示。

| | D | E | F | G | H |
|---|---|---|---|---|---|
| 1 | 籍贯 | 参保日期 | 缴费基数 | 缴费档次 | 月缴金 |
| 2 | 湖南省 | 1995年2月2日 | | | |
| 3 | 新疆维吾尔自治区 | 2001年6月29日 | | | |
| 4 | 西藏自治区 | 2001年12月9日 | | | |
| 5 | 四川省 | 2002年2月10日 | | | |
| 6 | 天津市 | 2002年5月13日 | | | |
| 7 | 陕西省 | 2004年12月21日 | | | |
| 8 | 广东省 | 2005年6月3日 | | | |
| 9 | 新疆维吾尔自治区 | 2005年8月19日 | | | |
| 10 | 河南省 | 2007年2月23日 | | | |

图3-27

## 3.2.4 控制单元格数据的长度

在某些单元格中，要求输入的数据必须符合一定的长度，如密码和身份证号等。这时可以利用数据有效性来验证输入内容是否符合规定。

| | |
|---|---|
| 本节素材 | 素材\Chapter03\社保缴纳记录4.xlsx |
| 本节效果 | 效果\Chapter03\社保缴纳记录4.xlsx |
| 学习目标 | 掌握利用数据有效性限制输入长度的方法 |
| 难度指数 | ★★ |

**步骤01** 打开“社保缴纳记录4.xlsx”素材文件，❶在第1张工作表中选择C2:C17单元格区域，❷在“数据”选项卡的“数据工具”组中单击“数据验证”按钮，如图3-28所示。

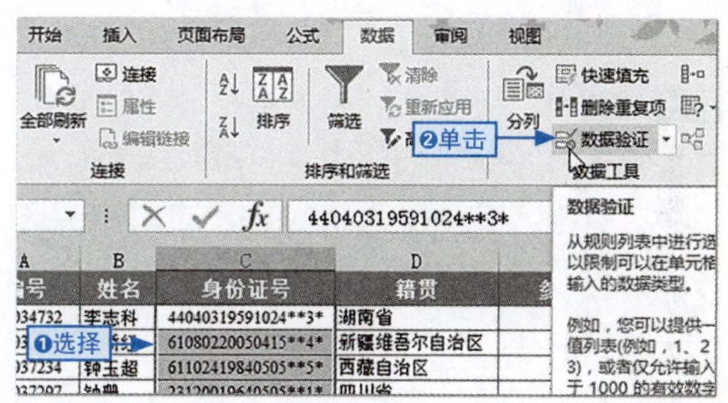


图3-28

**步骤02** ❶单击“允许”下拉按钮，❷在下拉列表中选择“文本长度”选项，如图3-29所示。

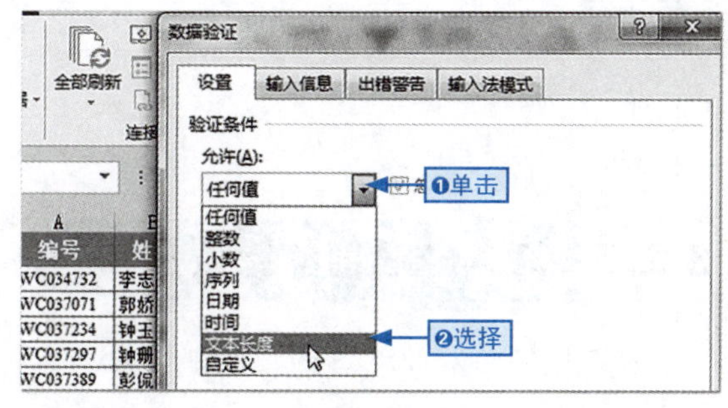


图3-29

**步骤03** ❶取消选中“忽略空值”复选框，❷在“数据”下拉列表框中选择“等于”选项，如图3-30所示。

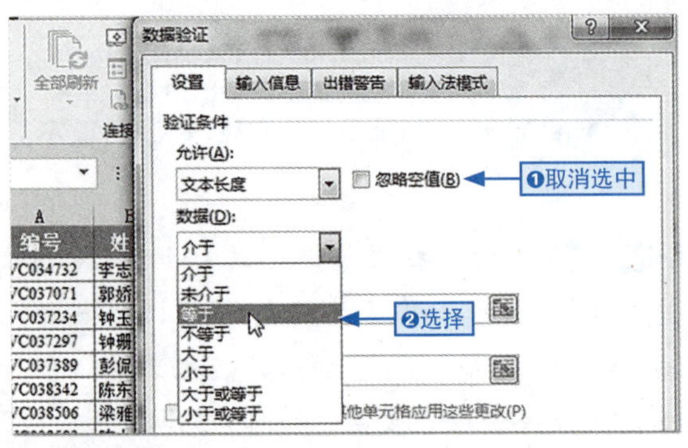


图3-30

**步骤04** ❶在“长度”文本框中输入18，❷单击“确定”按钮完成设置，如图3-31所示。

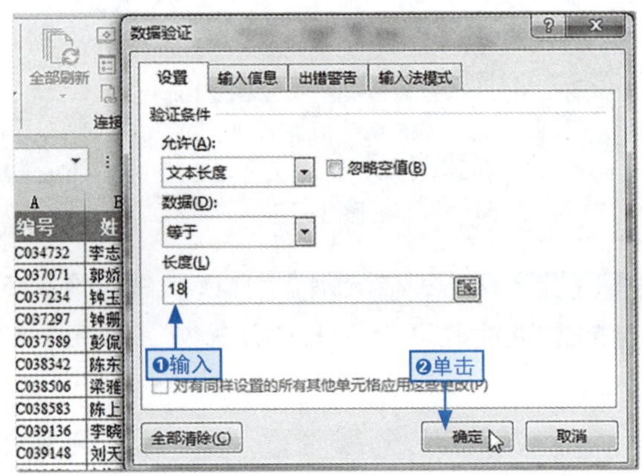


图3-31

## 3.2.5 输入非法值的错误提示

设置数据有效性的目的通常都是为了使输入的数据更加准确无误。为了让用户知道其输入的数据错在哪里，可以为数据有效性设置错误提示。

| | |
|---|---|
| 本节素材 | 素材\Chapter03\社保缴纳记录5.xlsx |
| 本节效果 | 效果\Chapter03\社保缴纳记录5.xlsx |
| 学习目标 | 掌握为数据有效性设置错误提示的方法 |
| 难度指数 | ★★ |

**步骤01** 打开“社保缴纳记录5.xlsx”素材文件，❶在第1张工作表中选择A列，❷在“数据”选项卡的“数据工具”组中单击“数据验证”按钮，如图3-32所示。

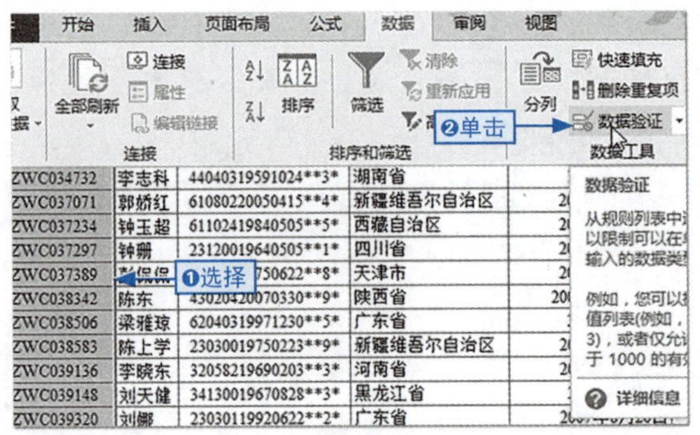


图3-32

**步骤02** 打开“数据验证”对话框，❶选择“输入信息”选项卡，❷在“标题”和“输入信息”文本框中分别输入要显示的内容，如图3-33所示。

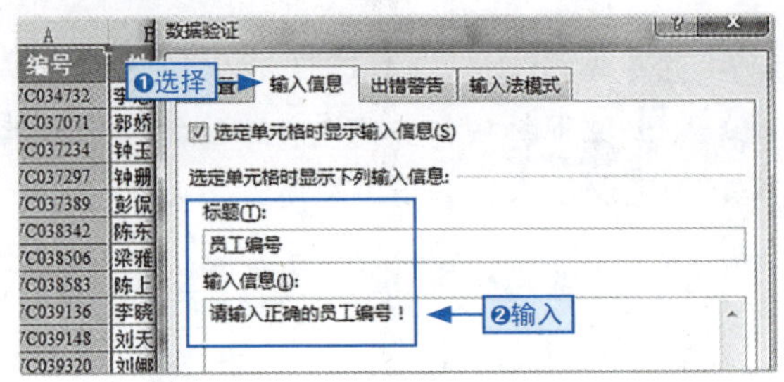


图3-33

**步骤03** ❶选择“出错警告”选项卡，❷输入出错时对话框要显示的内容，❸单击“确定”按钮，如图3-34所示。

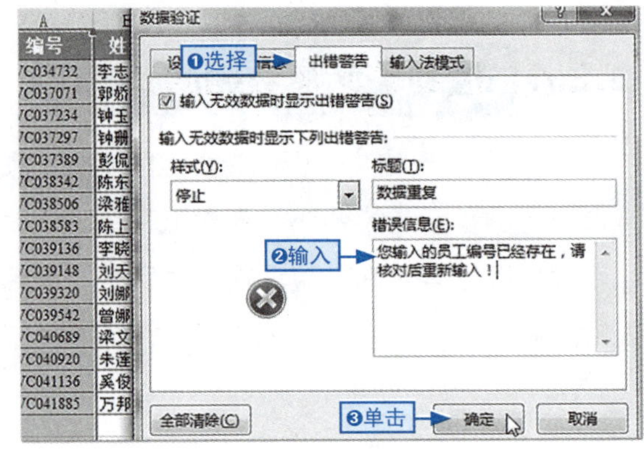


图3-34

步骤04 选择A列任意单元格，即可得到提示。输入非法值时，也将得到关于错误的说明，如图3-35所示。

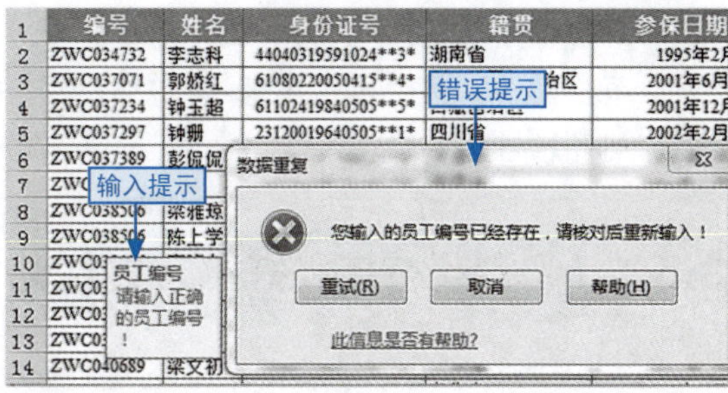


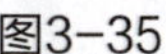
图3-35

**数据验证出错警告的3种对话框样式**

在设置出错警告时，有停止、信息和警告 3 种样式可供选择，这 3 种样式分别会弹出不同的警告对话框，用户不同的选择，会产生不同的效果。

默认的“停止”样式对话框如图 3-36(a) 所示，该样式只有输入符合条件的数据才可以被接受（单击“重试”按钮重新输入，单击“取消”按钮放弃输入）。

“信息”样式对话框如图 3-36(b) 所示，该样式可以接受任何数据的输入，数据有效性的设置仅起到一个提示作用（单击“确定”按钮接受输入，单击“取消”按钮放弃输入）。

“警告”样式对话框如图 3-36(c) 所示，该样式会询问用户是否输入当前不符合规则的数据（单击“是”按钮接受输入，单击“否”按钮拒绝并要求重新输入，单击“取消”按钮放弃输入）。

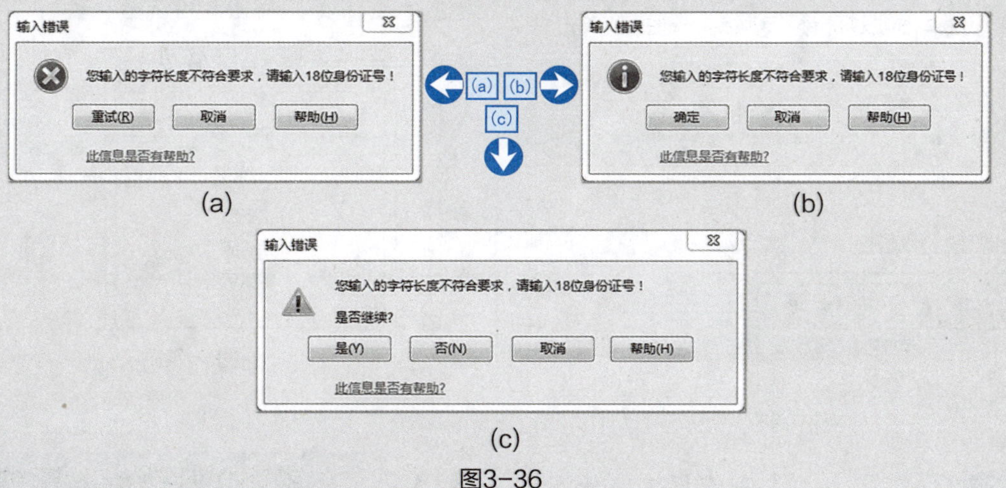


图3-36

## 3.3 文件管理中的跳转

**阿智：**你这个文件怎么老是提示错误呢?

**小白：**我想在文件管理工作簿中做一些跳转，但老是出错。

**阿智：**Excel中的跳转基本都是靠超链接实现的。在Excel中使用超链接有点困难，不过不用担心，我来给你支点招。

Excel中的超链接可以实现在同一工作表中不同位置的跳转，也可以实现同一工作簿中不同工作表之间的跳转；甚至可以用来直接打开电脑中其他的文件，但这与电脑中文件保存的位置有很大关系，可移植性不高。

## 3.3.1 利用超链接打开指定文件夹

超链接功能最简单的使用方法就是直接打开电脑中某个指定的文件夹，可用于打开某个项目目录。

| | |
|---|---|
| 本节素材 | ⊙素材\Chapter03\人事管理 |
| 本节效果 | ⊙效果\Chapter03\人事管理 |
| 学习目标 | 掌握在Excel中直接打开文件夹的方法 |
| 难度指数 | ★ |

步骤01 打开“人事管理”文件夹中的“目录导航”素材文件，❶在“员工档案”工作表中选择C3单元格，❷在“插入”选项卡中的“链接”组单击“超链接”按钮，如图3-37所示。

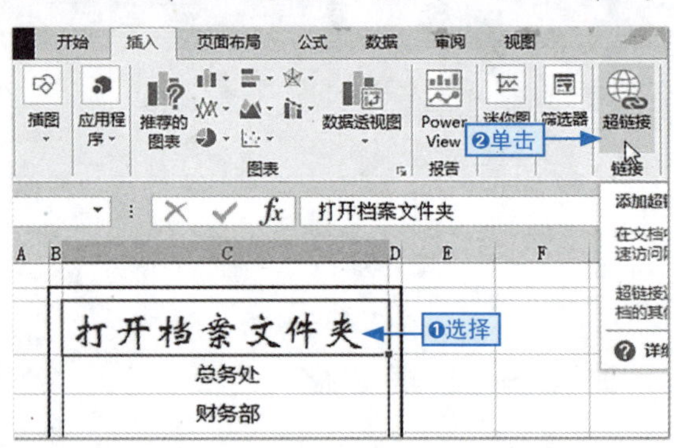


图3-37

步骤02 ❶在“链接到”列表框中选择“现有文件或网页”选项，❷在“查找范围”下拉列表框中选择位置，❸选择要打开的文件夹，❹单击“确定”按钮，如图3-38所示。

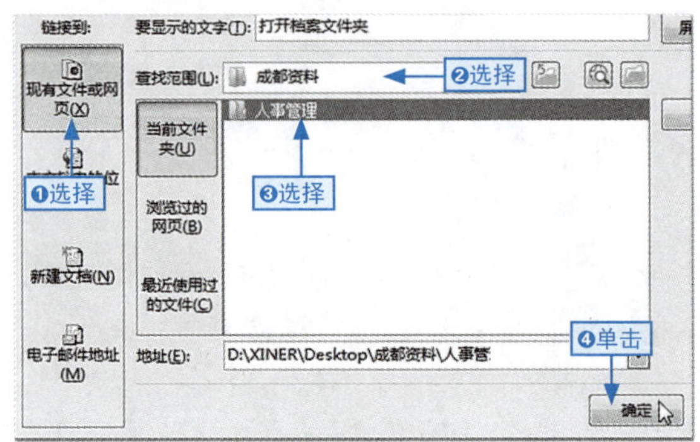


图3-38

步骤03 返回到工作表中，当鼠标指针移动到有超链接的单元格上时，会显示出提示信息并变换指针样式，单击该超链接即可打开对应的文件夹，如图3-39所示。

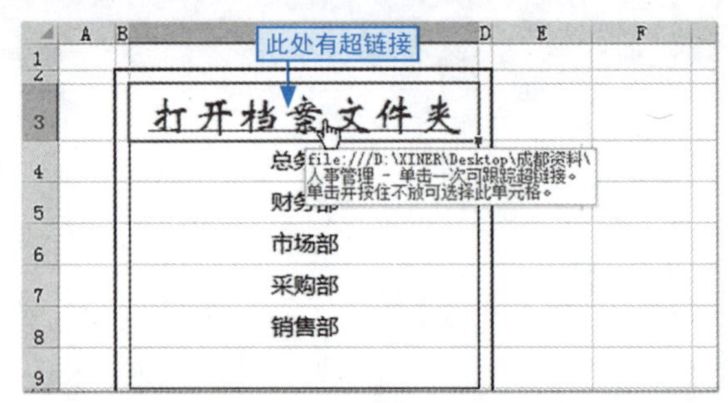


图3-39

## 3.3.2 在不同工作表间的跳转

超链接还可以实现在同一工作簿中的不同工作表或同一工作表中的不同位置进行跳转。

| | |
|---|---|
| 本节素材 | ⊙素材\Chapter03\人事管理 |
| 本节效果 | ⊙效果\Chapter03\人事管理 |
| 学习目标 | 了解直接跳转到工作簿中其他位置的方法 |
| 难度指数 | ★ |

步骤01 打开“人事管理”文件夹中的“目录导航1”素材文件，❶选择“目录”工作表的C6单元格并右击，❷在弹出的快捷菜单中选择“超链接”命令，如图3-40所示。

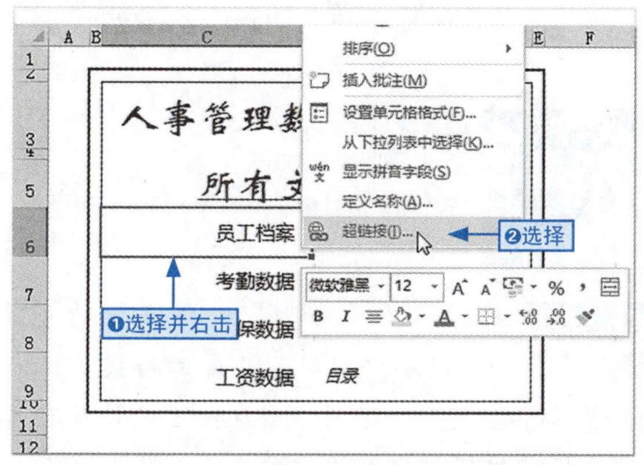


图3-40

步骤02 ❶在“链接到”列表框中选择“本文档中的位置”选项，❷在“或在此文档中选择一个位置”列表框中选择“员工档案”选项，❸在“请键入单元格引用”文本框中输入C3，❹单击“确定”按钮，如图3-41所示。

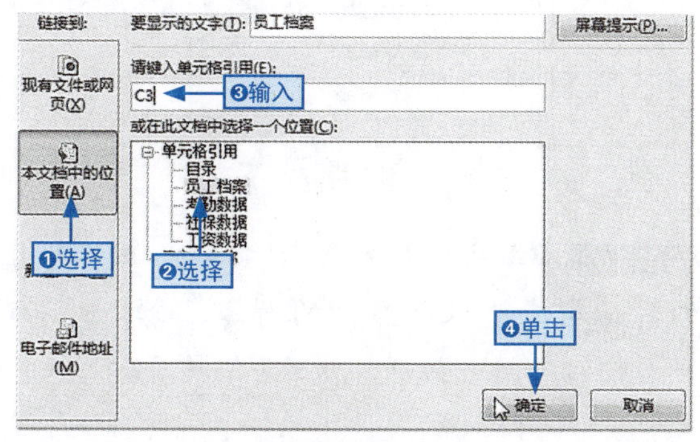


图3-41

步骤03 用同样的方法分别将C7、C8和C9单元格链接到“考勤数据”“社保数据”和“工资数据”工作表的C3单元格，如图3-42所示。

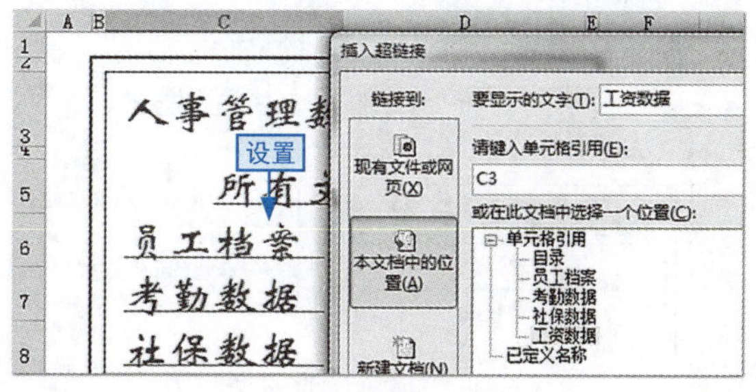


图3-42

步骤04 ❶选择C6:C9单元格区域，❷重新设置其字体和字号，如图3-43所示。

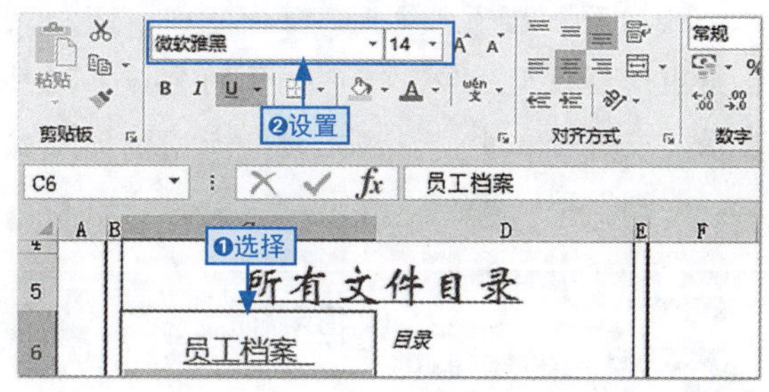


图3-43

## 3.3.3 用超链接打开文件

超链接除了能以不同位置实现快速跳转外，也可以直接打开指定位置的文件（主要以Office文件为主）。

| | |
|---|---|
| 本节素材 | ⊙素材\Chapter03\人事管理 |
| 本节效果 | ⊙效果\Chapter03\人事管理 |
| 学习目标 | 了解通过超链接打开指定文件的方法 |
| 难度指数 | ★ |

步骤01 打开“人事管理”文件夹中的“目录导航2”素材文件，❶在“员工档案”工作表中选择C4单元格，❷在“插入”选项卡的“链接”组中单击“超链接”按钮，如图3-44所示。

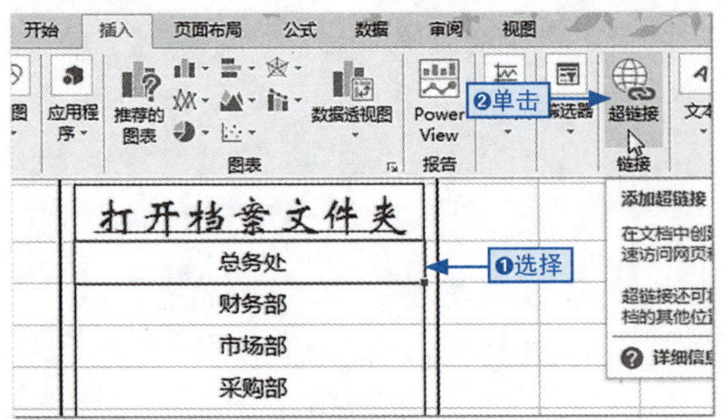


图3-44

**步骤02** ❶在"链接到"列表框中选择"现有文件或网页"选项，❷在"查找范围"下拉列表框中选择位置，❸选择要打开的文件，这里选择"总务处.xlsx"选项，❹单击"确定"按钮，如图3-45所示。

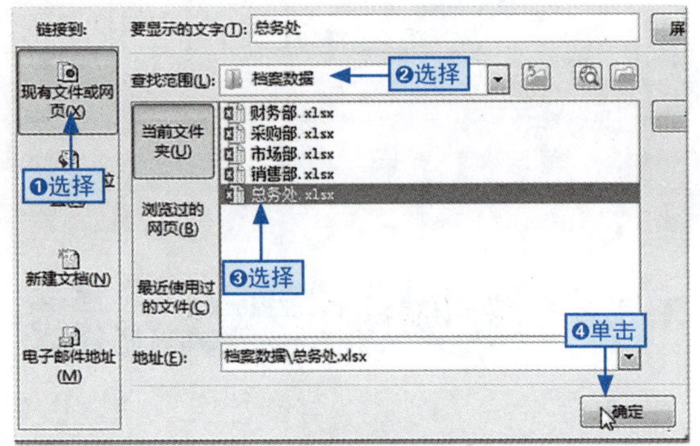


图3-45

**步骤03** 用相似的方法为C5、C6、C7和C8单元格设置超链接，用于打开对应的Excel工作簿，如图3-46所示。

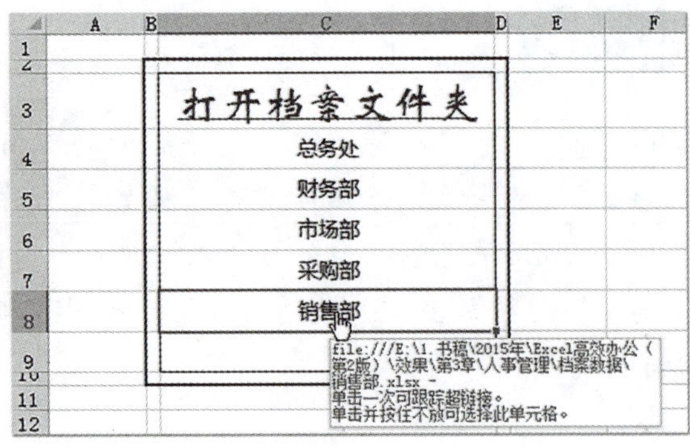


图3-46

## 3.3.4 为超链接设置屏幕提示

在单元格中创建好超链接后，当鼠标指针指向该单元格时，会显示一大串路径信息，我们可以通过设置来控制此时显示的内容。

| | |
|---|---|
| 本节素材 | ⊙素材\Chapter03\人事管理 |
| 本节效果 | ⊙效果\Chapter03\人事管理 |
| 学习目标 | 设置鼠标指针指向超链接时显示的内容 |
| 难度指数 | ★ |

**步骤01** 打开"人事管理"文件夹中的"目录导航3"素材文件，❶在"员工档案"工作表中的C4单元格上右击，❷在弹出的快捷菜单中选择"编辑超链接"命令，如图3-47所示。

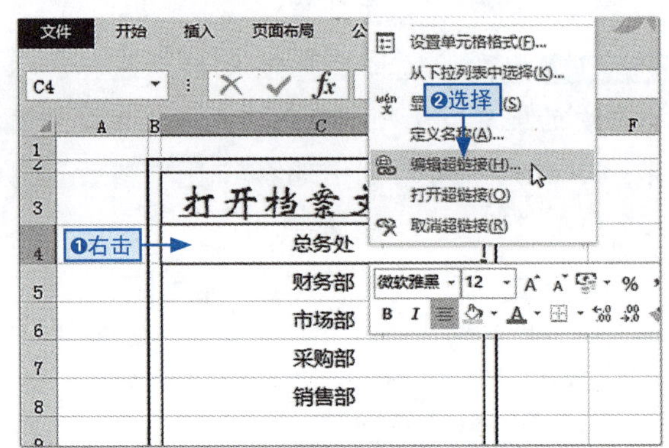


图3-47

**步骤02** ❶单击"屏幕提示"按钮，❷在打开的对话框中输入要显示的内容，❸单击"确定"按钮关闭对话框，如图3-48所示。

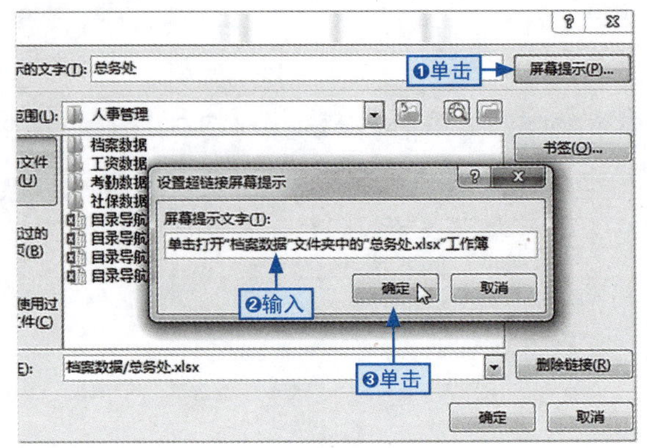


图3-48

步骤03 用同样方法设置其他超链接的屏幕提示内容，当鼠标指针指向这些超链接时，就会显示所设置的内容，如图3-49所示。

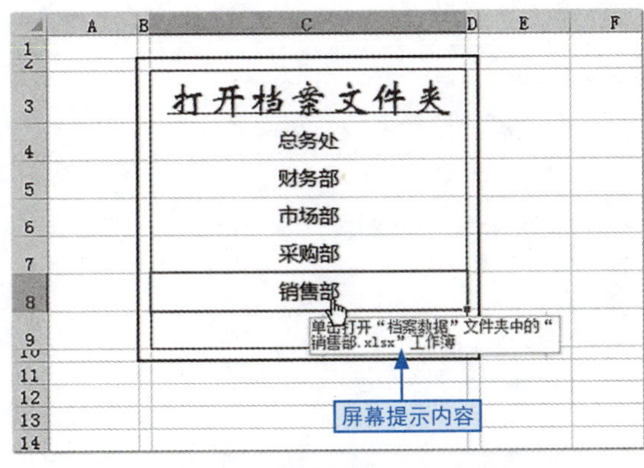


图3-49

小绝招

**选择带超链接的单元格**

在单元格中设置了超链接后，单击单元格会执行超链接的跳转。要选择单元格，可以按住鼠标左键不放，两秒后会自动选择该单元格。也可以将鼠标指针移动到单元格中没有内容的空白区域单击，或者选择其相应的单元格后，通过键盘上的方向键进行选择。

## 给你支招 | 直接获取网页上的数据到工作表

**小白：** 这个网页上的数据不能复制，但我想在工作表中编辑分析这个页面上的表格数据，有什么办法能把它复制到工作表中吗?

**阿智：** 之前提到过，Excel可以直接获取网页中的数据，这时就可以利用该功能，其具体操作如下。

步骤01 新建空白工作簿，❶选择“数据”选项卡，❷在“获取外部数据”组中单击“自网站”按钮，如图3-50所示。

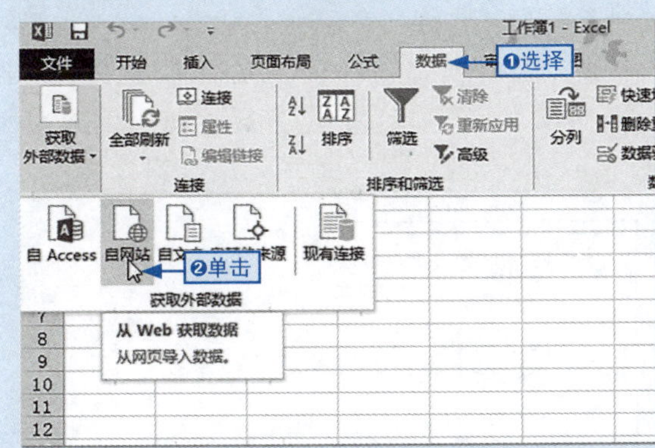


图3-50

步骤02 ❶在“地址”下拉列表框中粘贴网页地址，❷单击“转到”按钮来浏览数据所在页面，如图3-51所示。

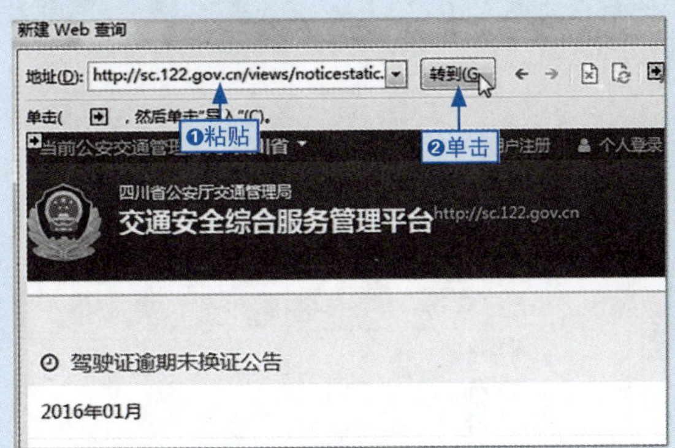


图3-51

**步骤03** ❶浏览到目标表格，单击➡按钮选择要导入的数据表格后，➡会变成☑，❷单击“导入”按钮，如图3-52所示。

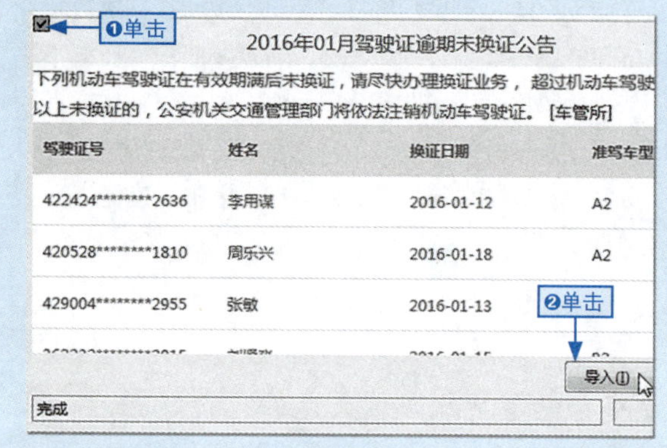

图3-52

**步骤04** ❶设置数据导入的位置，❷单击“确定”按钮，如图3-53所示。删除多余的内容后并保存工作簿即可。

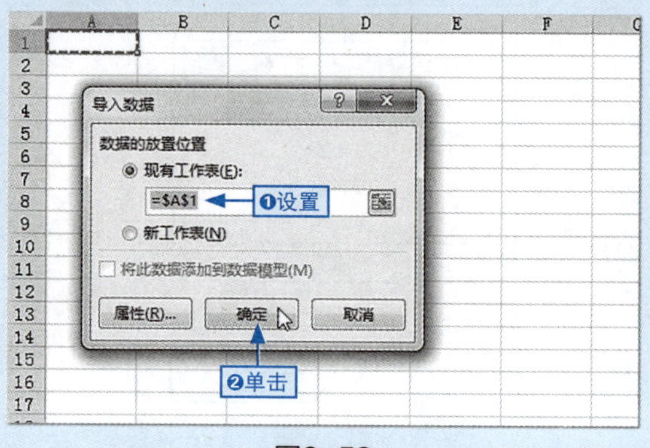

图3-53

## 给你支招 | 为有规律的文件批量创建超链接

**小白：** 我这里有几十个工作簿，它们的名称已经列在工作表中了。我想为所有工作簿都创建超链接，不会要一个一个去创建吧？

**阿智：** 如果已经将所有工作簿名称都列举到工作表中，此时可以使用HYPERLINK()函数来批量创建超链接，其具体操作如下。

**步骤01** ❶选择目标单元格，❷输入公式“=HYPERLINK("..素材\第3章\人事管理\考勤数据\"&C4&".xlsx","打开")”，如图3-54所示。

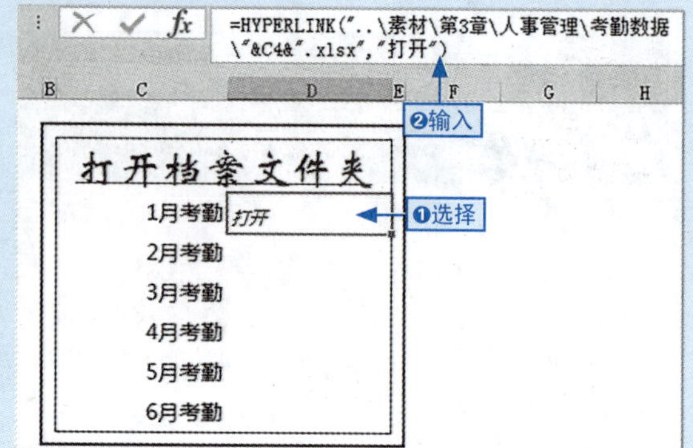

图3-54

**步骤02** 完成公式输入，❶用鼠标右键拖动自动填充柄，❷选择“不带格式填充”命令，如图3-55所示。

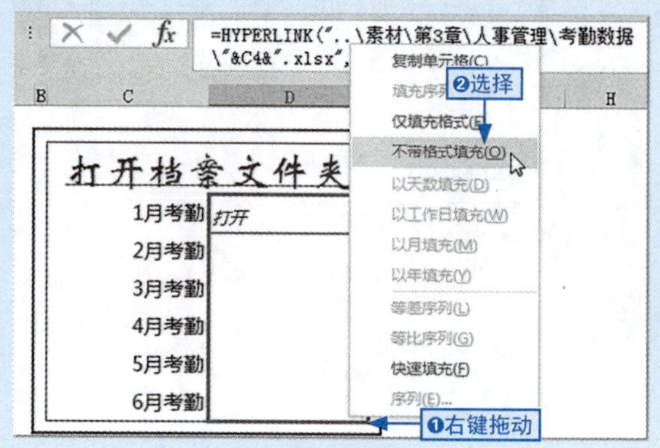

图3-55

**HYPERLINK()函数的基本使用**

HYPERLINK() 函数用于创建快捷方式或跳转，以打开存储在网络服务器、Intranet 或 Internet 上的文档，其语法格式为“HYPERLINK(link_location，[friendly_name])”。

其中 link_location 为必选参数，表示要打开的文档的路径和文件名，无论该参数的结构如何，整个参数的最终值应该是一个能准确指向某路径或文件的字符串。不同的指向目标有不同的表达方式，如表 3-1 所示。

表3-1

| 指向目标 | 表达方式 |
| --- | --- |
| 本地文件夹 | "文件夹路径" |
| 具体文件夹 | "文件夹路径.后缀名" |
| 当前工作簿中的单元格 | "[工作簿名.后缀名]工作表名!单元格" |
| 外部工作簿中的单元格 | "[文件夹路径+工作簿名.后缀名]工作表名!单元格" |

## 给你支招 | 让超链接文本字体不发生改变

**小白：**为什么我在创建超链接后，原来设置的单元格格式会自动变化呢？有没有方法可以让超链接后的单元格格式根据自己的想法来变化呢？

**阿智：**可以啊。创建超链接后，Excel会自动为单元格应用内置的“超链接”样式，可以通过新建主题样式或更改当前主题包含的单元格样式来修改其样式。新建主题颜色可以分别设置超链接单击前后的字体颜色，而更改单元格样式可以控制其设置前后的字体。

**步骤01** 打开要设置超链接样式的文件，❶切换到“页面布局”选项卡，❷在“主题”组中单击“颜色”下拉按钮，❸选择“自定义颜色”选项，如图3-56所示。

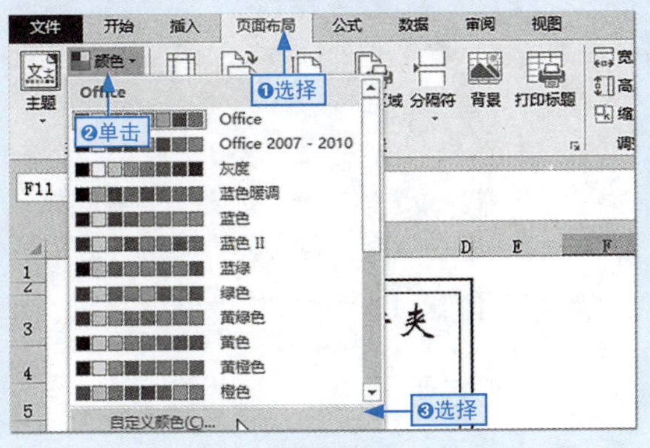


图3-56

**步骤02** ❶在打开的对话框中对超链接的颜色进行设置，❷设置颜色名称，比如输入“超链接”，❸单击“保存”按钮保存主题颜色，如图3-57所示。

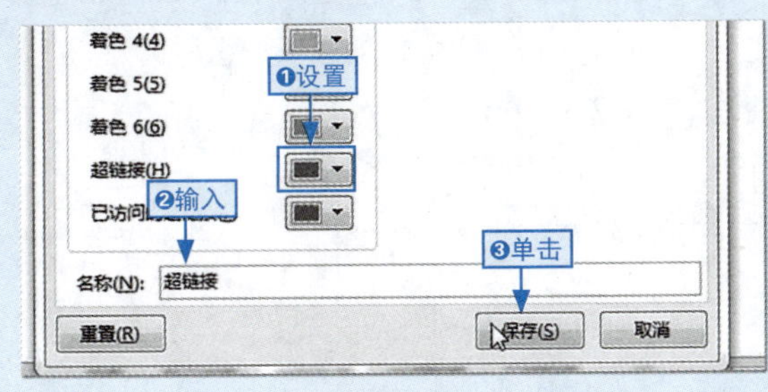


图3-57

**步骤03** ❶选择超链接所在的单元格，❷单击“单元格样式”按钮，如图3-58所示。

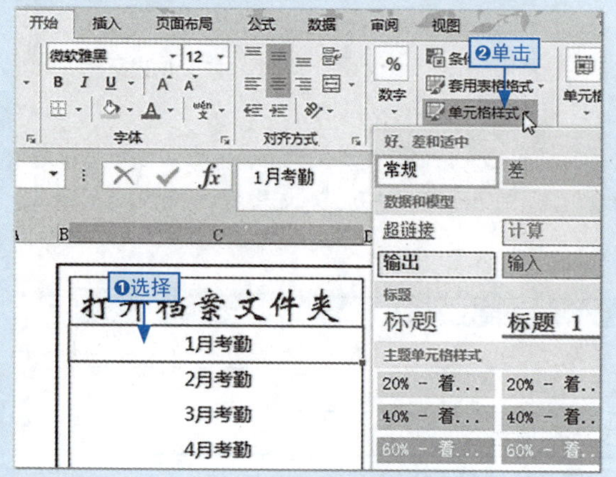


图3-58

**步骤04** ❶在“数据和模型”栏中右击“超链接”选项，❷在弹出的快捷菜单中选择“修改”命令，如图3-59所示。

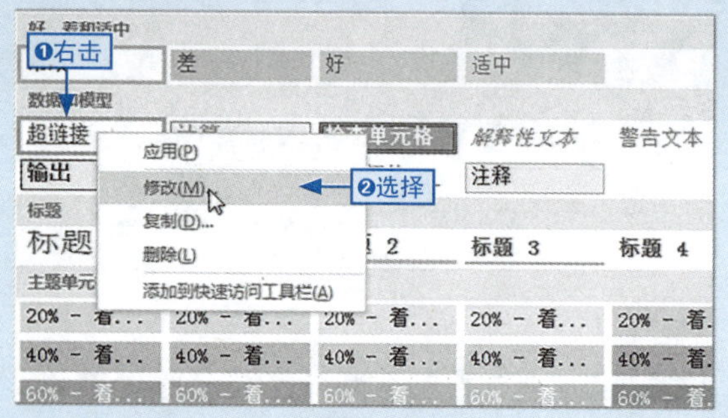


图3-59

**步骤05** ❶在打开的对话框中取消选中“样式包括”选项组中的所有复选框，❷单击“确定”按钮，可使超链接后单元格样式不发生改变，如图3-60所示。

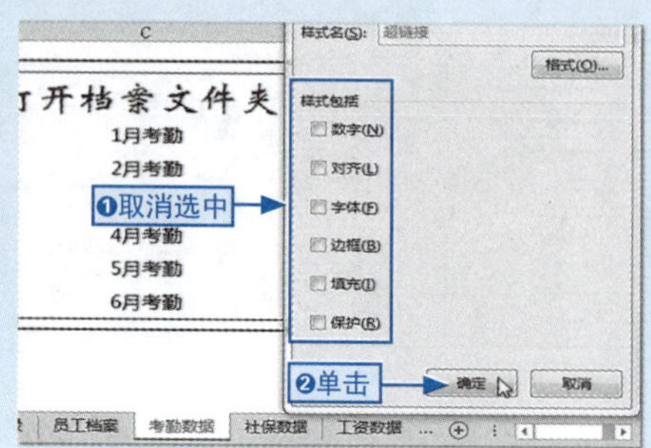


图3-60

**步骤06** 也可以在“样式”对话框中单击“格式”按钮，在打开的“设置单元格格式”对话框中对其格式进行设置。如图3-61所示。

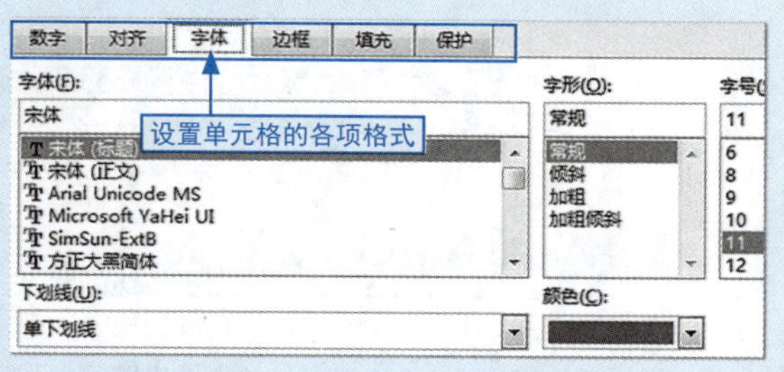


图3-61

**步骤07** ❶用同样的方法在“已访问的”选项上右击，❷在弹出的快捷菜单中选择“修改”命令进行修改，如图3-62所示。

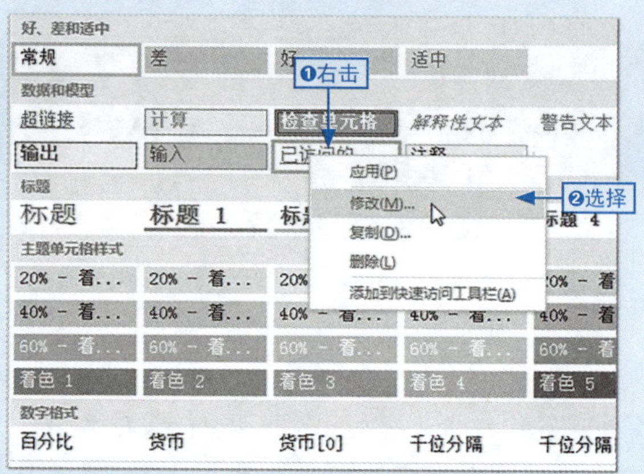


图3-62

**样式包含和具体样式设置**

在修改单元格的样式时，“样式”对话框的“样式包括”选项组中包含了6个复选框，分别对应“设置单元格格式”对话框中的6个选项卡。也就是说，如果在这里没有选中相应的对话框，那么无论单元格格式如何设置，其对应的项目都不会生效。即如果取消选中所有复选框，则即使设置超链接单元格格式也不会产生任何改变。

# Chapter 04 表格编辑第一步：格式化

## 学习目标

Excel表格的编辑包含很多方面，表格的格式化是表格编辑中对表格外观影响最大的一个方面。表格格式化的方法有很多，包含工作簿整体美化的主题、工作表整体美化的表格样式、单个单元格美化的单元格格式，以及动态美化的条件格式等。灵活应用这些手段，可以让你的表格与众不同。

## 本章要点

- 直接应用主题效果
- 自定义主题
- 为单元格区域套用表样式
- 设置表格样式的显示效果
- 自定义表格样式
- 自定义单元格样式
- 数字格式也能美化表格
- 用底纹突出单元格数据
- 显示数值最大的前3项
- 强调表格中的重复数据

| 知识要点 | 学习时间 | 学习难度 |
|---|---|---|
| 用主题美化员工月度工资表 | 30 分钟 | ★★ |
| 用表格样式和单元格样式美化表格 | 60 分钟 | ★★★★ |
| 用条件格式美化工作表 | 50 分钟 | ★★★ |

# 4.1 用主题美化员工月度工资表

**阿智：**你这个表格不太好看，要不要美化一下啊?

**小白：**我正在想怎么美化呢，你能帮帮我吗?

**阿智：**当然可以，最简单的美化方法就是通过Office的主题功能，来统一设置整个工作簿的外观。

Excel中的主题是一系列颜色、字体和效果的集合，可以对整个工作簿中的所有工作表进行整体美化。用户也可以应用某种主题后对其中的部分效果进行更改，然后保存为新的主题样式。

## 4.1.1 直接应用主题效果

Excel 2013中内置了19种主题效果，默认使用Office主题。用户可以直接选择使用其他内置的主题。

| | |
|---|---|
| 本节素材 | 素材\Chapter04\月度工资表1.xlsx |
| 本节效果 | 效果\Chapter04\月度工资表1.xlsx |
| 学习目标 | 了解在何处更改主题效果 |
| 难度指数 | ★ |

**步骤01** 打开“月度工资表1.xlsx”素材文件，❶选择“页面布局”选项卡，❷单击“主题”下拉按钮，如图4-1所示。

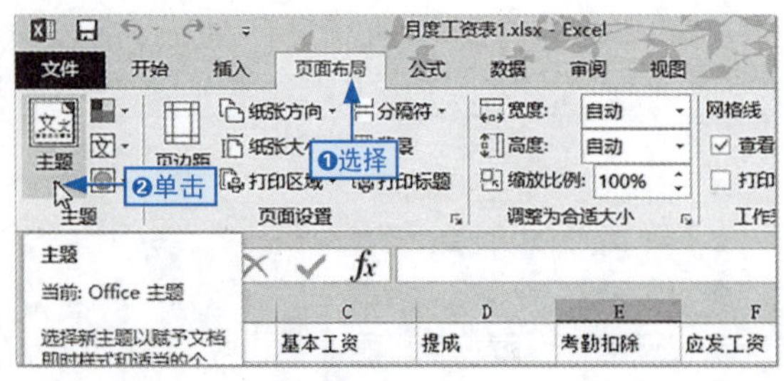


图4-1

**步骤02** 在打开的列表中，将鼠标指针指向某个选项，即可预览该主题的效果。选择选项，即可应用该主题，比如选择“环保”选项，如图4-2所示。

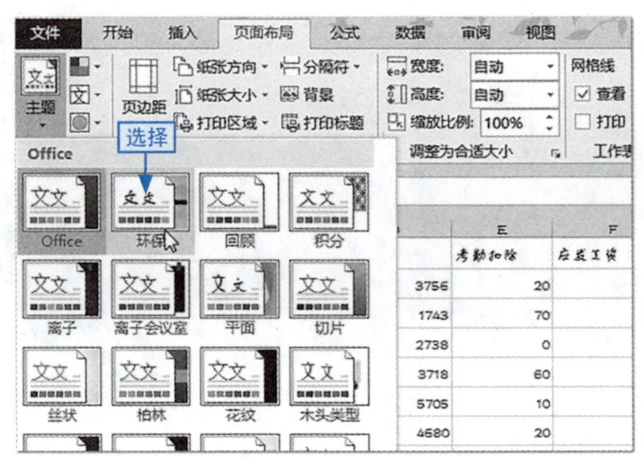


图4-2

## 4.1.2 自定义主题

用户可以在内置主题的基础上，对主题的颜色和字体进行修改，然后保存为新的主题，以方便在其他工作簿中使用。

| | |
|---|---|
| 本节素材 | 素材\Chapter04\月度工资表2.xlsx |
| 本节效果 | 效果\Chapter04\月度工资表2.xlsx |
| 学习目标 | 学会如何自定义Excel的主题 |
| 难度指数 | ★★ |

**步骤01** 打开“月度工资表2.xlsx”素材文件，❶在“页面布局”选项卡中单击“颜色”下拉按钮，❷选择“气流”选项，如图4-3所示。

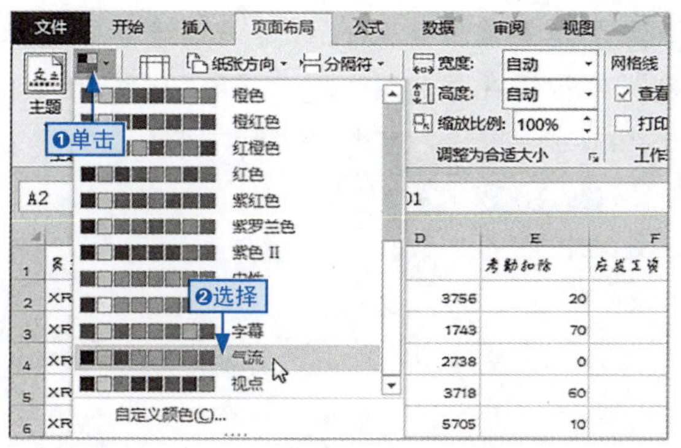

图4-3

**步骤02** ❶单击“字体”下拉按钮，❷选择“自定义字体”选项，如图4-4所示。

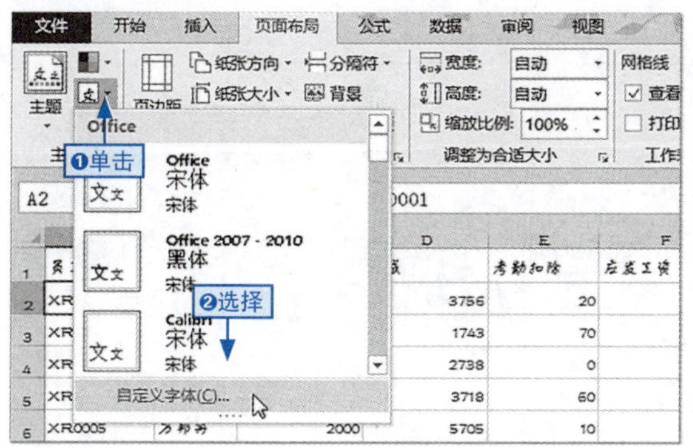

图4-4

**步骤03** 打开“新建主题字体”对话框，❶在“西文”栏的“标题字体（西文）”下拉列表框中选择Arial选项，❷在“正文字体（西文）”下拉列表框中选择Times New Roman选项，如图4-5所示。

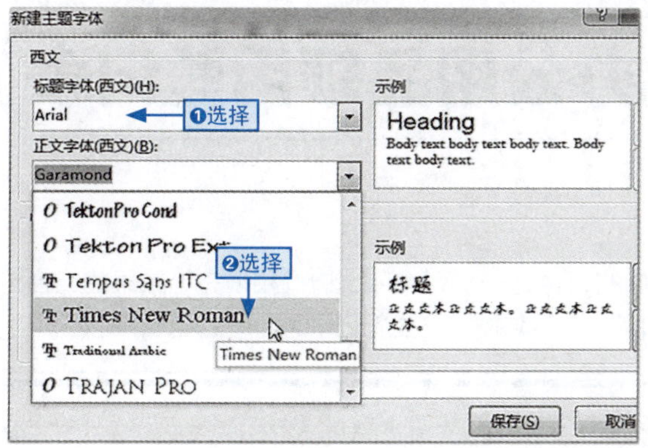

图4-5

**步骤04** ❶在“中文”栏的“标题字体（中文）”下拉列表框中选择“华文中宋”选项，❷在“正文字体（中文）”下拉列表框中选择“宋体”选项，如图4-6所示。

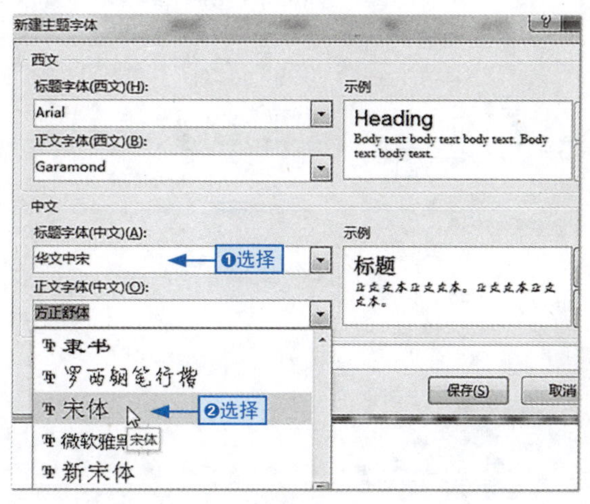

图4-6

**步骤05** ❶在“名称”文本框中输入主题字体名称，这里输入“工资”，❷单击“保存”按钮保存主题字体，如图4-7所示。

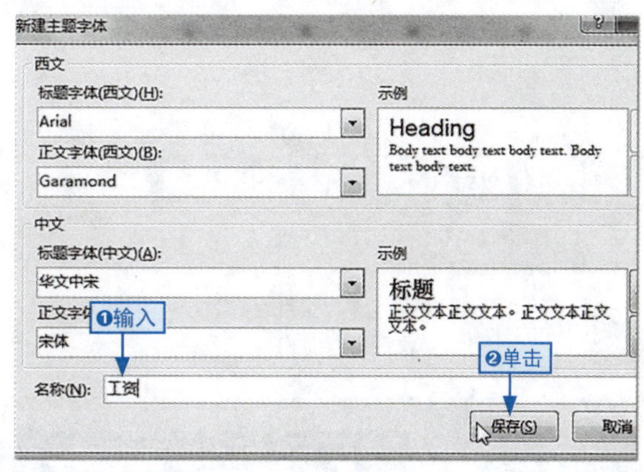

图4-7

**步骤06** ❶返回工作表中，在“主题”组中单击“主题”下拉按钮，❷选择“保存当前主题”选项，如图4-8所示。

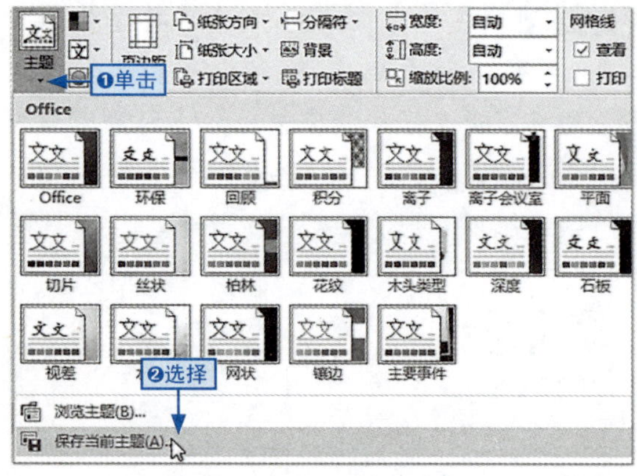

图4-8

**步骤07** ❶输入主题文件名称，❷单击“保存”按钮保存自定义主题，如图4-9所示。

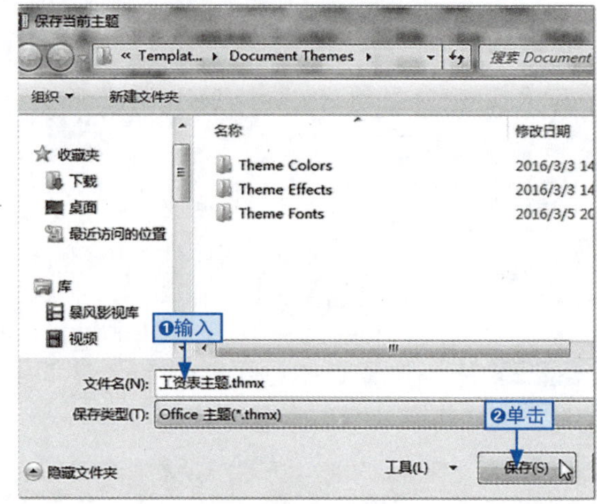

图4-9

长知识

**导入源自其他地方的主题**

Excel 的主题是以 .thmx 为后缀名保存的。用户在某台电脑上设置并保存好自定义的主题后，也可以在其他电脑上导入该主题使用，方法是单击“主题”按钮，❶选择“浏览主题”选项，❷在打开的对话框中选择要导入的主题文件，❸单击“打开”按钮，如图 4-10 所示。

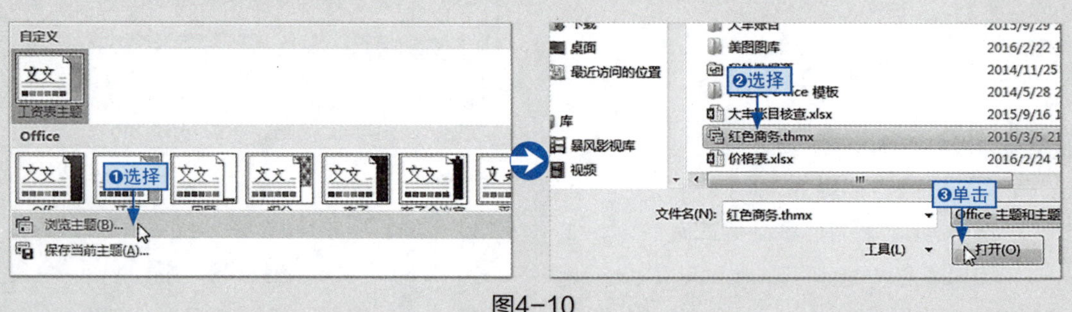

图4-10

## 4.2 用表格样式美化办公用品领用登记表

**小白：**表格样式是干什么用的？

**阿智：**表格样式与Excel中的主题是相似的，也是一系列字体、边框和填充等效果的结合。它可以直接应用于选定的单元格区域，并可以在区域附近产生新记录时自动扩展表的范围。

表样式包含了单元格填充颜色、字体、数字格式和边框等效果。Excel 2013内置了多达60种表格样式，供用户直接选择使用。也可以在现有表样式的基础上创建自己的表样式。

## 4.2.1 为单元格区域套用表格样式

直接套用表格样式是最简单快捷的表格美化手段，而且制作出来的表格外观看起来也很专业。

| 本节素材 | ⊙素材\Chapter04\办公用品领用登记1.xlsx |
|---|---|
| 本节效果 | ⊙效果\Chapter04\办公用品领用登记1.xlsx |
| 学习目标 | 学会如何为单元格套用表格样式 |
| 难度指数 | ★ |

**步骤01** 打开“办公用品领用登记1.xlsx”素材文件，在表中选择A3:H15单元格区域，如图4-11所示。

图4-11

**步骤02** ❶单击“套用表格格式”下拉按钮，❷选择一种需要的表格样式，这里选择“表样式中等深浅1”选项，如图4-12所示。

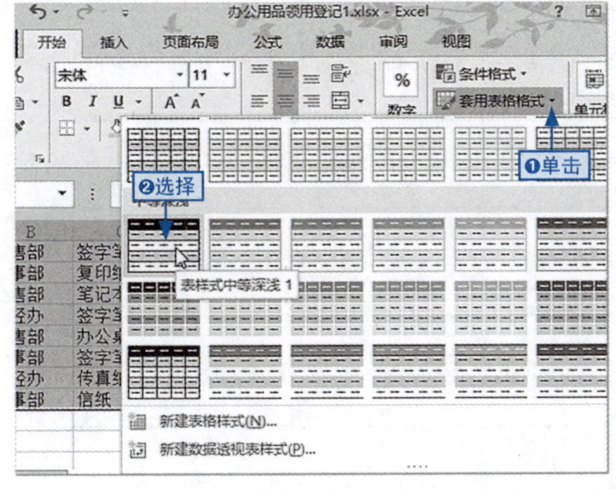


图4-12

**步骤03** 在打开的对话框中确认数据源是否正确，单击“确定”按钮，如图4-13所示。

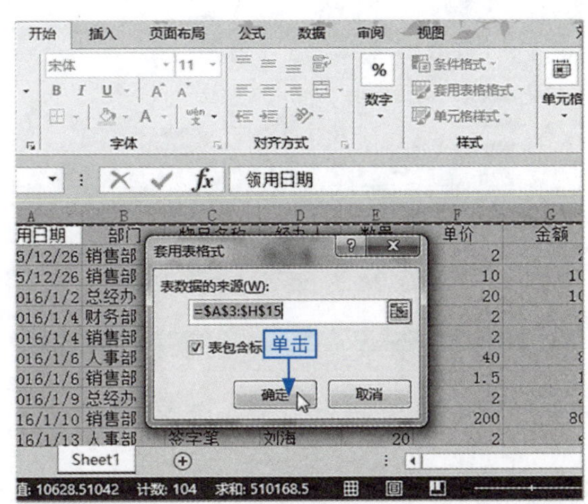


图4-13

**套用表格样式的选项**

在套用表格样式时，Excel会提示当前套用表格样式的单元格区域，并询问该区域是否包含表格标题行。用户需要根据自己所选区域是否包含表头来进行选择，否则表格样式应用可能会达不到理想效果。

## 4.2.2 设置表格样式的显示效果

表格样式中包含的效果有很多，但默认情况下并不会完全显示所有效果。用户可以通过为单元格区域应用表格样式后，再对转换成的表格进行设置。

| 本节素材 | ⊙素材\Chapter04\办公用品领用登记2.xlsx |
|---|---|
| 本节效果 | ⊙效果\Chapter04\办公用品领用登记2.xlsx |
| 学习目标 | 掌握调整表格样式显示选项的方法 |
| 难度指数 | ★ |

**步骤01** 打开“办公用品领用登记2.xlsx”素材文件，❶选择已应用表样式区域中的任意单元格，❷选择“表格工具”下的“设计”选项卡，如图4-14所示。

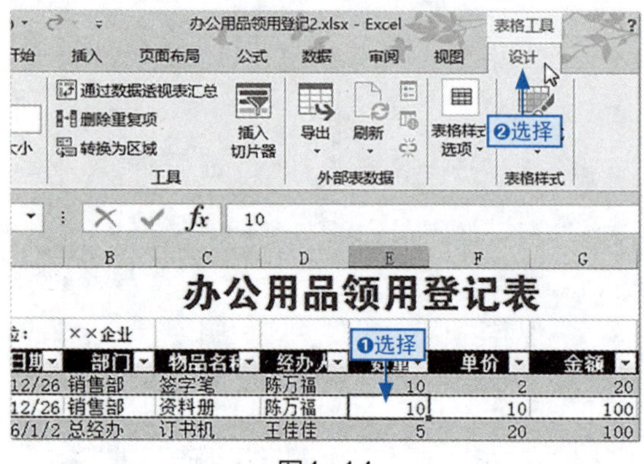


图4-14

**步骤02** 在“表格样式”下拉列表中选中或取消选中相应的复选框，即可设置样式的显示选项，比如选中“汇总行”复选框，如图4-15所示。

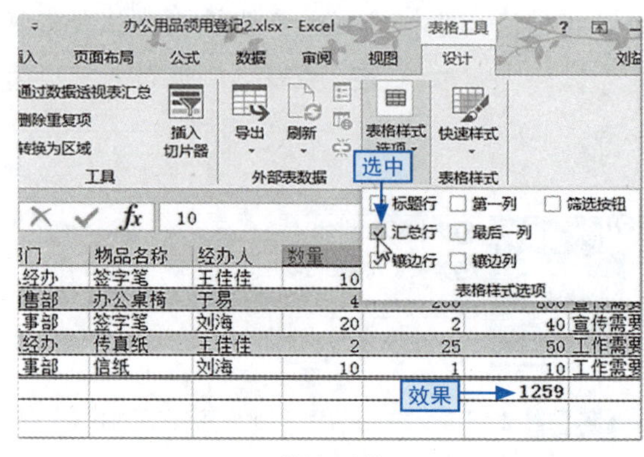


图4-15

长知识

**表格样式选项的设置说明**

从图4-15中可以看到表格样式选项包含了标题行、汇总行、镶边行、镶边列、第一列、最后一列和筛选按钮等7个选项，其代表的意义如图4-16所示。

| 选项 | 说明 |
| --- | --- |
| 标题行 | 此选项控制是否显示“标题行”的内容，通常为表格区域的第一行，是在应用表格样式时根据所选区域设置的。若没有标题行，则此选项无效。 |
| 汇总行 | 选中此选项后，始终在表格区域最下方显示一行汇总数据，各列汇总的内容可以自行设定。 |
| 镶边行 | 选中此选项后，每间隔一行设置不同的效果，通常以不同的填充颜色来展示。取消选中该选项，则表格正文中每一行显示相同的效果。 |
| 镶边列 | 与“镶边行”选项具有相似的效果，只是镶边列用于控制每间隔一列是否显示不同的效果。 |
| 第一列 | 此选项可以用于单独设置表格区域中第一列的显示效果。如要突出显示第一列的内容时，可选中此选项（样式中需要包含第一列的效果设置）。 |
| 最后一列 | 与“第一列”选项具有相似效果，但该选项是用于控制最后一列是否显示已经预设的效果。 |
| 筛选按钮 | 在为单元格区域应用表格样式后，默认会在标题行中第一列显示一个筛选按钮。通过该选项，可控制筛选按钮是否显示。 |

图4-16

### 4.2.3 自定义表格样式

虽然Excel中包含了很多内置的表格样式，但有些并不太让人满意。此时可以新建自己的表格样式，但更方便的是在原有样式上修改出自己的样式。

| 本节素材 | ⊙素材\Chapter04\办公用品领用登记3.xlsx |
| --- | --- |
| 本节效果 | ⊙效果\Chapter04\办公用品领用登记3.xlsx |
| 学习目标 | 学习在现有样式基础上创建新的表样式 |
| 难度指数 | ★★ |

**步骤01** 打开“办公用品领用登记3.xlsx”素材文件，❶单击“套用表格格式”下拉按钮，❷在需要的样式选项上右击，在弹出的快捷菜单中选择“复制”命令，如图4-17所示。

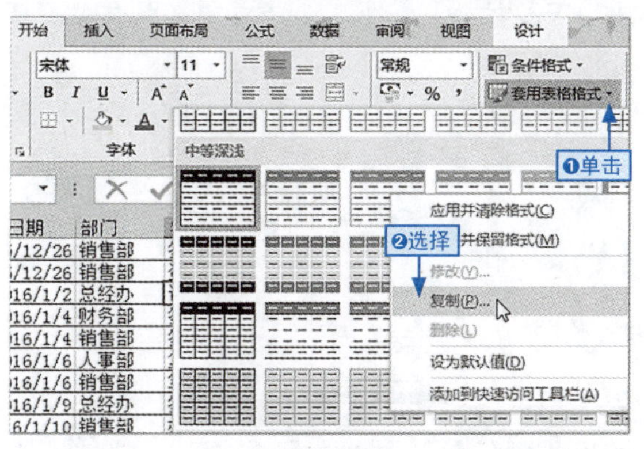


图4-17

**步骤02** 打开“修改表样式”对话框，❶在“名称”文本框中输入样式名称，❷选择“整个表”选项，❸单击“格式”按钮，如图4-18所示。

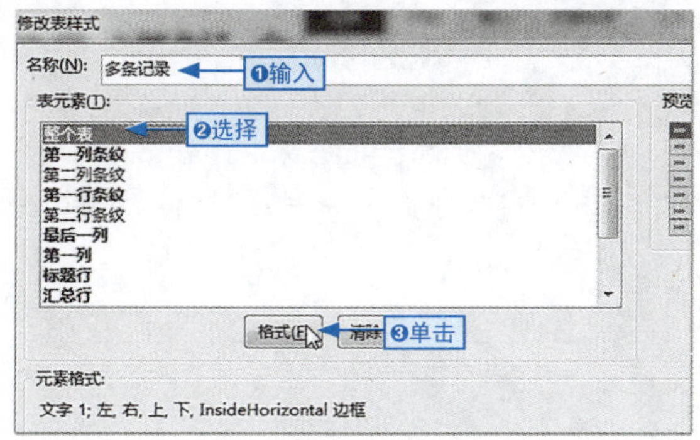


图4-18

**步骤03** 在打开的对话框中，❶选择“边框”选项卡，❷选择一种合适的边框颜色，❸在“线条”栏的“样式”组中选择一种线条样式，如图4-19所示。

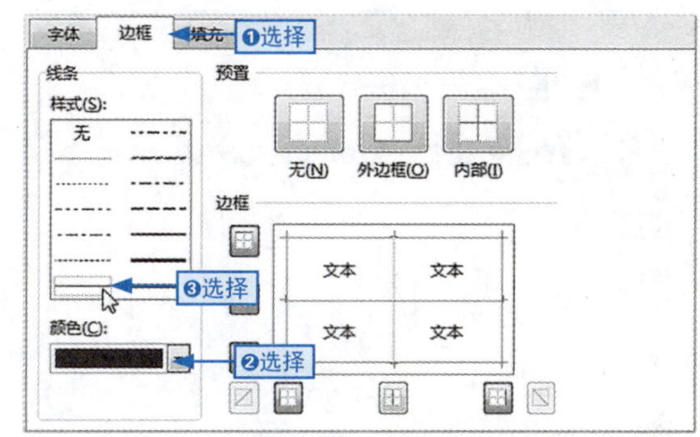


图4-19

**步骤04** ❶单击“内部”按钮，❷分别单击左右边框，取消其显示，如图4-20所示。

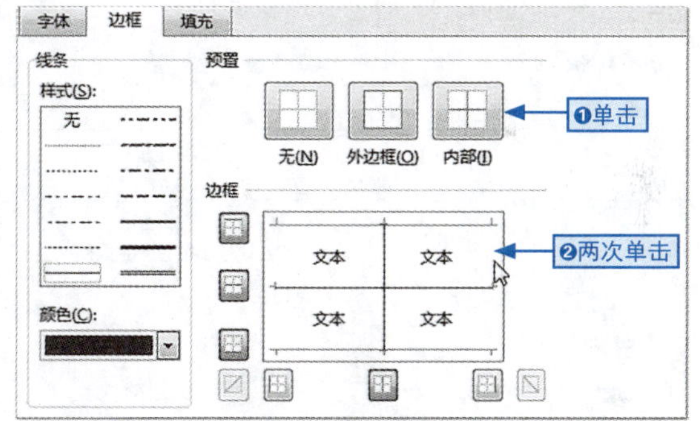


图4-20

**步骤05** ❶重新选择线条样式，❷设置表格的上下边框，如图4-21所示。

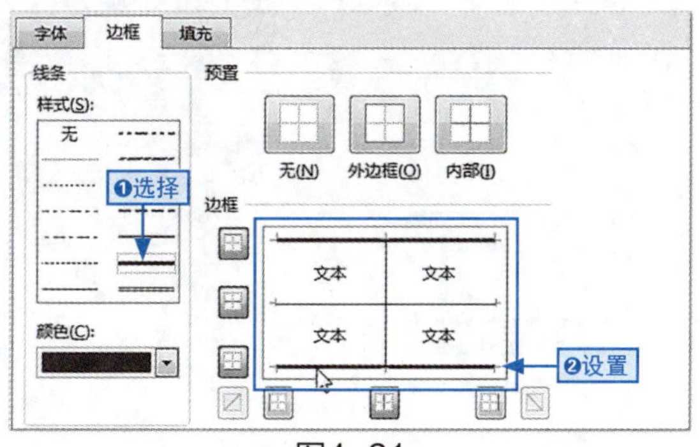


图4-21

步骤06 单击“确定”按钮关闭设置格式对话框，返回“修改表样式”对话框，❶选择“第一列条纹”选项，❷单击“格式”按钮，如图4-22所示。

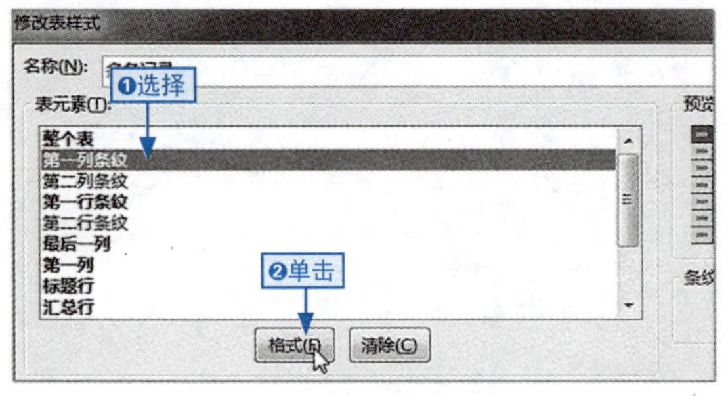


图4-22

步骤07 打开“设置单元格格式”对话框，❶在“字体”选项卡的“字形”列表框中选择“加粗”选项，❷选择“填充”选项卡，如图4-23所示。

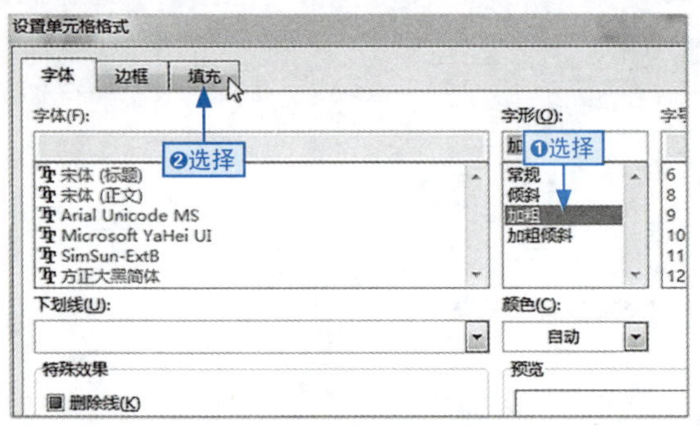


图4-23

步骤08 为第一列单元格设置填充颜色，完成后单击“确定”按钮，如图4-24所示。

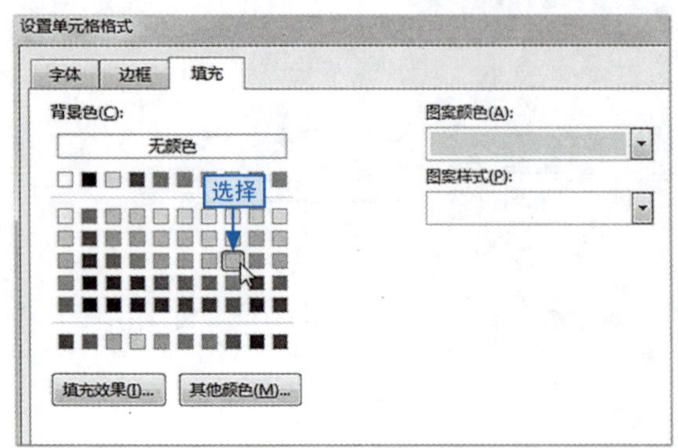


图4-24

步骤09 ❶在“修改表样式”对话框中选择“第一行条纹”选项，❷单击“清除”按钮清除原样式包含的效果，如图4-25所示。

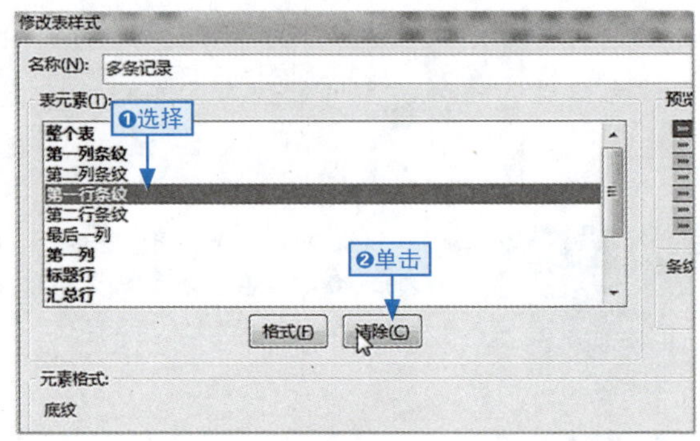


图4-25

步骤10 用同样的方法修改其他选项的格式并保存修改好的样式，❶单击“套用表格格式”下拉按钮，❷即可选择自定义的样式，如图4-26所示。

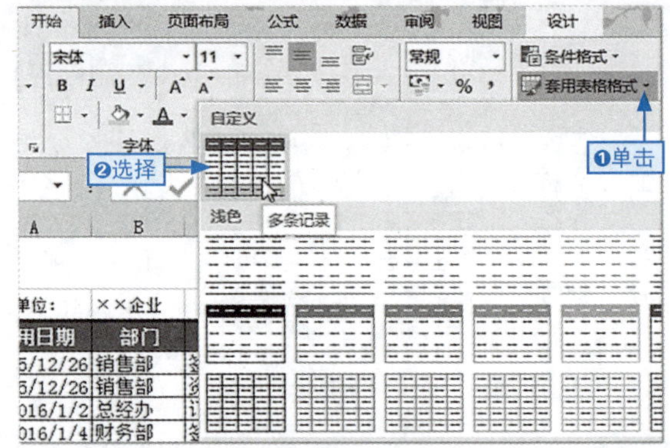


图4-26

**将表格转换为区域**

在为单元格区域应用表样式后，如果要保留表格的效果，又不想让其具有表的特性，则可以在“表格工具”下的“设计”选项卡中单击“转换为区域”按钮，将其转换为普通区域，这样转换后的表格不会自动扩展。

# 4.3 用单元格样式美化加班统计表

**阿智：**你能把这个表格美化得更好看些吗？

**小白：**我知道可以套用表格样式，还有其他方法吗？

**阿智：**有的，表格样式只是对表格进行整体美化，还可以使用单元格样式来美化表格中的一部分。

单元格是Excel工作表的基础，也是工作表美化的基本单元。Excel 2013中也包含了多种单元格样式，可以直接选择使用。用户也可以根据自己的需要，对单元格的格式进行设置。

## 4.3.1 套用单元格样式

与表格样式的内容相似，单元格样式中也包含字体、边框、填充和数字格式等效果，直接使用能实现快速美化单元格的目的。

| | |
|---|---|
| 本节素材 | ⊙素材\Chapter04\加班统计表1.xlsx |
| 本节效果 | ⊙效果\Chapter04\加班统计表1.xlsx |
| 学习目标 | 掌握单元格样式的使用方法 |
| 难度指数 | ★ |

**步骤01** ❶打开“加班统计表1.xlsx”素材文件，❷选择A1:H1单元格区域，❸单击“合并后居中”按钮合并单元格，如图4-27所示。

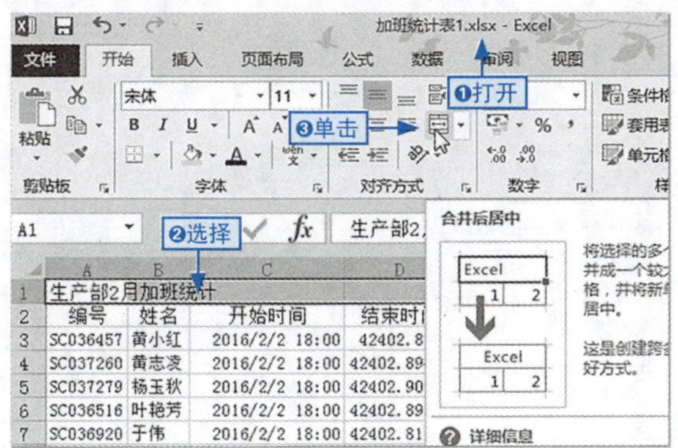


图4-27

**步骤02** ❶保持单元格选中状态，单击“单元格样式”下拉按钮，❷选择“标题1”选项，如图4-28所示。

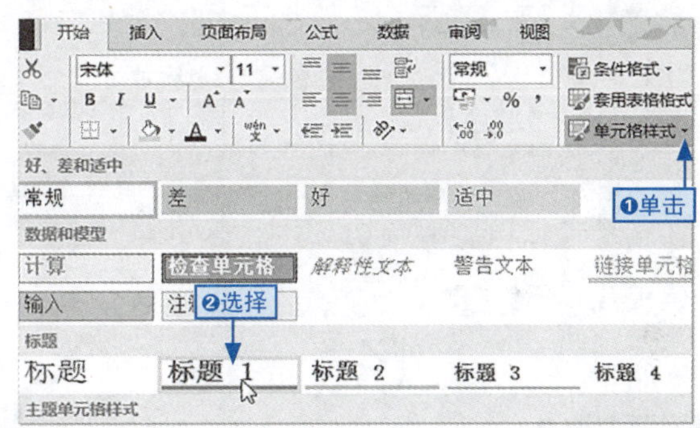


图4-28

## 4.3.2 自定义单元格样式

为了使用方便，可以将经常使用的某种单元格格式定义为单元格样式，以方便在需要时更快速地应用样式。

| | |
|---|---|
| 本节素材 | ⊙素材\Chapter04\加班统计表2.xlsx |
| 本节效果 | ⊙效果\Chapter04\加班统计表2.xlsx |
| 学习目标 | 学会创建并保存自定义单元格样式 |
| 难度指数 | ★★ |

**步骤01** 打开“加班统计表2.xlsx”素材文件，❶单击“单元格样式”下拉按钮，❷选择“新建单元格样式”选项，如图4-29所示。

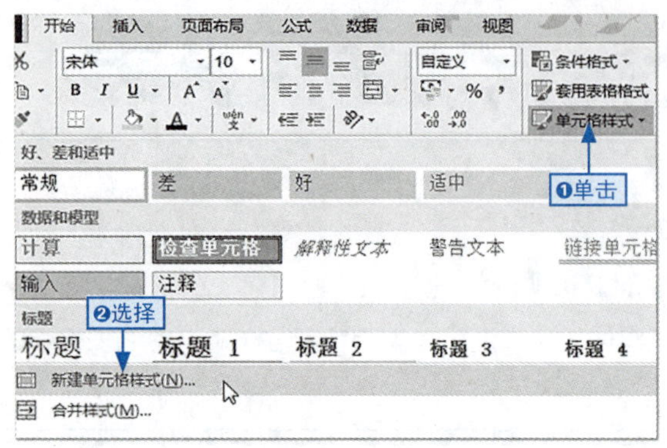


图4-29

**步骤02** ❶输入样式名称，❷单击“格式”按钮，如图4-30所示。

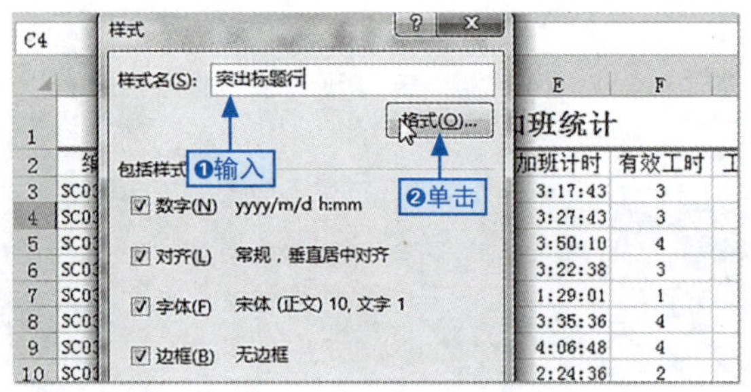


图4-30

**步骤03** ❶在“数字”选项卡的“分类”列表框中选择“常规”选项，❷选择“对齐”选项卡，如图4-31所示。

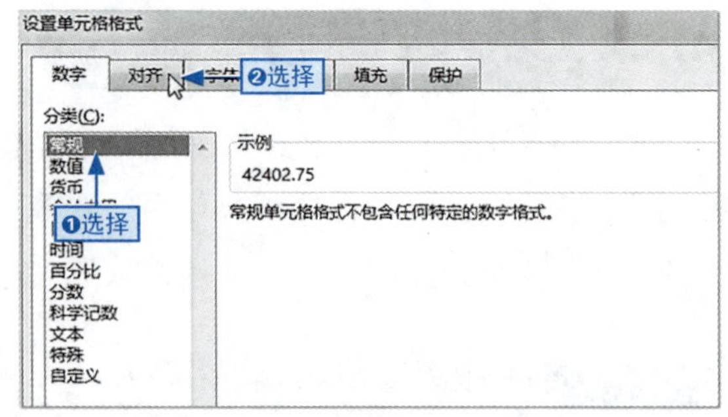


图4-31

**步骤04** ❶设置“水平”和“垂直对齐”方式为“居中”，❷选中“自动换行”复选框，如图4-32所示。

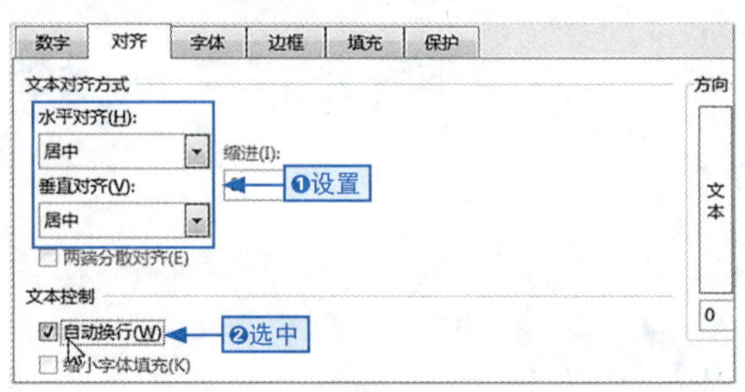


图4-32

**步骤05** ❶选择“字体”选项卡，❷设置“字体”为“微软雅黑”，❸设置“字号”为14号，❹选择一种较浅的字体颜色，如图4-33所示。

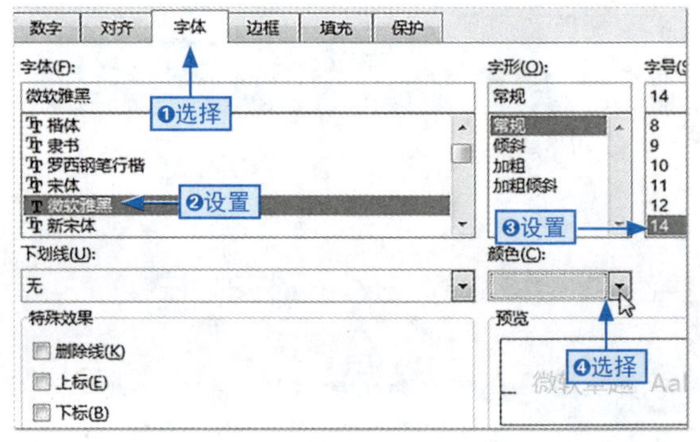


图4-33

**步骤06** 切换到“边框”选项卡，❶选择一种线条样式（保持线条颜色不变），❷单击“外边框”按钮，如图4-34所示。

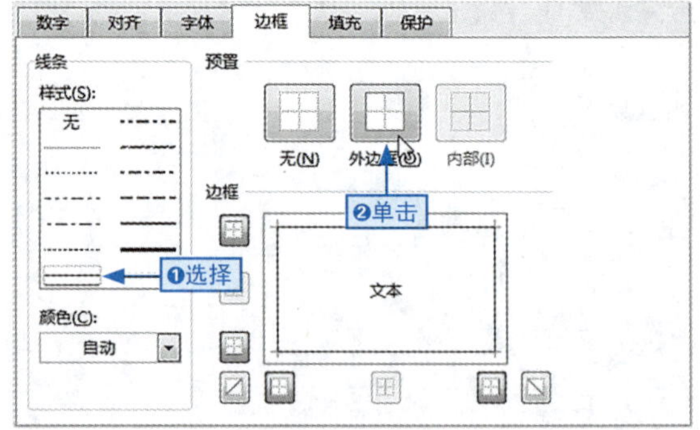


图4-34

**步骤07** 切换到“填充”选项卡，❶在“背景色”栏中选择一种较深的背景色，❷单击“确定”按钮，如图4-35所示。

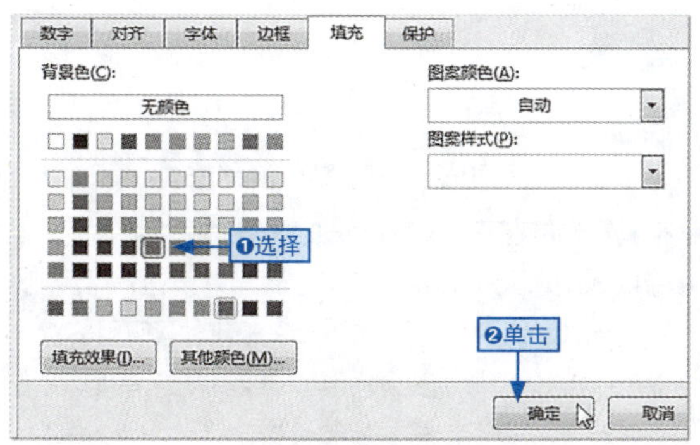


图4-35

**步骤08** ❶在返回的对话框中取消选中“数字”和“保护”复选框，❷单击“确定”按钮，如图4-36所示。

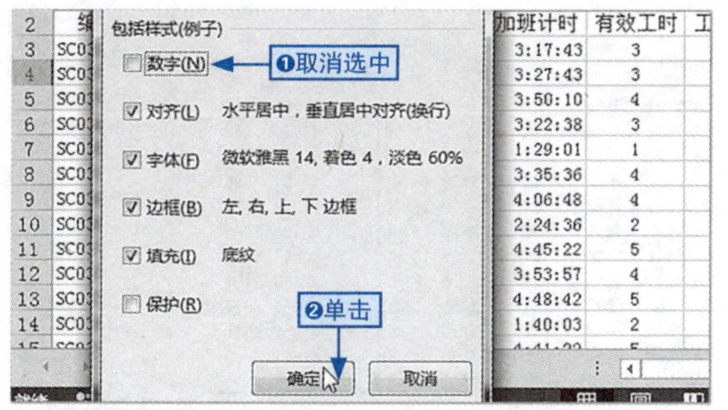


图4-36

**步骤09** ❶选择目标单元格，❷单击“单元格样式”下拉按钮，❸即可选择自定义的单元格样式并预览到效果，如图4-37所示。

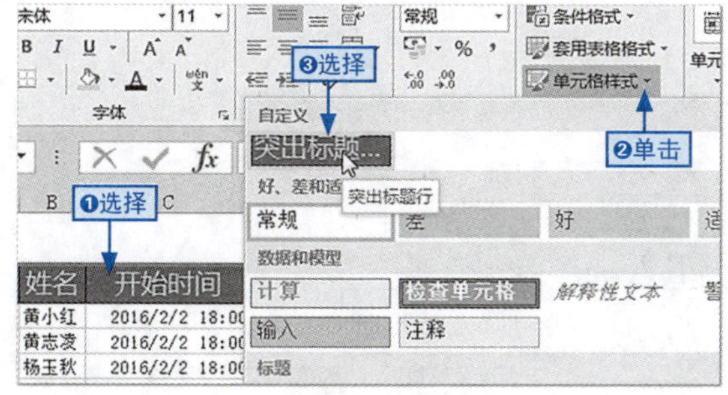


图4-37

## 4.3.3 数字格式也能美化表格

在Excel中的数字可以以多种形式显示，特别是代表时间和金额的数字，设置一种较好的数字格式，可以让整个表格看起来更加整洁美观。

| | |
|---|---|
| 本节素材 | 素材\Chapter04\加班统计表3.xlsx |
| 本节效果 | 效果\Chapter04\加班统计表3.xlsx |
| 学习目标 | 学会自定义数字格式来使表格更整洁 |
| 难度指数 | ★★★ |

**步骤01** 打开“加班统计表3.xlsx”素材文件，❶在“3月”工作表中选择H3:H71单元格区域，❷单击“数字格式”下拉按钮，❸选择“货币”选项，如图4-38所示。

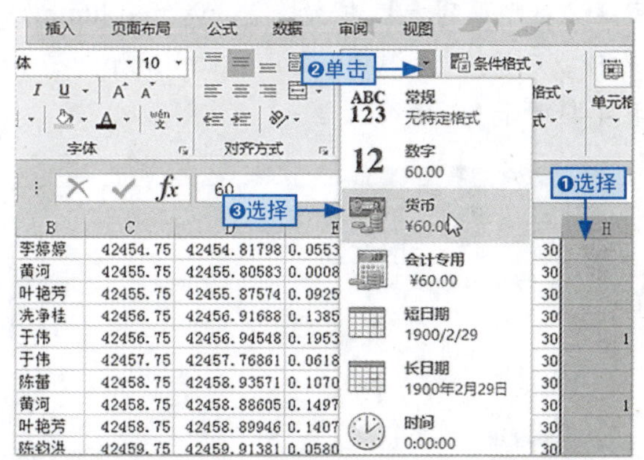


图4-38

**步骤02** 将单元格字体设置为Times New Roman。用同样的方法设置G3:G71单元格区域的数字格式，如图4-39所示。

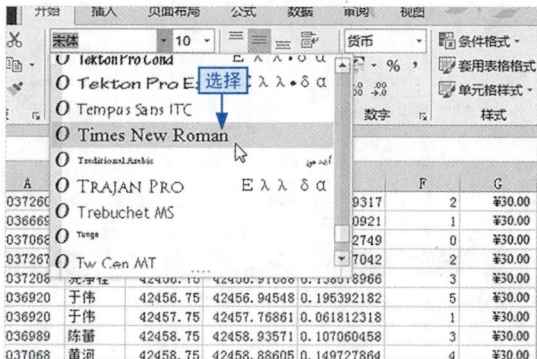

图4-39

**步骤03** ❶选择C3:C76单元格区域，❷单击“数字”组右下角的“对话框启动器”按钮，如图4-40所示。

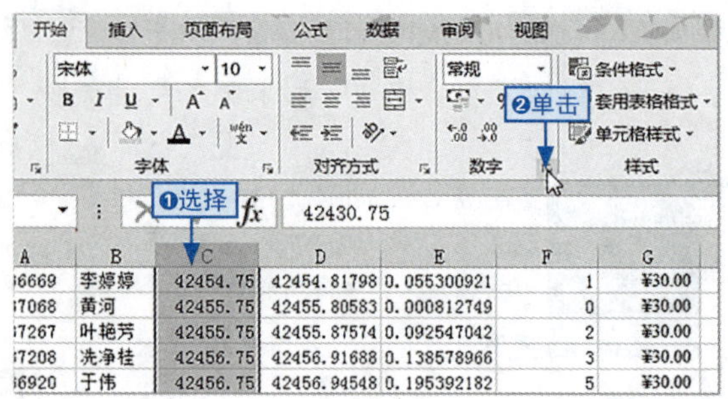


图4-40

**步骤04** 在打开的对话框的“数字”选项卡的“分类”列表框中，❶选择“自定义”选项，❷在“类型”列表框中选择“yyyy/m/d h:mm”选项，❸并改为“yyyy/mm/dd hh:mm”，如图4-41所示。

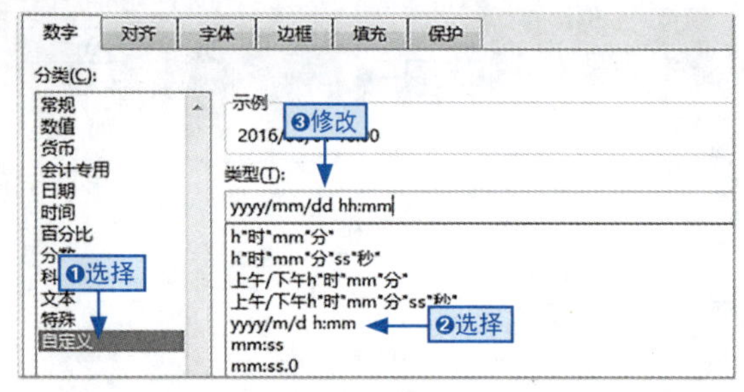


图4-41

**步骤05** 调整C列列宽以显示所有内容，❶选择C3单元格，❷单击“格式刷”按钮复制格式，❸单击D3单元格，如图4-42所示。

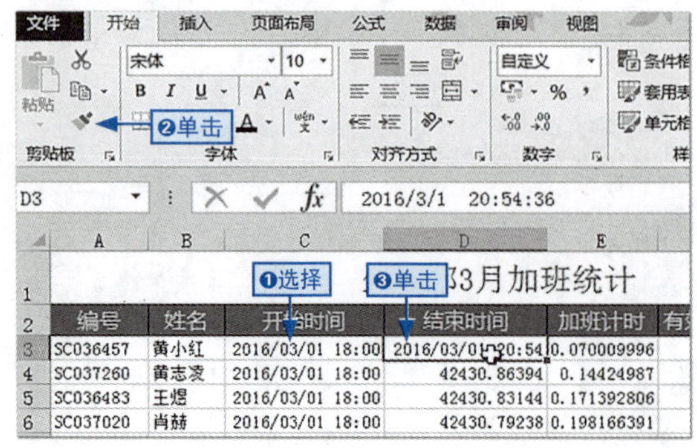


图4-42

**用格式刷复制单元格格式**

格式刷功能在整个Office软件中都是通用的。选择带格式的单元格后，单击“格式刷”按钮，可复制其格式，选择目标单元格或单元格区域，可应用一次。双击“格式刷”按钮，则可以一次复制后多次应用，直到按Esc键退出格式复制状态。

**步骤06** 右键拖动D3单元格右下角的自动填柄到D71单元格，在弹出的快捷菜单中选择“仅填充格式”命令，如图4-43所示。

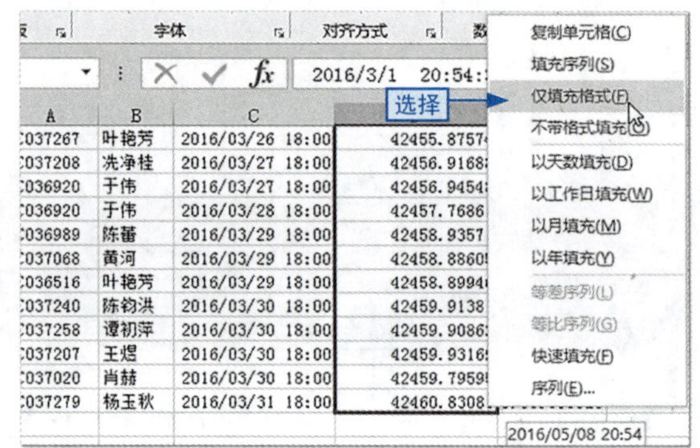


图4-43

**步骤07** 选择E3:E76单元格区域，按Ctrl+1组合键，❶在“分类”列表框中选择“时间”选项，❷在右侧选择“13时30分”选项，❸单击“确定”按钮，如图4-44所示。

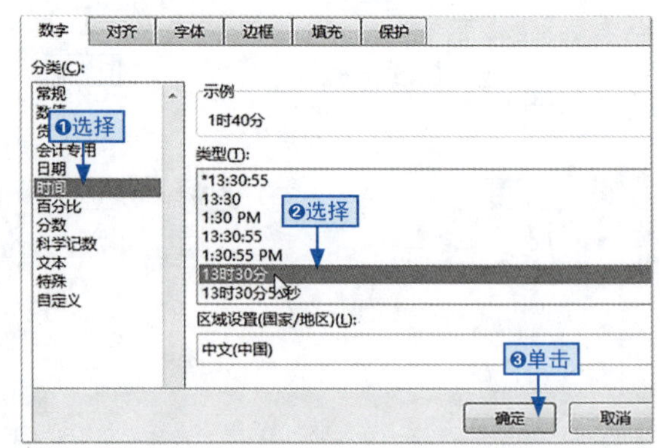


图4-44

**常用的自定义格式代码意义**

在 Excel 中，单元格的数字格式大多数都可以通过自定义代码来显示为自己需要的样式。这些代码可以让用户在不改变单元格实际内容的情况下，在原数据基础上添加一些其他文本，以便于显示或打印。表 4-1 列举了一些常用的自定义代码、意义和示例。

表4-1

| 代 码 | 说 明 | 示 例 |
|---|---|---|
| # | 数字占位符，只显示有意义的零 | 代码"#.##"可将数字 221.158 显示为 221.16；将 015.20 显示为 15.2 |
| 0 | 数字占位符，用于控制显示数字位置，不足位以零补足 | 代码"00.000"可将数字 120.2 显示为 120.200；将 2.5 显示为 2.500 |
| @ | 文本占位符，引用原始文本或重复文本 | 代码""公司"@"部""，可将"财务"显示为"公司财务部"；代码"@@"可将"财务"显示为"财务财务" |
| * | 重复下一字符 | 代码"**"可用"*"填充满整个单元格；代码"*-"可用"-"填充满整个单元格 |
| yy或yyyy | 日期中的年份，显示00～99或1900～9999的年份数据 | 数字"42430"，代码"yy"显示为"16"；代码"yyyy"显示为"2016" |
| m或mm | 日期中的月份，显示1～12或01～12的月份数据 | 数字"42430"，代码"m"显示为"3"；代码"mm"显示为"03" |
| d或dd | 日期中的天数，显示1～31或01～31的天数数据 | 数字"42430"，代码"d"显示为"1"；代码"dd"显示为"01" |
| aaa或aaaa | 将日期数据显示为星期 | 数字"42430"，代码"aaa"显示为"二"；代码"aaaa"显示为"星期二" |
| h或hh | 时间中的小时，显示0～23或00～23的小时数 | 数字"0.17268518"代码"h"显示为"4"；代码"hh"显示为"04" |
| m或mm | 时间中的分钟，显示0～59或00～59的分钟数 | 数字"0.17268518"代码"m"显示为"8"；代码"mm"显示为"08" |
| s或ss | 时间中的秒，显示0～59或00～59的秒数 | 数字"0.17268518"代码"s"显示为"40"；代码"ss"显示为"40" |
| mmm | 显示英文月份的简称 | 数字"42430"显示为"Mar" |
| mmmm | 显示英文月份的全称 | 数字"42430"显示为"March" |
| ddd | 显示英文星期的简称 | 数字"42430"显示为"Tue" |
| dddd | 显示英文星期的全称 | 数字"42430"显示为"Tuesday" |
| [DBNum1]G/通用格式 | 将阿拉伯数显示为中文小写 | 数字"4512"显示为"四千五百一十二" |
| [DBNum2]G/通用格式 | 将阿拉伯数显示为中文大写 | 数字"4512"显示为"肆仟伍佰壹拾贰" |
| [DBNum3]G/通用格式 | 中文混合数字 | 数字"4512"显示为"4千5百1十2" |

## 4.3.4 用底纹突出单元格数据

在表格中某些单元格的数据相对重要，需要突出显示。除了应用单元格样式外，还可以单独为单元格设置图案底纹，让其一目了然。

| | |
|---|---|
| 本节素材 | 素材\Chapter04\加班统计表4.xlsx |
| 本节效果 | 效果\Chapter04\加班统计表4.xlsx |
| 学习目标 | 定位可见单元格并添加底纹 |
| 难度指数 | ★★★ |

**步骤01** 打开“加班统计表4.xlsx”素材文件，❶在“4月”工作表中的左侧窗格中单击“2”按钮隐藏汇总明细数据，❷选择包含汇总行的所有数据，如图4-45所示。

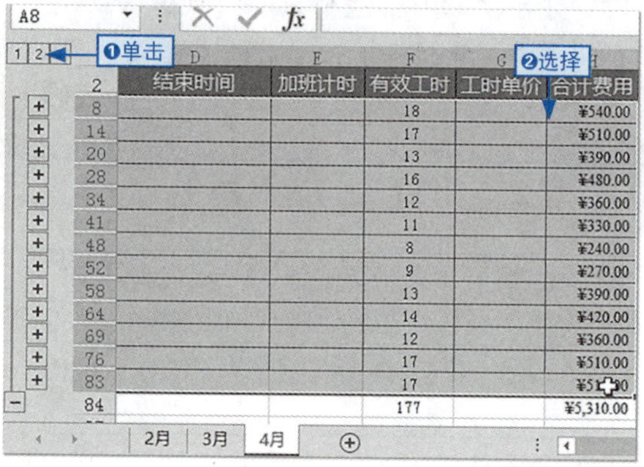

图4-45

**步骤02** ❶在“编辑”组中单击“查找和选择”下拉按钮，❷选择“定位条件”选项，如图4-46所示。

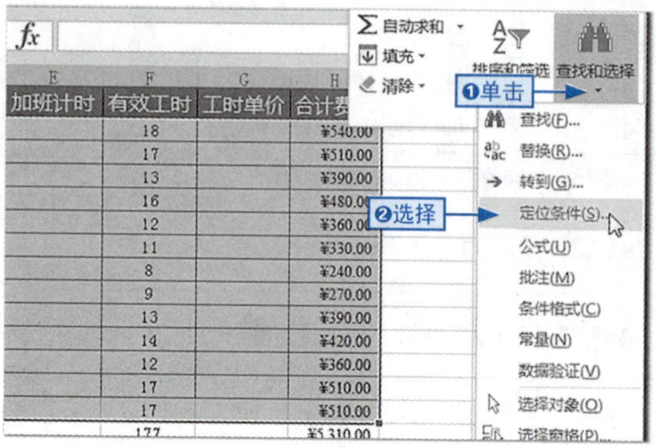

图4-46

**步骤03** ❶在打开的“定位条件”对话框中选中“可见单元格”单选按钮，❷单击“确定”按钮，如图4-47所示。

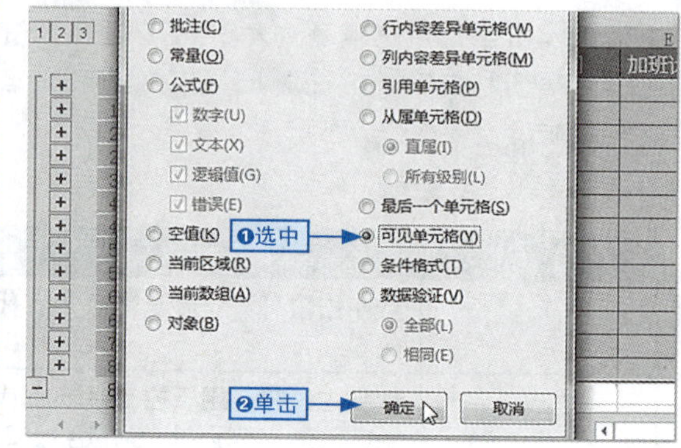

图4-47

**步骤04** ❶在任意单元格上右击，❷在弹出的快捷菜单中选择“设置单元格格式”命令，如图4-48所示。

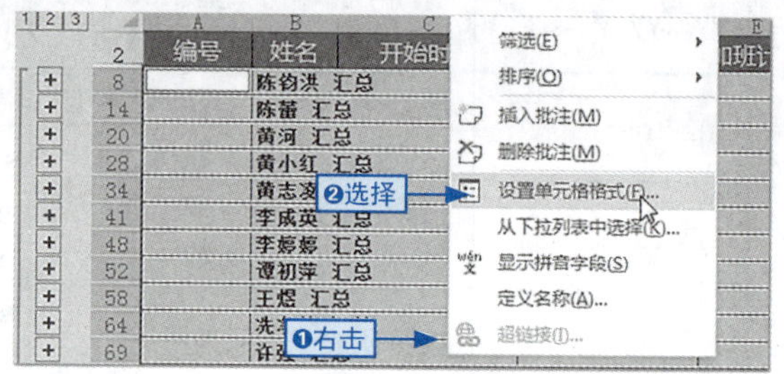

图4-48

**步骤05** 在打开的对话框中切换到“填充”选项卡，❶设置“图案颜色”和“图案样式”，❷单击“确定”按钮，如图4-49所示。

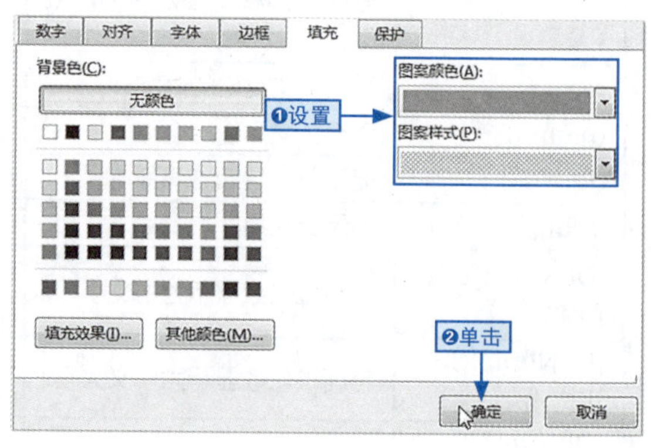

图4-49

**步骤06** 返回工作表中，显示出明细数据即可看到效果，如图4-50所示。

**定位单元格的其他方法**

在工作表中任意位置按F5键，在打开的对话框中单击“定位条件”按钮，也可以打开“定位条件”对话框，对需要的目标单元格进行定位。

| | B | C | D | E | F | |
|---|---|---|---|---|---|---|
| 44 | 李婷婷 | 2016/03/12 18:00 | 2016/03/12 18:43 | 0:09 | 0 | ¥ |
| 45 | 李婷婷 | 2016/03/21 18:00 | 2016/03/21 22:58 | 0:09 | 0 | ¥ |
| 46 | 李婷婷 | 2016/03/23 18:00 | 2016/03/23 21:20 | 4:56 | 5 | ¥ |
| 47 | 李婷婷 | 2016/03/25 18:00 | 2016/03/25 19:37 | 1:19 | 1 | ¥ |
| 48 | 李婷婷 汇总 | | | | 8 | |
| 49 | 谭初萍 | 2016/03/13 18:00 | 2016/ 8:59 | 1:21 | 1 | ¥ |
| 50 | 谭初萍 | 2016/03/17 18:00 | 2016/ 1:45 | 4:26 | 4 | ¥ |
| 51 | 谭初萍 | 2016/03/30 18:00 | 2016/03/30 21:48 | 3:48 | 4 | ¥ |
| 52 | 谭初萍 汇总 | | | | 9 | |
| 53 | 王煜 | 2016/03/01 18:00 | 2016/03/01 19:57 | 4:06 | 4 | ¥ |
| 54 | 王煜 | 2016/03/02 18:00 | 2016/03/02 20:31 | 2:15 | 2 | ¥ |
| 55 | 王煜 | 2016/03/10 18:00 | 2016/03/10 21:34 | 3:18 | 3 | ¥ |
| 56 | 王煜 | 2016/03/23 18:00 | 2016/03/23 20:17 | 1:41 | 2 | ¥ |
| 57 | 王煜 | 2016/03/30 18:00 | 2016/03/30 22:21 | 2:10 | 2 | ¥ |
| 58 | 王煜 汇总 | | | | 13 | |
| 59 | 冼净桂 | 2016/03/04 18:00 | 2016/03/04 22:24 | 0:56 | 1 | ¥ |

效果

图4-50

# 4.4 面试成绩表的动态美化

**小白：**面试成绩数据会不断更新，我想把它进行动态美化，让某些突出显示的值在更新后仍然有效。有办法实现此功能吗？

**阿智：**有的，使用动态美化表格即可。它需要使用条件格式，以始终突出显示某个范围的值，或者根据单元格内容来设定单元格格式。

条件格式，顾名思义就是根据某个特定的条件来设置单元格的格式，这是动态美化表格最简单和最常用的方法。Excel本身包含了一些常用的条件供用户选择使用，而复杂的条件也可以使用公式来进行设置。

## 4.4.1 显示数值最大的前3项

要找出某个区域中数值最大的几项，利用条件格式是最方便的。例如要找出“态度”得分最高的几条记录，其操作如下。

| 本节素材 | ⊙素材\Chapter04\面试成绩表1.xlsx |
|---|---|
| 本节效果 | ⊙效果\Chapter04\面试成绩表1.xlsx |
| 学习目标 | 利用条件格式突出显示较大的3个值 |
| 难度指数 | ★ |

**步骤01** 打开“面试成绩表1.xlsx”素材文件，❶选择J3:J17单元格区域，❷单击“条件格式”下拉按钮，❸在弹出的下拉菜单中选择“项目选取规则”→“前10项”命令，如图4-51所示。

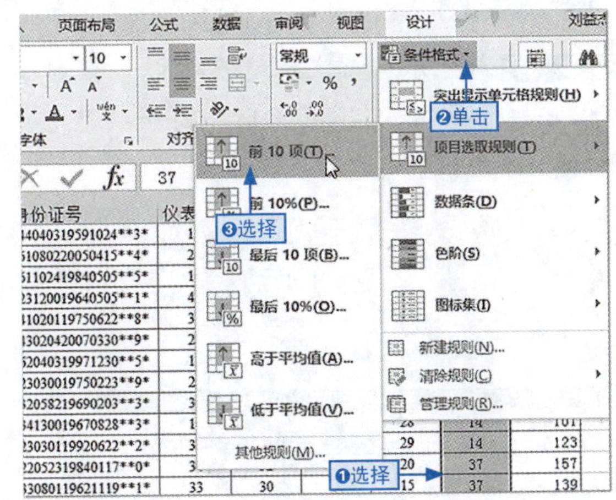


图4-51

**步骤02** ❶在打开的对话框左侧的微调框中输入3，❷在右侧下拉列表框中选择预设的格式，这里选择“黄填充色深黄色文本”选项，❸单击“确定”按钮，如图4-52所示。

图4-52

### 4.4.2 强调表格中的重复数据

在数据记录非常多的情况下，用肉眼找出其中的重复数据是很困难的。但利用条件格式功能，却可以非常方便地将重复的数据标记出来。

| | |
|---|---|
| 本节素材 | ⊙素材\Chapter04\面试成绩表2.xlsx |
| 本节效果 | ⊙效果\Chapter04\面试成绩表2.xlsx |
| 学习目标 | 用条件格式找出重复的面试人员 |
| 难度指数 | ★ |

**步骤01** ❶打开“面试成绩表.xlsx”素材文件，❷按住Ctrl键选择A3:B17和E3:E17单元格区域，如图4-53所示。

图4-53

**步骤02** ❶单击“条件格式”下拉按钮，❷在弹出的下拉菜单中选择“突出显示单元格规则”→“重复值”命令，如图4-54所示。

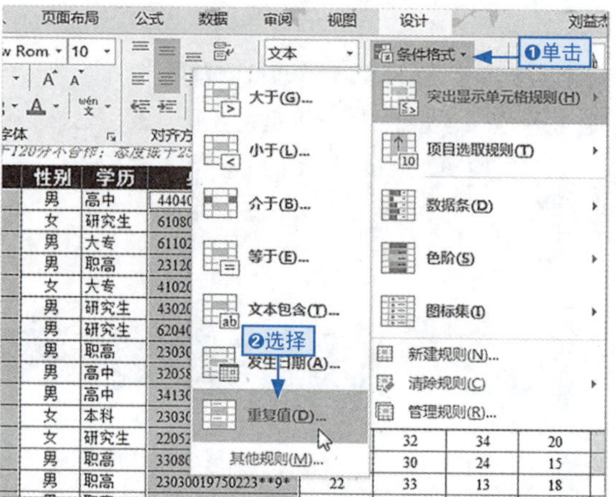

图4-54

**步骤03** ❶在打开的对话框中设置要使用的格式，❷单击“确定”按钮即可看到效果，如图4-55所示。

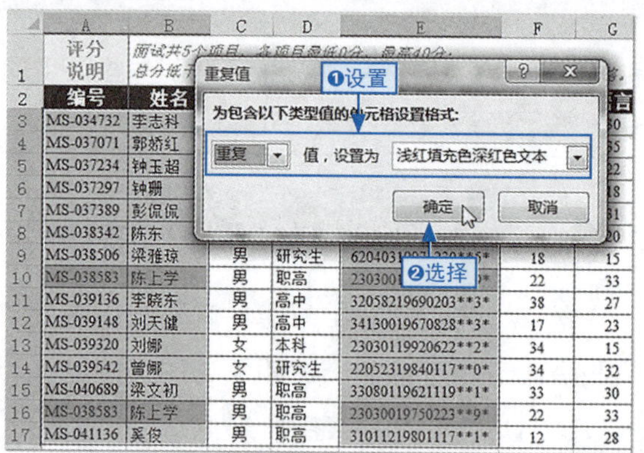

图4-55

**突出显示重复值的单元格选择**

要使用突出显示重复值功能，在执行该命令前的单元格选择很重要。Excel会对所选区域中的所有单元格进行对比，并将任意两个存在重复的单元格标记出来，因此选择单元格时尽量不要选择不作为判断重复标准的单元格。

## 4.4.3 用数据条展示数据大小

如果数值太多，很难一眼看出它们的大小关系。而利用数据有效性的数据条功能，却可以像图表一样直观展示某行或某列中各数据的大小。

| | |
|---|---|
| 本节素材 | ⊙素材\Chapter04\面试成绩表3.xlsx |
| 本节效果 | ⊙效果\Chapter04\面试成绩表3.xlsx |
| 学习目标 | 用条件格式直观对比数据的大小 |
| 难度指数 | ★ |

步骤01 ❶打开“面试成绩表3.xlsx”素材文件，❷选择I3:I17单元格区域，如图4-56所示。

面试成绩表3.xlsx - Excel　表格工具　页面布局　公式　数据　审阅　视图　设计　刘益杰　❶打开　❷选择

| 性别 | 学历 | 身份证号 | 仪表 | 语言 | 技能 | 思维 | 态 |
|---|---|---|---|---|---|---|---|
| 男 | 高中 | 44040319591024**3* | 11 | 30 | 16 | 30 | 3 |
| 女 | 研究生 | 61080220050415**4* | 21 | 35 | 32 | 25 | 1 |
| 男 | 大专 | 61102419840505**5* | 13 | 22 | 37 | 12 | 2 |
| 男 | 职高 | 23120019640505**1* | 40 | 1 | | 22 | 2 |
| 女 | 大专 | 41020119750622**8* | 30 | 31 | 26 | 20 | 3 |
| 男 | 研究生 | 43020420070330**9* | 29 | 20 | 32 | 17 | 2 |
| 男 | 研究生 | 62040319971230**5* | 18 | 15 | 24 | 36 | 3 |
| 男 | 职高 | 23030019750223**9* | 22 | 33 | 13 | 18 | 1 |
| 男 | 高中 | 32058219690203**3* | 38 | 27 | 34 | 25 | 1 |
| 男 | 高中 | 34130019670828**3* | 17 | 23 | 19 | 28 | 1 |
| 女 | 本科 | 23030119920622**2* | 34 | 15 | 31 | 29 | 1 |
| 女 | 研究生 | 22052319840117**0* | 34 | 32 | 34 | 20 | 3 |
| 男 | 职高 | 33080119621119**1* | 33 | 30 | 24 | 15 | |

图4-56

步骤02 ❶单击“条件格式”下拉按钮，❷在“数据条”子菜单的“实心填充”栏中选择“绿色数据条”选项，如图4-57所示。

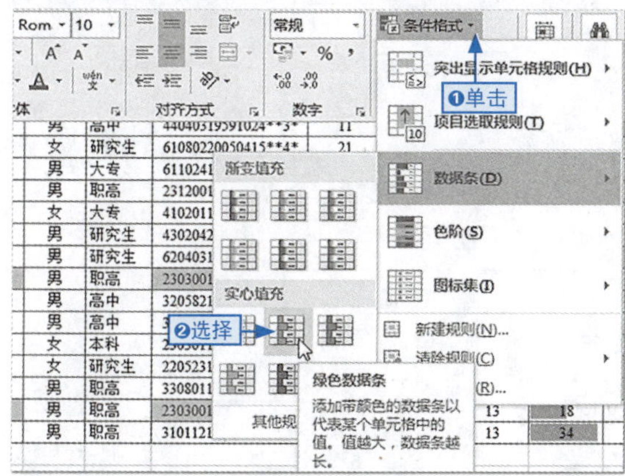


图4-57

步骤03 在单元格中即可看到用条形图展示的数据大小关系，如图4-58所示。

| 别 | 学历 | 身份证号 | 仪表 | 语言 | 技能 | 思维 | 态度 |
|---|---|---|---|---|---|---|---|
| 男 | 高中 | 44040319591024**3* | 11 | 30 | 16 | 30 | 37 |
| 女 | 研究生 | 61080220050415**4* | 21 | 35 | 32 | 25 | 15 |
| 男 | 大专 | 61102419840505**5* | 13 | 22 | 37 | 12 | 28 |
| 男 | 职高 | 23120019640505**1* | 40 | 18 | 22 | 22 | 26 |
| 女 | 大专 | 41020119750622**8* | 30 | 31 | 26 | 20 | 33 |
| 男 | 研究生 | 43020420070330**9* | 29 | 20 | 32 | 17 | 27 |
| 男 | 研究生 | 62040319971230**5* | 18 | 1 | 24 | 36 | 38 |
| 男 | 职高 | 23030019750223**9* | 22 | 33 | 13 | 18 | 18 |
| 男 | 高中 | 32058219690203**3* | 38 | 27 | 34 | 25 | 15 |
| 男 | 高中 | 34130019670828**3* | 17 | 23 | 19 | 28 | 14 |
| 女 | 本科 | 23030119920622**2* | 34 | 15 | 31 | 29 | 14 |
| 女 | 研究生 | 22052319840117**0* | 34 | 32 | 34 | 20 | 37 |
| 男 | 职高 | 33080119621119**1* | 33 | 30 | 24 | 15 | 37 |
| 男 | 职高 | 23030019750223**9* | 22 | 33 | 13 | 18 | 18 |
| 男 | 职高 | 31011219801117**1* | 12 | 28 | 13 | 34 | 30 |

效果

图4-58

## 4.4.4 用图标集展示数据

图标集也是条件格式中的一种，它可以用一系列图标来代表某一范围的数据，常用于非精准的数据分析，同时也具有美化工作表的效果。

| | |
|---|---|
| 本节素材 | ⊙素材\Chapter04\面试成绩表4.xlsx |
| 本节效果 | ⊙效果\Chapter04\面试成绩表4.xlsx |
| 学习目标 | 学会自定义图标集展示的范围 |
| 难度指数 | ★★ |

步骤01 ❶打开“面试成绩表4.xlsx”素材文件，❷选择K3:K17单元格区域，如图4-59所示。

面试成绩表4.xlsx - Excel　表格工具　页面布局　公式　数据　审阅　视图　设计　刘益杰　❶打开　表1[@[仪表]:[态度]])　❷选择

| 身份证号 | 仪表 | 语言 | 技能 | 思维 | 态度 | 总分 |
|---|---|---|---|---|---|---|
| 319591024**3* | 11 | 30 | 16 | 30 | 37 | 124 |
| 220050415**4* | 21 | 35 | 32 | 25 | 15 | 128 |
| 419840505**5* | 13 | 22 | 37 | 12 | 28 | 112 |
| 019640505**1* | 40 | 18 | 22 | 22 | 26 | 128 |
| 119750622**8* | 30 | 31 | 26 | 20 | 33 | 140 |
| 420070330**9* | 29 | 20 | 32 | 17 | 27 | 125 |
| 319971230**5* | 18 | 15 | 24 | 36 | 38 | 131 |
| 019750223**9* | 22 | 33 | 13 | 18 | 18 | 104 |
| 219690203**3* | 38 | 27 | 34 | 2 | 5 | 139 |
| 019670828**3* | 17 | 23 | 19 | 28 | 14 | 101 |
| 119920622**2* | 34 | 15 | 31 | 29 | 14 | 123 |
| 319840117**0* | 34 | 32 | 34 | 20 | 37 | 157 |
| 119621119**1* | 33 | 30 | 24 | 15 | 37 | 139 |
| 019750223**9* | 22 | 33 | 13 | 18 | 18 | 104 |
| 219801117**1* | 12 | 28 | 13 | 34 | 30 | 117 |

图4-59

**步骤02** ❶单击“条件格式”下拉按钮，❷在弹出的下拉菜单中“设计”选项卡中选择“图标集”→“其他规则”命令，如图4-60所示。

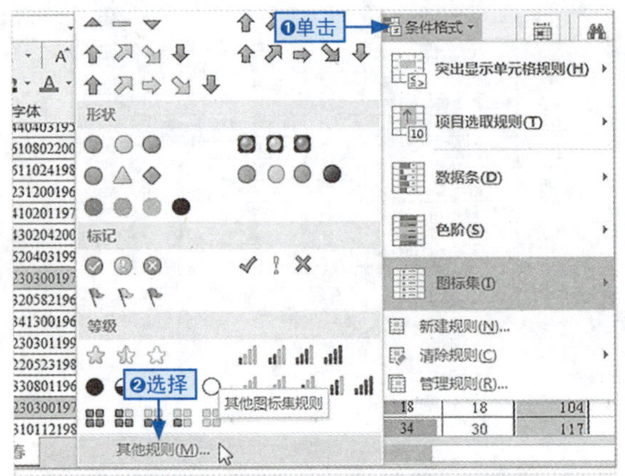


图4-60

**步骤03** ❶在“图标样式”下拉列表框中选择没有圆圈的3个符号，❷在“类型”下拉列表框中选择“数字”选项，如图4-61所示。

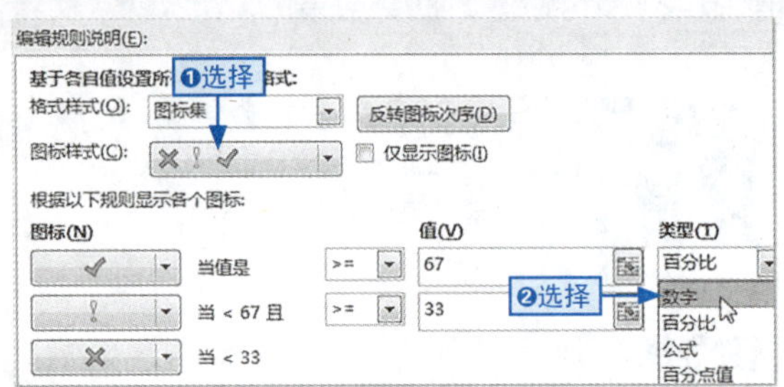


图4-61

**步骤04** ❶在“值”文本框中分别输入140和120，❷单击“确定”按钮，如图4-62所示。

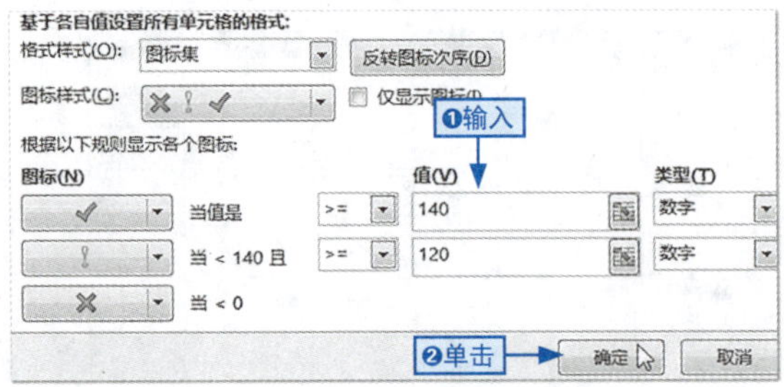


图4-62

**步骤05** 返回工作表中即可看到设置的效果，如图4-63所示。

| 身份证号 | 仪表 | 语言 | 技能 | 思维 | 态度 | 总分 |
| --- | --- | --- | --- | --- | --- | --- |
| 44040319591024**3* | 11 | 30 | 16 | 30 | 37 | ! 124 |
| 61080220050415**4* | 21 | 35 | 32 | 25 | 15 | ! 128 |
| 61102419840505**5* | 13 | 22 | 37 | 12 | 28 | ✖ 112 |
| 23120019640505**1* | 40 | 18 | 22 | 22 | 26 | ! 128 |
| 41020119750622**8* | 30 | 31 | 26 | 20 | 33 | ✔ 140 |
| 43020420070330**9* | 29 | 20 | 32 | 17 | 27 | ! 125 |
| 62040319971230**5* | 18 | 15 | 24 | 36 | 38 | ! 131 |
| 23030019750223**9* | 22 | 33 | 13 | 18 | 18 | ✖ 104 |
| 32058219690203**3* | 38 | 27 | 34 | [illegible] | 15 | ! 139 |
| 34130019670828**3* | 17 | 23 | 19 | 28 | 14 | ✖ 101 |
| 23030119920622**2* | 34 | 15 | 31 | 29 | 14 | ! 123 |
| 22052319840117**0* | 34 | 32 | 34 | 20 | 37 | ✔ 157 |
| 33080119621119**1* | 33 | 30 | 24 | 15 | 37 | ! 139 |
| 23030019750223**9* | 22 | 33 | 13 | 18 | 18 | ✖ 104 |
| 31011219801117**1* | 12 | 28 | 13 | 34 | 30 | ✖ 117 |

效果

图4-63

## 4.4.5 巧用规则实现隔行样式

条件格式功能包含了条件和格式两重意义。用条件来判断当前处的行，再设置单元格格式，可以自动实现间隔行不同格式的效果。

| | |
| --- | --- |
| 本节素材 | ⊙素材\Chapter04\面试成绩表5.xlsx |
| 本节效果 | ⊙效果\Chapter04\面试成绩表5.xlsx |
| 学习目标 | 用公式设定条件和自定义单元格格式 |
| 难度指数 | ★★ |

**步骤01** ❶打开“面试成绩表5.xlsx”素材文件，❷单击“条件格式”下拉按钮，❸在弹出的下拉菜单中选择“新建规则”选项，如图4-64所示。

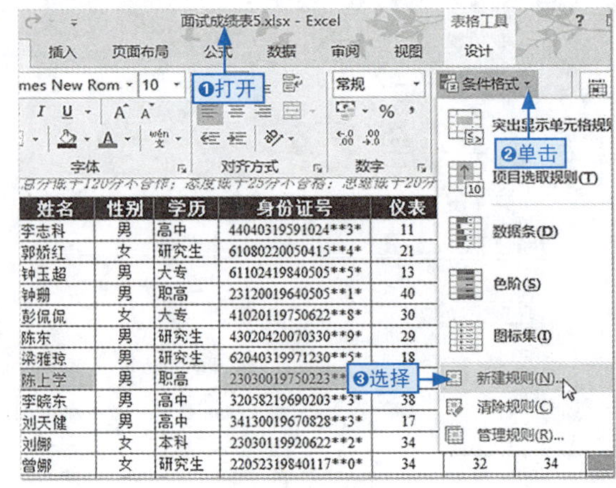


图4-64

**步骤02** ❶选择“使用公式确定要设置格式的单元格”选项，❷在“编辑规则说明”文本框中输入公式“=MOD(ROW(),2)=0”，❸单击“格式”按钮，如图4-65所示。

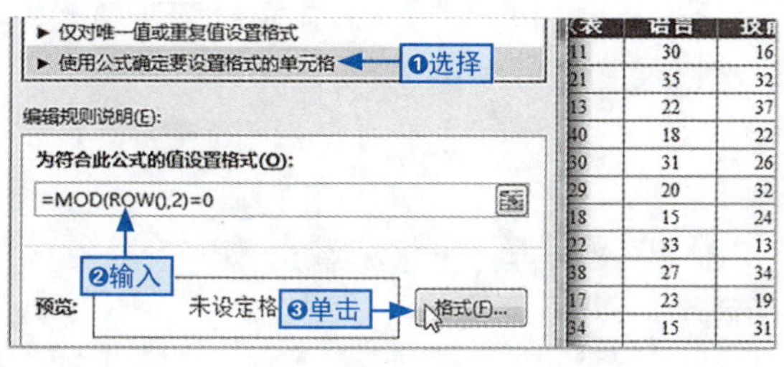


图4-65

**步骤03** ❶在打开的对话框的“填充”选项卡中选择一种填充颜色，❷依次单击“确定”按钮关闭所有对话框，如图4-66所示。

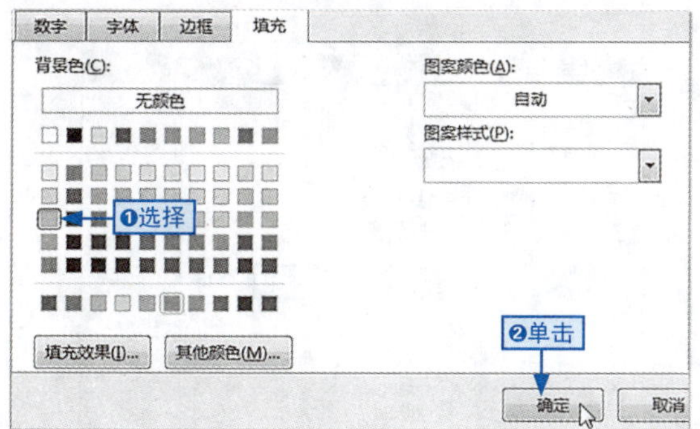


图4-66

**步骤04** ❶单击“条件格式”下拉按钮，❷在弹出的下拉菜单中选择“管理规则”选项，如图4-67所示。

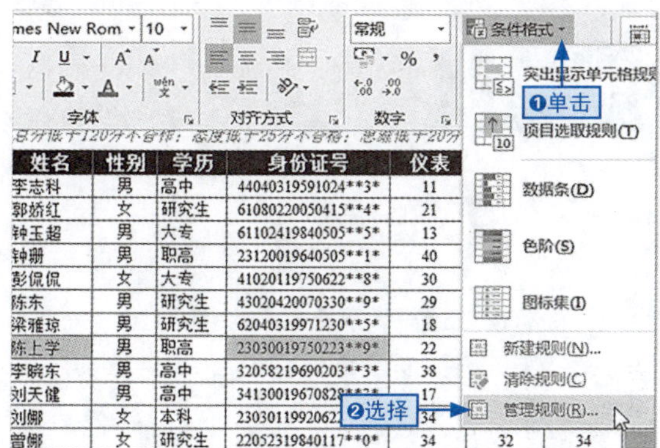


图4-67

**步骤05** ❶在打开的对话框中选择由公式定义的条件格式，❷修改其应用范围为“=表1”，如图4-68所示。

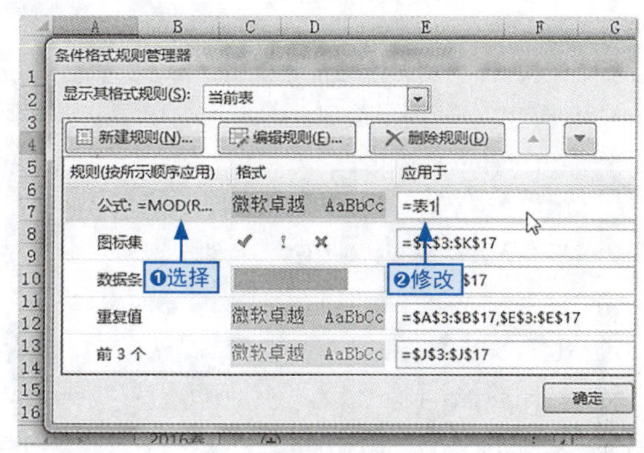


图4-68

**应用范围的设置**

条件格式的应用范围默认是执行条件格式时所选的单元格区域。这里所改的“=表1”实际上相当于一个已定义的单元格名称，这里代表了A2:K17单元格区域。

**步骤06** 单击“确定”按钮关闭对话框，即可看到效果，如图4-69所示。

| | A | B | C | D | E | F | G |
|---|---|---|---|---|---|---|---|
| 2 | 编号 | 姓名 | 性别 | 学历 | 身份证号 | 仪表 | 语言 |
| 3 | MS-034732 | 李志科 | 男 | 高中 | 44040319591024**3* | 11 | 30 |
| 4 | MS-037071 | 郭娇红 | 女 | 研究生 | 61080220050415**4* | 21 | 35 |
| 5 | MS-037234 | 钟玉超 | 男 | 大专 | 61102419840505**5* | 13 | 22 |
| 6 | MS-037297 | 钟珊 | 男 | 职高 | 23120019640505**1* | 40 | 18 |
| 7 | MS-037389 | 效果 | 女 | 大专 | 41020119750622**8* | 30 | 31 |
| 8 | MS-038342 | 陈东 | 男 | 研究生 | 43020420070330**9* | 29 | 20 |
| 9 | MS-038506 | 梁雅琼 | 男 | 研究生 | 62040319971230**5* | 18 | 15 |
| 10 | MS-038583 | 陈上学 | 男 | 职高 | 23030019750223**9* | 22 | 33 |
| 11 | MS-039136 | 李晓东 | 男 | 高中 | 32058219690203**3* | 38 | 27 |
| 12 | MS-039148 | 刘天健 | 男 | 高中 | 34130019670828**3* | 17 | 23 |
| 13 | MS-039320 | 刘娜 | 女 | 本科 | 23030119920622**2* | 34 | 15 |

图4-69

**公式确认的条件应用范围**

条件格式是使用公式的条件，一定要注意公式中的单元格引用类型。如果随意更改应用范围，很可能会达不到预期效果。

长知识

## 自定义代码规则

在定义代码时，必须按顺序来设置，如果要跳过前面节直接设置后面的代码，需要加“;”来跳过。例如代码“#,##0”表示只设置了正数的格式，负数、零以及文本采用 Excel 默认格式；代码“#,##0;-#,##0”设置了正数和负数的格式，零和文本采用 Excel 默认格式；代码“_ * #,##0.00_;;;_ @_ ”设置了正数和文本的格式，负数和零采用 Excel 默认格式。

如果要加入条件判断，则可以将条件放到“[]”中。条件支持简单的逻辑判断，且仅支持两个判断条件。在代码中使用格式为：[条件 1] 格式 1“[条件 2] 格式 2;[其他情况] 格式 3；文本格式”，如“[>=150]#0"通过";[>=100]#0"待定";#0"淘汰";_@_”。

同时，在自定义代码中还可以使用字体颜色，它也是直接用方括号“[]”引用的，颜色名称支持中文名、颜色序号和英文名 3 种，如“[黑色]”“[颜色 1]”“[Black]”等。这里的颜色支持 56 种，其中颜色序号代表了 Windows 调色板中的 56 种标准颜色。如代码“[颜色 3][>=150]#0;[颜色 4][>=100]#0;[颜色 5]#0;@”就是把条件判断和颜色设置结合起来使用的一个例子，如图 4-70 所示。

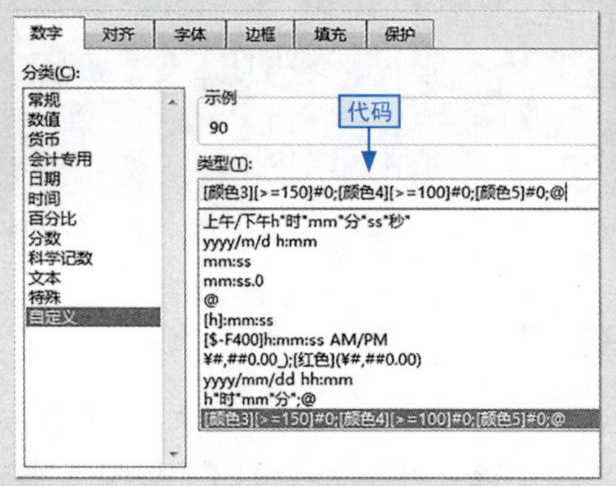


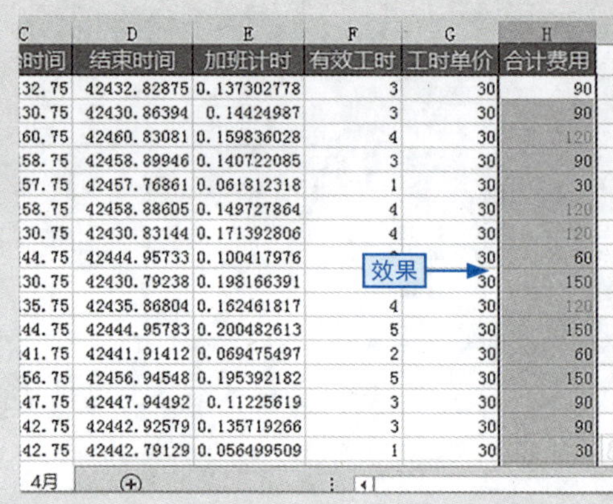

| C | D | E | F | G | H |
|---|---|---|---|---|---|
| 时间 | 结束时间 | 加班计时 | 有效工时 | 工时单价 | 合计费用 |
| 32.75 | 42432.82875 | 0.137302778 | 3 | 30 | 90 |
| 30.75 | 42430.86394 | 0.14424987 | 3 | 30 | 90 |
| 60.75 | 42460.83081 | 0.159836028 | 4 | 30 | 120 |
| 58.75 | 42458.89946 | 0.140722085 | 3 | 30 | 90 |
| 57.75 | 42457.76861 | 0.061812318 | 1 | 30 | 30 |
| 58.75 | 42458.88605 | 0.149727864 | 4 | 30 | 120 |
| 30.75 | 42430.83144 | 0.171392806 | 4 | 30 | 120 |
| 44.75 | 42444.95733 | 0.100417976 | [illegible] | 30 | 60 |
| 30.75 | 42430.79238 | 0.198166391 | [illegible] | 30 | 150 |
| 35.75 | 42435.86804 | 0.162461817 | 4 | 30 | 120 |
| 44.75 | 42444.95783 | 0.200482613 | 5 | 30 | 150 |
| 41.75 | 42441.91412 | 0.069475497 | 2 | 30 | 60 |
| 56.75 | 42456.94548 | 0.195392182 | 5 | 30 | 150 |
| 47.75 | 42447.94492 | 0.11225619 | 3 | 30 | 90 |
| 42.75 | 42442.92579 | 0.135719266 | 3 | 30 | 90 |
| 42.75 | 42442.79129 | 0.056499509 | 1 | 30 | 30 |



图4-70

## 给你支招 | 在自定义格式中加入条件判断

**阿智：**你知道Excel中自定义格式还可以进行条件判断吗?

**小白：**不知道呢，还有这功能？快给我讲讲。

**阿智：**其实这个功能在Excel本身带的一些格式中就已经包含了，比如通常情况下负数会用红色显示，而这里的“负数”就是一个简单的条件判断。在Excel的自定义格式中，完整的代码包含4节，分别代表正数格式、负数格式、零格式和文本格式，每节用半角分号“;”分隔，如图4-71所示。

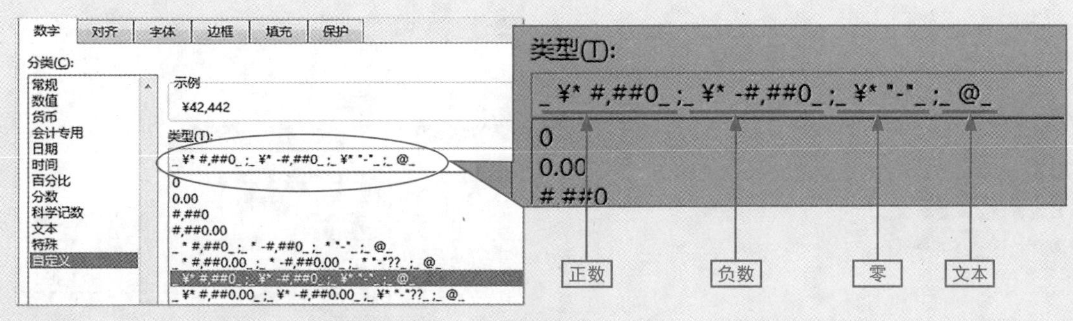


图4-71

## 给你支招 | 判断单个单元格后设置一行的格式

**小白：**当某列的一个数据出现重复时，我可不可以将重复数据的整行单元格都用红底白字标示出来呢？

**阿智：**可以的，但需要注意设置条件判断公式时公式的引用类型，然后再修改条件格式的应用范围就行了，其具体操作如下。

**步骤01** ❶选择要判断重复值的列单元格，❷单击“条件格式”下拉按钮，❸在弹出的下拉菜单中选择“新建规则”选项，如图4-72所示。

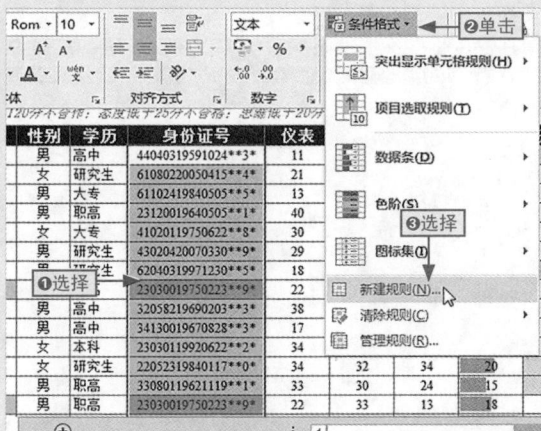

图4-72

**步骤02** ❶在打开的对话框中选择“使用公式确定要设置格式的单元格”选项，❷输入公式“=COUNTIF($E:$E,$E3)>1”，❸单击“格式”按钮，如图4-73所示。

图4-73

**步骤03** ❶在打开的对话框中的“填充”选项卡中选择好单元格填充颜色，❷单击“字体”选项卡，如图4-74所示。

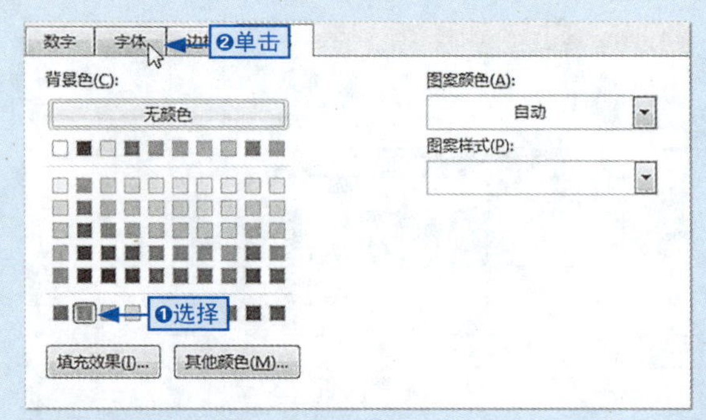


图4-74

步骤04 选择白色作为字体颜色，如图4-75所示。完成后依次单击“确定”按钮关闭所有出现的对话框。

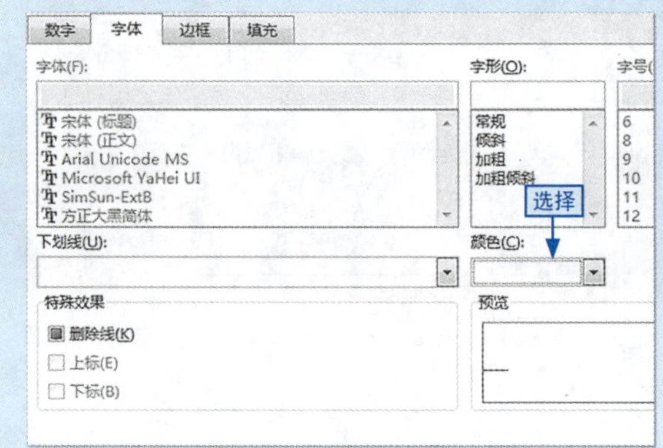


图4-75

步骤05 ❶单击“条件格式”下拉按钮，❷在弹出的下拉菜单中选择“管理规则”选项，如图4-76所示。

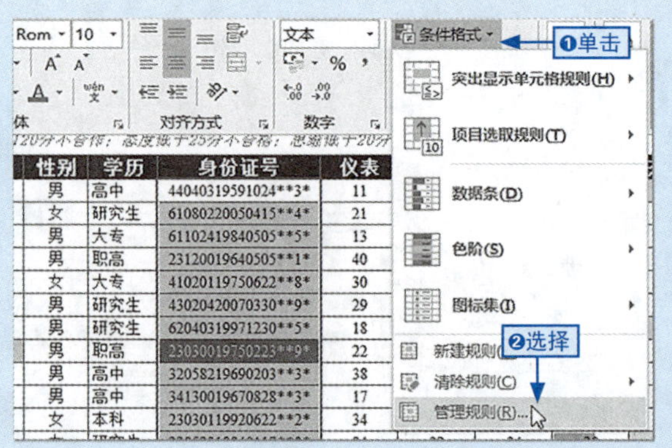


图4-76

步骤06 ❶修改规则对应的应用范围，使其包含整个数据区域，❷单击“确定”按钮关闭对话框即可，如图4-77所示。

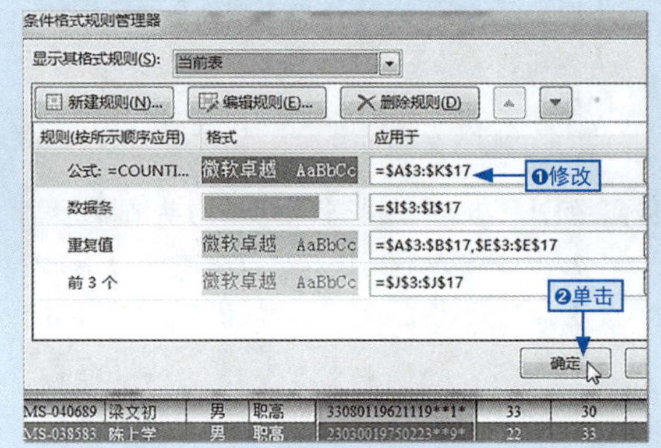


图4-77

# Chapter 05 让表格更丰富：对象的使用

## 学习目标

图形对象是表达观点最直观的手段，是丰富表格内容的一种方式。Excel中支持的图形对象主要有SmartArt图形、形状和图片。当然，功能更强大的图表也属于图形对象的一种，但本章主要以非图表的图形对象为目标，介绍在表格中如何使用这些常用的图形对象。

## 本章要点

- 插入SmartArt对象
- 添加和删除形状
- 更改图示布局
- 绘制招聘流程图基本形状
- 在形状中添加文字
- 排列和连接形状
- 自选图形的简单美化
- 在表格中插入并编辑图片
- 创建艺术字标题
- 设置三维效果艺术字

| 知识要点 | 学习时间 | 学习难度 |
| --- | --- | --- |
| 制作公司组织结构图 | 40 分钟 | ★★★ |
| 手工绘制招聘流程图 | 50 分钟 | ★★★★ |
| 制作招聘广告 | 50 分钟 | ★★★★ |

# 5.1 制作公司组织结构图

**阿智：** 小白，你知道在Excel中能制作组织结构图吗？

**小白：** 好像可以吧，一个一个画，再组合起来就行了。

**阿智：** 虽然你的方法也可以，但Excel 2013提供了更方便的制作途径——SmartArt图形。其中包含了多种组织结构图的样式，根据需要简单调整，就可以制作出专业的组织结构图。

组织结构图是直观展示企业内部组成的一种通用性图示。使用Excel 2013的SmartArt图形中提供的组织结构图，可以快速完成专业美观的组织结构图的制作。

## 5.1.1 插入SmartArt对象

SmartArt对象是形状结构、形状样式以及文本样式的有机集合，可以在基本的结构上进行简单修改，快速制作出符合自己需求的图形。

| 本节素材 | 素材\Chapter05\组织结构图1.xlsx |
|---|---|
| 本节效果 | 效果\Chapter05\组织结构图1.xlsx |
| 学习目标 | 掌握在Excel中插入SmartArt图形的方法 |
| 难度指数 | ★★ |

**步骤01** ❶打开“组织结构图1.xlsx”素材文件，❷选择“插入”选项卡，❸在“插图”组中单击SmartArt按钮，如图5-1所示。

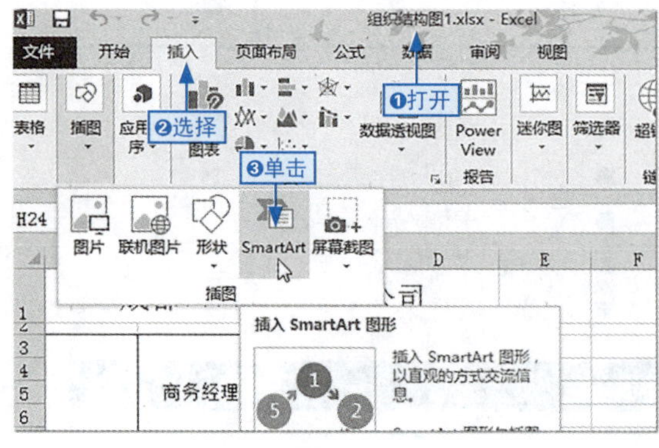


图5-1

**步骤02** ❶在“层次结构”选项卡中选择“组织结构图”选项，❷单击“确定”按钮，如图5-2所示。

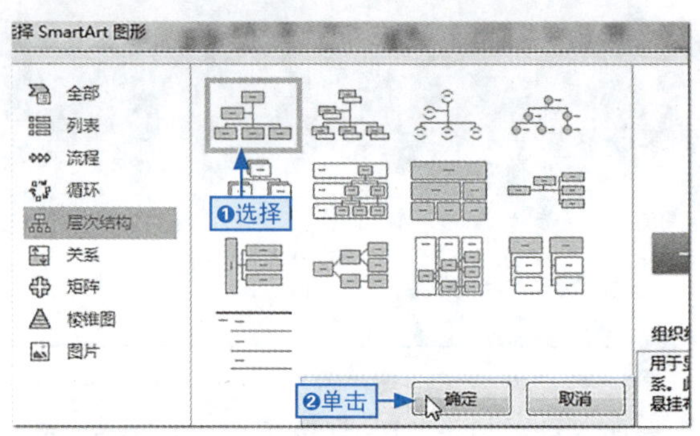


图5-2

**步骤03** 在文本窗格的第1个项目符号右侧输入文本，如图5-3所示。

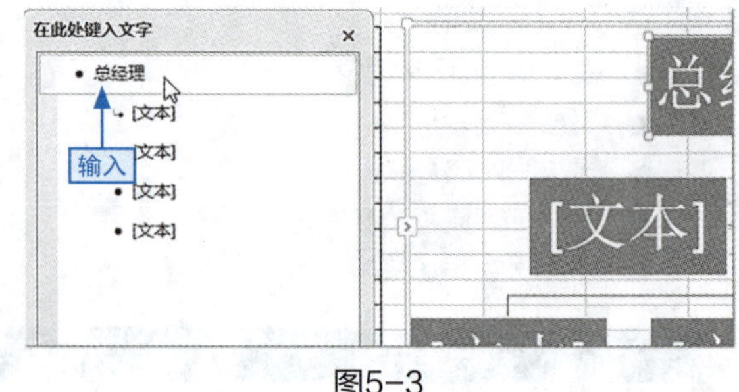


图5-3

**步骤04** ❶在其他位置输入对应的文本，❷单击“SmartArt工具”下“设计”选项卡中的“文本窗格”按钮，关闭文本窗格，如图5-4所示。

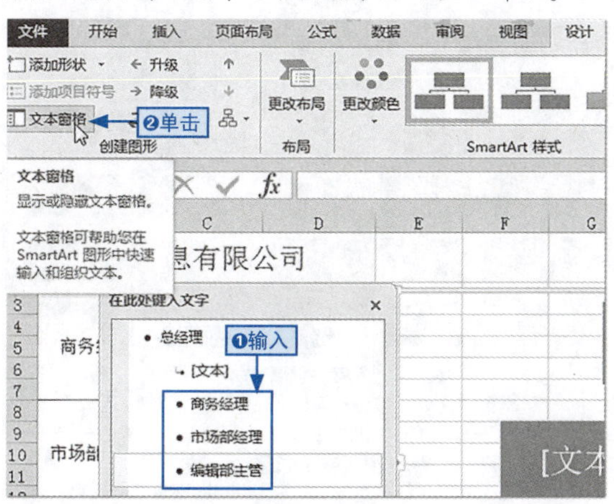


图5-4

## 5.1.2 添加和删除形状

SmartArt图形默认的形状结构如果不能满足需求，可根据实际的需要添加或删除形状。

| | |
|---|---|
| 本节素材 | 素材\Chapter05\组织结构图2.xlsx |
| 本节效果 | 效果\Chapter05\组织结构图2.xlsx |
| 学习目标 | 通过添加和删除形状来改变图示结构 |
| 难度指数 | ★★ |

**步骤01** 打开“组织结构图2.xlsx”素材文件，选择多余的形状，按Delete键删除，如图5-5所示。

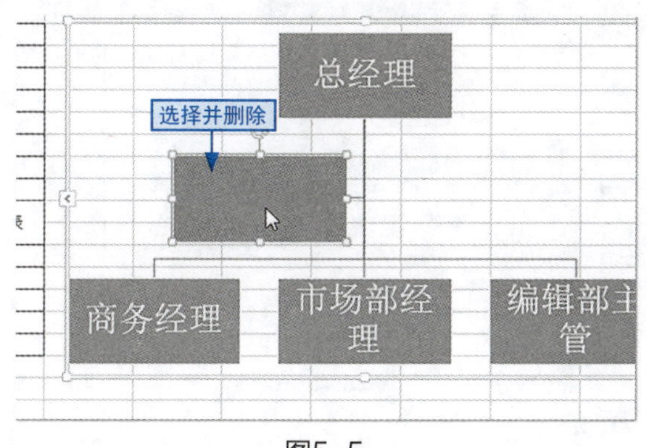


图5-5

**步骤02** ❶选择“商务经理”形状，❷单击“添加形状”下拉按钮，❸选择“在下方添加形状”选项，如图5-6所示。

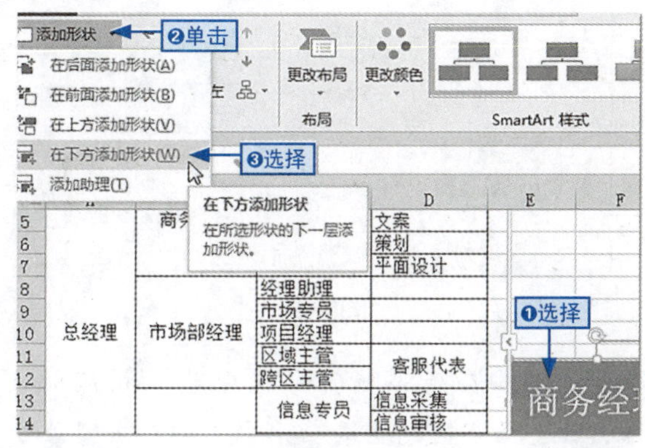


图5-6

**步骤03** ❶右击新添加的形状，❷选择“添加形状”→“在后面添加形状”命令，添加一个同级形状，如图5-7所示。

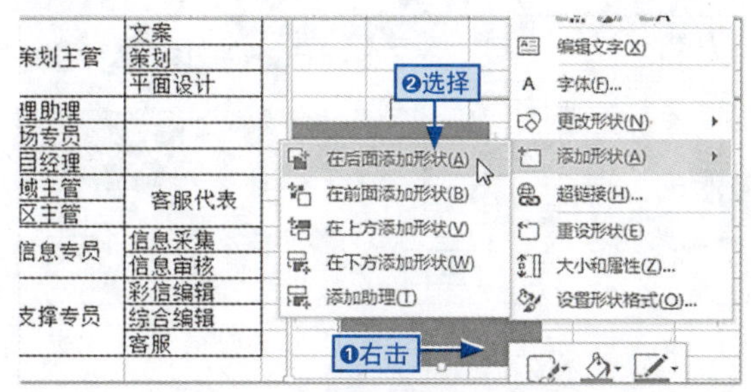


图5-7

**步骤04** 分别选择两个新添加的形状，输入相应的文本，如图5-8所示。

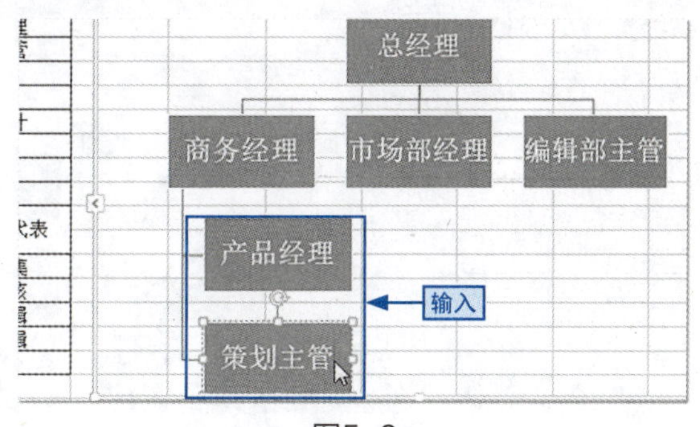


图5-8

**步骤05** ❶在“产品经理”形状下方添加一个下级形状，❷在新形状的前面添加一个同级形状，如图5-9所示。

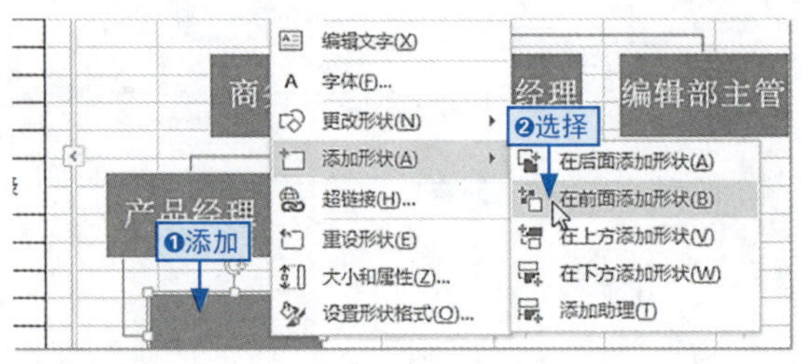


图5-9

**步骤06** ❶在新添加的形状中输入相应的文本，❷选择“策划主管”形状，❸单击“添加形状”按钮，如图5-10所示。

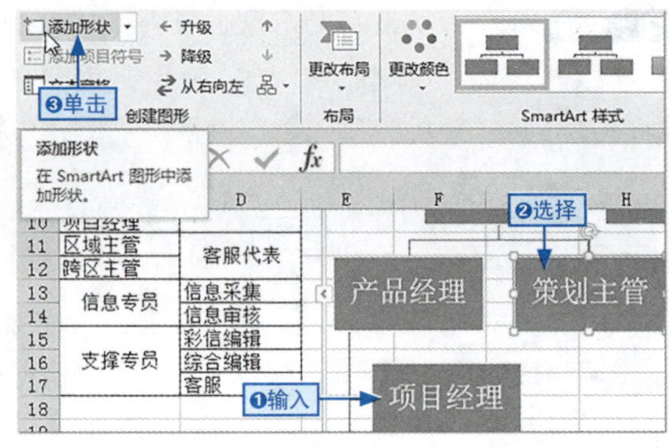


图5-10

**步骤07** 保持形状选中状态，单击“降级”按钮将其改为下级，如图5-11所示。

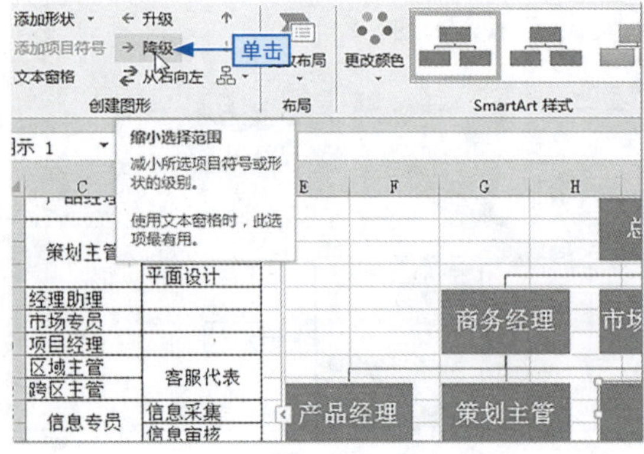


图5-11

**步骤08** 用同样的方法添加其他形状，并在形状中输入内容，如图5-12所示。

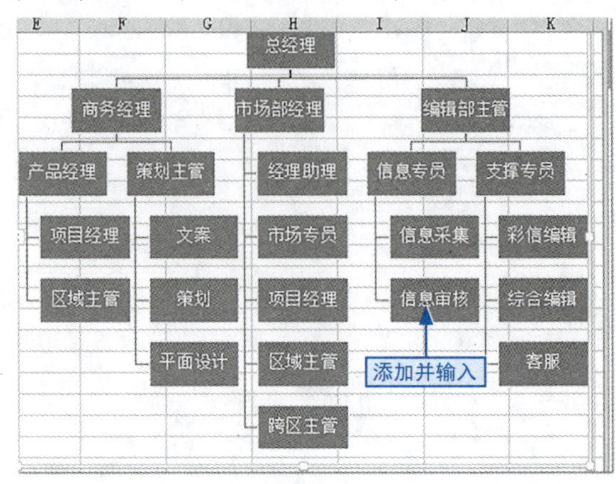


图5-12

## 5.1.3 更改图示布局

SmartArt图形创建好以后，可以随时对其布局进行调整，以达到最理想的效果。布局调整分为整体和局部两种。

| | |
|---|---|
| 本节素材 | 素材\Chapter05\组织结构图3.xlsx |
| 本节效果 | 效果\Chapter05\组织结构图3.xlsx |
| 学习目标 | 掌握局部和整体布局调整方法 |
| 难度指数 | ★★ |

**步骤01** 打开“组织结构图3.xlsx”素材文件，向右拖动绘图画布控制点，调整画布大小，如图5-13所示。

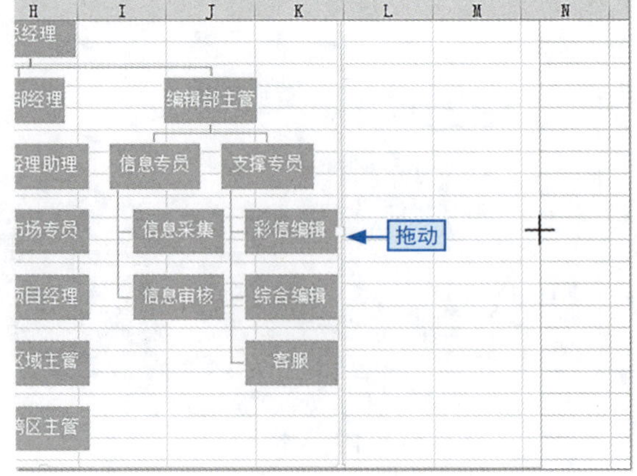


图5-13

**步骤02** ❶选择SmartArt图形，❷在“设计”选项卡的“布局”列表框中选择“姓名和职务组织结构图”选项，如图5-14所示。

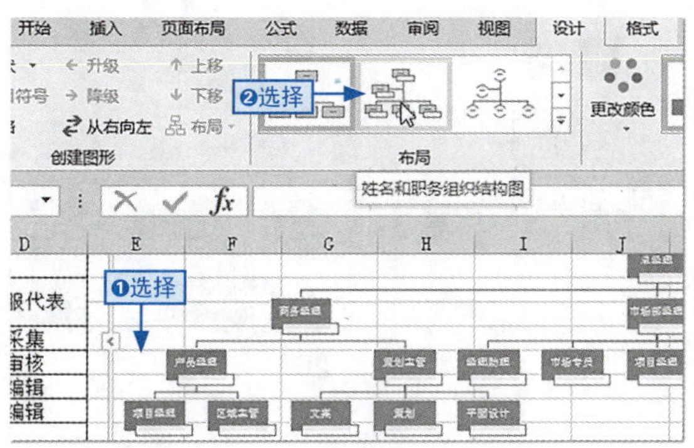


图5-14

**步骤03** ❶选择“产品经理”形状，❷单击“布局”下拉按钮，❸选择“左悬挂”选项，如图5-15所示。

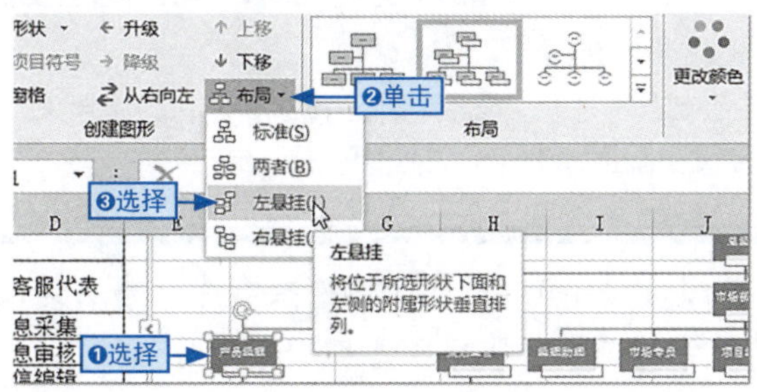


图5-15

**步骤04** ❶选择“策划主管”形状，❷单击“布局”下拉按钮，❸选择“右悬挂”选项，如图5-16所示。

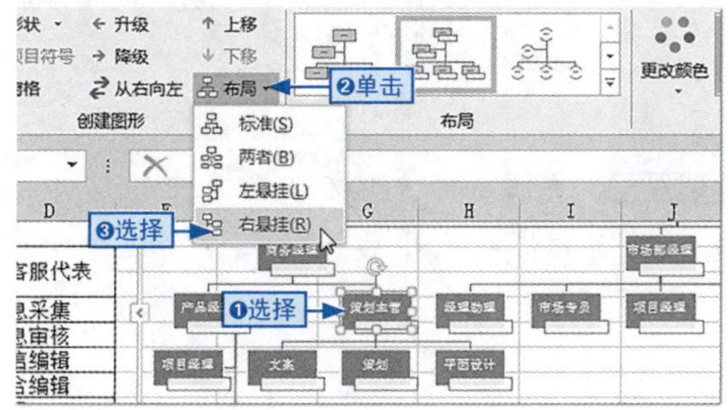


图5-16

**步骤05** 用同样的方法调整“信息专员”和“支撑专员”形状的布局，如图5-17所示。

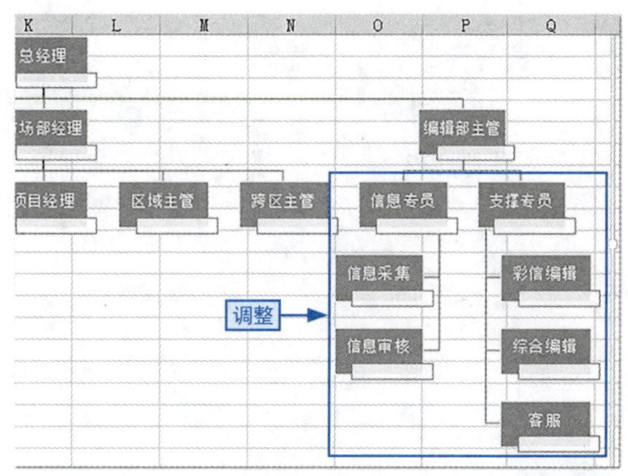


图5-17

## 5.1.4 SmartArt图形的简单美化

默认的SmartArt图形外观并不是很好看，但可以使用Excel提供的SmartArt图形样式快速美化。

| 本节素材 | ⊙素材\Chapter05\组织结构图4.xlsx |
|---|---|
| 本节效果 | ⊙效果\Chapter05\组织结构图4.xlsx |
| 学习目标 | 使用内置样式美化SmartArt图形 |
| 难度指数 | ★ |

**步骤01** 打开“组织结构图4.xlsx”素材文件，❶选择其中的图示，❷在“设计”选项卡的“SmartArt样式”列表框中选择“卡通”选项，如图5-18所示。

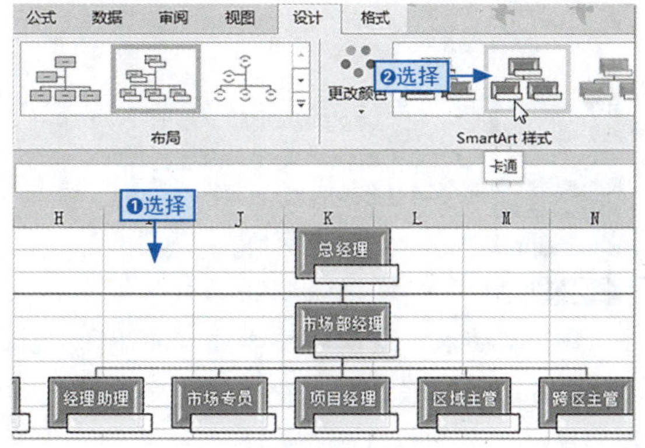


图5-18

**步骤02** ❶单击“更改颜色”下拉按钮，❷选择“深色 2 填充”选项，如图5-19所示。

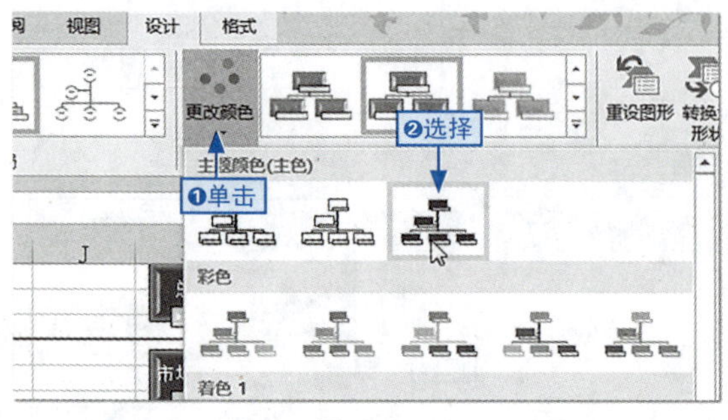


图5-19

**步骤03** 调整“市场部经理”和“编辑部主管”形状的宽度，使其能容纳所有文字，如图5-20所示。

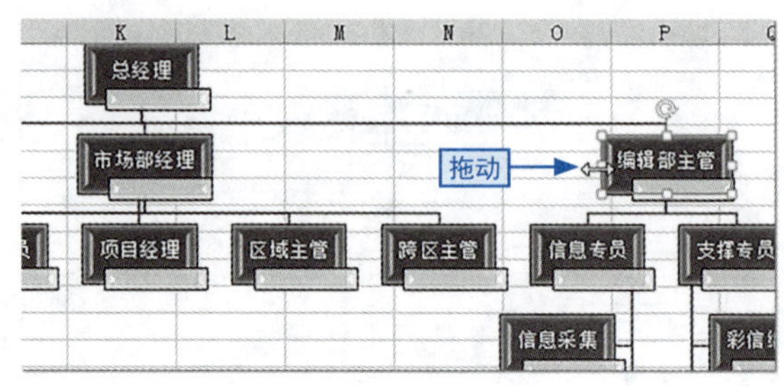


图5-20

# 5.2 手工绘制招聘流程图

**小白：**我想做一个相对复杂的招聘流程图，但SmartArt图形中的限制太多。可否按自己的想法随意绘制？

**阿智：**Excel也可以通过自选图形来手工绘制各种形状，然后利用连接线将形状连接起来；还可以根据自己的想法任意放置形状的位置和调整大小，形成需要的图示。

流程图的样式有很多种，最简单的线性流程图可以直接使用SmartArt图形来完成，简单又方面。而多结构流程图则可以使用手工绘制形状、输入文字再连接形状的方式来完成。

## 5.2.1 绘制招聘流程图基本形状

Excel中提供了流程图的标准形状，用户只需要选择相应的选项并在工作表中拖动，即可绘制出相应形状。

| 本节素材 | 素材\Chapter05\招聘流程图1.xlsx |
|---|---|
| 本节效果 | 效果\Chapter05\招聘流程图1.xlsx |
| 学习目标 | 学会在Excel中绘制形状 |
| 难度指数 | ★ |

**步骤01** 打开“招聘流程图1.xlsx”素材文件，❶在“插入”选项卡中单击“形状”下拉按钮，❷在“流程图”栏中选择“流程图：准备”选项，如图5-21所示。

图5-21

**步骤02** 按住鼠标左键在工作表中拖动，绘制出所需的形状大小后释放鼠标左键即可，如图5-22所示。

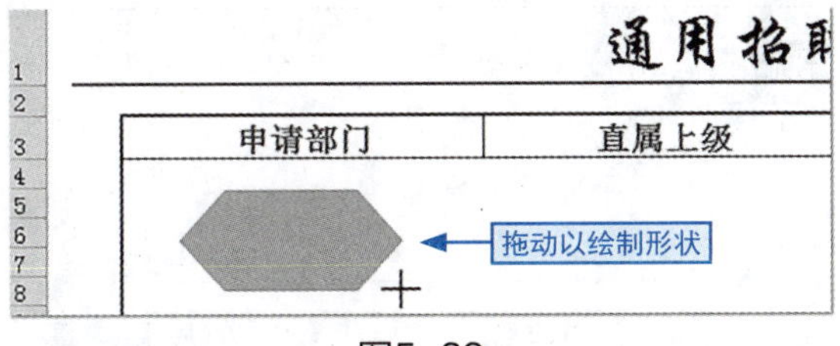


图5-22

**流程图形状释义**

Excel 2013 提供了 28 种流程图的基本形状，在标准的流程图中，这些形状代表了不同的意义，如表 5-1 所示。

表5-1

| 形状 | 意义 | 形状 | 意义 |
|---|---|---|---|
| | 过程 | | 卡片 |
| | 可选过程 | | 资料带 |
| | 决策 | ⊗ | 汇总连接 |
| | 数据 | ⊕ | 或者 |
| | 预定义过程 | | 对照 |
| | 内部存储 | | 排序 |
| | 文档 | | 摘录 |
| | 多文档 | | 合并 |
| | 终止 | | 库存数据 |
| | 准备 | | 延期 |
| | 手动输入 | | 顺序访问存储器 |
| | 手动操作 | | 磁盘 |
| | 联系 | | 直接访问存储器 |
| | 离页连接符 | | 显示 |

## 5.2.2 在形状中添加文字

有一些形状的图示，不能准确表达图示的意义。此时可在图示的形状中添加文字，以使其准确表达要展示的内容。

| | |
|---|---|
| 本节素材 | 素材\Chapter05\招聘流程图2.xlsx |
| 本节效果 | 效果\Chapter05\招聘流程图2.xlsx |
| 学习目标 | 掌握在形状中添加文字并设置格式的方法 |
| 难度指数 | ★★ |

**步骤01** 打开“招聘流程图2.xlsx”素材文件，❶在形状上右击，❷选择“编辑文字”命令，如图5-23所示。

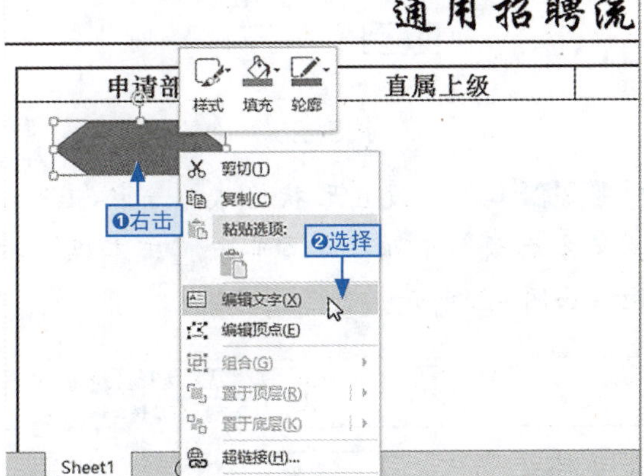


图5-23

**步骤02** ❶在形状中输入文本，这里输入“原岗位替补”，❷在“开始”选项卡中将字体设置为“微软雅黑”，❸将字号设置为10，如图5-24所示。

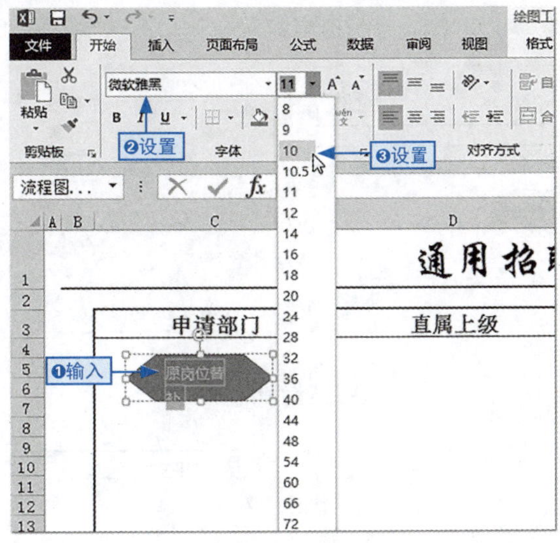


图5-24

步骤03 ❶在形状上右击，❷在弹出的快捷菜单中选择“设置形状格式”命令，如图5-25所示。

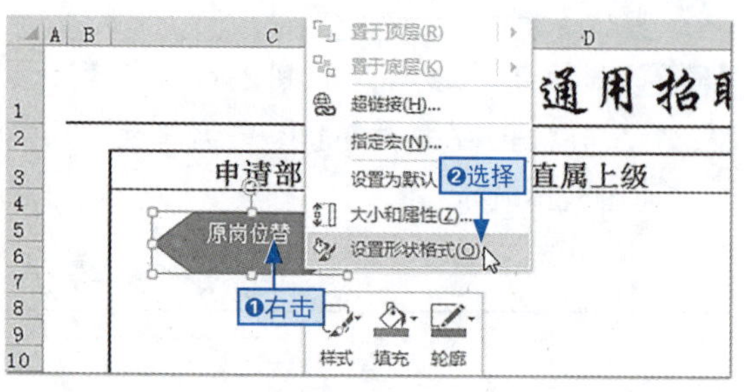


图5-25

步骤04 ❶在“设置形状格式”窗格中选择“文本选项”选项卡，❷单击“文本框”按钮，如图5-26所示。

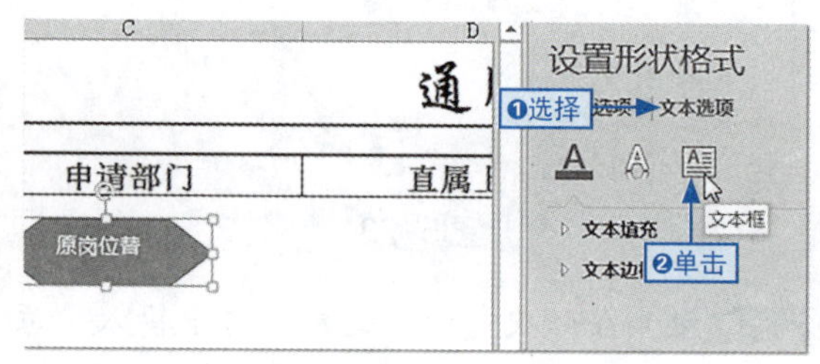


图5-26

步骤05 ❶在“垂直对齐方式”下拉列表中选择“中部居中”选项，❷将4个边距全部设置为“0厘米”，如图5-27所示。

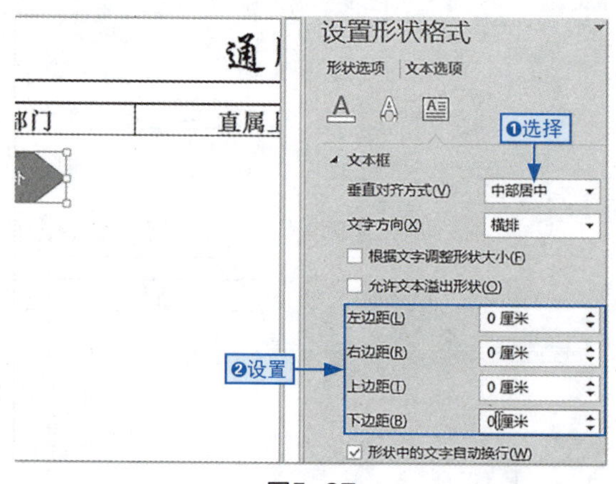


图5-27

步骤06 ❶调整形状大小和位置到合适状态，❷单击“保存”按钮保存工作簿，如图5-28所示。

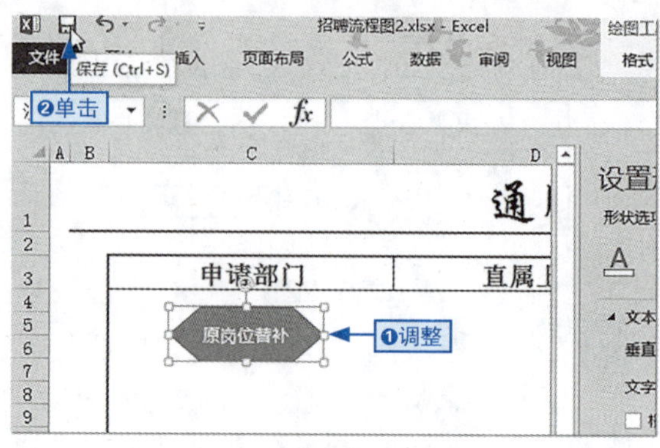


图5-28

## 5.2.3 形状的复制和修改

设置好一个形状的字体格式以及文本排列方式后，可以通过复制和修改的方式来创建其他形状，免去重复设置字体和方框的对齐方式的麻烦。

| 本节素材 | 素材\Chapter05\招聘流程图3.xlsx |
| --- | --- |
| 本节效果 | 效果\Chapter05\招聘流程图3.xlsx |
| 学习目标 | 学会复制和更改形状 |
| 难度指数 | ★★ |

步骤01 ❶选择已经设置好格式的形状，❷按住鼠标左键拖动，复制一个相同的形状，如图5-29所示。

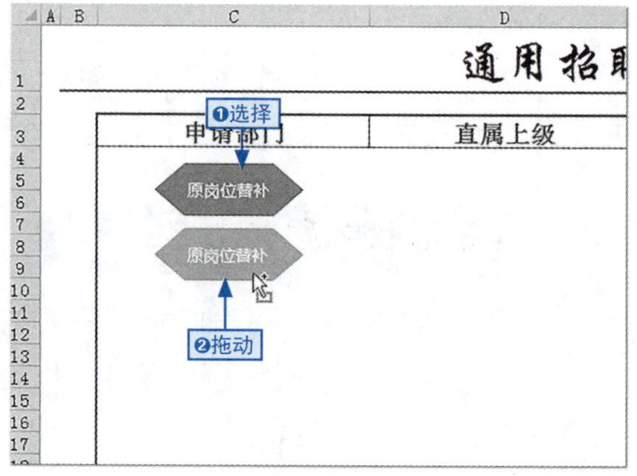


图5-29

步骤02 ❶选择要复制的形状，按Ctrl+C组合键复制，❷再按Ctrl+V组合键粘贴，移动到合适的位置，如图5-30所示。

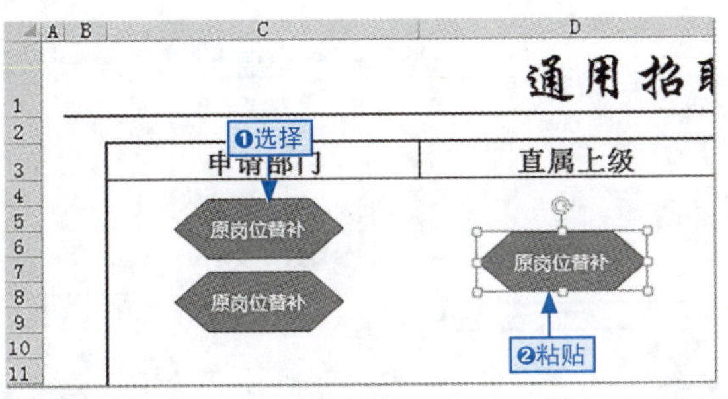


图5-30

步骤03 选择粘贴后的形状，❶单击“编辑形状”下拉按钮，❷在“更改形状”子菜单中选择要使用的新形状，这里选择“流程图：决策”选项，如图5-31所示。

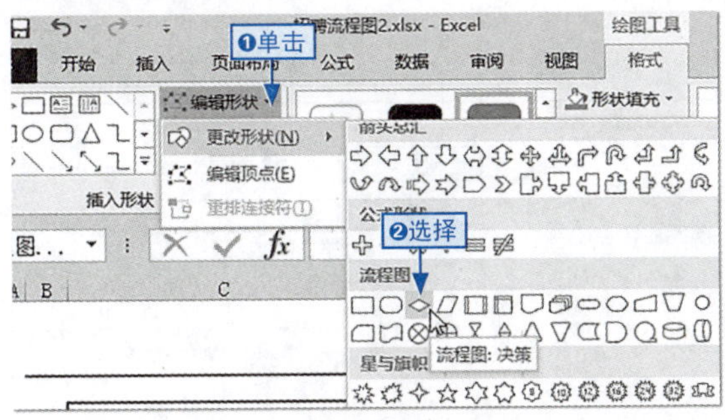


图5-31

步骤04 ❶保持形状选中状态，❷在“大小”组中修改其大小，如图5-32所示。

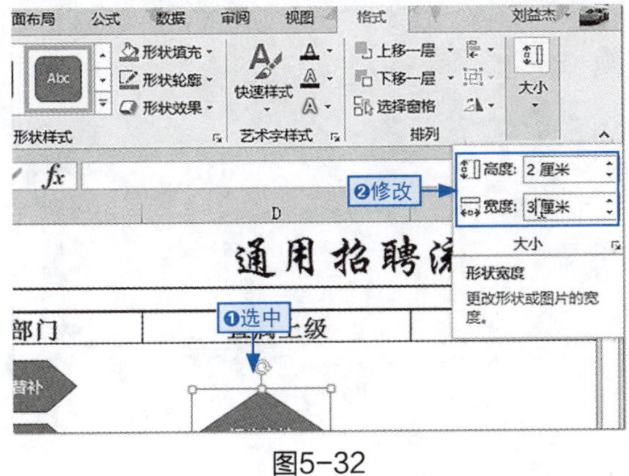


图5-32

步骤05 用同样的方法创建其他形状，并重新输入形状上的文本，如图5-33所示。

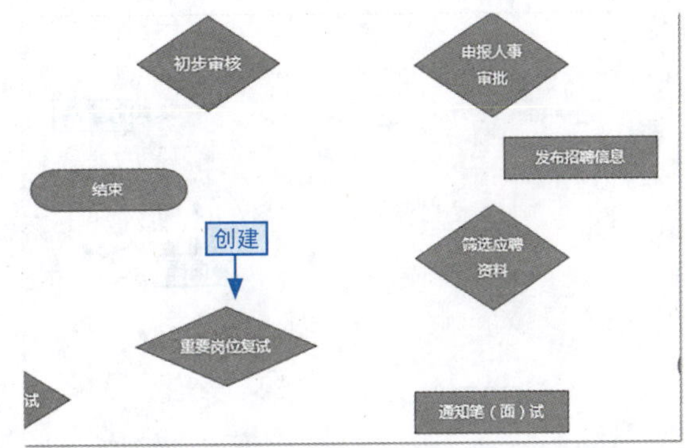


图5-33

## 5.2.4 排列和连接形状

创建多个形状以后，它们会杂乱地呈现在表格中。通过Excel的排列功能，可以让它们快速整齐地排列起来；再用连接线连接，从而形成真正的流程图。

| 本节素材 | ⊙素材\Chapter05\招聘流程图4.xlsx |
|---|---|
| 本节效果 | ⊙效果\Chapter05\招聘流程图4.xlsx |
| 学习目标 | 使用排列功能排列形状并连接为流程图 |
| 难度指数 | ★★ |

步骤01 打开“招聘流程图4.xlsx”素材文件，❶按住Ctrl键选择前两个形状，❷单击“对齐”下拉按钮，❸选择“水平居中”选项，如图5-34所示。

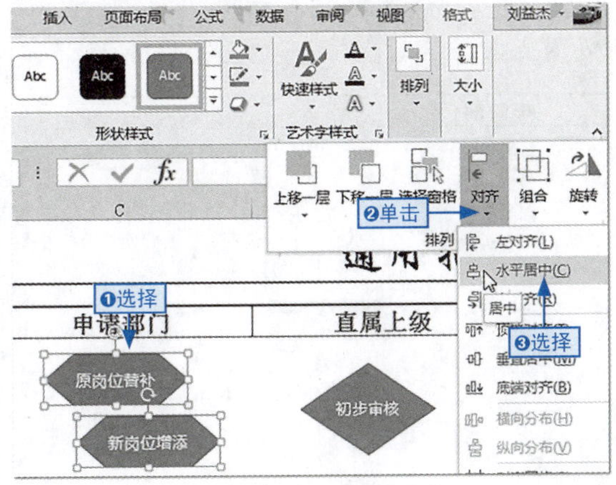


图5-34

步骤02 ❶按住Ctrl键选择代表人事部门职责的几个形状，❷单击“对齐”下拉按钮，❸选择“水平居中”选项，如图5-35所示。

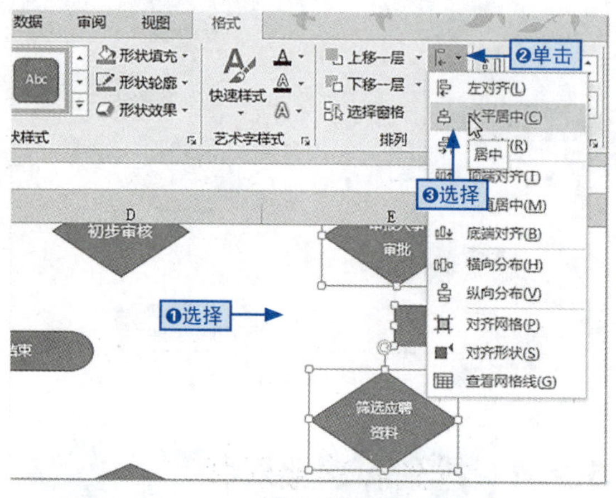

图5-35

步骤03 用同样的方法对齐其他形状，并调整好位置，在“插入形状”组中选择“肘形箭头连接符”选项，如图5-36所示。

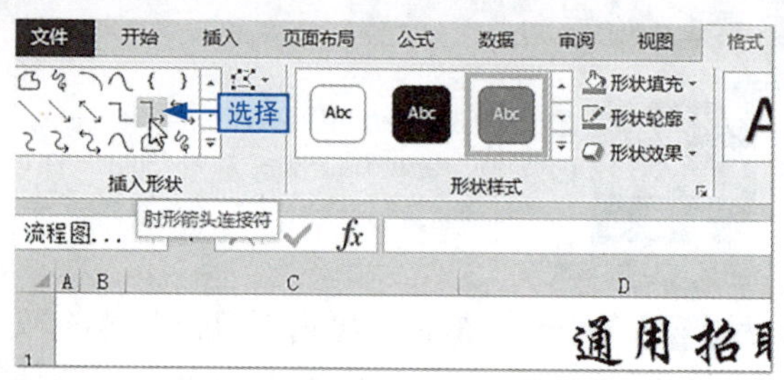

图5-36

步骤04 鼠标指针移动到形状附近，会自动产生吸附点。按住鼠标左键拖动到下一个形状吸附点上，绘制连接符，如图5-37所示。

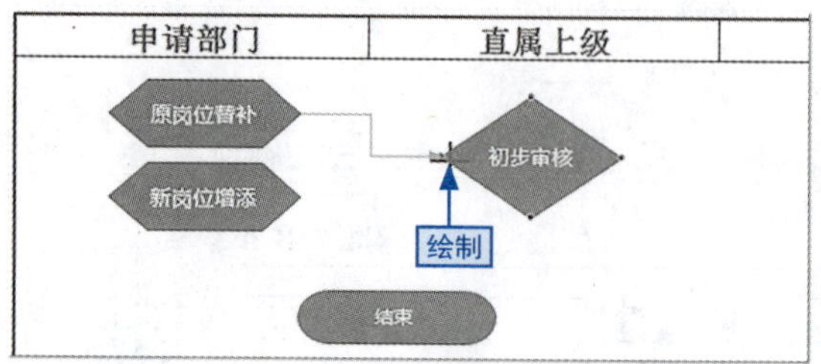

图5-37

步骤05 保持连接符选中状态，❶单击“形状轮廓”下拉按钮，❷在“粗细”子菜单中选择“1.5磅”选项，如图5-38所示。

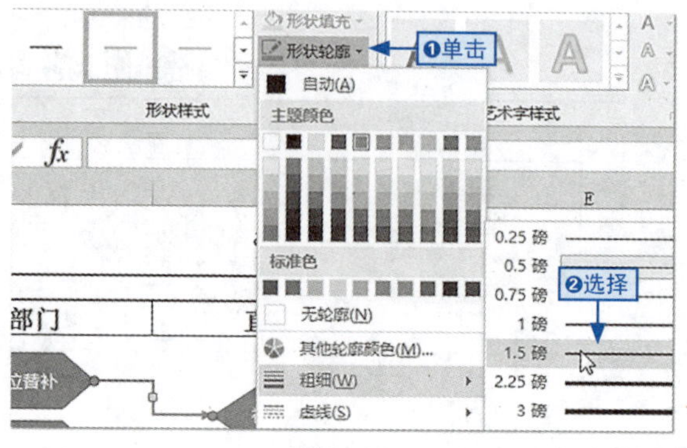

图5-38

步骤06 按住Ctrl键拖动以复制连接符，调整两个顶点的位置，使其吸附到两个形状上，如图5-39所示。

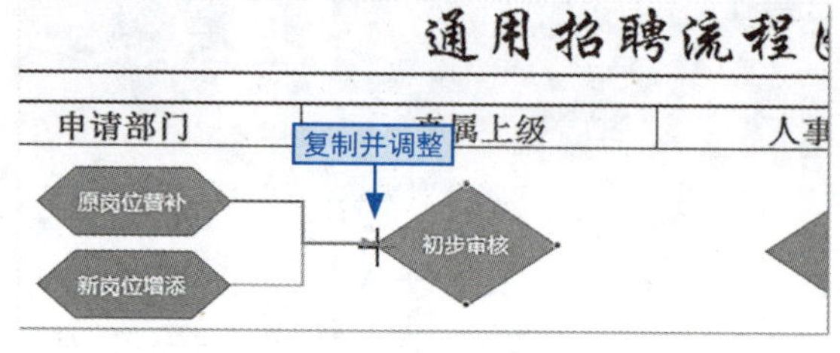

图5-39

步骤07 用同样的方法复制并调整其他连接符，连接所有形状，如图5-40所示。

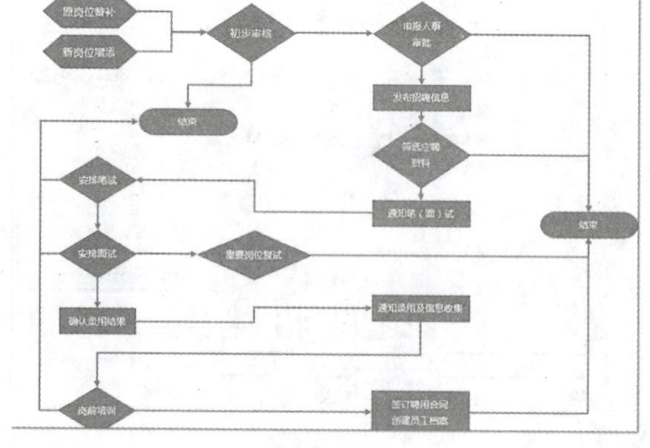
图5-40

## 5.2.5 在自定义图示中添加说明

在很多图示中，可能需要在形状外添加一些文字，来对图示进行简单说明，这时可以使用文本框。

| | |
|---|---|
| 本节素材 | ⊙素材\Chapter05\招聘流程图5.xlsx |
| 本节效果 | ⊙效果\Chapter05\招聘流程图5.xlsx |
| 学习目标 | 掌握文本框的用法 |
| 难度指数 | ★ |

**步骤01** 打开“招聘流程图5.xlsx”素材文件，❶在“插入”选项卡“文本”组中单击“文本框”下拉按钮，❷选择“横排文本框”选项，如图5-41所示。

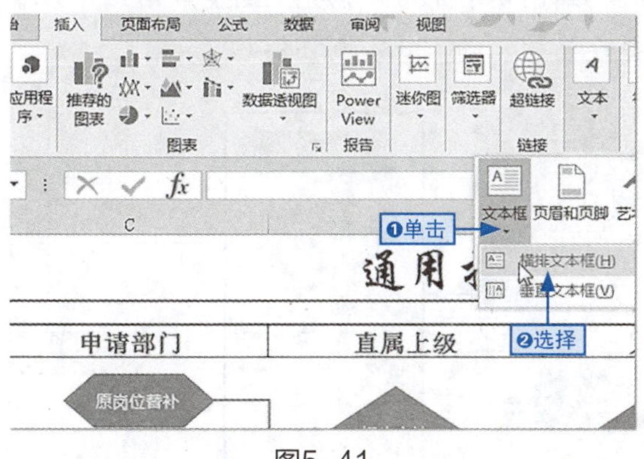


图5-41

**步骤02** ❶在工作表中绘制文本框并输入文本，❷设置其字体格式为“微软雅黑”，字号为9，如图5-42所示。

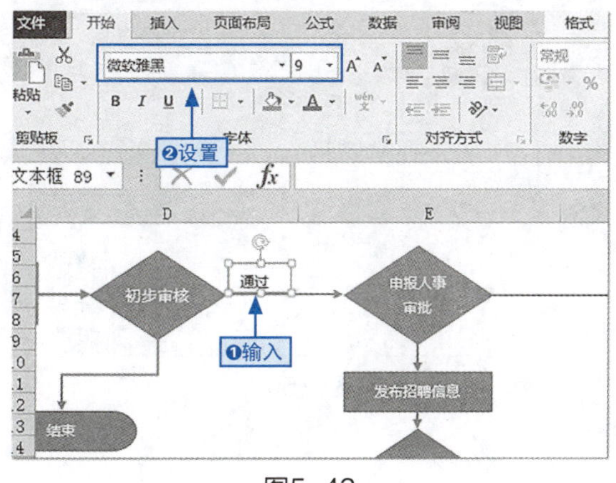


图5-42

**步骤03** ❶设置“形状填充”为“无填充颜色”，❷单击“形状轮廓”下拉按钮，❸选择“无轮廓”选项，如图5-43所示。

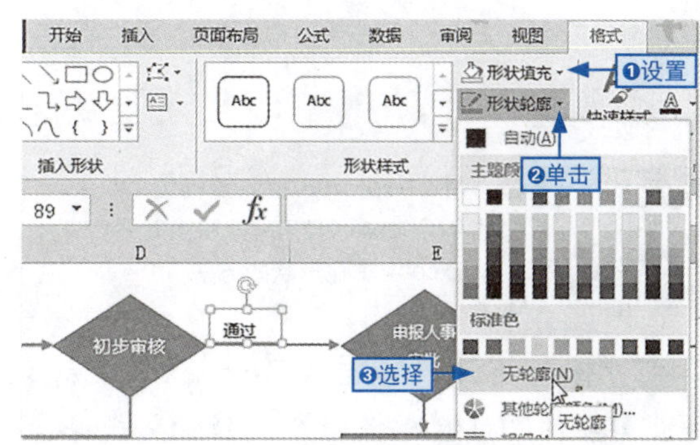


图5-43

**步骤04** 打开“设置对象格式”窗格，将文本框的4个边距全都设为“0厘米”，如图5-44所示。

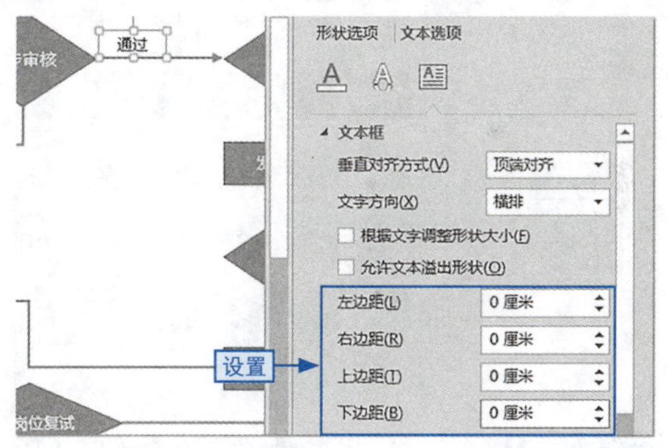


图5-44

**步骤05** 复制文本框到其他位置并修改相应文本，如图5-45所示。

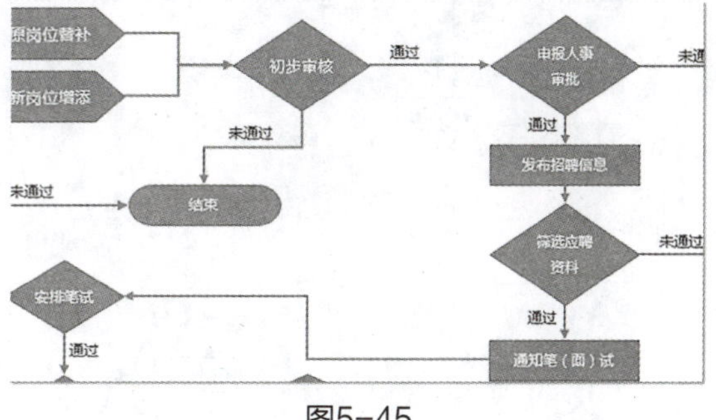


图5-45

## 5.2.6 自选图形的简单美化

手动绘制的流程图，每个形状的效果基本都是相同的。为了让流程图更加美观，可以对其进行简单美化。

| | |
|---|---|
| 本节素材 | ⊙素材\Chapter05\招聘流程图6.xlsx |
| 本节效果 | ⊙效果\Chapter05\招聘流程图6.xlsx |
| 学习目标 | 了解Excel中美化形状的方法 |
| 难度指数 | ★★ |

**步骤01** 打开“招聘流程图6.xlsx”素材文件，❶按住Ctrl键选择两个“结束”形状，❷在“形状样式”组中选择一种样式效果，这里选择“细微效果-黑色，深色1”选项，如图5-46所示。

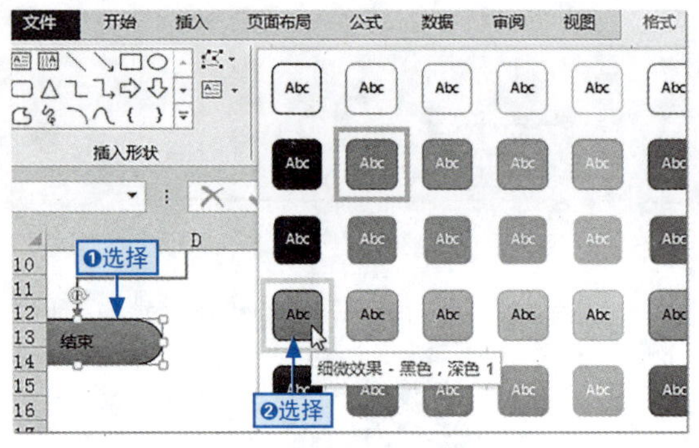


图5-46

**步骤02** ❶单击“形状效果”下拉按钮，❷在“棱台”子菜单中选择一种棱台效果，这里选择“斜面”选项，如图5-47所示。

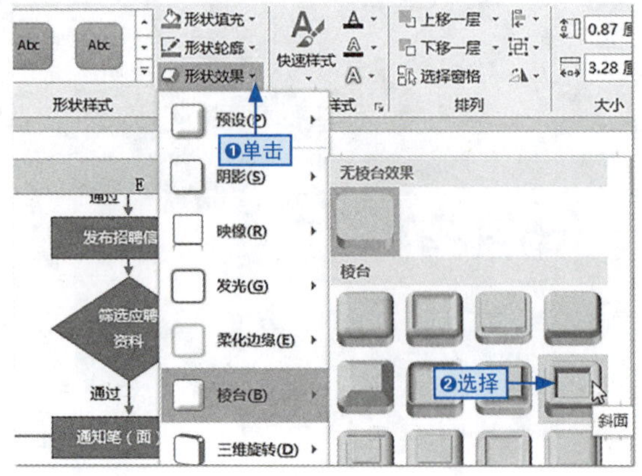


图5-47

**步骤03** ❶单击“查找和选择”下拉按钮，❷选择“选择对象”选项，如图5-48所示。

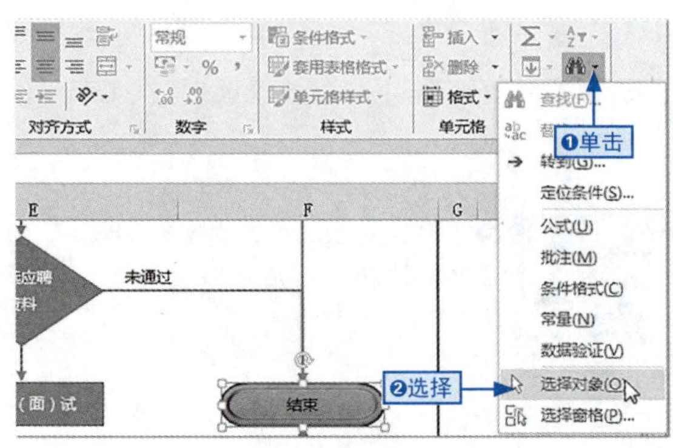


图5-48

**步骤04** 按住鼠标左键拖动，选择“人事部门”列的所有形状。按住Ctrl键取消选中不需要设置效果的形状，如图5-49所示。

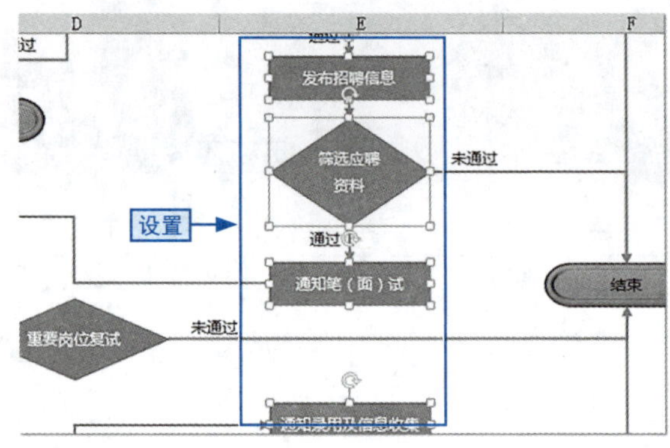


图5-49

**步骤05** 用同样的方法为其他形状设置样式，如图5-50所示。

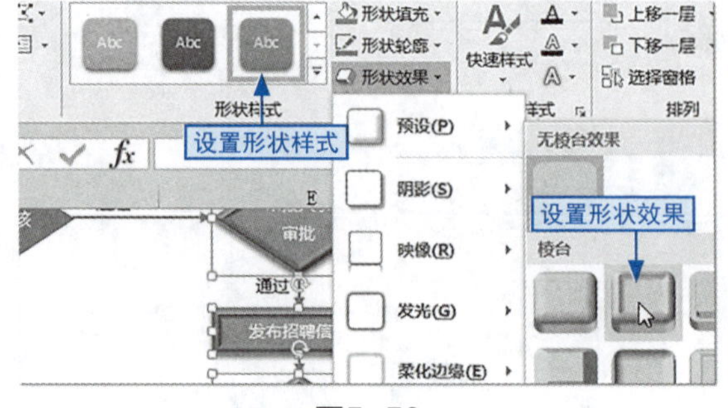


图5-50

# 5.3 制作招聘广告

**阿智**：你能用Excel制作出效果比较好的招聘广告吗?

**小白**：这不是Word的功能吗? Excel中也能做?

**阿智**：是的，广告排版不仅仅可以通过Word制作，Excel也能做出效果非常棒的广告版面。相对于Word而言，Excel所受的页面布局的限制更小，做起来也更加灵活。

广告的内容通常都是比较美观的，并且文字不会很多。要在Excel中完成这类作品的制作，可以使用图片、文本框和艺术字来完成，其中对图片和文字的美化设置是必不可少的。

## 5.3.1 在表格中插入并编辑图片

Excel 2013可以插入网络或本地的图片，并对其进行编辑，如裁剪、美化等。

| 本节素材 | 素材\Chapter05\招聘广告.xlsx |
| --- | --- |
| 本节效果 | 效果\Chapter05\招聘广告1.xlsx |
| 学习目标 | 了解Excel中图片的插入和编辑方法 |
| 难度指数 | ★★ |

**步骤01** 启动Excel并新建空白工作簿，❶选择“页面布局”选项卡，❷单击“页面设置”按钮，如图5-51所示。

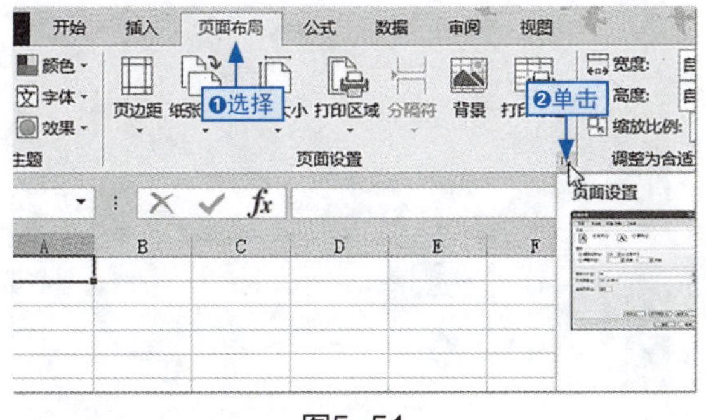


图5-51

**步骤02** ❶设置“纸张大小”为A4，❷选择“页边距”选项卡，如图5-52所示。

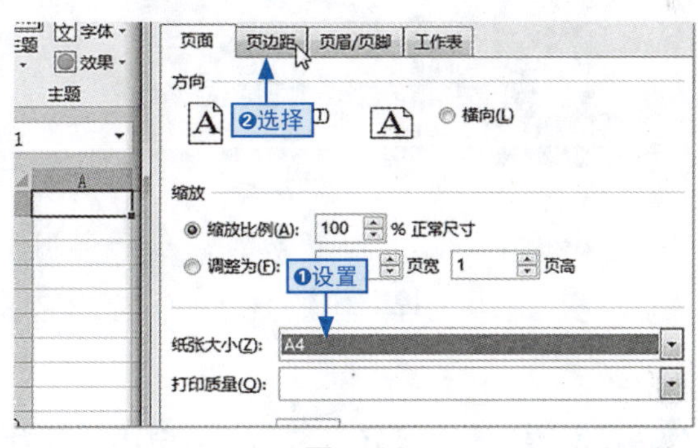


图5-52

**步骤03** 将4个边距设置为0.1，将页眉页脚设置为0，如图5-53所示。

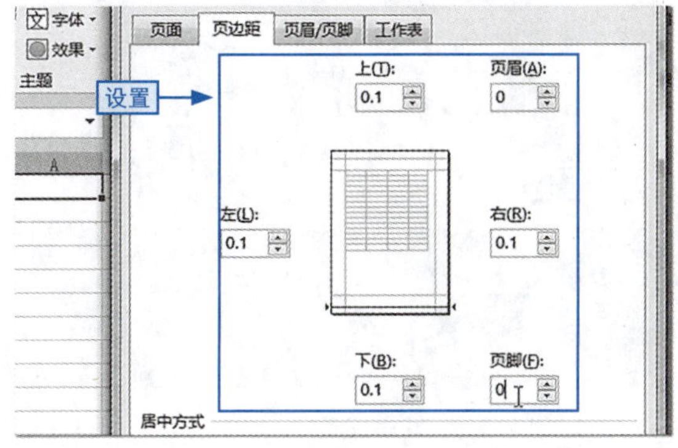


图5-53

**步骤04** 确认并关闭对话框，❶在工作表中选择“插入”选项卡，❷在“插图”组中单击“图片”按钮，如图5-54所示。

图5-54

**步骤05** ❶选择“招聘广告”文件夹中的“背景.png”和“装饰.png”素材图片，❷单击“插入”按钮，如图5-55所示。

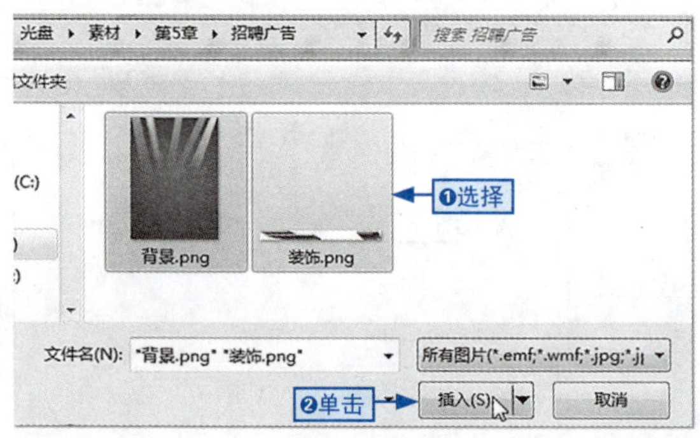

图5-55

**步骤06** ❶选择作为背景的图片，❷在“图片工具”下的“格式”选项卡“大小”组中单击“对话框启动器”按钮，如图5-56所示。

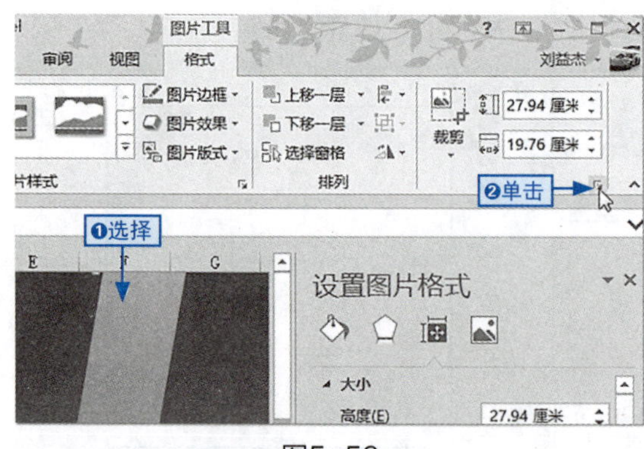

图5-56

**步骤07** ❶取消选中“锁定纵横比”和“相对于图片原始尺寸”复选框，❷重新设置图片的高度和宽度，如图5-57所示。

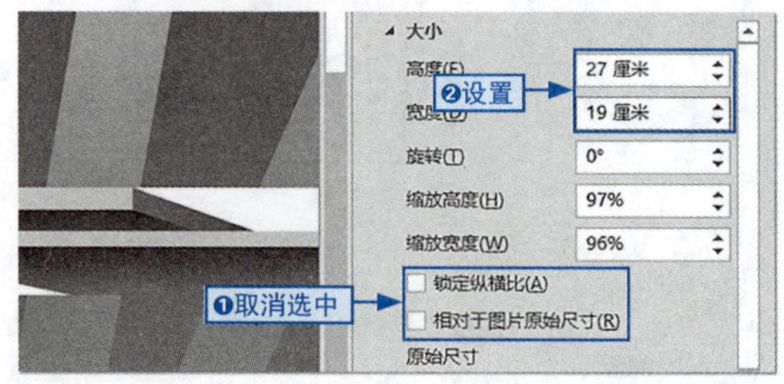

图5-57

**步骤08** ❶选择作为装饰的图片，❷将其宽度设置为“19厘米”，如图5-58所示。

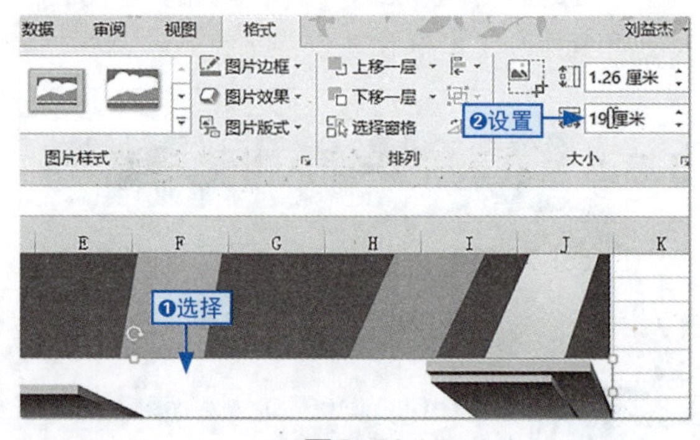

图5-58

**步骤09** ❶单击“颜色”下拉按钮，❷选择“设置透明色”选项，如图5-59所示。

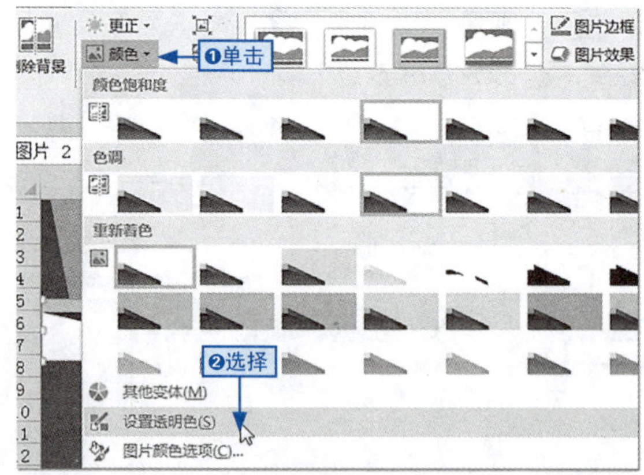

图5-59

**步骤10** 在作为装饰的图片上单击其白色区域，设置为透明色，如图5-60所示。

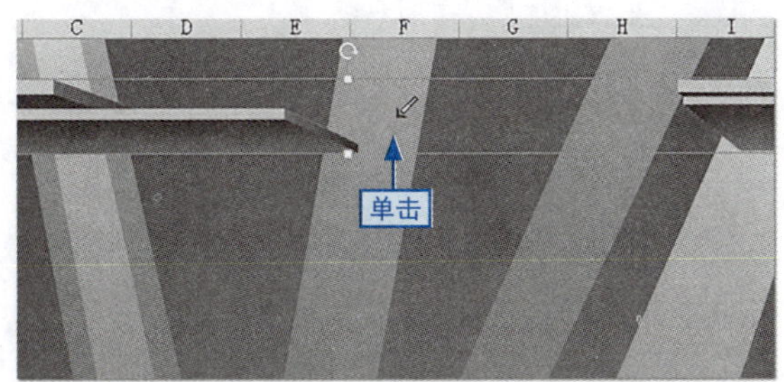


图5-60

**步骤11** 打开“另存为”对话框，❶选择文件保存位置，❷输入文件名，❸单击“保存”按钮，如图5-61所示。

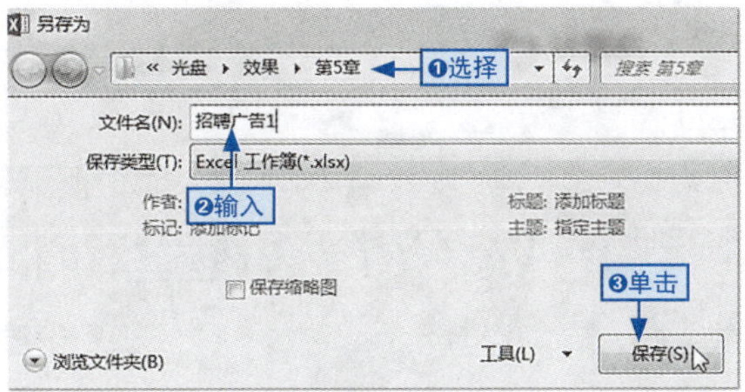


图5-61

## 5.3.2 创建艺术字标题

艺术字是美化表格经常使用的文字美化手段。在Excel 2013中，艺术字有了很大的改变，其设置样式相对于Excel 2003要多很多。

| 本节素材 | ⊙素材\Chapter05\招聘广告2.xlsx |
|---|---|
| 本节效果 | ⊙效果\Chapter05\招聘广告2.xlsx |
| 学习目标 | 学会Excel中艺术字的插入和编辑方法 |
| 难度指数 | ★★ |

**步骤01** 打开“招聘广告”文件夹中的“招聘广告2.xlsx”素材文件，❶在“插入”选项卡“文本”组中单击“艺术字”下拉按钮，❷选择一种艺术字样式，如图5-62所示。

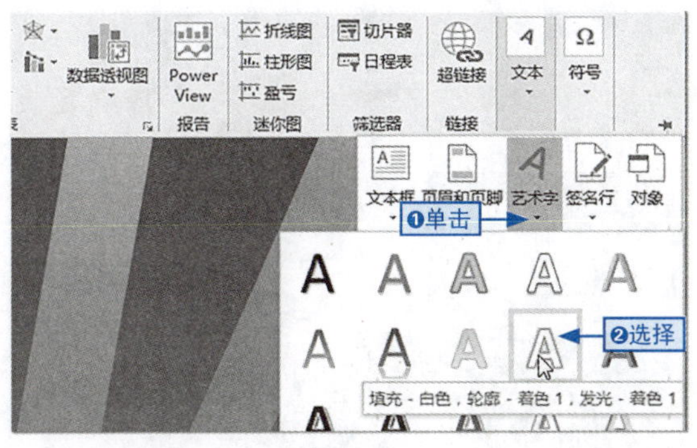


图5-62

**步骤02** ❶输入艺术字内容，❷设置其字体和字号，如图5-63所示。

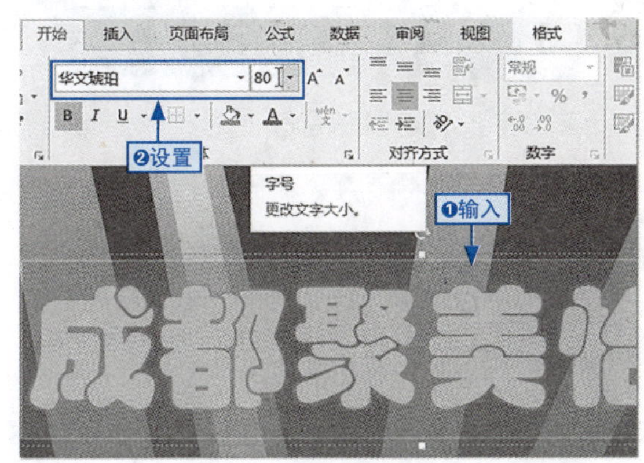


图5-63

**步骤03** ❶单击“文本效果”下拉按钮，❷选择一种艺术字转换效果，如图5-64所示。

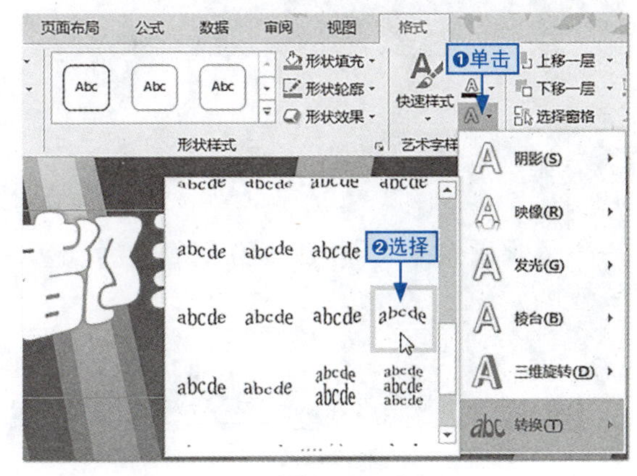


图5-64

**步骤04** ❶单击“文本轮廓”下拉按钮，❷选择“橙色”选项，如图5-65所示。

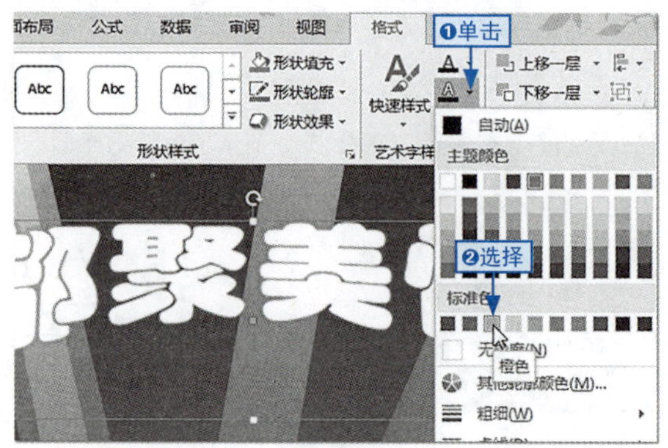


图5-65

## 5.3.3 设置三维效果艺术字

艺术字不仅可以随意改变形状，还可以轻松地制作出三维效果。

| | |
|---|---|
| 本节素材 | ⊙素材\Chapter05\招聘广告3.xlsx |
| 本节效果 | ⊙效果\Chapter05\招聘广告3.xlsx |
| 学习目标 | 了解Excel中艺术字三维效果的设置方法 |
| 难度指数 | ★★ |

**步骤01** 打开“招聘广告”文件夹中的“招聘广告3.xlsx”素材文件，❶在“插入”选项卡“文本”组中单击“艺术字”下拉按钮，❷选择一种艺术字样式，如图5-66所示。

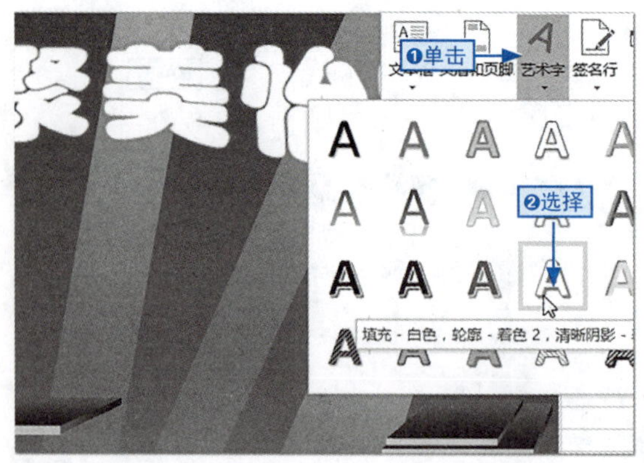


图5-66

**步骤02** ❶输入艺术字内容，❷设置字体和字号，如图5-67所示。

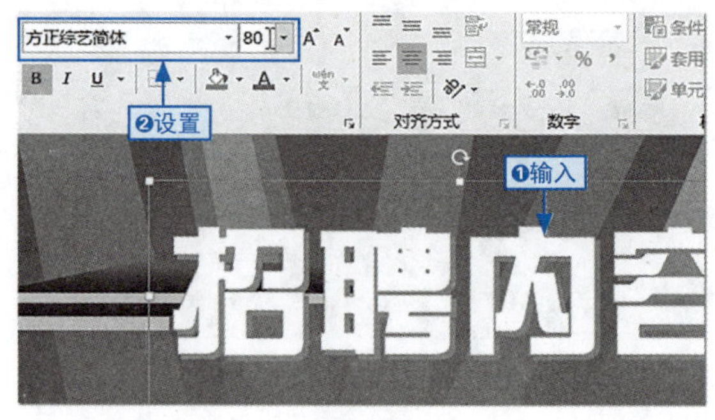


图5-67

**步骤03** ❶单击“文本填充”下拉按钮，❷选择“黄色”选项，如图5-68所示。

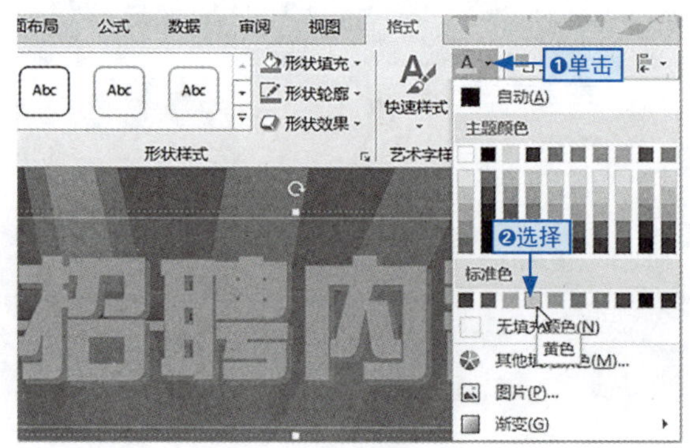


图5-68

**步骤04** ❶单击“文本填充”下拉按钮，❷选择一种渐变效果，如图5-69所示。

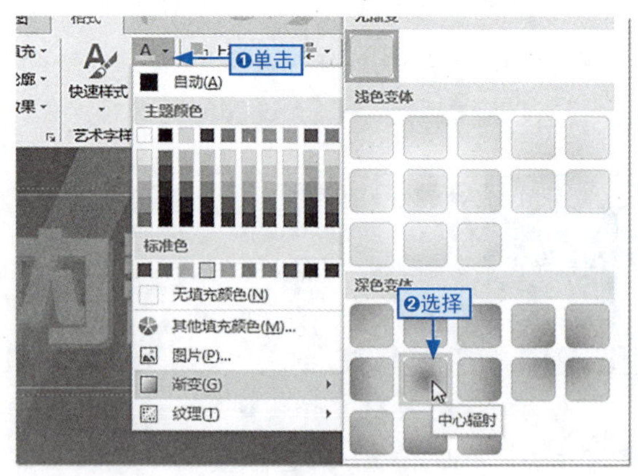


图5-69

**步骤05** ❶选择艺术字文本，❷在“艺术字样式”组中单击“对话框启动器”按钮，如图5-70所示。

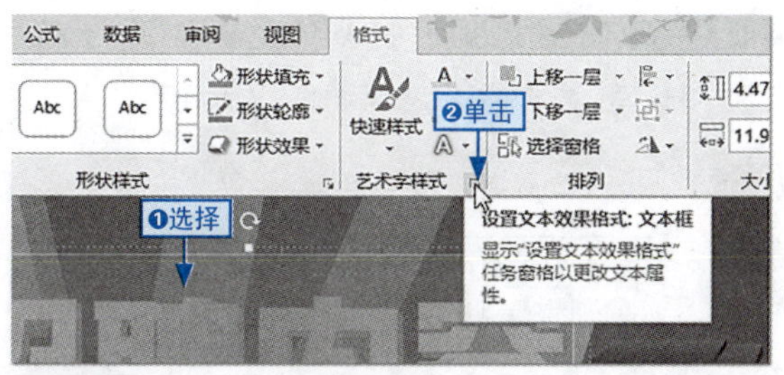


图5-70

**步骤06** ❶在"文本选项"选项卡中单击"文本效果"按钮，❷展开"三维格式"栏，如图5-71所示。

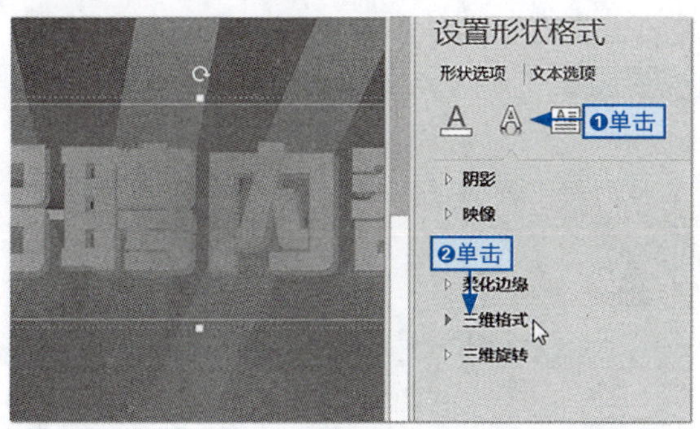


图5-71

**步骤07** ❶将"深度"的大小设置为"200磅"，❷选择一种颜色，如图5-72所示。

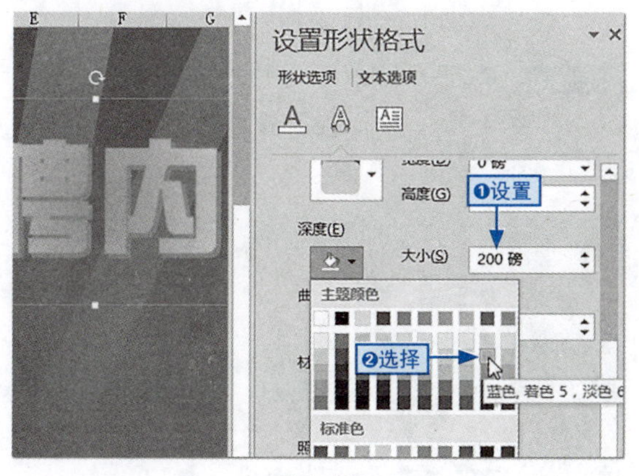


图5-72

**步骤08** 展开"三维旋转"栏，❶单击"预设"下拉按钮，❷选择"左透视"选项，如图5-73所示。

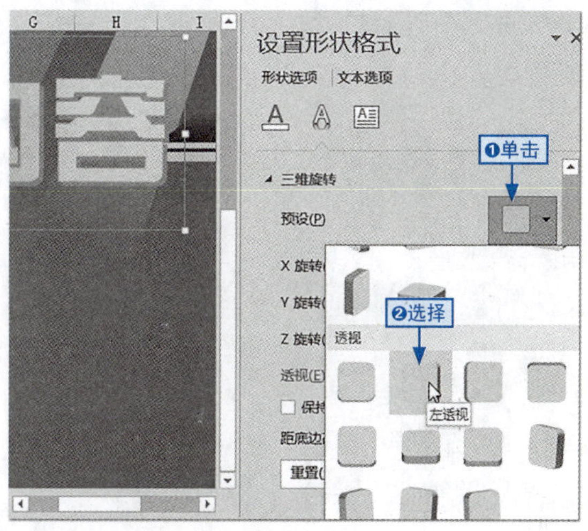


图5-73

**步骤09** 将3个轴方向的旋转角度分别设为35°、15°和5°，将"透视"角度设为100°，如图5-74所示。

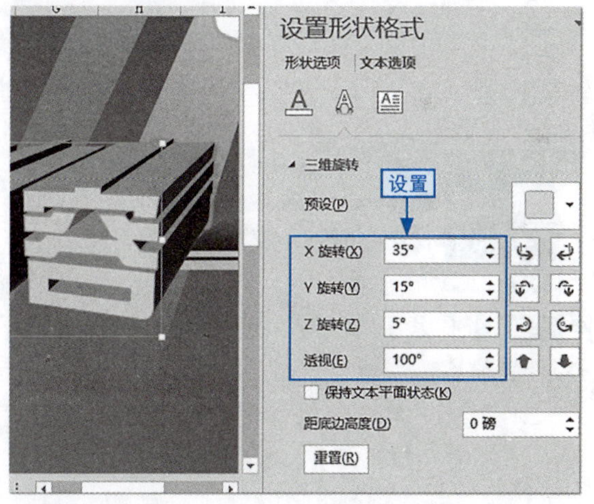


图5-74

**步骤10** ❶调整艺术字到合适位置，❷单击"保存"按钮保存工作簿，如图5-75所示。

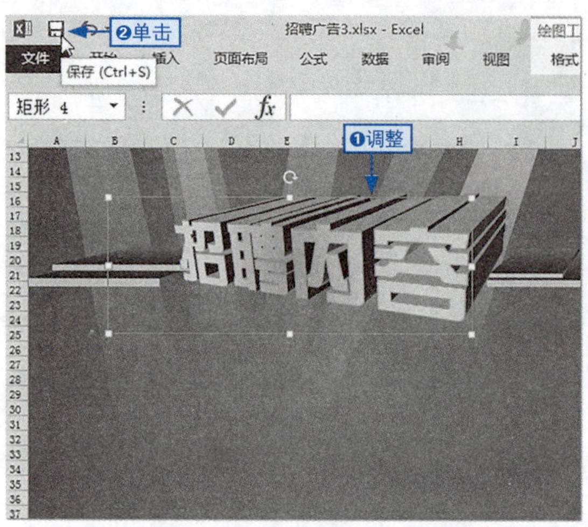


图5-75

## 5.3.4 用形状装饰广告

单纯的图片和文字做出来的内容不一定能达到很好的效果。适当使用一些形状，可以装饰广告。

| 本节素材 | ⊙素材\Chapter05\招聘广告4.xlsx |
| --- | --- |
| 本节效果 | ⊙效果\Chapter05\招聘广告4.xlsx |
| 学习目标 | 能灵活使用文本框与形状 |
| 难度指数 | ★ |

**步骤01** 打开“招聘广告”文件夹中的“招聘广告4.xlsx”素材文件，❶在“插入”选项卡“文本”组中单击“文本框”下拉按钮，❷选择“横排文本框”选项，如图5-76所示。

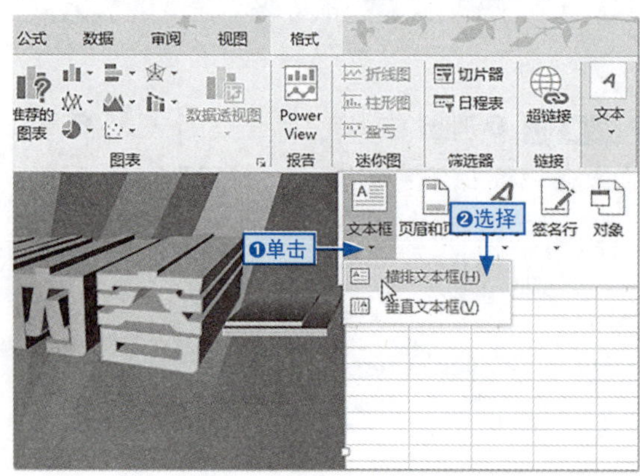


图5-76

**步骤02** ❶在工作表中绘制文本框并输入内容，❷设置文本格式，如图5-77所示。

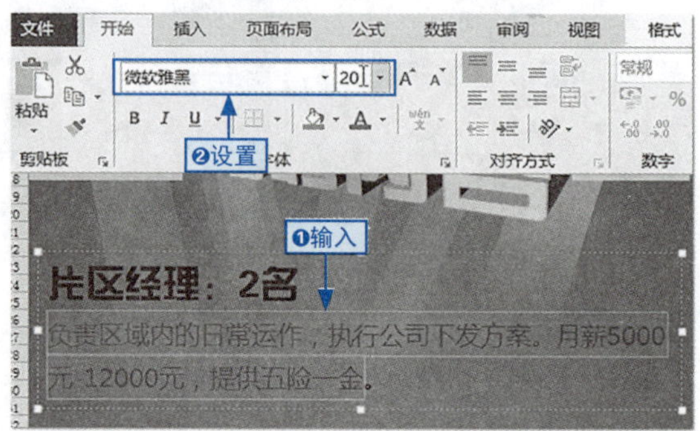


图5-77

**步骤03** 复制文本框并修改其中内容，同时创建联系人文本框，如图5-78所示。

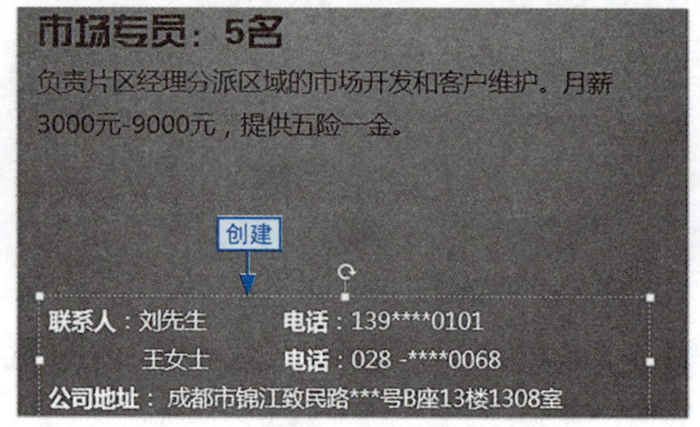


图5-78

**步骤04** ❶在“插入”选项卡“插图”组中单击“形状”下拉按钮，❷选择“燕尾形”选项，如图5-79所示。

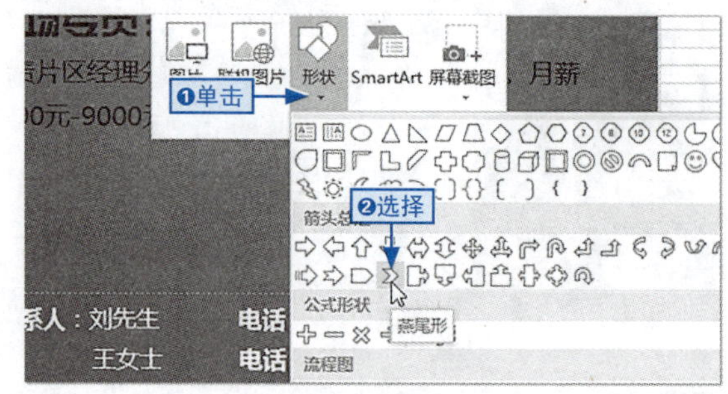


图5-79

**步骤05** ❶绘制形状，❷将其填充颜色设置为“黄色”，如图5-80所示。

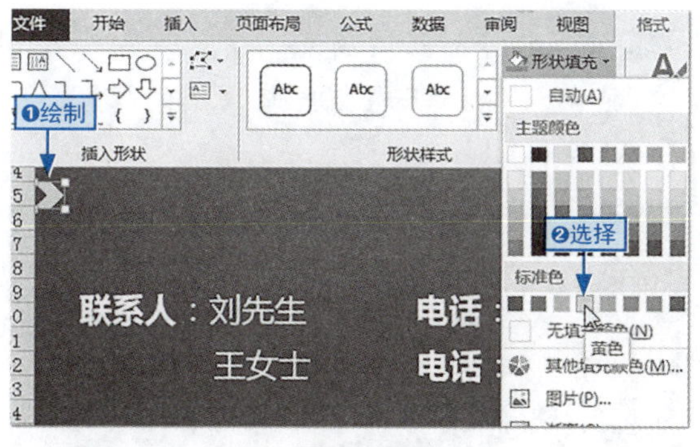

图5-80

步骤06 ❶复制并排列好形状，❷单击“保存”按钮保存工作簿，如图5-81所示。

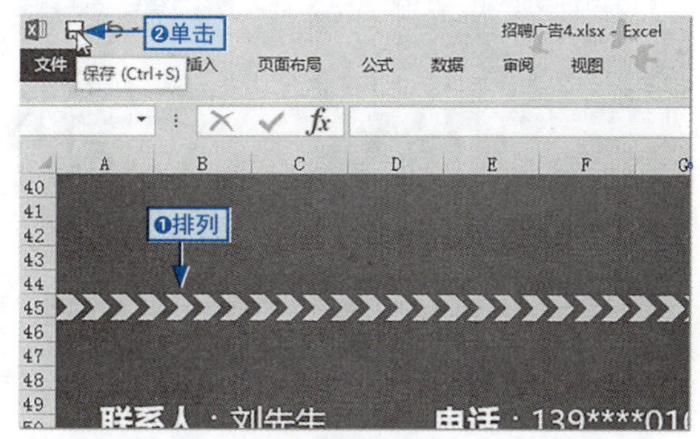

图5-81

## 给你支招 | 如何修改形状

**小白：**Excel中可插入的形状只有那么几种，且没有我想要的形状，有什么办法可以解决吗？

**阿智：**你可以通过“任意多边形”或“自由曲线”选项来任意绘制形状，并且还能将一些基本形状修改，让其变为你想要的样子。

步骤01 ❶选择想要编辑的形状，❷单击“编辑形状”下拉按钮，❸选择“编辑顶点”选项，如图5-82所示。

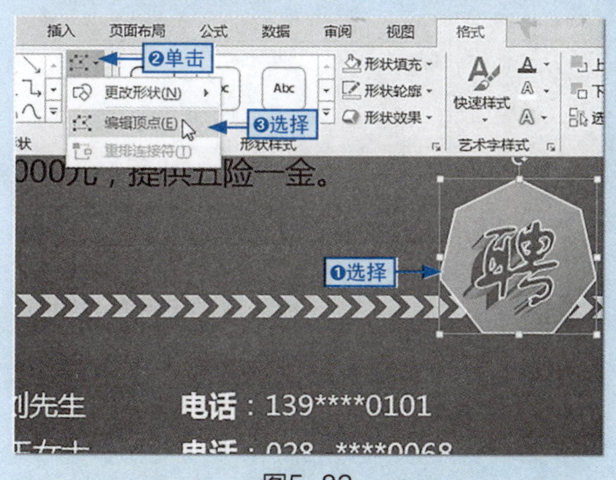

图5-82

步骤02 形状周围会出现很多黑色小方块，鼠标拖动这些方块即可改变形状的线条，如图5-83所示。

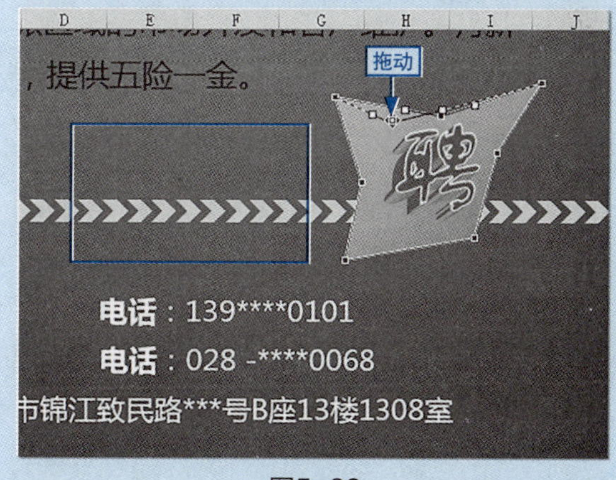

图5-83

步骤03 在曲线边沿右击，可添加顶点或将删除线段，也可将直线段转为曲线段。如选择“曲线段”选项，如图5-84所示。

图5-84

**步骤04** 选择形状的顶点，会出现两个控制柄，拖动控制柄可改变当前线段的弧度，如图5-85所示。

图5-85

## 给你支招 | 怎样将图片裁剪为任意形状

**小白：**我可不可以将插入的图片只显示为某个形状的样子？比如在一张图片上放一个五角星，只显示五角星里面的图片部分。

**阿智：**在Excel中可以用图片裁剪功能来实现此功能。它并不是通过拖动图片边沿来裁剪，而是通过形状进行裁剪，其操作方法如下。

**步骤01** 选择要裁剪的图片，❶单击"裁剪"下拉按钮，❷在"裁剪为形状"子菜单中选择要使用的形状，这里选择"五角星"选项，如图5-86所示。

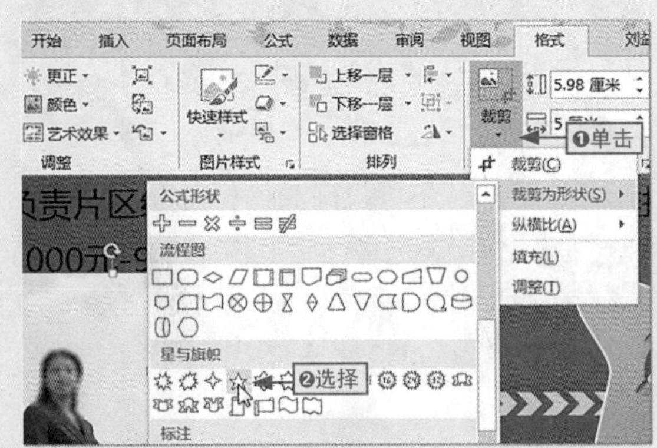

图5-86

**步骤02** 裁剪完成后，可以通过拖动形状中的黄色控制点，任意控制图片要显示的区域，如图5-87所示。

图5-87

Chapter 06

# 数据的处理：公式与函数

## 学习目标

数据计算是Excel的看家本领之一，它能对数据进行简单和复杂的计算，涉及范围很广，应用领域也很多。本章将具体介绍公式和函数在人事和行政中的实际应用。

## 本章要点

- 公式让数据计算成为可能
- 函数让数据计算更简单
- 函数嵌套让数据计算更智能
- 单元格名称让公式更直观
- 自动生成记录编号
- 计算员工当前工龄
- 计算考勤扣除金额
- 根据职务查询基本工资
- 根据销售业绩计算提成工资
- 计算实发工资

| 知识要点 | 学习时间 | 学习难度 |
| --- | --- | --- |
| 人事档案和月度工资中的自动计算 | 50 分钟 | ★★★ |
| 考勤管理表中的自动统计 | 60 分钟 | ★★★★ |
| 员工参保情况统计中的自动计算 | 60 分钟 | ★★★★ |

# 6.1 写在使用公式函数之前

**小白：**公式和函数是表格中计算数据不可以缺少的工具，可是应该怎样来使用它们呢?

**阿智：**公式和函数都较复杂，我们可以循序渐进地学习。

强大的计算功能是Excel的显著特色和强项，而这主要凭借其中提供的公式和函数。

## 6.1.1 公式让数据计算成为可能

公式是以等号“=”开始，用不同的运算符将需要计算的各操作数据按照一定的规则连接起来，对一系列单元格中的数据进行计算的式子。

使用简单的加减公式来计算出员工年度考核得分情况的具体操作如下。

| 本节素材 | ⊙素材\Chapter06\年度考核.xlsx |
|---|---|
| 本节效果 | ⊙效果\Chapter06\年度考核.xlsx |
| 学习目标 | 掌握加减公式的用法 |
| 难度指数 | ★★ |

**步骤01** 打开“年度考核.xlsx”素材文件，❶选择H3单元格，❸在编辑栏中定位文本插入点，输入“=”，如图6-1所示。

| | D | E | F | G | H |
|---|---|---|---|---|---|
| 2 | 办公应用 | 管理能力 | 礼仪素质 | 工作态度扣分 | 总分 |
| 3 | 81 | 93 | 83 | 0 | = |
| 4 | 77 | 94 | 82 | 0 | |
| 5 | 90 | 72 | 84 | 0 | |
| 6 | 82 | 73 | 80 | 0 | |
| 7 | 86 | 93 | 93 | 0 | |
| 8 | 83 | 82 | 93 | 10 | |
| 9 | 71 | 82 | 83 | 10 | |
| 10 | 93 | 71 | 78 | 2 | |
| 11 | 76 | 87 | 91 | 0 | |
| 12 | 94 | 85 | 84 | 0 | |

❷输入 ❶选择

图6-1

**步骤02** 在表格中选择D3单元格，在公式中会自动输入第1个操作数（参数），如图6-2所示。

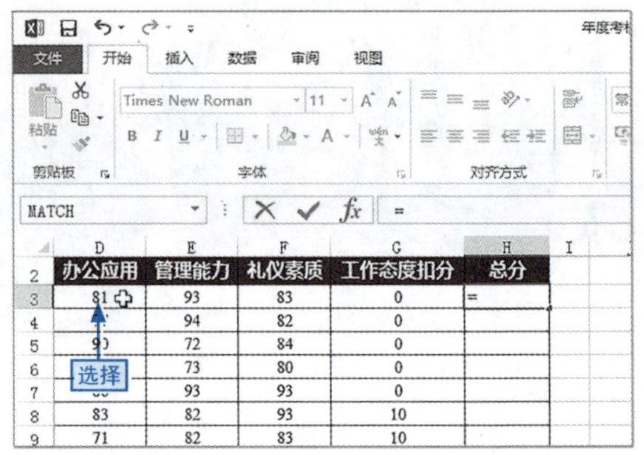


图6-2

**步骤03** ❶在编辑栏中输入“+”运算符，❷选择E3单元格，自动输入第2个操作数（参数），如图6-3所示。

| | D | E | F | G | H |
|---|---|---|---|---|---|
| 2 | 办公应用 | 管理能力 | 礼仪素质 | 工作态度扣分 | 总分 |
| 3 | 81 | 93 | 83 | 0 | =D3+ |
| 4 | 77 | 94 | 82 | 0 | |
| 5 | 90 | 72 | 84 | 0 | |

❶输入 ❷选择

图6-3

**步骤04** ❶在编辑栏中接着输入“+”运算符，❷选择F3单元格，自动输入第3个操作数（参数），如图6-4所示。

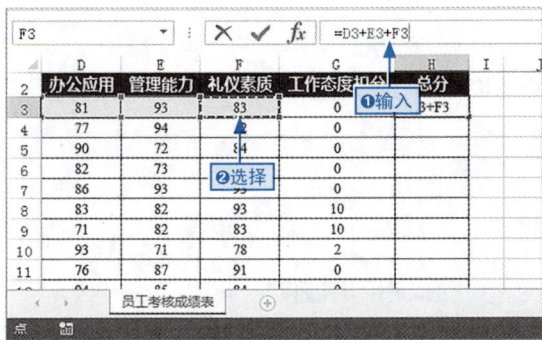

F3　=D3+E3+F3

| | D | E | F | G | H |
|---|---|---|---|---|---|
| 2 | 办公应用 | 管理能力 | 礼仪素质 | 工作态度扣分 | 总分 |
| 3 | 81 | 93 | 83 | 0 | 3+F3 |
| 4 | 77 | 94 | 2 | 0 | |
| 5 | 90 | 72 | 84 | 0 | |
| 6 | 82 | 73 | | 0 | |
| 7 | 86 | 93 | | 0 | |
| 8 | 83 | 82 | 93 | 10 | |
| 9 | 71 | 82 | 83 | 10 | |
| 10 | 93 | 71 | 78 | 2 | |
| 11 | 76 | 87 | 91 | 0 | |

❶输入　❷选择　员工考核成绩表

图6-4

**步骤05** ❶在编辑栏中接着输入“-”运算符，❷选择G3单元格，自动输入第4个操作数（参数），如图6-5所示。

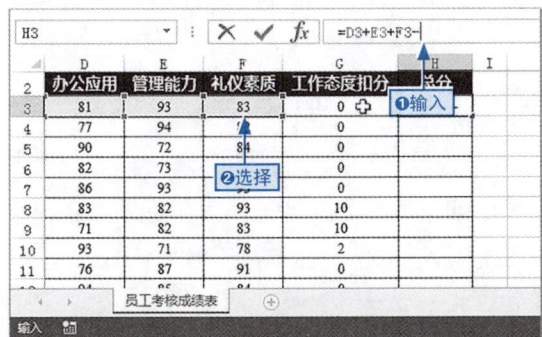

H3　=D3+E3+F3-

| | D | E | F | G | H |
|---|---|---|---|---|---|
| 2 | 办公应用 | 管理能力 | 礼仪素质 | 工作态度扣分 | 总分 |
| 3 | 81 | 93 | 83 | 0 | |
| 4 | 77 | 94 | | 0 | |
| 5 | 90 | 72 | 84 | 0 | |
| 6 | 82 | 73 | | 0 | |
| 7 | 86 | 93 | | 0 | |
| 8 | 83 | 82 | 93 | 10 | |
| 9 | 71 | 82 | 83 | 10 | |
| 10 | 93 | 71 | 78 | 2 | |
| 11 | 76 | 87 | 91 | 0 | |

❶输入　❷选择　员工考核成绩表　输入

图6-5

**步骤06** 按Ctrl+Enter组合键，系统自动计算出结果。将鼠标指针移到H3单元格右下角，当鼠标指针变成“+”形状时，双击鼠标，将公式填充到数据相应行，并自动计算出相关结果，如图6-6所示。

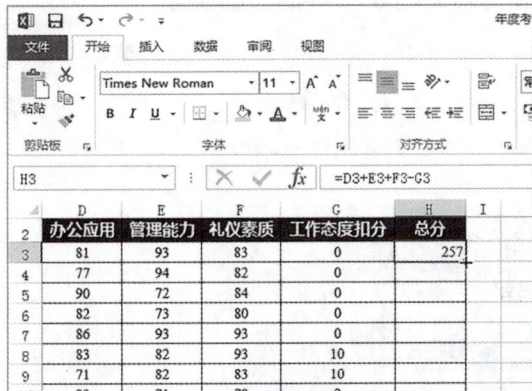

文件　开始　插入　数据　审阅　视图　Times New Roman　11　剪贴板　字体　对齐方式

H3　=D3+E3+F3-G3

| | D | E | F | G | H |
|---|---|---|---|---|---|
| 2 | 办公应用 | 管理能力 | 礼仪素质 | 工作态度扣分 | 总分 |
| 3 | 81 | 93 | 83 | 0 | 257 |
| 4 | 77 | 94 | 82 | 0 | |
| 5 | 90 | 72 | 84 | 0 | |
| 6 | 82 | 73 | 80 | 0 | |
| 7 | 86 | 93 | 93 | 0 | |
| 8 | 83 | 82 | 93 | 10 | |
| 9 | 71 | 82 | 83 | 10 | |

| | E | F | G | H |
|---|---|---|---|---|
| 2 | 管理能力 | 礼仪素质 | 工作态度扣分 | 总分 |
| 3 | 93 | 83 | 0 | 257 |
| 4 | 94 | 82 | 0 | 253 |
| 5 | 72 | 84 | 0 | 246 |
| 6 | 73 | 80 | 0 | 235 |
| 7 | 93 | 93 | 0 | 272 |
| 8 | 82 | 93 | 10 | 248 |
| 9 | 82 | 83 | 10 | 226 |
| 10 | 71 | 78 | 2 | 240 |
| 11 | 87 | 91 | 0 | 254 |
| 12 | 85 | 84 | 0 | 263 |
| 13 | 80 | 83 | 1 | 245 |
| 14 | 79 | 78 | 0 | 236 |
| 15 | 91 | 77 | 1 | 244 |

员工考核成绩表　就绪

图6-6

**公式结构示意图**

不仅可以从理论上理解公式，也可以结合结构示意图来理解和掌握公式，如图6-7所示。

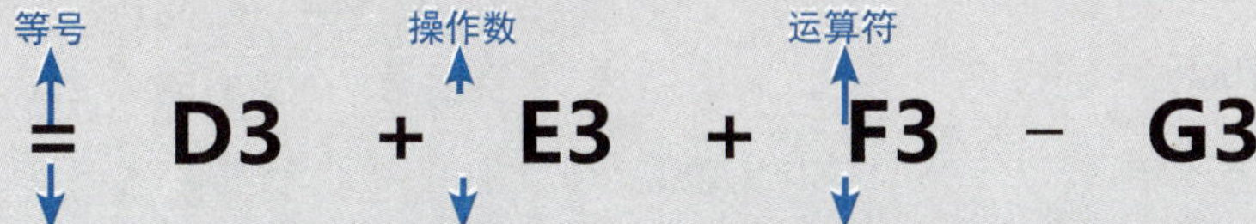


公式总是以等号开头，其实际意义是将等号右侧表达式的计算结果赋值给当前单元格。

公式的必要组成部分，每个公式至少有一个操作数，它可以是文本和数字等Excel支持类型的数据，也可以是单元格引用或函数。

连接各操作数的符号，也是告诉公式如何计算最终结果的符号。如果公式仅有一个操作数，可以不包含运算符。

图6-7

## 6.1.2 函数让数据计算更简单

函数其实也属于公式，只是它专门用在复杂和烦琐的计算中，使整个计算变得更简单。

### 1. Excel 2013中的函数类型

Excel 2013中函数类型大体分为13类，在办公中经常使用的有9类，下面分别对这些常用的函数类型进行简单介绍。

学习目标 掌握常用函数类型

难度指数 

#### 财务函数

用于处理与财务科目相关的数据。如PMT()函数用于计算基于固定利率及等额分期付款的某项贷款每期应还款金额；FV()函数用于返回基于固定利率及等额分期付款方式的某项投资的预期值；CUMIPMT()函数用于返回两个日期之间累计应支付的利息等。

#### 逻辑函数

用于测试某个表达式是否满足给定的条件，并根据测试结果返回逻辑值FALSE或TRUE。如IFERROR()函数用于测试表达式是否产生错误，如果有错误则返回用户指定的内容，否则返回表达式的计算结果。

#### 文本函数

用于文本字符串的处理。如TRIM()函数可删除字符串中的所有空格；FIND()函数可在指定字符串中查找另一个字符，并返回该字符在指定字符串中的起始位置。

#### 日期和时间函数

用于处理与日期和时间相关的数据。如YEAR()函数将一个指定日期值转换为年份；WEEKDAY()函数返回一个指定日期值代表的星期值；NOW()函数返回当前系统的日期和时间。

#### 查找和引用函数

用于单元格数据的查找与引用。如MATCH()函数可在一个数组中查找指定的内容，并返回该内容在数组中的位置；VLOOKUP()函数可在某单元格区域的第一列查找指定的值，并返回选定的单元格值。

#### 数学和三角函数

用于基本的数学运算和三角方面的数据计算，如SUM()函数计算所有参数相加的和；COS()函数返回给定数字的余弦值；TAN()函数返回给定数字的正切值；ABS()函数返回给定数字的无符号绝对值。其中，三角函数用弧度为单位。

#### 统计函数

用于分析和统计一个范围内数据的特性。如COUNT()函数用于统计指定单元格区域参数列表中数字的个数；AVERAGE()函数用于计算各参数（为数值型）的算术平均值；SMALL()函数用于返回指定数据集中第K个最小值；AVERAEA()函数用于返回所有参数（为数值、字符串或逻辑值）的算术平均值。

### 信息函数

用于判断给定值的数据类型以及返回引用单元格的相关信息。如INFO()函数用于返回当前操作环境相关的信息；CELL()函数用于返回有关单元格格式、位置或内容的信息；ISTEXT()函数用于返回指定的引用是否为文本格式。

### 数据库函数

用于计算存储在数据库清单中的数值数据。如DPRODUCT()函数用于将数据库中符合条件的记录的指定字段值相乘；DGET()函数用于提取数据库中符合条件的记录；DCOUNT()函数用于统计指定数据区域中包含的数字单元格的数量。

长知识

**函数结构示意图**

函数的类型和个数虽然有很多，但它们的结构大同小异，只要掌握其构成，使用它们就会变得非常简单，如图6–8所示。

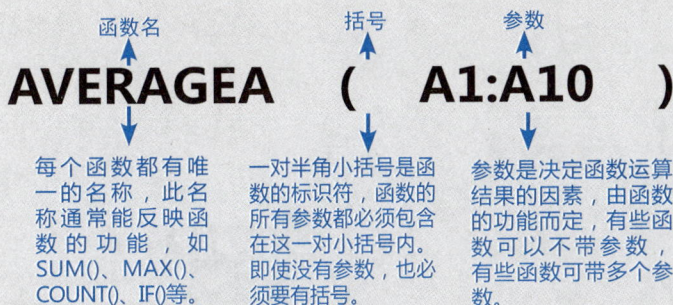

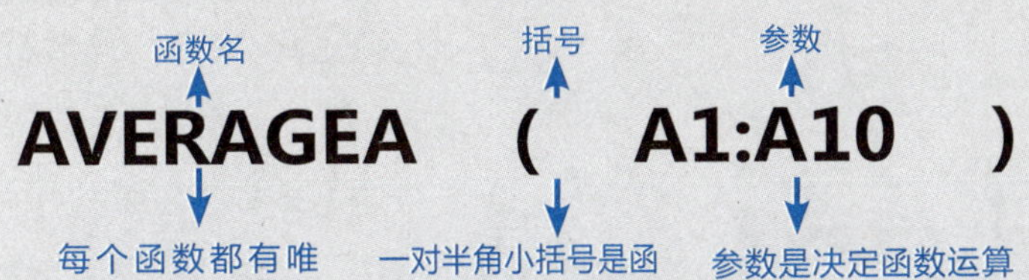


图6–8

## 2. 使用常用函数快速计算数据

常用函数并不是独立的一类函数，而是由于人们经常使用，系统将其收集起来以供用户再次使用。

调用SUM()函数来快速计算出员工年度考核成绩的具体操作如下。

| | |
|---|---|
| 本节素材 | ⊙素材\Chapter06\年度考核1.xlsx |
| 本节效果 | ⊙效果\Chapter06\年度考核1.xlsx |
| 学习目标 | 使用常用函数使数据计算变得简单和快速 |
| 难度指数 | ★★ |

**步骤01** 打开“年度考核1.xlsx”素材文件，❶选择G3单元格，❷选择“公式”选项卡，如图6-9所示。

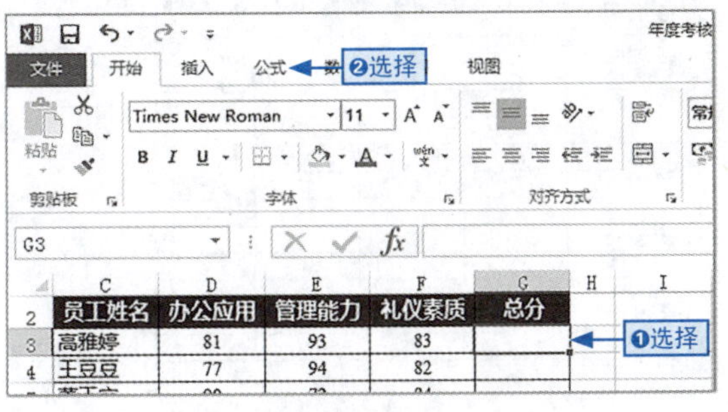


图6–9

**步骤02** ❶单击“自动求和”下拉按钮，❷选择“求和”选项，如图6-10所示。

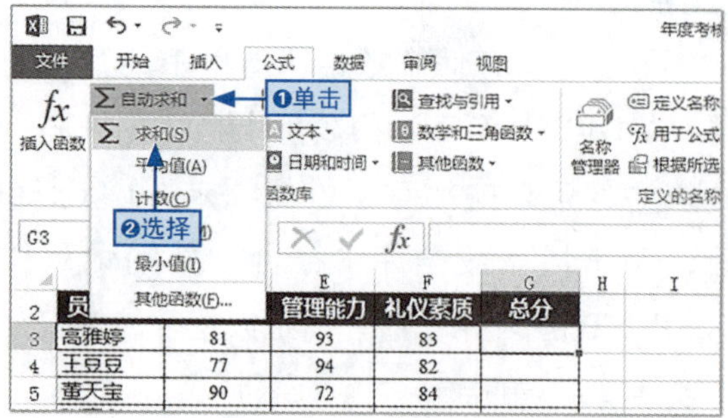


图6-10

**步骤03** 系统自动插入SUM()函数，并自动将连续的D3:F3数值单元格作为参数，单击“输入”按钮确认函数，如图6-11所示。

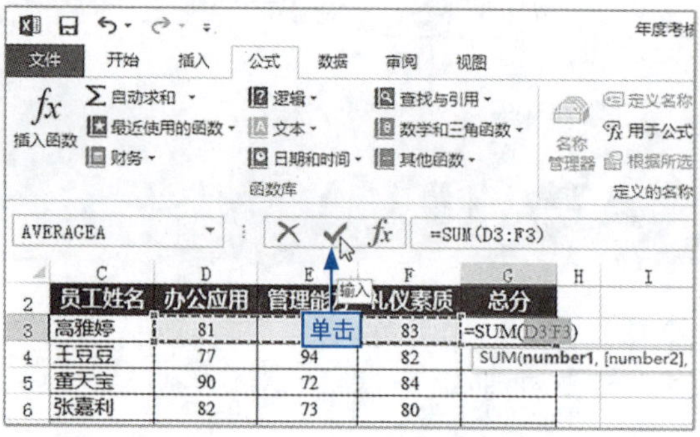

图6-11

**步骤04** 将鼠标指针移到G3单元格右下角，当鼠标指针变成“+”形状时，按住鼠标左键不放拖动到G15单元格中以填充函数，如图6-12所示。

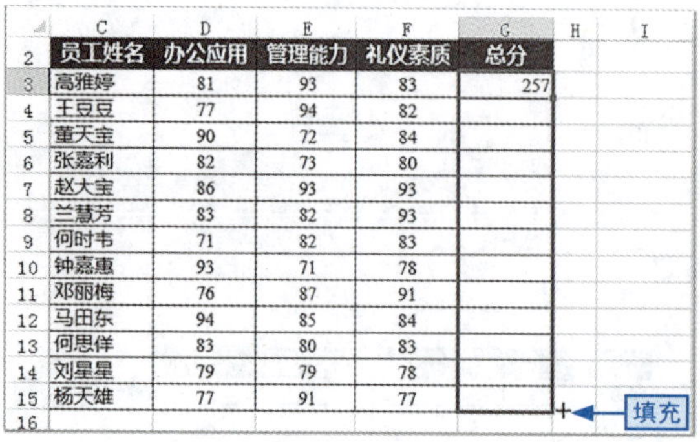

| 员工姓名 | 办公应用 | 管理能力 | 礼仪素质 | 总分 |
|---|---|---|---|---|
| 高雅婷 | 81 | 93 | 83 | 257 |
| 王豆豆 | 77 | 94 | 82 | |
| 董天宝 | 90 | 72 | 84 | |
| 张嘉利 | 82 | 73 | 80 | |
| 赵大宝 | 86 | 93 | 93 | |
| 兰慧芳 | 83 | 82 | 93 | |
| 何时韦 | 71 | 82 | 83 | |
| 钟嘉惠 | 93 | 71 | 78 | |
| 邓丽梅 | 76 | 87 | 91 | |
| 马田东 | 94 | 85 | 84 | |
| 何思佯 | 83 | 80 | 83 | |
| 刘星星 | 79 | 79 | 78 | |
| 杨天雄 | 77 | 91 | 77 | |

图6-12

**步骤05** 系统自动计算出相应的考核成绩结果，如图6-13所示。

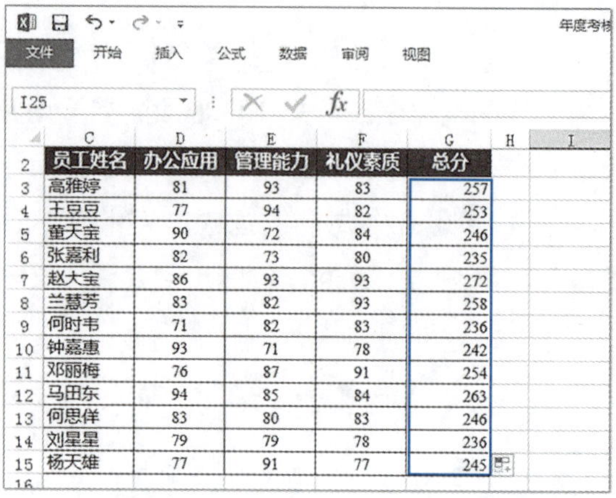

| 员工姓名 | 办公应用 | 管理能力 | 礼仪素质 | 总分 |
|---|---|---|---|---|
| 高雅婷 | 81 | 93 | 83 | 257 |
| 王豆豆 | 77 | 94 | 82 | 253 |
| 董天宝 | 90 | 72 | 84 | 246 |
| 张嘉利 | 82 | 73 | 80 | 235 |
| 赵大宝 | 86 | 93 | 93 | 272 |
| 兰慧芳 | 83 | 82 | 93 | 258 |
| 何时韦 | 71 | 82 | 83 | 236 |
| 钟嘉惠 | 93 | 71 | 78 | 242 |
| 邓丽梅 | 76 | 87 | 91 | 254 |
| 马田东 | 94 | 85 | 84 | 263 |
| 何思佯 | 83 | 80 | 83 | 246 |
| 刘星星 | 79 | 79 | 78 | 236 |
| 杨天雄 | 77 | 91 | 77 | 245 |

图6-13

## 6.1.3 函数嵌套让数据计算更智能

函数嵌套可简单将其理解为函数的参数由函数构成，称之为嵌套函数。

在IF()函数中嵌套IF()函数来对员工的年度考核成绩进行评定的具体操作如下。

**步骤01** 打开“年度考核2.xlsx”素材文件，❶选择H3单元格，❷单击“逻辑”下拉按钮，❸选择IF选项，如图6-14所示。

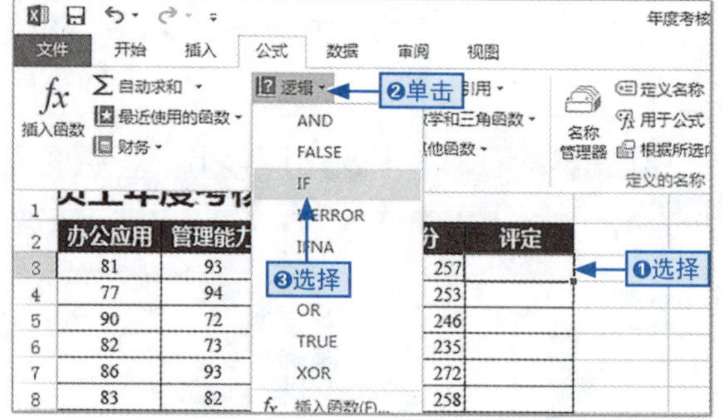


图6-14

**步骤02** 打开“函数参数”对话框，❶设置Logical_text参数为“G3>260”，❷设置Value_if_true参数为“＂精英＂”，❸单击“确定”按钮，如图6-15所示。

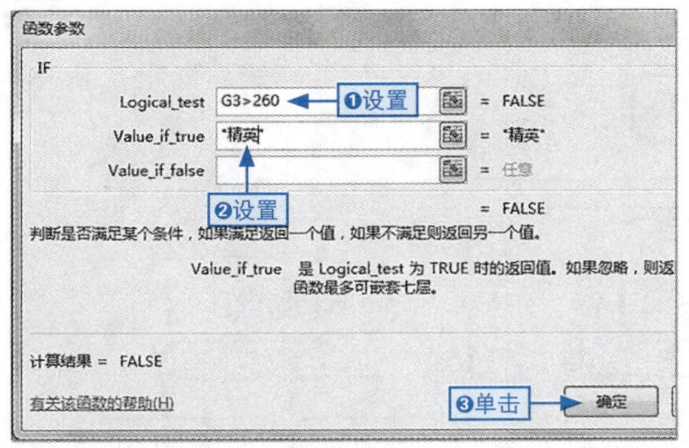


图6-15

**步骤03** ❶在编辑栏中输入“I”，❷在弹出的下拉列表中选择IF选项，插入IF()函数作为嵌套函数，如图6-16所示。

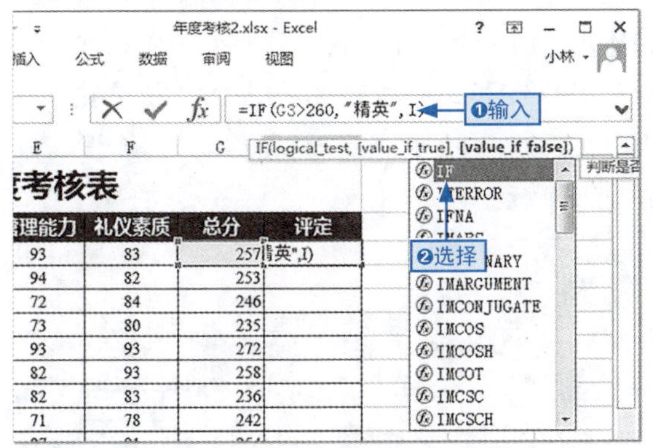


图6-16

**步骤04** 输入嵌套的IF()函数条件和条件成立返回数据“良好”，如图6-17所示。

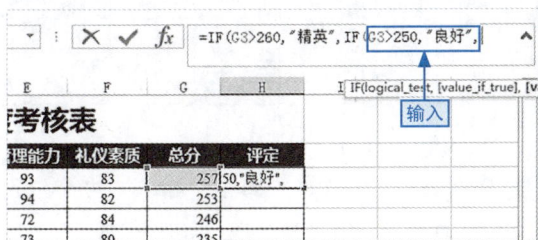

=IF(G3>260,"精英",IF(G3>250,"良好",

图6-17

**步骤05** 以同样的方法输入全部函数，按Ctrl+Enter组合键确认，如图6-18所示。

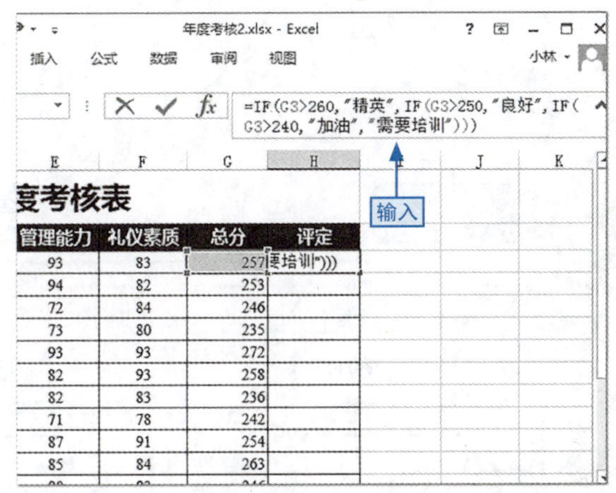


图6-18

**步骤06** ❶保持H3单元格选中状态，按Ctrl+C组合键复制函数，❷选择H4:H15单元格区域，❸单击“粘贴”按钮，如图6-19所示。

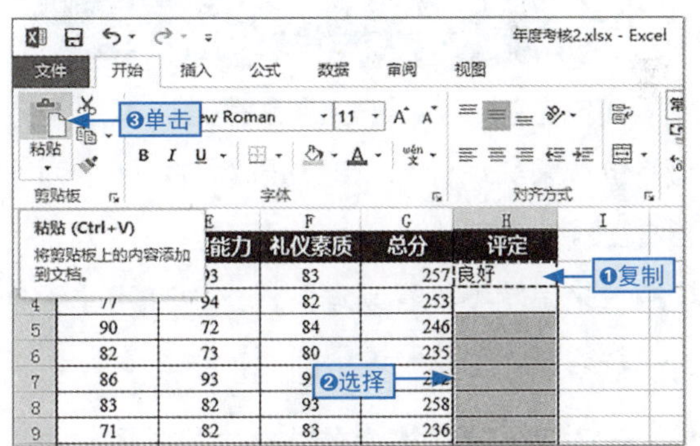


图6-19

**步骤07** 系统自动根据函数条件计算出结果，如图6-20所示。

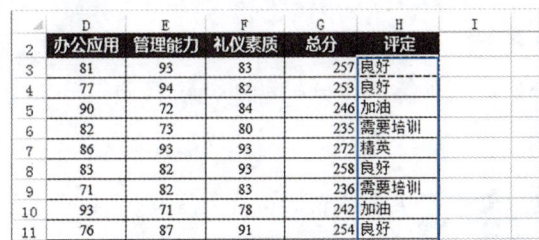

| | D | E | F | G | H |
|---|---|---|---|---|---|
| 2 | 办公应用 | 管理能力 | 礼仪素质 | 总分 | 评定 |
| 3 | 81 | 93 | 83 | 257 | 良好 |
| 4 | 77 | 94 | 82 | 253 | 良好 |
| 5 | 90 | 72 | 84 | 246 | 加油 |
| 6 | 82 | 73 | 80 | 235 | 需要培训 |
| 7 | 86 | 93 | 93 | 272 | 精英 |
| 8 | 83 | 82 | 93 | 258 | 良好 |
| 9 | 71 | 82 | 83 | 236 | 需要培训 |
| 10 | 93 | 71 | 78 | 242 | 加油 |
| 11 | 76 | 87 | 91 | 254 | 良好 |

图6-20

长知识

**嵌套函数结构**

要完全理解嵌套函数，可参考如图 6-21 所示的图示。

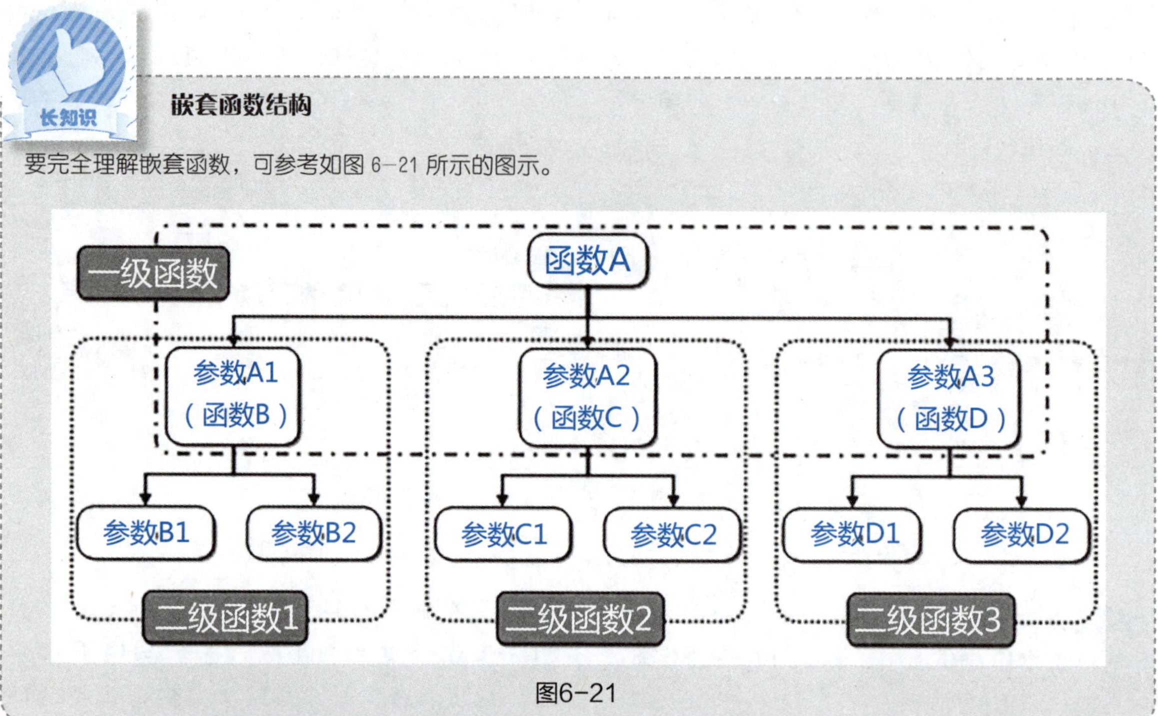


图6-21

## 6.1.4 单元格名称让公式更直观

通常情况下，公式/函数都是通过引用单元格位置来实现计算。这样虽然方便，但对于查看公式的其他人，特别是查看复杂的公式函数的人来说就不太容易理解。这时使用单元格名称就能很好地克服这个问题。

### 1. 定义指定单元格名称

要对指定单元格或单元格区域进行名称的定义，需通过新建的方式来完成。

下面分别以“年度考核3”工作簿中D~F列的数据主体部分定义名称为“办公应用得分”“管理能力得分”和“礼仪素质得分”为例，具体操作如下。

| 本节素材 | ⊙素材\Chapter06\年度考核3.xlsx |
|---|---|
| 本节效果 | ⊙效果\Chapter06\年度考核3.xlsx |
| 学习目标 | 为指定的单元格定义名称 |
| 难度指数 | ★★ |

**步骤01** 打开“年度考核3.xlsx”素材文件，❶选择D3:D15单元格区域，❷单击“定义名称”按钮，打开“新建名称”对话框，如图6-22所示。

| 3 | BH007 | 行政部 | 高雅婷 | 81 | 93 | 83 |
|---|---|---|---|---|---|---|
| 4 | BH008 | 行政部 | 王豆豆 | 77 | 94 | 82 |
| 5 | BH001 | 人事部 | 董天宝 | 90 | 72 | 84 |
| 6 | BH002 | 人事部 | 张嘉利 | 82 | 73 | 80 |
| 7 | BH010 | 人事部 | 赵大宝 | 86 | 93 | 93 |
| 8 | BH013 | 人事部 | 兰慧芳 | 83 | 82 | 93 |
| 9 | BH003 | 财务部 | [illegible] | 71 | 82 | 83 |
| 10 | BH005 | 财务部 | [illegible] | 93 | 71 | 78 |
| 11 | BH011 | 财务部 | 邓丽梅 | 76 | 87 | 91 |
| 12 | BH004 | 后勤部 | 马田东 | 94 | 85 | 84 |
| 13 | BH006 | 后勤部 | 何思佯 | 83 | 80 | 83 |
| 14 | BH009 | 后勤部 | 刘星星 | 79 | 79 | 78 |
| 15 | BH012 | 后勤部 | 杨天雄 | 77 | 91 | 77 |

图6-22

**步骤02** ❶在“名称”文本框中输入“办公应用得分”，❷单击“确定”按钮，如图6-23所示。

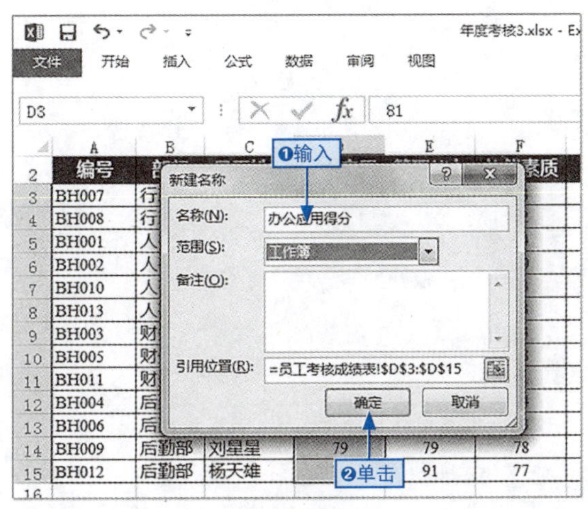

图6-23

步骤03 ❶选择E3:E15单元格区域，❷单击“名称管理器”按钮，打开“名称管理器”对话框，如图6-24所示。

图6-24

步骤04 单击“新建”按钮，打开“新建名称”对话框，如图6-25所示。

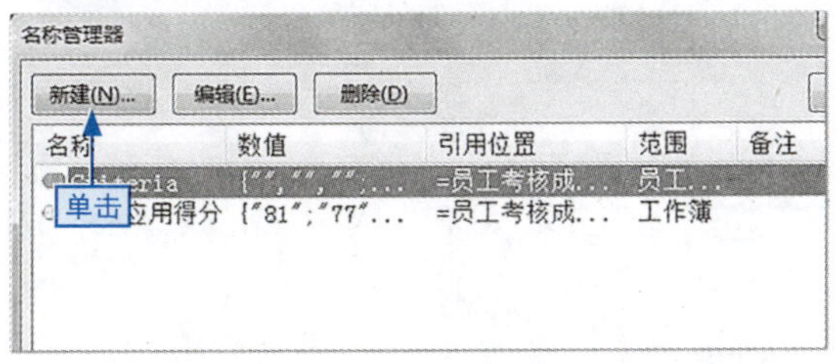

图6-25

步骤05 ❶在“名称”文本框中输入“管理能力得分”，❷单击“确定”按钮，如图6-26所示。

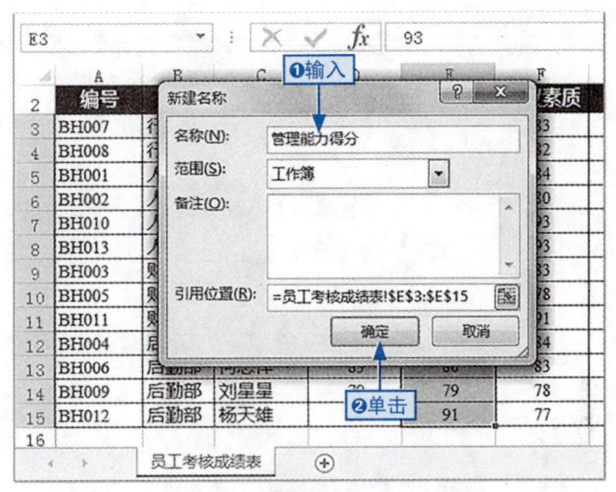

图6-26

步骤06 ❶选择F3:F15单元格区域，❷在名称框中输入“礼仪素质得分”，按Enter键，如图6-27所示。

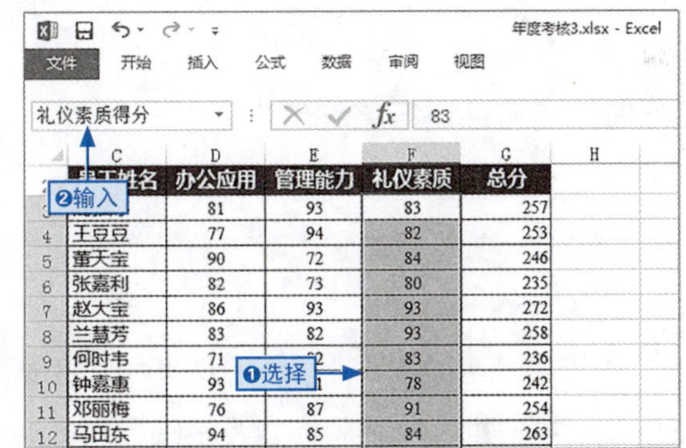

图6-27

步骤07 单击名称框下拉按钮，即可查看到已定义的单元格名称，如图6-28所示。

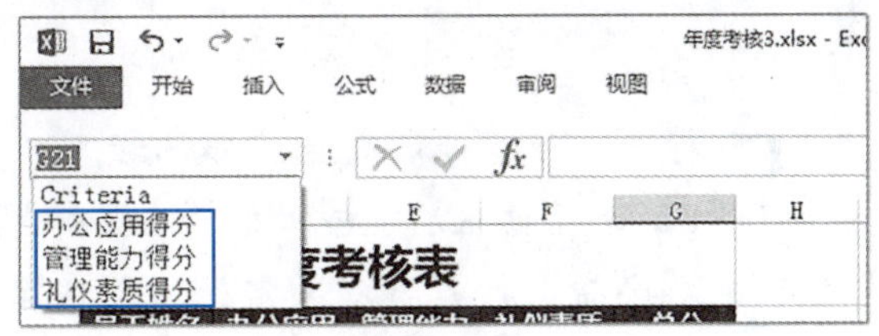

图6-28

长知识

**更改单元格名称**

对已定义的单元格名称进行修改，需要进入到“编辑名称”对话框，其操作为：❶在“名称管理器”对话框中选择要更改名称的选项，❷单击“编辑”按钮，打开“编辑名称”对话框，❸在“名称”文本框中输入或修改名称，❹单击“确定”按钮，返回到“名称管理器”对话框中单击“关闭”按钮将其关闭，如图6-29所示。

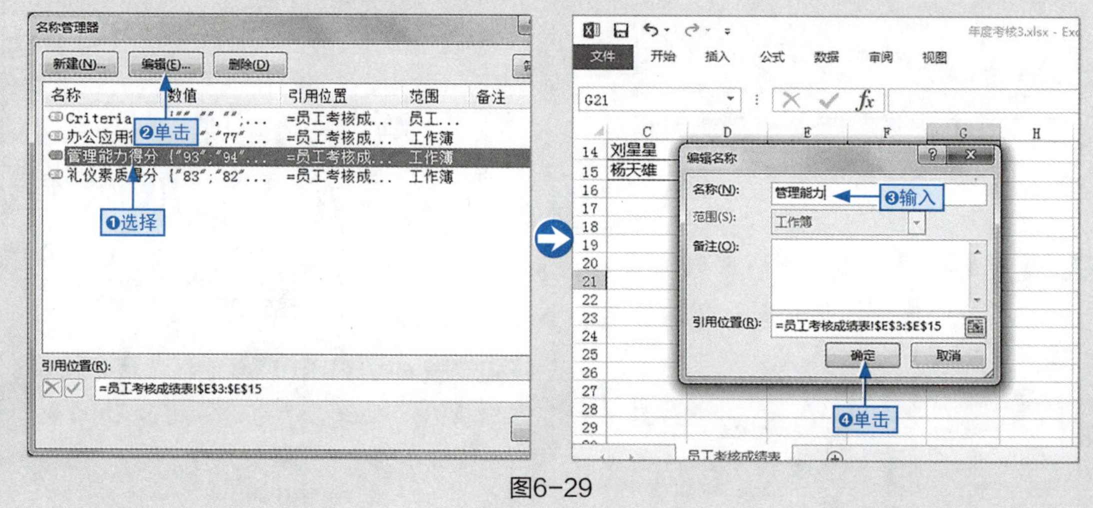


图6-29

## 2. 按区域名称进行名称定义

若是要按照选定区域的名称来对应命名单元格的名称，可根据选定内容来自动命名，也就是批量定义。

将“年度考核4”工作簿中D~F列的数据主体部分名称批量定义为标题行中的数据的具体操作如下。

| 本节素材 | ⊙素材\Chapter06\年度考核4.xlsx |
| --- | --- |
| 本节效果 | ⊙效果\Chapter06\年度考核4.xlsx |
| 学习目标 | 掌握批量定义单元格名称方法 |
| 难度指数 | ★★ |

步骤01 打开“年度考核4.xlsx”素材文件，❶选择D2:F15单元格区域，❷单击“根据所选内容创建”按钮，打开“以选定区域创建名称”对话框，如图6-30所示。

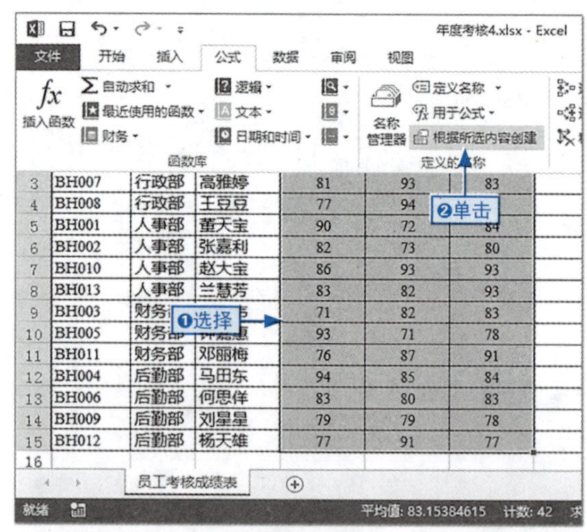


图6-30

步骤02 ❶选中“首行”复选框，❷单击“确定”按钮，如图6-31所示。

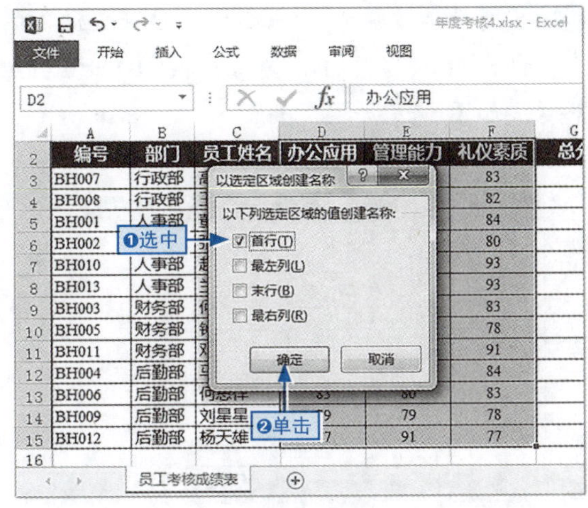


图6-31

**步骤03** 单击名称框下拉按钮，即可查看到已定义的单元格名称，如图6-32所示。

年度考核4.xlsx - Excel

| | A | B | C | D | E | F |
|---|---|---|---|---|---|---|
| 2 | 编号 | 部门 | 员工姓名 | 办公应用 | 管理能力 | 礼仪素质 |
| 3 | | | 高雅婷 | 81 | 93 | 83 |
| 4 | BH008 | 行政部 | 王豆豆 | 77 | 94 | 82 |
| 5 | BH001 | 人事部 | 董天宝 | 90 | 72 | 84 |
| 6 | BH002 | 人事部 | 张嘉利 | 82 | 73 | 80 |
| 7 | BH010 | 人事部 | 赵大宝 | 86 | 93 | 93 |
| 8 | BH013 | 人事部 | 兰慧芳 | 83 | 82 | 93 |
| 9 | BH003 | 财务部 | 何时韦 | 71 | 82 | 83 |
| 10 | BH005 | 财务部 | 钟嘉惠 | 93 | 71 | 78 |
| 11 | BH011 | 财务部 | 邓丽梅 | 76 | 87 | 91 |
| 12 | BH004 | 后勤部 | 马田东 | 94 | 85 | 84 |
| 13 | BH006 | 后勤部 | 何思佯 | 83 | 80 | 83 |
| 14 | BH009 | 后勤部 | 刘星星 | 79 | 79 | 78 |
| 15 | BH012 | 后勤部 | 杨天雄 | 77 | 91 | 77 |

名称框下拉列表：Criteria、办公应用、管理能力、礼仪素质（查看）

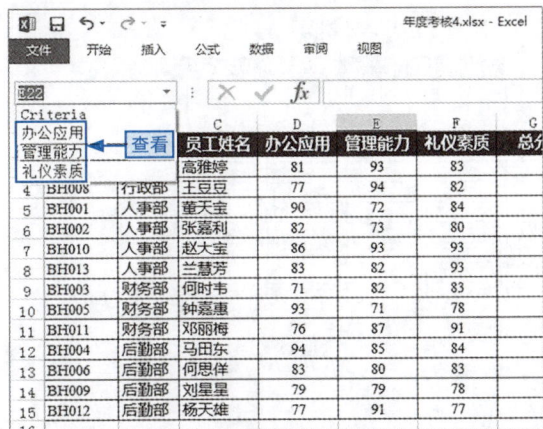

图6-32

### 3. 调用单元格名称

在公式和函数中调用单元格名称，就是单元格名称参与到公式/函数中的计算。

调用单元格名称来参与到AVERAGE()函数中计算员工年度考核的综合水平的具体操作如下。

| | |
|---|---|
| 本节素材 | ⊙素材\Chapter06\年度考核5.xlsx |
| 本节效果 | ⊙效果\Chapter06\年度考核5.xlsx |
| 学习目标 | 让单元格名称参与到公式/函数计算中 |
| 难度指数 | ★★★ |

**步骤01** 打开“年度考核5.xlsx”素材文件，❶选择H3:H15单元格区域，❷单击“自动求和”下拉按钮，❸选择“平均值”选项，如图6-33所示。

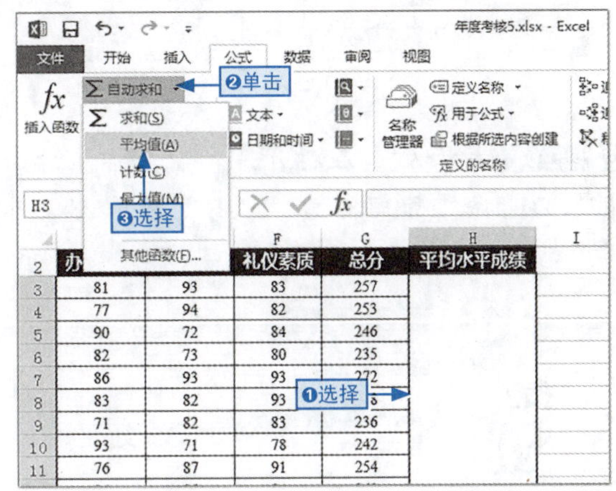


图6-33

**步骤02** 选择AVERAGE()函数括号中的参数，按Delete键将其删除，如图6-34所示。

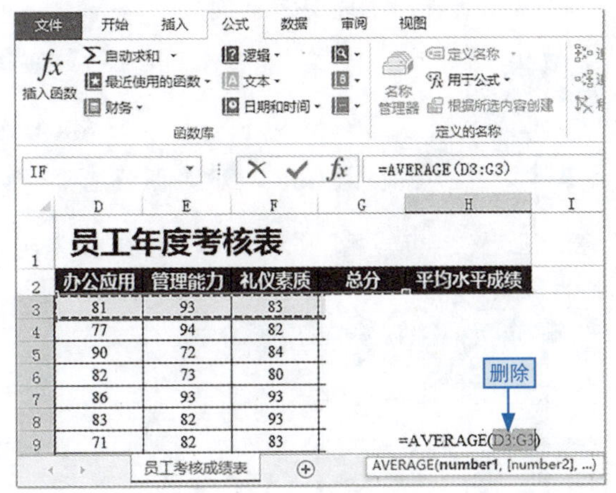


图6-34

**步骤03** ❶单击“用于公式”下拉按钮，❷选择“办公应用”选项，接着输入英文状态下的逗号，如图6-35所示。

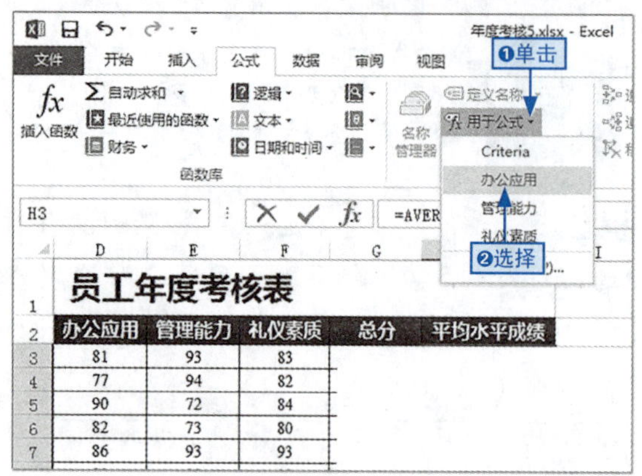


图6-35

**步骤04** 按F3键，在打开“粘贴名称”对话框，❶选择“管理能力”选项，❷单击“确定”按钮，如图6-36所示。

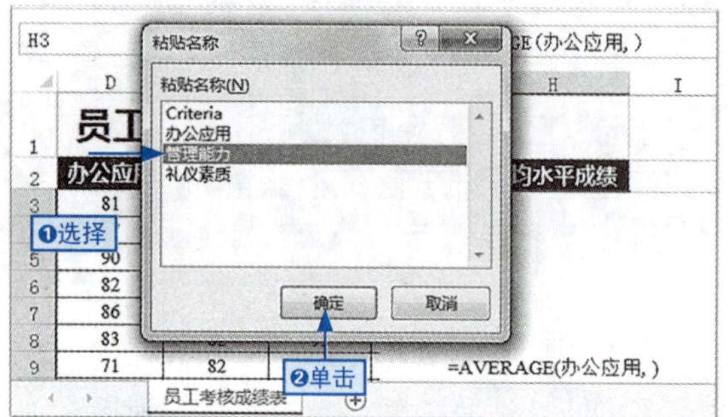


图6-36

**步骤05** ❶接着输入“,礼仪”，❷双击弹出的“礼仪素质”选项将其调入，按Ctrl+Enter组合键，如图6-37所示。

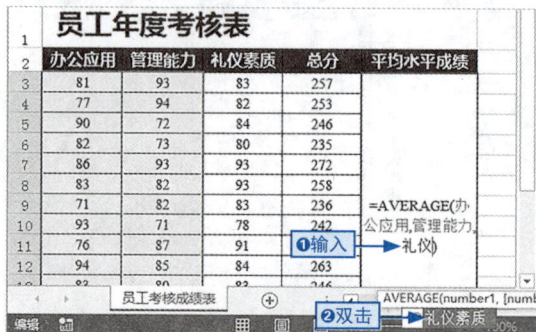

| 办公应用 | 管理能力 | 礼仪素质 | 总分 |
| --- | --- | --- | --- |
| 81 | 93 | 83 | 257 |
| 77 | 94 | 82 | 253 |
| 90 | 72 | 84 | 246 |
| 82 | 73 | 80 | 235 |
| 86 | 93 | 93 | 272 |
| 83 | 82 | 93 | 258 |
| 71 | 82 | 83 | 236 |
| 93 | 71 | 78 | 242 |
| 76 | 87 | 91 | 254 |
| 94 | 85 | 84 | 263 |

图6-37

**步骤06** 系统自动计算出公司内部平均水平成绩分析结果，如图6-38所示。

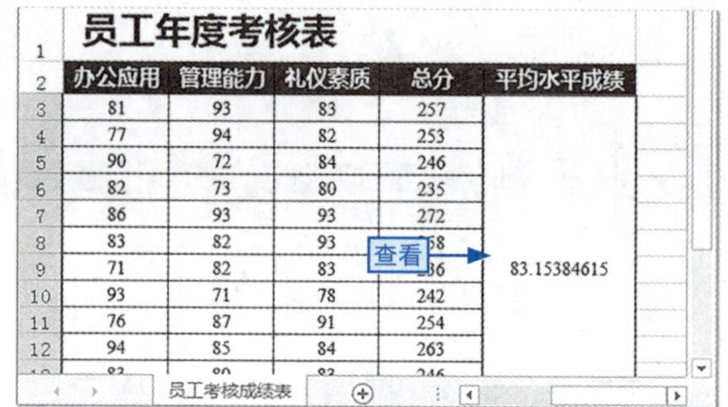


图6-38

**更改名称作用范围和删除单元格名称**

要对已定义的单元格名称作用范围进行修改，只需在“名称管理器”对话框中选择相应的选项，设置引用位置，如图 6-39 所示。

要删除单元格名称，只需在“名称管理器”对话框中选择相应的选项，单击“删除”按钮，如图 6-40 所示。

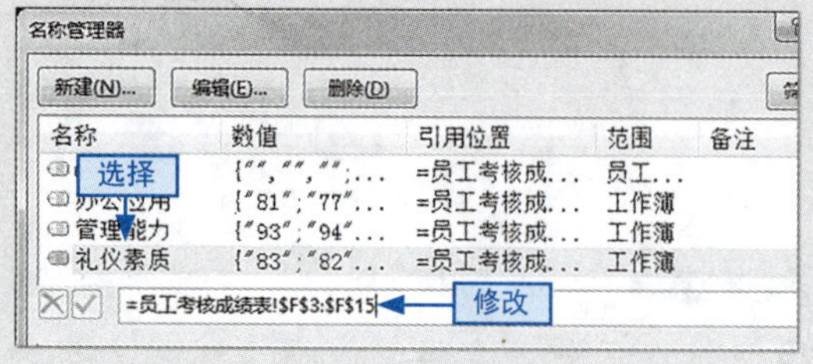


图6-39

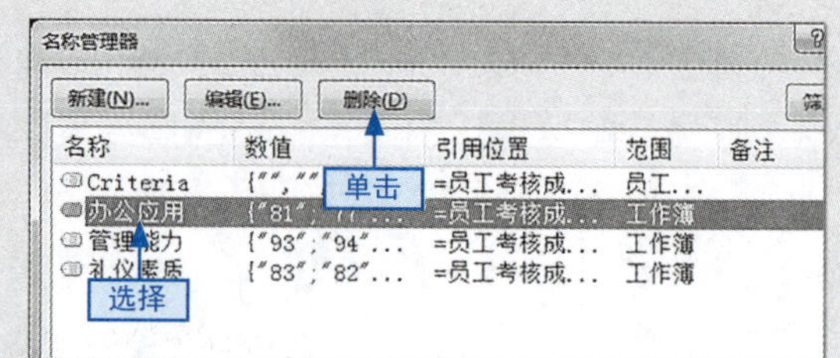


图6-40

# 6.2 人事档案中的自动计算

**小白：**我们的人事档案，可以借助函数来完成吗？

**阿智：**对于人事档案中那些可以通过计算得出的数据，就可以使用函数来快速得到结果。

函数不仅仅可以对数值型数据进行计算，还可以对数据进行统计或获取，如自动生成记录编号和获取出生日期。

## 6.2.1 自动生成记录编号

对于一些根据数据项来指定的编号，可以使用COUNTA()函数来让其自动完成。

在“人事档案管理”工作簿中使用COUNTA()函数来实现人员的自动编号的具体操作如下。

| 本节素材 | ⊙素材\Chapter06\人事档案管理.xlsx |
| --- | --- |
| 本节效果 | ⊙效果\Chapter06\人事档案管理.xlsx |
| 学习目标 | 掌握使用COUNTA()函数的方法 |
| 难度指数 | ★★ |

**步骤01** 打开“人事档案管理.xlsx”素材文件，❶在工作表中选择A2单元格，❷单击“其他函数”下拉按钮，❸选择COUNTA选项，如图6-41所示。

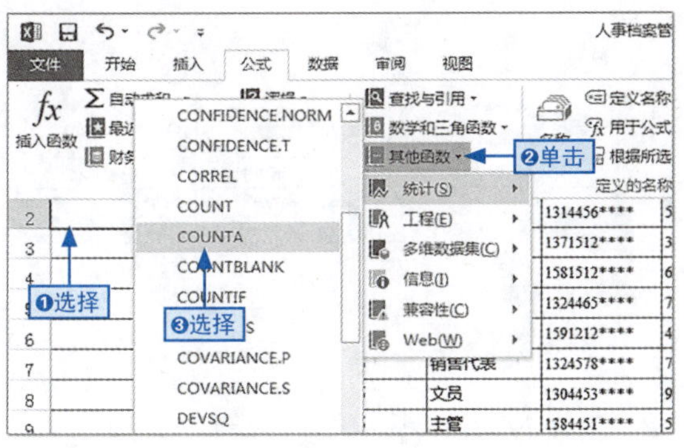


图6-41

**步骤02** 打开“函数参数”对话框，在Value1文本框中输入B2，然后将其选中后按F4键，转换为绝对引用\$B\$2，如图6-42所示。

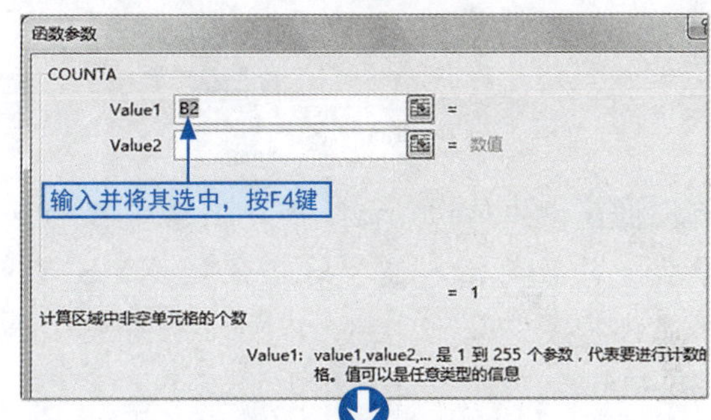


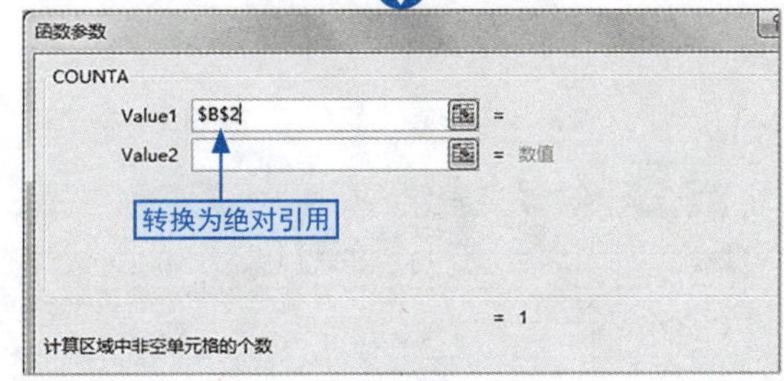


图6-42

**步骤03** ❶接着在文本框中输入英文状态下的冒号“:”，输入B2并将其选中，按3次F4键，将其转换为绝对引用\$B2，❷单击“确定”按钮，如图6-43所示。

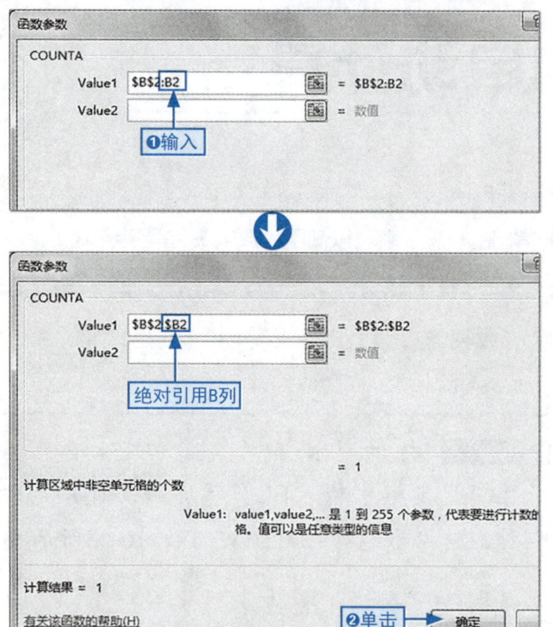


图6-43

**步骤04** 返回到工作表中，在编辑栏的等号后、函数前输入编号前部分“"XMS_"”和连接符号“&”，按Ctrl+Enter组合键，如图6-44所示。

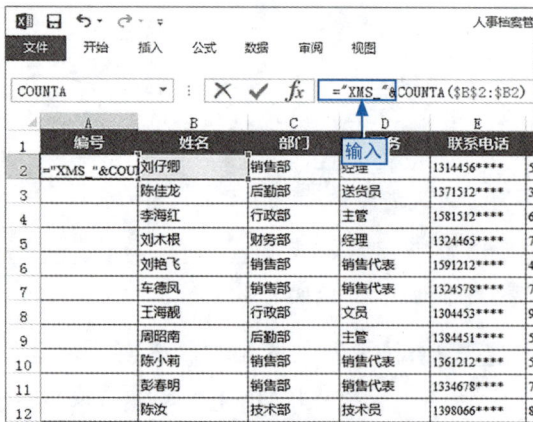

COUNTA ="XMS_"&COUNTA($B$2:$B2)

| | A | B | C | D | E |
|---|---|---|---|---|---|
| 1 | 编号 | 姓名 | 部门 | 职务 | 联系电话 |
| 2 | ="XMS_"&COU | 刘仔卿 | 销售部 | 经理 | 1314456**** |
| 3 | | 陈佳龙 | 后勤部 | 送货员 | 1371512**** |
| 4 | | 李海红 | 行政部 | 主管 | 1581512**** |
| 5 | | 刘木根 | 财务部 | 经理 | 1324465**** |
| 6 | | 刘艳飞 | 销售部 | 销售代表 | 1591212**** |
| 7 | | 车德凤 | 销售部 | 销售代表 | 1324578**** |
| 8 | | 王海靓 | 行政部 | 文员 | 1304453**** |
| 9 | | 周昭南 | 后勤部 | 主管 | 1384451**** |
| 10 | | 陈小莉 | 销售部 | 销售代表 | 1361212**** |
| 11 | | 彭春明 | 销售部 | 销售代表 | 1334678**** |
| 12 | | 陈汝 | 技术部 | 技术员 | 1398066**** |

输入

图6-44

**步骤05** 将鼠标指针移到A2单元格右下角，当鼠标指针变成“+”形状时，双击鼠标，系统自动将函数填充到数据相关行并自动计算出相应的编号，如图6-45所示。

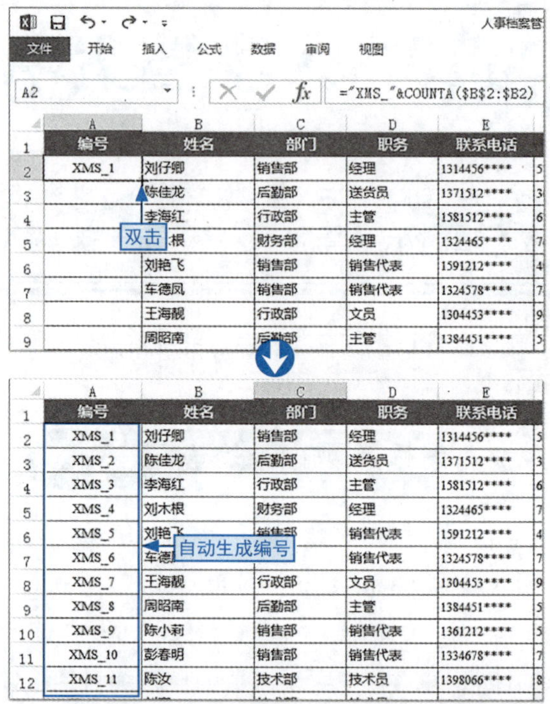


图6-45

### 快速查看函数帮助

要快速查看已使用的函数，可在编辑栏中将鼠标指针定位参数部分，在弹出的函数结构的提示栏中，单击函数超链接，快速打开函数帮助窗口，如图6-46所示。

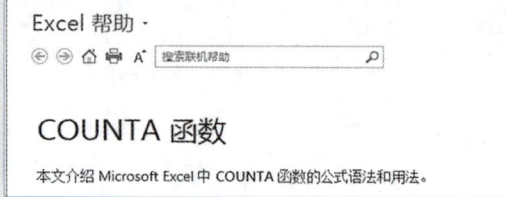

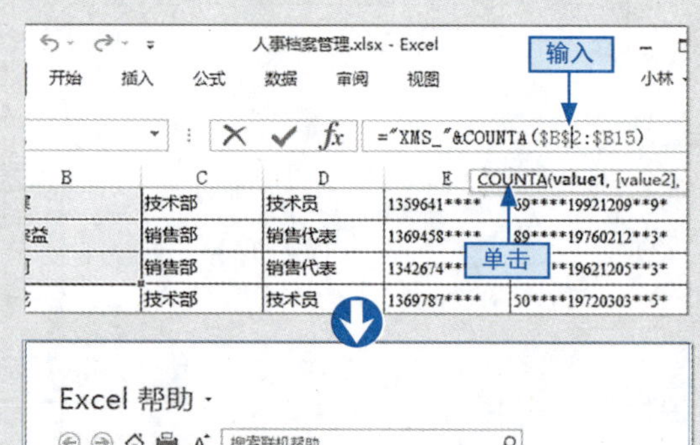


图6-46

## 6.2.2 根据身份证号填写性别

身份证号码中第17位号码是用来标记性别的，因此可以使用函数自动计算而得到性别。

在“人事档案管理1”工作簿中使用MID()函数、IF()函数和ISODD()函数来获取员工的性别信息的具体操作。

| 本节素材 | ⊙素材\Chapter06\人事档案管理1.xlsx |
|---|---|
| 本节效果 | ⊙效果\Chapter06\人事档案管理1.xlsx |
| 学习目标 | 掌握使用MID()、ISODD()函数的方法 |
| 难度指数 | ★★★★ |

**步骤01** 打开“人事档案管理1.xlsx”素材文件，❶选择G2单元格，❷单击编辑栏中的“插入函数”按钮，如图6-47所示。

人事档案管理1.xlsx - Excel

文件 开始 插入 公式 数据 审阅 视图

G2 ❷单击

| | E | F | G | H |
|---|---|---|---|---|
| 1 | 联系电话 | 身份证号码 | 性别 | 出生年月 |
| 2 | 1314456**** | 57****19700727**0* | | 1970年7月27日 |
| 3 | 1371512**** | 36****19820520**1* | | 1982年5月20日 |
| 4 | 1581512**** | 67****19720417**4* | | 1970年2月9日 |
| 5 | 1324465**** | 76****19740322**6* | ❶选择 | 1974年3月22日 |
| 6 | 1591212**** | 40****19700209**8* | | 1970年2月9日 |
| 7 | 1324578**** | 74****19630123**8* | | 1963年1月23日 |
| 8 | 1304453**** | 96****19820804**7* | | 1982年3月26日 |
| 9 | 1384451**** | 54****19830427**5* | | 1982年3月26日 |

图6-47

**步骤02** 打开“插入函数”对话框，❶单击“或选择类别”下拉按钮，❷选择“信息”选项，如图6-48所示。

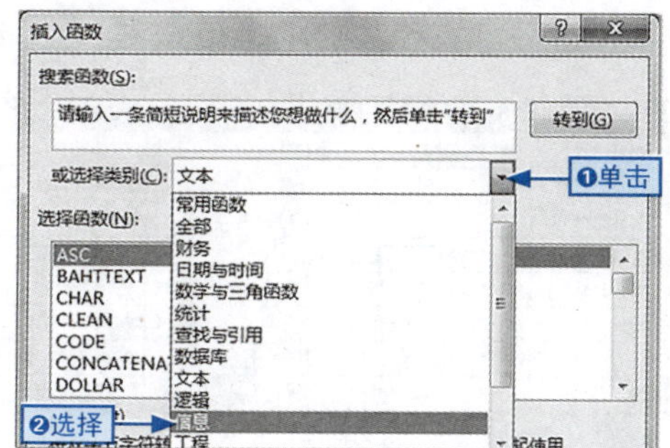


图6-48

**步骤03** ❶选择ISODD选项，❷单击“确定”按钮，如图6-49所示。

图6-49

**步骤04** 打开“函数参数”对话框，单击“确定”按钮，如图6-50所示。

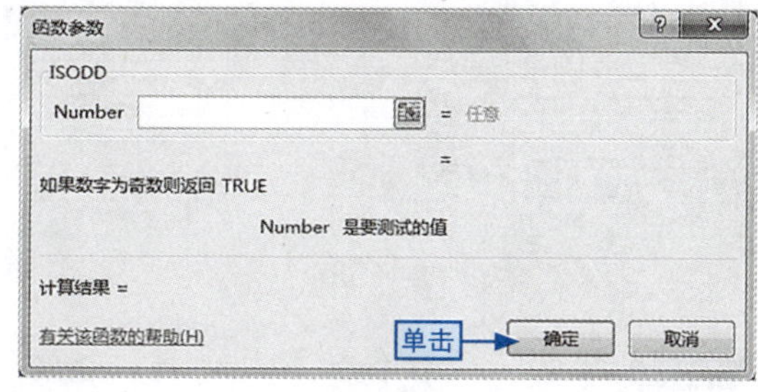


图6-50

**步骤05** 在打开的提示对话框中直接单击“确定”按钮，如图6-51所示。

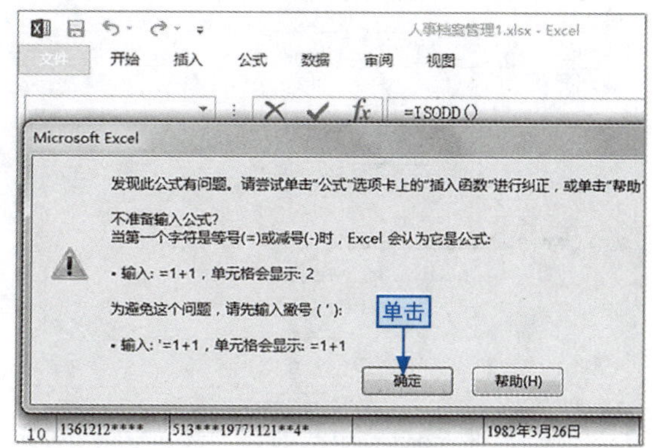


图6-51

## 小绝招 轻松掌握ISODD()函数

ISODD() 函数是一个判定数字是否是奇数的函数，如果是奇数则返回 TRUE，否则返回 FALSE。它的语法结构很简单，为“ISODD(number)”，其中参数 number 是数字。

**步骤06** 鼠标指针定位在ISODD函数的括号中，❶单击“公式”选项卡中的“文本”下拉按钮，❷选择MID选项，如图6-52所示。

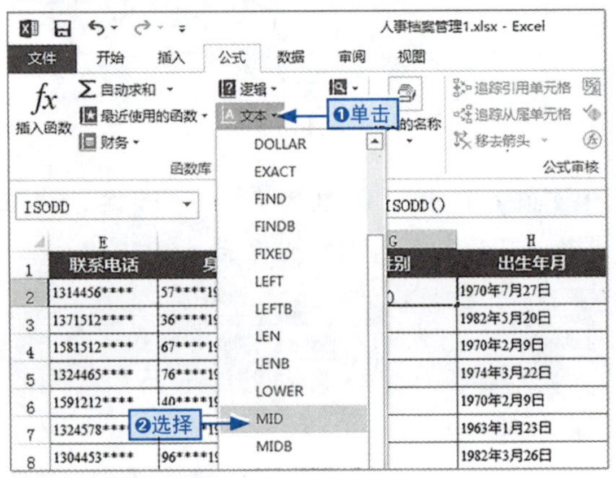


图6-52

**步骤07** 打开“函数参数”对话框，❶设置函数参数，❷单击“确定”按钮，如图6-53所示。

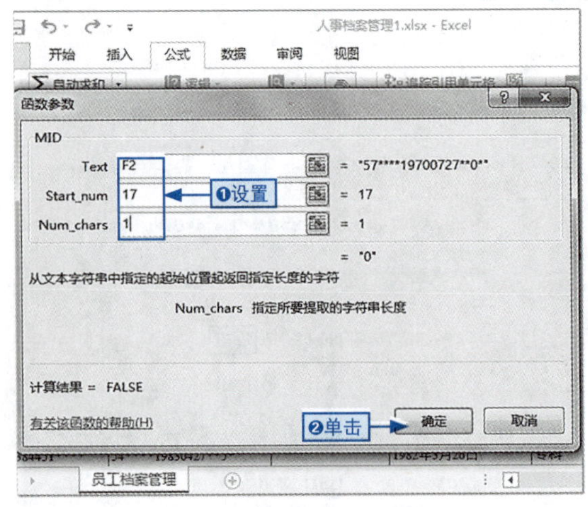


图6-53

## 小绝招 轻松掌握MID()函数

MID() 函数是指文本字符串中从指定位置开始的特定数目的字符。它的语法结构为“MID(text, start_num,num_chars)”，其中参数 text 表示要提取字符的文本字符串；start_num 表示文本中要提取的第 1 个字符的位置（文本中第 1 个字符的 start_num 为 1，依此类推）；num_chars 表示指定从文本中返回字符的个数。

**步骤08** 返回到工作表，在编辑框中输入IF()函数作为主函数，对性别进行判定，然后按Ctrl+Enter组合键，如图6-54所示。

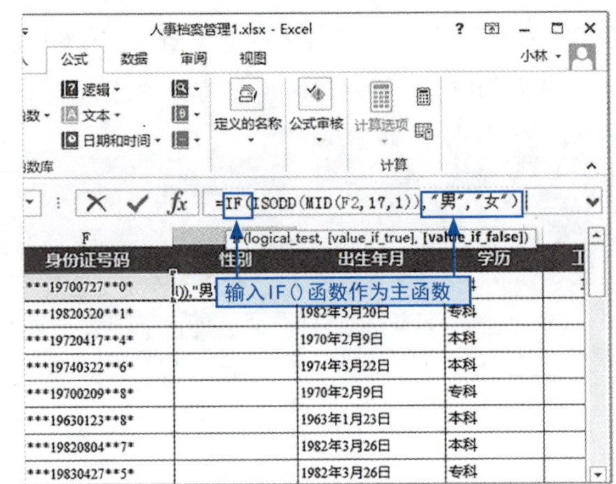


图6-54

**步骤09** 填充函数到数据末行，系统自动判定出相应性别信息并填写在对应的单元格中，如图6-55所示。

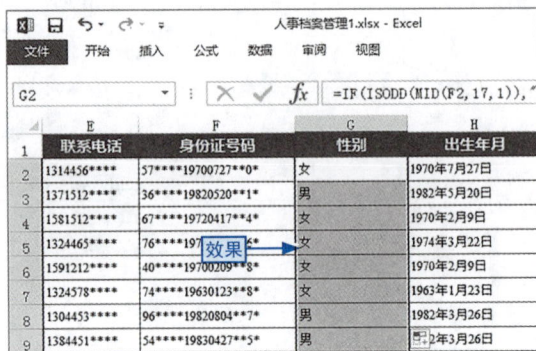

人事档案管理1.xlsx - Excel

G2 =IF(ISODD(MID(F2,17,1)),"

| | E | F | G | H |
|---|---|---|---|---|
| 1 | 联系电话 | 身份证号码 | 性别 | 出生年月 |
| 2 | 1314456**** | 57****19700727**0* | 女 | 1970年7月27日 |
| 3 | 1371512**** | 36****19820520**1* | 男 | 1982年5月20日 |
| 4 | 1581512**** | 67****19720417**4* | 女 | 1970年2月9日 |
| 5 | 1324465**** | 76****197…6* | 女 | 1974年3月22日 |
| 6 | 1591212**** | 40****19700209**8* | 女 | 1970年2月9日 |
| 7 | 1324578**** | 74****19630123**8* | 女 | 1963年1月23日 |
| 8 | 1304453**** | 96****19820804**7* | 男 | 1982年3月26日 |
| 9 | 1384451**** | 54****19830427**5* | 男 | …2年3月26日 |

效果

图6-55

**使用其他函数来获取性别信息**

要根据身份证号码来获取性别信息，关键步骤有 3 步：一是获取性别数字，二是对数字奇偶性进行判定，三是对应返回男女数据。还可以使用如下两种方法达到目的。

### (1)将ISODD()函数替换成ISEVEN()函数

可以将“=IF(ISODD(MID(F2,17,1)),"男","女")”函数中的 ISODD 更换成 ISEVEN，效果如图 6-56 所示。

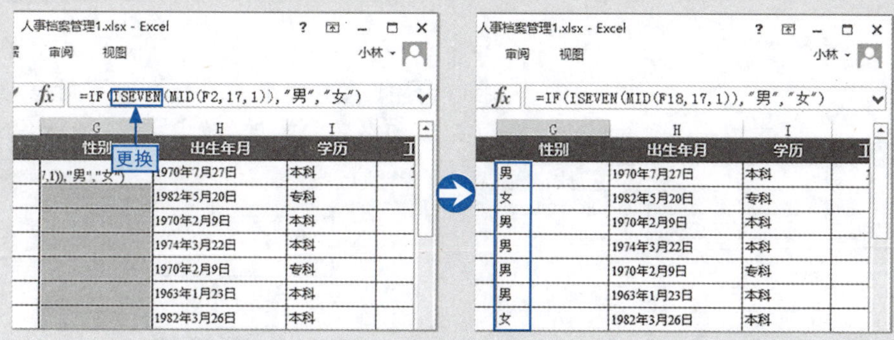


图6-56

### (2)使用TEXT()嵌套函数

可以将“=IF(ISODD(MID(F2,17,1)),"男","女")”函数整个更换成“=TEXT(MOD(MID(F2,17,1),2),"[=0]女;[=1]男")”，如图 6-57 所示。

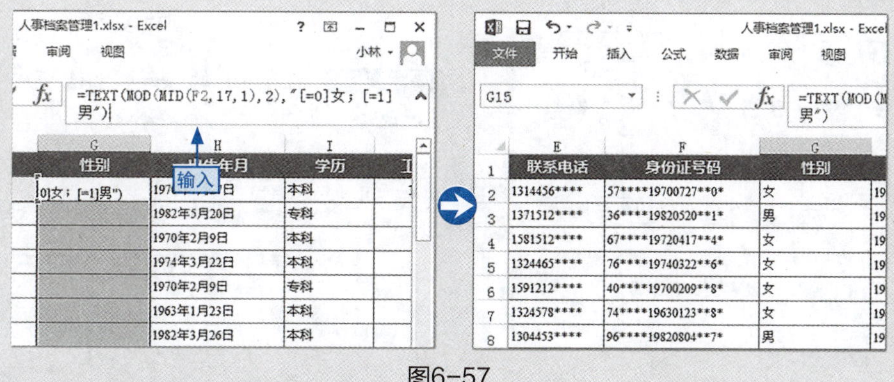


图6-57

## 6.2.3 用身份证号提取员工生日

在身份证号码中已经明确给出出生日期数字，所以在人事档案中要获取员工生日，可使用函数来完成。

在“人事档案管理2”工作簿中使用TEXT的嵌套函数来获取员工的出生日期的具体操作如下。

| 本节素材 | 素材\Chapter06\人事档案管理2.xlsx |
| --- | --- |
| 本节效果 | 效果\Chapter06\人事档案管理2.xlsx |
| 学习目标 | 掌握使用CONCATENATE()和MID()函数方法 |
| 难度指数 | ★★★ |

**步骤01** 打开“人事档案管理2.xlsx”素材文件，❶选择H2单元格，❷单击“插入函数”按钮，如图6-58所示。

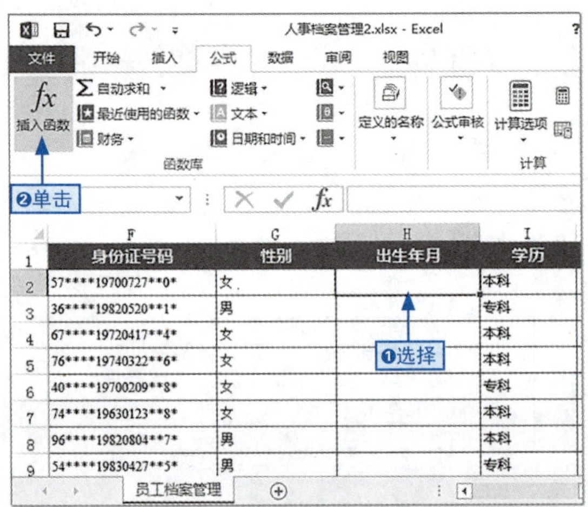


图6-58

**步骤02** 打开“插入函数”对话框，❶单击“或选择类别”下拉按钮，❷选择“文本”选项，如图6-59所示。

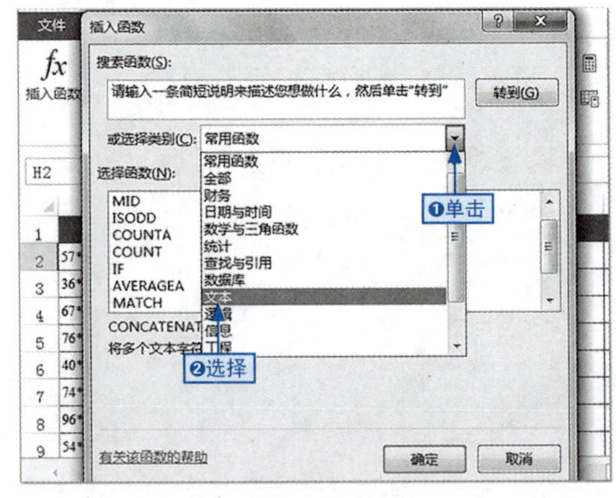


图6-59

**步骤03** ❶选择CONCATENATE选项，❷单击“确定”按钮，如图6-60所示。

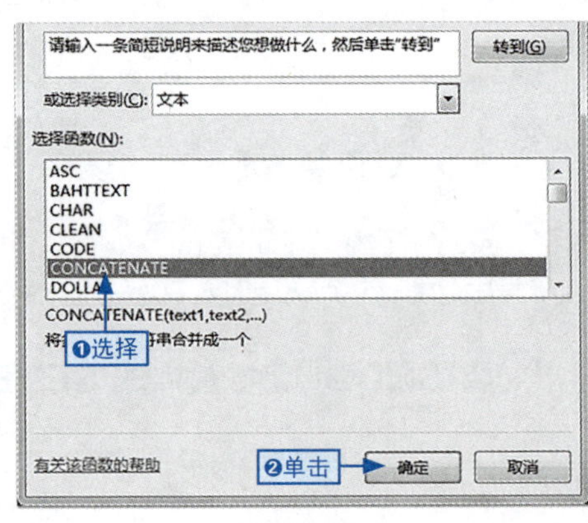


图6-60

**步骤04** 打开“函数参数”对话框，不设置任何参数，单击“确定”按钮，如图6-61所示。

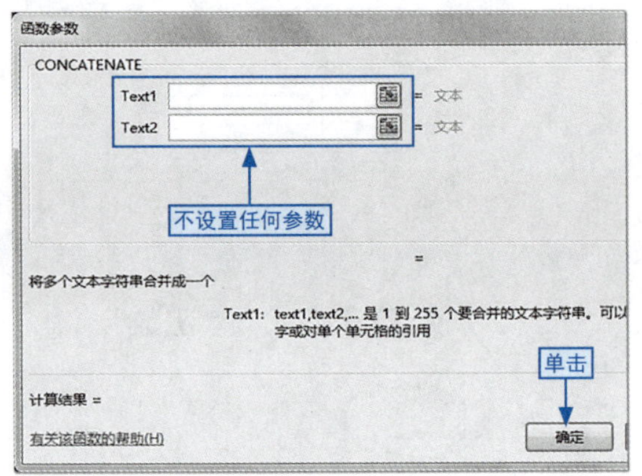


图6-61

**步骤05** 在打开的提示对话框中直接单击“确定”按钮，如图6-62所示。

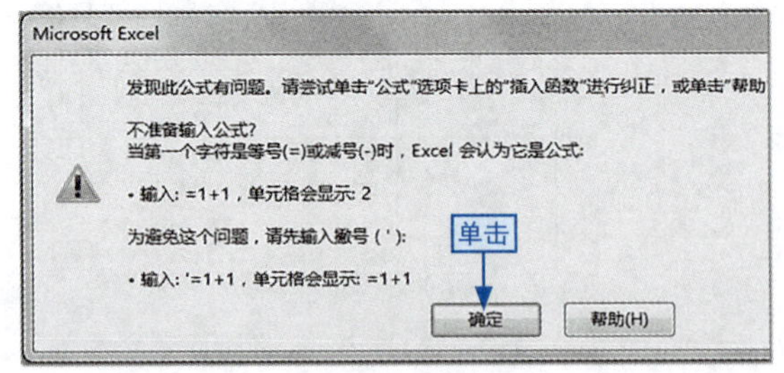


图6-62

**步骤06** 将鼠标指针定位在CONCATENATE函数的括号中，❶单击“文本”下拉按钮，❷选择MID选项，如图6-63所示。

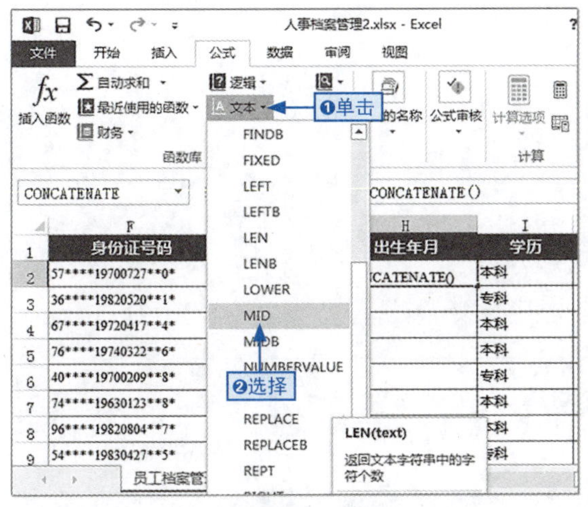


图6-63

**步骤07** 打开“函数参数”对话框，❶设置函数参数，❷单击“确定”按钮，如图6-64所示。

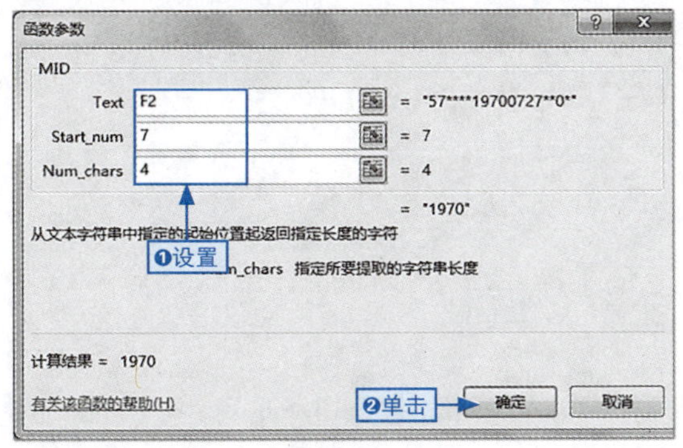


图6-64

**步骤08** 在编辑栏的CONCATENATE()函数括号中输入“,"年")”，在整个函数结尾输入连接符“&”，如图6-65所示。

=CONCATENATE(MID(F2,7,4),"年")&

输入参数和连接符

| 身份证号码 | 性别 | 出生年月 | 学历 | 工龄 |
|---|---|---|---|---|
| *19700727**0* | 女 | IID(F2,7,4),"年")& | | |
| *19820520**1* | 男 | | 专科 | 4 |
| *19720417**4* | 女 | | 本科 | 5 |
| *19740322**6* | 女 | | 本科 | 3 |
| *19700209**8* | 女 | | 专科 | 5 |
| *19630123**8* | 女 | | 本科 | 4 |
| *19820804**7* | 男 | | 本科 | 1 |
| *19830427**5* | 男 | | 专科 | 5 |

图6-65

**步骤09** 在编辑栏中接着输入获取“月”数据的函数，如图6-66所示。

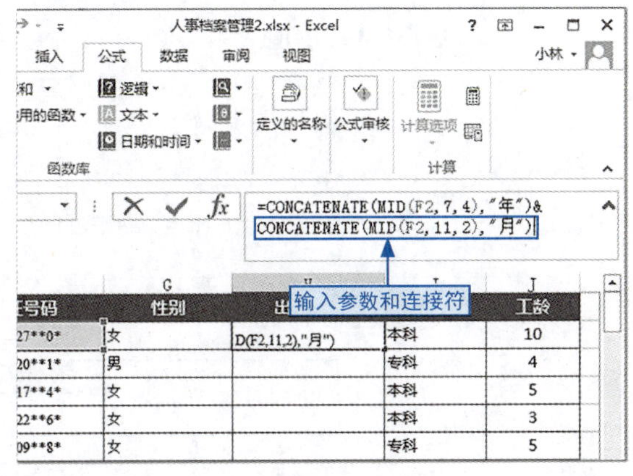


图6-66

**步骤10** 在编辑栏中接着输入连接符“&”和获取“日”数据的函数，如图6-67所示。

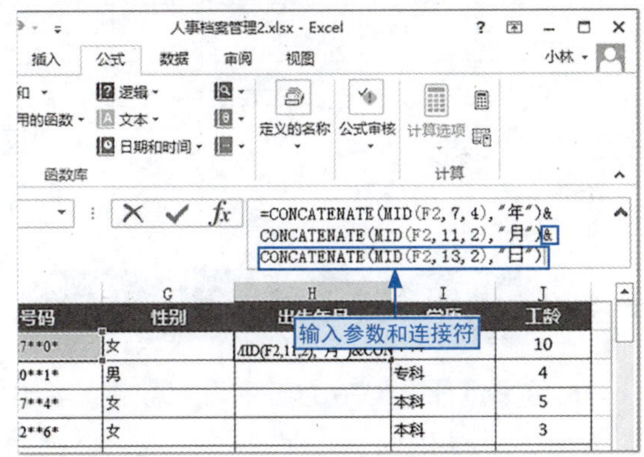


图6-67

**步骤11** 填充函数到数据末行，系统自动获取相应的出生年月日数据，效果如图6-68所示。

H2 =CONCATENATE(MID(F2,7,4),

| | 身份证号码 | 性别 | 出生年月 | 学历 |
|---|---|---|---|---|
| 2 | 57****19700727**0* | 女 | 1970年07月27日 | 本科 |
| 3 | 36****19820520**1* | 男 | 1982年05月20日 | 专科 |
| 4 | 67****19720417**4* | 女 | 1972年04月17日 | 本科 |
| 5 | 76****19740322**6* | 女 | 1974年03月22日 | 本科 |
| 6 | 40****19700209**8* | 女 | 1970年02月09日 | 专科 |
| 7 | 74****19630123**8* | 女 | 1963年01月23日 | 本科 |
| 8 | 96****19820804**7* | 男 | 1982年08月04日 | 本科 |

图6-68

**获取年月日函数合并写法**

由于CONCATENATE()函数可将两个或多个文本字符串连为一个字符串（它的语法结构为“CONCATENATE(text1,[text2],...)”，所以可以将3个由连接符连接的函数“=CONCATENATE(MID(F2,7,4),"年")&CONCATENATE(MID(F2,11,2),"月")&CONCATENATE(MID(F2,13,2),"日")”合并成一个嵌套函数“=CONCATENATE(MID(F2,7,4),"年",MID(F2,11,2),"月",MID(F2,13,2),"日")”，效果如图6-69所示。

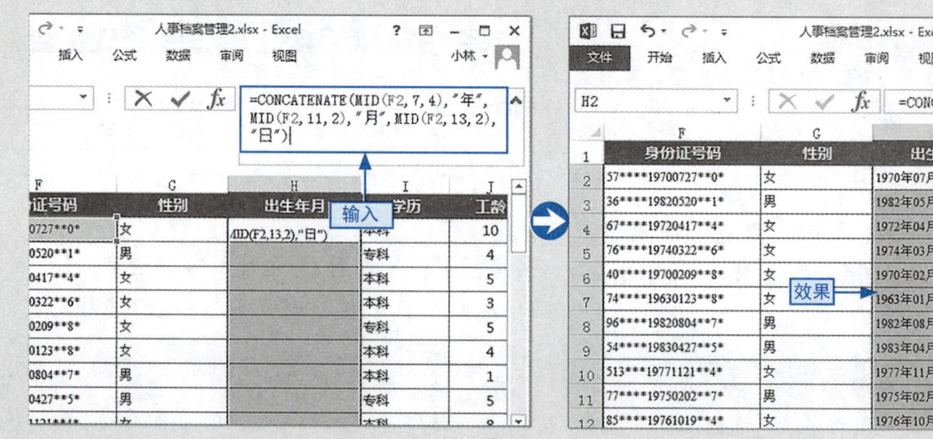


图6-69

## 6.2.4 根据身份证号填写员工年龄

利用身份证号码中的出生日期数字，不仅可以快速获取员工出生日期数据，而且还能根据它来自动计算和填出员工年龄。

下面以在“人事档案管理3”工作簿中使用YEAR()函数、NOW()函数和MID()函数计算员工的年龄为例，介绍其具体操作。

| | |
|---|---|
| 本节素材 | 素材\Chapter06\人事档案管理3.xlsx |
| 本节效果 | 效果\Chapter06\人事档案管理3.xlsx |
| 学习目标 | 掌握使用YEAR()、NOW()、MID()函数的方法 |
| 难度指数 | ★★★★ |

**步骤01** 打开“人事档案管理3.xlsx”素材文件，❶选择J2单元格，❷单击“公式”选项卡中的“日期和时间”下拉按钮，❸选择YEAR选项，如图6-70所示。

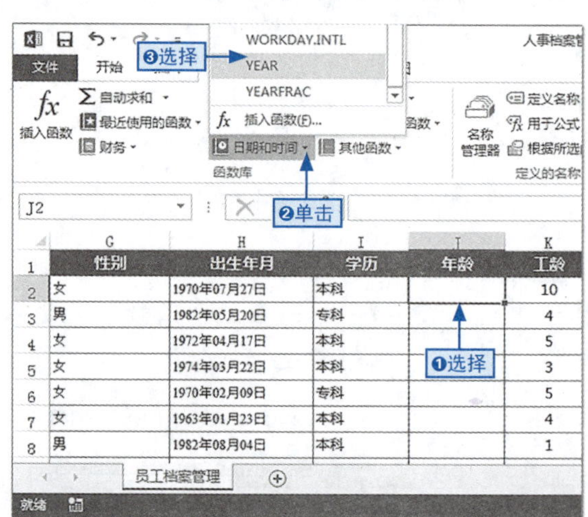


图6-70

**步骤02** 打开“函数参数”对话框，直接单击“确定”按钮，如图6-71所示。

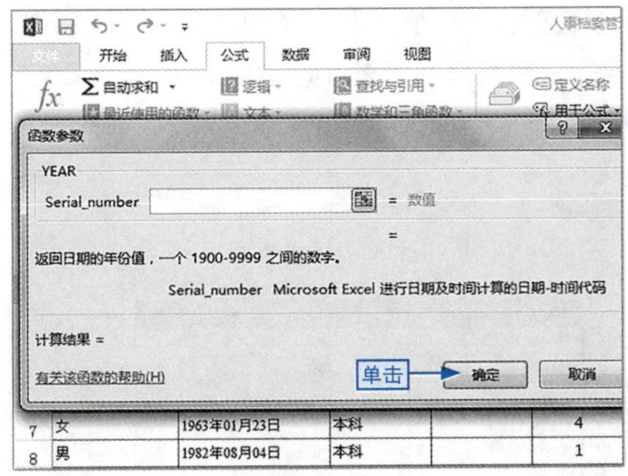

图6-71

步骤03 在打开的提示对话框中直接单击"确定"按钮，如图6-72所示。

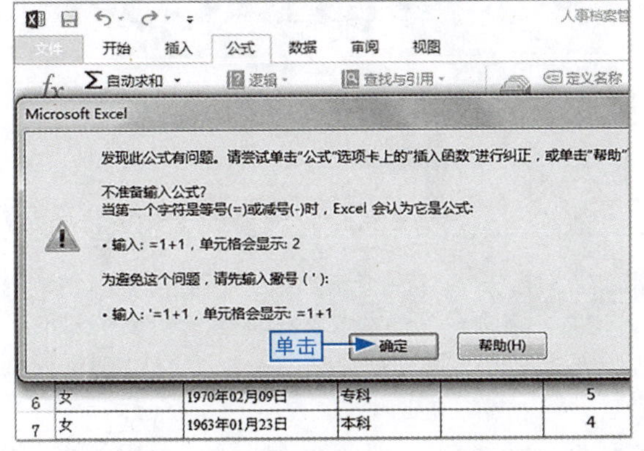

图6-72

步骤04 将鼠标指针定位在YEAR()函数的括号中，❶单击"日期和时间"下拉按钮，❷选择NOW选项，如图6-73所示。

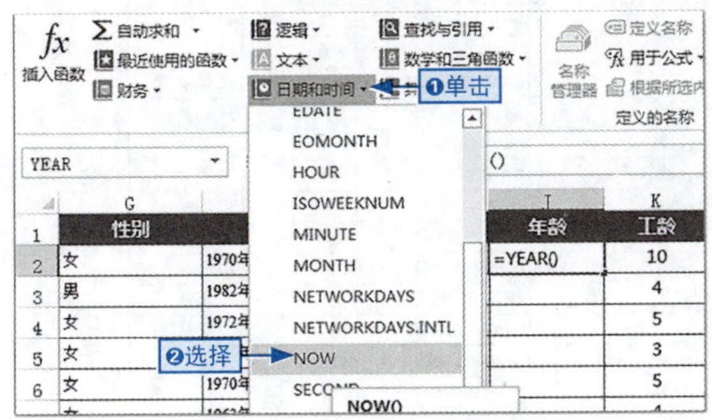

图6-73

步骤05 在打开的"函数参数"对话框中直接单击"确定"按钮（函数中不能有任何参数），如图6-74所示。

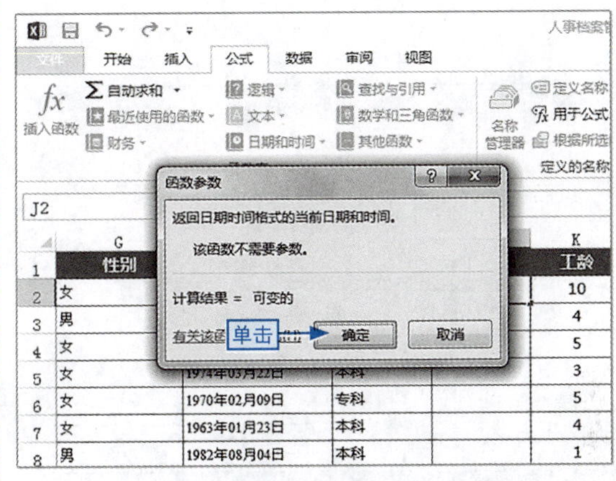

图6-74

步骤06 ❶在编辑栏中输入"-"（减号），❷单击名称框下拉按钮，❸选择MID选项，如图6-75所示。

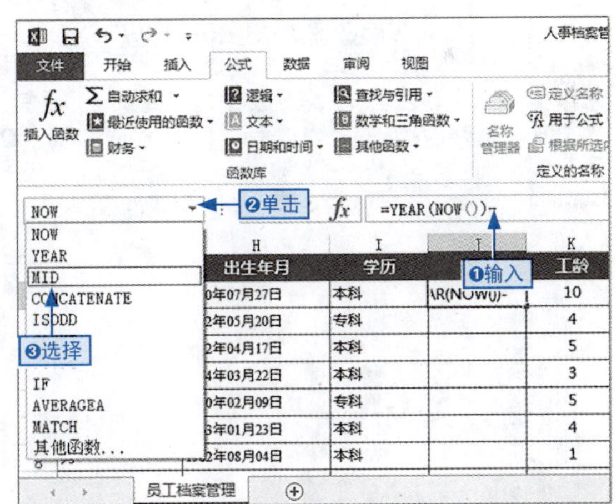

图6-75

小绝招

**规避找不到函数方法的情况**

通过名称框来调用函数时，要求该函数曾在不久前使用过多次，同时最好保证该工作簿没有关闭或程序没有退出过，否则将会出现名称框的备选项中没有该函数的情况，用户只能通过常规的插入函数的方法来插入函数。

**步骤07** 打开“函数参数”对话框，❶设置函数参数，❷单击“确定”按钮，如图6-76所示。

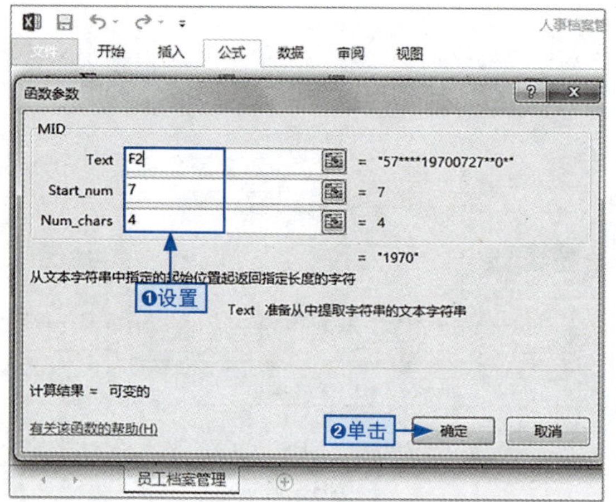


图6-76

**步骤08** 使用填充柄填充函数到数据末行，系统自动获取相应的年龄数据，效果如图6-77所示。

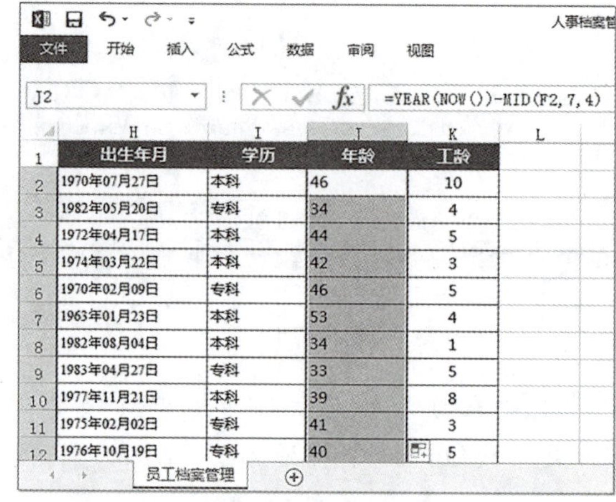


图6-77

### 为年龄数据添加单位“周岁”

在年龄数据中，还可以为其添加单位“周岁”，使其更加直观。其方法为：选择年龄数据所在的单元格区域，按Ctrl+1组合键，打开“设置单元格格式”对话框，❶选择“数字”选项卡“分类”文本框中的“自定义”选项，❷在“类型”文本框中输入“周岁”，❸单击“确定”按钮，系统自动为年龄数据添加“周岁”字样，效果如图6-78所示。

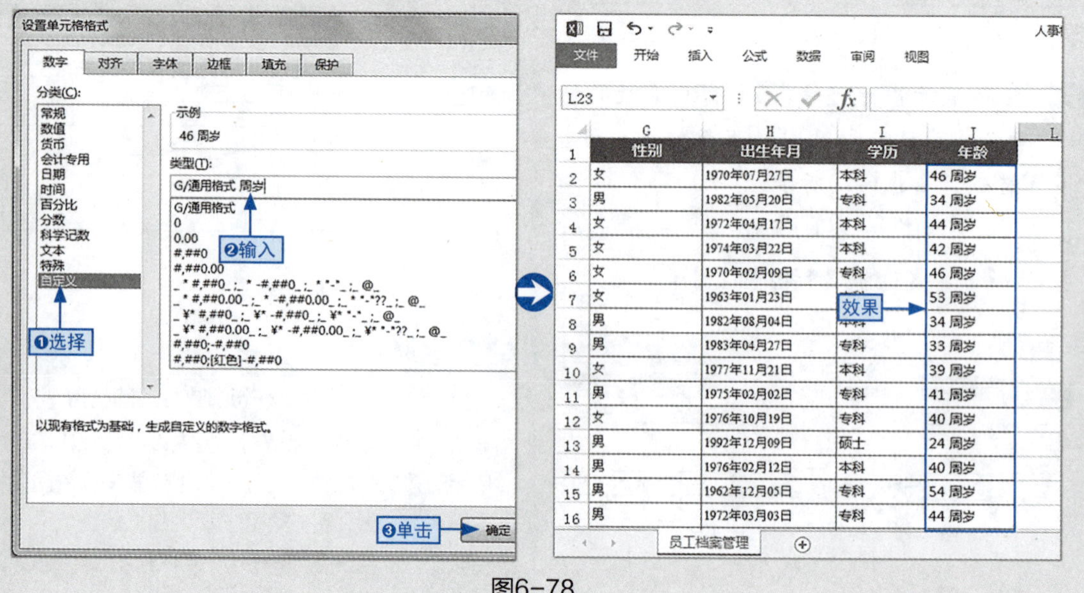


图6-78

## 6.2.5 计算员工当前工龄

工龄是人事档案中必不可少的数据。在制作人事档案时，可根据入职时间使用YEAR()函数和NOW()函数让其自动计算获得。

下面以在“人事档案管理4”工作簿中使用YEAR()和NOW()函数来自动计算员工工龄为例，介绍其具体操作。

| 本节素材 | 素材\Chapter06\人事档案管理4.xlsx |
|---|---|
| 本节效果 | 效果\Chapter06\人事档案管理4.xlsx |
| 学习目标 | 学会用YEAR()和NOW()函数计算员工工龄 |
| 难度指数 | ★★★ |

**步骤01** 打开“人事档案管理4.xlsx”素材文件，❶选择L2单元格，❷在编辑栏中输入“=Ye”，❸在提示栏中双击YEAR选项将其输入，如图6-79所示。

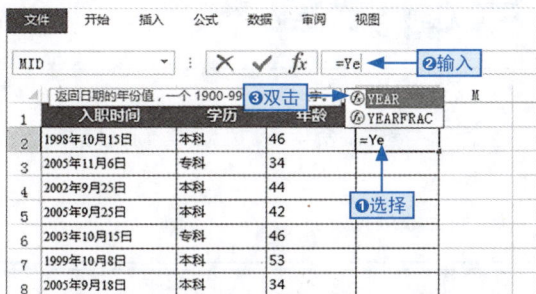

| | 入职时间 | 学历 | 年龄 | |
|---|---|---|---|---|
| 2 | 1998年10月15日 | 本科 | 46 | =Ye |
| 3 | 2005年11月6日 | 专科 | 34 | |
| 4 | 2002年9月25日 | 本科 | 44 | |
| 5 | 2005年9月25日 | 本科 | 42 | |
| 6 | 2003年10月15日 | 专科 | 46 | |
| 7 | 1999年10月8日 | 本科 | 53 | |
| 8 | 2005年9月18日 | 本科 | 34 | |

图6-79

**步骤02** ❶输入NOW()函数作为YEAR()函数的参数，❷输入减号“-”，❸单击“插入函数”按钮，如图6-80所示。

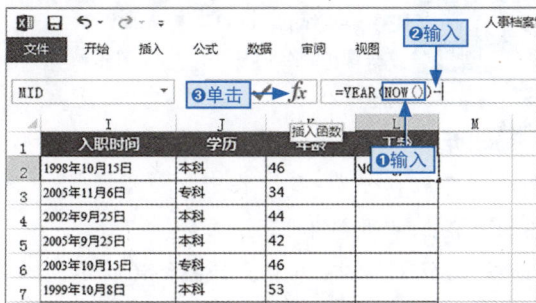

| | 入职时间 | 学历 | 年龄 | 工龄 |
|---|---|---|---|---|
| 2 | 1998年10月15日 | 本科 | 46 | |
| 3 | 2005年11月6日 | 专科 | 34 | |
| 4 | 2002年9月25日 | 本科 | 44 | |
| 5 | 2005年9月25日 | 本科 | 42 | |
| 6 | 2003年10月15日 | 专科 | 46 | |
| 7 | 1999年10月8日 | 本科 | 53 | |

图6-80

**步骤03** 打开“插入函数”对话框，❶在“搜索函数”文本框中输入“年份”，❷单击“转到”按钮，如图6-81所示。

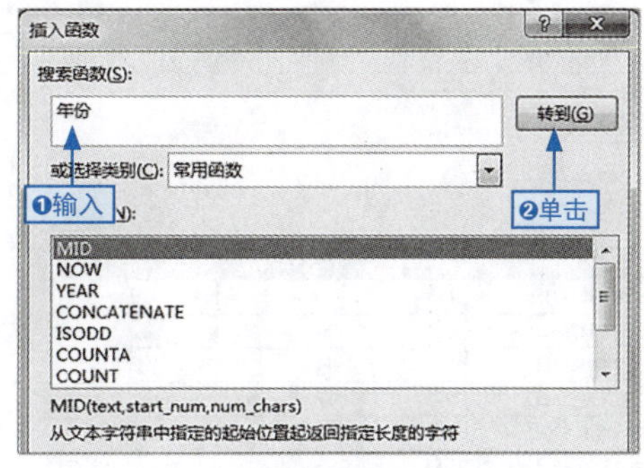


图6-81

**步骤04** 在搜索到的函数中，❶选择YEAR选项，❷单击“确定”按钮，如图6-82所示。

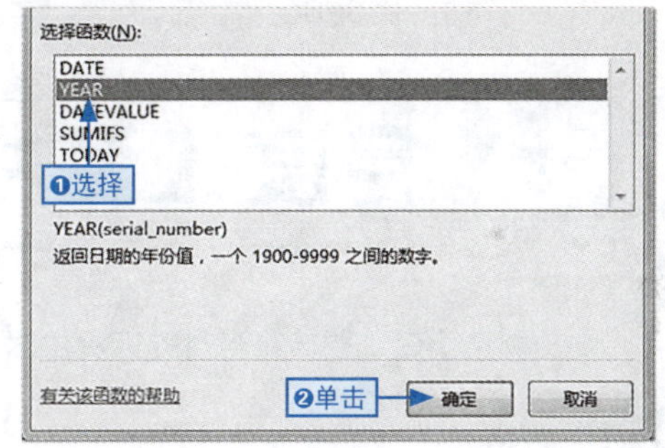


图6-82

**步骤05** 打开“函数参数”对话框，❶设置Serial_number为I2，❷单击“确定”按钮，如图6-83所示。

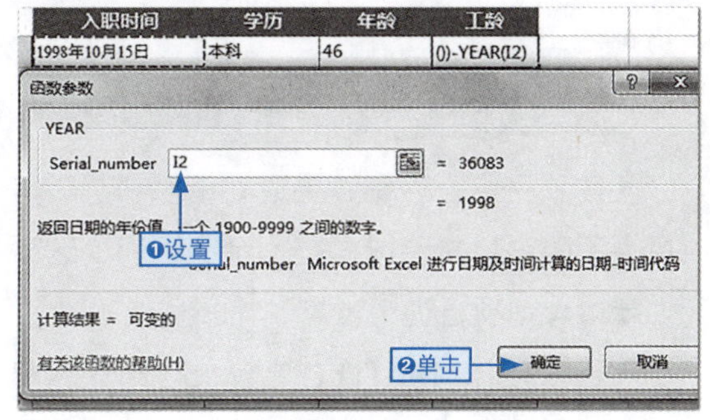


图6-83

**步骤06** 系统自动计算出第1条工龄数据。将鼠标指针移到单元格的右下角，待变成“+”形状时，双击鼠标填充公式并计算，如图6-84所示。

L2 =YEAR(NOW())-YEAR(I2)

| | I | J | K | L |
|---|---|---|---|---|
| 1 | 入职时间 | 学历 | 年龄 | 工龄 |
| 2 | 1998年10月15日 | 本科 | 46 | 18 |
| 3 | 2005年11月6日 | 专科 | 34 | |
| 4 | 2002年9月25日 | 本科 | 44 | |
| 5 | 2005年9月25日 | 本科 | 42 | |
| 6 | 2003年10月15日 | 专科 | 46 | |
| 7 | 1999年10月8日 | 本科 | 53 | |
| 8 | 2005年9月18日 | 本科 | 34 | |
| 9 | 2004年1月6日 | 专科 | 33 | |
| 10 | 2002年11月6日 | 本科 | 39 | |
| 11 | 1996年10月8日 | 专科 | 41 | |
| 12 | 2000年9月25日 | 专科 | 40 | |

填充

图6-84

**步骤07** 系统自动计算出相应的工龄数据，效果如图6-75所示。

L2 =YEAR(NOW())-YEAR(I2)

| | I | J | K | L |
|---|---|---|---|---|
| 1 | 入职时间 | 学历 | 年龄 | 工龄 |
| 2 | 1998年10月15日 | 本科 | 46 | 18 |
| 3 | 2005年11月6日 | 专科 | 34 | 11 |
| 4 | 2002年9月25日 | 本科 | 44 | 14 |
| 5 | 2005年9月25日 | 本科 | 42 | 11 |
| 6 | 2003年10月15日 | 专科 | 46 | 13 |
| 7 | 1999年10月8日 | 本科 | 53 | 17 |
| 8 | 2005年9月18日 | 本科 | | 11 |
| 9 | 2004年1月6日 | 专科 | 33 | 12 |
| 10 | 2002年11月6日 | 本科 | 39 | 14 |
| 11 | 1996年10月8日 | 专科 | 41 | 20 |
| 12 | 2000年9月25日 | 专科 | 40 | 16 |
| 13 | 2001年10月15日 | 硕士 | 24 | 15 |

效果

员工档案管理

图6-85

# 6.3 月度工资中的自动计算

**小白：**要计算当月的工资数据，其中的职务工资、提成工资和考勤工资等不是很好计算，该怎么办呢？

**阿智：**对于这些工资数据，基本上也都可以使用函数来完成。

对于一些数据，不单是进行简单加减乘除，同时还需根据指定参数进行对比和选取。下面就通过一些函数来自动计算需要对比和选取的数据。

## 6.3.1 计算考勤扣除金额

考勤项目中有迟到、早退、请假和旷工等项目，不同项目扣除或惩罚的金额不同，这时我们就对考勤项目进行计算。

下面以使用MMUTL()函数来自动计算员工的缺勤工资数据为例，介绍其具体操作。

本节素材 素材\Chapter06\3月工资.xlsx
本节效果 效果\Chapter06\3月工资.xlsx
学习目标 学会使用MMUTL()函数自动计算考勤工资
难度指数 ★★★★


**步骤01** 打开“3月工资.xlsx”素材文件，切换到“考勤工资”工作表中，❶选择G3单元格，❷单击“数学和三角函数”下拉按钮，❸选择MMULT函数选项，如图6-86所示。

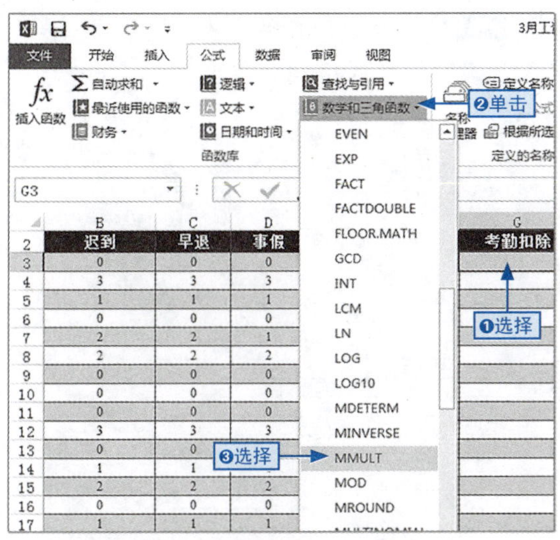


图6-86

**步骤02** 打开“函数参数”对话框，单击Array1文本框后的“折叠”按钮，如图6-87所示。

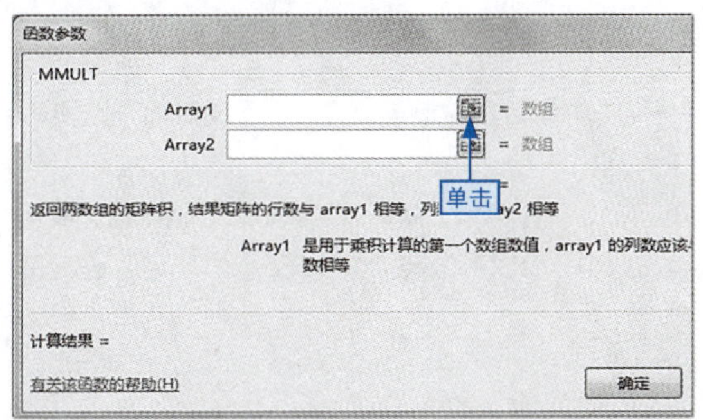


图6-87

**步骤03** 在表格中选择B3:F3单元格区域，然后单击“展开”按钮，如图6-88所示。

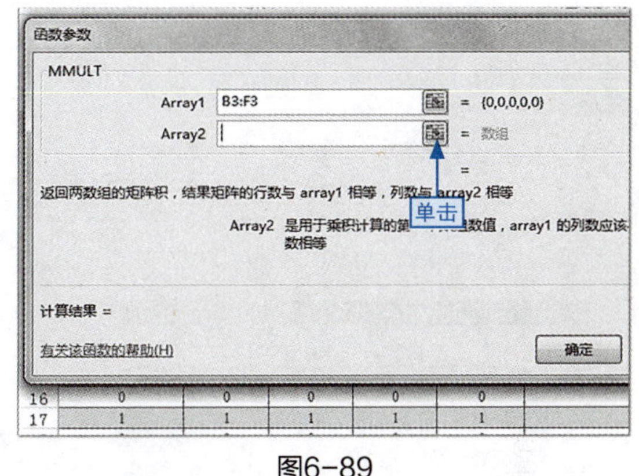

图6-88

**步骤04** 单击Array2文本框后的“折叠”按钮，如图6-89所示。

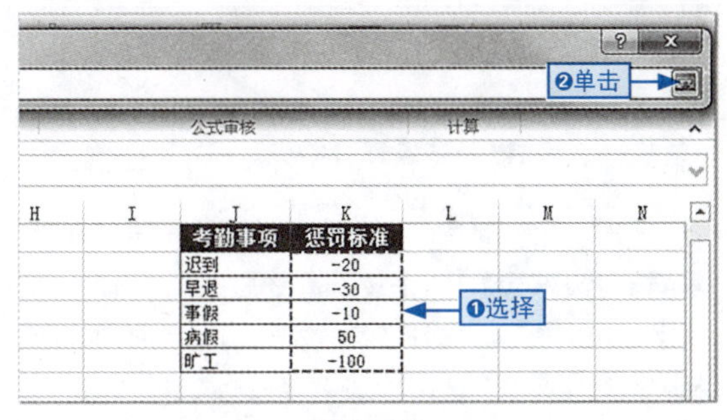


图6-89

**步骤05** ❶在表格中选择K3:K7单元格区域，❷单击“展开”按钮，如图6-90所示。

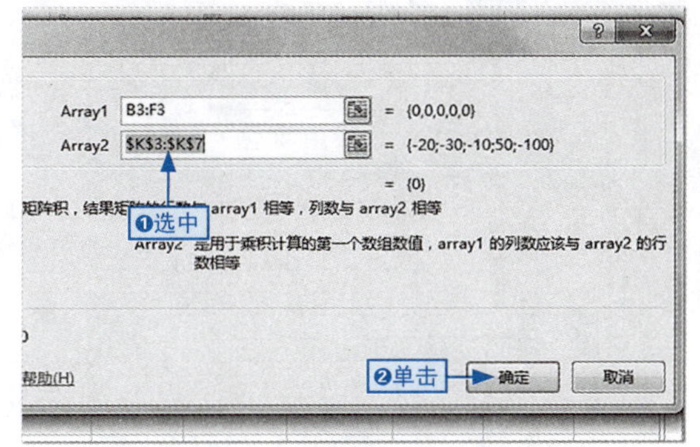


图6-90

**步骤06** 展开对话框，❶在Array2文本框中选中“$K$3:$K$7”，按F4键，❷单击“确定”按钮，如图6-91所示。



图6-91

步骤07 ❶复制G3单元格中的函数，❷选择G4:G22单元格区域，❸单击“粘贴”按钮，如图6-92所示。

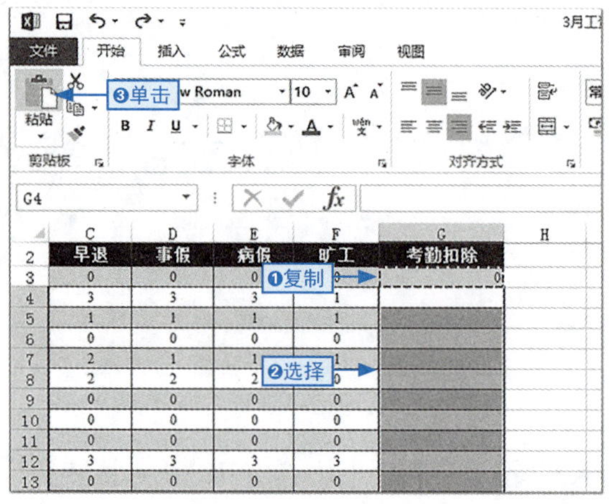


图6-92

步骤08 ❶单击“自动填充选项”下拉按钮，❷选中“不带格式填充”单选按钮，如图6-93所示。

图6-93

## 只粘贴公式或函数

在带有格式的表格中进行公式/函数的复制或填充时，都会将格式默认进行复制或填充。除了通过填充选项功能来设置只填充公式或函数外，还可以通过选择性粘贴功能来实现。

其方法为：复制目标公式或函数后，选择要粘贴公式或函数的目标单元格区域，❶单击“粘贴”下拉按钮，❷选择“选择性粘贴”选项，❸在打开的“选择性粘贴”对话框中，选中“公式”单选按钮，❹单击“确定”按钮完成设置，如图6-94所示。

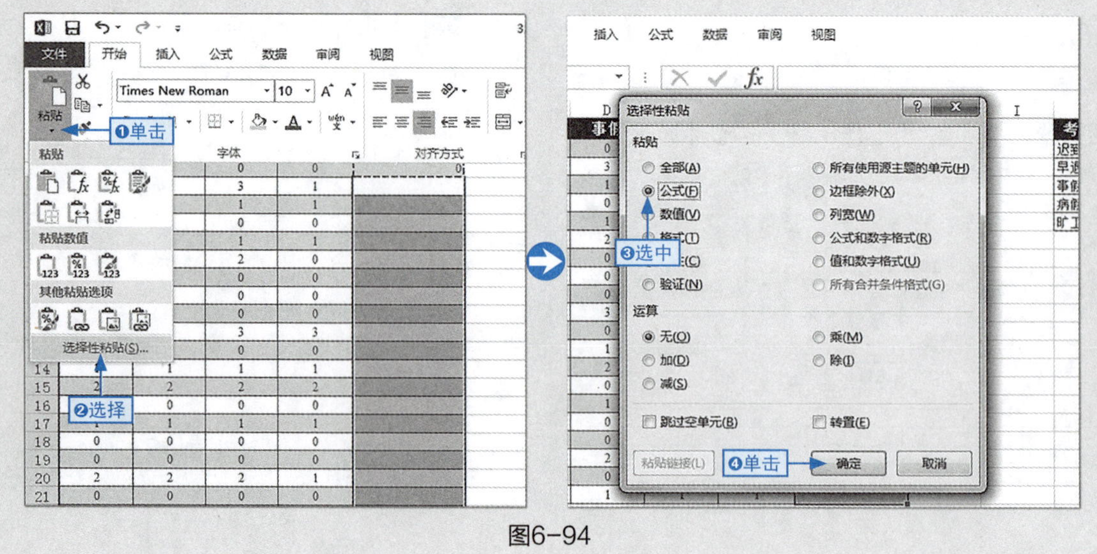


图6-94

## 6.3.2 根据职务查询基本工资

在工资计算中，不同职位的基本工资是不一样的，这时就要根据职务来查找相对应的基本工资数据。

下面以在“3月工资1”工作簿中使用VLOOKUP()函数来自动获取对应职务的基本工资为例，介绍其具体操作。

| | |
|---|---|
| 本节素材 | 素材\Chapter06\3月工资1.xlsx |
| 本节效果 | 效果\Chapter06\3月工资1.xlsx |
| 学习目标 | 掌握用VLOOKUP()函数来自动计算基本工资 |
| 难度指数 | ★★★★ |

**步骤01** 打开“3月工资1.xlsx”素材文件，❶选择C3单元格，❷单击“查找与引用”下拉按钮，❸选择VLOOKUP选项，如图6-95所示。

**步骤02** 打开“函数参数”对话框，❶在lookup_value文本框中输入B3，❷单击Table_array文本框后的“折叠”按钮，如图6-96所示。

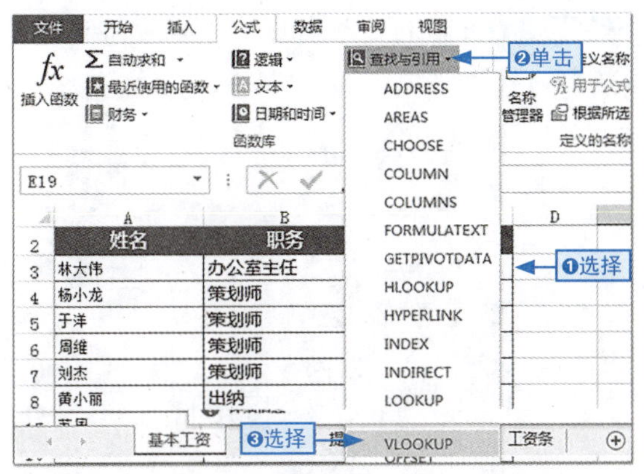


图6-95

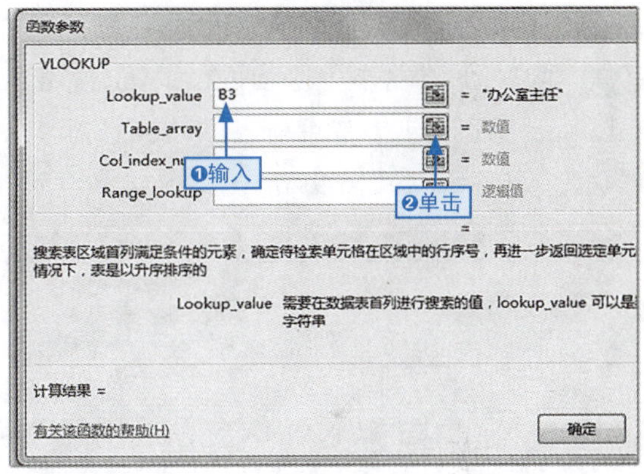


图6-96

长知识

### VLOOKUP()函数的全面认识

VLOOKUP()函数是查找函数的一种，也是最为常用的查找和引用函数，功能是按行查找表或区域中的内容。它的语法结构为“VLOOKUP(lookup_value,table_array,col_index_num,[range_lookup])”，如图6-97所示是其对应的参数说明。

**lookup_value**

它是必需参数，也就是要查找的值（通常以单元格形式出现）。它必须位于 table-array 中指定的单元格区域的第1列中。

**table_array**

它是必需参数，也就是要查找的范围（通常是单元格区域）。该单元格区域中的第1列必须包含 lookup_value。

**col_index_num**

它是必需参数，包含返回值的单元格的编号（最左侧列从1开始编号）。

**range_lookup**

它是可选参数，一个逻辑值，指定查找精确匹配值还是近似匹配值，其中0和TRUE表示模糊查找、1和FALSE表示精确匹配。

图6-97

**步骤03** ❶在表格中选择G3:H9单元格区域，❷单击“展开”按钮，如图6-98所示。

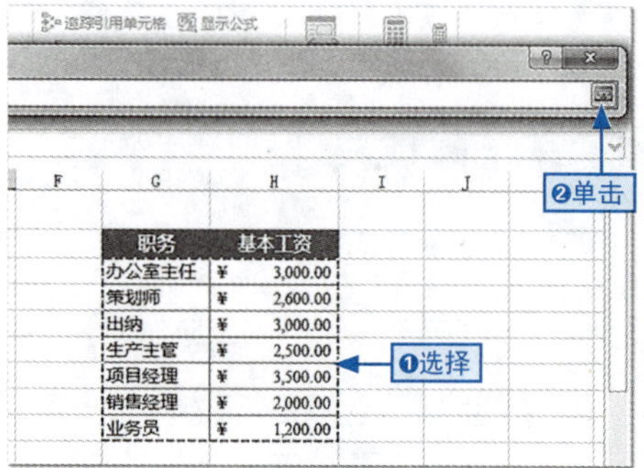


图6-98

**步骤04** 展开对话框，分别在Col_index_num和Range_lookup文本框中输入2和0，然后单击“确定”按钮，如图6-99所示。

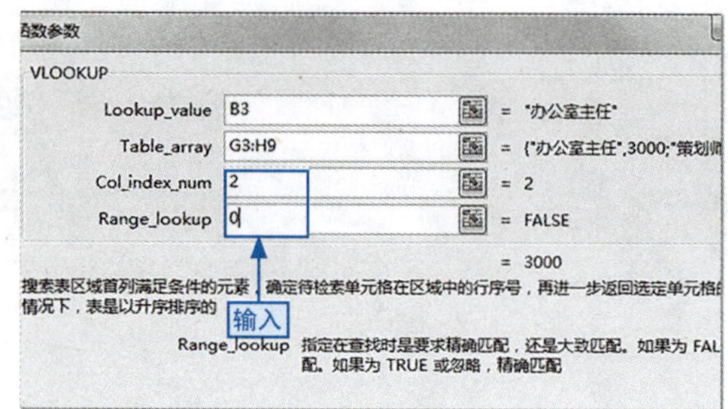


图6-99

**步骤05** ❶在编辑栏中选中G3:H9参数部分，按F4键将其转换为绝对引用，❷单击“输入”按钮，如图6-100所示。

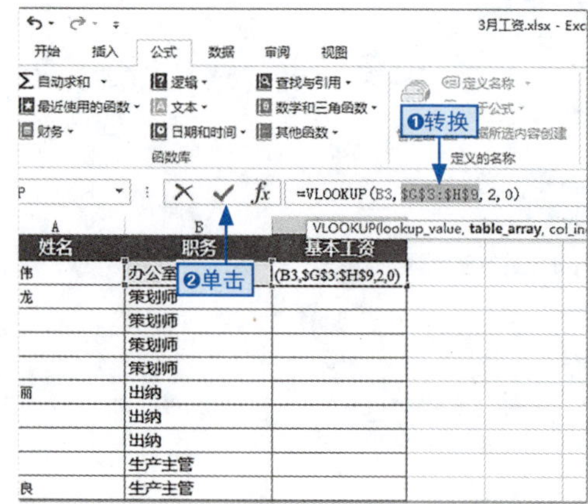


图6-100

**步骤06** ❶选择C3:C22单元格区域，❷单击“开始”选项卡中的“填充”下拉按钮，❸选择“向下”选项，如图6-101所示。

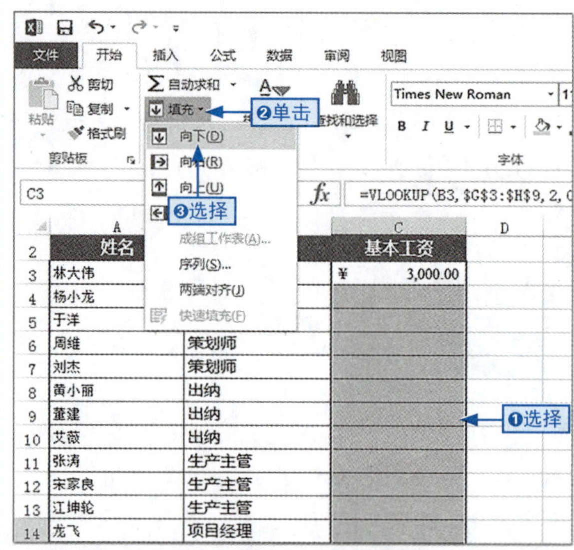


图6-101

**步骤07** 系统自动根据相应的职务匹配出相应的基本工资数据，效果如图6-102所示。

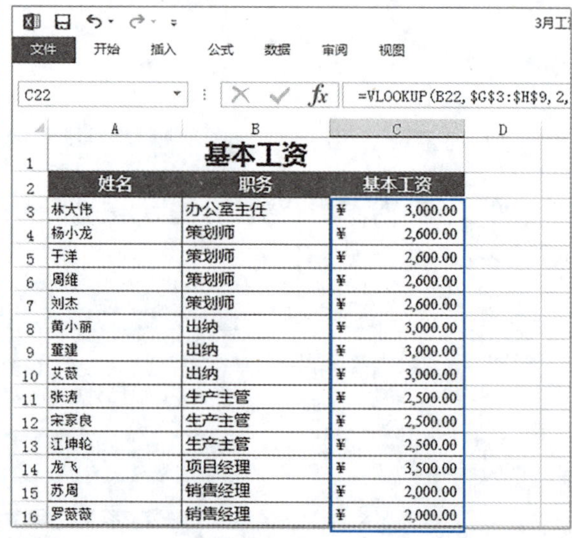


图6-102

### 6.3.3 根据销售业绩计算提成工资

对于销售类或按照提成计算薪酬的单位，提成业绩的高低与工资的高低有直接的关联。另外，很多单位为提高员工积极性，实行阶梯形的提成比例。

#### 1. 使用VLOOKUP()函数

由于是执行梯度提成比例，所以需要将当前数据与梯度范围数据进行匹配，得出相应的提成比例。然后再将提成比例和业绩数据相乘，就可得到提成工资数据。

下面以在“3月工资3”工作簿中使用VLOOKUP()函数自动获取并计算出相应的提成工资为例，介绍其具体操作。

| | |
|---|---|
| 本节素材 | 素材\Chapter06\3月工资3.xlsx |
| 本节效果 | 效果\Chapter06\3月工资3.xlsx |
| 学习目标 | 学会用VLOOKUP()函数来计算梯度提成数据 |
| 难度指数 | ★★★★ |

**步骤01** 打开“3月工资3.xlsx”素材文件，在“提成工资”工作表中的空白单元格区域中输入梯度提成比例的上下限值以及对应的提成比例数据，如图6-103所示。

| 下限值 | 上限值 | 提成点 |
|---|---|---|
| ¥ - | ¥ 30,000.00 | 2.00% |
| ¥ 30,000.00 | ¥ 70,000.00 | 5.00% |
| ¥ 70,000.00 | ¥ 11,000.00 | 8.00% |
| ¥ 11,000.00 | ¥ 150,000.00 | 10.00% |
| ¥ 150,000.00 | | 12.00% |

输入

图6-103

**步骤02** ❶选择C3单元格，❷单击“∑自动求和”下拉按钮，❸选择“其他函数”选项，如图6-104所示。

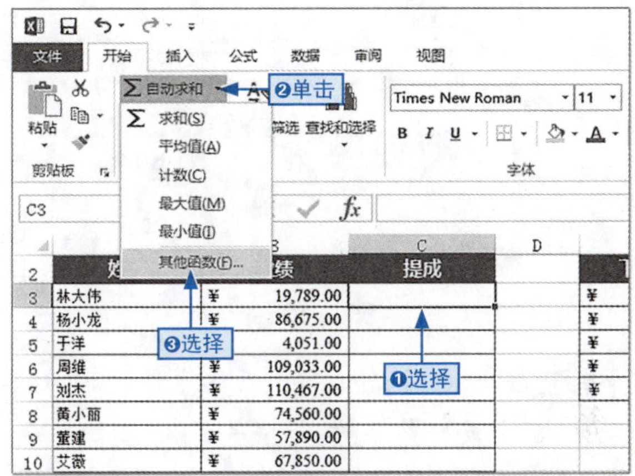


图6-104

**步骤03** 打开“插入函数”对话框，❶在搜索函数”文本框中输入Vlookup，❷单击“转到”按钮，❸在“选择函数”列表框中双击VLOOKUP，如图6-105所示。

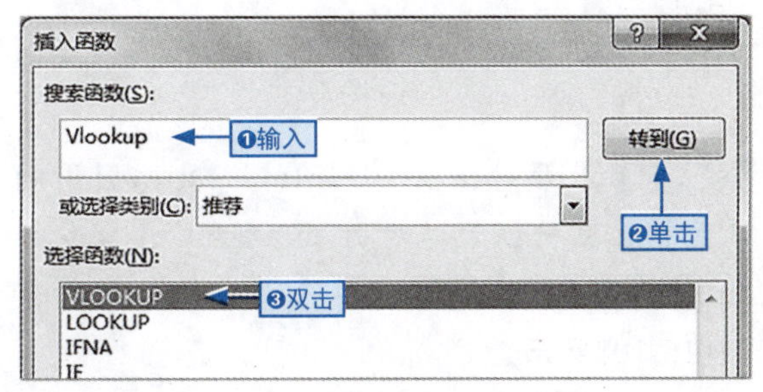


图6-105

**步骤04** 打开“函数参数”对话框，❶在Lookup_value文本框中输入B3，❷单击Table_array文本框后的“折叠”按钮，如图6-106所示。

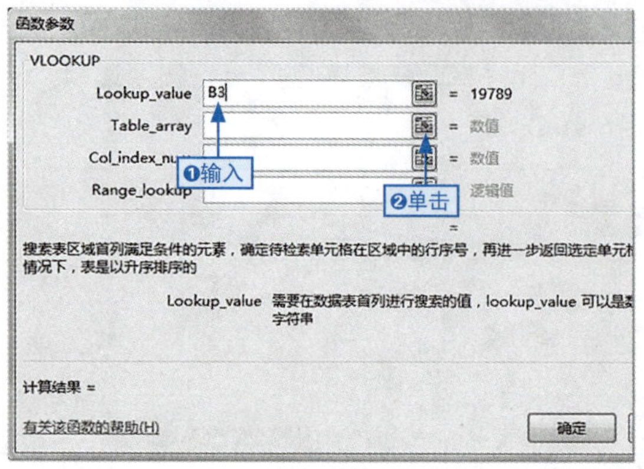


图6-106

**步骤05** 折叠对话框，在表格中选择E3:G7单元格区域，然后单击“展开”按钮，如图6-107所示。

函数参数 E3:G7

| | 下限值 | 上限值 | 提成点 |
|---|---|---|---|
| 3 | ¥ - | ¥ 30,000.00 | 2.00% |
| 4 | ¥ 30,000.00 | ¥ 70,000.00 | 5.00% |
| 5 | ¥ 70,000.00 | ¥ 11,000.00 | 8.00% |
| 6 | ¥ 11,000.00 | ¥ 150,000.00 | 10.00% |
| 7 | ¥ 150,000.00 | | 12.00% |

选择

图6-107

**步骤06** 展开对话框，❶将Table_array引用的单元格区域转换为绝对引用，❷在Col_index_num文本框中输入3，❸单击“确定”按钮，如图6-108所示。

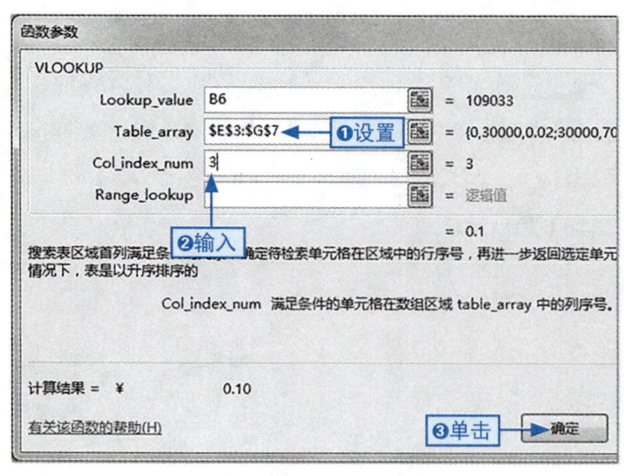


图6-108

**巧避意外错误**

在对数据进行范围匹配时，Vlookup 函数的 Range_lookup 参数保持为空，不进行设置，让其处于系统默认配置，否则将可能会出现错误值。

**步骤07** 返回到工作表，在编辑栏中接着输入“*B3”，按Ctrl+Enter组合键，计算出提成的数据，如图6-109所示。

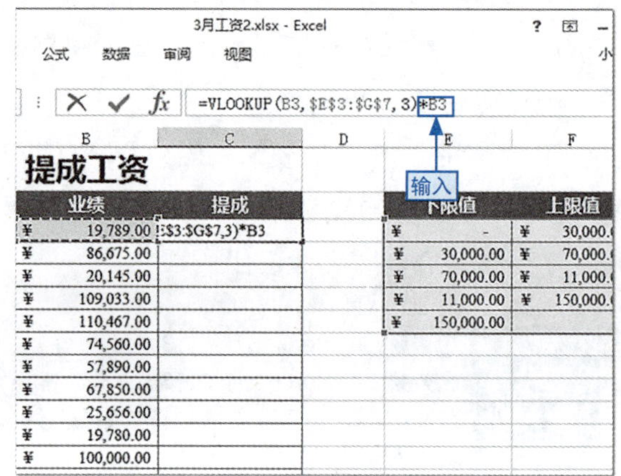


图6-109

**步骤08** 填充函数到数据末行，分别计算出相应的提成工资数据，如图6-110所示。

| | 姓名 | 业绩 | 提成 |
|---|---|---|---|
| 3 | 林大伟 | ¥ 19,789.00 | ¥ 395.78 |
| 4 | 杨小龙 | ¥ 86,675.00 | ¥ 8,667.50 |
| 5 | 于洋 | ¥ 20,145.00 | ¥ 402.90 |
| 6 | 周维 | ¥ 109,033.00 | ¥ 10,903.30 |
| 7 | 刘杰 | ¥ 110,467.00 | ¥ 11,046.70 |
| 8 | 黄小丽 | ¥ 74,560.00 | ¥ 7,456.00 |
| 9 | 董建 | ¥ 57,890.00 | ¥ 2,894.50 |
| 10 | 艾薇 | ¥ 67,850.00 | ¥ 3,392.50 |
| 11 | 张涛 | ¥ 25,656.00 | ¥ 513.12 |
| 12 | 宋家良 | ¥ 19,780.00 | ¥ 395.60 |
| 13 | 江坤轮 | ¥ 100,000.00 | ¥ 10,000.00 |
| 14 | 龙飞 | ¥ 24,586.00 | ¥ 491.72 |
| 15 | 苏周 | ¥ 65,784.00 | ¥ 3,289.20 |

图6-110

## 2. 使用CHOOSE()函数

在进行梯度提成计算时，也可直接将提成比例写在函数中来进行计算。

下面以在“3月工资4”工作簿中使用CHOOSE()函数来嵌套其他函数，以进行梯度提成工资的计算为例，介绍其具体操作。

本节素材 ⊙素材\Chapter06\3月工资4.xlsx
本节效果 ⊙效果\Chapter06\3月工资4.xlsx、
学习目标 学会用CHOOSE()函数计算梯度提成数据
难度指数 ★★★★


**步骤01** 打开“3月工资4.xlsx”素材文件，❶选择C2单元格，❷在编辑栏中输入函数“=CHOOSE(MIN(QUOTIENT(B3,3000)+1,5),0,4%,6%,8.5%,11%)”，如图6-111所示。

图6-111

**步骤02** 接着在编辑栏中输入“*B3”，与业绩数据相乘，按Ctrl+Enter组合键确认，如图6-112所示。

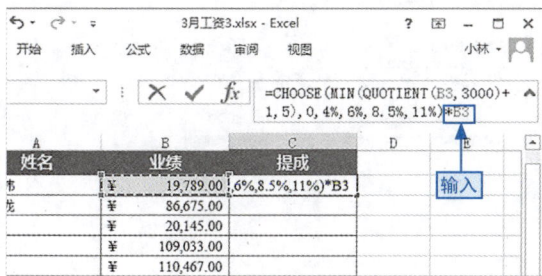

图6-112

**步骤03** 填充函数到数据末行，系统自动计算出相应的比例提成数据，效果如图6-113所示。

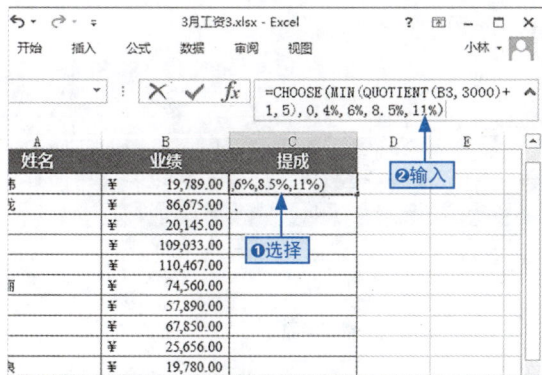

| | A | B | | C | |
|---|---|---|---|---|---|
| 2 | 姓名 | 业绩 | | 提成 | |
| 3 | 林大伟 | ¥ | 19,789.00 | ¥ | 2,176.79 |
| 4 | 杨小龙 | ¥ | 86,675.00 | ¥ | 9,534.25 |
| 5 | 于洋 | ¥ | 20,145.00 | ¥ | 2,215.95 |
| 6 | 周维 | ¥ | 109,033.00 | ¥ | 11,993.63 |
| 7 | 刘杰 | ¥ | 110,467.00 | ¥ | 12,151.37 |
| 8 | 黄小丽 | ¥ | 74,560.00 | ¥ | 8,201.60 |
| 9 | 董建 | ¥ | 57,890.00 | ¥ | 6,367.90 |
| 10 | 艾薇 | ¥ | 67,850.00 | ¥ | 7,463.50 |
| 11 | 张涛 | ¥ | 25,656.00 | ¥ | 2,822.16 |
| 12 | 宋家良 | ¥ | 19,780.00 | ¥ | 2,175.80 |
| 13 | 江坤轮 | ¥ | 100,000.00 | ¥ | 11,000.00 |
| 14 | 龙飞 | ¥ | 24,586.00 | ¥ | 2,704.46 |

图6-113

## 6.3.4 计算实发工资

员工的工资是由很多工资成分构成，所以必须将分散的工资数据引用到同一工作表中，但必须保证数据的一一对应，不能出现错位。

下面以在“3月工资5”工作簿中使用LOOKUP()函数引用相应的数据为例，介绍其具体操作。

本节素材 ⊙素材\Chapter06\3月工资5.xlsx
本节效果 ⊙效果\Chapter06\3月工资5.xlsx
学习目标 学会使用LOOKUP()函数来引用数据
难度指数 ★★★


**步骤01** 打开“3月工资5.xlsx”素材文件，在“工资明细”工作表中选择B3单元格，❶单击“查找与引用”下拉按钮，❷选择LOOKUP选项，如图6-114所示。

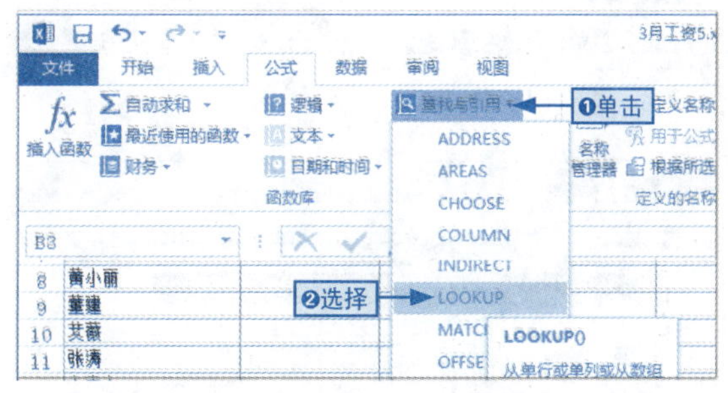


图6-114

**步骤02** 打开“选定参数”对话框，❶选择第1个组合方式参数选项，❷单击“确定”按钮，如图6-115所示。

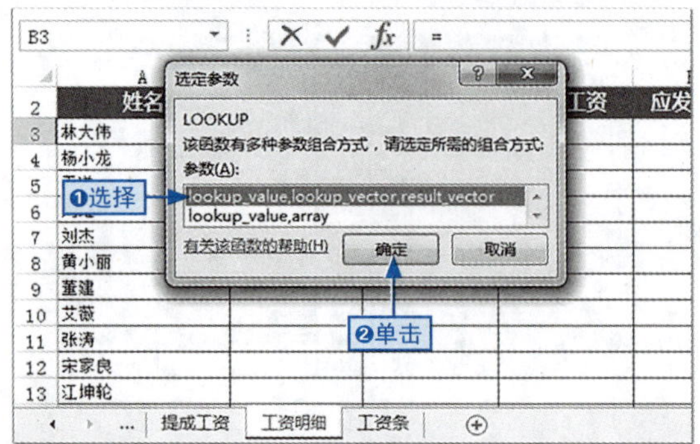


图6-115

步骤03 打开“函数参数”对话框，❶在Lookup_value文本框中输入A3，❷单击Lookup_vector文本框后的“折叠”按钮，如图6-116所示。

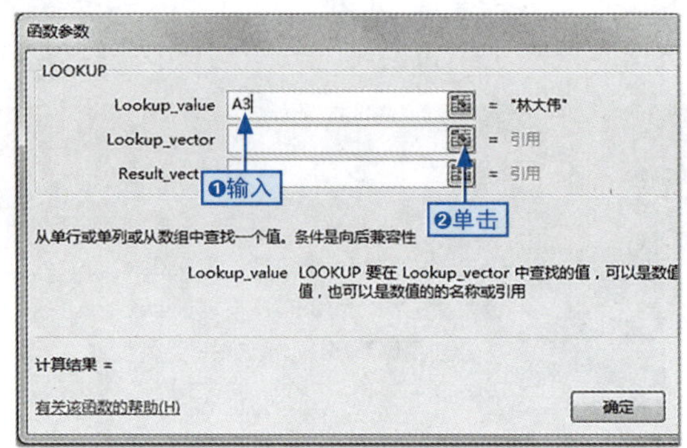


图6-116

步骤04 在“基本工资”工作表中选择A3:A22单元格区域，然后单击“展开”按钮，如图6-117所示。

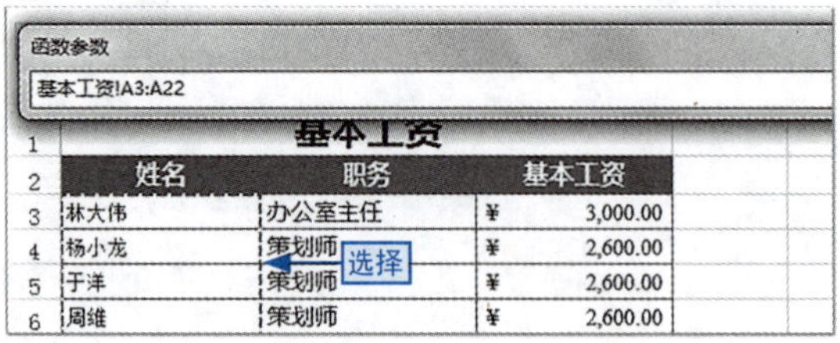

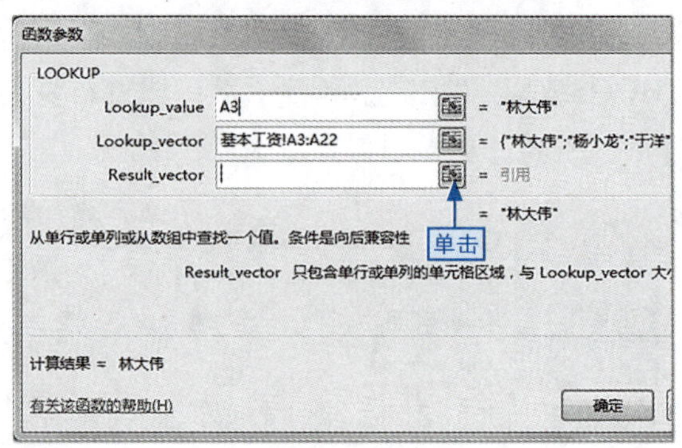


图6-118

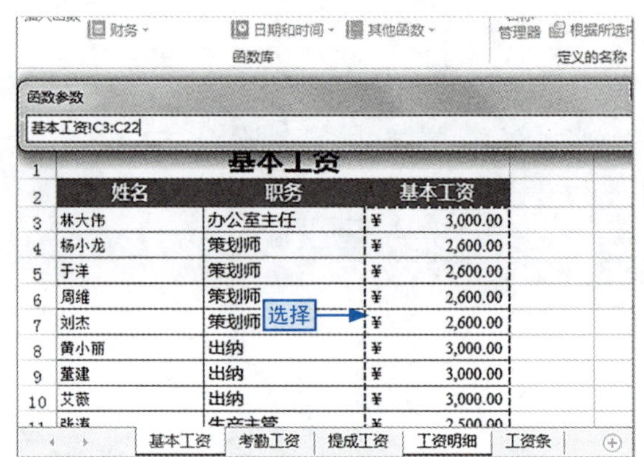


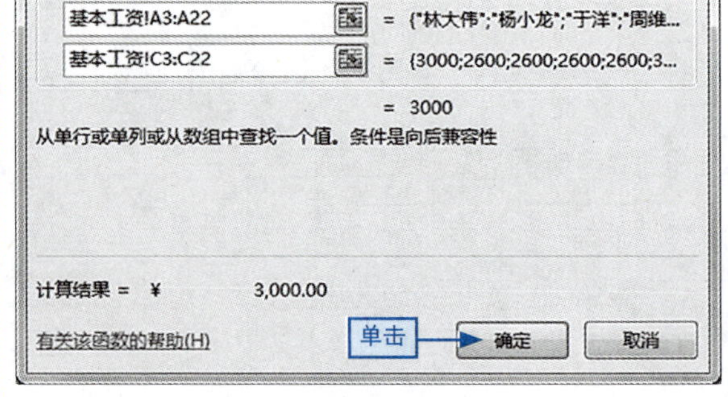


图6-117

步骤05 展开对话框，单击Result_vector文本框后的“折叠”按钮，如图6-118所示。

步骤06 在“基本工资”工作表中选择C3:C22单元格区域，然后单击“展开”按钮，如图6-119所示。

图6-119

步骤07 展开对话框，直接单击“确定”按钮，如图6-120所示。

图6-120

### LOOKUP()函数的向量形式

由于 LOOKUP() 函数是在单行区域或单列区域中进行“向量”查找，所以这种方式的查找被称为向量形式。它的语法结构为“LOOKUP(lookup_value, lookup_vector, [result_vector])”，如图6-121所示是其对应的参数说明。

**lookup_value**

它是必需参数，也就是要查找的值（通常是以单元格形式出现）。可以是数字、文本、逻辑值、名称或对值的引用。

**lookup_vector**

它是必需参数，只包含一行或一列的数据单元格区域。值可以是文本、数字或逻辑值。

**result_vector**

它是可选参数，只包含一行或一列的数据单元格区域。其参数必须与lookup_vector参数大小相同。

图6-121

**步骤08** ❶在“工资明细”工作表中选择C3单元格，❷单击“最近使用的函数”下拉按钮，❸选择LOOKUP选项，如图6-122所示。

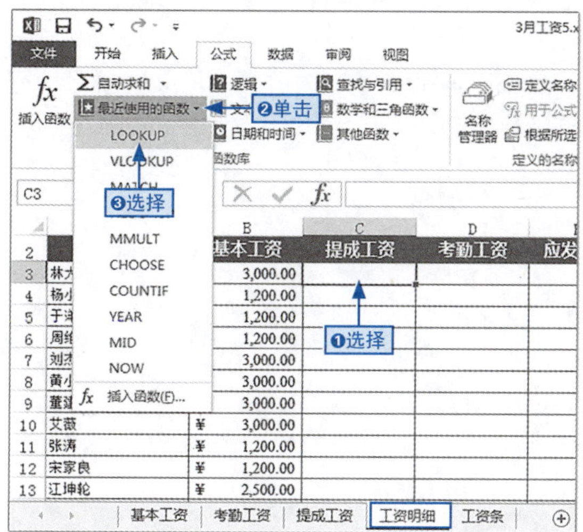


图6-122

**步骤09** 打开“选定参数”对话框，❶选择第2个组合方式参数选项，❷单击“确定”按钮，如图6-123所示。

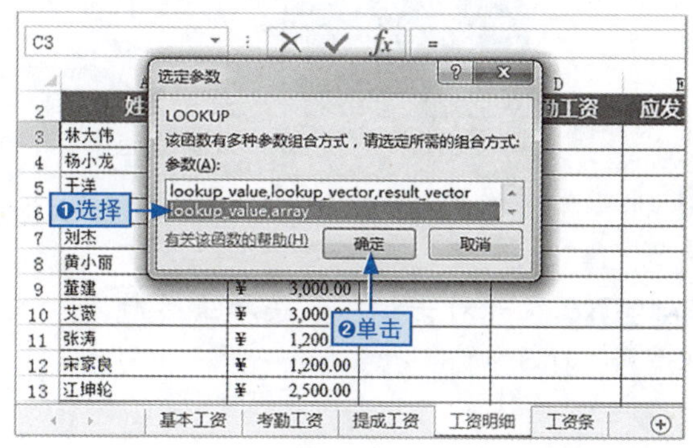


图6-123

**步骤10** 打开“函数参数”对话框，❶在Lookup_value文本框中输入A3，❷单击Array文本框后的“折叠”按钮，如图6-124所示。

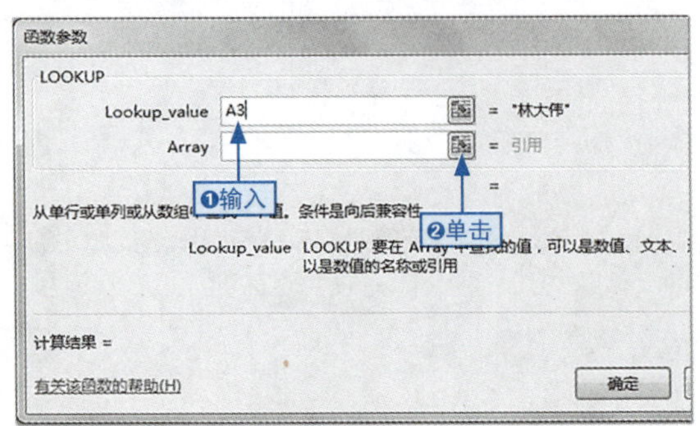


图6-124

**步骤11** 在“提成工资”工作表中选择A3:C22单元格区域，然后单击“展开”按钮，如图6-125所示。

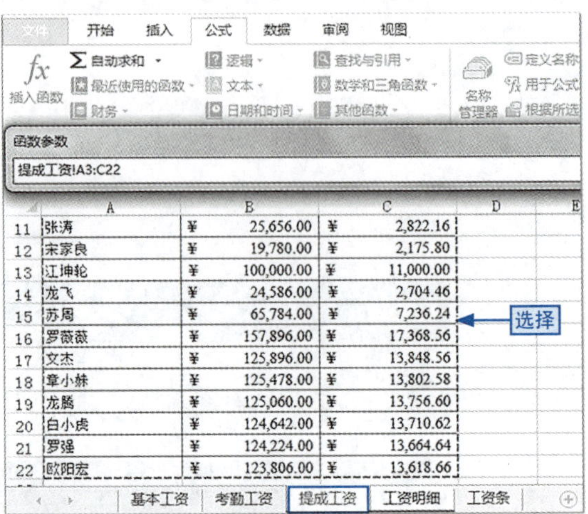


| | A | B | C |
|---|---|---|---|
| 11 | 张涛 | ¥ 25,656.00 | ¥ 2,822.16 |
| 12 | 宋家良 | ¥ 19,780.00 | ¥ 2,175.80 |
| 13 | 江坤轮 | ¥ 100,000.00 | ¥ 11,000.00 |
| 14 | 龙飞 | ¥ 24,586.00 | ¥ 2,704.46 |
| 15 | 苏周 | ¥ 65,784.00 | ¥ 7,236.24 |
| 16 | 罗薇薇 | ¥ 157,896.00 | ¥ 17,368.56 |
| 17 | 文杰 | ¥ 125,896.00 | ¥ 13,848.56 |
| 18 | 章小兟 | ¥ 125,478.00 | ¥ 13,802.58 |
| 19 | 龙腾 | ¥ 125,060.00 | ¥ 13,756.60 |
| 20 | 白小虎 | ¥ 124,642.00 | ¥ 13,710.62 |
| 21 | 罗强 | ¥ 124,224.00 | ¥ 13,664.64 |
| 22 | 欧阳宏 | ¥ 123,806.00 | ¥ 13,618.66 |

图6-125

**LOOKUP()函数的数组形式**

LOOKUP()函数是在数组的第1行或第1列中查找指定的值，并返回数组最后一行或最后一列中同一位置的值，其语法结构为“LOOKUP(lookup_value,array)”，如图6-126所示是其对应的参数说明。

**lookup_value**

它是必需参数，指在数组中需要搜索的值。可以是数字、文本、逻辑值、名称或对值的引用。

**array**

它是必需参数，一般是目标区域单元格。其中必须包括与lookup_value进行比较的文本、数字或逻辑值的单元格区域。

图6-126

**步骤12** 展开对话框，直接单击“确定”按钮，如图6-127所示。

**及时查看帮助信息**

在“函数参数”对话框中设置函数参数时，若对其参数的设置不太明白，可以单击左下角的“有关该函数的帮助”超链接，系统自动打开该函数的帮助信息页面。

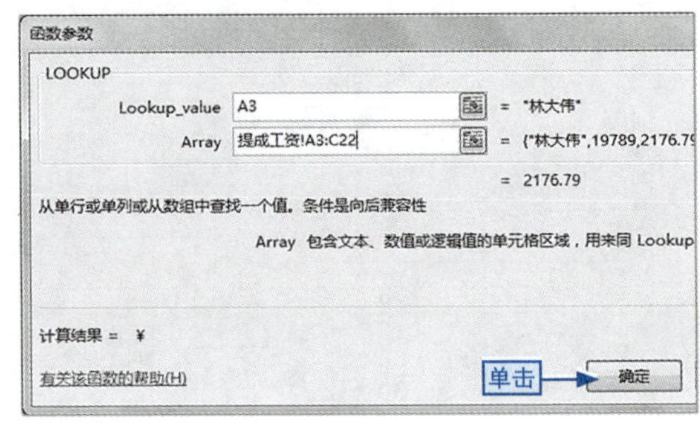


图6-127

**步骤13** 系统自动获取提成工资数据并填写在对应的单元格中，❶“工资明细”工作表中选择D3单元格，❷在编辑栏中输入“=”，❸单击“考勤工资”工作表标签，如图6-128所示。

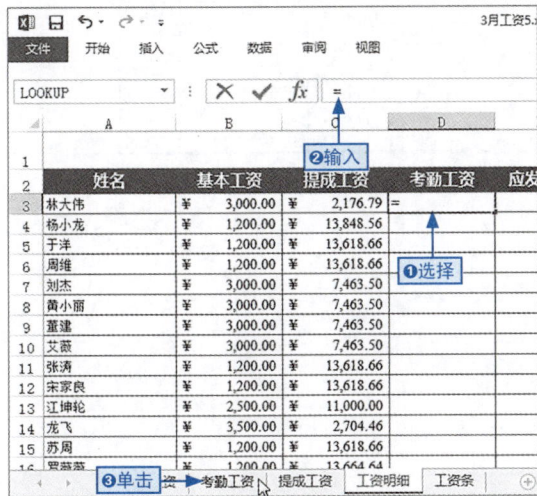

图6-128

**步骤14** 选择G3:G22单元格区域（由于“工资明细”表中数据项与“考勤工资”表的数据项和顺序完全一样，所以这里可直接进行赋值引用），然后按Enter键确认，如图6-129所示。

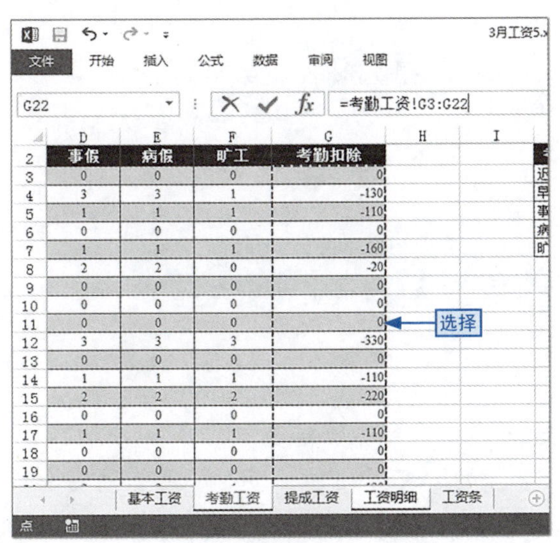


图6-129

**步骤15** ❶选择E3:E22单元格区域，❷单击“自动求和”按钮，按Ctrl+Enter组合键，如图6-130所示。

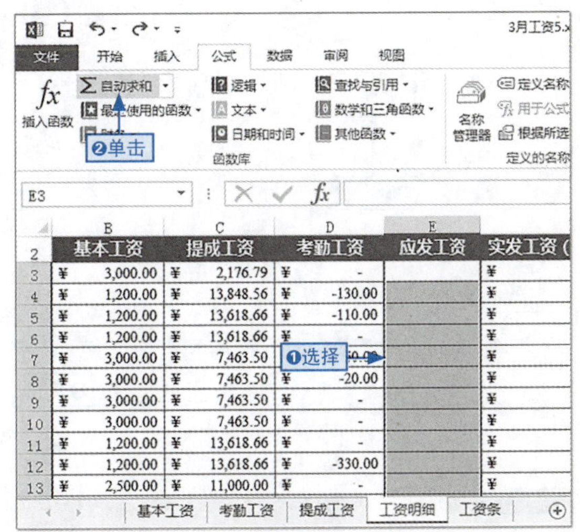


图6-130

**步骤16** 选择F3单元格，❶单击“数学和三角函数”下拉按钮，❷选择ROUND选项，如图6-131所示。

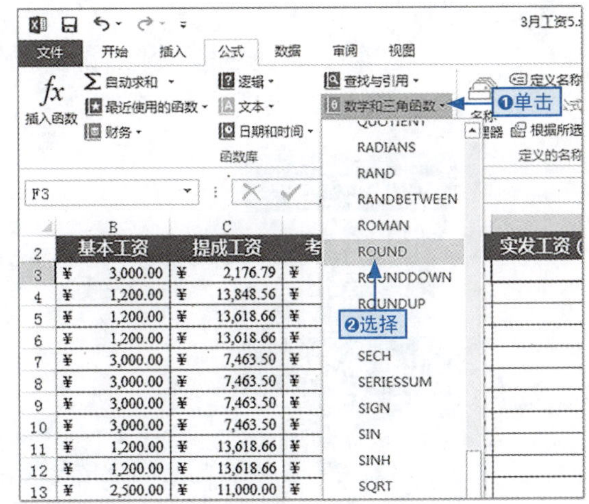


图6-131

**步骤17** 打开“函数参数”对话框，❶在Number文本框中输入E3，在Num_digits文本框中输入1，❷单击“确定”按钮，如图6-132所示。

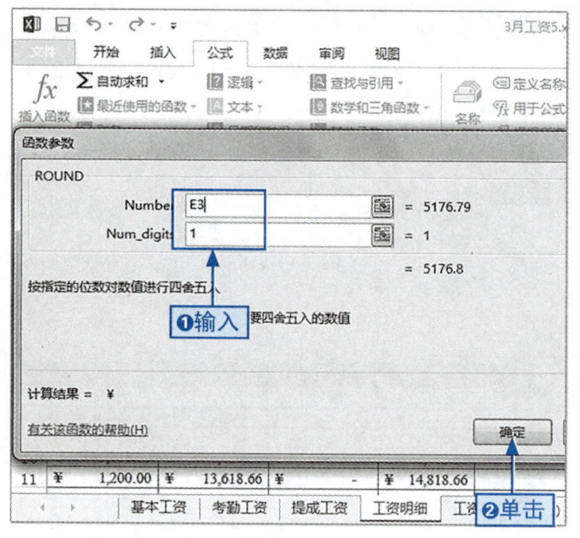


图6-132

| | D | E | F |
|---|---|---|---|
| 2 | 考勤工资 | 应发工资 | 实发工资（四舍五入） |
| 3 | ¥ - | ¥ 5,176.79 | ¥ 5,176.80 |
| 4 | ¥ -130.00 | ¥ 14,918.56 | ¥ 14,918.60 |
| 5 | ¥ -110.00 | ¥ 14,708.66 | ¥ 14,708.70 |
| 6 | ¥ - | ¥ 14,818.66 | ¥ 14,818.70 |
| 7 | ¥ -160.00 | ¥ 10,303.50 | ¥ 10,303.50 |
| 8 | ¥ -20.00 | ¥ 10,443.50 | ¥ 10,443.50 |
| 9 | ¥ - | ¥ 10,463.50 | ¥ 10,463.50 |
| 10 | ¥ - | ¥ 10,463.50 | ¥ 10,463.50 |
| 11 | ¥ - | ¥ 14,818.66 | ¥ 14,818.70 |
| 12 | ¥ -330.00 | ¥ 14,488.66 | ¥ 14,488.70 |
| 13 | ¥ - | ¥ 13,500.00 | ¥ 13,500.00 |
| 14 | ¥ -110.00 | ¥ 6,094.46 | ¥ 6,094.50 |
| 15 | ¥ -220.00 | ¥ 14,598.66 | ¥ 14,598.70 |
| 16 | ¥ - | ¥ 14,864.64 | ¥ 14,864.60 |
| 17 | ¥ -110.00 | ¥ 14,708.66 | ¥ 14,708.70 |

图6-133

**步骤18** 返回到工作表中，填充函数到F4:F22单元格区域，系统自动对工资数据进行四舍五入，得出实发工资数据，如图6-133所示。

**ROUND()函数**

ROUND() 函数专门用于将数字四舍五入到指定的位数。它的语法结构为“ROUND(number，num_digits)”，如图 6-134 所示是其对应的参数说明。

**number**

它是必需参数，指需要四舍五入的目标数字。可以是直接输入的数字，也可以是引用的单元格以及函数计算结果等。

**num_digits**

它是必需参数，指要进行四舍五入运算的位数。如果是1，表示四舍五入到1位小数；如果是2，表示四舍五入到两位小数。

图6-134

## 6.3.5 制作工资条

通常情况下，工资条都是打印出来随着工资一起发给员工本人。所以需要制作工资条。

下面以在“3月工资6”工作簿中使用嵌套函数来制作工资条为例，介绍其具体操作。

| 本节素材 | ⊙素材\Chapter06\3月工资6.xlsx |
|---|---|
| 本节效果 | ⊙效果\Chapter06\3月工资6.xlsx |
| 学习目标 | 学会使用嵌套函数制作工资条 |
| 难度指数 | ★★★ |

步骤01 打开“3月工资6.xlsx”素材文件，❶在“工资条”工作表中选择A1单元格，❷在编辑栏中单击“扩展”按钮，如图6-135所示。

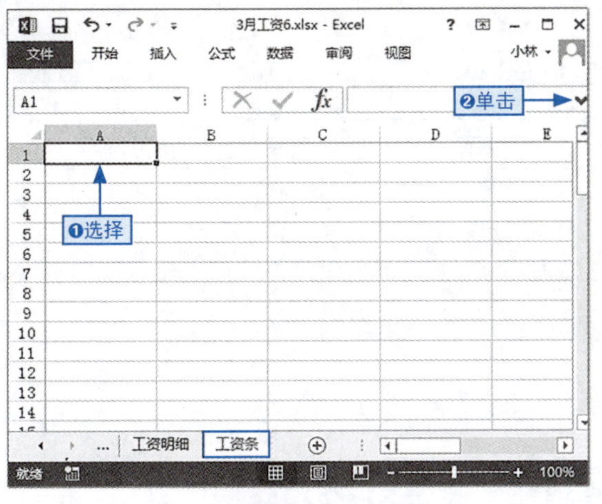


图6-135

步骤02 在编辑栏中输入函数“=IF(MOD(ROW(),3)=1,工资明细!A$2,IF(MOD(ROW(),3)=2,OFFSET(工资明细!A$2,ROW()/3+1,0),""))”，按Ctrl+Enter组合键，如图6-136所示。

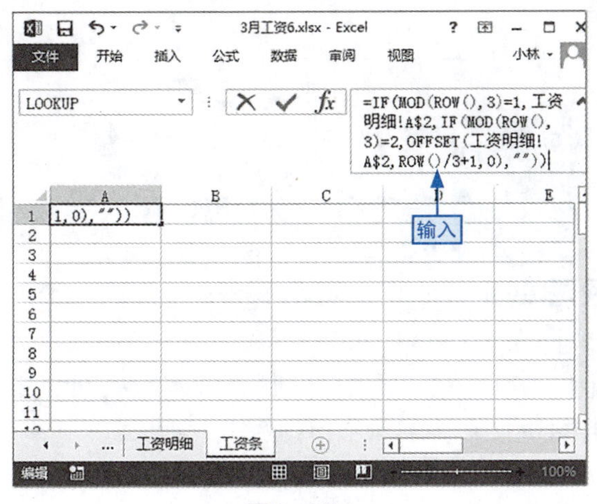


图6-136

步骤03 在A1单元格中获取到“工资明细”表中的“姓名”数据。将鼠标指针移到A1单元格的右下角，当鼠标指针变成“+”形状时，按住鼠标左键不放水平进行拖动，直到G列为止释放鼠标，获取出全部的标题行数据，如图6-137所示。

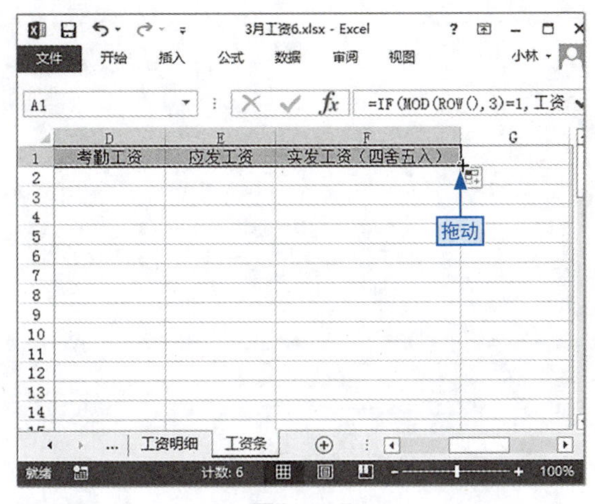


图6-137

步骤04 保持A1:F1单元格区域填充函数后的选择状态，将鼠标指针移到该区域的右下角（也就是F1单元格的右下角），待鼠标指针变成“+”形状向下拖动，直到所有工资数据全部显示完全为止，释放鼠标，如图6-138所示。

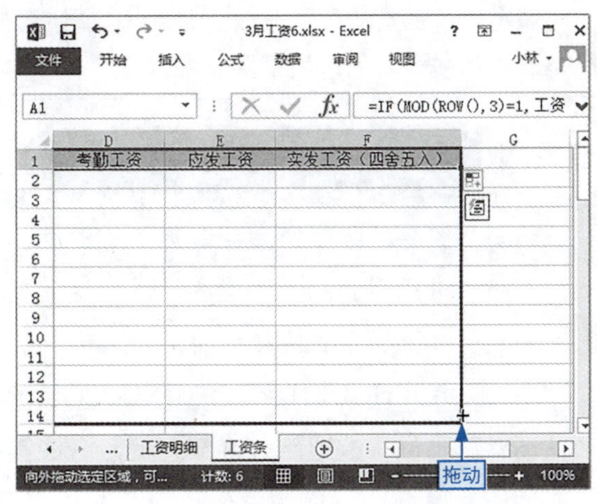


图6-138

**步骤05** 系统自动根据“工资明细”工作表中的数据进行填充，并在工资数据之间添加空行，同时在每条工资数据前重复添加标题行数据，也就是工资数据项目数据，如图6-139所示。

3月工资6.xlsx - Excel

| | A | B | C | D | E |
|---|---|---|---|---|---|
| 1 | 姓名 | 基本工资 | 提成工资 | 考勤工资 | 应发工 |
| 2 | 林大伟 | 3000.00 | 2176.79 | 0.00 | 5176.79 |
| 3 | | | | | |
| 4 | 姓名 | 基本工资 | 提成工资 | 考勤工资 | 应发工 |
| 5 | 杨小龙 | 1200.00 | 13848.56 | -130.00 | 14918.5 |
| 6 | | | | | |
| 7 | 姓名 | 基本工资 | 提成工资 | 考勤工资 | 应发工 |
| 8 | 于洋 | 1200.00 | 13618.66 | -110.00 | 14708.6 |
| 9 | | | | | |
| 10 | 姓名 | 基本工资 | 提成工资 | 考勤工资 | 应发工 |
| 11 | 周维 | 1200.00 | 13618.66 | 0.00 | 14818.6 |
| 12 | | | | | |
| 13 | 姓名 | 基本工资 | 提成工资 | 考勤工资 | 应发工 |
| 14 | 刘杰 | 3000.00 | 7463.50 | -160.00 | 10303.5 |

图6-139

**巧妙实现空行**

为了让工资条数据之间产生空行，同时避免出现错误值，特意在IF()函数的不成立条件参数中设置了空白参数，否则工资条中将会出现以False填写的行，如图6-140所示。

| | A | B | C | D | E |
|---|---|---|---|---|---|
| 1 | 姓名 | 基本工资 | 提成工资 | 考勤工资 | 应发 |
| 2 | 林大伟 | 3000.00 | 2176.79 | 0.00 | 5176 |
| 3 | FALSE | FALSE | FALSE | FALSE | FAl |
| 4 | 姓名 | 基本工资 | 提成工资 | 考勤工资 | 应发 |
| 5 | 杨小龙 | 1200.00 | 13848.56 | -130.00 | 1491 |
| 6 | FALSE | FALSE | FALSE | FALSE | FAl |
| 7 | 姓名 | 基本工资 | 提成工资 | 考勤工资 | 应发 |

图6-140

# 6.4 考勤管理表中的自动统计

**小白：** 怎样使用函数来让考勤数据进行自动处理呢？

**阿智：** 可以使用相关函数让其自动对考勤数据进行判定和统计。

在考勤数据管理中，一般都是对考勤数据进行判定和统计，避开使用人力进行数据统计，从而提高工作效率和避免人为错误。

## 6.4.1 自动计算迟到时间

一些用人单位为了有效控制迟到的时间，实行按阶段进行迟到扣罚的措施，所以这就要求考勤人员计算员工的缺勤时间。

下面以使用HOUR()函数和MINUTE()函数来自动计算出员工的迟到分钟数为例，介绍其具体操作。

| | |
|---|---|
| 本节素材 | 素材\Chapter06\出勤记录.xlsx |
| 本节效果 | 效果\Chapter06\出勤记录.xlsx |
| 学习目标 | 学会用HOUR()、MINUTE()函数计算迟到时间 |
| 难度指数 | ★★★ |

**步骤01** 打开“出勤记录.xlsx”素材文件，在“考勤-迟到”工作表中，❶选择D2单元格，❷单击“日期和时间”下拉按钮，❸选择HOUR选项，如图6-141所示。

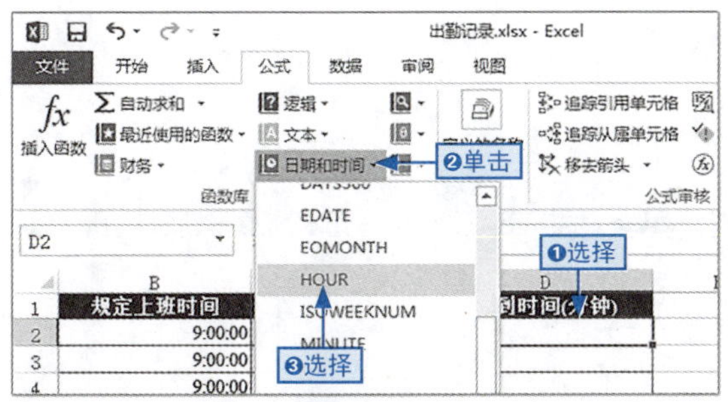


图6-141

**步骤02** 打开“函数参数”对话框，❶在Serial_number文本框中输入“C2-B2”，❷单击“确定”按钮，如图6-142所示。

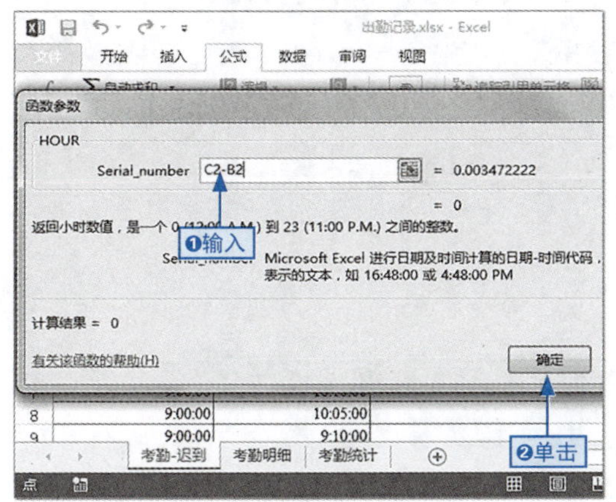


图6-142

**步骤03** 返回到工作表，在编辑栏中接着输入“*60”（小时数转换为分钟数）和“+”，如图6-143所示。

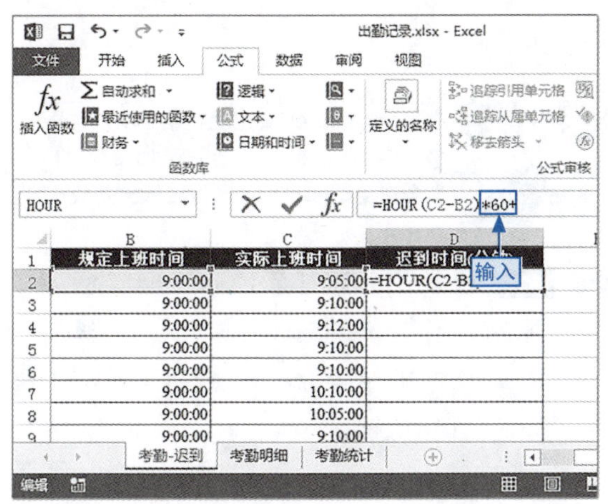


图6-143

**步骤04** ❶单击“日期和时间”下拉按钮，❷选择MINUTE选项，打开“函数参数”对话框，如图6-144所示。

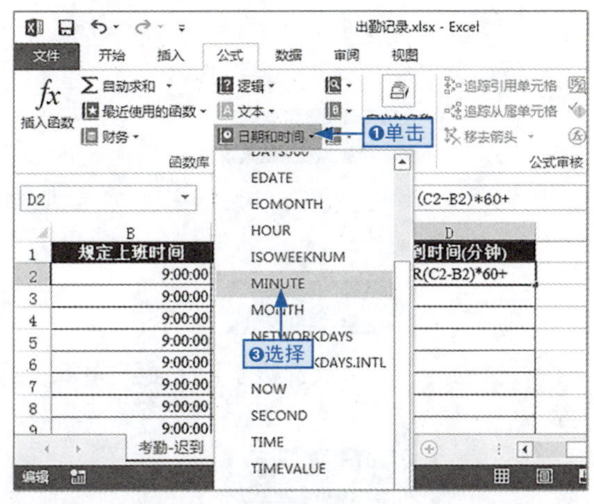


图6-144

**步骤05** ❶在Serial_number文本框中输入“C2-B2”，❷单击“确定”按钮，如图6-145所示。

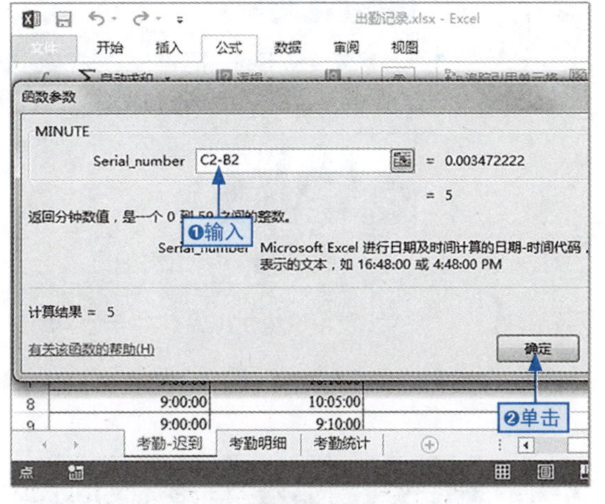


图6-145

**步骤06** 填充函数到数据相关行，系统自动计算出所有迟到的分钟数，如图6-146所示。

| | B | C | D |
|---|---|---|---|
| 1 | 规定上班时间 | 实际上班时间 | 迟到时间(分钟) |
| 2 | 9:00:00 | 9:05:00 | 5 |
| 3 | 9:00:00 | 9:10:00 | 10 |
| 4 | 9:00:00 | 9:12:00 | 12 |
| 5 | 9:00:00 | 9:10:00 | 10 |
| 6 | 9:00:00 | 9:10:00 | 10 |
| 7 | 9:00:00 | 10:10:00 | 70 |
| 8 | 9:00:00 | 10:05:00 | 65 |
| 9 | 9:00:00 | 9:10:00 | 10 |
| 10 | 9:00:00 | 9:10:00 | 10 |

图6-146

**公式运算符**

运算符是公式的重要组成部分，它决定了公式如何计算各操作数。Excel中的运算符包括算术运算符、文本运算符、比较运算符、括号运算符和引用运算符5种，具体意义如图6-147所示。

**算术运算符**

主要包括“+”“-”“*”“/”或“\”等，负责对各参数进行简单的算术运算。

**文本运算符**

使用英文状态下的与号（“&”）连接两个或两个以上的文本字符串，生成一个完整的文本字符串。

**比较运算符**

包括“=”“>”“<”“>=”和“<=”等，用于逻辑比较两个参数的大小，返回逻辑真（TRUE）或逻辑假（FALSE）。

**括号运算符**

英文状态下的小括号“()”，用于改变公式的计算顺序，括号中的运算先于括号外的执行。如果括号中还带有括号，称为嵌套括号，内层括号的计算优先于外层括号。

**引用运算符**

用于对指定的单元格区域进行合并计算。Excel的引用运算符只有冒号（“:”）和逗号（“,”）两种，分别表示引用两个单元格与之间的区域，以及将多个引用合并为一个引用。

图6-147

## 6.4.2 根据考勤数据填写考勤统计表

通常考勤时都会以指定的符号标记相应的出勤情况，如空心三角符号（△）表示迟到、空心圆圈（○）表示事假等。最后在统计中需要将其转为数字进行汇总。

下面以在“出勤记录1”工作簿中使用COUNTIF()函数来自动统计出出勤数字为例，介绍其具体操作。

| | |
|---|---|
| 本节素材 | 素材\Chapter06\出勤记录1.xlsx |
| 本节效果 | 效果\Chapter06\出勤记录1.xlsx |
| 学习目标 | 学会使用COUNTIF()函数统计出勤数 |
| 难度指数 | ★★★ |

**步骤01** 打开“出勤记录1.xlsx”素材文件，在“考勤统计”表中选择B3单元格，❶单击“其他函数”下拉按钮，❷选择COUNTIF选项，如图6-148所示。

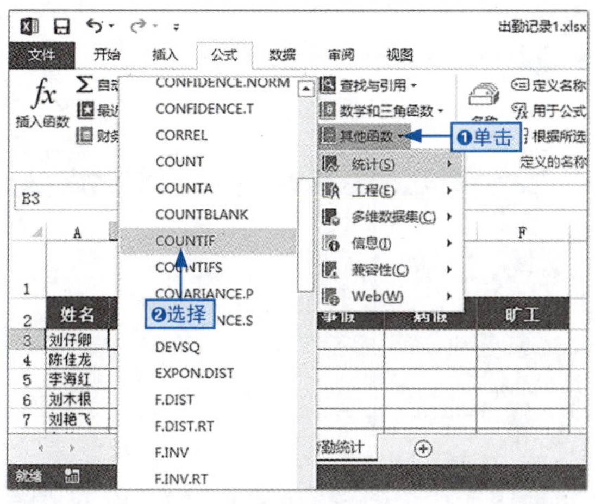


图6-148

**步骤02** 打开“函数参数”对话框，单击Range文本框后的“折叠”按钮，如图6-149所示。

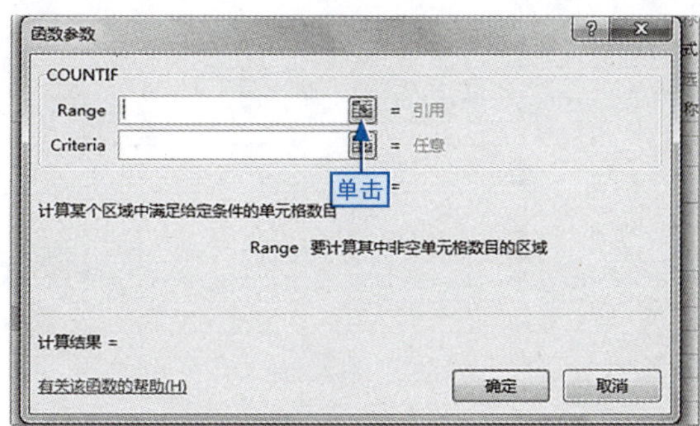


图6-149

**步骤03** 在“考勤明细”工作表中，❶选择B5:AF5单元格区域，❷单击“展开”按钮，如图6-150所示。

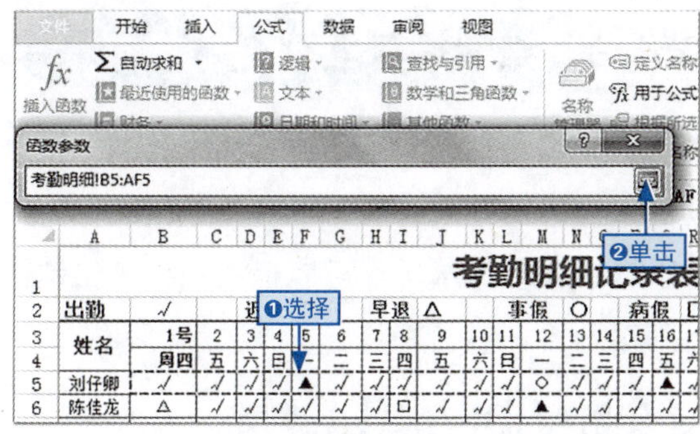


图6-150

**步骤04** 返回到“函数参数”对话框，单击Criteria文本框后的“折叠”按钮，如图6-151所示。

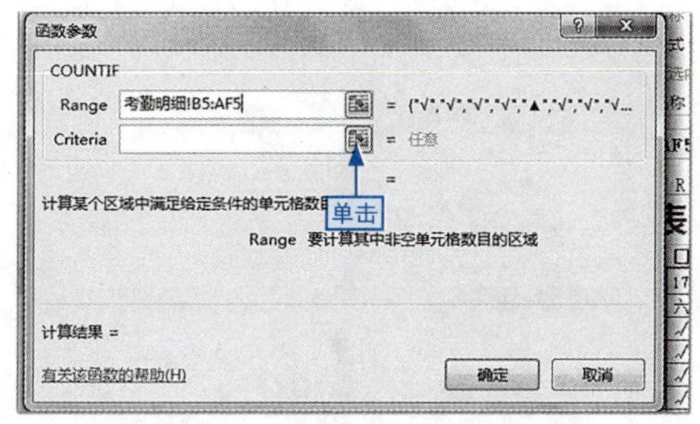


图6-151

**步骤05** 在“考勤明细”工作表中，❶选择F2单元格，❷单击“展开”按钮，如图6-152所示。

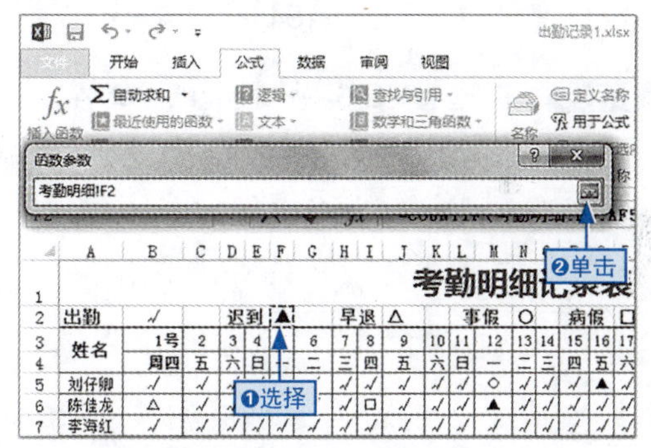


图6-152

**步骤06** 返回到“函数参数”对话框，单击“确定”按钮，如图6-153所示。

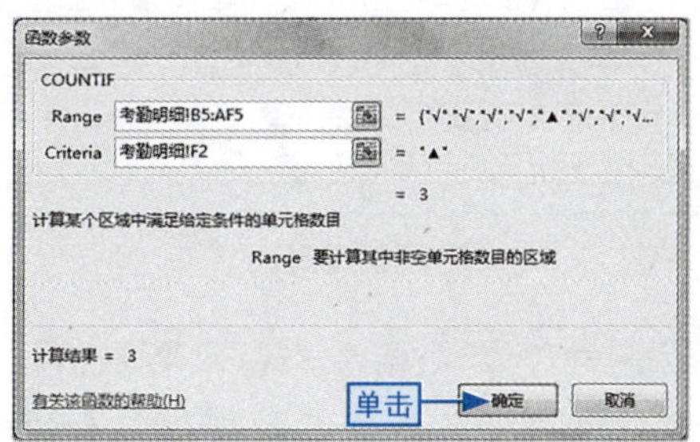


图6-153

**步骤07** ❶在编辑栏中选中F2，按F4键将其转换为绝对引用，❷将鼠标指针移到B3单元格右下角，待其鼠标指针变成“+”形状时双击鼠标，复制公式并计算数据如图6-154所示。

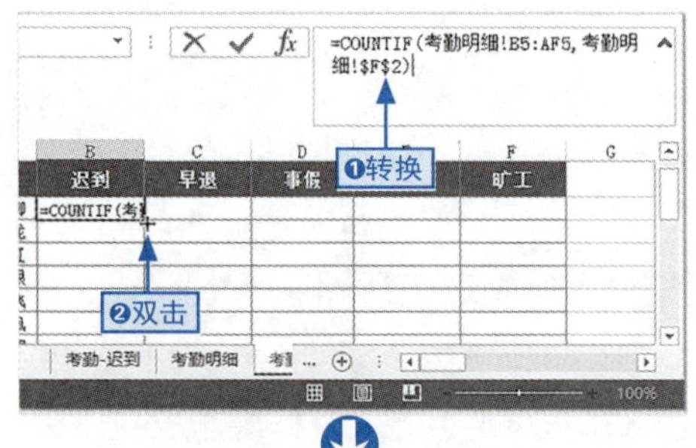

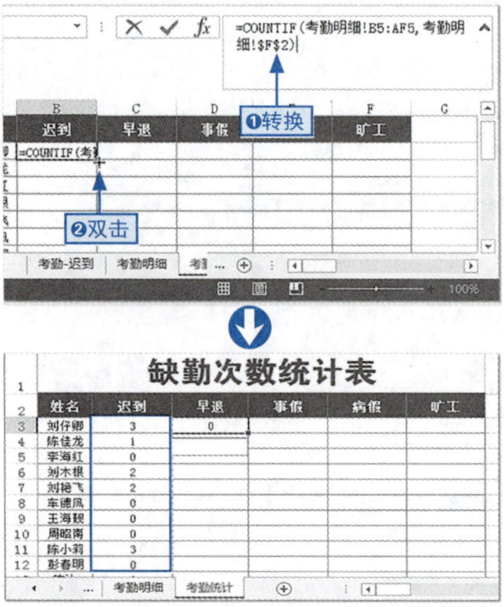

图6-154

**步骤08** ❶选择C3单元格，❷在编辑栏中输入公式“=COUNTIF(考勤明细!B5:AF5,"=△")”，按Ctrl+Enter组合键，如图6-155所示。

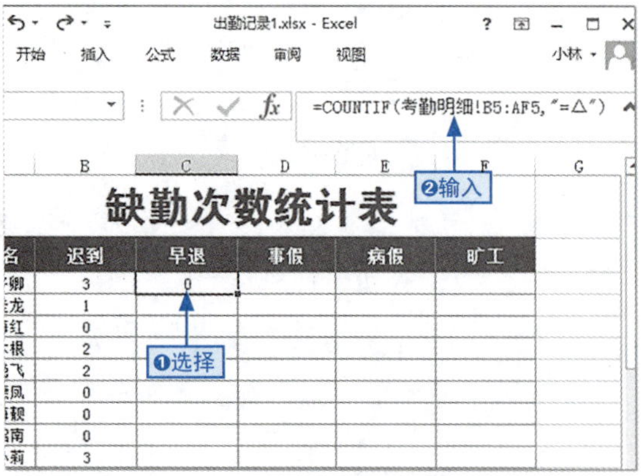

图6-155

**步骤09** 向下填充函数到C22单元格，系统自动统计出其他员工的迟到数据，如图6-156所示。

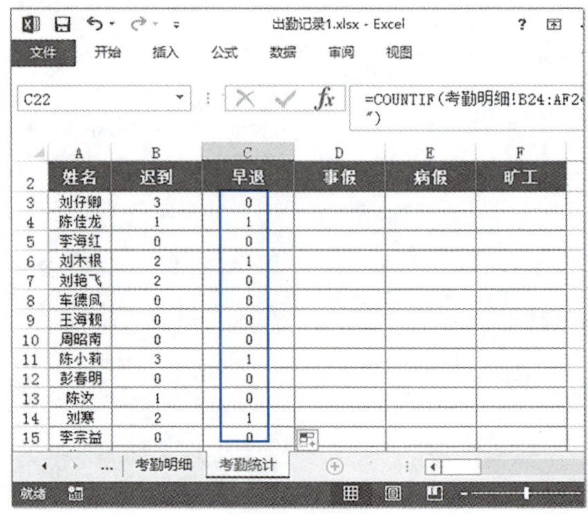


图6-156

**步骤10** 以同样的方法使用函数统计出其他的考勤数据，如图6-157所示。

| | 姓名 | 迟到 | 早退 | 事假 | 病假 | 旷工 |
|---|---|---|---|---|---|---|
| 3 | 刘仔卿 | 3 | 0 | 1 | 0 | 0 |
| 4 | 陈佳龙 | 1 | 1 | 0 | 1 | 0 |
| 5 | 李海红 | 0 | 0 | 0 | 0 | 0 |
| 6 | 刘木根 | 2 | 1 | 1 | 1 | 0 |
| 7 | 刘艳飞 | 2 | 0 | 1 | 0 | 0 |
| 8 | 车德凤 | 0 | 0 | 0 | 0 | 0 |
| 9 | 王海靓 | 0 | 0 | 0 | 0 | 0 |
| 10 | 周昭南 | 0 | 0 | 0 | 0 | 0 |
| 11 | 陈小莉 | 3 | 1 | 0 | 0 | 0 |
| 12 | 彭春明 | 0 | 0 | 0 | 0 | 0 |
| 13 | 陈汝 | 1 | 0 | 2 | 0 | 0 |
| 14 | 刘寒 | 2 | 1 | 1 | 1 | 0 |
| 15 | 李宗益 | 0 | 0 | 0 | 0 | 0 |
| 16 | 黄河 | 1 | 1 | 2 | 1 | 0 |
| 17 | 陈龙 | 0 | 0 | 0 | 0 | 0 |
| 18 | 刘霞 | 0 | 0 | 0 | 0 | 0 |
| 19 | 郭娇红 | 2 | 0 | 2 | 1 | 0 |
| 20 | 陈志国 | 0 | 0 | 0 | 0 | 0 |
| 21 | 艾佳 | 1 | 1 | 1 | 1 | 0 |
| 22 | 陈小利 | 0 | 0 | 0 | 0 | 0 |

图6-157

## 6.4.3 判断是否全勤

全勤奖是很多用人单位都会采用的一种鼓励员工按时出勤的方法。在考勤数据统计中，对于数据较多的情况，可以借助函数来自动进行判定。

### 1. 使用AND()函数进行判定

判定员工是否全勤，可对每一项出勤数据

进行判定，看其是否为0即可。

下面以在“出勤记录2”工作簿中使用AND()函数自动判断是否全勤为例，介绍其具体操作。

**步骤01** 打开“出勤记录2.xlsx”素材文件，❶在“考勤统计”工作表中选择G3单元格，❷单击“逻辑”下拉按钮，❸选择AND选项，如图6-158所示。

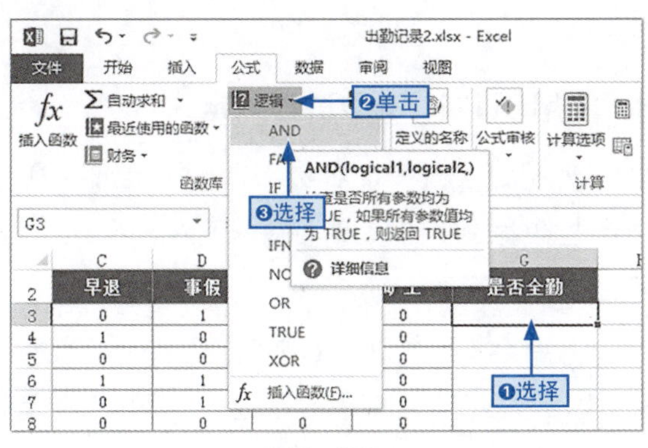


图6-158

**步骤02** 打开“函数参数”对话框，设置相应参数，单击“确定”按钮，如图6-159所示。

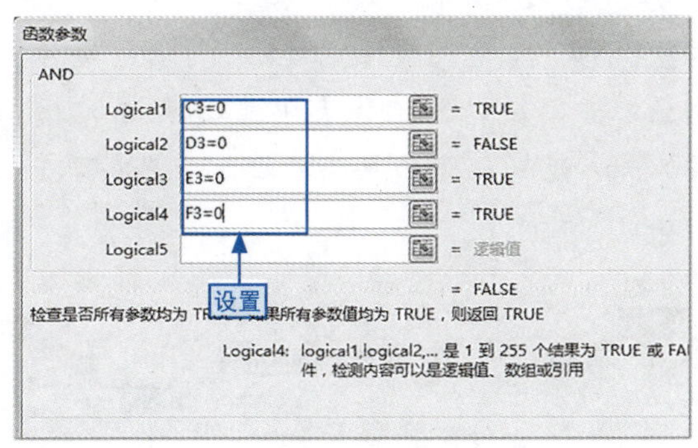


图6-159

**步骤03** ❶在编辑栏中输入IF()函数进行全勤判定，❷将鼠标指针移动到G3单元格右下角，双击填充柄填充函数，系统自动对全勤数据进行判定，如图6-160所示。

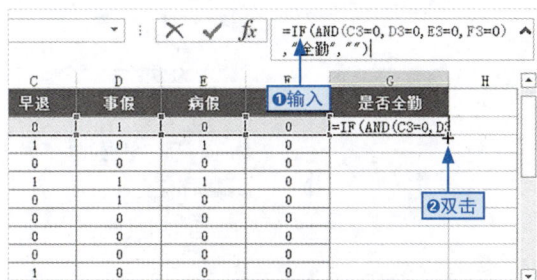

图6-160

## 2. 使用OR()函数进行判定

判定员工是否全勤，可对每一项出勤数据进行判定，看其是否不等于0。

下面以在“出勤记录3”工作簿中使用OR()函数自动判断是否是全勤为例，介绍其具体操作。

**步骤01** 打开“出勤记录3.xlsx”素材文件，❶在“考勤统计”工作表中选择G3单元格，❷单击“逻辑”下拉按钮，❸选择OR选项，如图6-161所示。

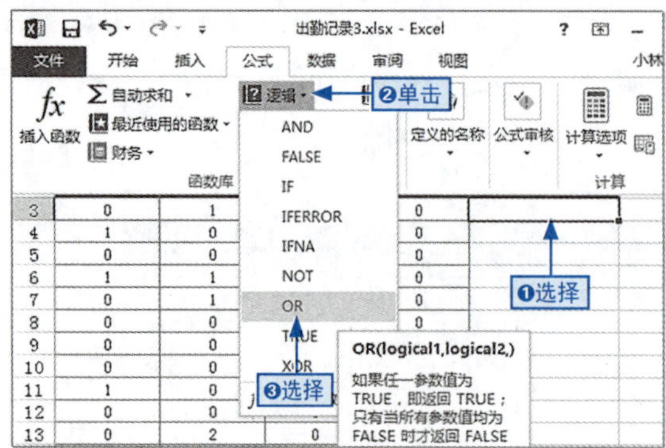

图6-161

**步骤02** 打开“函数参数”对话框，❶设置相应参数，❷单击“确定”按钮，如图6-162所示。

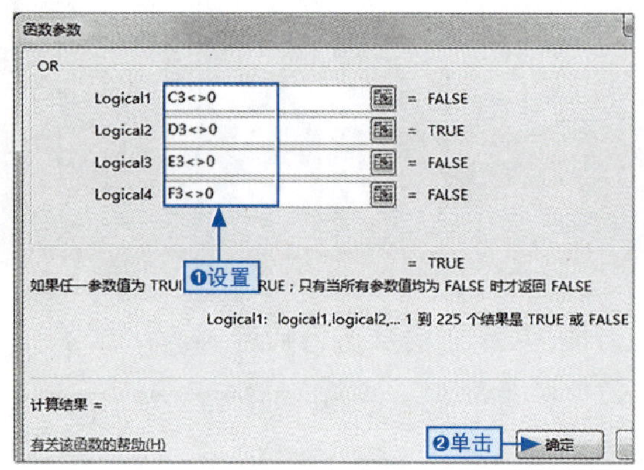

图6-162

**步骤03** ❶在编辑栏中输入IF()函数进行全勤判定，❷将鼠标指针移动到G3单元格右下角，双击填充柄填充函数，复制公式并计算数据，如图6-163所示。

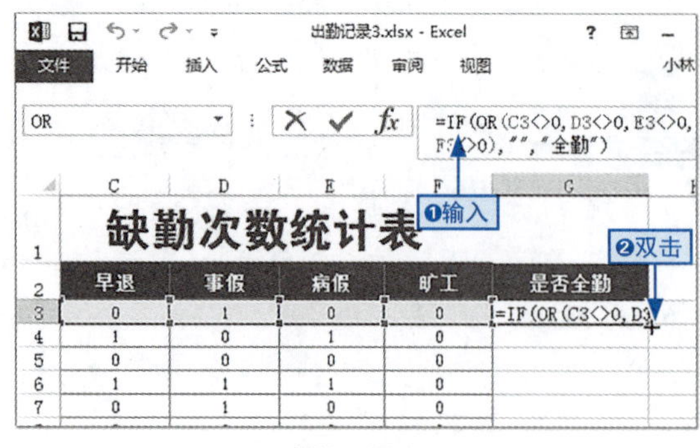

图6-163

**步骤04** 系统自动对全勤数据进行判定，效果如图6-164所示。

| | C | D | E | F | G |
|---|---|---|---|---|---|
| 2 | 早退 | 事假 | 病假 | 旷工 | 是否全勤 |
| 3 | 0 | 1 | 0 | 0 | |
| 4 | 1 | 0 | 1 | 0 | |
| 5 | 0 | 0 | 0 | 0 | 全勤 |
| 6 | 1 | 1 | 1 | 0 | |
| 7 | 0 | 1 | 0 | 0 | |
| 8 | 0 | 0 | 0 | 0 | 全勤 |
| 9 | 0 | 0 | 0 | 0 | 全勤 |
| 10 | 0 | 0 | 0 | 0 | 全勤 |
| 11 | 1 | 0 | 0 | 0 | |
| 12 | 0 | 0 | 0 | 0 | 全勤 |
| 13 | 0 | 2 | 0 | 0 | |
| 14 | 1 | 1 | 1 | 0 | |
| 15 | 0 | 0 | 0 | 0 | 全勤 |
| 16 | 1 | 2 | 1 | 0 | |

图6-164

### 3. 使用SUM()函数进行判定

在考勤数据中，若员工的缺勤全部为0，则这些数据的和也为0，那么可以根据这一结果来判定是否是全勤。

下面以在“出勤记录4”工作簿中使用SUM()函数自动判断是否是全勤为例，介绍其具体操作。

| | |
|---|---|
| 本节素材 | 素材\Chapter06\出勤记录4.xlsx |
| 本节效果 | 效果\Chapter06\出勤记录4.xlsx |
| 学习目标 | 学会使用SUM()函数判断是否是全勤 |
| 难度指数 | ★★★ |

**步骤01** 打开“出勤记录4.xlsx”素材文件，❶在“考勤统计”工作表中选择G3单元格，❷单击“逻辑”下拉按钮，❸选择IF选项，如图6-165所示。

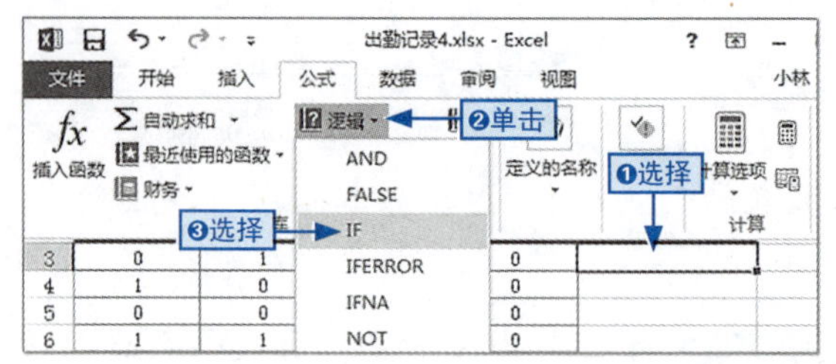

图6-165

**步骤02** 打开“函数参数”对话框，❶设置相应参数，❷单击“确定”按钮，如图6-166所示。

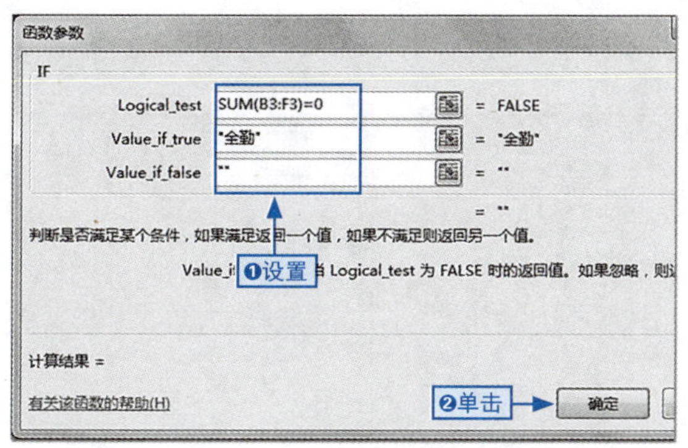


图6-166

**步骤03** 返回到工作表中确认函数并向下填充，系统自动对全勤进行判定和标识，如图6-167所示。

缺勤次数统计表

| 迟到 | 早退 | 事假 | 病假 | 旷工 | 是否全勤 |
|---|---|---|---|---|---|
| 3 | 0 | 1 | 0 | 0 | |
| 1 | 1 | 0 | 1 | 0 | |
| 0 | 0 | 0 | 0 | 0 | 全勤 |
| 2 | 1 | 1 | 1 | 0 | |
| 2 | 0 | 1 | 0 | 0 | |
| 0 | 0 | 0 | 0 | 0 | 全勤 |
| 0 | 0 | 0 | 0 | 0 | 全勤 |
| 0 | 0 | 0 | 0 | 0 | 全勤 |
| 3 | 1 | 0 | 0 | 0 | |
| 0 | 0 | 0 | 0 | 0 | 全勤 |
| 1 | 0 | 2 | 0 | 0 | |
| 2 | 1 | 1 | 1 | 0 | |
| 0 | 0 | 0 | 0 | 0 | 全勤 |
| 1 | 1 | 2 | 1 | 0 | |
| 0 | 0 | 0 | 0 | 0 | 全勤 |
| 0 | 0 | 0 | 0 | 0 | 全勤 |
| 2 | 0 | 2 | 1 | 0 | |
| 0 | 0 | 0 | 0 | 0 | 全勤 |
| 1 | 1 | 1 | 1 | 0 | |
| 0 | 0 | 0 | 0 | 0 | 全勤 |

结果

考勤明细　考勤统计

图6-167

## 6.4.4 汇总考勤情况

在考勤管理中，不仅可以使用函数对员工个人出勤数据进行统计，同时还可以对其进行相应的汇总。

下面以在“出勤记录5”工作簿中使用SUMIF()函数按部门进行汇总统计为例，介绍其具体操作。

| | |
|---|---|
| 本节素材 | ⊙素材\Chapter06\出勤记录5.xlsx |
| 本节效果 | ⊙效果\Chapter06\出勤记录5.xlsx |
| 学习目标 | 学会使用SUMIF()函数对数据进行汇总 |
| 难度指数 | ★★★ |

**步骤01** 打开“出勤记录5.xlsx”素材文件，❶选择B26单元格，❷单击“数学和三角函数”下拉按钮，❸选择SUMIF选项，如图6-168所示。

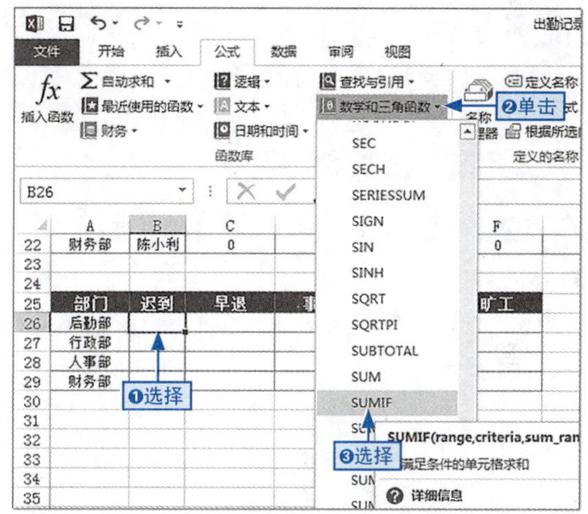


图6-168

**步骤02** 打开“函数参数”对话框，单击Range文本框后的“折叠”按钮，如图6-169所示。

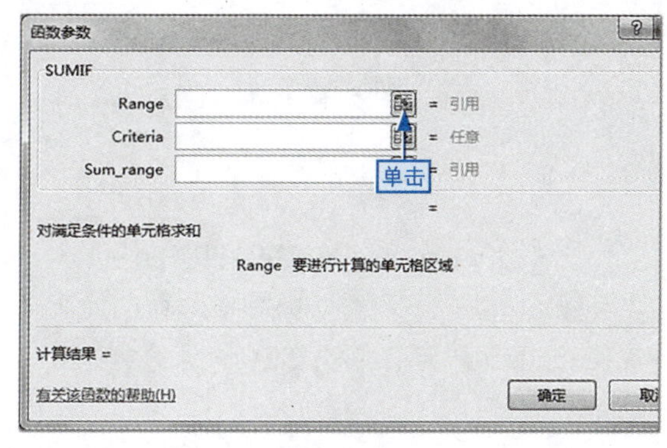


图6-169

**步骤03** 折叠对话框，在表格中选择A3:A22单元格区域，然后单击“展开”按钮，如图6-170所示。

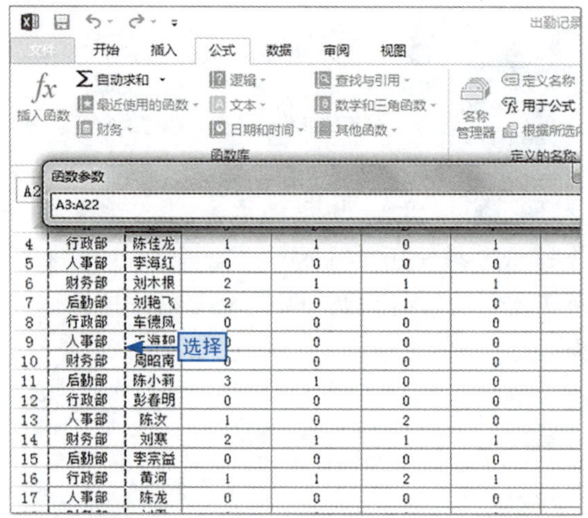


图6-170

**步骤04** 返回到“函数参数”对话框，❶在Criteria文本框中输入“后勤部”，❷单击Sum_range文本框后的“折叠”按钮，如图6-171所示。

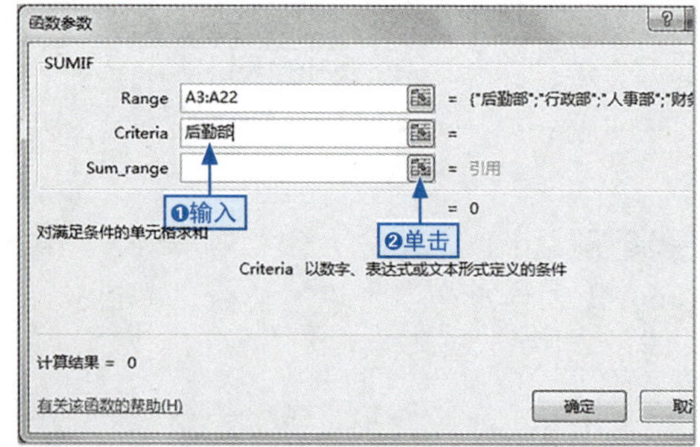


图6-171

**Criteria参数的快捷设置方法**

在本例中由于部门的数据在表格中已经存在，所以可以通过引用单元格的方式对Criteria参数进行设置。

**步骤05** 折叠对话框，在表格中选择C3:C22单元格区域，然后单击“展开”按钮，如图6-172所示。

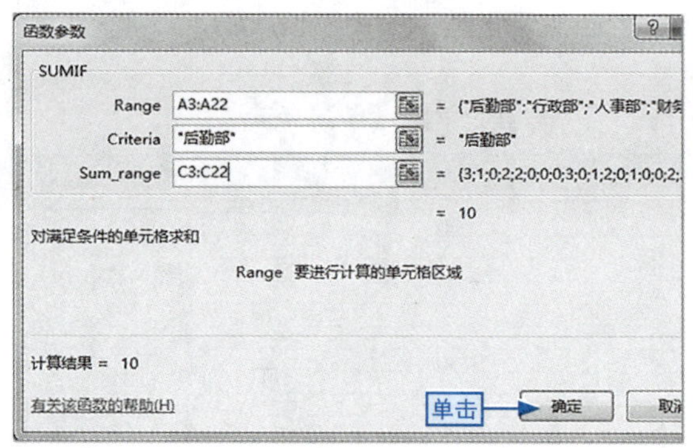


图6-172

**步骤06** 返回到“函数参数”对话框，单击“确定”按钮，如图6-173所示。

图6-173

**步骤07** 以同样的方法汇总其他部门的考勤数据，效果如图6-174所示。

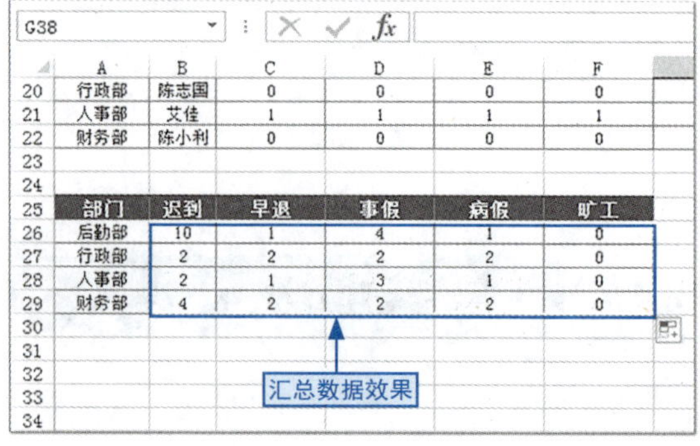


图6-174

**SUMIF()函数**

SUMIF() 函数用于对符合指定条件的值求和。它的语法结构为“SUMIF(range, criteria, [sum_range])”，如图 6-175 所示是其对应的参数说明。

**range**

它是必需参数，指要按条件进行计算的单元格区域，要求每个区域中的单元格必须是数字、名称、数组或引用包含数字，忽略空值和文本值。

**criteria**

它是必需参数，用于确定对哪些单元格求和，其形式可以为数字、表达式、单元格引用、文本或函数。

**sum_range**

它是可选参数，指用于求和的实际单元格个数。

图6-175

# 6.5 员工参保情况统计中的自动计算

**小白：**如何对员工的参保基数和个人缴费数据进行自动计算?

**阿智：**可以使用单独的函数或嵌套函数来进行自动计算。

社保数据或基数的计算，基本上都与工资或职务相关，可以根据工资的上下限或职务的判定来自动计算个人社保缴费的数据和基数。

## 6.5.1 个人缴纳社保金额

社保缴费分为3部分：政府、公司和个人。对于个人部分的社保金额，要从工资中进行扣除。

下面以在“社保金额代扣管理”工作簿中根据职务来判定并计算出个人应缴纳部分的社保金额数据为例，介绍其具体操作。

| | |
|---|---|
| 本节素材 | ⊙素材\Chapter06\社保金额代扣管理.xlsx |
| 本节效果 | ⊙效果\Chapter06\社保金额代扣管理.xlsx |
| 学习目标 | 学会使用函数计算个人缴纳社保金额数据 |
| 难度指数 | ★★★ |

**步骤01** 打开“社保金额代扣管理”素材文件，❶选择C3:C13单元格区域，❷在编辑栏中输入函数，按Ctrl+Enter组合键，如图6-176所示。

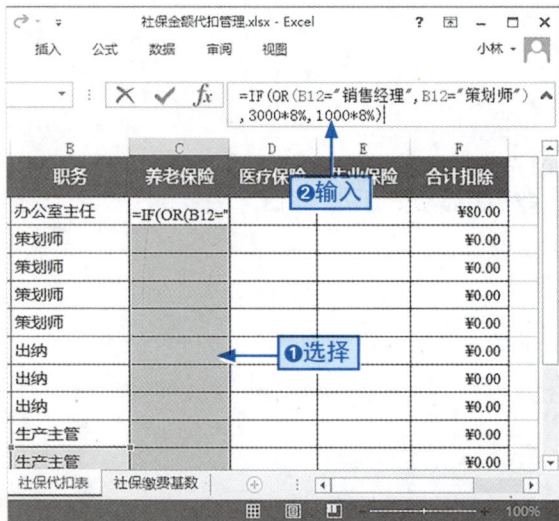

社保金额代扣管理.xlsx - Excel

=IF(OR(B12="销售经理",B12="策划师"),3000*8%,1000*8%)

| 职务 | 养老保险 | 医疗保险 | 失业保险 | 合计扣除 |
|---|---|---|---|---|
| 办公室主任 | =IF(OR(B12=" | | | ¥80.00 |
| 策划师 | | | | ¥0.00 |
| 策划师 | | | | ¥0.00 |
| 策划师 | | | | ¥0.00 |
| 策划师 | | | | ¥0.00 |
| 出纳 | | | | ¥0.00 |
| 出纳 | | | | ¥0.00 |
| 出纳 | | | | ¥0.00 |
| 生产主管 | | | | ¥0.00 |
| 生产主管 | | | | ¥0.00 |

❶选择 ❷输入

图6-176

**步骤02** ❶选择D3:D13单元格区域，❷在编辑栏中输入函数，按Ctrl+Enter组合键，如图6-177所示。

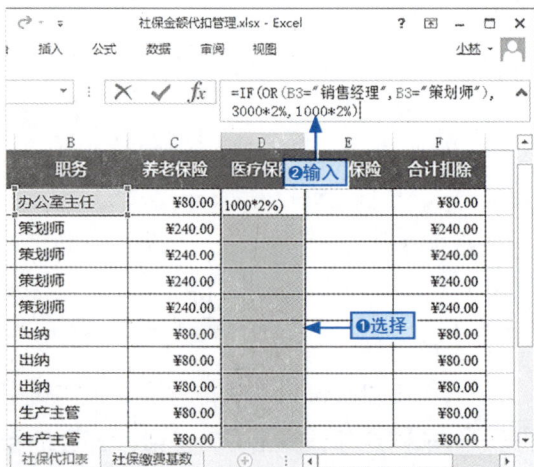

社保金额代扣管理.xlsx - Excel

=IF(OR(B3="销售经理",B3="策划师"),3000*2%,1000*2%)

| 职务 | 养老保险 | 医疗保险 | 失业保险 | 合计扣除 |
|---|---|---|---|---|
| 办公室主任 | ¥80.00 | 1000*2%) | | ¥80.00 |
| 策划师 | ¥240.00 | | | ¥240.00 |
| 策划师 | ¥240.00 | | | ¥240.00 |
| 策划师 | ¥240.00 | | | ¥240.00 |
| 策划师 | ¥240.00 | | | ¥240.00 |
| 出纳 | ¥80.00 | | | ¥80.00 |
| 出纳 | ¥80.00 | | | ¥80.00 |
| 出纳 | ¥80.00 | | | ¥80.00 |
| 生产主管 | ¥80.00 | | | ¥80.00 |
| 生产主管 | ¥80.00 | | | ¥80.00 |

❶选择 ❷输入

图6-177

**步骤03** ❶选择E3:E13单元格区域，❷在编辑栏中输入函数，按Ctrl+Enter组合键，如图6-178所示。

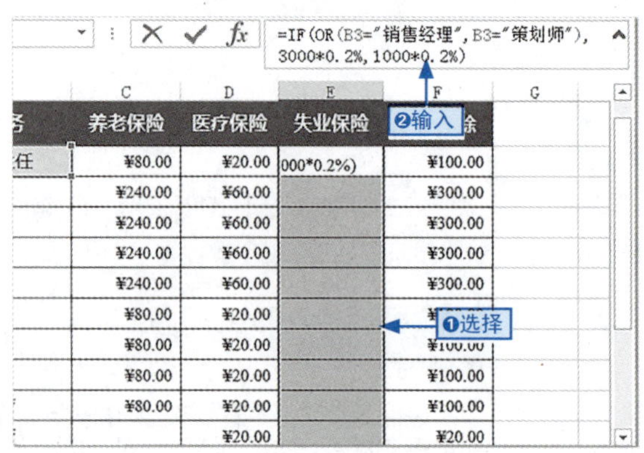


图6-178

## 6.5.2 计算员工社保缴费基数

为员工缴纳社保费用不是随意而定，也不是凭交情，它是根据工资数据基数确定的。

下面以在“社保金额代扣管理1”工作簿中根据工资来计算每一名员工的社保缴费基数为例，介绍其具体操作。

**步骤01** 打开“社保金额代扣管理1.xlsx”素材文件，❶在“社保缴费基数”工作表中选择E3单元格，❷单击“插入函数”按钮，如图6-179所示。

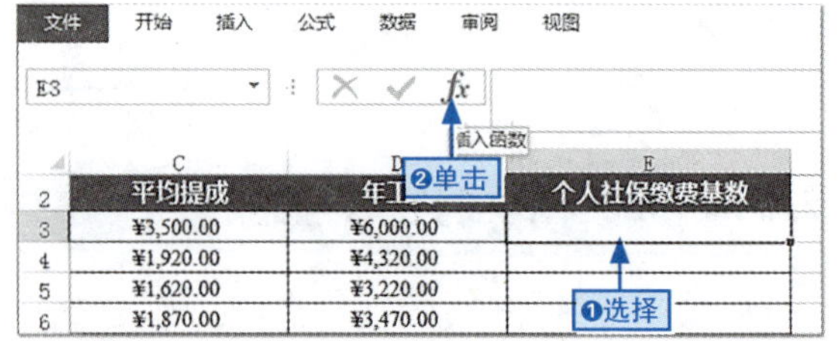


图6-179

**步骤02** 打开“插入函数”对话框，❶在“或选择类别”下拉列表中选择“统计”，❷选

择MEDIAN选项，❸单击“确定”按钮，如图6-180所示。

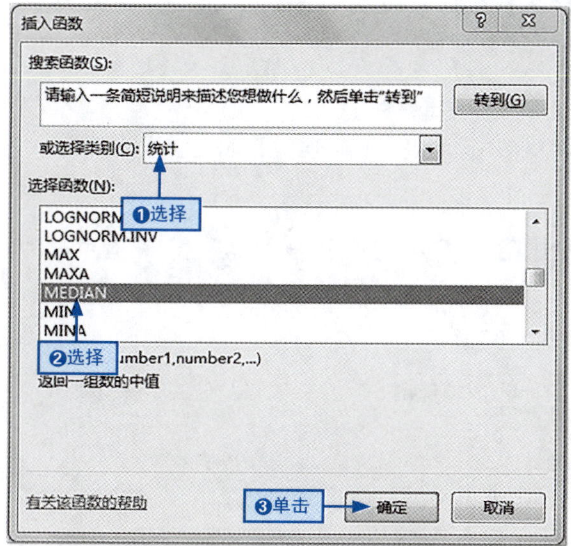


图6-180 插入MEDIAN()函数

**步骤03** 打开“函数参数”对话框，❶设置Number1参数为D3，❷单击Number2文本框后的“折叠”按钮，如图6-181所示。

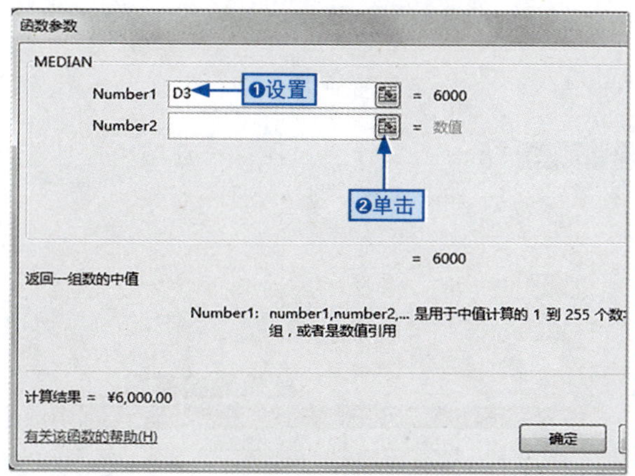


图6-181

**步骤04** 折叠对话框，在表格中选择G3:H3单元格区域，然后单击“展开”按钮，如图6-182所示。

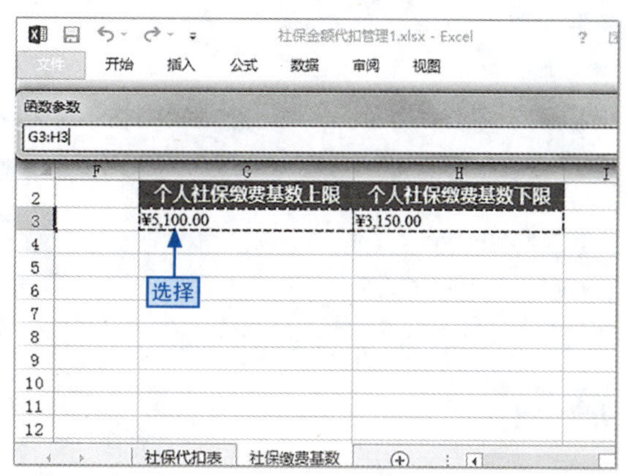


图6-182

**步骤05** 返回“函数参数”对话框，单击“确定”按钮，如图6-183所示。

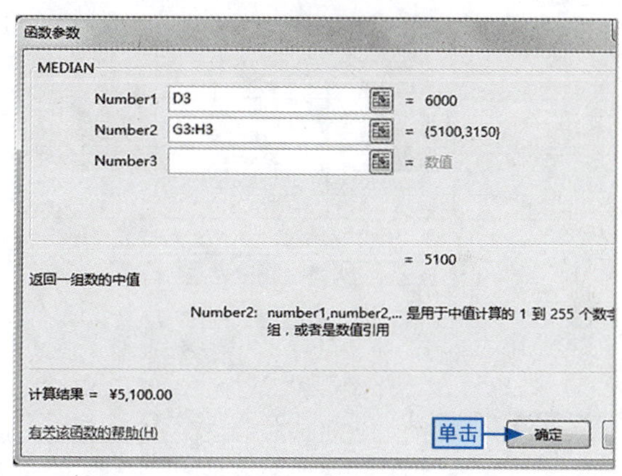


图6-183

**步骤06** 返回到工作表中，向下填充函数，自动计算出所有员工对应的个人社保缴费基数，如图6-184所示。

| | D | E | F | G |
|---|---|---|---|---|
| 2 | 年工资 | 个人社保缴费基数 | | 个人社保缴 |
| 3 | ¥6,000.00 | ¥5,100.00 | | ¥5,100.00 |
| 4 | ¥4,320.00 | ¥4,320.00 | | |
| 5 | ¥3,220.00 | ¥3,220.00 | | |
| 6 | ¥3,470.00 | ¥3,470.00 | | |
| 7 | ¥3,320.00 | ¥3,320.00 | | |
| 8 | ¥3,020.00 | ¥3,020.00 | | |
| 9 | ¥3,070.00 | ¥3,070.00 | | |
| 10 | ¥3,170.00 | ¥3,170.00 | | |
| 11 | ¥3,120.00 | ¥3,120.00 | | |
| 12 | ¥2,650.00 | ¥2,650.00 | | |

社保代扣表　社保缴费基数

图6-184

## 给你支招 | 快速进行加减乘除的计算

**小白：**在Excel中，除了使用公式和函数进行计算，就不能使用其他方法了吗？

**阿智：**对于简单的加、减、乘、除计算，可以通过选择性粘贴功能来轻松实现。下面以简单加法计算为例，介绍其具体操作。

**步骤01** 在空白单元格中输入需要相加的数字，这里输入“200”，然后将其复制，如图6-185所示。

社保金额代扣管理1.xlsx - Excel

文件 开始 插入 公式 数据 审阅 视图

B15 fx 200

| | A | B | C | D |
|---|---|---|---|---|
| 6 | 周维 | ¥1,600.00 | ¥1,870.00 | ¥3,470.00 |
| 7 | 刘杰 | ¥1,600.00 | ¥1,720.00 | ¥3,320.00 |
| 8 | 黄小丽 | ¥1,600.00 | ¥1,420.00 | ¥3,020.00 |
| 9 | 董建 | ¥1,600.00 | ¥1,470.00 | ¥3,070.00 |
| 10 | 艾薇 | ¥1,200.00 | ¥1,970.00 | ¥3,170.00 |
| 11 | 张涛 | ¥1,200.00 | ¥1,920.00 | ¥3,120.00 |
| 12 | 宋家良 | ¥1,200.00 | ¥1,450.00 | ¥2,650.00 |
| 13 | | | | |
| 14 | | | | |
| 15 | | 200 | | |
| 16 | | | | |
| 17 | | | | |

输入并复制

图6-185

**步骤02** ❶选择目标单元格区域，❷单击“粘贴”下拉按钮，❸选择“选择性粘贴”选项，如图6-186所示。

社保金额代扣管理1.xlsx - Excel

文件 开始 插入 公式 数据 审阅 视图

粘贴 ❷单击 Times New Rom 11 货币 编辑 字体 对齐方式 数字

粘贴 粘贴数值 其他粘贴选项 选择性粘贴(S)... ❸选择

| B | C | D |
|---|---|---|
| ¥2,500.00 | ¥3,500.00 | ¥6,000.00 |
| ¥2,400.00 | ¥1,920.00 | ¥4,320.00 |
| ¥1,600.00 | ¥1,620.00 | ¥3,220.00 |
| ¥1,600.00 | ¥1,870.00 | ¥3,470.00 |
| ¥1,600.00 | ¥1,720.00 | ¥3,320.00 |
| ¥1,600.00 | ¥1,420.00 | ¥3,020.00 |
| ¥1,600.00 | ¥1,470.00 | ¥3,070.00 |
| ¥1,200.00 | ¥1,970.00 | ¥3,170.00 |
| | ¥1,920.00 | ¥3,120.00 |

❶选择

图6-186

**步骤03** ❶在“选择性粘贴”对话框中选中“加”单选按钮，❷单击“确定”按钮，如图6-187所示。

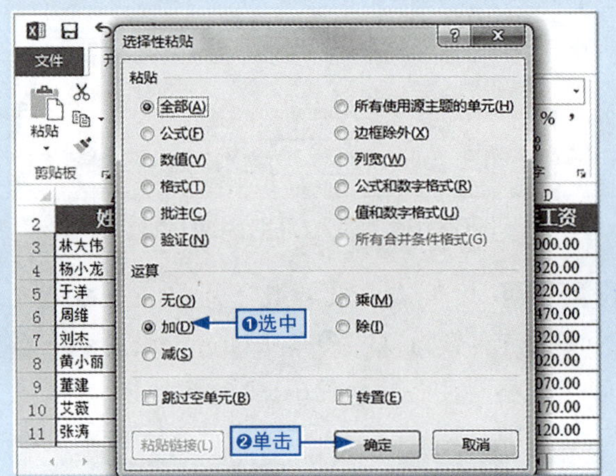


图6-187

**步骤04** 返回到工作表，在目标区域中即可查看到相加的运算效果，如图6-188所示。

文件 开始 插入 页面布局 公式 数据 审阅 视图 POWERPI

B3 fx 2700

| | A | B | C | D |
|---|---|---|---|---|
| 1 | 社保缴费基数 | | | |
| 2 | 姓名 | 基本工资 | 平均提成 | 年工资 |
| 3 | 林大伟 | ¥2,700.00 | ¥3,500.00 | ¥6,200.00 |
| 4 | 杨小龙 | ¥2,600.00 | ¥1,920.00 | ¥4,520.00 |
| 5 | 于洋 | ¥1,800.00 | ¥1,620.00 | ¥3,420.00 |
| 6 | 周维 | ¥1,800.00 | ¥1,870.00 | ¥3,670.00 |
| 7 | 刘杰 | ¥1,800.00 | ¥1,720.00 | ¥3,520.00 |
| 8 | 黄小丽 | ¥1,800.00 | ¥1,420.00 | ¥3,220.00 |
| 9 | 董建 | ¥1,800.00 | ¥1,470.00 | ¥3,270.00 |
| 10 | 艾薇 | ¥1,400.00 | ¥1,970.00 | ¥3,370.00 |
| 11 | 张涛 | ¥1,400.00 | ¥1,920.00 | ¥3,320.00 |
| 12 | 宋家良 | ¥1,400.00 | ¥1,450.00 | ¥2,850.00 |
| 13 | | | | |
| 14 | | | | |
| 15 | | 200 | | |
| 16 | | | | |
| 17 | | | | |

社保代扣表 社保缴费基数

图6-188

## 给你支招 | 巧妙隐藏公式 / 函数

**小白：**在Excel中，当选择相应的单元格或单元格区域后，在编辑栏中即可查看到其中的公式和函数。怎样做可以让它们不被别人看见呢?

**阿智：**可以通过对单元格或单元格区域的隐藏来实现，其具体操作如下。

**步骤01** ❶选择E3:E12单元格区域，❷单击“字体”组中的“对话框启动器”按钮，如图6-189所示。

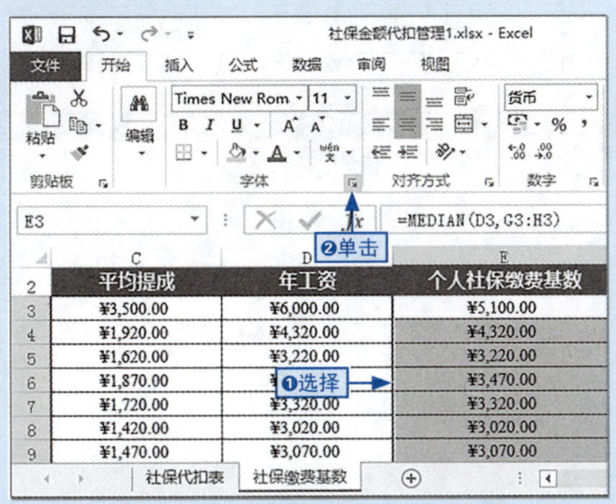


图6-189

**步骤02** 打开“设置单元格格式”对话框，❶选择“保护”选项卡，❷选中“隐藏”复选框，按Enter键确认，如图6-190所示。

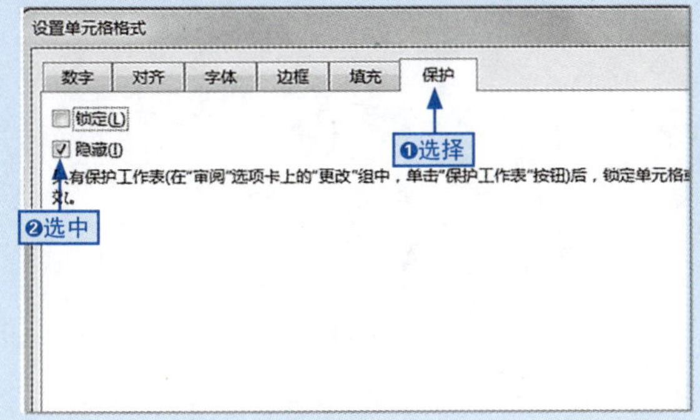


图6-190

**步骤03** ❶选择“审阅”选项卡，❷单击“保护工作表”按钮，如图6-191所示。

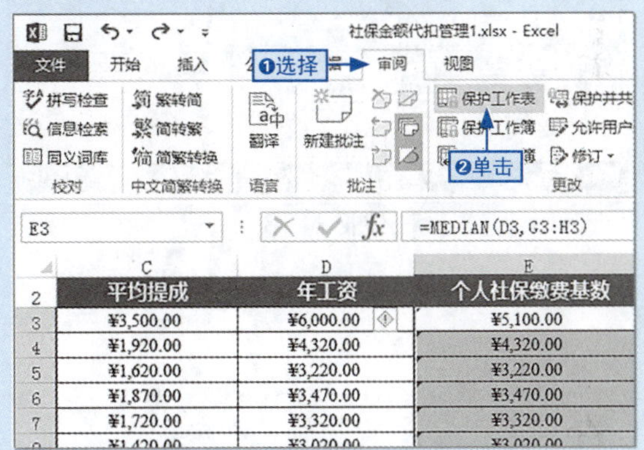


图6-191

**步骤04** 打开“保护工作表”对话框，❶在文本框中输入密码，❷单击“确定”按钮，如图6-192所示。

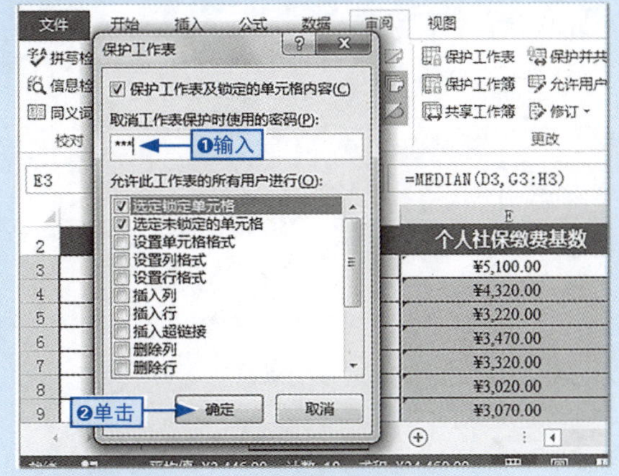


图6-192

步骤05 打开“确认密码”对话框，❶在文本框中再次输入完全相同的密码，❷单击“确定”按钮，如图6-193所示。

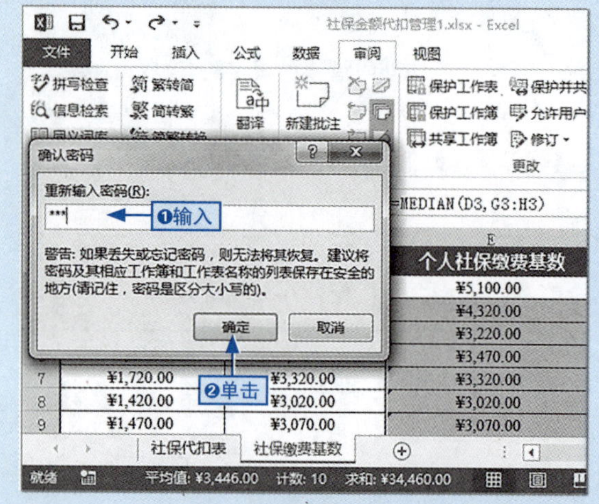


图6-193

步骤06 返回到工作表中，即可查看到公式、函数隐藏的效果（在编辑栏中已没有显示），如图6-194所示。

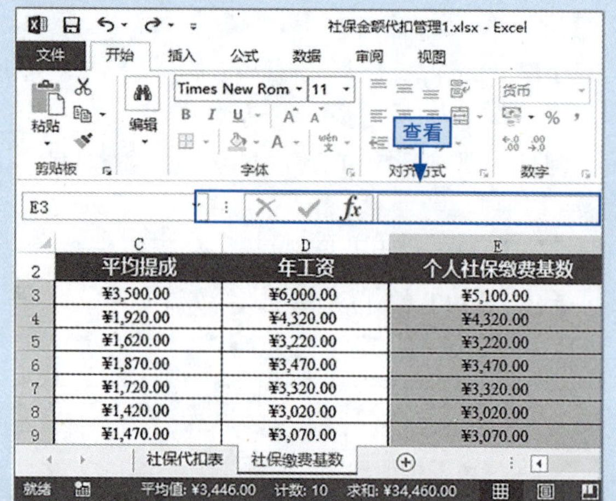


图6-194

# 数据的图形化分析：图表

## 学习目标

在Excel中，数据分析的一大利器就是图表，它能将抽象的数据进行图表展示，让用户更加直观和深层地发现问题和规律。本章将具体介绍图表的相关知识和操作，帮助用户灵活和全面地掌握图表的使用方法。

## 本章要点

- 创建饼图
- 更改图表类型
- 为图表添加一个适合的标题
- 调整图表的大小
- 移动图表的位置
- 手动调整数据源
- 设置坐标轴格式
- 设置数据系列填充效果
- 利用数据验证控制分类
- 简单美化图表

| 知识要点 | 学习时间 | 学习难度 |
| --- | --- | --- |
| 学历结构分析更适合用图表 | 30 分钟 | ★★ |
| 工作进度管理也适合用图表 | 40 分钟 | ★★★ |
| 员工工作能力分析可用动态图表 | 50 分钟 | ★★★★ |

# 7.1 学历结构分析更适合用图表

**小白：**我要分析公司人员学历结构，该怎样直观展示呢？

**阿智：**使用Excel可以将不同学历的人员数量，通过图表中不同的形状大小来直观地进行展示。

当要直观展示和分析针对性较强的数据时，可以通过图表来轻松实现，如分析公司人员学历结构。

## 7.1.1 创建饼图

饼图是针对数据的占比或组成结构的分析，如公司人员学历构成结构和比重的。

下面以创建饼图来展示和分析各类学历的比重和构成情况为例，介绍其具体操作。

| | |
|---|---|
| 本节素材 | ⊙素材\Chapter07\学历调查问卷.xlsx |
| 本节效果 | ⊙效果\Chapter07\学历调查问卷.xlsx |
| 学习目标 | 学会创建饼图 |
| 难度指数 | ★★★ |

**步骤01** 打开“学历调查问卷.xlsx”素材文件，❶选择A2:A7和C2:C7单元格区域，❷单击“插入”选项卡中的“饼图”下拉按钮，❸选择“饼图”选项，如图7-1所示。

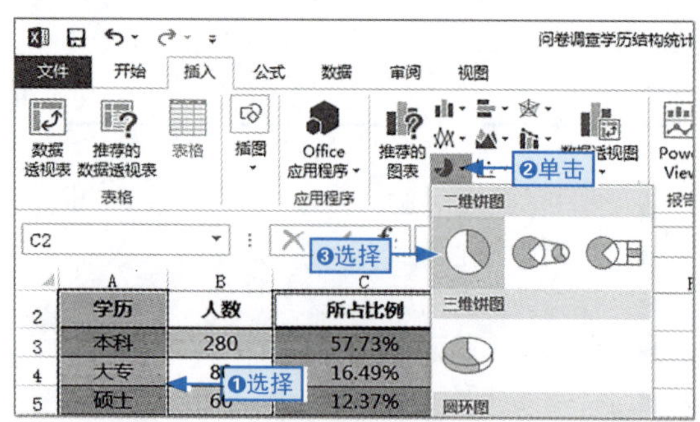


图7-1

**步骤02** 系统自动插入一个饼图，效果如图7-2所示。

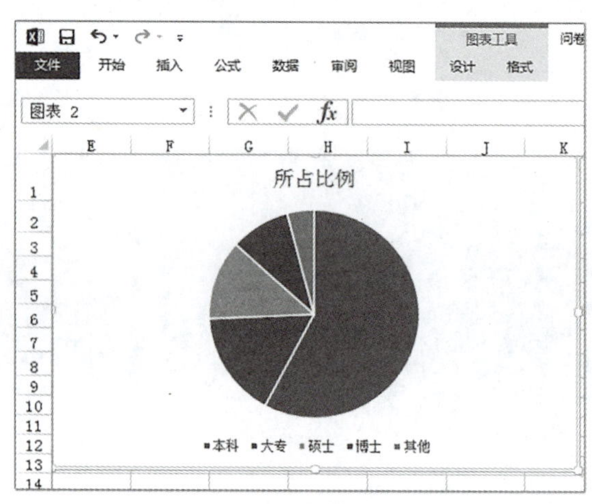


图7-2

## 7.1.2 更改图表类型

若是对创建的图表不太满意或者创建的图表不能完全符合实际需要，这时可更改图表类型。

下面以将创建的二维饼图更改为三维饼图为例，介绍其具体操作。

| | |
|---|---|
| 学习目标 | 学会更换图表类型 |
| 难度指数 | ★★ |

**步骤01** 在图表上右击，在弹出的快捷菜单中选择“更改图表类型”命令，打开“更改图表类型”对话框，如图7-3所示。

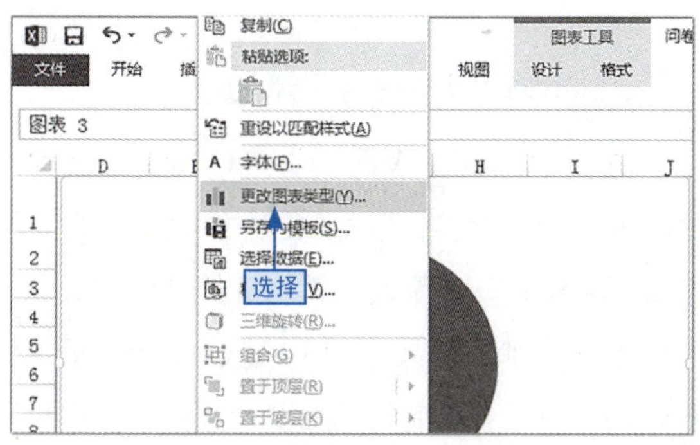


图7-3

步骤02 ❶选择“三维饼图”选项，❷单击“确定”按钮，如图7-4所示。

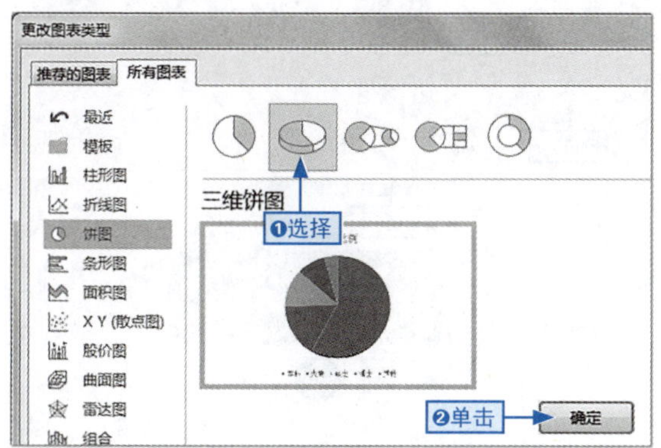


图7-4

步骤03 返回到工作表，即可看到更改的饼图效果，如图7-5所示。

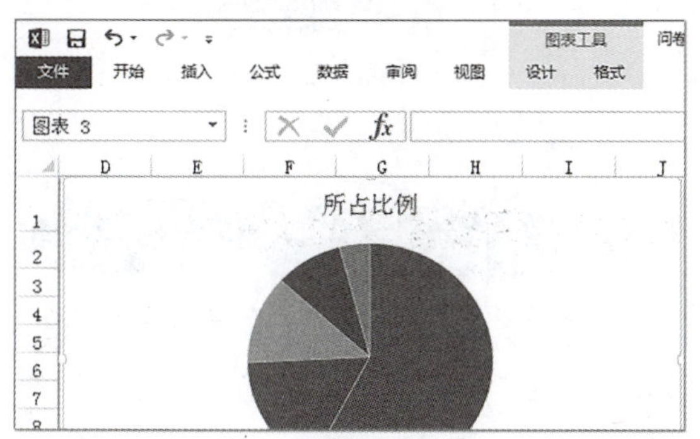


图7-5

## 7.1.3 为图表添加一个适合的标题

默认创建的图表可能没有标题，或是自动生成的图表标题不合适，这时可以手动为其添加或进行修改，下面分别进行介绍。

### 1. 更改图表标题内容

对于图表中自动生成的图表标题，可以直接对其进行修改。

下面以更改饼图图表标题为“学历结构分析”为例，介绍其具体操作。

| | |
|---|---|
| 本节素材 | ⊙素材\Chapter07\学历调查问卷1.xlsx |
| 本节效果 | ⊙效果\Chapter07\学历调查问卷1.xlsx |
| 学习目标 | 学会更改图表标题内容 |
| 难度指数 | ★★★ |

步骤01 在图表上选择图表标题，在编辑栏中输入“学历结构分析”，按Enter键，如图7-6所示。

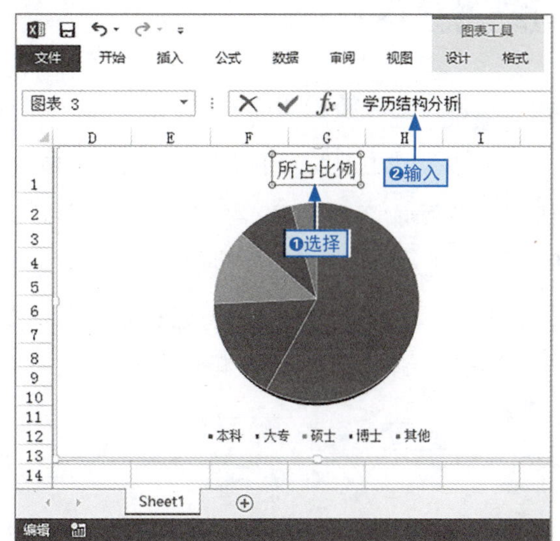


图7-6

步骤02 在图表中即可查看到新更改的图表标题，如图7-7所示。

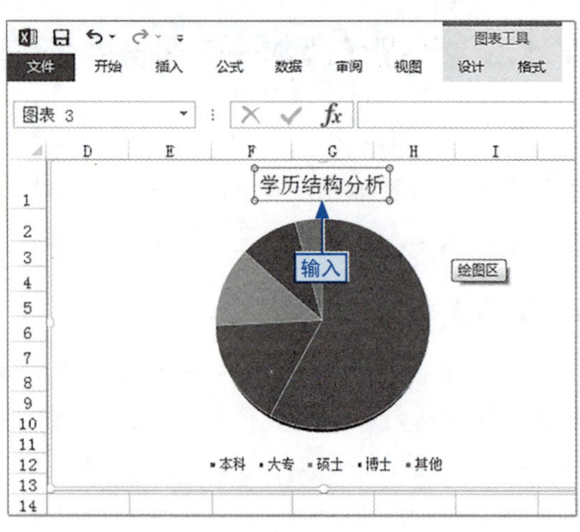


图7-7

## 2. 添加图表标题

创建的图表中若没有图表标题，可以手动进行添加，输入相应的标题内容即可。下面介绍两种最常用的添加图表标题的方法。

学习目标 了解添加图表标题的两种方法
难度指数 ★★


### 通过图表按钮添加

在Excel 2013中，可以通过新增的图表按钮来快速添加图表标题，只需选择图表后，❶单击激活的“图表元素”按钮，❷在弹出的列表框中选中“图表标题”复选框，然后在图表标题中进行输入或修改，如图7-8所示。

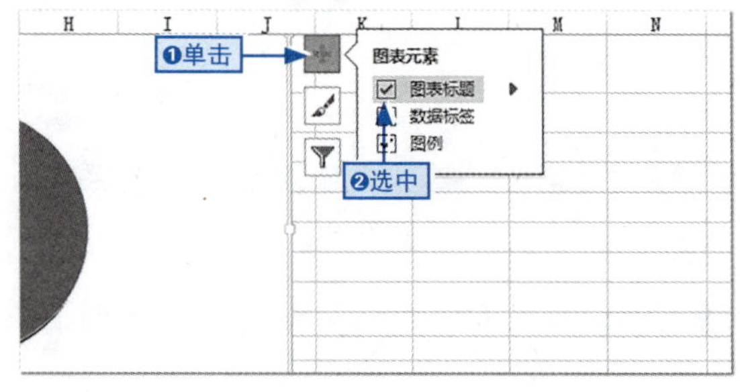


图7-8

### 通过功能按钮进行添加

通过“添加图表元素”功能按钮来添加图表标题是一种非常传统和常规的方法，只需选择图表后，❶单击“图表工具”下的“设计”选项卡中的“添加图表元素”下拉按钮，❷选择“图表标题”选项，❸选择“图表上方”或“居中覆盖”选项，❹将图表标题修改，如图7-9所示。

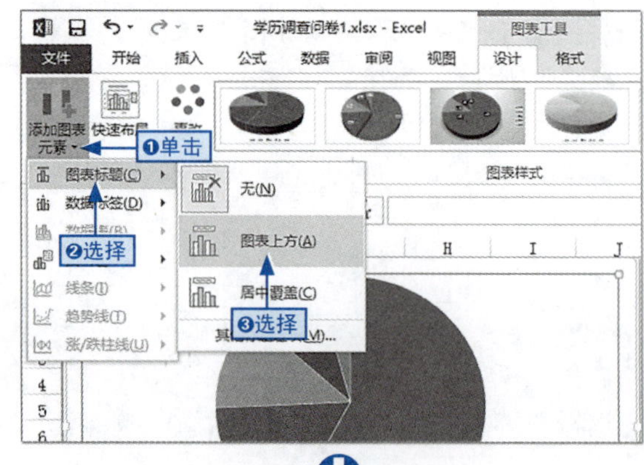


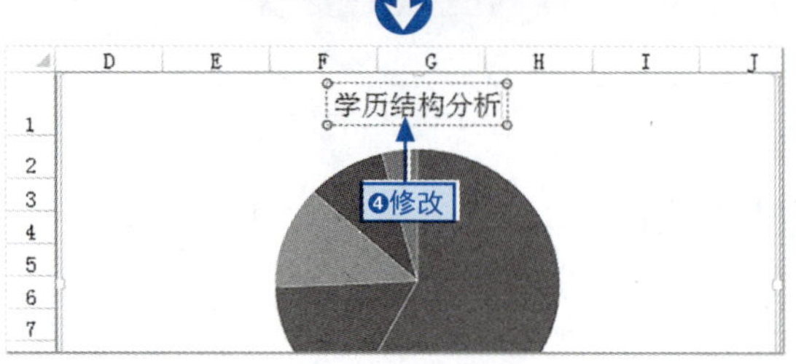


图7-9

## 7.1.4 调整图表的大小

为了让图表更好、更全面且更清楚地展示和分析数据，特别是在图表显得太大、太挤或太散时，需调整图表大小。

在Excel中，调整图表的大小通常有几种常用方法。下面分别进行介绍。

学习目标 掌握常用调整图表大小的方法
难度指数 ★★

### 通过拖动调整

将鼠标指针移到图表的边框上，当鼠标指针变成相应的双向箭头时，按住鼠标左键不放进行拖动调整。如图7-10所示分别是调整宽度、高度和同时调整高度与宽度。

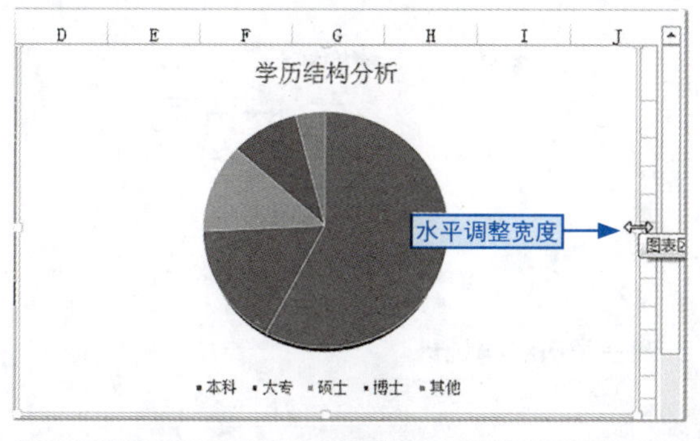


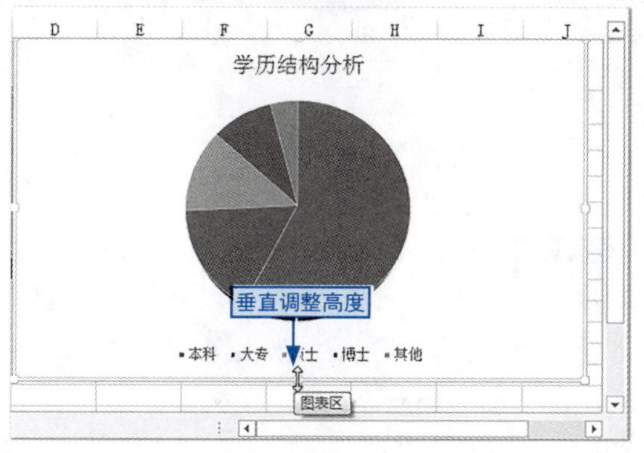


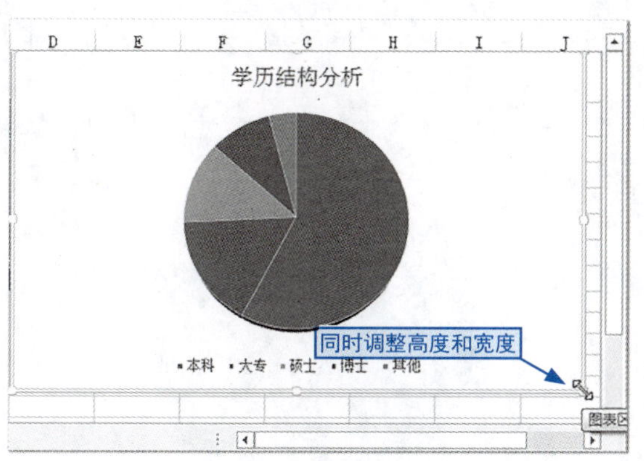


图7-10

### 在功能区中调整

要对图表进行精确调整，可选择图表，在激活的“图表工具”下的“格式”选项卡的“大小”组中进行设置，如图7-11所示。

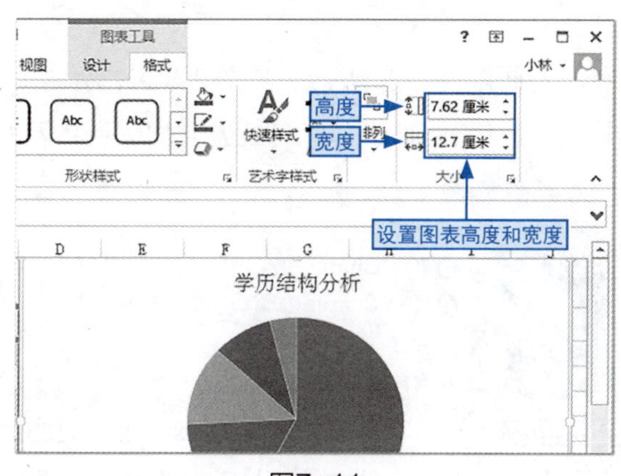


图7-11

### 通过窗格调整

另一种对图表大小进行精确调整的方法是，通过“设置图表区格式”窗格，其操作为：在图表上右击，❶在弹出的快捷菜单中选择“设置图表区域格式”命令，打开“设置图表区格式”窗格，❷在“大小”属性栏中进行设置，如图7-12所示。

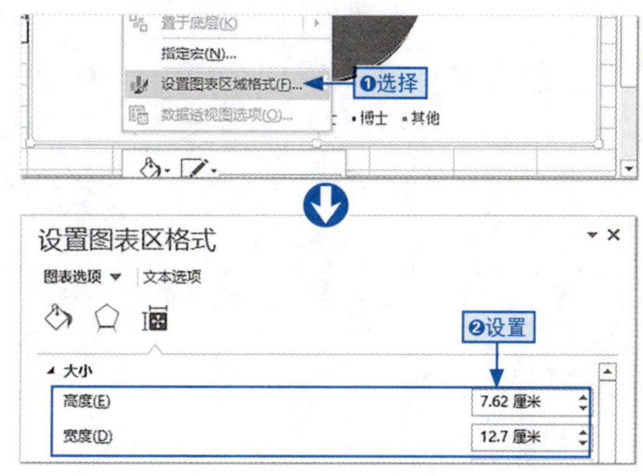


图7-12

## 7.1.5 移动图表的位置

在Excel中移动图表，我们可以简单将其理解为移动图表位置，而这种图表位置的移动，是将图表独立放置到指定工作表中，并以独占的方式显示。

下面以将“学历调查问卷2”工作簿中的图表移到新工作表中并以独占方式显示为例，介绍其具体操作。

| | |
|---|---|
| 本节素材 | ⊙素材\Chapter07\学历调查问卷2.xlsx |
| 本节效果 | ⊙效果\Chapter07\学历调查问卷2.xlsx |
| 学习目标 | 学会移动图表 |
| 难度指数 | ★★ |

**步骤01** 打开“学历调查问卷2.xlsx”素材文件，在图表上右击，在弹出的快捷菜单中选择“移动图表”命令（也可单击“图表工具”下“设计”选项卡中的“移动图表”按钮），如图7-13所示。

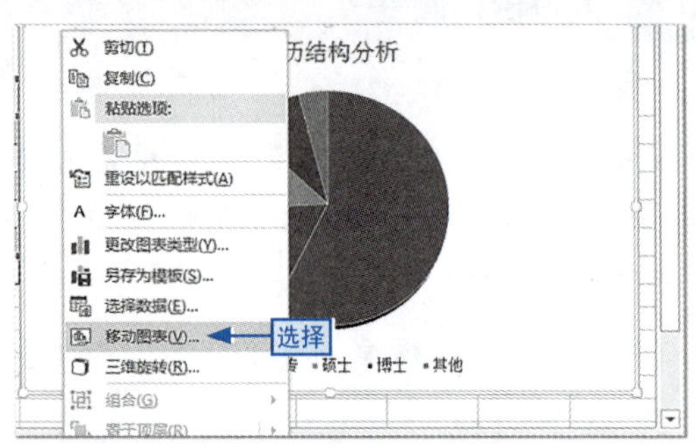


图7-13

**步骤02** 打开“移动图表”对话框，❶选中“新工作表”单选按钮，❷在文本框中输入“学历结构分析”，❸单击“确定”按钮，如图7-14所示。

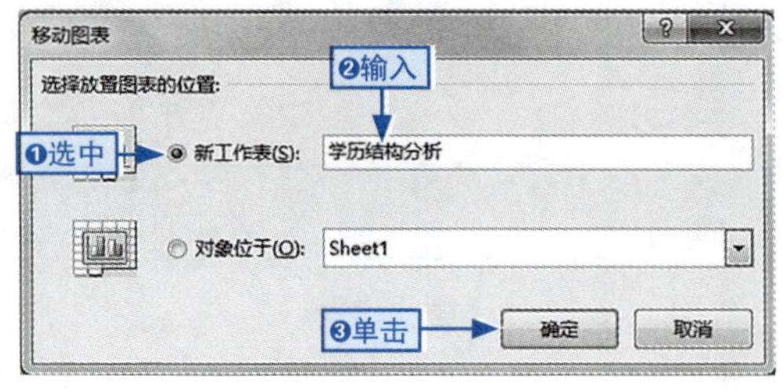


图7-14

**当前工作表中快速移动**

若要在当前工作表中进行图表位置的快速移动，可将鼠标指针移到图表上，当鼠标指针变成“✥”形状时，按住鼠标左键不放进行移动，到目标位置处释放鼠标，如图7-15所示。

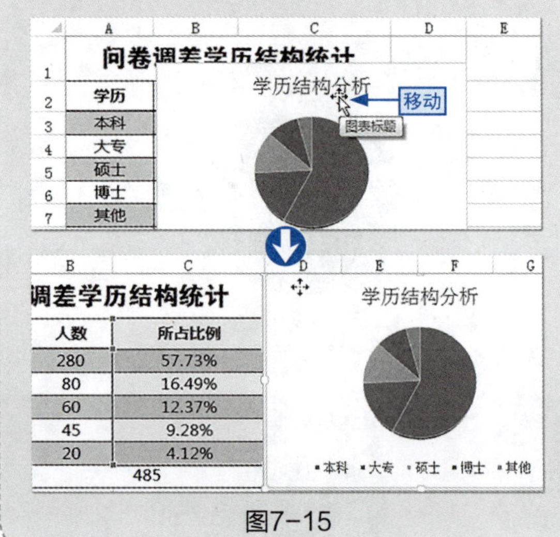


图7-15

**步骤03** 系统自动新建“学历结构分析”工作表，将图表移到其中并以独占方式显示（独占可简单理解为一张图表放满整张工作表），如图7-16所示。

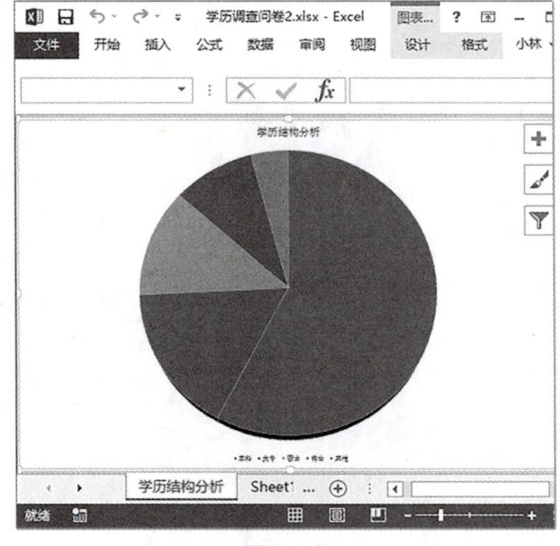


图7-16

### 移动图表到已有的工作表

若是将图表移到指定的已有工作表中，可通过两种方法来实现，下面分别进行介绍。

#### 通过对话框

通过对话框移动图表，就是通过“移动图表”对话框来将图表移动到已有的工作表中，它只需在“移动图表”对话框中，❶选中“对象位于”单选按钮，❷单击其后的下拉按钮，❸选择相应的图表选项，然后单击“确定”按钮即可，如图7-17所示。

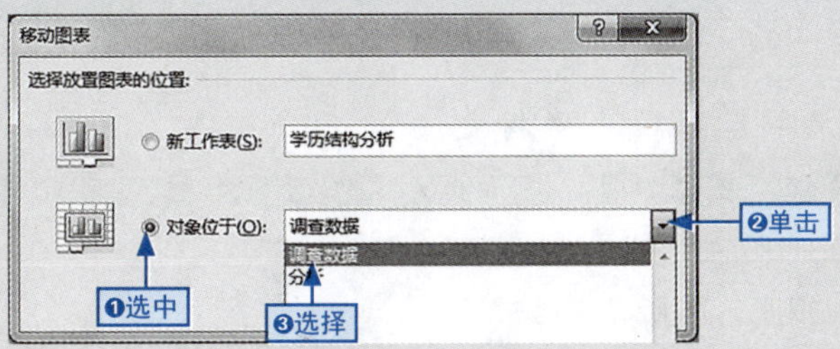


图7-17

#### 通过剪切

图表作为Excel中的对象，可以通过最传统、也是最快速的方法——剪切、粘贴来进行，❶选择目标图表进行剪切，❷单击另存图表的工作表标签，❸粘贴图表，如图7-18所示。

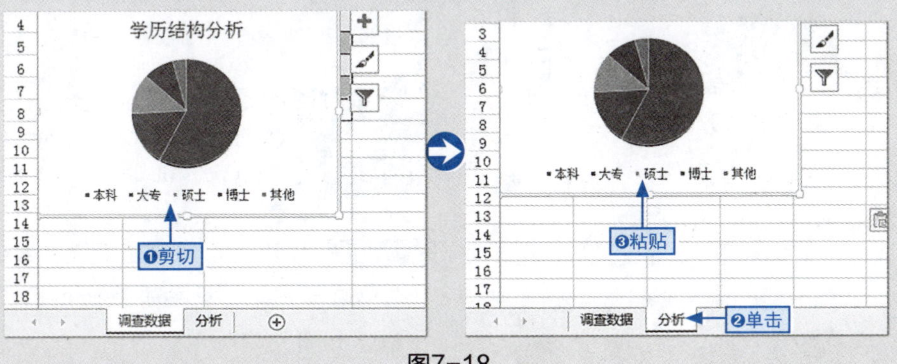


图7-18

## 7.1.6 使用图表样式美化图表

可以对创建的图表进行美化设置，使其更加美观好看。在Excel中快速美化图表的方法就是使用图表样式。

下面通过两种不同的方法来应用图表样式美化图表。

### 1. 通过功能区应用图表样式

通过功能区应用图表样式是指直接选用“图表样式”列表框中的相应选项，然后根据需要对其颜色进行更换。

下面以对“学历调查问卷3”工作簿中图表应用“样式9”并更改颜色为例，介绍其具体操作。

| | |
|---|---|
| 本节素材 | 素材\Chapter07\学历调查问卷3.xlsx |
| 本节效果 | 效果\Chapter07\学历调查问卷3.xlsx |
| 学习目标 | 掌握通过功能区应用图表样式的方法 |
| 难度指数 | ★★ |

步骤01 打开“学历调查问卷3.xlsx”素材文件，❶选择图表，❷切换到“图表工具”下的“设计”选项卡中，❸在“图表样式”列表框中选择“样式9”选项，如图7-19所示。

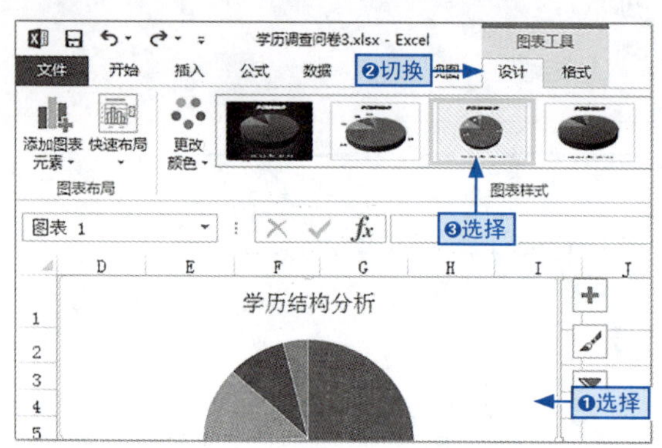


图7-19

步骤02 ❶单击“更改颜色”下拉按钮，❷选择“颜色3”选项，如图7-20所示。

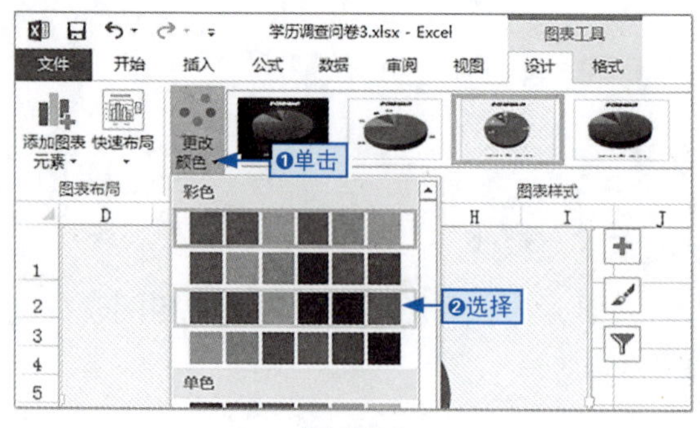


图7-20

步骤03 在工作表中即可查看到设置图表样式的效果，如图7-21所示。

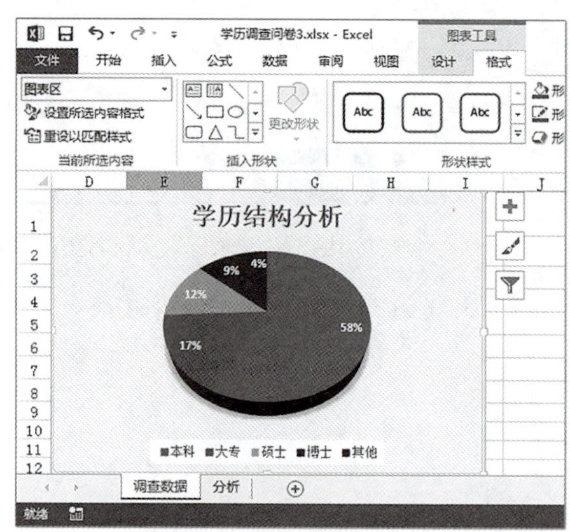


图7-21

### 2. 通过按钮应用图表样式

图表按钮是Excel 2013中新增的功能，可以通过“图表样式”快速按钮来设置图表样式。

下面以对“学历调查问卷4”工作簿中图表应用“样式8”并更改颜色为例，介绍其具体操作。

| | |
|---|---|
| 本节素材 | 素材\Chapter07\学历调查问卷4.xlsx |
| 本节效果 | 效果\Chapter07\学历调查问卷4.xlsx |
| 学习目标 | 掌握通过按钮应用图表样式的方法 |
| 难度指数 | ★★ |

步骤01 打开“学历调查问卷4.xlsx”素材文件，❶选择图表，❷单击激活的“图表样式”按钮，如图7-22所示。

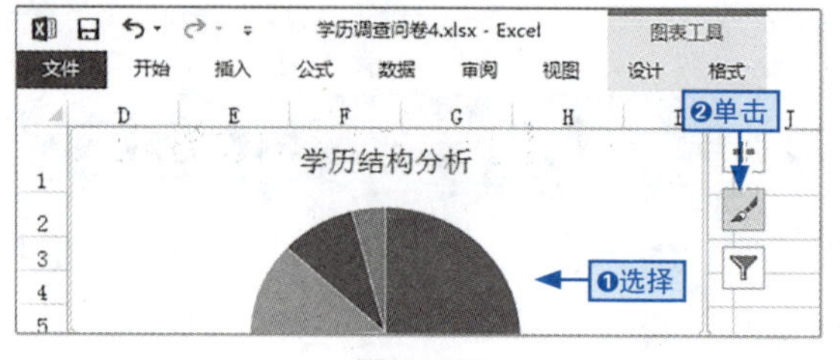


图7-22

步骤02 ❶在列表框中选择“样式8”选项，❷选择“颜色”选项卡，如图7-23所示。

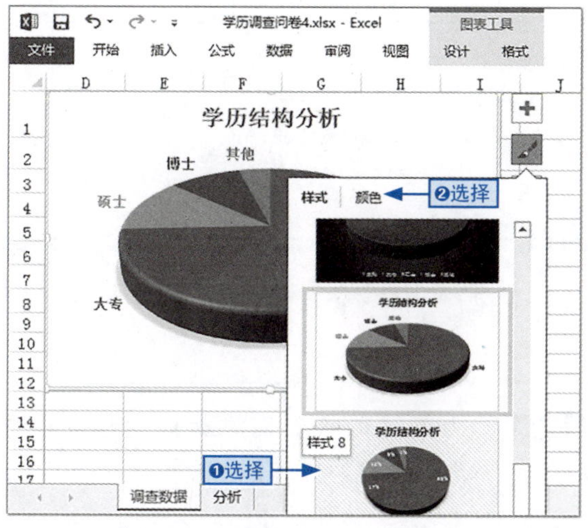


图7-23

步骤03 选择“颜色4”选项，在图表中即可查看到效果，如图7-24所示。

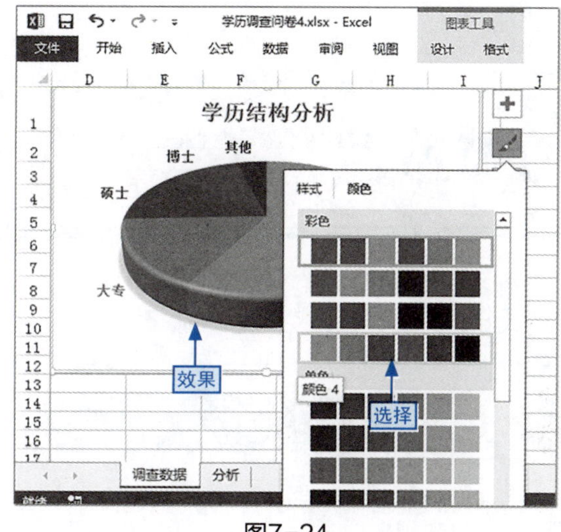


图7-24

## 长知识 调整饼图扇区显示角度

饼图中，特别是三维饼图中，其数据扇区的显示位置有时会有一定要求，如为了符合人们的视觉习惯，重要的或想先进入视线的扇区，通常显示在饼图的右下角。

其调整方法为：在饼图的数据系列上右击，❶在弹出的快捷菜单中选择“设置数据系列格式”命令，打开“设置数据系列格式”窗格，❷选择“系列选项”选项卡，❸拖动“第一扇区起始角度”控制条上的滑块（或在其后的文本框中进行设置），如图 7-25 所示。

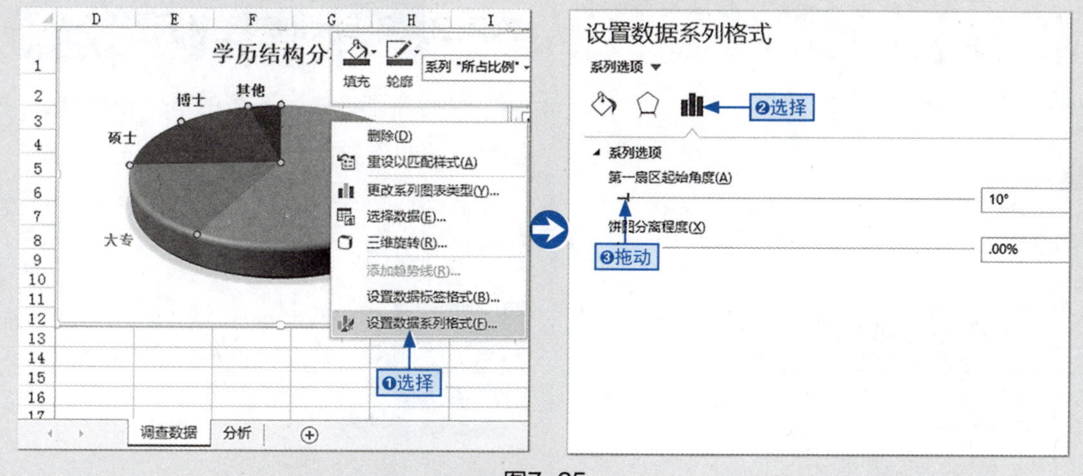


图7-25

# 7.2 工作进度管理也适合用图表

**小白：**我们怎样来直观展示和分析工作进度的情况呢？

**阿智：**既然是查看进度，那可以使用通常所说的进度条来展示，这可以使用Excel条形图来实现。

工作进度侧重于显示和对比各个项目或员工之间的工作情况与能力，一定程度上侧重于数据之间的大小，这时用条形图比较合适。

## 7.2.1 创建条形图

条形图专门用于显示各项数据之间的大小情况，比较数据之间的大小。

下面以创建条形图来展示、对比和分析小组成员的完成进度情况为例，介绍具体操作。

| | |
|---|---|
| 本节素材 | ⊙素材\Chapter07\工作量完成情况.xlsx |
| 本节效果 | ⊙效果\Chapter07\工作量完成情况.xlsx |
| 学习目标 | 掌握创建条形图的方法 |
| 难度指数 | ★★ |

**步骤01** 打开“工作量完成情况.xlsx”素材文件，❶选择任一数据单元格，❷单击条形图下拉按钮，❸选择“簇状条形图”选项，如图7-26所示。

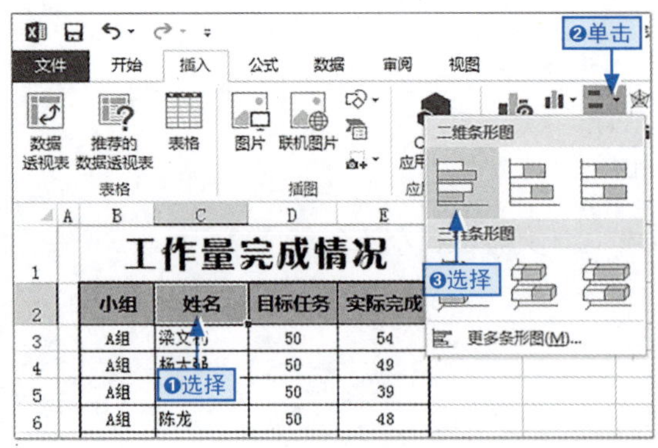


图7-26

**步骤02** 为创建的条形图添加标题和应用图表样式，效果如图7-27所示。

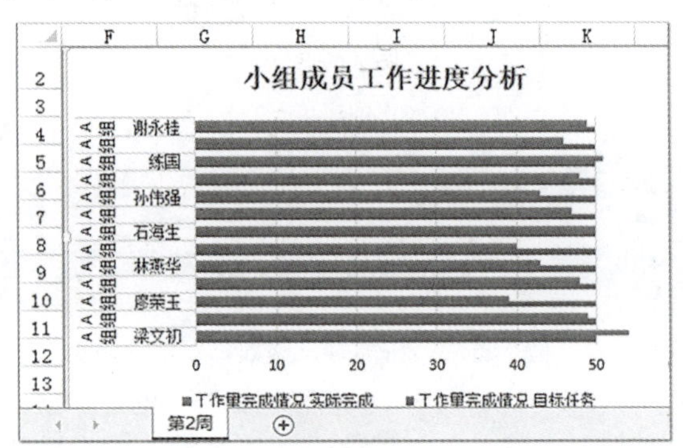


图7-27

## 7.2.2 手动调整数据源

数据源直接决定图表的显示和绘制。对于不合适的图表数据源，可以对其进行更改。

下面以更改和调整工作量进度分析条形图的数据源为例，介绍具体操作。

| | |
|---|---|
| 本节素材 | ⊙素材\Chapter07\工作量完成情况1.xlsx |
| 本节效果 | ⊙效果\Chapter07\工作量完成情况1.xlsx |
| 学习目标 | 更改图表数据源 |
| 难度指数 | ★★ |

**步骤01** 打开“工作量完成情况1.xlsx”素材文件，在图表上右击，在弹出的快捷菜单中选择“选择数据”命令，如图7-28所示。

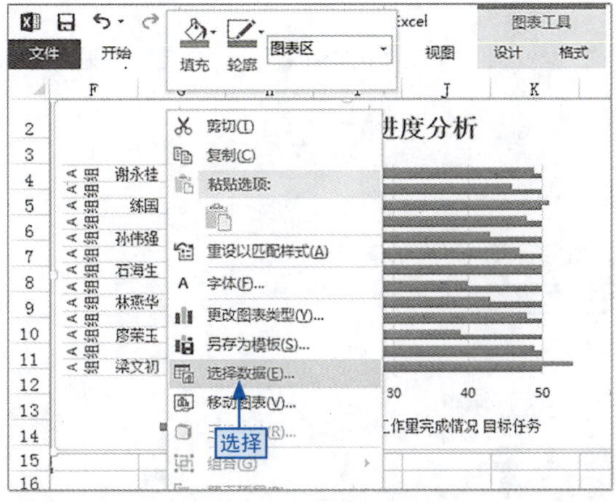


图7-28

**步骤02** 打开“选择数据源”对话框，单击“图表数据区域”文本框后的“折叠”按钮，如图7-29所示。

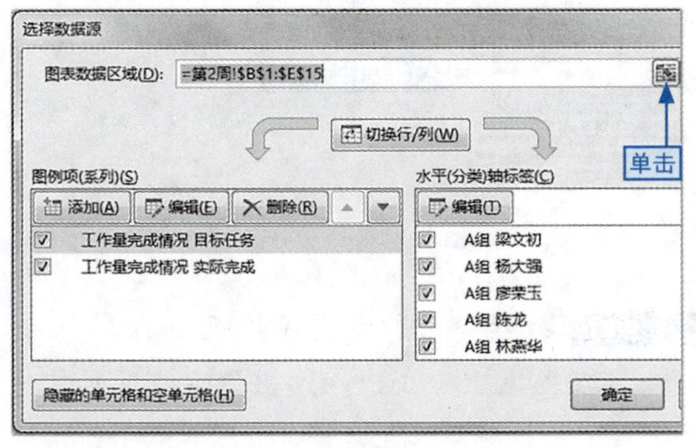


图7-29

**步骤03** ❶在表格中选择C2:E15单元格区域，❷单击“展开”按钮，如图7-30所示。

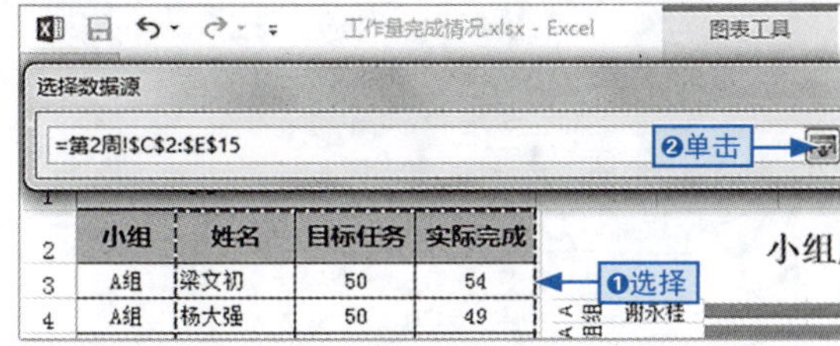


图7-30

**步骤04** 返回到“选择数据源”对话框中，❶选择“目标任务”选项，❷单击“删除”按钮，❸单击“确定”按钮，如图7-31所示。

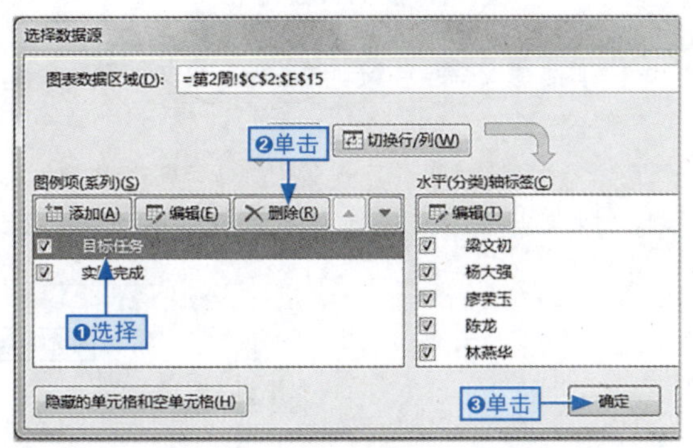


图7-31

**步骤05** 返回到工作表，即可查看到调整数据源的效果，如图7-32所示。

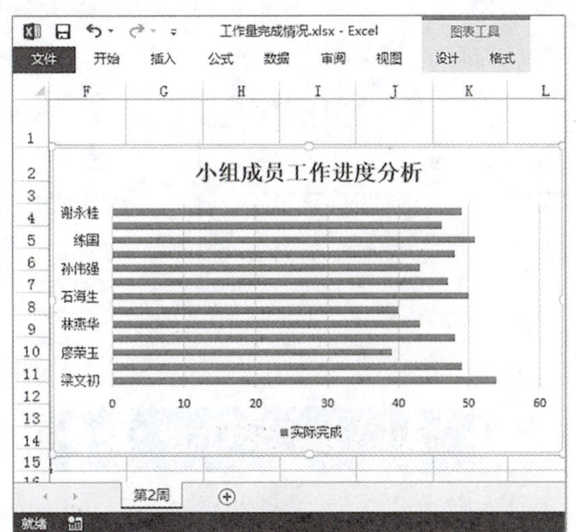


图7-32

**快速删除系列数据**

在图表中若发现一些数据系列多余，这时可不用通过打开“选择数据源”对话框进行数据的重新选择来删减。直接选择数据系列，按Delete键，即可删除图表数据源中相对应的数据。

**快速添加图表数据**

若是一些数据没有被包含到图表数据源中，同时又需要将其添加到图表中进行绘制显示，这时可通过复制和粘贴来轻松实现。

其方法为：❶选择要添加的数据区域，按Ctrl+C组合键进行复制，❷选择图表，按Ctrl+V组合键进行粘贴，图表立即将其作为新添加的数据源，并在图表中显示和绘制，如图7-33所示。

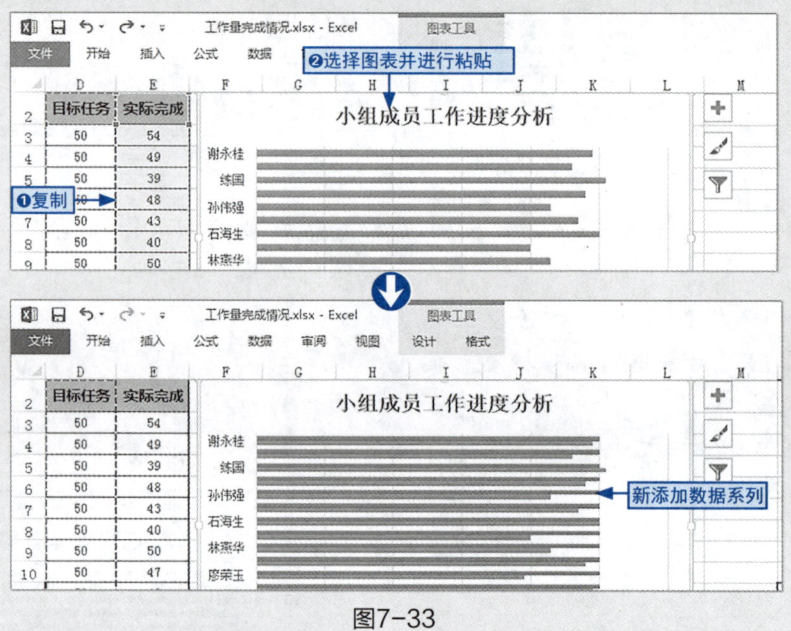


图7-33

## 7.2.3 设置坐标轴格式

坐标轴分为横坐标轴和纵坐标轴，它们分别用来表示类别和数量，通常也会影响到图表的显示，从而影响分析数据的情况。所以，在实际工作中，可以通过设置坐标轴格式来让图表的绘制和分析效果更好。

下面以设置工作进度分析图表的横坐标轴的刻度和方向为例，介绍其具体操作。

| 本节素材 | ⊙素材\Chapter07\工作量完成情况2.xlsx |
|---|---|
| 本节效果 | ⊙效果\Chapter07\工作量完成情况2.xlsx |
| 学习目标 | 学会设置坐标轴格式 |
| 难度指数 | ★★ |

**步骤01** 打开“工作量完成情况2.xlsx”素材文件，在图表上右击，在弹出的快捷菜单中选择“设置坐标轴格式”命令，如图7-34所示。

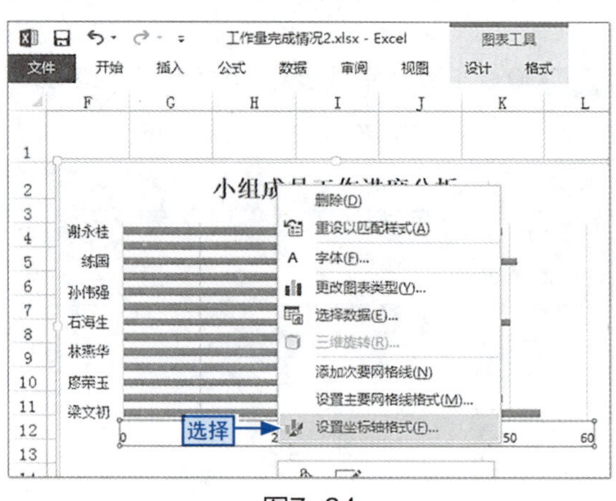


图7-34

步骤02 打开“设置坐标轴格式”窗格，在“坐标轴选项”选项卡中分别设置“最大值”和“主要”为50.0和5，如图7-35所示。

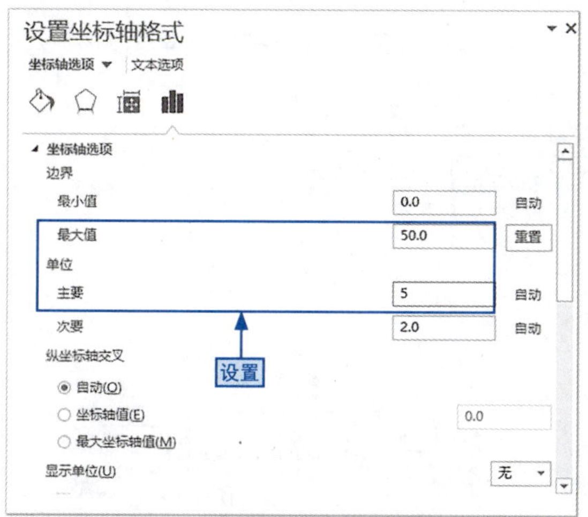


图7-35

步骤03 ❶单击“标签位置”下拉按钮，❷选择“高”选项，如图7-36所示。

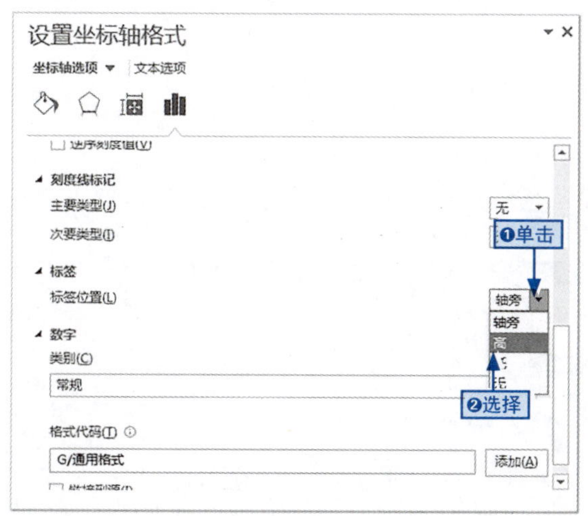


图7-36

步骤04 ❶展开“数字”栏，❷在“格式/代码”文本框中接着输入“件”，❸单击“添加”按钮，如图7-37所示。

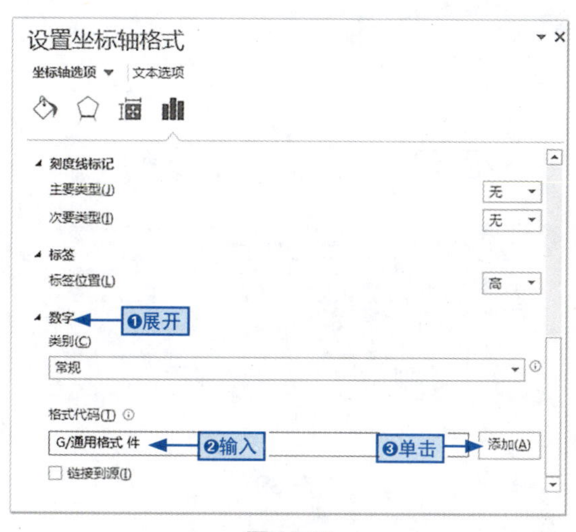


图7-37

步骤05 在图表中即可查看到设置坐标轴格式的效果，如图7-38所示。

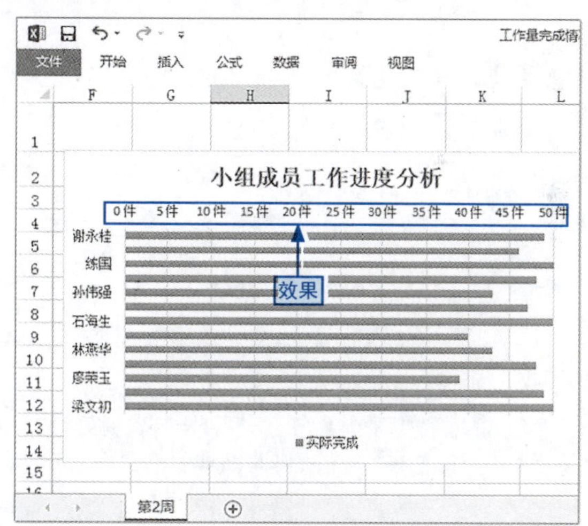


图7-38

**设置坐标轴字体格式**

设置坐标轴（以及其他图表元素）的字体格式，与设置普通数据的格式一样，只需选择它后，在“开始”选项卡的字体文本框中输入相应字体或在其下拉列表中选择相应字体选项即可。如图7-39所示是设置纵坐标轴的字体格式为“微软雅黑”。

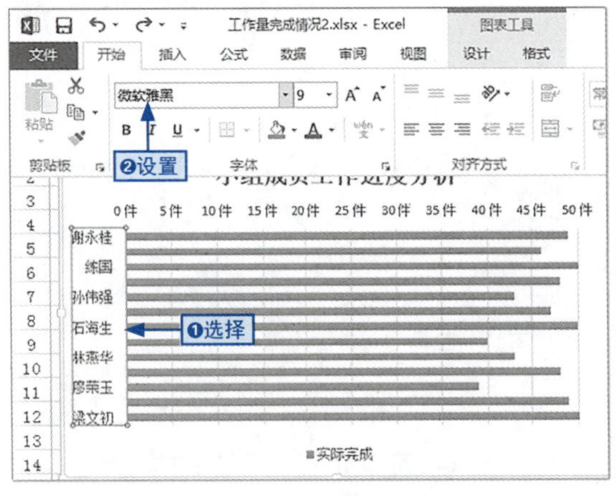


图7-39

## 7.2.4 设置数据系列填充效果

默认创建的图表，其数据系列基本都是以纯色填充。其实可以对其填充颜色或样式进行修改，下面分别进行介绍。

### 1. 更改填充颜色

手动对数据系列填充色进行更改，可像填充单元格底纹那样操作，❶选择数据序列，❷单击“填充颜色”下拉按钮，❸选择相应的颜色选项，如图7-40所示。

学习目标　更改底纹填充色

难度指数　★★

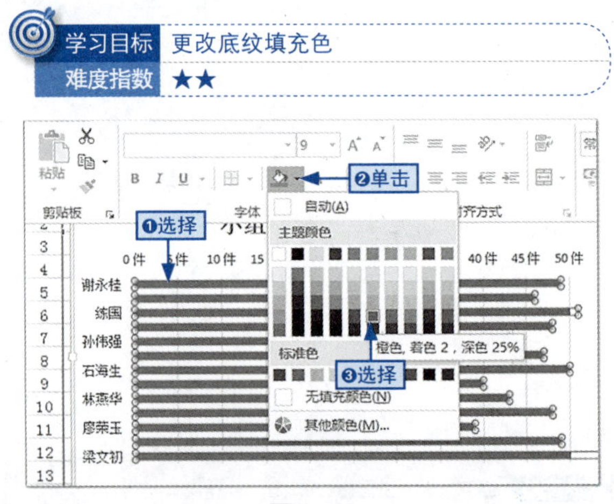


图7-40

**让系统自动按照数据点进行着色**

除了手动进行填充色的更改外（当然也包括应用样式和更改颜色等操作），还可以让系统按照图表中的数据系列进行不同填充色的着色。

其方法为：在数据系列上右击，在弹出的快捷菜单中选择“设置数据系列格式”命令，打开“设置数据系列格式”窗格，在“填充线条”选项卡中选中“依数据点着色”复选框，如图7-41所示。

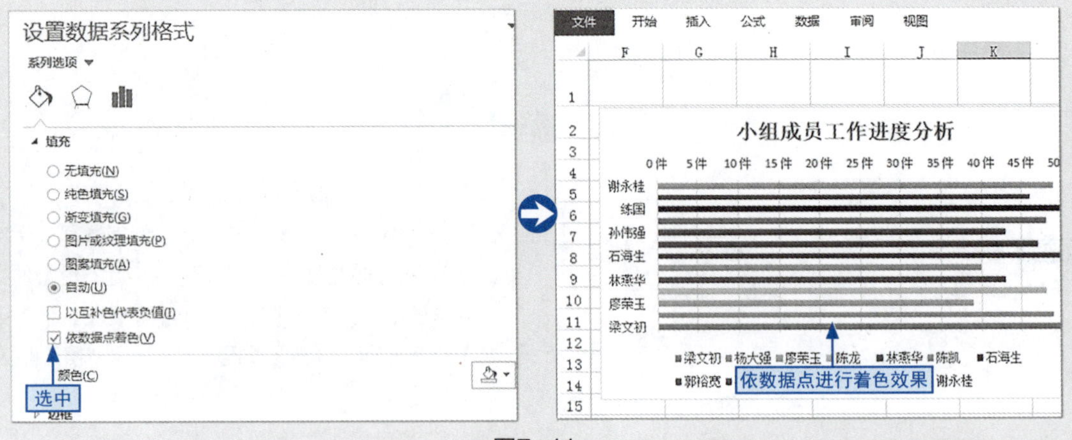


图7-41

## 2. 用渐变色填充数据系列

渐变色也可以作为数据系列的填充色，使图表更具个性。

下面以将工作进度分析图表的数据系列填充为渐变橙色为例，介绍其具体操作。

步骤01 打开“工作量完成情况3.xlsx”素材文件，在数据系列上右击，在弹出的快捷菜单中选择“设置数据系列格式”命令，打开“设置数据系列格式”窗格，如图7-42所示。

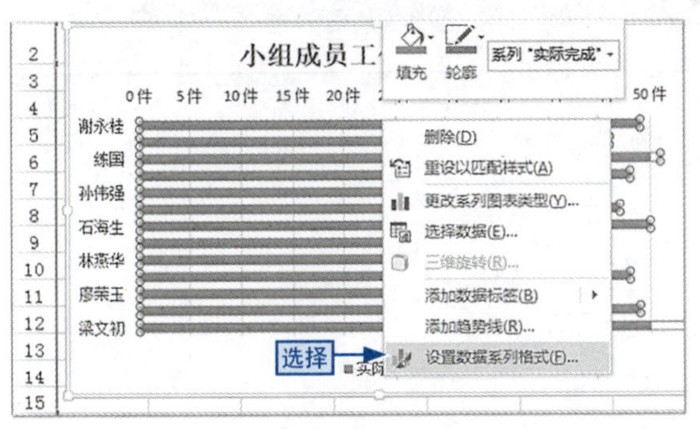


图7-42

步骤02 在“填充线条”选项卡中，❶选中“渐变填充”单选按钮，❷单击“渐变预设”下拉按钮，❸选择“中等渐变－着色2”选项，如图7-43所示。

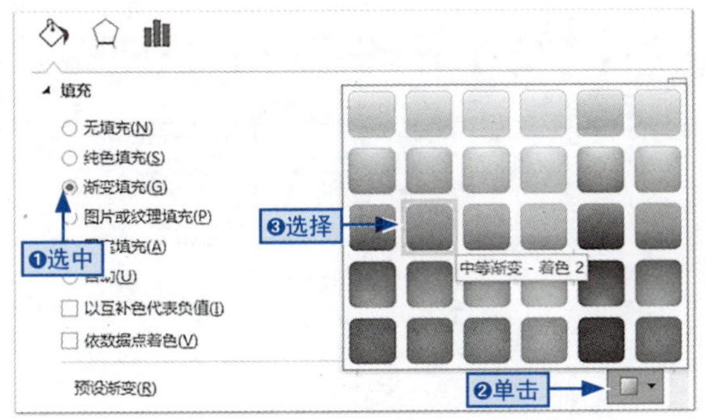


图7-43

步骤03 ❶单击“类型”下拉按钮，❷选择“射线”选项，如图7-44所示。

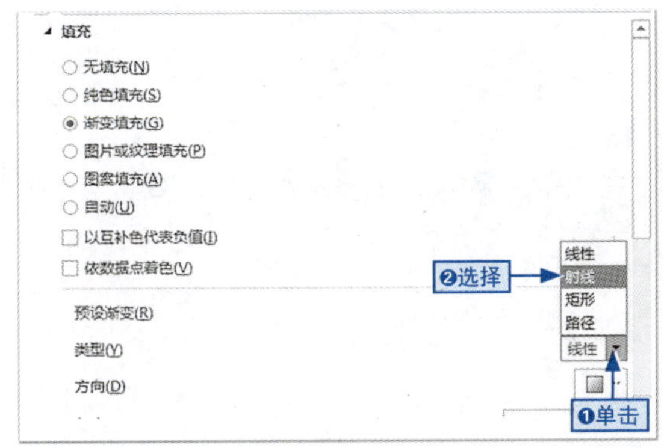


图7-44

步骤04 ❶单击“方向”下拉按钮，❷选择“从右下角”选项，如图7-45所示。

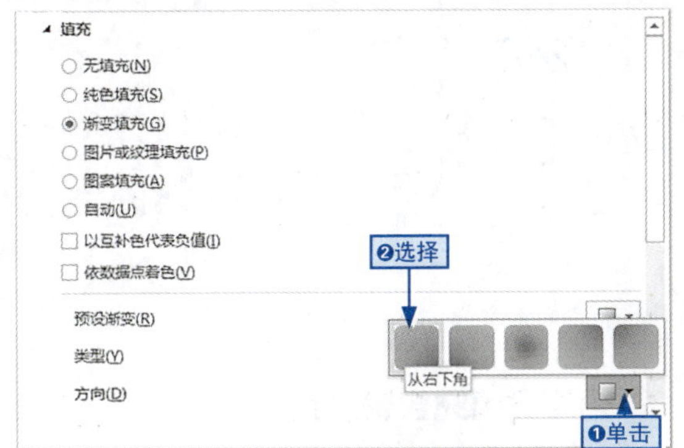


图7-45

步骤05 返回到工作表，即可查看数据系列的渐变色设置效果，如图7-46所示。

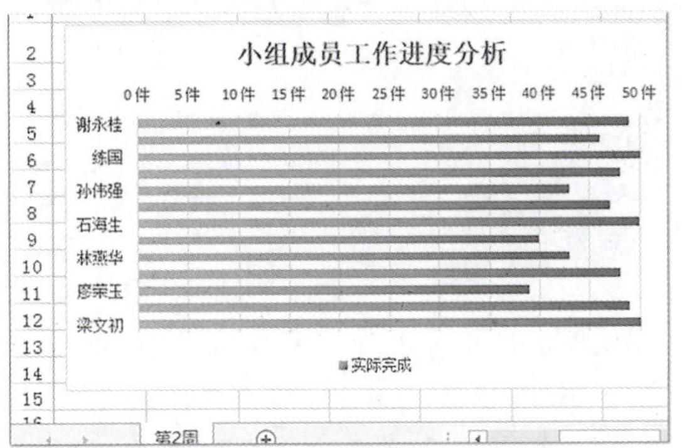


图7-46

长知识

**自定义渐变色**

在对图表数据系列进行填充设置时，不一定要完全使用已有的渐变样式，可以对已有的样式中进行更改或完全自定义。

其方法为：❶选择“渐变光圈”滑块，❷单击“颜色”下拉按钮，❸选择相应的颜色选项，❹分别设置位置、透明度和亮度，如图 7-47 所示。

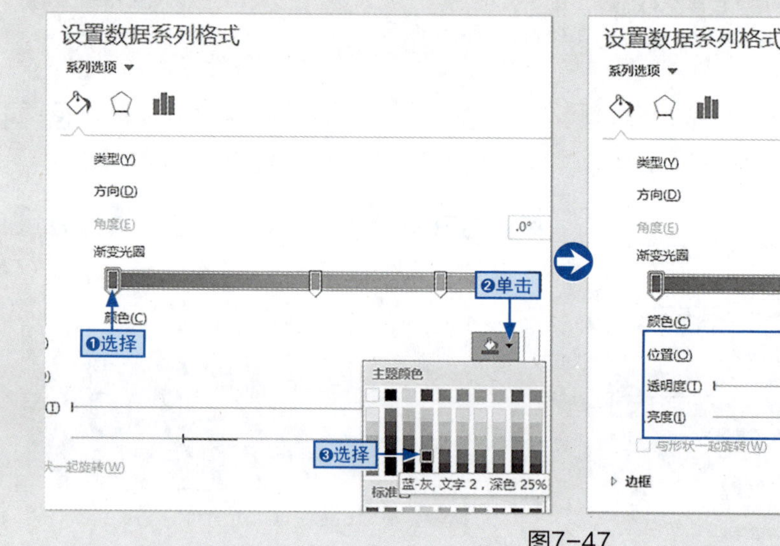


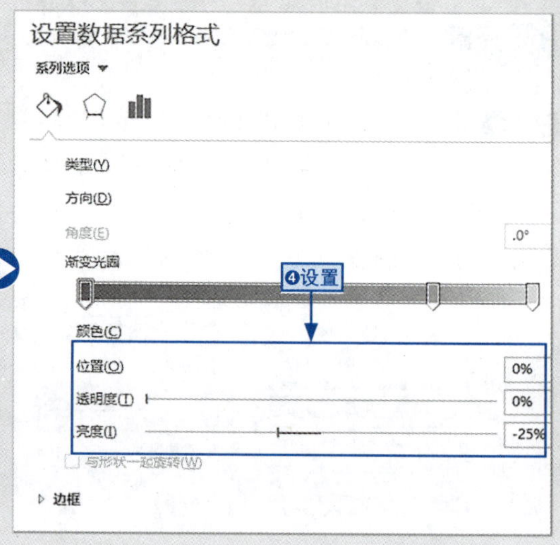


图7-47

## 3. 用图案填充数据系列

不仅可以使用颜色来填充数据系列，还可以使用图案来进行填充，使其更加有特色。

下面以将“工作量完成情况4”工作簿中的图表的数据系列填充为75%图案为例，介绍其具体操作。

| 本节素材 | ⊙素材\Chapter07\工作量完成情况4.xlsx |
|---|---|
| 本节效果 | ⊙效果\Chapter07\工作量完成情况4.xlsx |
| 学习目标 | 学会以图案填充数据系列 |
| 难度指数 | ★★ |

**步骤01** 打开“工作量完成情况4.xlsx”素材文件，❶选择整个图表，❷单击“图表工具”下“格式”选项卡中的“图表元素”下拉按钮，❸选择“系列‘实际完成’”选项，如图7-48所示。

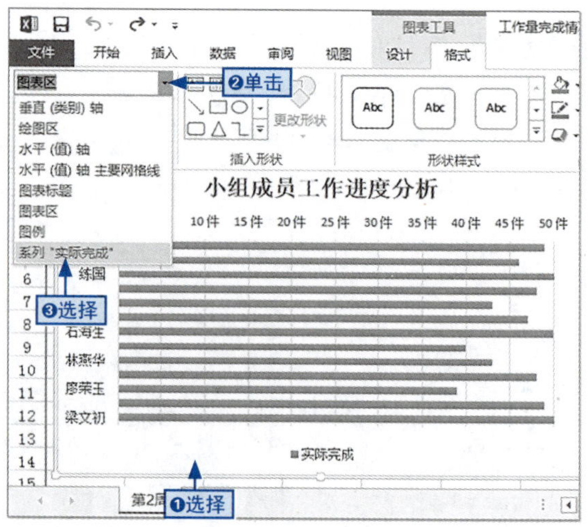


图7-48

**步骤02** 单击“设置所选内容格式”按钮，打开“设置数据系列格式”窗格，如图7-49所示。

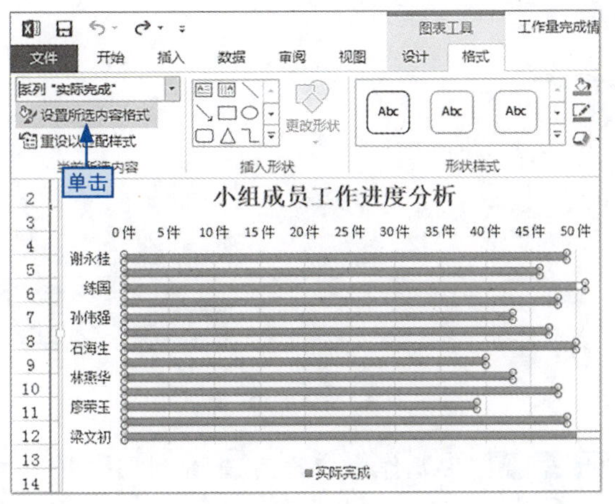


图7-49

**步骤03** ❶选择“填充线条”选项卡，❷选中“图案填充”单选按钮，如图7-50所示。

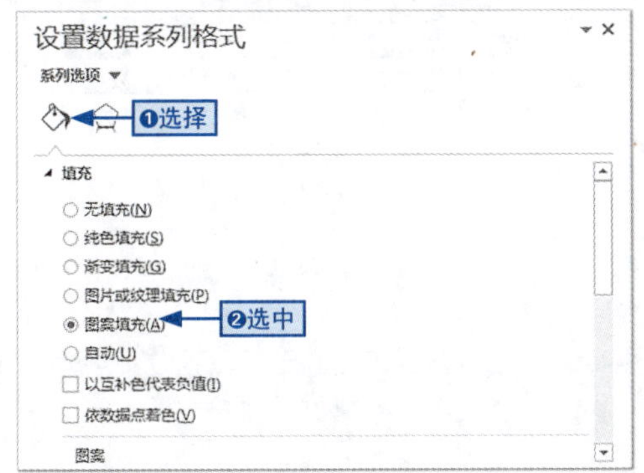


图7-50

**步骤04** 在图案栏中选择75%图案选项，如图7-51所示。

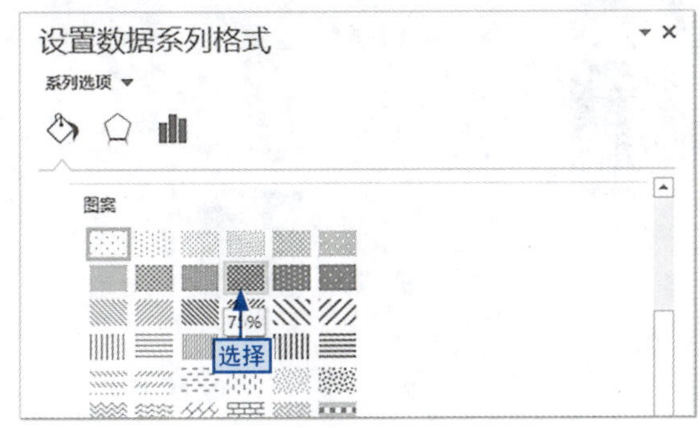


图7-51

**步骤05** 在工作表中即可查看到以图案填充数据系列的效果，如图7-52所示。

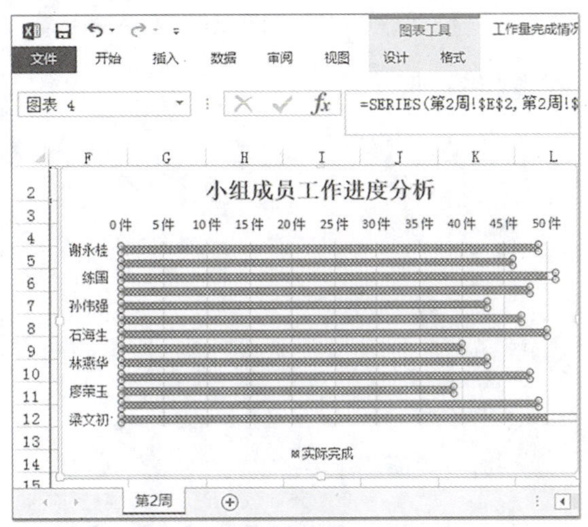


图7-52

## 4. 用图片填充数据系列

数据系列的填充不一定是系统内部的元素，还可以将外部的图片导入到系统中，作为数据系列的填充样式。

下面以将“工作量完成情况5”工作簿中图表的数据系列填充为外部的图片为例，介绍其具体操作。

| | |
|---|---|
| 本节素材 | 素材\Chapter07\工作量完成情况5.xlsx |
| 本节效果 | 效果\Chapter07\工作量完成情况5.xlsx |
| 学习目标 | 学会以本地图片来填充数据系列 |
| 难度指数 | ★★★ |

**步骤01** 打开“工作量完成情况5.xlsx”素材文件，在“实际完成”数据系列上双击（不用事先选择该数据系列，直接双击），如图7-53所示。

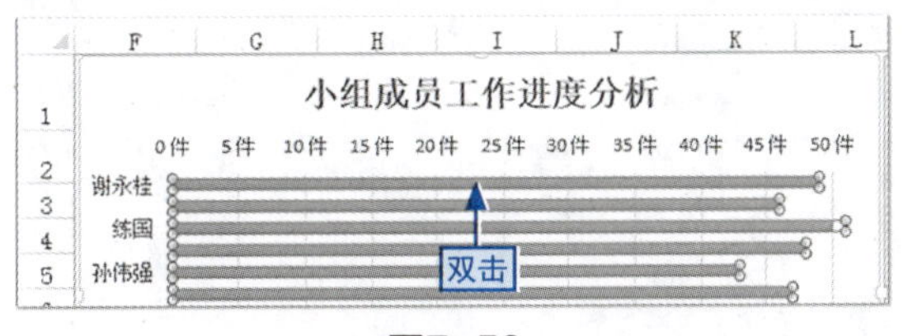


图7-53

步骤02 打开“设置数据系列格式”窗格，❶选中“图片或纹理填充”单选按钮，❷单击“文件”按钮，如图7-54所示。

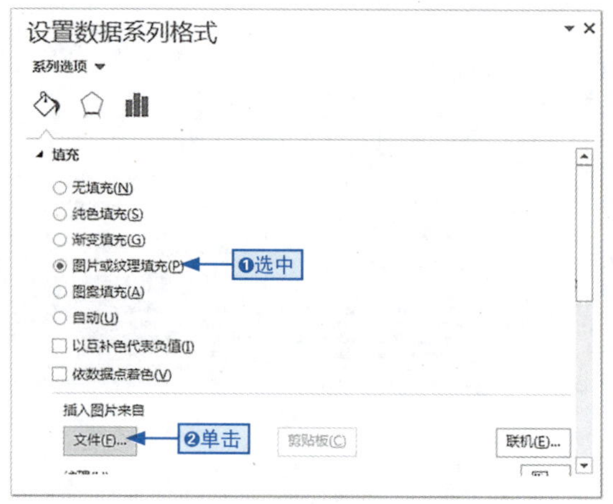


图7-54

步骤03 打开“插入照片”对话框，❶选择图片的保存位置，❷选择“底纹.jpg”文件，❸单击“插入”按钮，如图7-55所示。

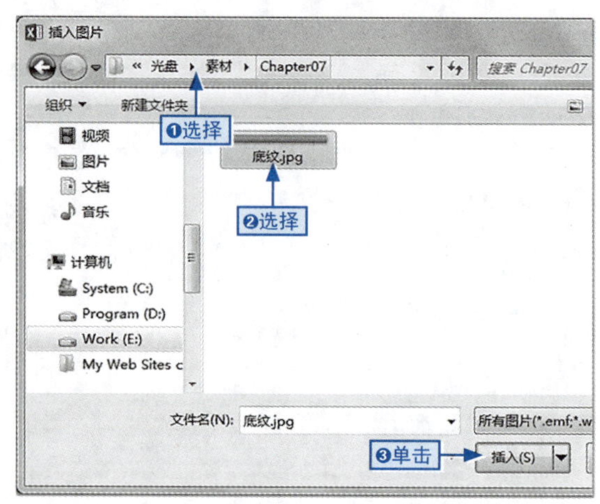


图7-55

步骤04 在工作表中即可查看到图片填充数据系列的效果，如图7-56所示。

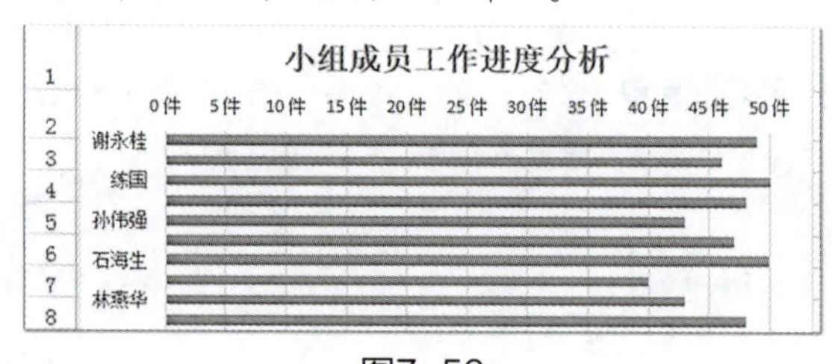


图7-56

## 长知识 数据系列底纹以纹理样式显示

如要让数据系列的填充样式以纹理方式显示，可直接使用系统中自带的纹理样式进行填充。其方法为：❶选中“图片或纹理填充”单选按钮，❷单击“纹理”下拉按钮，❸选择相应的纹理选项，如图 7-57 所示。

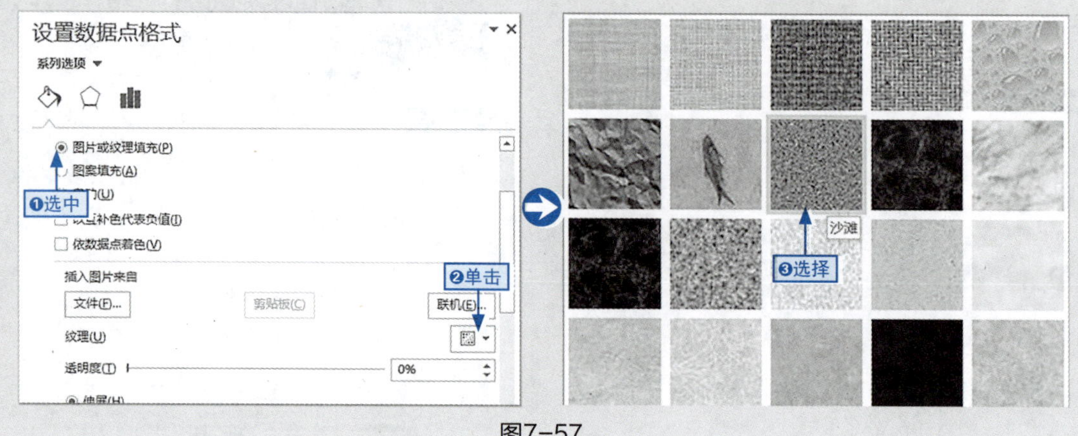


图7-57

## 5. 以联机图片填充数据系列

在Excel 2013中，还可以通过“必应”在线搜索图片作为数据系列填充底纹。

下面以在“工作量完成情况6”工作簿中为图表在线搜索“底纹”图片作为填充底纹为例，介绍其具体操作。

| | |
|---|---|
| 本节素材 | ⊙素材\Chapter07\工作量完成情况6.xlsx |
| 本节效果 | ⊙效果\Chapter07\工作量完成情况6.xlsx |
| 学习目标 | 掌握以联机图片填充数据系列的方法 |
| 难度指数 | ★★ |

**步骤01** 打开“工作量完成情况6.xlsx”素材文件，再打开“设置数据系列格式”窗格，❶选中“图片或纹理填充”单选按钮，❷单击“联机”按钮，如图7-58所示。

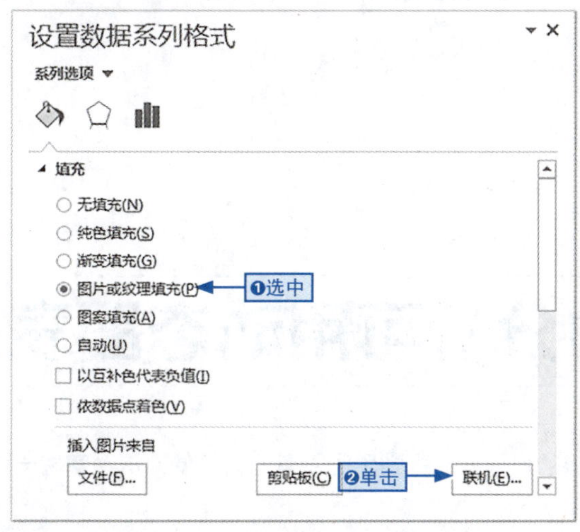


图7-58

**步骤02** 打开“插入图片”页面，在“必应图像搜索”文本框中输入“底纹”，按Enter键，如图7-59所示。

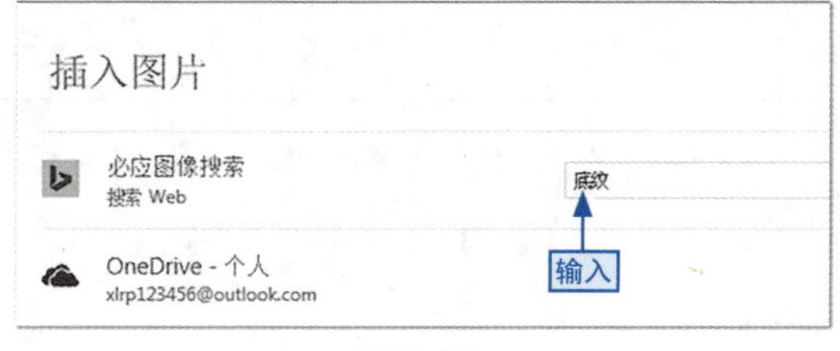


图7-59

**步骤03** ❶选中相应图片选项上的复选框，❷单击“插入”按钮，如图7-60所示。

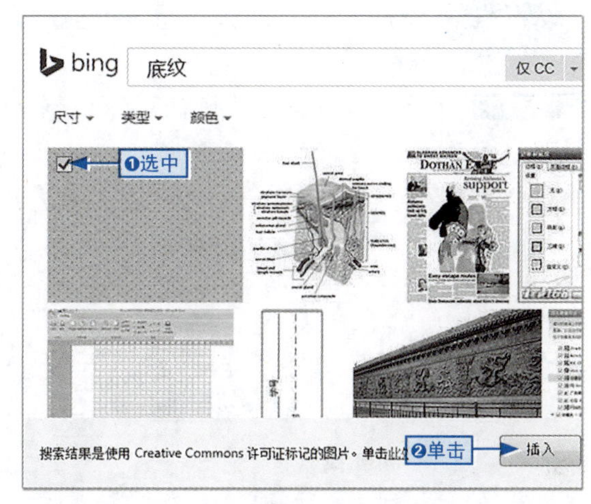


图7-60

**步骤04** 返回到工作表中，即可查看到使用联机图片填充数据系列的效果，如图7-61所示。

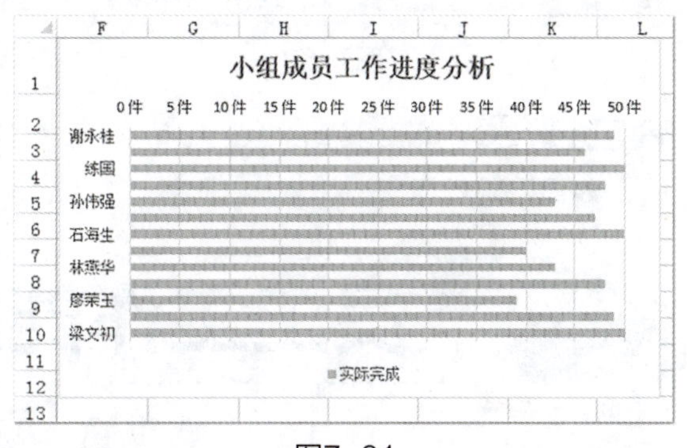


图7-61

## 6. 以粘贴画填充数据系列底纹

一些图案或样式的部分区域适合作为数据系列底纹，可以不用使用其他软件对图片进行处理，而是通过剪贴板来实现。

下面以在“工作量完成情况7”工作簿中为图表填充通过屏幕截图的图像为例，讲解使用剪贴板填充数据系列的操作。

| 本节素材 | ⊙素材\Chapter07\工作量完成情况7.xlsx |
| --- | --- |
| 本节效果 | ⊙效果\Chapter07\工作量完成情况7.xlsx |
| 学习目标 | 学会以复制或截取图像的方法填充数据系列 |
| 难度指数 | ★★ |

**步骤01** 打开“工作量完成情况7.xlsx”素材文件，❶单击“插入”选项卡中的“屏幕截图”下拉按钮，❷在弹出的下拉列表中选择“屏幕剪辑”选项，如图7-62所示。

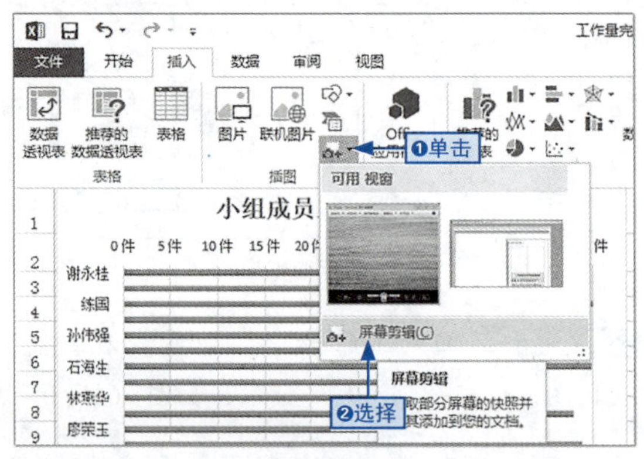

图7-62

**步骤02** 进入截图模式，截取相应图像区域，如图7-63所示。

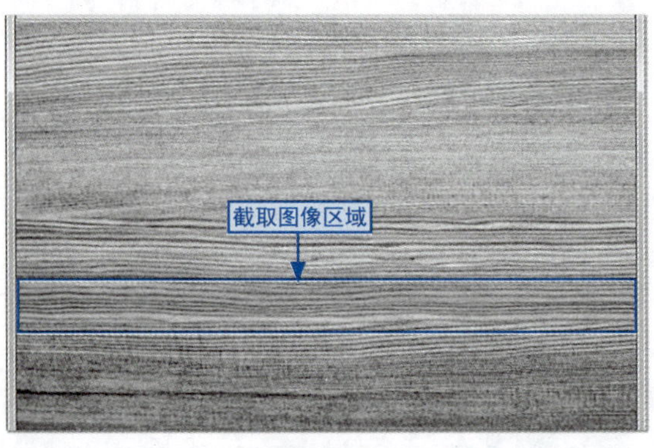

图7-63

**步骤03** 在“设置数据系列格式”窗格中单击“剪贴板”按钮即可，如图7-64所示。

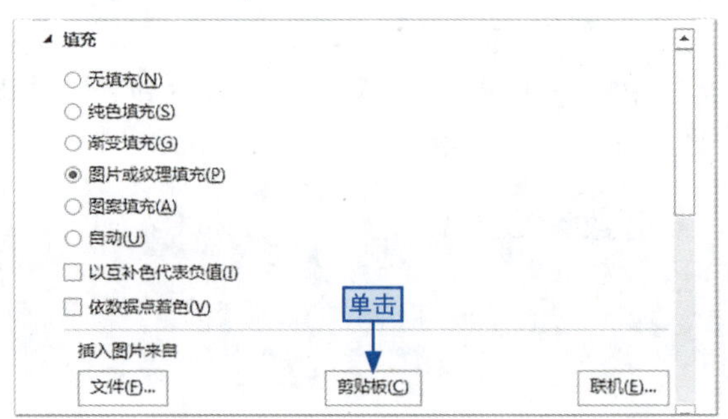

图7-64

# 7.3 员工工作能力分析可用动态图表

**小白：**对每一位员工工作能力分析，必须是一人一张图表吗？有没有简便方法，实现一劳永逸？

**阿智：**一人一张图表，工作量会很大。实际上可以借助数据验证的序列选项功能来制作出动态数据源，在这个基础上创建动态图表，然后通过人员数据切换对其工作能力数据进行分析。

图表一般都是静态的，也就是只能显示当前数据的形状样式。为了更好和更灵活地展示和分析数据，可以借助数据验证功能，让其动起来。

## 7.3.1 利用数据验证控制分类

利用数据验证控制动态图表的分类，其实是使用数据验证提供的序列选项功能进行数据项的切换。下面通过创建数据验证的序列选项来提供员工的姓名选项，其具体操作如下。

| | |
|---|---|
| 本节素材 | ⊙素材\Chapter07\员工工作能力分析.xlsx |
| 本节效果 | ⊙效果\Chapter07\员工工作能力分析.xlsx |
| 学习目标 | 学会使用数据验证功能提供下拉选项 |
| 难度指数 | ★★★ |

**步骤01** 打开“员工工作能力分析.xlsx”素材文件，❶选择A1:F1单元格区域，❷单击“复制”按钮，如图7-65所示。

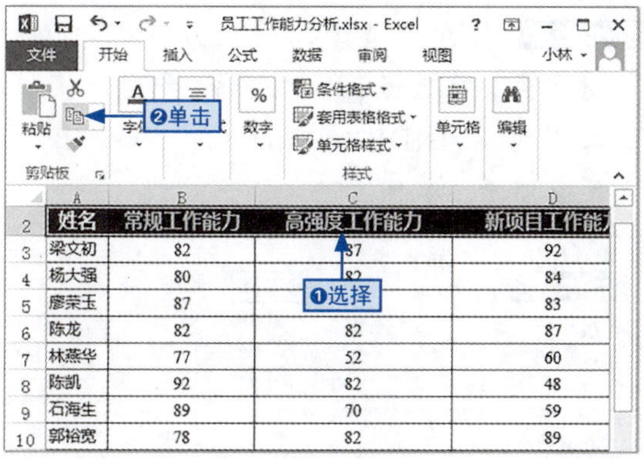

图7-65

**步骤02** ❶选择A27单元格，❷单击“粘贴”下拉按钮，❸在弹出的下拉列表中选择“保留原列宽”选项，如图7-66所示。

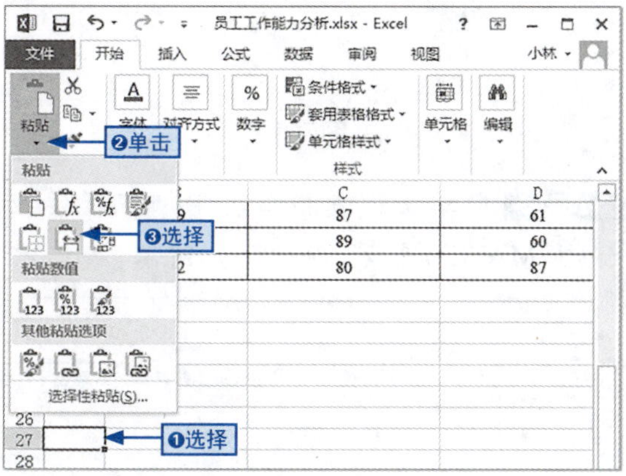

图7-66

**步骤03** ❶选择A28单元格，❷单击“数据”选项卡“数据工具”组中的“数据验证”按钮，打开“数据验证”对话框，如图7-67所示。

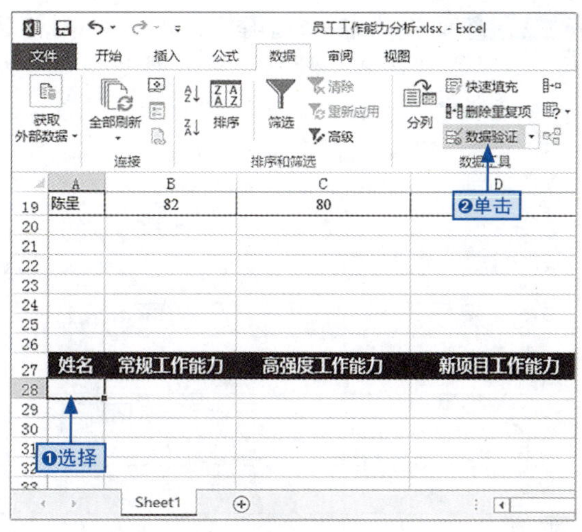


图7-67

**步骤04** ❶单击“允许”下拉按钮，❷选择“序列”选项，如图7-68所示。

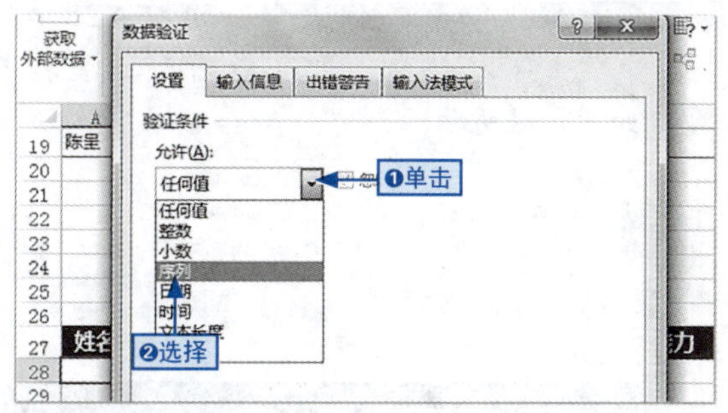


图7-68

**步骤05** ❶取消选中“忽略空值”复选框，❷单击“来源”文本框后的“折叠”按钮，如图7-69所示。

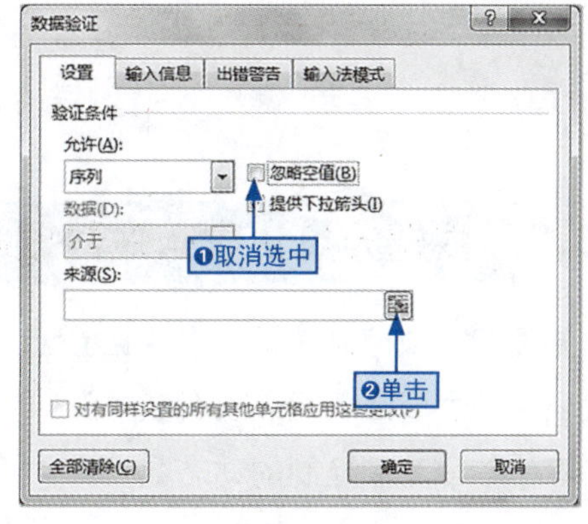


图7-69

**步骤06** ❶在表格中选择A3:A19单元格区域，❷单击“展开”按钮，展开对话框，直接单击“确定”按钮，如图7-70所示。

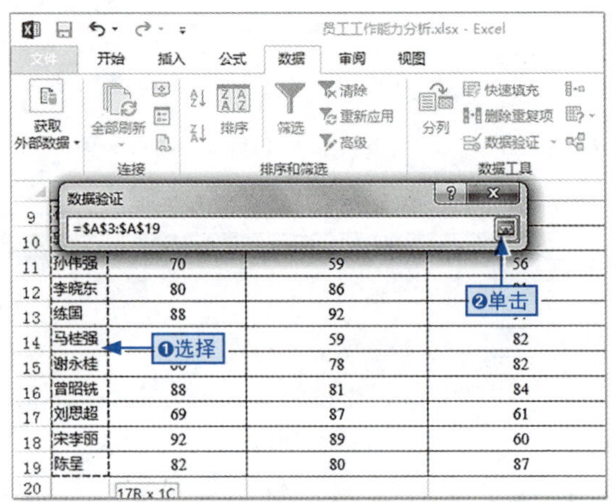


图7-70

**步骤07** ❶返回到工作表中，选择A28单元格，❷单击下拉按钮，即可查看到数据控制项，如图7-71所示。

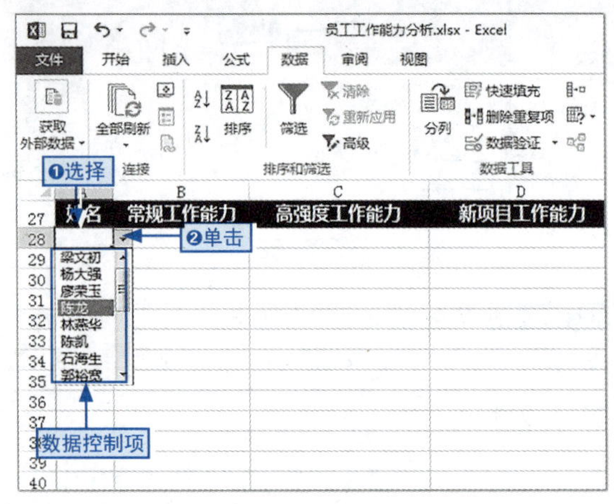


图7-71

## 7.3.2 根据分类生成有效数据源

分类控制项控制按钮已由数据验证下拉选项实现，要生成图表就必须有数据源，要有动态图表就必须有可控制的动态数据源，也就是序列选项所对应的动态数据源。

通过使用函数来让动态图表区域数据一一对应，并实现动态数据切换和选择，其具体操作如下。

| | |
|---|---|
| 本节素材 | ⊙素材\Chapter07\员工工作能力分析1.xlsx |
| 本节效果 | ⊙效果\Chapter07\员工工作能力分析1.xlsx |
| 学习目标 | 学会借助函数来实现数据动态切换和显示 |
| 难度指数 | ★★★ |

**步骤01** 打开“员工工作能力分析1.xlsx”素材文件，❶选择B28单元格，❷在编辑栏中输入公式“=INDEX(B3:D19,”，❸选择“公式”选项卡，如图7-72所示。

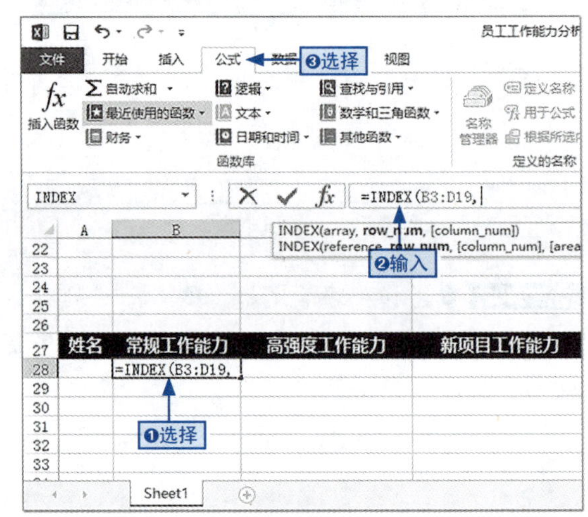


图7-72

**步骤02** ❶单击“查找与引用”下拉按钮，❷选择MATCH选项，如图7-73所示。

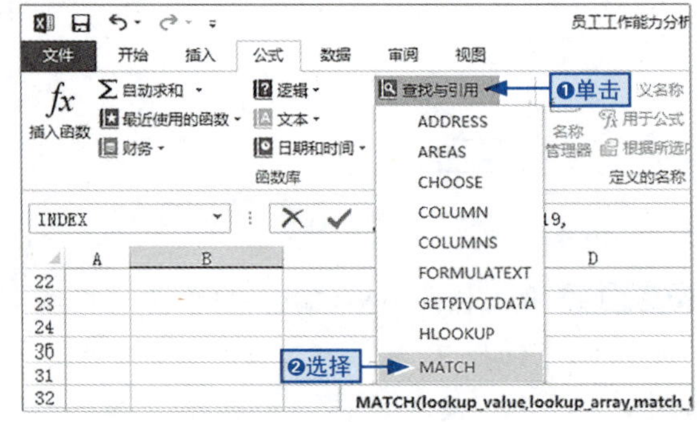


图7-73

**步骤03** 打开“函数参数”对话框，❶输入Lookup_value参数为A28，❷单击Lookup_array文本框后的“折叠”按钮，如图7-74所示。

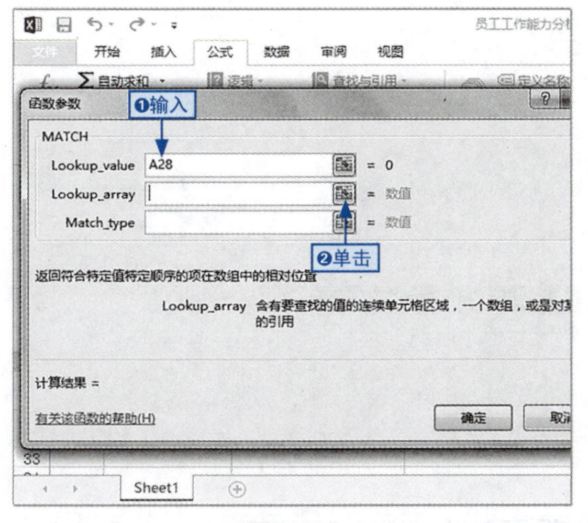


图7-74

**步骤04** 折叠对话框，❶在表格中选择A3:A19单元格区域，然后将系数选中按F4键，转换为绝对引用，❷单击“展开”按钮展开对话框，如图7-75所示。

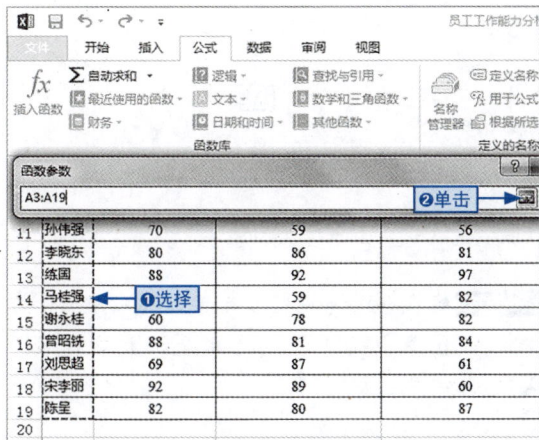

函数参数

A3:A19 ❷单击

| | | | | |
|---|---|---|---|---|
| 11 | 孙伟强 | 70 | 59 | 56 |
| 12 | 李晓东 | 80 | 86 | 81 |
| 13 | 练国 | 88 | 92 | 97 |
| 14 | 马桂强 | 59 | 59 | 82 |
| 15 | 谢永桂 | 60 | 78 | 82 |
| 16 | 曾昭锐 | 88 | 81 | 84 |
| 17 | 刘思超 | 69 | 87 | 61 |
| 18 | 宋李丽 | 92 | 89 | 60 |
| 19 | 陈星 | 82 | 80 | 87 |
| 20 | | | | |

❶选择

图7-75

**步骤05** 返回到“函数参数”对话框中，❶在Match_type文本框中输入0，❷单击“确定”按钮，如图7-76所示。

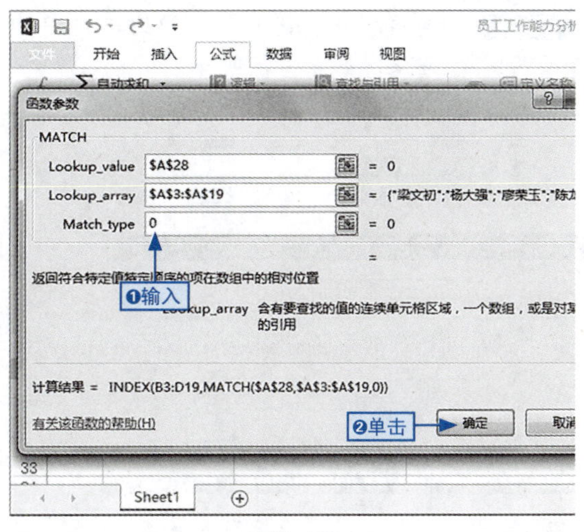


图7-76

**步骤06** 在打开的拼写错误并自动更正的提示对话框中，单击“是”按钮接受更正（这个对话框的出现是由于INDEX()函数在开始输入时没有将其结构写完而导致的），如图7-77所示。

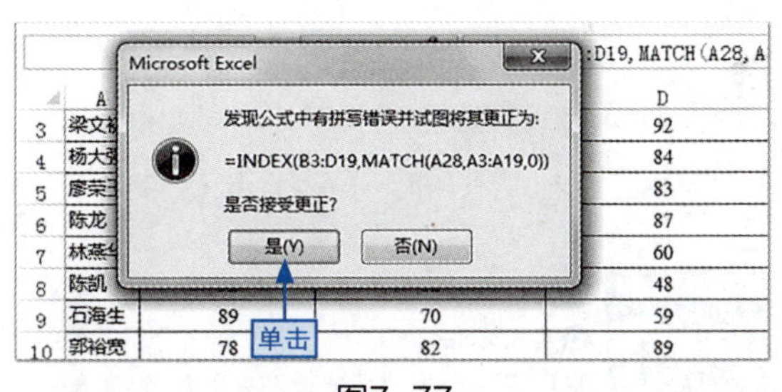


图7-77

**步骤07** 在编辑栏中补充输入英文状态下的“,”（逗号），位置在最后的括号前面，如图7-78所示。

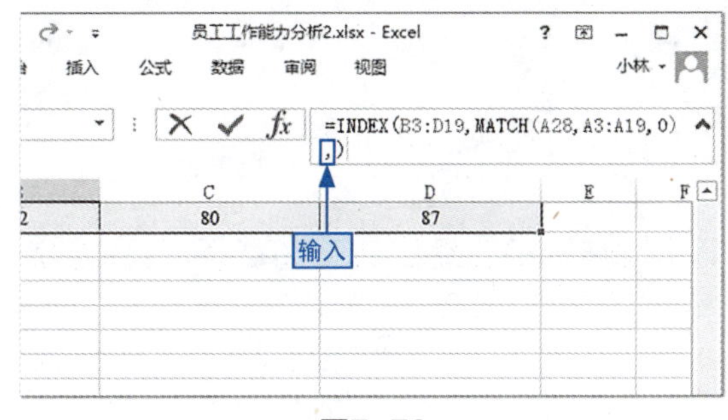


图7-78

**步骤08** 以同样的方法在C28和D28单元格中输入同样的函数，如图7-79所示。

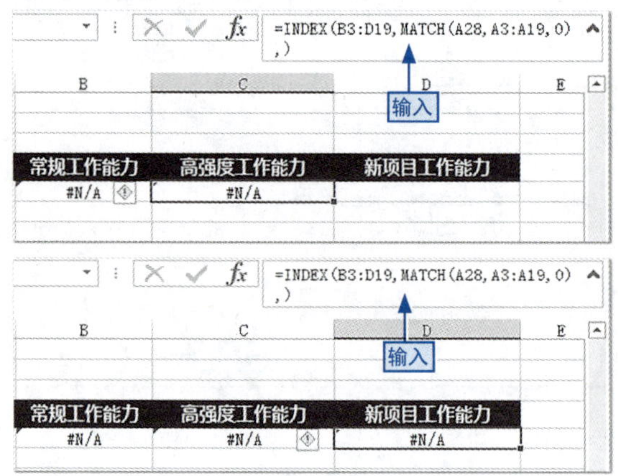


图7-79

## 7.3.3 根据动态数据源创建图表

动态图表不是因为图表本身是动态的，它是依靠动态数据以及动态切换方式进行数据的切换。

下面以根据B27:D28单元格区域的动态数据来创建动态图表为例，介绍其具体操作。

| | |
|---|---|
| 本节素材 | ⊙素材\Chapter07\员工工作能力分析2.xlsx |
| 本节效果 | ⊙效果\Chapter07\员工工作能力分析2.xlsx |
| 学习目标 | 掌握根据动态数据创建图表的操作 |
| 难度指数 | ★★ |

**步骤01** 打开“员工工作能力分析2.xlsx”素材文件，❶选择B27:D28单元格区域，❷选择“插入”选项卡，如图7-80所示。

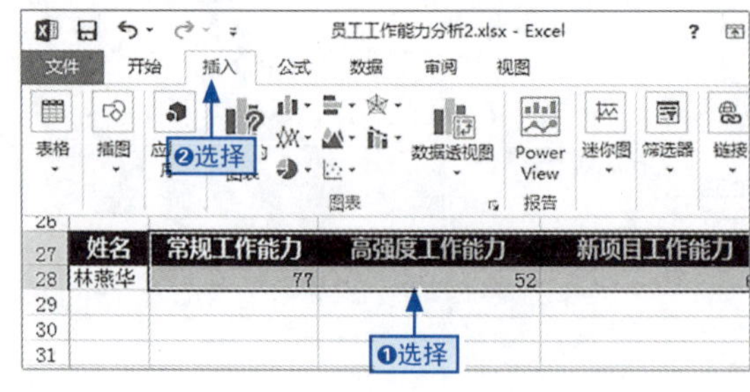


图7-80

**步骤02** ❶单击柱形图下拉按钮，❷在弹出的下拉列表中选择“簇状柱形图”选项，如图7-81所示。

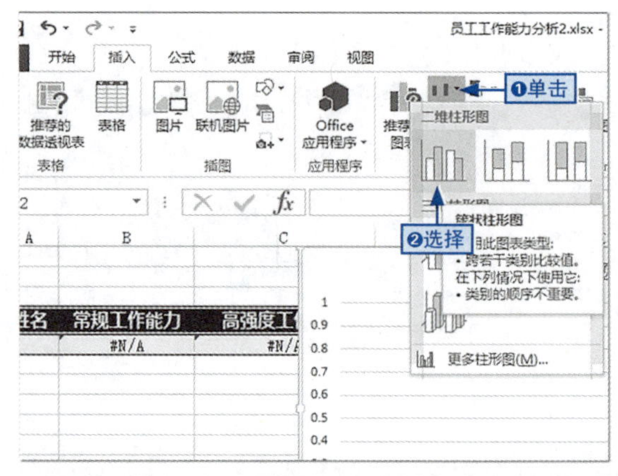


图7-81

**步骤03** 移动图表到合适位置，并为其添加标题，如图7-82所示。

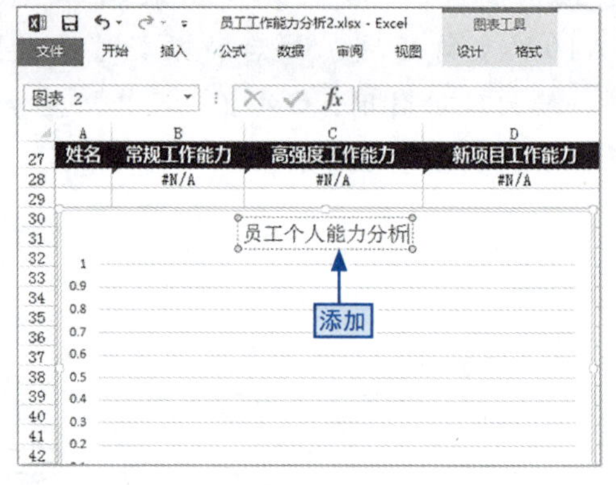


图7-82

**步骤04** ❶选择A28单元格并单击其右侧的下拉按钮，❷在弹出的下拉列表中选择相应选项，如图7-83所示。

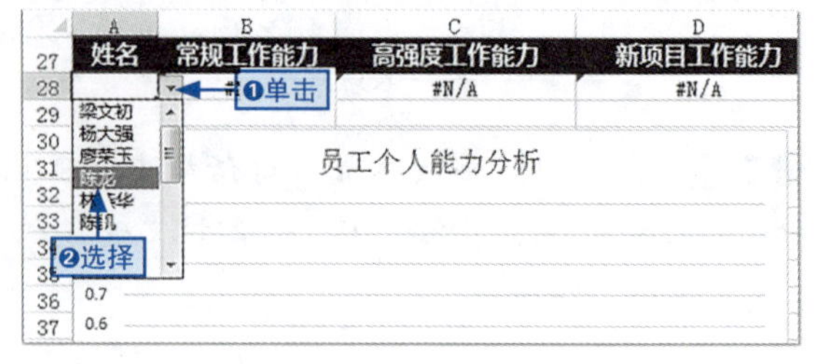


图7-83

**步骤05** 在图表中可查看到相应的员工的个人能力图形展示和分析效果，如图7-84所示。

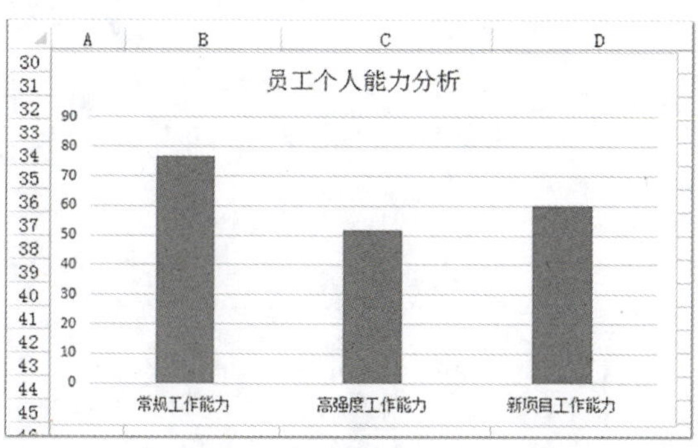


图7-84

## 7.3.4 简单美化图表

虽然创建的动态图表可以进行数据的切换和动态数据的显示，但还需要让其更加美观。

下面以美化员工个人能力动态图表为例，来讲解图表美化的相关操作。

| | |
|---|---|
| 本节素材 | 素材\Chapter07\员工工作能力分析3.xlsx |
| 本节效果 | 效果\Chapter07\员工工作能力分析3.xlsx |
| 学习目标 | 学会设置图表格式 |
| 难度指数 | ★★★ |

**步骤01** 打开“员工工作能力分析3.xlsx”素材文件，❶选择图表标题内容，❷单击“字体”组中的“对话框启动器”按钮，如图7-85所示。

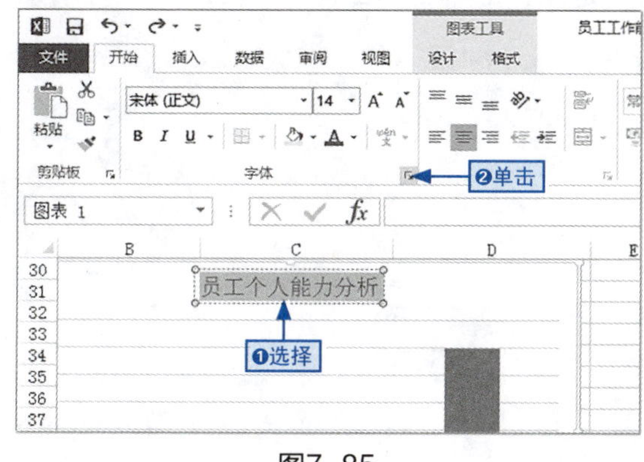


图7-85

**步骤02** 打开“字体”对话框，❶在“中文字体”下拉列表框中设置“微软雅黑”，❷设置“字体样式”为“加粗”，❸设置“大小”为16，如图7-86所示。

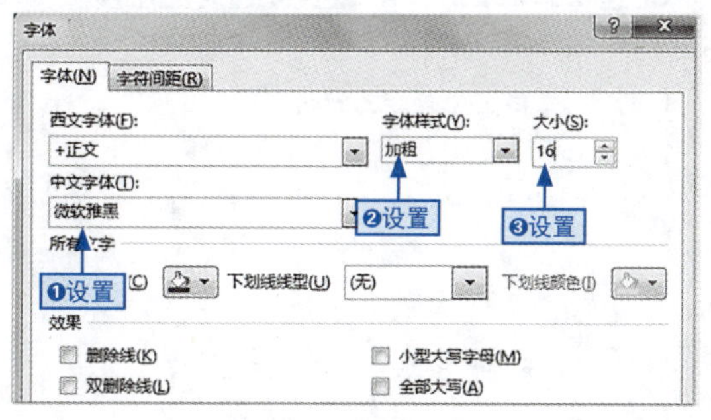


图7-86

**步骤03** ❶单击“字体颜色”下拉按钮，❷在弹出的列表中选择“橙色，着色2，深色50%”选项，如图7-87所示。

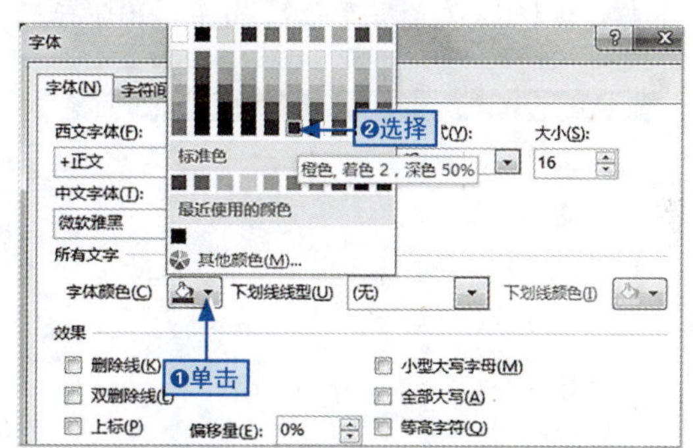


图7-87

**步骤04** ❶选择“字符间距”选项卡，❷在“度量值”文本微调框中输入1，然后单击“确定”按钮，如图7-88所示。

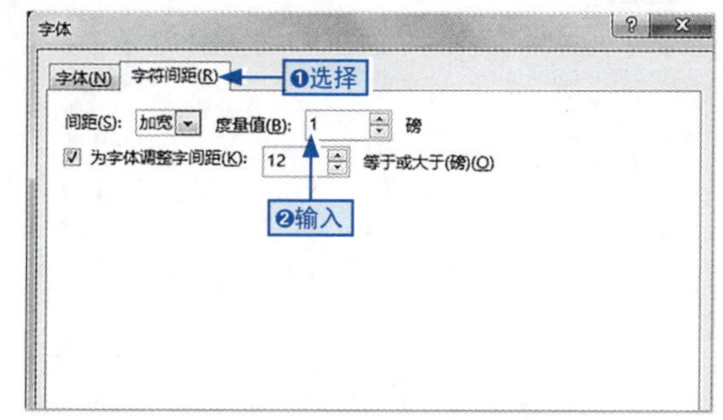


图7-88

步骤05 在数据系列上右击，在弹出的快捷菜单中选择“添加数据标签”→“添加数据标注”命令，如图7-89所示。

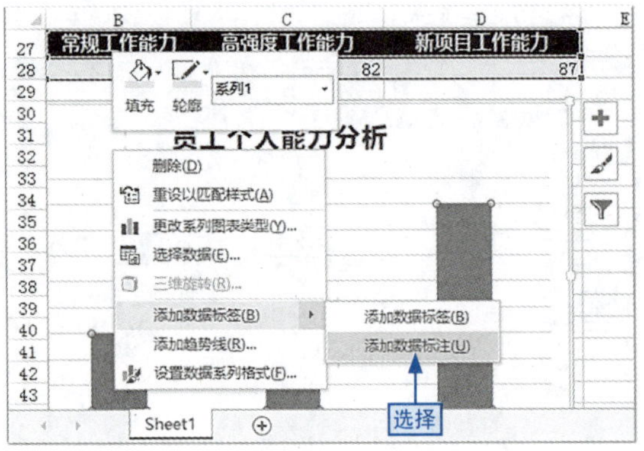

图7-89

步骤06 在数据标签上右击，在弹出的快捷菜单中选择“设置数据标签格式”命令，打开“设置数据标签格式”窗格，如图7-90所示。

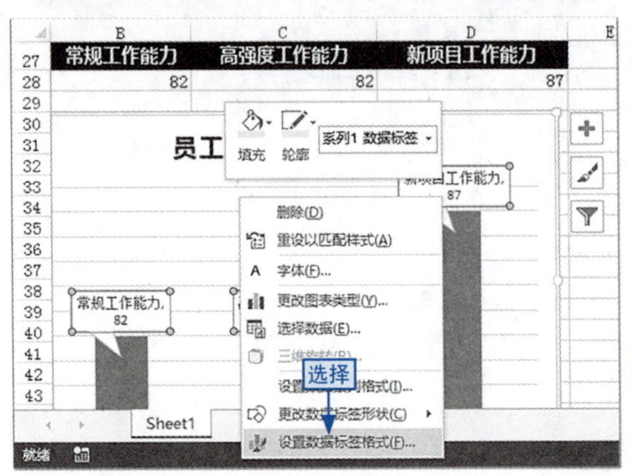

图7-90

步骤07 ❶取消选中“类别名称”复选框，❷选中“居中”单选按钮，如图7-91所示。

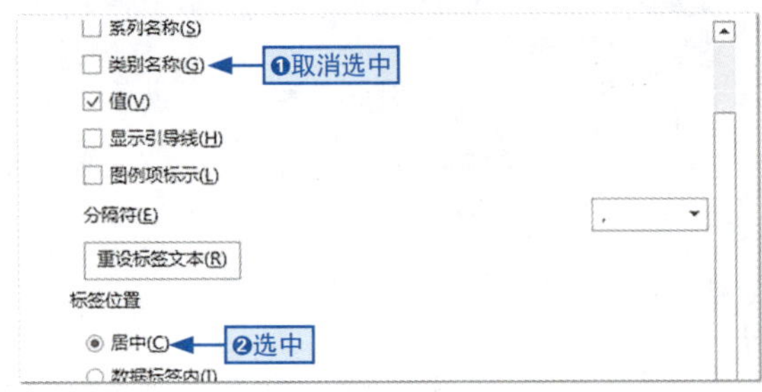

图7-91

步骤08 在数据标签上右击，在弹出的快捷菜单中选择“更改数据标签形状”→“矩形”命令，如图7-92所示。

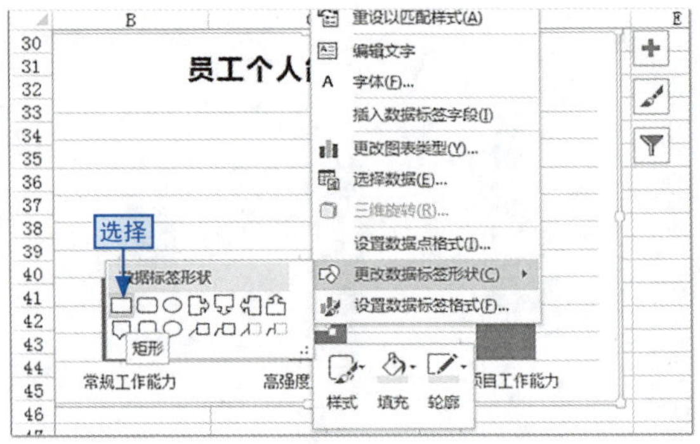

图7-92

步骤09 ❶单击“图表工具”下“设计”选项卡中的“更改颜色”下拉按钮，❷选择“颜色3”选项，如图7-93所示。

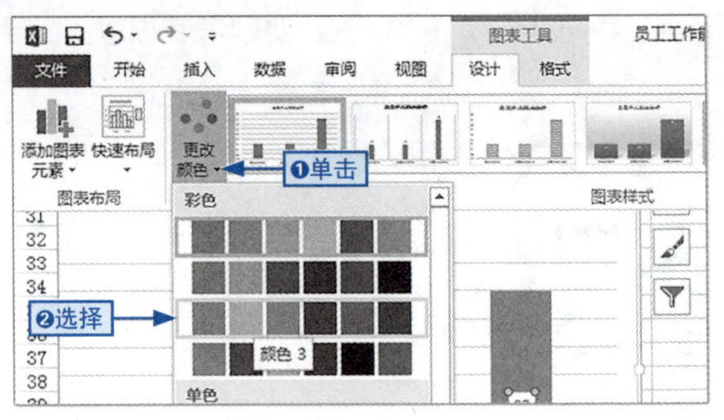

图7-93

步骤10 ❶单击“图表工具”下“格式”选项卡中的“形状效果”下拉按钮，❷选择“右上对角透视”选项，如图7-94所示。

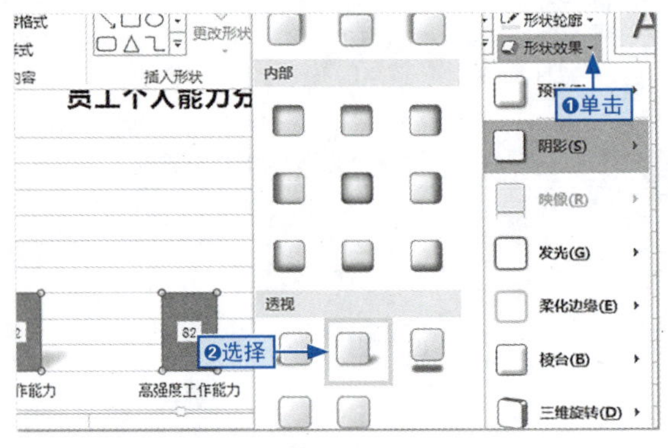

图7-94

**步骤11** 选择整个图表，❶单击“图表工具”下“格式”选项卡中的“形状填充”下拉按钮，❷选择“橙色，着色2，淡色80%”选项，如图7-95所示。

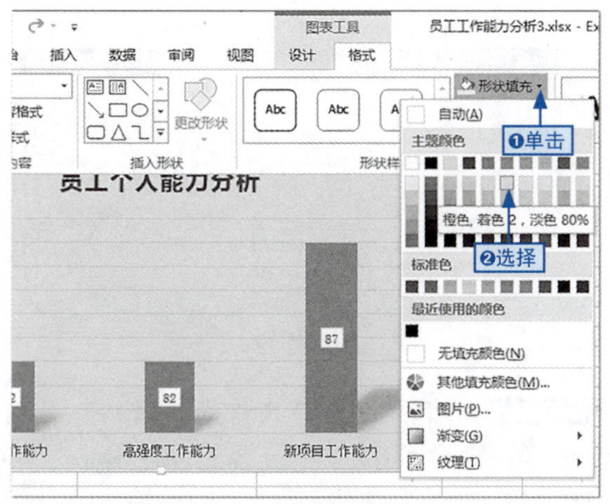


图7-95

**步骤12** ❶单击“形状填充”下拉按钮，❷在弹出的下拉列表中选择“其他填充颜色”选项，如图7-96所示。

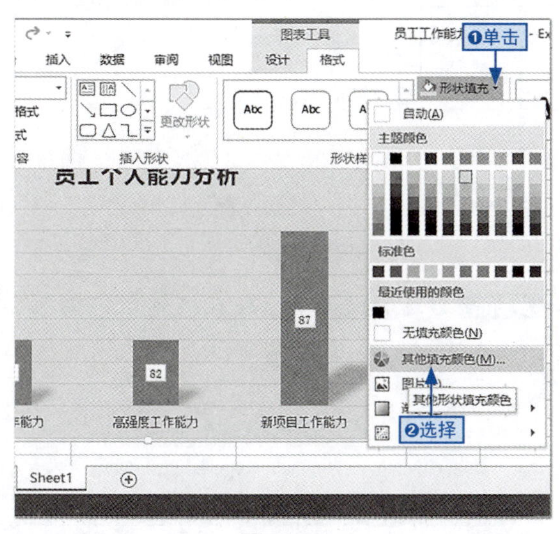


图7-96

**步骤13** 打开“颜色”对话框，❶选择“自定义”选项卡，❷向上稍微拖动颜色滑块，❸单击“确定”按钮，如图7-97所示。

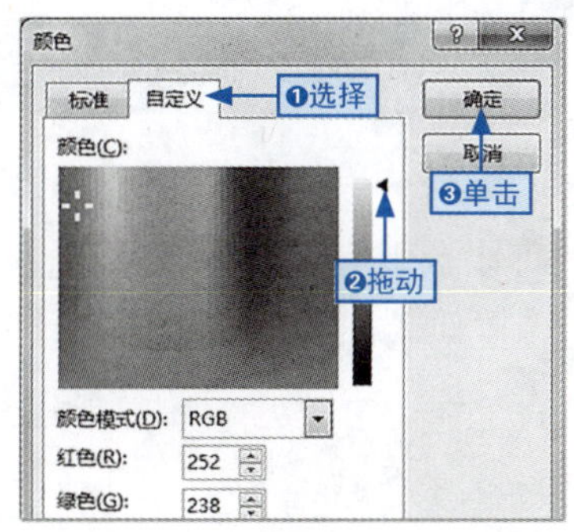


图7-97

**步骤14** ❶单击“形状效果”下拉按钮，❷在弹出的下拉列表中选择“棱台”→“十字形”选项，如图7-98所示。

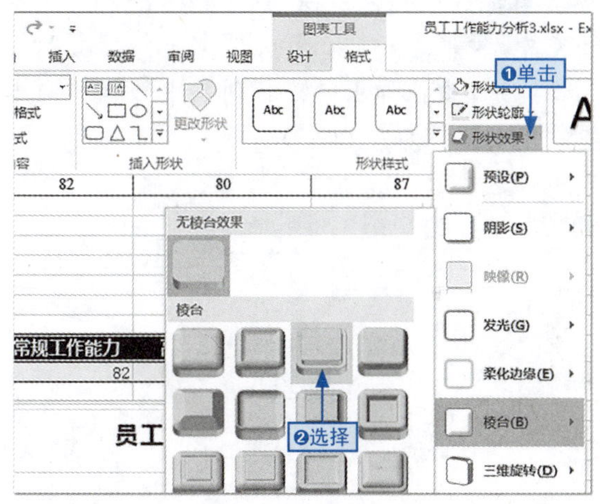


图7-98

**步骤15** ❶单击“形状轮廓”下拉按钮，❷在弹出的下拉列表中选择“橙色，着色2，淡色80%”选项，如图7-99所示。

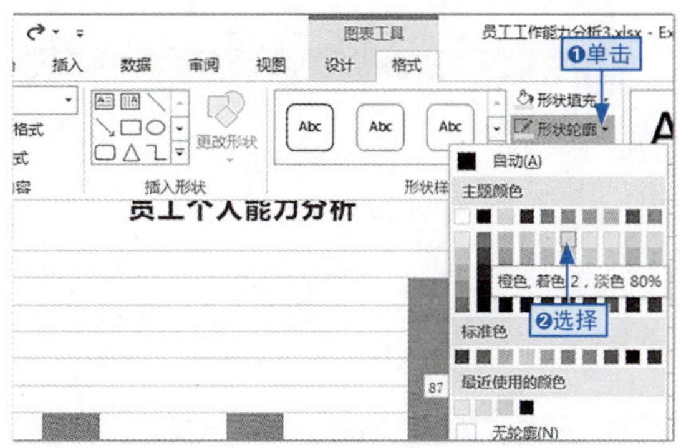


图7-99

## 7.3.5 添加动态文本框

在动态图表中，为了更好地展示当时的数据项，可以为其添加一个接受动态值的文本框。

下面介绍在员工个人能力图表中添加动态名称文本框的相关操作。

| | |
|---|---|
| 本节素材 | 素材\Chapter07\员工工作能力分析4.xlsx |
| 本节效果 | 效果\Chapter07\员工工作能力分析4.xlsx |
| 学习目标 | 学会添加和设置动态文本框 |
| 难度指数 | ★★★ |

**步骤01** 打开“员工工作能力分析4.xlsx”素材文件，❶单击“插入”选项卡中的“形状”下拉按钮，❷在弹出的下拉列表中选择“文本框”选项，如图7-100所示。

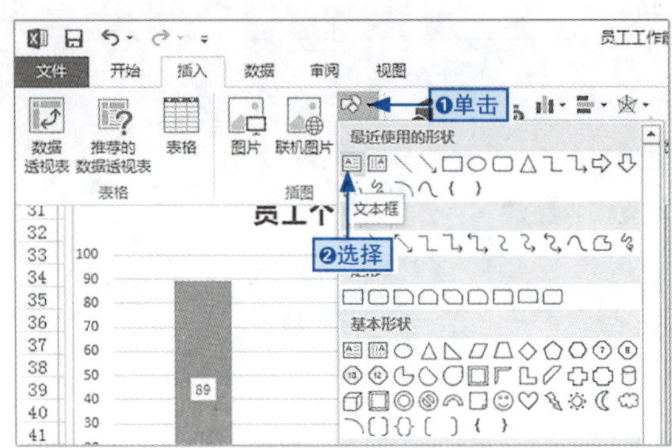


图7-100

**步骤02** 在图表中绘制一个合适大小的文本框，如图7-101所示。

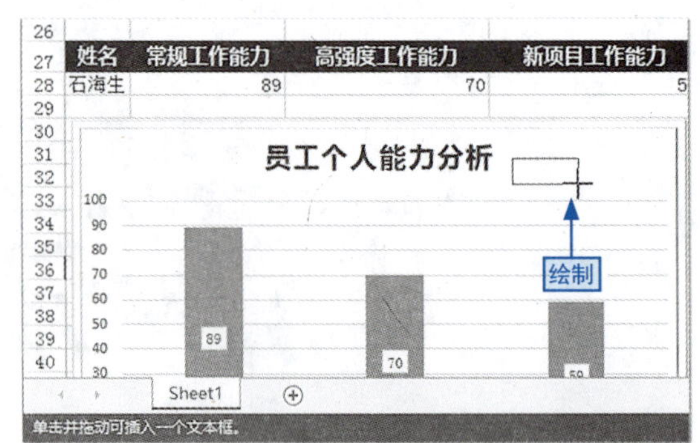


图7-101

**步骤03** 在绘制的文本框上右击，在弹出的快捷菜单中选择“设置形状格式”命令，如图7-102所示。

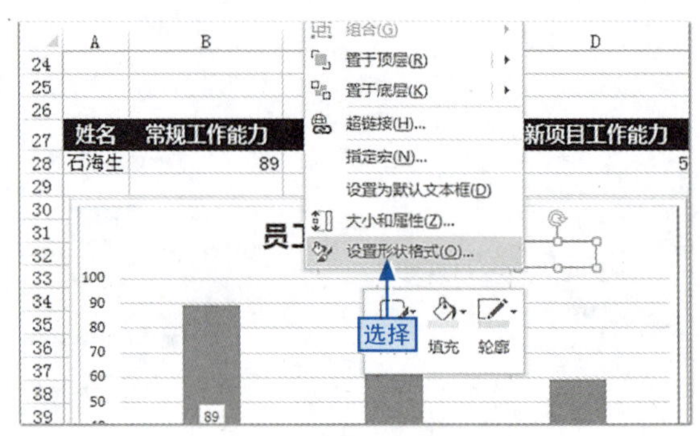


图7-102

**步骤04** 打开“设置形状格式”窗格，分别选中“无填充”和“无线条”单选按钮，如图7-103所示。

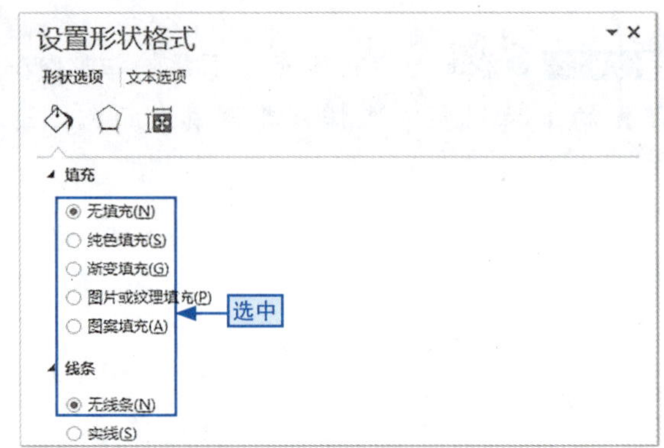


图7-103

**步骤05** ❶选择文本框，❷在编辑栏中输入公式“=A28”，如图7-104所示。

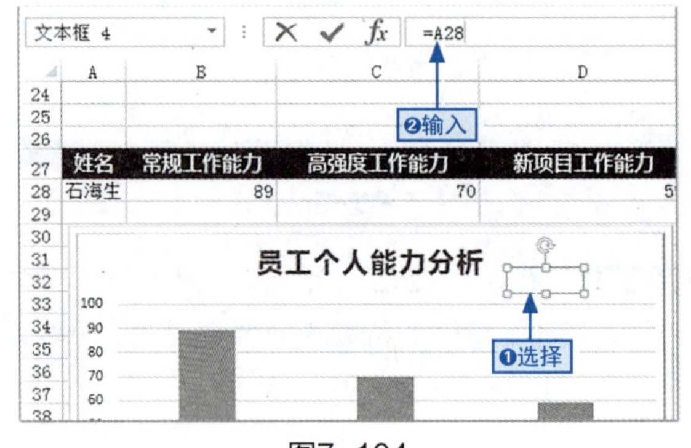


图7-104

**步骤06** ❶选择整个文本框，❷在“对齐方式”组中单击“垂直居中”和“居中”按钮，如图7-105所示。

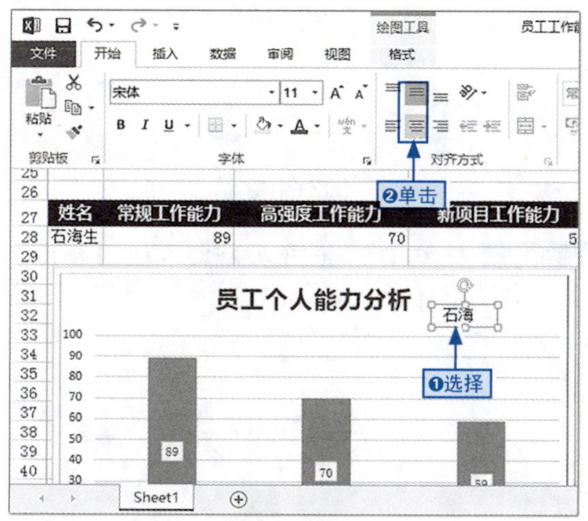


图7-105

**步骤07** ❶在“字体”下拉列表中选择“微软雅黑”，按Enter键，❷单击“加粗”按钮，如图7-106所示。

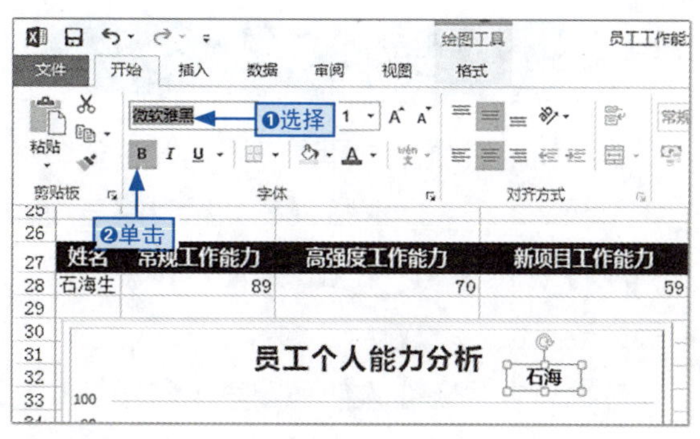


图7-106

**步骤08** 切换到A28单元格中的姓名数据选项，在文本框中即可查看到与之对应的动态赋值，如图7-107所示。

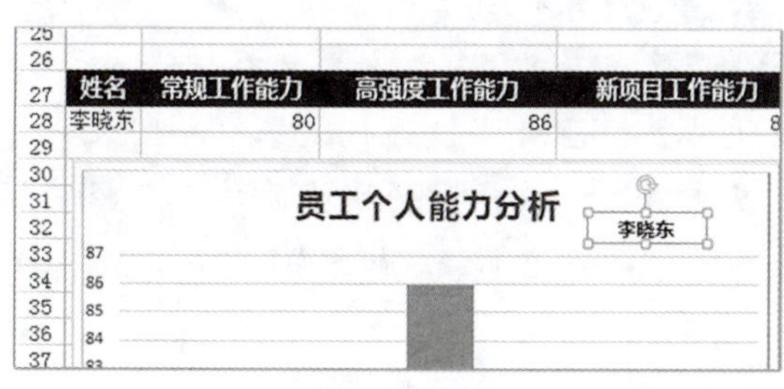


图7-107

**组合框总是被图表挡住怎么办**

图表和文本框都是Excel中插入的对象，所以它们在垂直的位置上分为上下。若是图表挡住了添加的文本框，可通过调整叠放位置来更改。其方法为：在图表上右击鼠标，选择“置于底层”命令（或在文本框上右击鼠标，选择“置于顶层”命令），如图7-108所示。

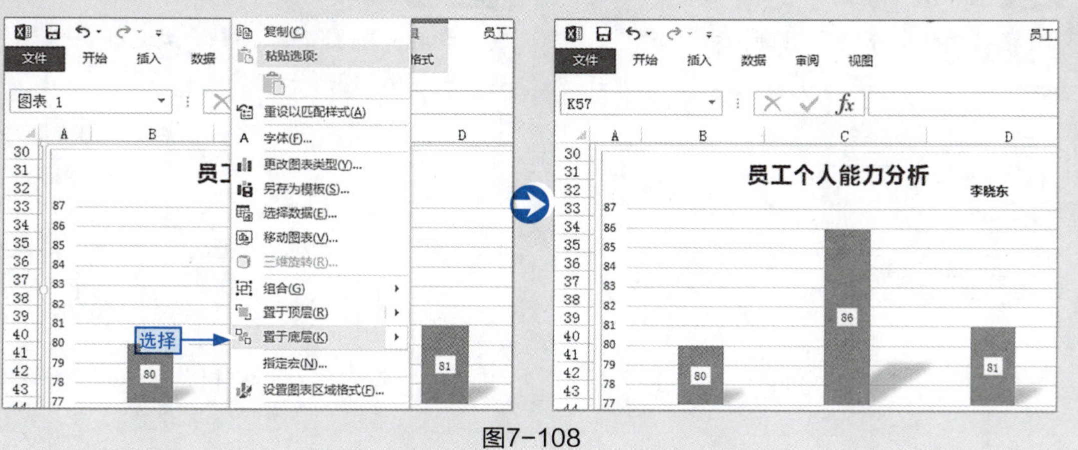


图7-108

## 7.3.6 组合对象

在表格中，特别是在图表中，经常会有多个对象相互关联。一般可以将其组合起来，让它们成为一个整体，避免在拖动过程中出现对象丢失或错位，造成功能人为缺失。

下面以在员工个人能力图表中将图表和文本框组合成一个整体为例，介绍其具体操作。

| | |
|---|---|
| 本节素材 | ⊙素材\Chapter07\员工工作能力分析5.xlsx |
| 本节效果 | ⊙效果\Chapter07\员工工作能力分析5.xlsx |
| 学习目标 | 学会组合对象 |
| 难度指数 | ★★ |

**步骤01** 打开“员工工作能力分析5.xlsx”素材文件，按住Shift键选择文本框和图表，并在其上右击，在弹出的快捷菜单中选择“组合”→“组合”命令，如图7-109所示。

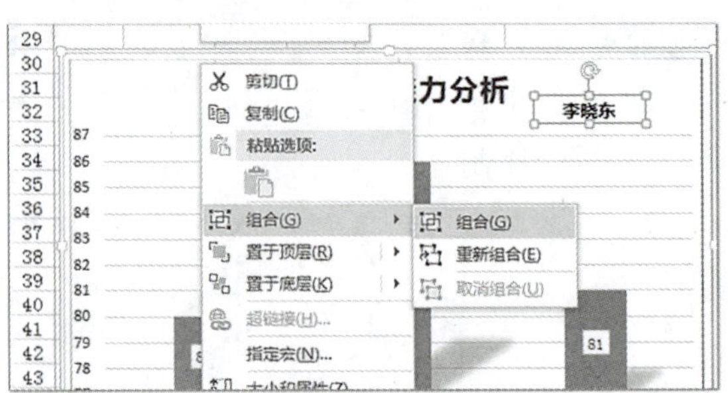


图7-109

**步骤02** 系统自动将图表和文本框组合成一个整体，如图7-110所示。

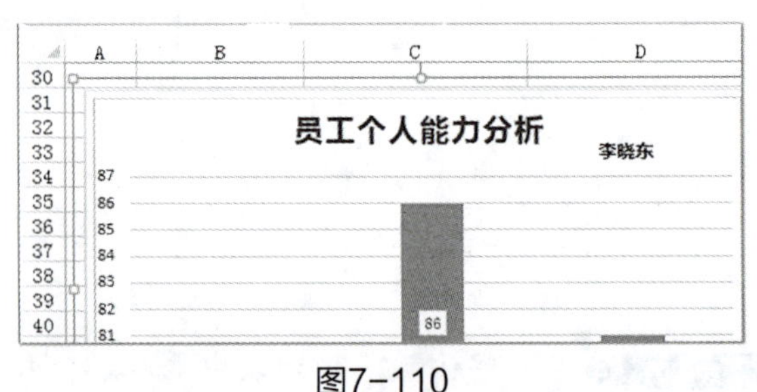


图7-110

## 给你支招 | 如何制作半圆饼图

**小白：**在实际操作中，怎样才能制作出半圆的饼图效果呢?

**阿智：**可以添加一个总计扇区，它会占一半的圆，然后取消这半圆的填充，即可实现半圆效果。其具体操作如下。

**步骤01** 在表格中添加“总计”数据（它是所有数据之和），如图7-111所示。

| 问卷调差学历结构统计 | | |
|---|---|---|
| 学历 | 人数 | 所占比例 |
| 本科 | 280 | 57.73% |
| 大专 | 80 | 16.49% |
| 硕士 | 60 | 12.37% |
| 博士 | 45 | 9.28% |
| 其他 | 20 | 4.12% |
| 总计 | 485 | |

图7-111

**步骤02** ❶选择包括“总计”在内的单元格区域，❷单击饼图下拉按钮，❸选择“饼图”选项，如图7-112所示。

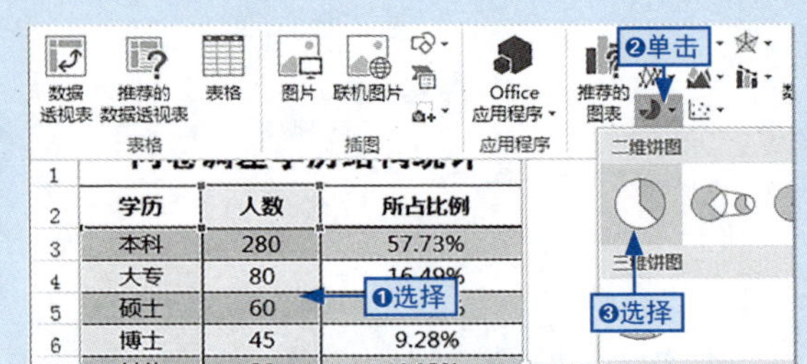


图7-112

步骤03 ❶在饼图中单击两次添加的“总计”数据扇区，❷单击“填充颜色”下拉按钮，❸在弹出的下拉列表中选择“无填充颜色”选项，如图7-113所示。

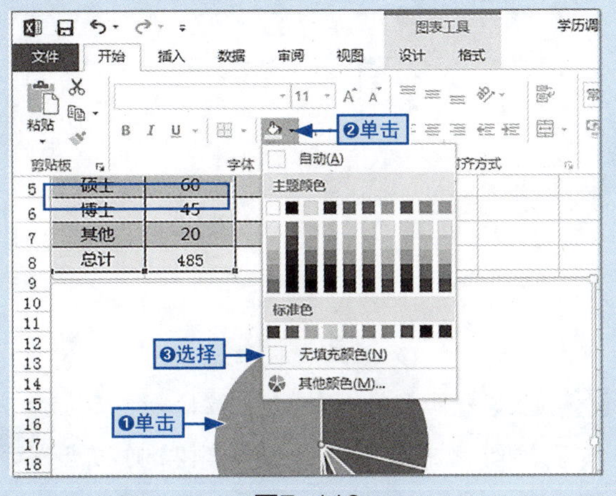


图7-113

步骤04 ❶选择整个饼图扇区，❷在“设置数据系列格式”窗格中设置“第一扇区起始角度”，使得半圆旋转到合适的位置，如图7-114所示。

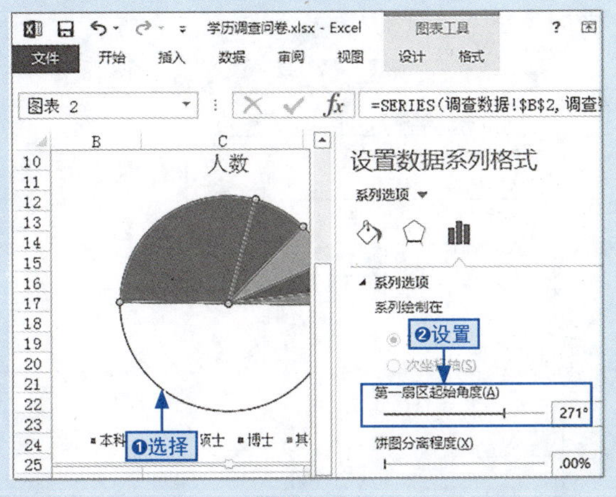


图7-114

## 给你支招 | 如何使用控件控制图表显示

**小白：**除了使用数据验证功能提供下拉序列选项外，还能用别的方法来控制动态图表的显示形状吗？

**阿智：**还可以通过Excel中的控件来提供下拉序列选项，并使图表变成动态，其具体操作如下。

步骤01 根据预定动态数据源创建空白图表，❶单击“开发工具”选项卡中的“插入”下拉按钮，❷在弹出的下拉列表中选择“组合框”选项，如图7-115所示。

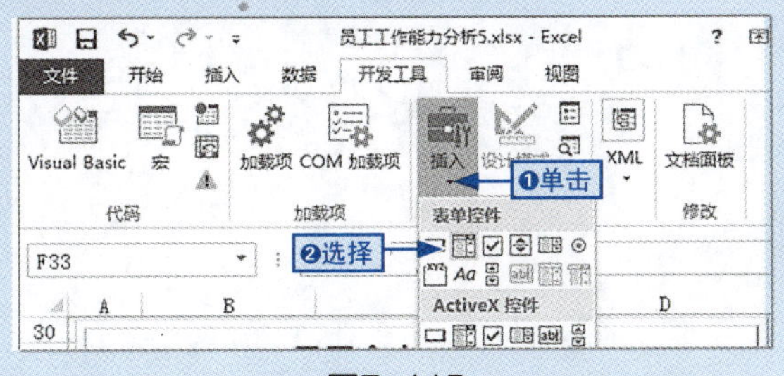


图7-115

步骤02 ❶绘制组合框并在其上右击，❷在弹出的快捷菜单中选择“设置控件格式”命令，如图7-116所示。

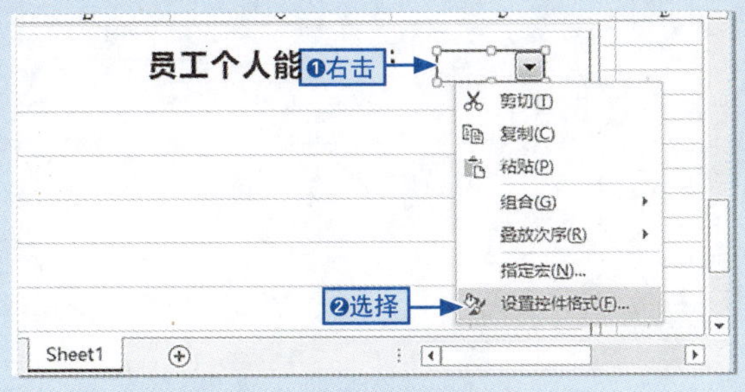


图7-116

步骤03 ❶设置组合框的相应参数，包括数据源区域（控制动态图表的选项所在的单元格区域）、单元格链接（函数获取动态数据的桥梁），❷单击“确定”按钮，如图7-117所示。

图7-117

步骤04 在图表预设动态数据源的数据区域单元格中分别输入函数，这里输入“=INDEX($B$3:$D$19,$A$28)”，按Ctrl+Enter组合键，如图7-118所示。

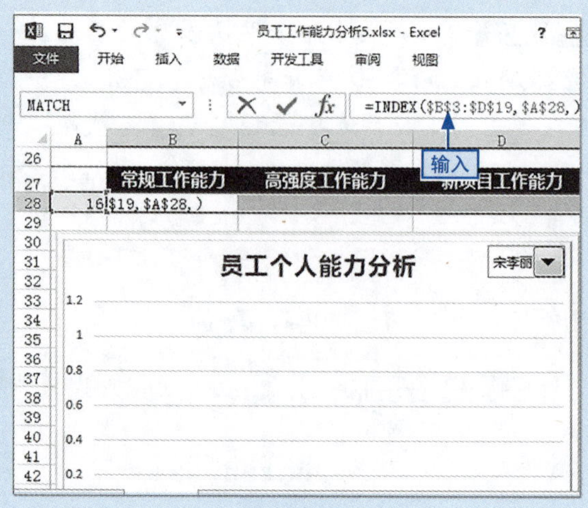


图7-118

步骤05 ❶单击组合框的下拉按钮，❷在弹出的下拉列表中选择相应的选项控制动态图表的绘制显示，如图7-119所示。

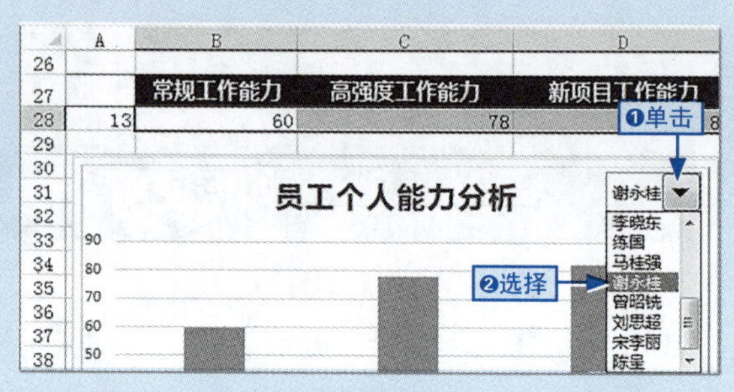


图7-119

# Chapter 08 数据管理进阶：排序与分类汇总

## 学习目标

要使制作或设计的工作表更加具有可读性和可分析性，可以通过一些常用的管理来实现，包括排序、分类汇总和筛选等。本章将介绍相关的知识和技巧。

## 本章要点

- 最快速且简单的排序方法
- 按行进行排序
- 按单元格颜色进行排序
- 多条件排序
- 自定义排序序列
- 自定义多条件筛选
- 使用自动筛选删除空行
- 按颜色进行筛选
- 快速创建分类汇总
- 多个汇总字段的分类汇总

| 知识要点 | 学习时间 | 学习难度 |
| --- | --- | --- |
| 管理和分析考核成绩表 | 40 分钟 | ★★ |
| 从人事档案表中选出需要数据 | 50 分钟 | ★★★ |
| 汇总查看面试情况 | 50 分钟 | ★★★ |

# 8.1 管理和分析考核成绩表

**小白：**公司最近对员工进行年度考核，并将其成绩进行记录。现在要对这些成绩进行比较，该怎样操作呢?

**阿智：**数据的比较可以通过排序来进行初步的管理，让其更便于查阅、管理和分析。

排序能让工作表中的数据按照指定方式进行排列，这样就非常方便对其进行查阅、管理和分析。

## 8.1.1 最快速且简单的排序方法

最快速和最简单的对数据进行排序的方式就是通过功能按钮和菜单命令，下面分别进行介绍。

学习目标 掌握快速排序方法
难度指数 ★★


### 通过功能按钮

通过功能按钮进行快速排序，是指通过单击“升序”或者“降序”按钮进行排序，具体操作是：❶选择需要排序列的任一单元格，❷单击“数据”选项卡中的“升序”或者“降序”按钮，如图8-1所示。

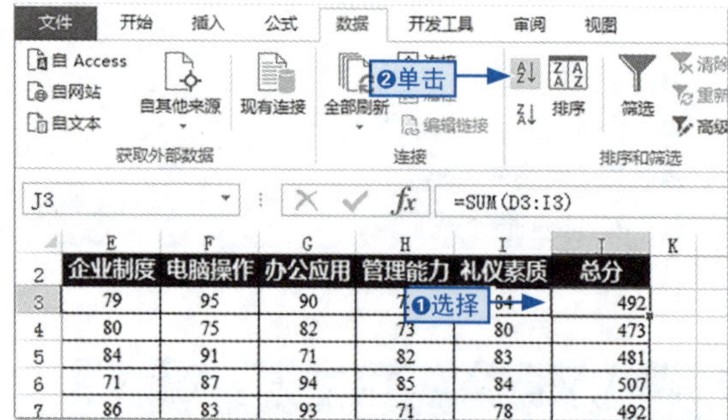


图8-1

### 通过菜单命令

菜单命令进行快速排序是指通过选择排序的快捷菜单命令进行排序，具体操作是：❶在要排序的列单元格上右击，❷选择“排序”选项，❸在弹出的子菜单中选择“升序”或“降序”命令，如图8-2所示。

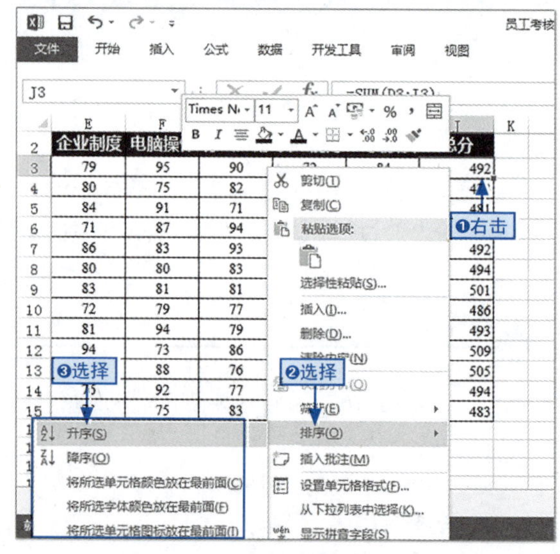


图8-2

## 8.1.2 按行进行排序

系统默认情况下，数据都是按列进行

排序。但通过简单操作，可以让其按行进行排序。

下面以在“员工考核成绩表1”工作簿中对D～I列标题数据按行进行排序为例，介绍其具体操作。

| 本节素材 | ⊙素材\Chapter08\员工考核成绩表1.xlsx |
|---|---|
| 本节效果 | ⊙效果\Chapter08\员工考核成绩表1.xlsx |
| 学习目标 | 掌握按行进行数据排序的方法 |
| 难度指数 | ★★ |

**步骤01** 打开“员工考核成绩表1.xlsx”素材文件，❶选择D2:I15单元格区域，❷单击“排序”按钮，如图8-3所示。

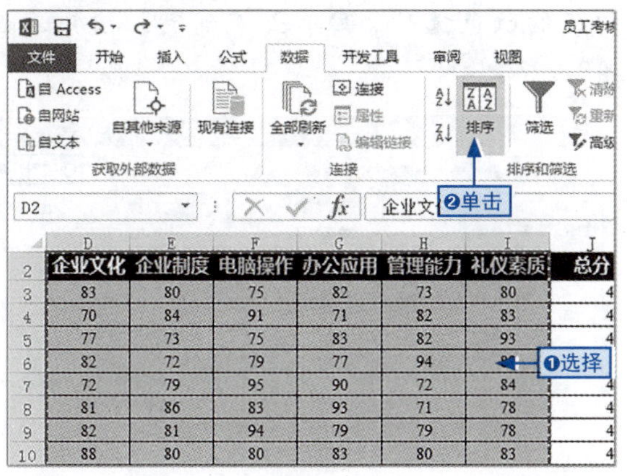


图8-3

**步骤02** 打开“排序”对话框，单击“选项”按钮，如图8-4所示。

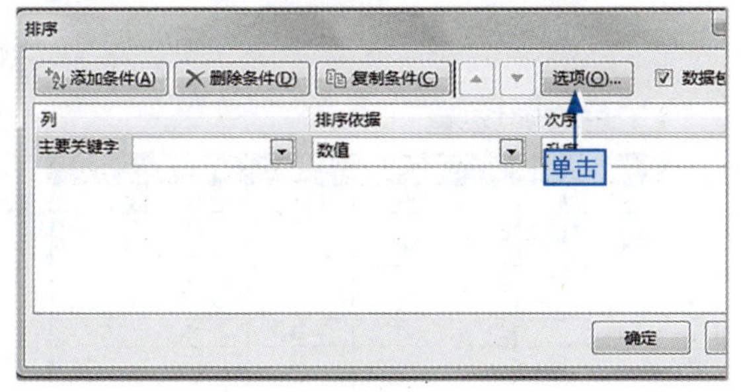


图8-4

**步骤03** 打开“排序选项”对话框，❶选中“按行排序”单选按钮，❷单击“确定”按钮，如图8-5所示。

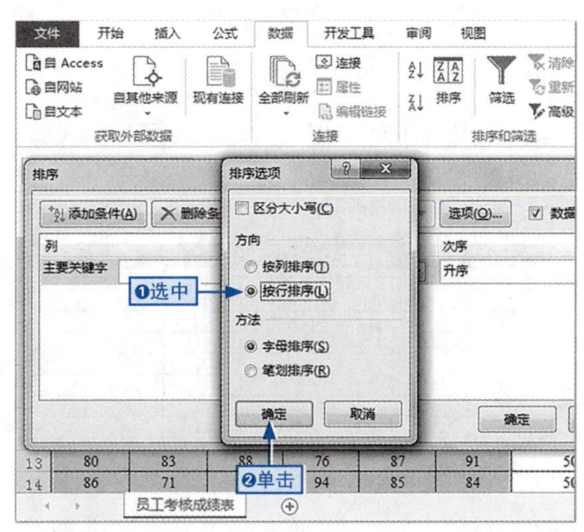


图8-5

**步骤04** 返回到“排序”对话框，❶单击“主要关键字”下拉按钮，❷选择“行2”选项，❸单击“确定”按钮，如图8-6所示。

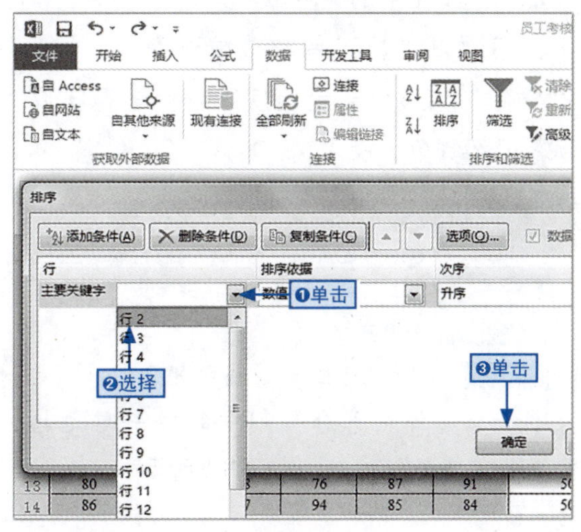


图8-6

**步骤05** 返回到工作表，即可查看到对标题行进行排序的效果，如图8-7所示。

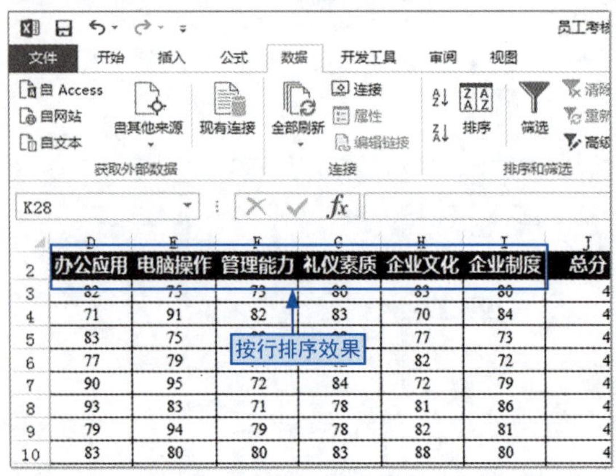


图8-7

## 8.1.3 按单元格颜色进行排序

Excel的排序不仅可以对数值进行，同时还能识别单元格的颜色并对其进行排序。

下面以“员工考核成绩表2”工作簿中“总分”列按照单元格底纹颜色进行排序为例，介绍其具体操作。

| | |
|---|---|
| 本节素材 | ⊙素材\Chapter08\员工考核成绩表2.xlsx |
| 本节效果 | ⊙效果\Chapter08\员工考核成绩表2.xlsx |
| 学习目标 | 按单元格底纹颜色进行排序 |
| 难度指数 | ★★★ |

**步骤01** 打开“员工考核成绩表2.xlsx”素材文件，❶选择“总分”列中的任一单元格，❷单击“排序”按钮，如图8-8所示。

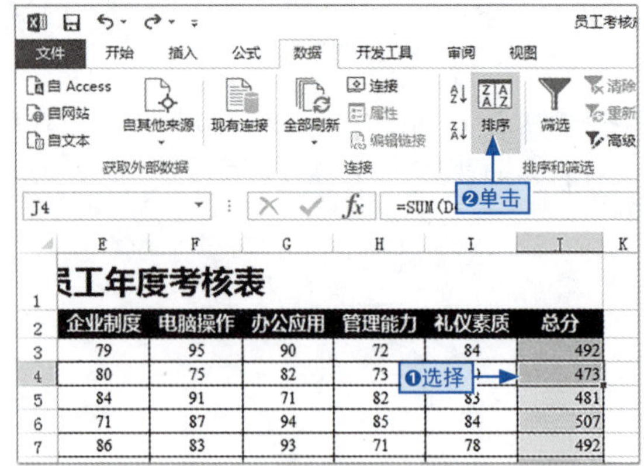


图8-8

**步骤02** 打开“排序”对话框，❶单击“排序依据”下拉按钮，❷选择“单元格颜色”选项，如图8-9所示。

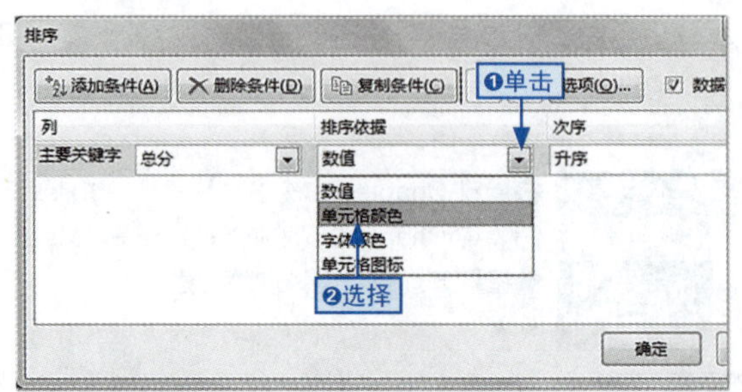


图8-9

**步骤03** ❶单击“次序”下拉按钮，❷选择相应的颜色选项，❸单击“确定”按钮，如图8-9所示。

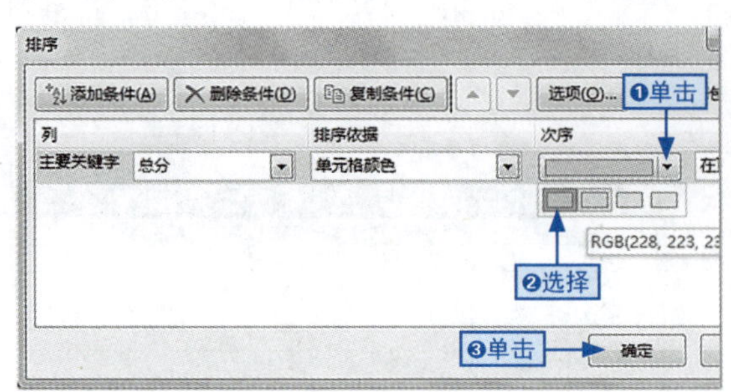


图8-10

**步骤04** 返回到工作表，即可查看到按单元格颜色进行排序的效果，如图8-11所示。

图8-11

## 8.1.4 多条件排序

对数据的排序不仅可以是对单列或单行进行排序，还可以进行多字段同时排序，从而达到想要的效果。

下面以“员工考核成绩表3”工作簿中的数据按“部门”和“总分”列进行排序为例，介绍其具体操作。

| 本节素材 | 素材\Chapter08\员工考核成绩表3.xlsx |
|---|---|
| 本节效果 | 效果\Chapter08\员工考核成绩表3.xlsx |
| 学习目标 | 掌握同时对多字段进行指定排序 |
| 难度指数 | ★★★ |

**步骤01** 打开“员工考核成绩表3.xlsx”素材文件，❶选择任一数据单元格，❷单击“排序”按钮，如图8-12所示。

| 3 | BH001 | 人事部 | 董天宝 | 72 | [illegible] | 95 |
|---|---|---|---|---|---|---|
| 4 | BH002 | 人事部 | 张嘉利 | 83 | 80 | 75 |
| 5 | BH003 | 财务部 | 何时韦 | 70 | 84 | 91 |
| 6 | BH004 | 后勤部 | 马田东 | 86 | 71 | 87 |
| 7 | BH005 | 财务部 | 钟嘉惠 | 81 | 86 | 83 |
| 8 | BH006 | 后勤部 | 何思佯 | 88 | 80 | 80 |
| 9 | BH007 | 行政部 | [illegible] | 80 | 83 | 81 |
| 10 | BH008 | 行政部 | 土豆豆 | 82 | 72 | 79 |
| 11 | BH009 | 后勤部 | 刘星星 | 82 | 81 | 94 |
| 12 | BH010 | 人事部 | 赵大宝 | 70 | 94 | 73 |
| 13 | BH011 | 财务部 | 邓丽梅 | 80 | 83 | 88 |

❶选择 ❷单击

图8-12

**步骤02** 打开“排序”对话框，❶设置主要关键字排序依据，❷单击“添加条件”按钮，如图8-13所示。

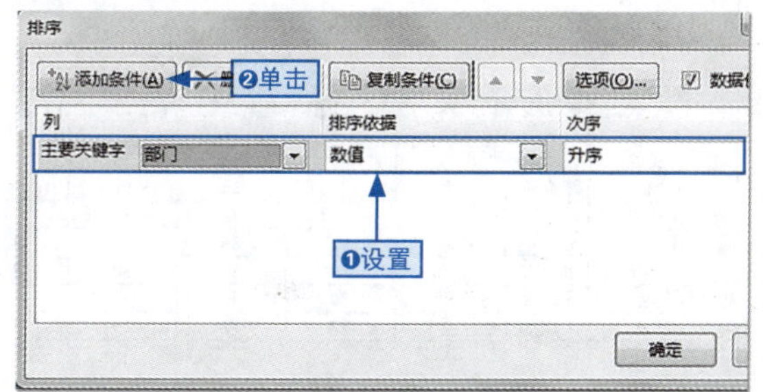


图8-13

**步骤03** ❶设置次要关键字排序依据，❷单击“确定”按钮，如图8-14所示。

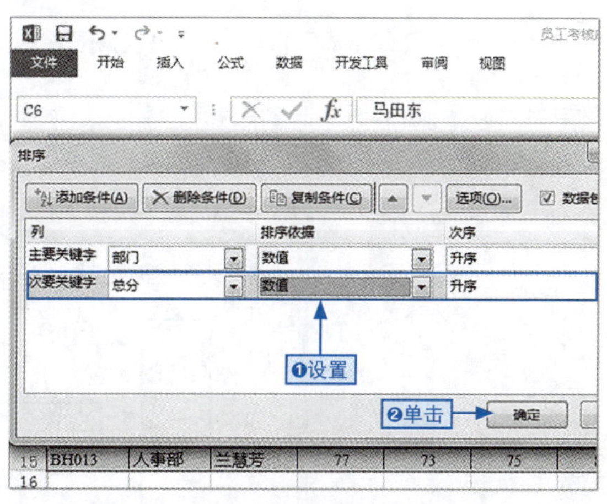


图8-14

**删除排序条件**

在“排序”对话框中，若是添加的排序条件多余或不需要，可以将其选中，然后单击“删除”按钮将其删除。

**步骤04** 返回到工作表，即可查看到同时进行多条件排序的效果（这里是为了更好地展示排序效果，所以将中间的列有意隐藏），如图8-15所示。

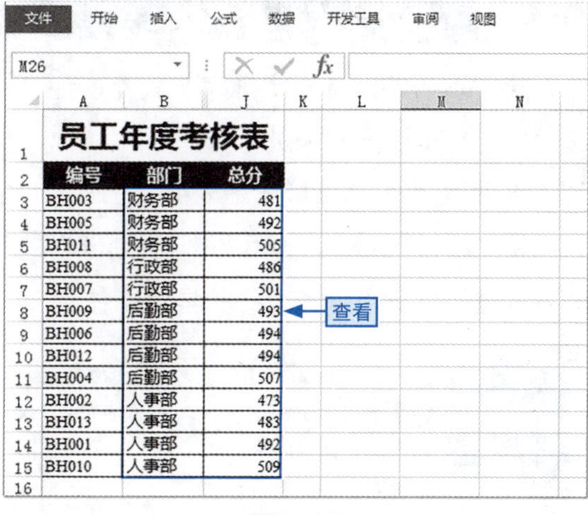

| 编号 | 部门 | 总分 |
|---|---|---|
| BH003 | 财务部 | 481 |
| BH005 | 财务部 | 492 |
| BH011 | 财务部 | 505 |
| BH008 | 行政部 | 486 |
| BH007 | 行政部 | 501 |
| BH009 | 后勤部 | 493 |
| BH006 | 后勤部 | 494 |
| BH012 | 后勤部 | 494 |
| BH004 | 后勤部 | 507 |
| BH002 | 人事部 | 473 |
| BH013 | 人事部 | 483 |
| BH001 | 人事部 | 492 |
| BH010 | 人事部 | 509 |



图8-15

**字段不显示行标题数，只显示列**

在“排序”对话框中对关键字段进行选择时，选项全部显示的是列号，没有显示行标题名称，这让设置不太直观，如图 8-16 所示。这时可通过选中“数据包含标题”复选框来让其显示出行标题字段名称，如图 8-17 所示。

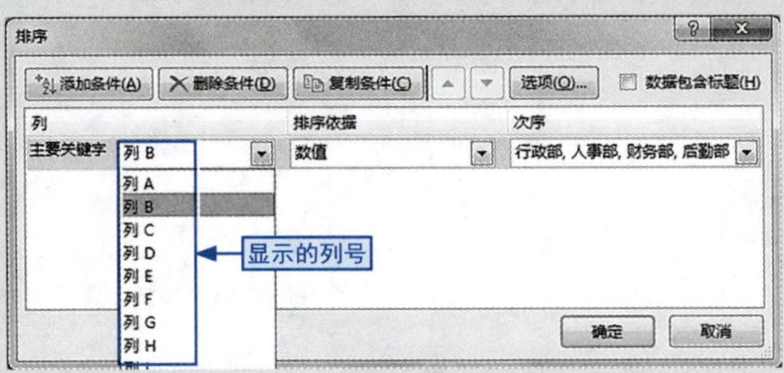


图8-16

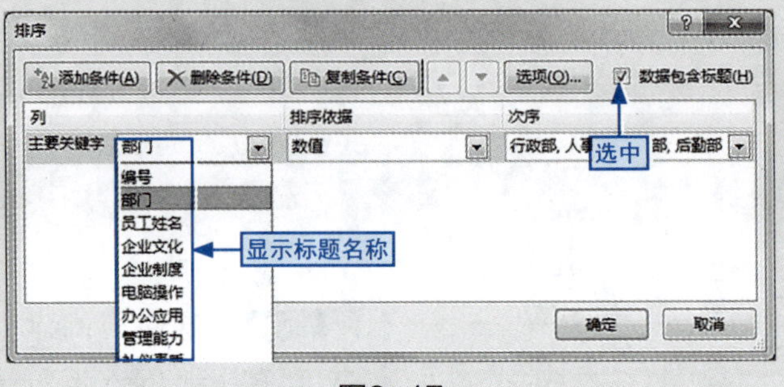


图8-17

## 8.1.5 自定义排序序列

除了系统的默认指定排序方式外，还可以通过自定义排序方式来进行排序。

下面以“员工考核成绩表4”工作簿中的数据按“行政部-人事部-财务部-后勤部”的排序方式进行排列为例，介绍其具体操作。

| | |
|---|---|
| 本节素材 | ⊙素材\Chapter08\员工考核成绩表4.xlsx |
| 本节效果 | ⊙效果\Chapter08\员工考核成绩表4.xlsx |
| 学习目标 | 掌握自定义排序的方法 |
| 难度指数 | ★★★ |

步骤01 打开“员工考核成绩表4.xlsx”素材文件，❶选择任一数据单元格，❷单击“排序”按钮，如图8-18所示。

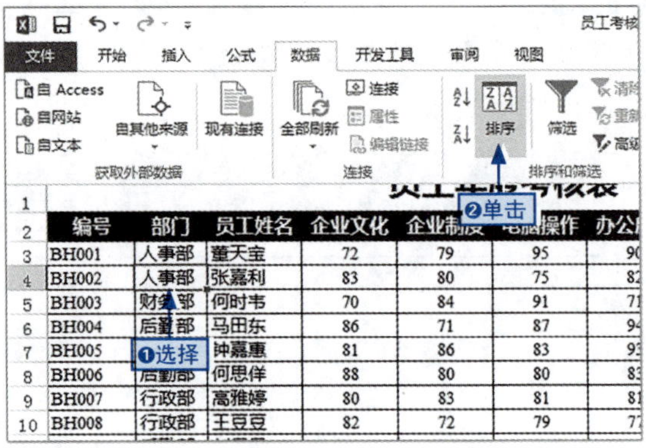

图8-18

**步骤02** 打开“排序”对话框，❶单击“主要关键字”下拉按钮，❷选择“部门”选项，如图8-19所示。

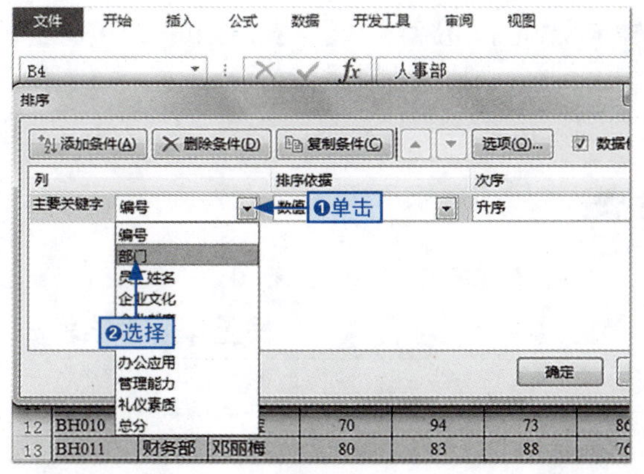


图8-19

**步骤03** ❶单击“次序”下拉按钮，❷选择“自定义序列”选项，如图8-20所示。

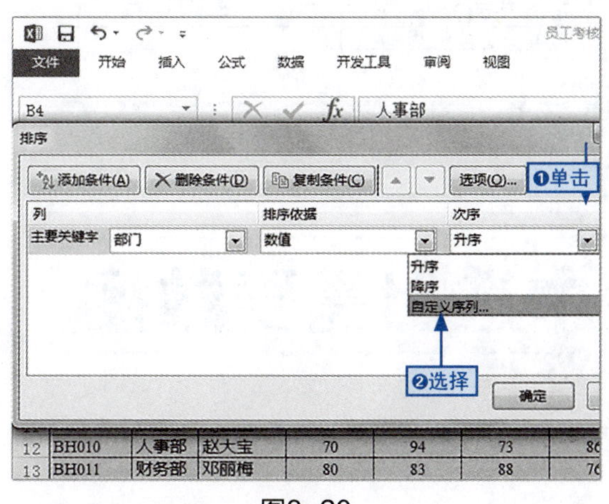


图8-20

**步骤04** 打开“自定义序列”对话框，❶在“输入序列”列表框中输入自定义序列（序列选项中要么按Enter键分行，要么用英文状态下的逗号隔开），❷依次单击“确定”按钮，如图8-21所示。

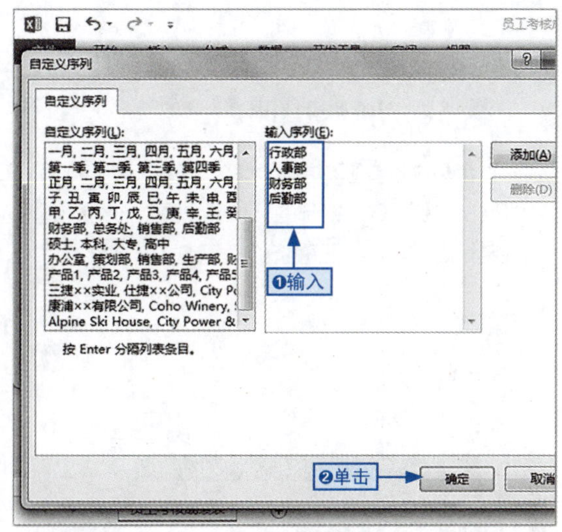


图8-21

**快速调用已有排列方式**

系统中已带有多项自定义排列方式，一般可以直接调用这些排序方式，只需在“自定义序列”对话框的“自定义序列”列表框中选择相应的排序选项，然后单击“确定”按钮即可。

**步骤05** 返回到工作表，即可查看到按照指定的方式进行排序的自定义排序效果，如图8-22所示。

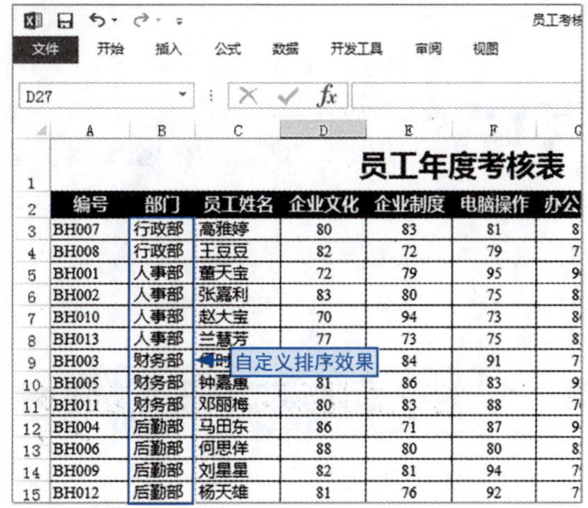

员工年度考核表

| 编号 | 部门 | 员工姓名 | 企业文化 | 企业制度 | 电脑操作 |
|---|---|---|---|---|---|
| BH007 | 行政部 | 高雅婷 | 80 | 83 | 81 |
| BH008 | 行政部 | 王豆豆 | 82 | 72 | 79 |
| BH001 | 人事部 | 董天宝 | 72 | 79 | 95 |
| BH002 | 人事部 | 张嘉利 | 83 | 80 | 75 |
| BH010 | 人事部 | 赵大宝 | 70 | 94 | 73 |
| BH013 | 人事部 | 兰慧芳 | 77 | 73 | 75 |
| BH003 | 财务部 | [illegible] | [illegible] | 84 | 91 |
| BH005 | 财务部 | 钟嘉惠 | 81 | 86 | 83 |
| BH011 | 财务部 | 邓丽梅 | 80 | 83 | 88 |
| BH004 | 后勤部 | 马田东 | 86 | 71 | 87 |
| BH006 | 后勤部 | 何思佯 | 88 | 80 | 80 |
| BH009 | 后勤部 | 刘星星 | 82 | 81 | 94 |
| BH012 | 后勤部 | 杨天雄 | 81 | 76 | 92 |



图8-22

**对单列进行排序**

要对指定列进行单独排序（即其他数据不参与排序），❶选择目标列，这里选择“编号”列，❷单击“升序”或“降序”按钮，❸在打开的“排序提醒”对话框中，选中“以当前选定区域排序”单选按钮，❹单击“排序”按钮（若是高级排序，后面按照相应的操作继续进行），如图 8-23 所示。

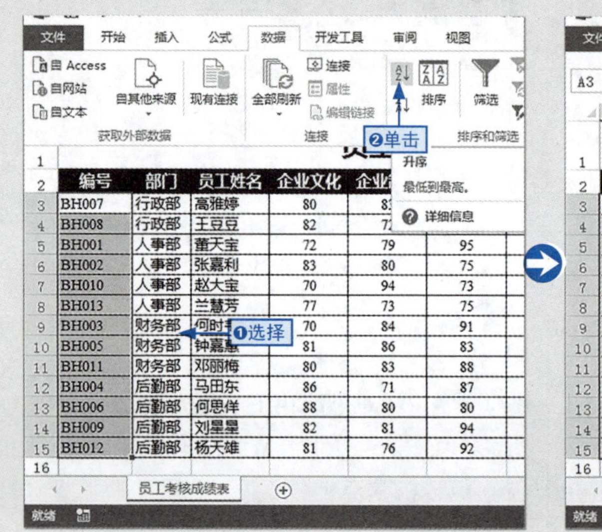


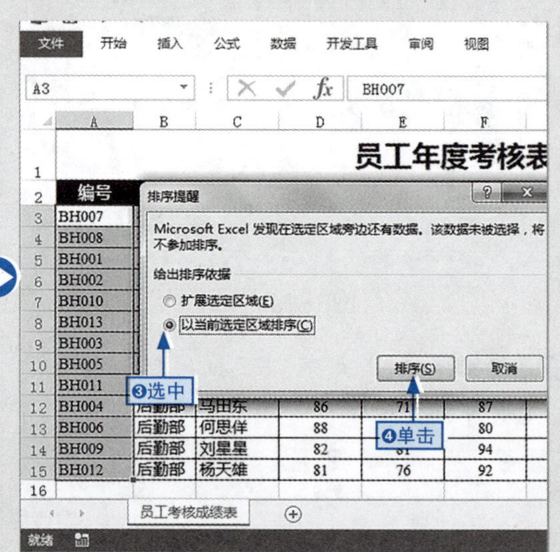


图8-23

## 8.2 从人事档案表中选出需要数据

**小白：**我想从人事档案中选出符合一定要求的人员信息数据，可数据量太大了。Excel能帮助我快速筛选吗?

**阿智：**当然可以了，通过使用筛选功能，可迅速找到指定条件的数据。

筛选是Excel中快速查找出需要数据的一大利器，通过这个利器，可以快速地显示出需要的数据。

### 8.2.1 进入数据筛选状态就是要快

要快速进入数据筛选状态，最便捷和最常用的方法就是直接单击“数据”选项卡中的“筛选”按钮，如图8-24所示。

| 学习目标 | 快速进入自动筛选状态 |
|---|---|
| 难度指数 | ★ |

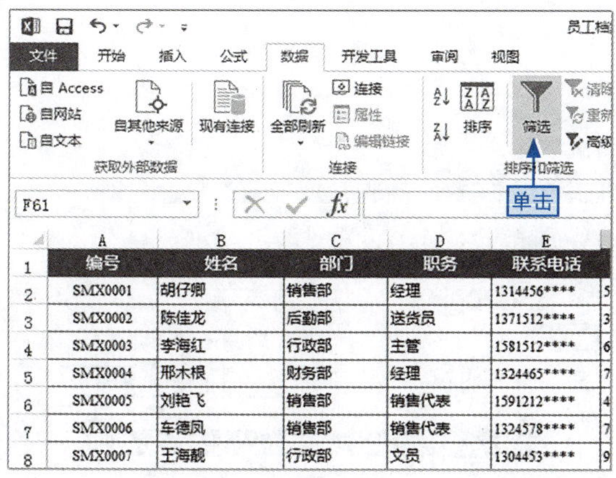


图8-24

## 8.2.2 靠前数据能快速筛选出来

靠前数据能快速筛选出来，其实就是应用项目快速筛选功能。下面通过筛选出“员工档案管理”工作簿中的工龄排在前3位的员工档案数据为例，介绍其具体操作。

| 本节素材 | ⊙素材\Chapter08\员工档案管理.xlsx |
|---|---|
| 本节效果 | ⊙效果\Chapter08\员工档案管理.xlsx |
| 学习目标 | 掌握靠前数据信息的快速筛选 |
| 难度指数 | ★★ |

**步骤01** 打开“员工档案管理.xlsx”素材文件，❶单击“工龄”单元格右侧的下拉按钮，❷在弹出的下拉列表中选择“数字筛选”→“前10项”选项，如图8-25所示。

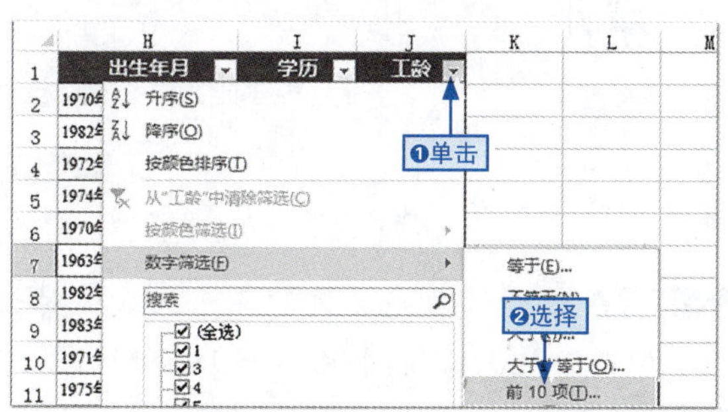


图8-25

**步骤02** 打开“自动筛选前10个”对话框，❶在中间的文本框中输入3，❷单击“确定”按钮，如图8-26所示。

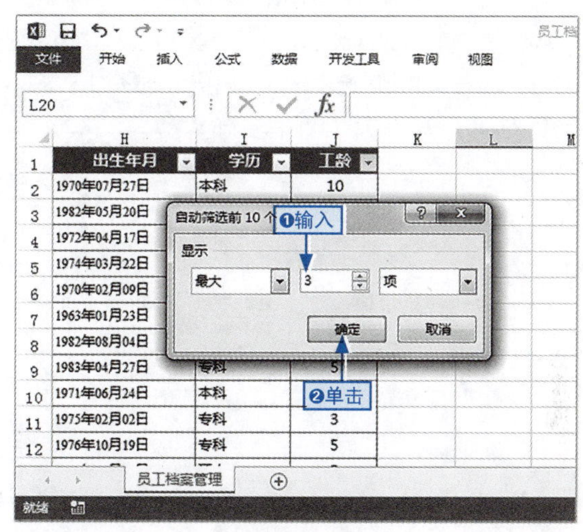


图8-26

**筛选靠后项数据**

要自动筛选出靠后项的数据，❶可在“自动筛选前10个”对话框中单击左侧第1个下拉按钮，❷选择“最小”选项，然后进行项目数的设置和确定，如图8-27所示。

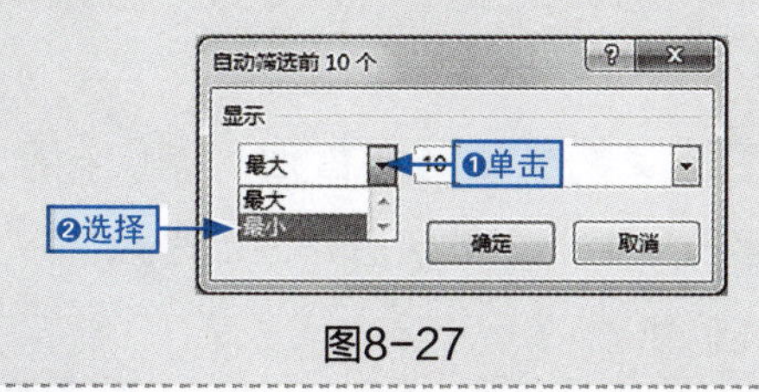


图8-27

**步骤03** 返回到工作表，即可查看到筛选出的工龄前3的员工档案信息，如图8-28所示。

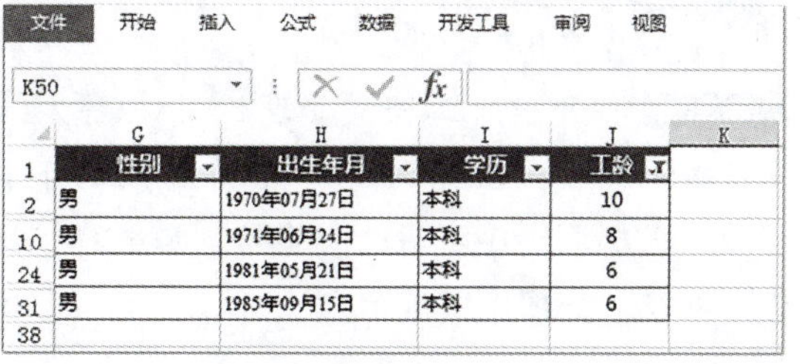

图8-28

**清除筛选结果回复最初**

恢复到筛选前的数据状态，有两种方法：一是直接单击“数据”选项卡中的“筛选”或“清除”按钮，如图8-29所示；二是❶单击筛选字段的下拉按钮，❷选择“从‘工龄’中清除筛选”命令，如图8-30所示。

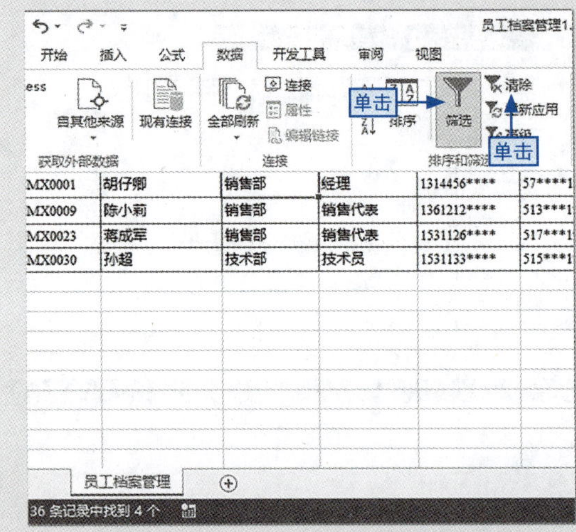


图8-29　通过功能按钮清除筛选操作

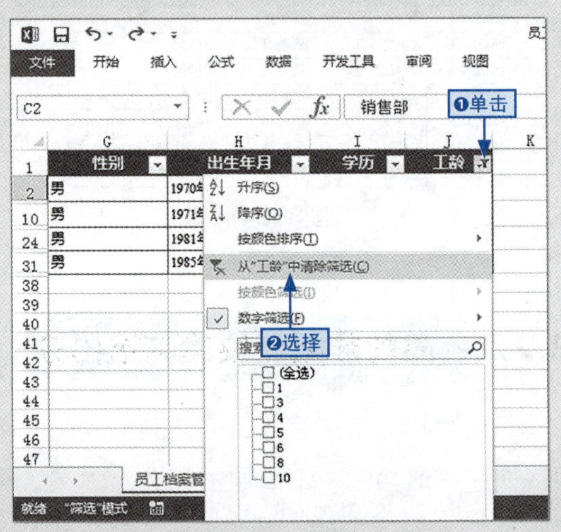


图8-30　通过命令菜单清除筛选

## 8.2.3 按日期也能筛选

日期是一种较为特殊的数据，但在筛选功能中并不会因为它的特殊而导致不能对其进行筛选。

下面以“员工档案管理1”工作簿中在1989年前出生的人员信息筛选出来为例，介绍其具体操作。

| | |
|---|---|
| 本节素材 | ⊙素材\Chapter08\员工档案管理1.xlsx |
| 本节效果 | ⊙效果\Chapter08\员工档案管理1.xlsx |
| 学习目标 | 掌握按日期快速筛选的方法 |
| 难度指数 | ★★★ |

**步骤01** 打开“员工档案管理1.xlsx”素材文件，❶单击“出生年月”单元格右侧的下拉按钮，❷选择“日期筛选”命令，❸选择“之前”命令，如图8-31所示。

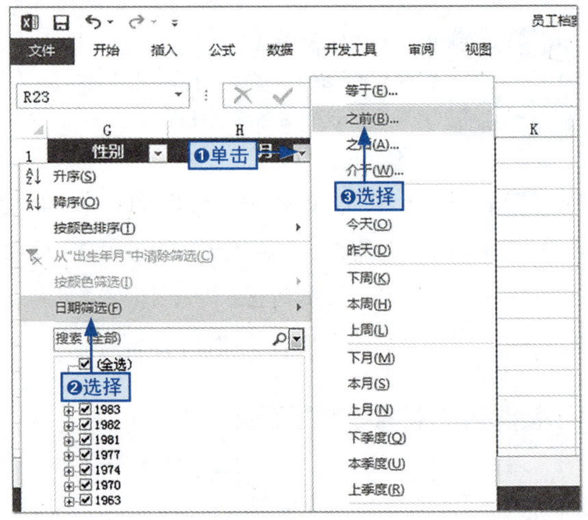


图8-31

**步骤02** 打开“自定义自动筛选方式”对话框，❶在日期文本框中输入“1989/1/1”，❷单击“确定”按钮，如图8-32所示。

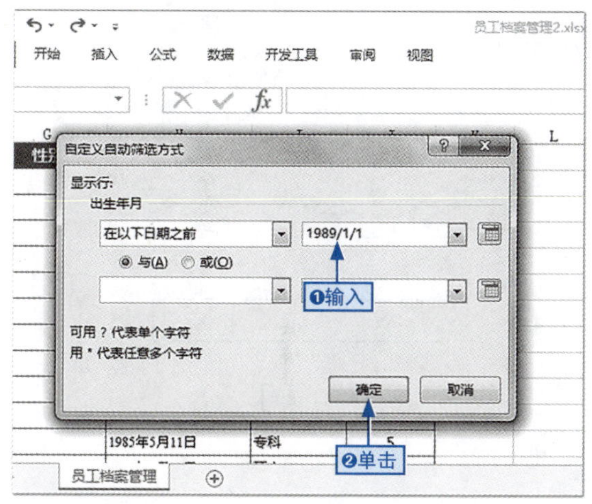


图8-32

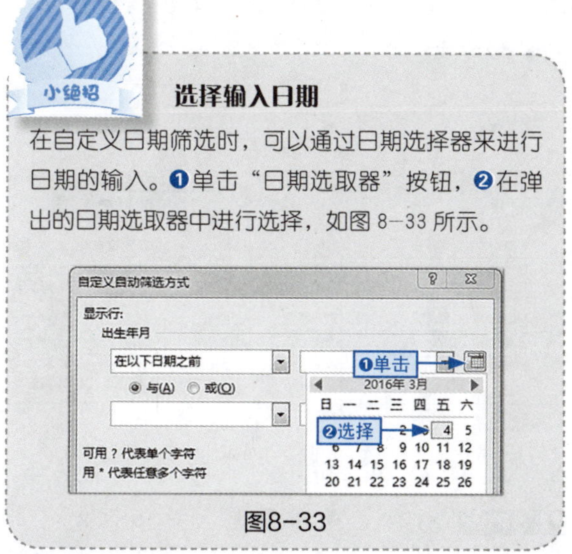

小绝招

**选择输入日期**

在自定义日期筛选时，可以通过日期选择器来进行日期的输入。❶单击“日期选取器”按钮，❷在弹出的日期选取器中进行选择，如图 8-33 所示。



图8-33

**步骤03** 返回到工作表，即可查看到筛选出的1989年前出生的员工信息，效果如图8-34所示。

| | 性别 | 出生年月 | 学历 | 工龄 |
|---|---|---|---|---|
| 2 | 男 | 1970年7月27日 | 本科 | 10 |
| 3 | 男 | 1982年5月20日 | 专科 | 4 |
| 4 | 女 | 1970年2月9日 | 本科 | 5 |
| 5 | 女 | 1974年3月22日 | 本科 | 3 |
| 6 | 男 | 1970年2月9日 | 专科 | 5 |
| 7 | 男 | 1963年1月23日 | 本科 | 4 |
| 8 | 女 | 1982年3月26日 | 本科 | 1 |
| 9 | 男 | 1982年3月26日 | 专科 | 5 |
| 10 | 男 | 1982年3月26日 | 本科 | 8 |

图8-34

## 8.2.4 满足多个条件也能筛选

自动筛选，同样可以允许按多个条件进行筛选。下面以“员工档案管理2”工作簿中1970年前出生或1990年后出生的人员信息数据筛选出来为例，介绍其具体操作。

| | |
|---|---|
| 本节素材 | ⊙素材\Chapter08\员工档案管理2.xlsx |
| 本节效果 | ⊙效果\Chapter08\员工档案管理2.xlsx |
| 学习目标 | 掌握自动筛选中的多条件筛选 |
| 难度指数 | ★★★ |

**步骤01** 打开“员工档案管理2.xlsx”素材文件，❶单击“出生年月”单元格右侧的下拉按钮，❷选择“日期筛选”命令，❸选择“自定义筛选”命令，如图8-35所示。

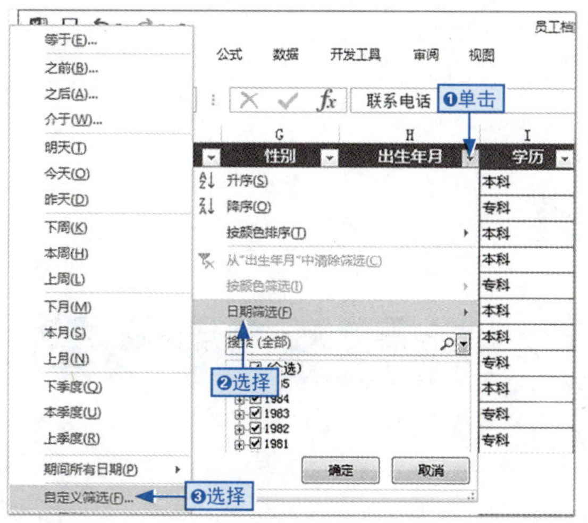


图8-35

**步骤02** 打开“自定义自动筛选方式”对话框，❶设置第1个日期条件为“在以下日期之前”，在第1个日期文本框中输入“1970/1/1”，❷选中“或”单选按钮，❸设置第2个日期条件为“在以下日期之后”，在第2个日期文本框中输入“1990/1/1”，❹单击“确定”按钮，如图8-36所示。

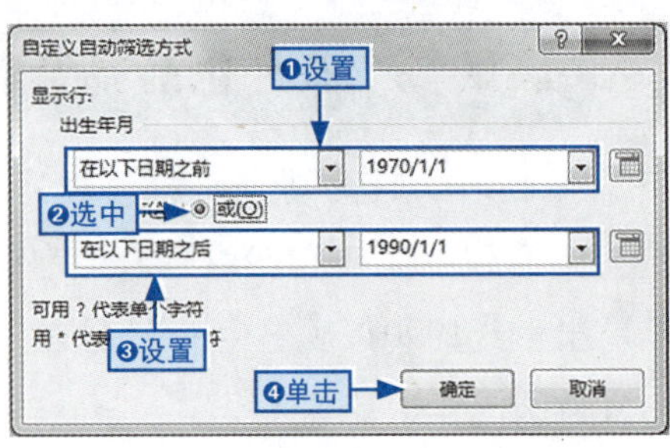


图8-36

**步骤03** 返回到工作表，即可查看到多条件筛选的数据效果，如图8-37所示。

图8-37

## 8.2.5 自定义多条件筛选

要更加精准地找到想要查找的相关人员信息数据，可多设置一些筛选条件。

下面以“员工档案管理5”工作簿中学历为本科、在1970年后出生且职务为经理的人员信息筛选出来为例，介绍其具体操作。

本节素材 ⊙素材\Chapter08\员工档案管理5.xlsx
本节效果 ⊙效果\Chapter08\员工档案管理5.xlsx
学习目标 多条件的自定义筛选
难度指数 ★★★

**步骤01** 打开“员工档案管理5.xlsx”素材文件，在B41:D42单元格区域设置多条件筛选，如图8-38所示。

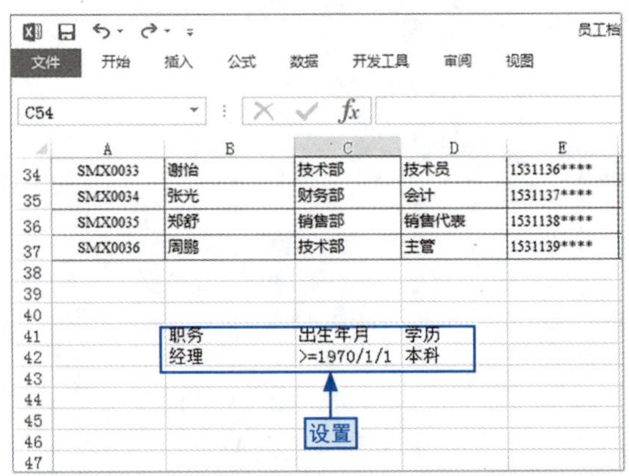


图8-38

**步骤02** ❶在表格中选择任意单元格，❷单击“排序和筛选”组中的“高级”按钮，如图8-39所示。

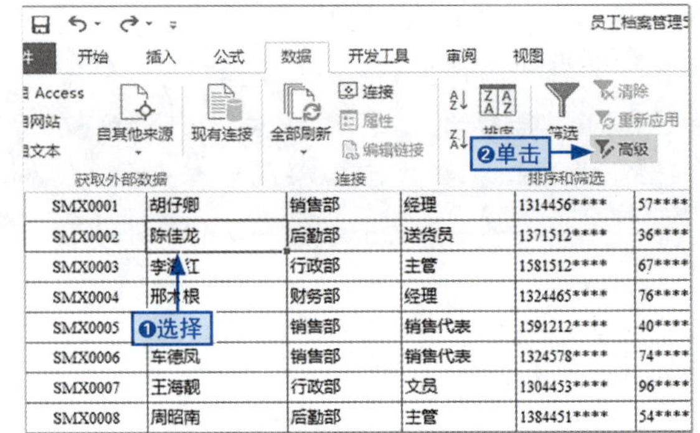


图8-39

**步骤03** 打开“高级筛选”对话框，单击“条件区域”文本框后的“折叠”按钮，如图8-40所示。

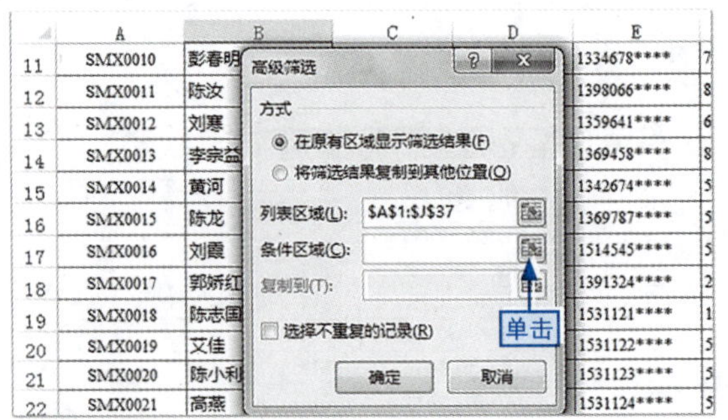


图8-40

**步骤04** ❶在工作表中选择设置的条件区域的单元格区域，❷这里选择B41:D42单元格区域，单击“展开”按钮，如图8-41所示。

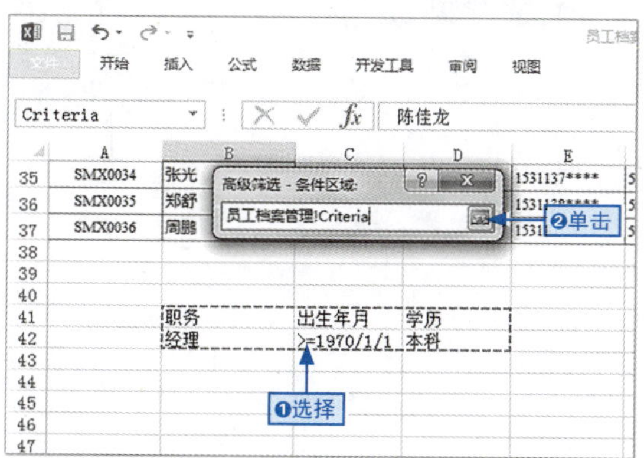


图8-41

**步骤05** 返回到“高级筛选”对话框，单击“确定”按钮确认设置，如图8-42所示。

### 过滤掉重复数据

在筛选过程中，若想将那些重复项的数据过滤掉，可在“高级筛选”对话框中选中“选择不重复的记录”复选框，然后设置和确认。

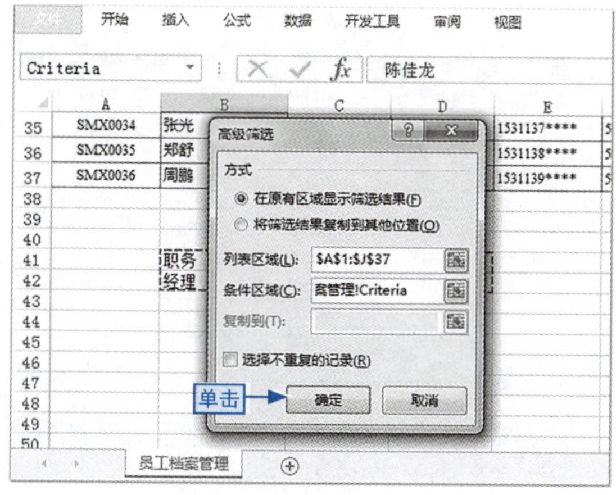


图8-42

**步骤06** 返回到工作表中，即可查到筛选人员信息的数据效果，如图8-43所示。

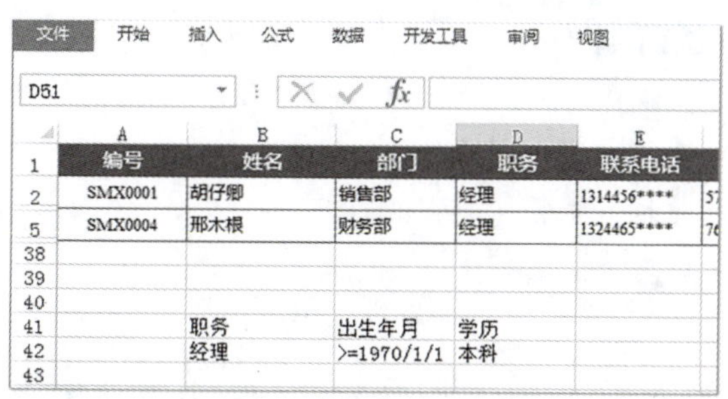


图8-43

### 将筛选结果放置到指定位置

若想将高级筛选的结果放置到其他位置而原来数据不变，这时可以在“高级筛选”对话框中，❶选中“将筛选结果复制到其他位置”单选按钮，❷设置激活的“复制到”参数，指定筛选结果的放置位置，最后确认，如图8-44所示。

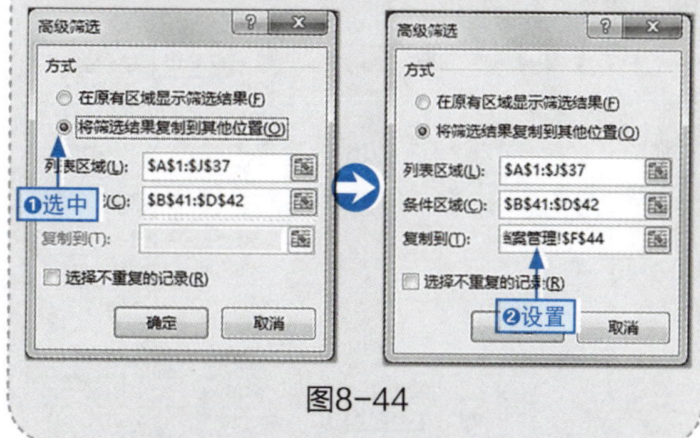


图8-44

## 8.2.6 使用自动筛选删除空行

自动筛选不仅可以筛选出数据，同时也可以将空行筛选出来，然后将其删除。

下面通过使用自动筛选功能将“员工档案管理4”工作簿中的空行删除为例，介绍其具体操作。

| | |
|---|---|
| 本节素材 | 素材\Chapter08\员工档案管理4.xlsx |
| 本节效果 | 效果\Chapter08\员工档案管理4.xlsx |
| 学习目标 | 筛选空行并将其删除 |
| 难度指数 | ★★ |

**步骤01** 打开“员工档案管理4.xlsx”素材文件，❶单击任一单元格右侧的下拉按钮，这里单击“部门”下拉按钮，❷取消选中“全选”复选框，如图8-45所示。

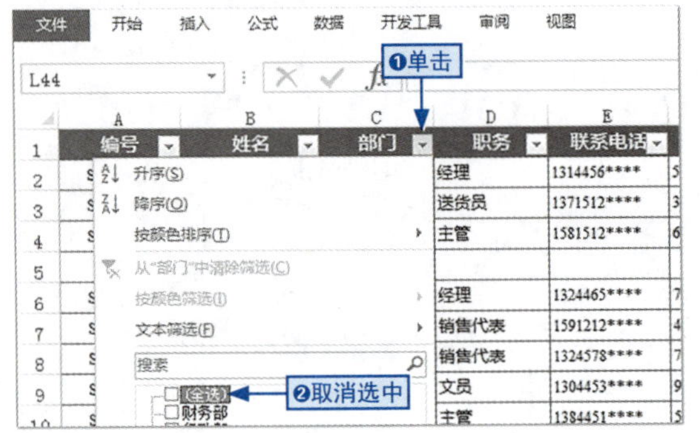


图8-45

**步骤02** ❶再次单击“部门”下拉按钮，❷选中“空白”复选框，然后单击“确定”按钮，如图8-46所示。

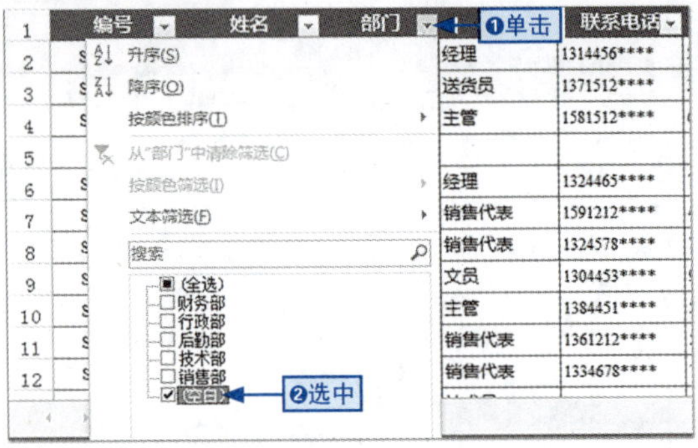

图8-46

**步骤03** 系统自动筛选出表格中的空行，❶选择这些空行并在其上右击，❷选择“删除行”命令，如图8-47所示。

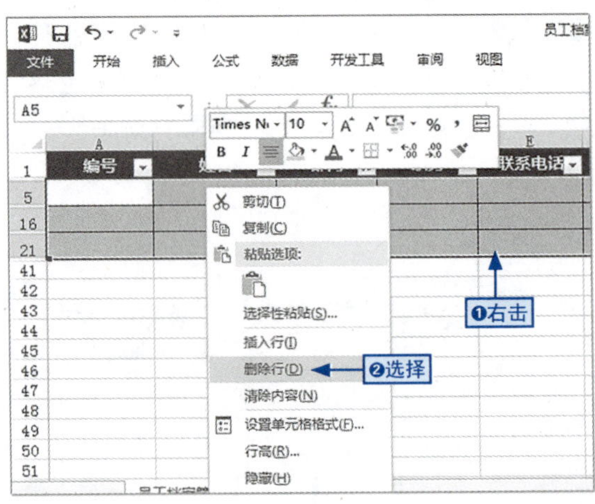


图8-47

**步骤04** 单击“筛选”按钮，显示所有数据，在其中可以看到空行全部被删除，效果如图8-48所示。

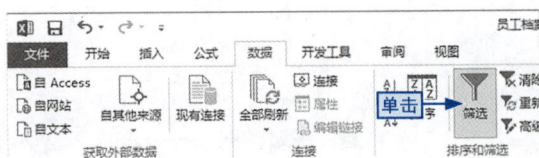

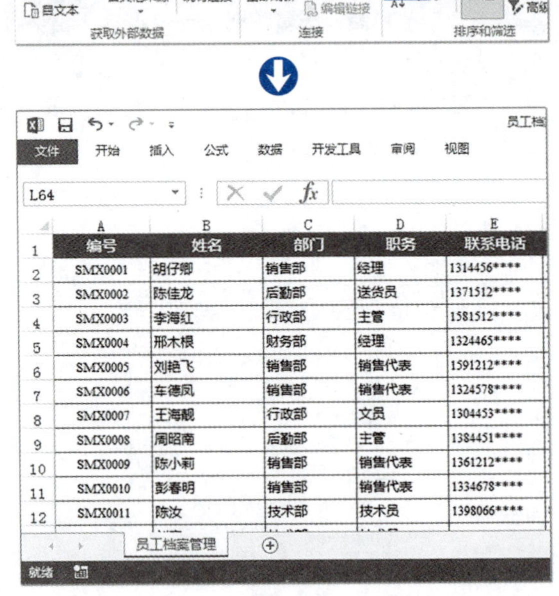


| 编号 | 姓名 | 部门 | 职务 | 联系电话 |
|---|---|---|---|---|
| SMX0001 | 胡仔卿 | 销售部 | 经理 | 1314456**** |
| SMX0002 | 陈佳龙 | 后勤部 | 送货员 | 1371512**** |
| SMX0003 | 李海红 | 行政部 | 主管 | 1581512**** |
| SMX0004 | 邢木根 | 财务部 | 经理 | 1324465**** |
| SMX0005 | 刘艳飞 | 销售部 | 销售代表 | 1591212**** |
| SMX0006 | 车德凤 | 销售部 | 销售代表 | 1324578**** |
| SMX0007 | 王海靓 | 行政部 | 文员 | 1304453**** |
| SMX0008 | 周昭南 | 后勤部 | 主管 | 1384451**** |
| SMX0009 | 陈小莉 | 销售部 | 销售代表 | 1361212**** |
| SMX0010 | 彭春明 | 销售部 | 销售代表 | 1334678**** |
| SMX0011 | 陈汝 | 技术部 | 技术员 | 1398066**** |

图8-48

长知识

**筛选空行有讲究**

在使用筛选功能删除表格的空行时，很多用户发现筛选字段列表框中没有“空白”复选框，但实际上数据表格中存在空行，如图 8-49 所示。

其实这是一个很容易走进的误区，其实只需在进入自动筛选状态前，将包含空行的数据区域全部选择，再单击“筛选”按钮即可，如图 8-50 所示。

图8-49

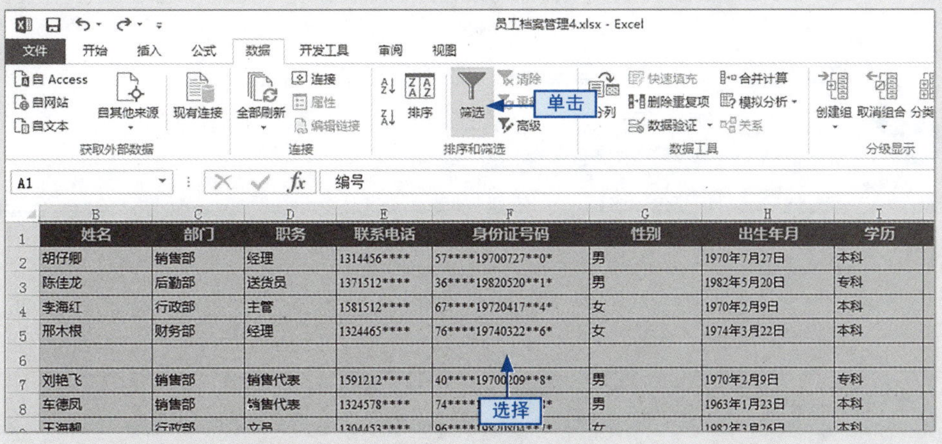


图8-50

## 8.2.7 按颜色进行筛选

用户不仅可以对数据、日期等进行筛选，同时还可对颜色进行筛选。

下面以在“员工档案管理6”工作簿中通过对颜色的筛选来显示出职务为“经理”的数据为例，介绍其具体操作。

| | |
|---|---|
| 本节素材 | 素材\Chapter08\员工档案管理6.xlsx |
| 本节效果 | 效果\Chapter08\员工档案管理6.xlsx |
| 学习目标 | 学会按颜色进行筛选 |
| 难度指数 | ★★ |

步骤01 打开“员工档案管理6.xlsx”素材文件，❶单击“职务”下拉按钮，❷选择“按颜色筛选”选项，❸选择灰色选项，如图8-51所示。

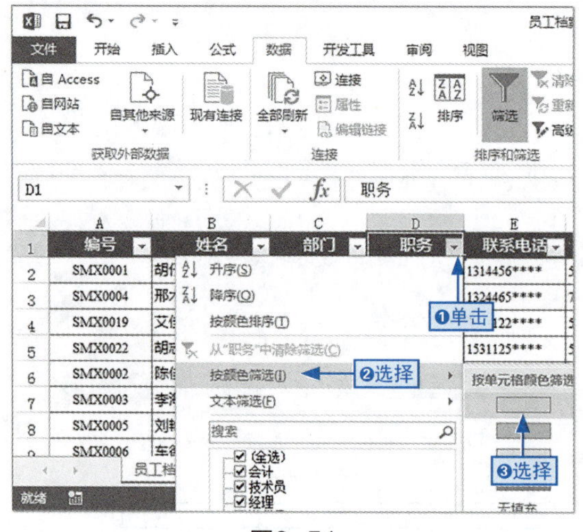


图8-51

**步骤02** 系统自动将灰色底纹的单元格数据筛选出来，如图8-52所示。

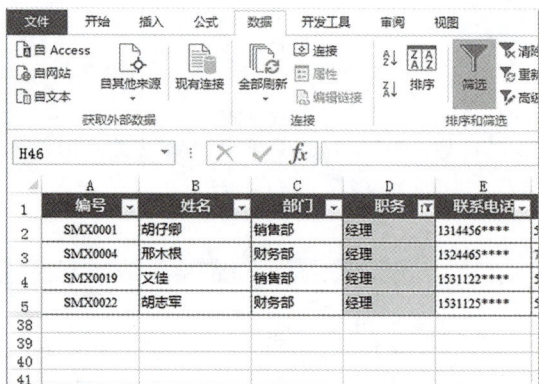

| 编号 | 姓名 | 部门 | 职务 | 联系电话 |
| --- | --- | --- | --- | --- |
| SMX0001 | 胡仔卿 | 销售部 | 经理 | 1314456**** |
| SMX0004 | 邢木根 | 财务部 | 经理 | 1324465**** |
| SMX0019 | 文佳 | 销售部 | 经理 | 1531122**** |
| SMX0022 | 胡志军 | 财务部 | 经理 | 1531125**** |

图8-52

# 8.3 汇总查看面试情况

**小白：**使用Excel怎样对面试岗位、部门和人员进行管理分析呢?

**阿智：**可以对其进行分类汇总，从而清晰地展示出各个部门、职位及面试人员的情况，帮助我们制订出更合理的招聘和面试方案。

Excel中，分类汇总能将同类数据迅速地以指定计算方式进行归类，方便用户对数据进行管理和分析。

## 8.3.1 快速创建分类汇总

快速创建分类汇总，可简单将其理解为单字段的汇总，不用进行太多的设置。

下面以在“面试人员状况分析”工作簿中快速汇总出部门面试人员数字为例，介绍其具体操作。

| 本节素材 | 素材\Chapter08\面试人员状况分析.xlsx |
| --- | --- |
| 本节效果 | 效果\Chapter08\面试人员状况分析.xlsx |
| 学习目标 | 学会创建单字段的分类汇总 |
| 难度指数 | ★★★ |

**步骤01** 打开“面试人员状况分析.xlsx”素材文件，选择“部门”列中的任一数据单元格，然后单击“升序”按钮，如图8-53所示。

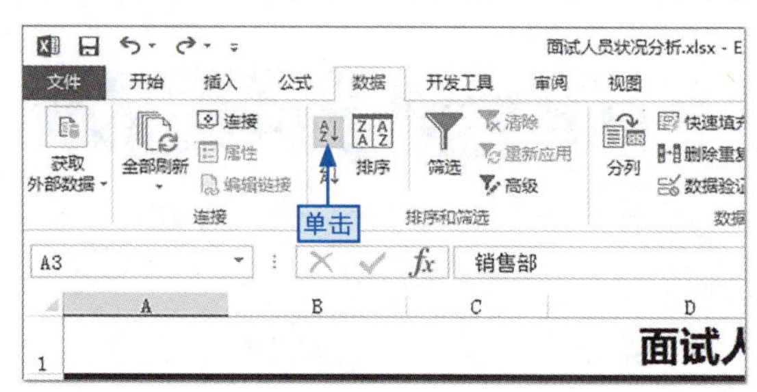


图8-53

步骤02 单击“数据”选项卡中的“分类汇总”按钮，如图8-54所示。

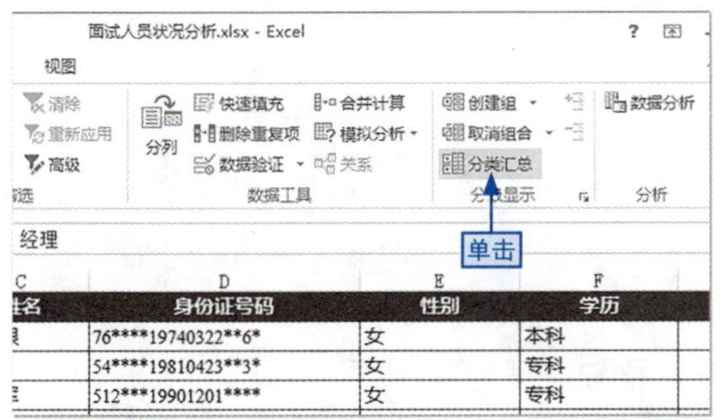


图8-54

步骤03 打开“分类汇总”对话框，❶单击“汇总方式”下拉按钮，❷选择“计数”选项，❸取消选中“联系电话”复选框（系统默认选中的选项），如图8-55所示。

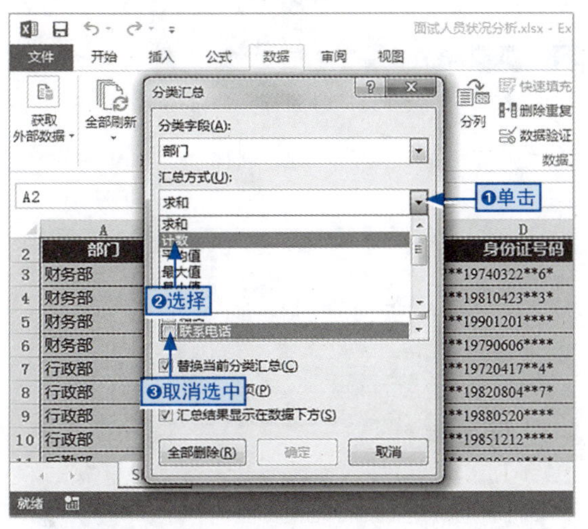


图8-55

**默认选择分类字段**

“分类字段”必须进行设置，但不一定是在“分类汇总”对话框中进行设置，用户可以事先在目标数据系列中选择任一数据单元格，系统就会自动将该字段选择为分类字段，从而节省手动选择的操作。

步骤04 ❶在“选定汇总项”列表框中选中“职务”复选框，❷单击“确定”按钮，如图8-56所示。

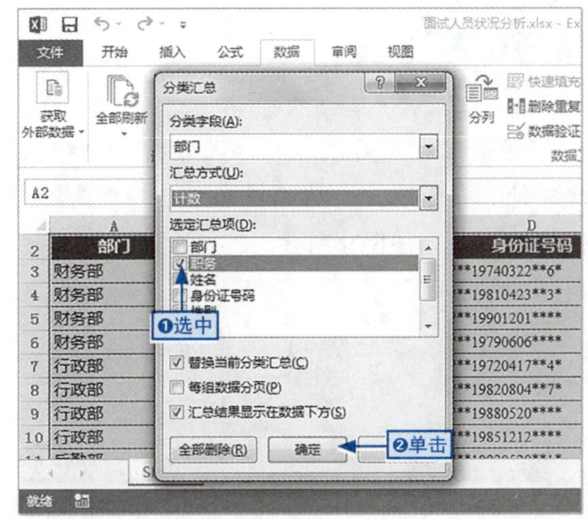


图8-56

步骤05 返回到工作表，即可查看到对部门面试人员的计数汇总效果，如图8-57所示。

| | 部门 | 职务 | 姓名 | 身份 |
|---|---|---|---|---|
| 3 | 财务部 | 经理 | 邢木根 | 76****19740 |
| 4 | 财务部 | 会计 | 刘霞 | 54****19810 |
| 5 | 财务部 | 经理 | 胡志军 | 512***19901 |
| 6 | 财务部 | 会计 | 张光 | 516***19790 |
| 7 | 财务部 计数 | 4 | | |
| 8 | 行政部 | 主管 | 李海红 | 67****19720 |
| 9 | 行政部 | 文员 | 王海靓 | 96****19820 |
| 10 | 行政部 | 主管 | 高燕 | 516***19880 |
| 11 | 行政部 | 文员 | 李有煜 | 517***19851 |
| 12 | 行政部 计数 | 4 | | |
| 13 | 后勤部 | 送货员 | 陈佳龙 | 36****19820 |
| 14 | 后勤部 | 主管 | 周明南 | 54****19830 |

图8-57

## 8.3.2 多个汇总字段的分类汇总

分类汇总不只能对单个字段进行汇总，还可以对多个字段进行汇总，从而更加全面和多角度地管理和分析数据。

下面以在“面试人员状况分析1”工作簿中同时对职务和学历进行计数汇总为例，介绍其具体操作。

本节素材 ⊙素材\Chapter08\面试人员状况分析1.xlsx
本节效果 ⊙效果\Chapter08\面试人员状况分析1.xlsx
学习目标 学会多个字段的分类汇总操作
难度指数 ★★★

**步骤01** 打开“面试人员状况分析1.xlsx”素材文件，❶选择任一数据单元格，❷单击“排序”按钮，如图8-58所示。

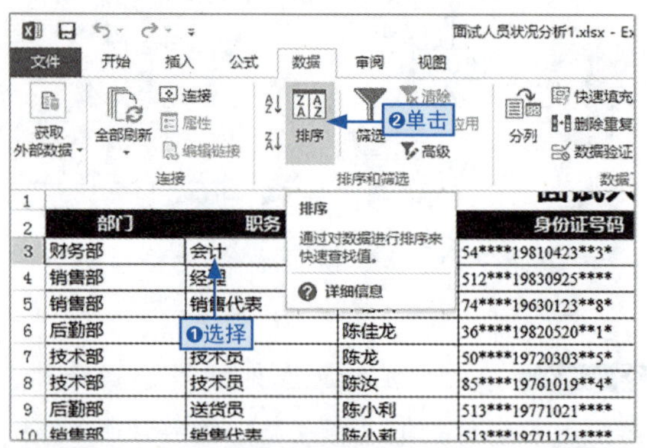


图8-58

**步骤02** 打开“排序”对话框，❶设置“部门”“职务”和“学历”多项排序条件，❷单击“确定”按钮，如图8-59所示。

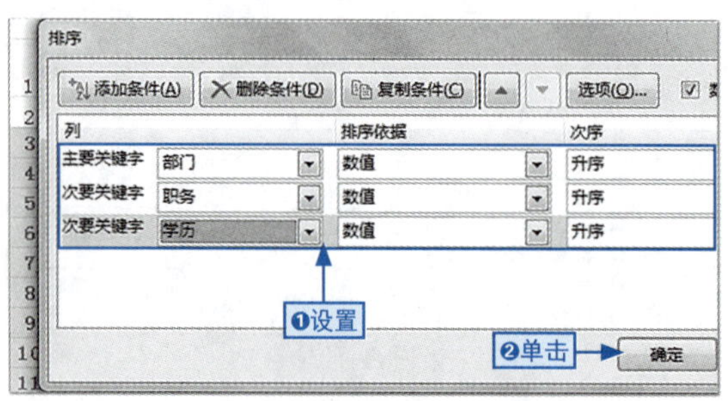


图8-59 设置排序条件

**步骤03** 单击“数据”选项卡中的“分类汇总”按钮，如图8-60所示。

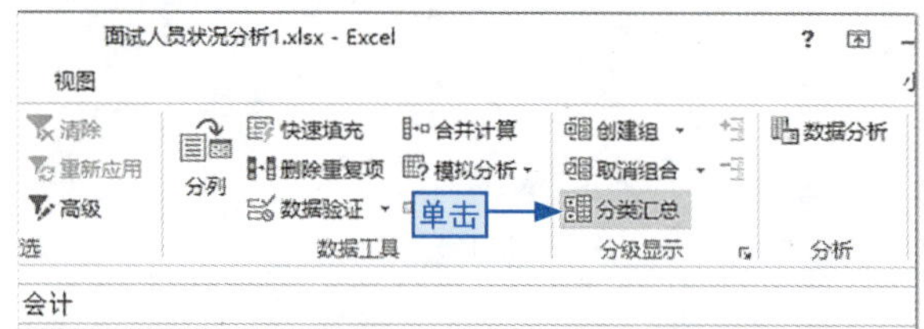


图8-60

**步骤04** 打开“分类汇总”对话框，❶单击“分类字段”下拉按钮，❷选择“职务”选项，如图8-61所示。

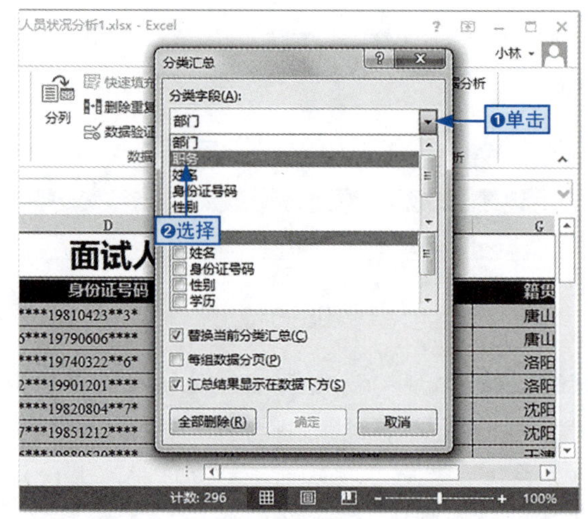


图8-61

**步骤05** ❶在“选定汇总项”列表框中选中“职务”复选框，❷单击“确定”按钮，如图8-62所示。

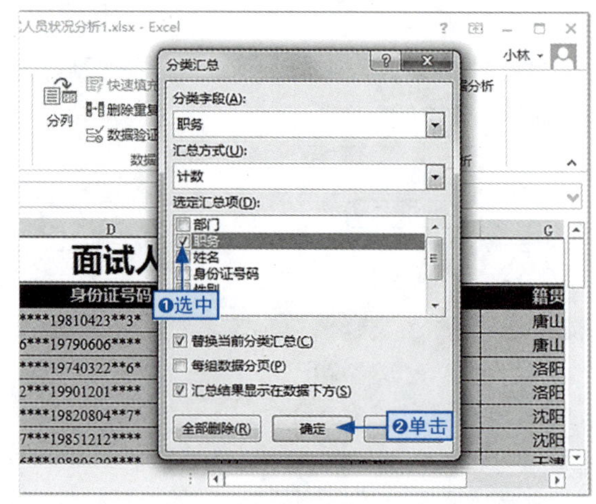


图8-62

**步骤06** 返回到工作表中，再次单击“分类汇总”按钮，打开“分类汇总”对话框，如图8-63所示。

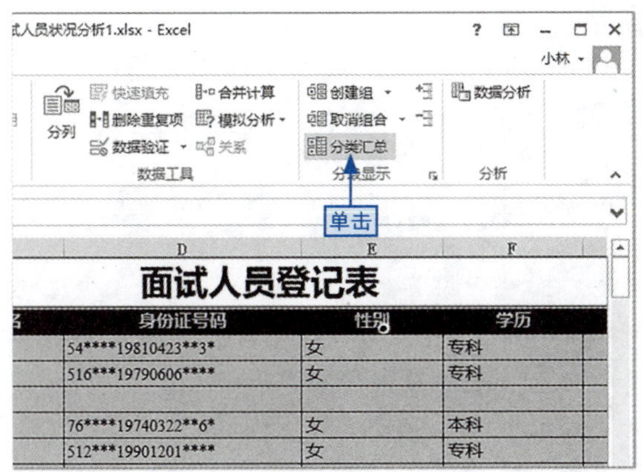


图8-63

**步骤07** ❶单击“分类字段”下拉按钮，❷选择“学历”选项，如图8-64所示。

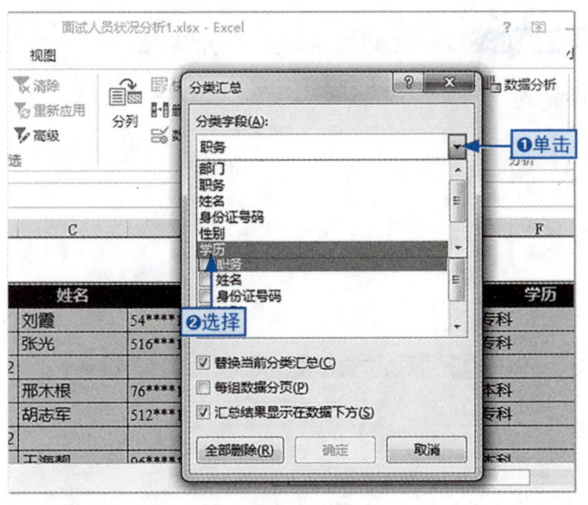


图8-64

**巧解多字段分类汇总**

多字段的分类汇总，强调的是不同字段的相同汇总方式，如在本例中，有“职务”和“学历”字段参与汇总，但它们的汇总方式一致，都是“计数”。

**步骤08** ❶取消选中“职务”复选框，❷选中“学历”复选框，❸取消选中“替换当前分类汇总”复选框，❹单击“确定”按钮，如图8-65所示。

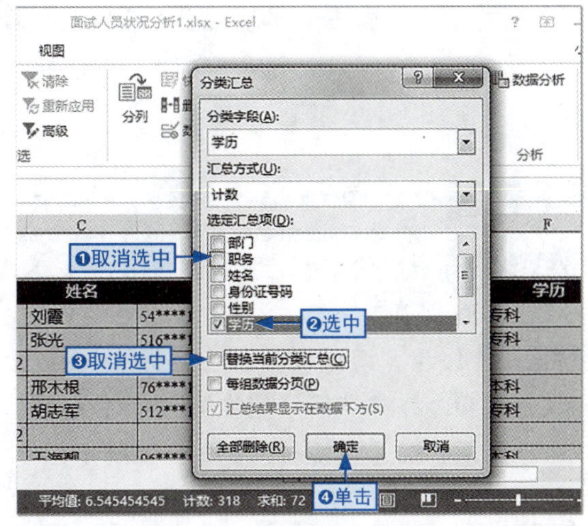


图8-65

**多字段汇总的关键**

要让多字段汇总结果同时存在，就必须让当前汇总不能替代以前存在的汇总，也就是必须取消选中“替换当前分类汇总”复选框。

**步骤09** 返回到工作表，即可查看到对多字段进行计数汇总的效果，如图8-66所示。

F27　=SUBTOTAL(3,F26:F26)

| | A | B | E | F |
|---|---|---|---|---|
| 2 | 部门 | 职务 | 性别 | 学 |
| 3 | 财务部 | 会计 | 女 | 专科 |
| 4 | 财务部 | 会计 | 女 | 专科 |
| 5 | | | 专科 计数 | |
| 6 | 会计 计数 | 2 | | |
| 7 | 财务部 | 经理 | 女 | 本科 |
| 8 | | | 本科 计数 | |
| 9 | 财务部 | 经理 | 女 | 专科 |
| 10 | | | 专科 计数 | |
| 11 | 经理 计数 | 2 | | |
| 12 | 行政部 | 文员 | 女 | 本科 |
| 13 | | | 本科 计数 | |

图8-66

## 8.3.3 多个汇总方式的分类汇总

多个汇总方式的分类汇总其实就是同一字段不同的汇总方式。

下面以在“面试人员状况分析2”工作簿中同时对部门面试人员的年龄进行平均值和最大值汇总为例，介绍其具体操作。

**步骤01** 打开“面试人员状况分析2.xlsx”素材文件，❶选择“部门”列中的任一单元格，❷单击“分类汇总”按钮，如图8-67所示。

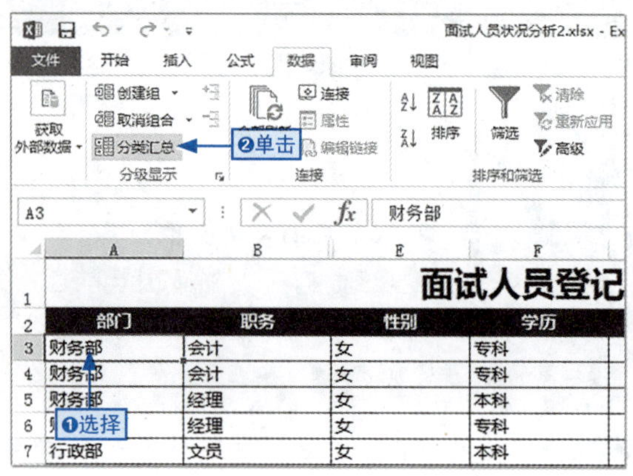


图8-67

**步骤02** 打开“分类汇总”对话框，❶单击“汇总方式”下拉按钮，❷选择“平均值”选项，如图8-68所示。

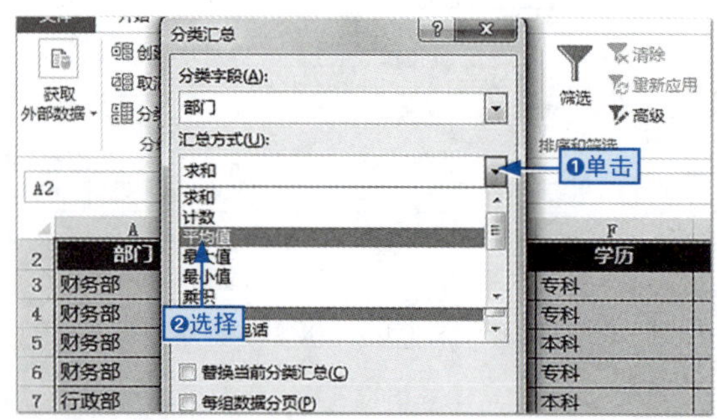


图8-68

**步骤03** 取消选中默认的复选框，❶选中“年龄”复选框（由于“替换当前分类汇总”复选框默认没有选中，这里就没进行取消选中操作），❷单击“确定”按钮，如图8-69所示。

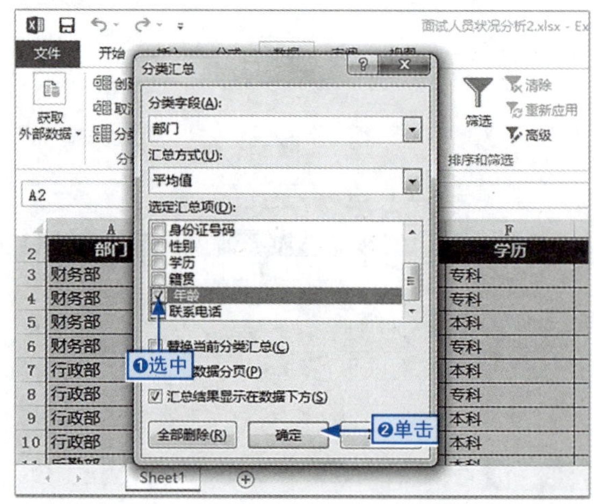


图8-69

**步骤04** 返回到工作表，并单击“分类汇总”按钮，如图8-70所示。

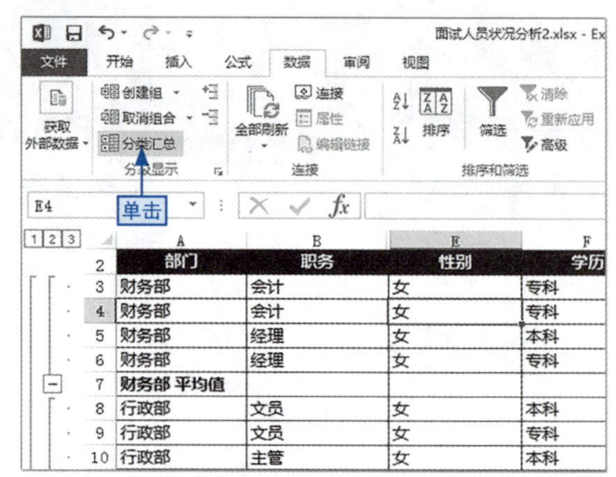


图8-70

**步骤05** 打开“分类汇总”对话框，❶单击“汇总方式”下拉按钮，❷选择“最大值”选项，如图8-71所示。

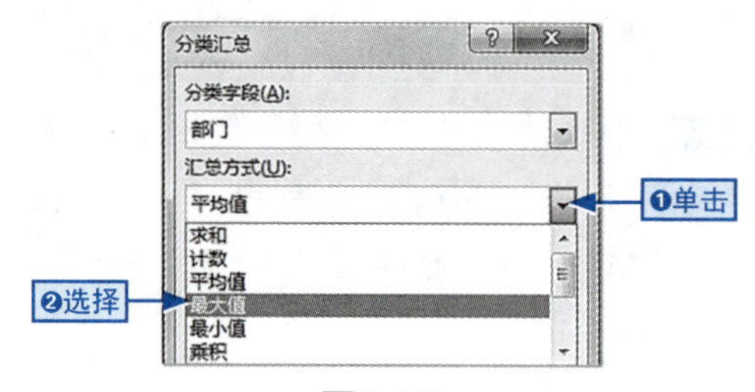


图8-71

**步骤06** 返回到工作表，即可查看到同一字段不同的汇总方式效果，如图8-72所示。

| | A 部门 | G 籍贯 | H 年龄 | I 联系 |
|---|---|---|---|---|
| 3 | 财务部 | 唐山 | 45 | 1514545* |
| 4 | 财务部 | 唐山 | 32 | 1531137* |
| 5 | 财务部 | 洛阳 | 25 | 1324465* |
| 6 | 财务部 | 洛阳 | 28 | 1531125* |
| 7 | 财务部 最大值 | | 45 | |
| 8 | 财务部 平均值 | | 32.5 | |
| 9 | 行政部 | 沈阳 | 50 | 1304453* |
| 10 | 行政部 | 沈阳 | 30 | 1531128* |
| 11 | 行政部 | 天津 | 31 | 1531124* |
| 12 | 行政部 | 天津 | 46 | 1581512* |
| 13 | 行政部 最大值 | | 50 | |

图8-72

## 8.3.4 将汇总数据分页显示

对于分类汇总的数据项，若要将其分页打印在不同的纸张上，可以将汇总数据分页显示。

下面以在“面试人员状况分析3”工作簿中将不同部门的面试人员数据显示在不同页中为例，介绍其具体操作。

| | |
|---|---|
| 本节素材 | ⊙素材\Chapter08\面试人员状况分析3.xlsx |
| 本节效果 | ⊙效果\Chapter08\面试人员状况分析3.xlsx |
| 学习目标 | 学会将汇总数据分页显示 |
| 难度指数 | ★★★ |

**步骤01** 打开“面试人员状况分析3.xlsx”素材文件，❶选择任一数据单元格，❷单击“分类汇总”按钮，如图8-73所示。

| | 部门 | 籍贯 | 年龄 | 联系 |
|---|---|---|---|---|
| 3 | 财务部 | 唐山 | 45 | 1514545* |
| 4 | 财务部 | 唐山 | 32 | 1531137* |
| 5 | 财务部 | 洛阳 | 25 | 1324465* |
| 6 | 财务部 | 洛阳 | 28 | 1531125* |
| 7 | 财务部 最大值 | | 45 | |
| 8 | 财务部 平均值 | | 32.5 | |
| 9 | 行政部 | 沈阳 | 50 | 1304453* |

图8-73

**步骤02** 打开“分类汇总”对话框，❶选中“每组数据分页”复选框，❷单击“确定”按钮，如图8-74所示。

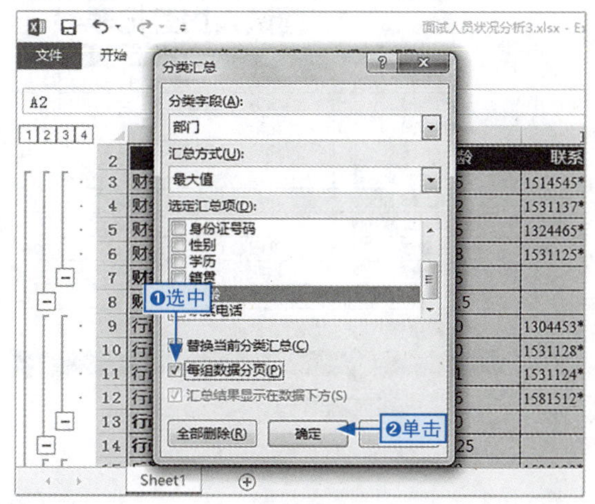


图8-74

**步骤03** ❶选择“视图”选项卡，❷单击“分页预览”按钮（在表格中以粗灰线显示的就是分页线，由于这里不太明显，所以切换到分页预览视图中），如图8-75所示。

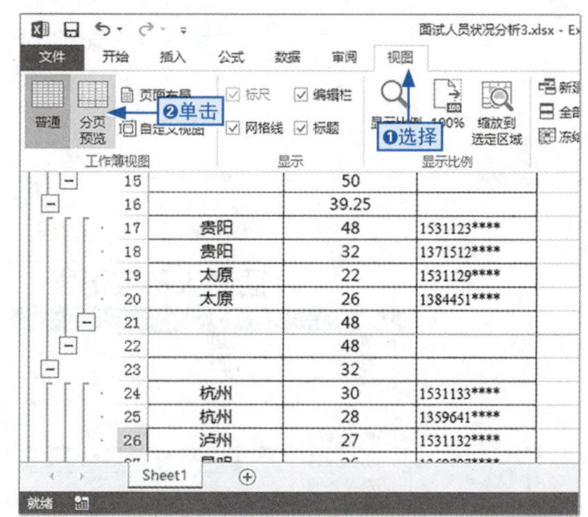


图8-75

**步骤04** 切换到分页预览视图中，即可明显查看到分页的效果，如图8-76所示。

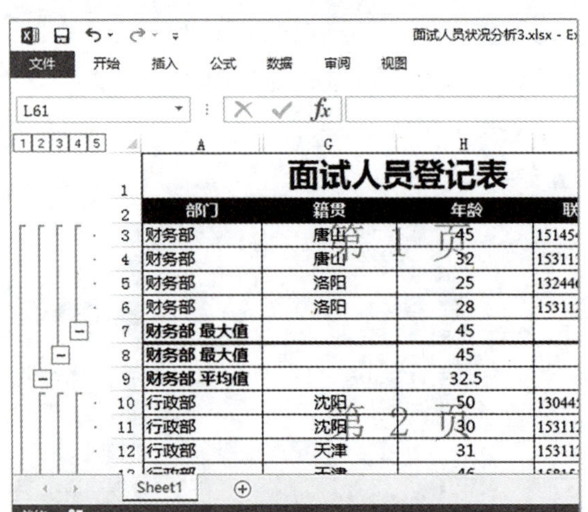


图8-76

## 在打印区域中预览分页效果

在分页的分类汇总数据表中，按 Ctrl+P 组合键，快速进入“打印”选项卡中，在预览区域中即可查看到分页效果，如图 8-77 所示。

面试人员登记表

| 部门 | 籍贯 | 年龄 | 联系电话 |
|---|---|---|---|
| 财务部 | 唐山 | 45 | 1514545**** |
| 财务部 | 唐山 | 32 | 1531137**** |
| 财务部 | 洛阳 | 25 | 1324465**** |
| 财务部 | 洛阳 | 28 | 1531125**** |
| 财务部 最大值 | | 45 | |
| 财务部 最大值 | | 45 | |
| 财务部 平均值 | | 32.5 | |

图8-77

## 手动调整分页位置

在多字段或多种方式的分类汇总的工作表中，通过“分类汇总”对话框来进行的汇总分页，大多数是在每一项的第一个汇总项处就分页了，这不太符合将同类所有汇总项划分到同一页中的要求。这时可以在分页预览中将指针移到分页蓝色线上，当鼠标指针变成上下方向箭头形状时，按住鼠标左键不放进行拖动即可，如图 8-78 所示。

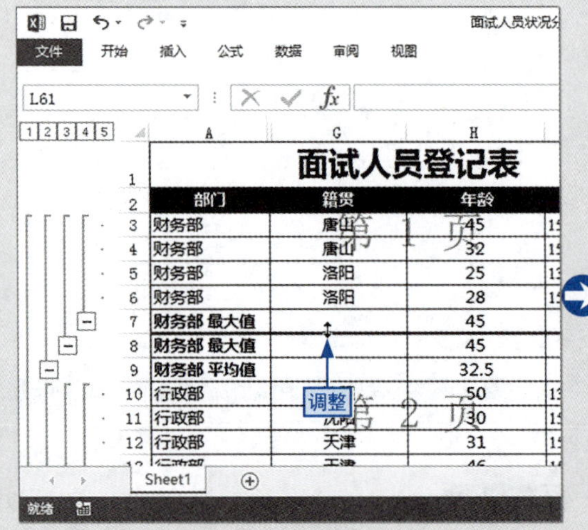


图8-78

## 8.3.5 显示汇总部分数据

分类汇总中的数据分为多个级别，每一级别显示的数据范围不一样，所以可以通过分级控制来让汇总表显示部分数据。

在Excel中，控制分类汇总数据的显示方式有几种常用方法，下面分别进行介绍。

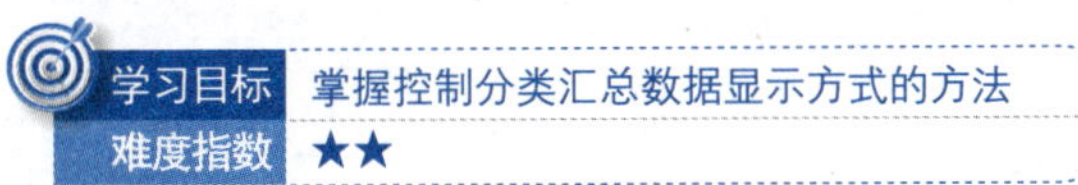

学习目标
掌握控制分类汇总数据显示方式的方法
难度指数
★★


### 通过数字按钮控制

在分类汇总工作表的左侧通常有一个分级显示控制窗格，在左上角位置有1、2、3等字样按钮，通过单击这些级别按钮，可以进行数据显示的控制。如图8-79所示是单击2级数据显示按钮的效果。

| 行 | 部门 | 籍贯 | 年龄 | 联 |
|---|---|---|---|---|
| 9 | 财务部 平均值 | | 32.5 | |
| 10 | 行政部 | 沈阳 | 50 | 130445 |
| 11 | 行政部 | 沈阳 | 30 | 153112 |
| 12 | 行政部 | 天津 | 31 | 153112 |
| 13 | 行政部 | 天津 | 46 | 158151 |
| 14 | 行政部 最大值 | | 50 | |
| 15 | 行政部 最大值 | | 50 | |
| 16 | 行政部 平均值 | | 39.25 | |
| 17 | 后勤部 | 贵阳 | 48 | 153112 |
| 18 | 后勤部 | 贵阳 | 32 | 137151 |
| 19 | 后勤部 | 太原 | 22 | 153112 |
| 20 | 后勤部 | 太原 | 26 | 138445 |

单击

| 行 | 部门 | 籍贯 | 年龄 | 联 |
|---|---|---|---|---|
| 9 | 财务部 平均值 | | 32.5 | |
| 16 | 行政部 平均值 | | 39.25 | |
| 23 | 后勤部 平均值 | | 32 | |
| 34 | 技术部 平均值 | | 31.25 | |
| 53 | 销售部 平均值 | | 36.125 | |
| 54 | 总计最大值 | | | |
| 55 | 总计最大值 | | 57 | |
| 56 | 总计平均值 | | 34.52777778 | |

图8-79

### 通过加减按钮控制

在分级显示控制窗格中有很多加（+）或减（-）按钮（默认的是减号按钮），可以单击其中的加减按钮进行数据的显示控制，如图8-80所示。

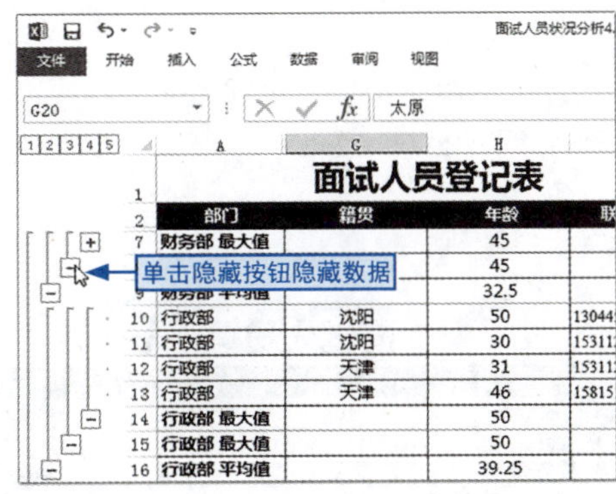


图8-80

### 通过功能按钮控制

通过功能按钮控制是指单击“数据”选项卡中的“隐藏明细数据”按钮或“显示明细数据”按钮。如图8-81所示为隐藏数据。

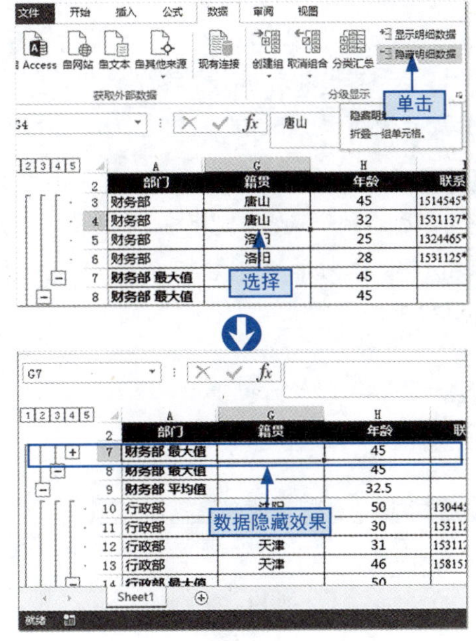


图8-81

### 分级显示窗格重新加载

在一些分类汇总的表格中，表格左侧有时没有分级显示窗格。面对这种情况，❶可单击“创建组”下拉按钮，❷选择“自动创建分级显示”选项（这种手动创建的分级显示，没有最初创建分类汇总自动生成的分级显示窗格完善），如图 8-82 所示。

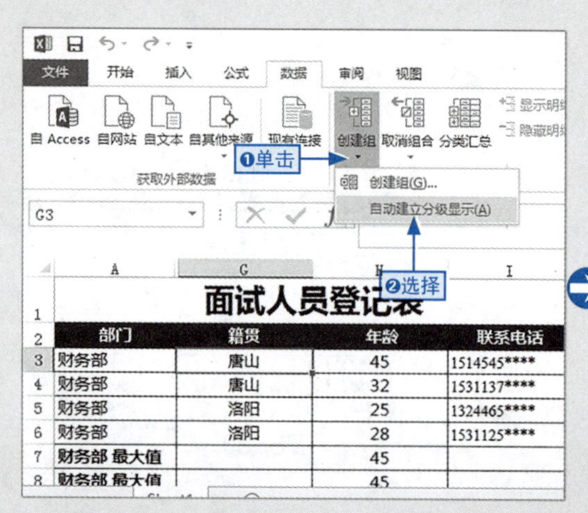


| | 部门 | 籍贯 | 年龄 |
|---|---|---|---|
| 3 | 财务部 | 唐山 | 45 |
| 4 | 财务部 | 唐山 | 32 |
| 5 | 财务部 | 洛阳 | 25 |
| 6 | 财务部 | 洛阳 | 28 |
| 7 | | | 45 |
| 8 | 财务部 最大值 | | 45 |
| 9 | 财务部 平均值 | | 32.5 |
| 10 | 行政部 | 沈阳 | 50 |
| 11 | 行政部 | 沈阳 | 30 |
| 12 | 行政部 | 天津 | 31 |
| 13 | 行政部 | 天津 | 46 |

分级显示窗格

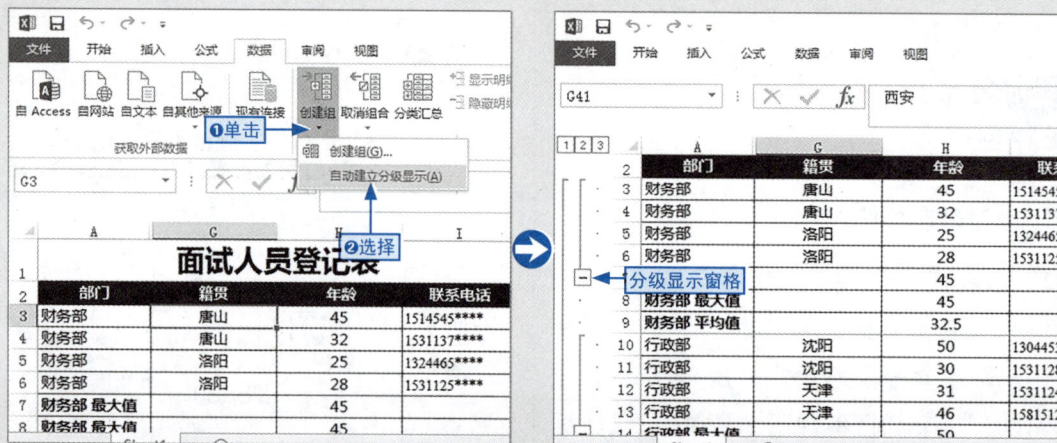

图8-82

## 给你支招 | 如何巧妙恢复到排序之前的顺序

**小白**：我打算将排序后的数据恢复到最初的顺序，可以吗？

**阿智**：当然可以，不过要在数据排序前要打下伏笔，其具体操作如下。

**步骤01** 制作辅助列，并在第1个主体部分的第1个单元格输入起始数字，这里输入1，将鼠标指针移动到单元格右下角，双击鼠标，如图8-83所示。

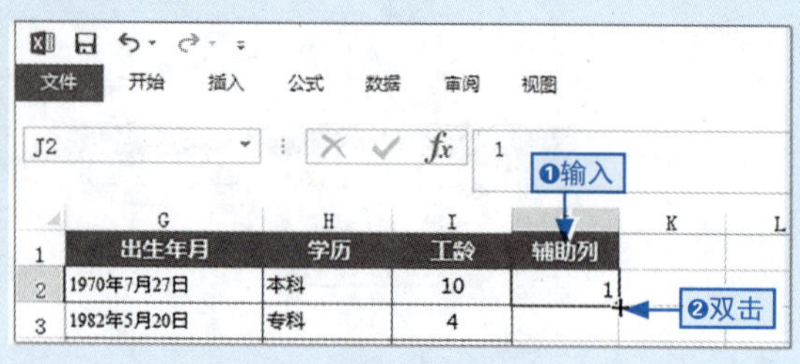


图8-83

**步骤02** ❶单击填充选项下拉按钮，❷选中“填充序列”单选按钮，如图8-84所示。

| | G | H | I | J |
|---|---|---|---|---|
| 28 | 1982年11月20日 | 专科 | 4 | 1 |
| 29 | 1984年4月22日 | 专科 | 5 | 2 |
| 30 | 1983年12月13日 | 硕士 | 5 | 3 |
| 31 | 1985年9月15日 | 本科 | 6 | 4 |
| 32 | 1982年9月15日 | 专科 | 5 | 5 |
| 33 | 1985年6月23日 | 专科 | 4 | 6 |
| 34 | 1983年11月2日 | 专科 | 5 | 7 |
| 35 | 1985年5月11日 | 专科 | 3 | 8 |
| 36 | 1981年9月18日 | 硕士 | 5 | 9 |
| 37 | 1981年7月22日 | 本科 | 4 | 10 |

复制单元格(C)
填充序列(S)
仅填充格式(F)
不带格式填充(O)
快速填充(F)
❷选中
❶单击

图8-84

步骤03 对表格数据进行相应的排序。这里是进行多字段排序，将数据顺序完全打乱，如图8-85所示。

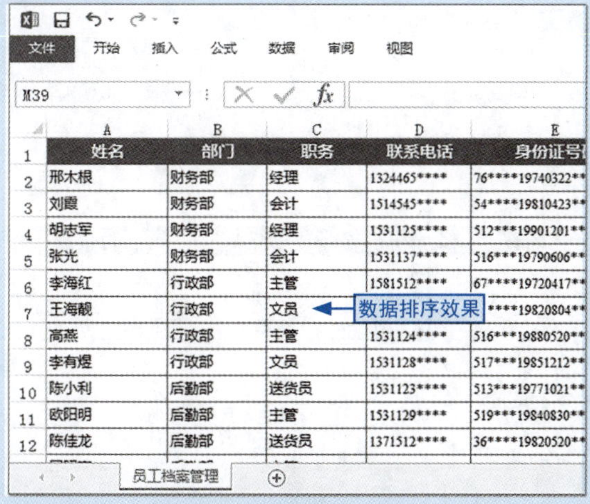


图8-85

步骤04 ❶选择辅助列中的任一数据单元格，❷单击“升序”按钮，即恢复数据排序，如图8-86所示。

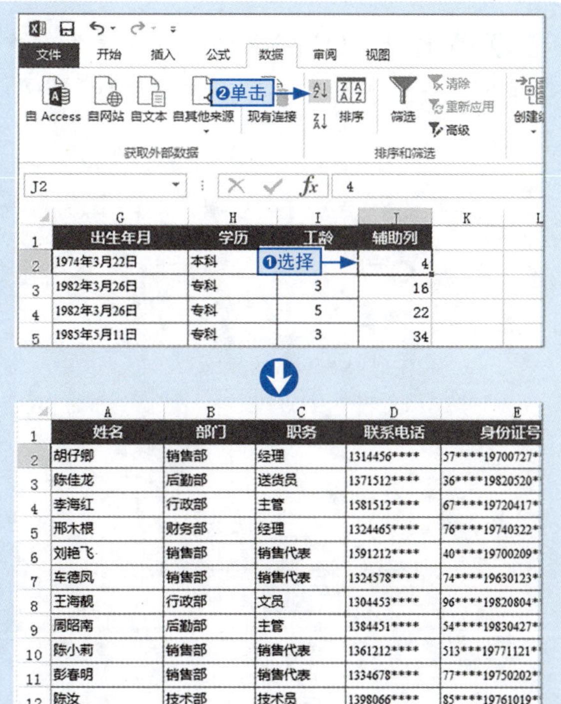


图8-86

## 给你支招 | 在多条件的高级筛选中如何使用模糊匹配

**小白：**在多条件的高级筛选中，想将带有指定字符的数据筛选出来可以吗？

**阿智：**当然可以，这时只需借助于模糊筛选符号“*”。如筛选出姓“刘”的多条件数据，其具体操作如下。

步骤01 ❶使用通配符“*”参加到高级筛选条件的设置当中，❷选择数据表格中的任一单元格，❸单击“数据”选项卡中的“高级”按钮，打开“高级筛选”对话框，如图8-87所示。

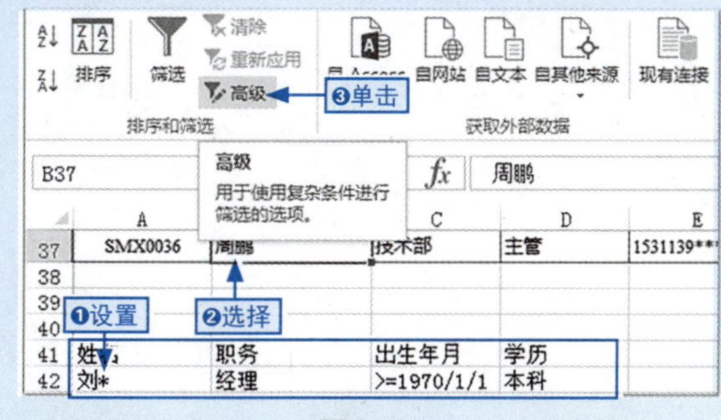


图8-87

**步骤02** 将带有模糊筛选的数据区域作为条件区域参数，单击“确定”按钮，如图8-88所示。

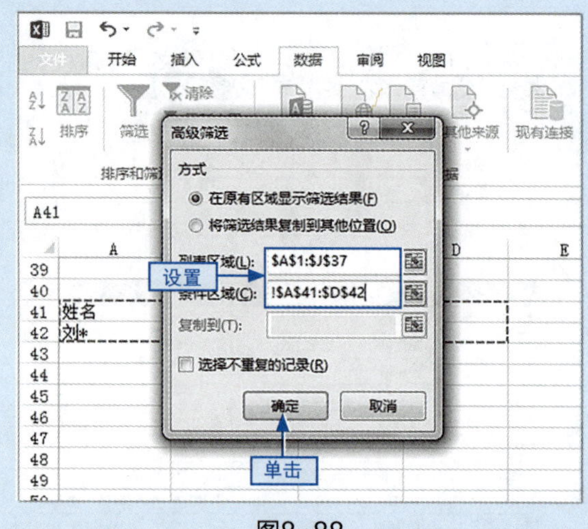


图8-88

**步骤03** 返回到工作表中，即可查看到模糊筛选的效果，如图8-89所示。

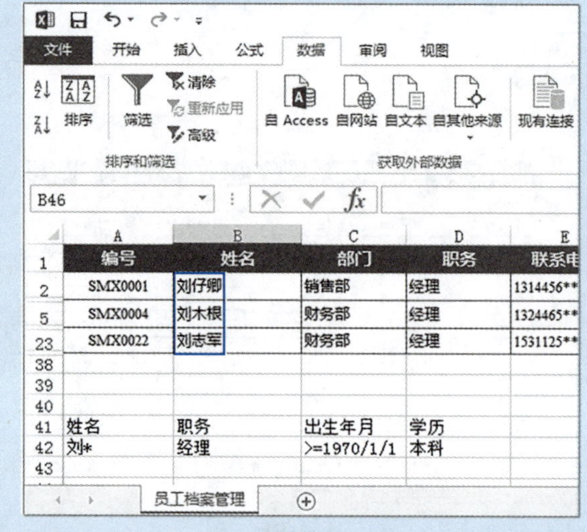


图8-89

# Chapter 09 数据的高级分析：透视功能

## 学习目标

不仅可以利用图表来进行数据的分析，同时还可以使用数据透视图表来进行多维分析，其中可以借用切片器进行辅助。本章将具体讲解数据透视图表以及切片器的相关知识和技巧。

## 本章要点

- 创建数据透视表
- 设置数据透视表布局
- 设置数据透视表格式
- 隐藏和显示明细数据
- 更改数据透视表的汇总方式
- 在数据透视表中创建切片器
- 设置切片器的格式
- 多个报表中实现切片器共享
- 创建数据透视图
- 更改数据透视图图表类型

| 知识要点 | 学习时间 | 学习难度 |
| --- | --- | --- |
| 在工资表中使用和完善数据透视表 | 30 分钟 | ★★★ |
| 切片器在人事档案中的筛选功能 | 30 分钟 | ★★★ |
| 使用数据透视图分析工作统计表 | 30 分钟 | ★★★ |

# 9.1 在工资表中使用数据透视表

**小白：**我想对公司内部员工的工资数据进行透视分析，从而发现其中的问题和优势。该怎样来操作呢？

**阿智：**可使用数据表透视来快速进行多维透视。

要使用数据透视表对数据进行透视分析，首先需要创建数据透视表和添加相应的字段和结构。

## 9.1.1 创建数据透视表

在Excel中创建数据透视表，最常用的两种方法是插入的方式创建和推荐的方式创建。下面分别对其进行讲解。

### 1. 通过插入创建数据透视表

在Excel中最常用且传统的创建数据透视表的方法是通过插入的方法来创建。下面以在“员工工资表”工作簿中插入数据透视表为例，介绍其具体操作。

| 本节素材 | ⊙素材\Chapter09\员工工资表.xlsx |
|---|---|
| 本节效果 | ⊙效果\Chapter09\员工工资表.xlsx |
| 学习目标 | 掌握常规的创建数据透视表的方法 |
| 难度指数 | ★★ |

**步骤01** 打开“员工工资表.xlsx”素材文件，选择任一数据单元格，单击“插入”选项卡中的“数据透视表”按钮，如图9-1所示。

图9-1

**步骤02** 打开“创建数据透视表”对话框，直接单击“确定”按钮，如图9-2所示。

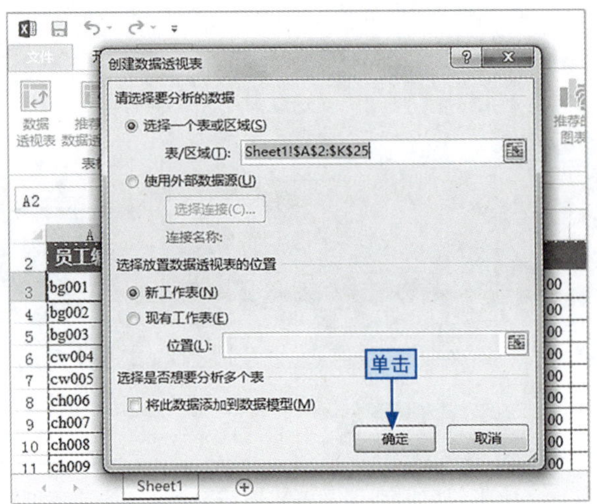


图9-2

**步骤03** 在“数据透视表字段”窗格中依次选中“所属部门”“职位”和“基本工资”等复选框，如图9-3所示。

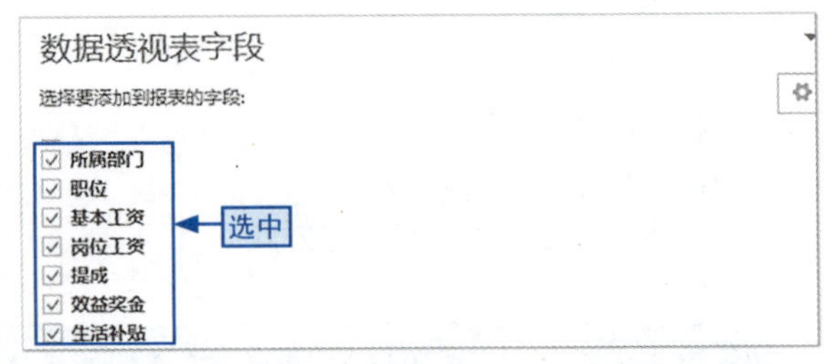


图9-3

**步骤04** 返回工作表中，即可查看到插入数据透视表的效果，如图9-4所示。

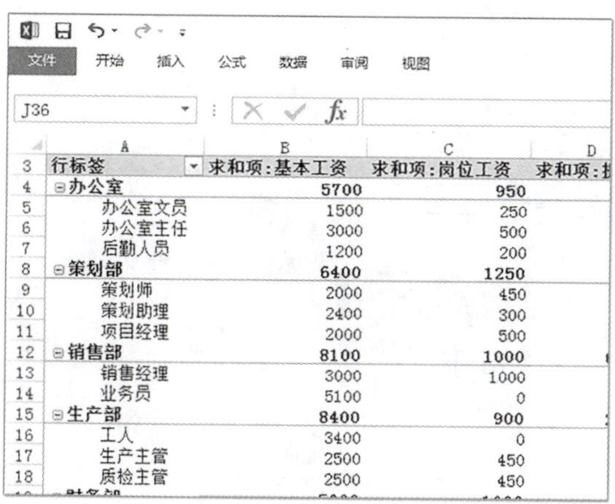

| | A | B | C | D |
|---|---|---|---|---|
| 3 | 行标签 | 求和项:基本工资 | 求和项:岗位工资 | 求和项:扌 |
| 4 | ⊟办公室 | 5700 | 950 | |
| 5 | 办公室文员 | 1500 | 250 | |
| 6 | 办公室主任 | 3000 | 500 | |
| 7 | 后勤人员 | 1200 | 200 | |
| 8 | ⊟策划部 | 6400 | 1250 | |
| 9 | 策划师 | 2000 | 450 | |
| 10 | 策划助理 | 2400 | 300 | |
| 11 | 项目经理 | 2000 | 500 | |
| 12 | ⊟销售部 | 8100 | 1000 | |
| 13 | 销售经理 | 3000 | 1000 | |
| 14 | 业务员 | 5100 | 0 | |
| 15 | ⊟生产部 | 8400 | 900 | |
| 16 | 工人 | 3400 | 0 | |
| 17 | 生产主管 | 2500 | 450 | |
| 18 | 质检主管 | 2500 | 450 | |

图9-4

## 2. 根据系统推荐创建数据透视表

Excel 2013中新增了系统推荐的创建数据透视表功能，用户可使用它快速地创建出一些高质量的数据透视表。

下面以推荐的创建数据透视表功能创建数据透视表来分析工资数据为例，介绍其具体操作。

| | |
|---|---|
| 本节素材 | ⊙素材\Chapter09\员工工资表1.xlsx |
| 本节效果 | ⊙效果\Chapter09\员工工资表1.xlsx |
| 学习目标 | 掌握推荐的创建数据透视表功能 |
| 难度指数 | ★★ |

**步骤01** 打开“员工工资表1.xlsx”素材文件，选择任一数据单元格，单击“推荐的数据透视表”按钮，如图9-5所示。

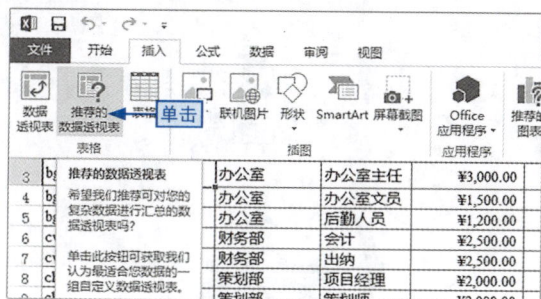

图9-5

**步骤02** 打开“推荐的数据透视表”对话框，❶选择合适的数据透视表选项，这里选择第2个数据透视表选项，❷单击“确定”按钮，如图9-6所示。

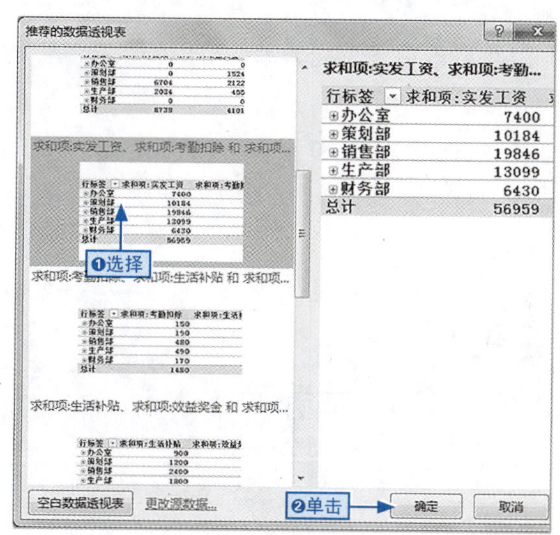


图9-6

**步骤03** 返回到工作表中，即可查看到利用系统推荐创建数据透视表功能创建的透视表效果，如图9-7所示。

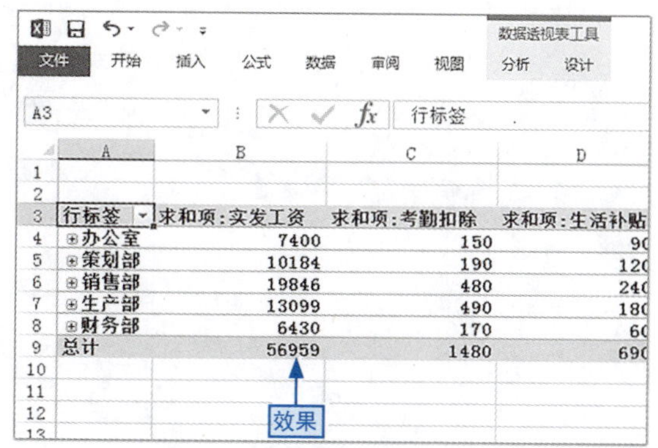

| | A | B | C | D |
|---|---|---|---|---|
| 3 | 行标签 | 求和项:实发工资 | 求和项:考勤扣除 | 求和项:生活补贴 |
| 4 | ⊞办公室 | 7400 | 150 | 90 |
| 5 | ⊞策划部 | 10184 | 190 | 120 |
| 6 | ⊞销售部 | 19846 | 480 | 240 |
| 7 | ⊞生产部 | 13099 | 490 | 180 |
| 8 | ⊞财务部 | 6430 | 170 | 60 |
| 9 | 总计 | 56959 | 1480 | 690 |



图9-7

## 9.1.2 设置数据透视表布局

在Excel中，数据透视表的布局方式有4种：分类汇总、总计、报表布局和空行。下面分别对其进行介绍。

学习目标 更改数据透视表布局
难度指数 ★★

## 更改报表布局

数据透视表布局分5种：压缩形式（默认样式）、表格形式、大纲形式、重复所有项目和不重复项目。❶单击“报表布局”下拉按钮，❷选择相应的报表布局选项即可，如图9-8所示。

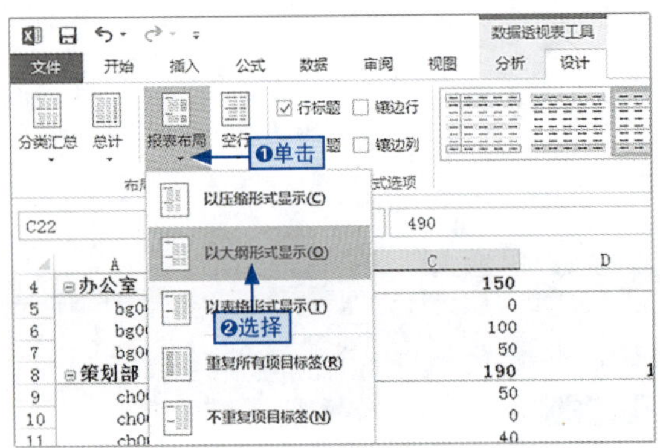


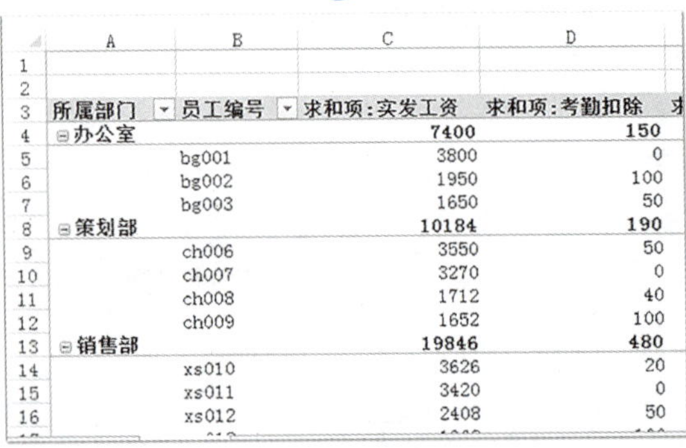

图9-8

## 更改分类汇总显示

数据透视表分类汇总数据的显示方式主要有不显示分类汇总、在组的底部显示所有分类汇总以及在组的顶部显示所有分类汇总。其操作为：❶单击“分类汇总”下拉按钮，❷选择相应的选项即可，如图9-9所示。

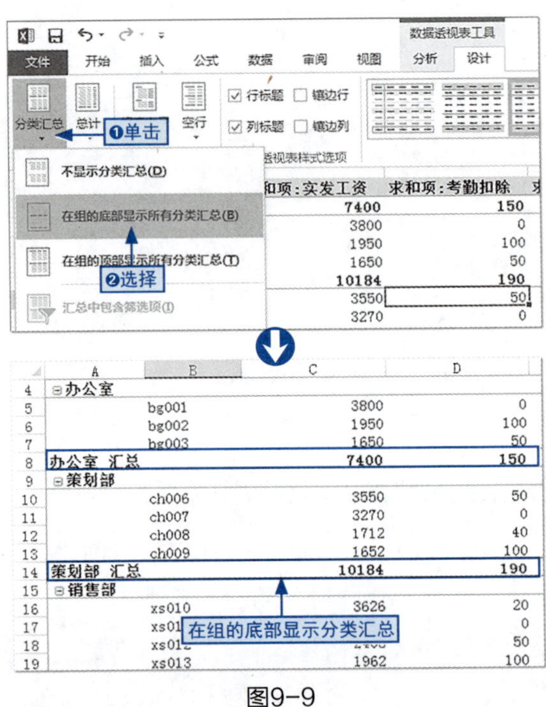


图9-9

## 在项目后插入空行

在数据透视表后面可以插入空行来产生间距，从而让数据透视表更加宽松。其操作为：❶单击“空行”下拉按钮，❷选择“在每个项目后插入空行”选项，如图9-10所示。

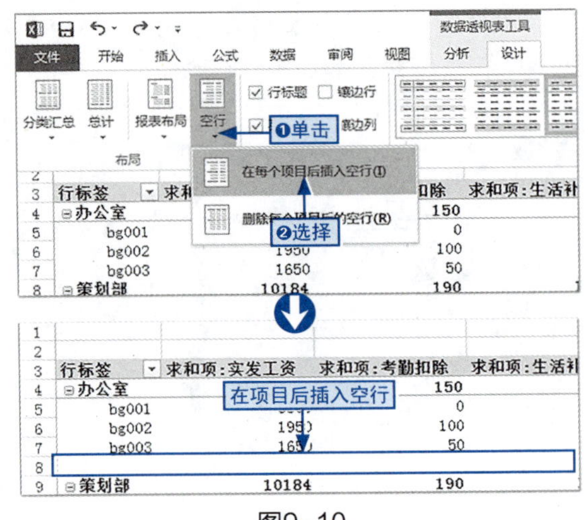


图9-10

### 总计行/列的禁用与启用

数据透视表的总计行或列，默认情况是启用的。可以通过选择相应的选项指定打开或关闭行/列总计，其操作为：❶单击“总计”下拉按钮，❷选择相应的选项，如图9-11所示。

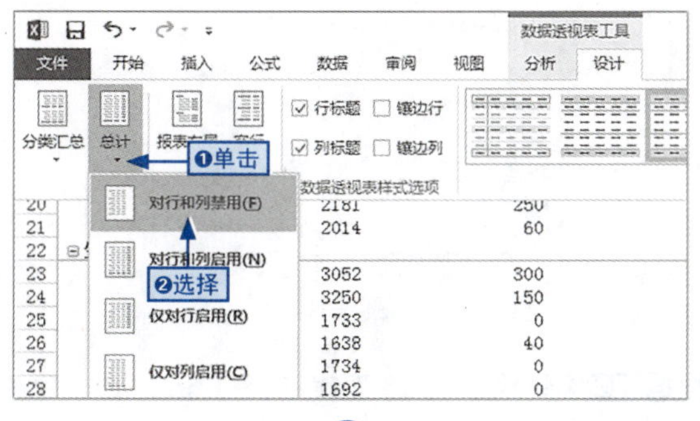


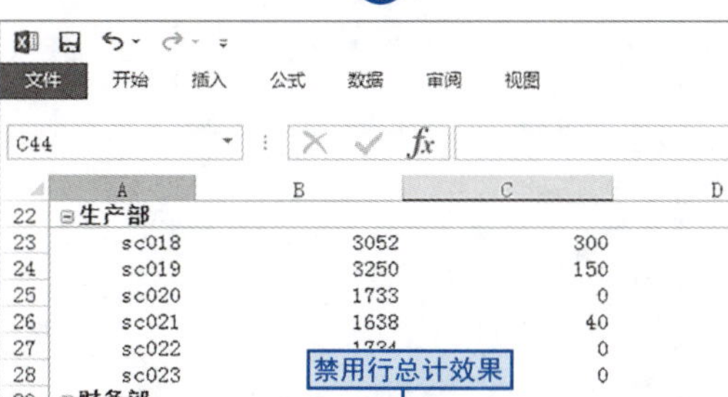


图9-11

## 9.1.3 设置数据透视表格式

要让数据透视表更加美观和专业，可以通过设置数据透视表格式来实现。

在Excel中，设置数据透视表格式方法有两种：手动设置和自动设置，其中手动设置与设置普通表格格式的方法基本相同，这里就不再赘述。下面介绍自动设置数据透视表格式的方法。

### 1. 套用数据透视表样式

Excel自带了一些常用的数据透视表样式，用户可以直接套用。下面以为数据透视表套用“数据透视表样式中等深浅3”为例，介绍其具体操作。

| | |
|---|---|
| 本节素材 | ⊙素材\Chapter09\员工工资表2.xlsx |
| 本节效果 | ⊙效果\Chapter09\员工工资表2.xlsx |
| 学习目标 | 掌握套用数据透视表样式的方法 |
| 难度指数 | ★★ |

**步骤01** 打开“员工工资表2.xlsx”素材文件，❶在数据透视表中选择任一数据单元格，❷单击“数据透视表工具”下“设计”选项卡中的“其他”下拉按钮，如图9-12所示。

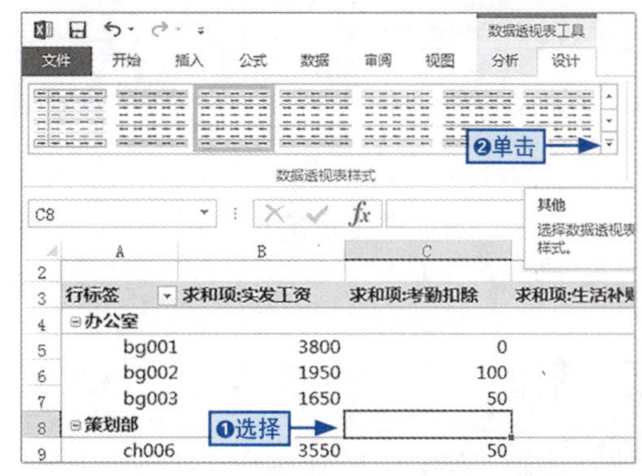


图9-12

**步骤02** 选择“数据透视表样式中等深浅3”选项，如图9-13所示。

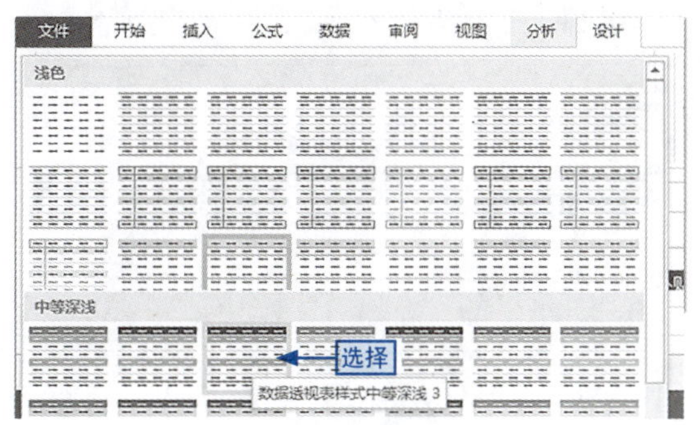


图9-13

**步骤03** 返回到工作表中，即可查看到套用样式的效果，如图9-14所示。

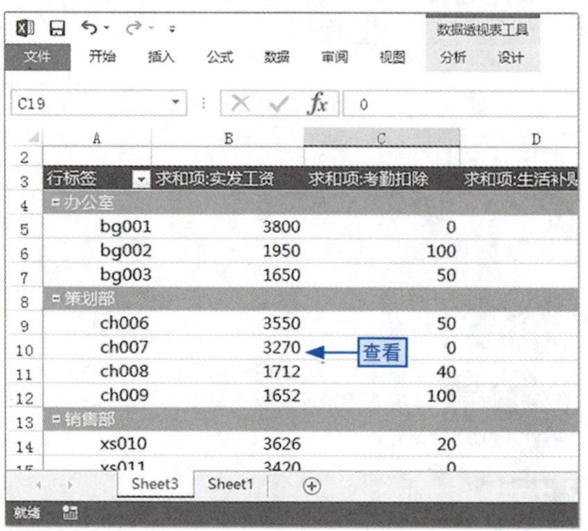


图9-14

## 2. 应用主题样式

Excel自带有24个主题样式，用户可以直接调用这些主题，同时可以对其主题字体和主题颜色进行更改。

下面以为数据透视表应用“环保”主题并更改主题字体和颜色为例，介绍其具体操作。

| 本节素材 | ⊙素材\Chapter09\员工工资表3.xlsx |
|---|---|
| 本节效果 | ⊙效果\Chapter09\员工工资表3.xlsx |
| 学习目标 | 掌握应用和设置主题样式的操作 |
| 难度指数 | ★★ |

**步骤01** 打开“员工工资表3.xlsx”素材文件，❶单击“主题”下拉按钮，❷选择“环保”选项，如图9-15所示。

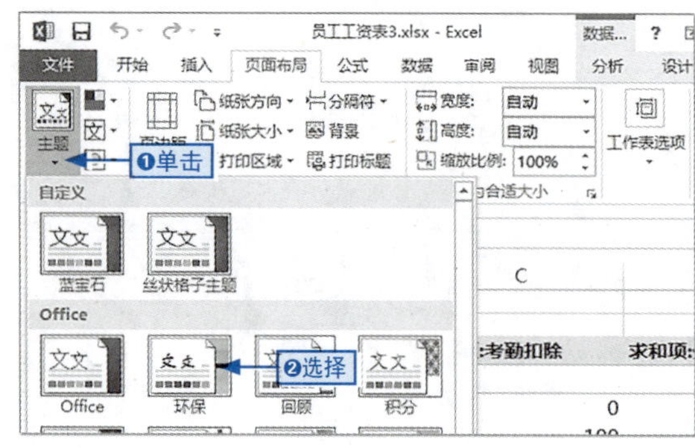


图9-15

**步骤02** ❶单击“主题字体”下拉按钮，❷选择“Arial-Times New Roman 黑体 宋体”选项，如图9-16所示。

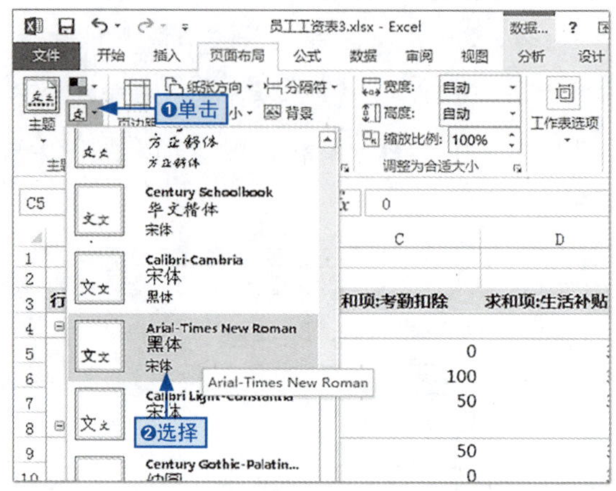


图9-16

**步骤03** ❶单击“主题颜色”下拉按钮，❷选择“蓝色II”选项，如图9-17所示。

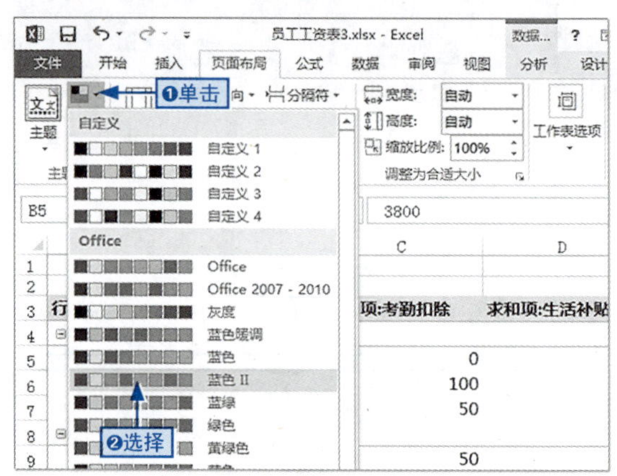


| 行标签 | 求和项:实发工资 | 求和项:考勤扣除 | 求和项:生活补贴 |
|---|---|---|---|
| ⊟办公室 | | | |
| bg001 | 3800 | 0 | |
| bg002 | 1950 | 100 | |
| bg003 | 1650 | 50 | |
| ⊟策划部 | | | |
| ch006 | 3550 | 50 | |
| ch007 | 3270 | 0 | |
| ch008 | 1712 | 40 | |
| ch009 | 1652 | 100 | |
| ⊟销售部 | | | |
| xs010 | 3626 | 20 | |
| xs011 | 3420 | 0 | |

图9-17

**保存主题**

对于当前较为满意的主题（手动设置后），可将其保存起来以便日后调用，其方法为：❶单击“主题”下拉按钮，❷选择“保存当前主题”选项，打开“保存当前主题”对话框，❸设置文件名，❹单击“保存”按钮，如图9-18所示。

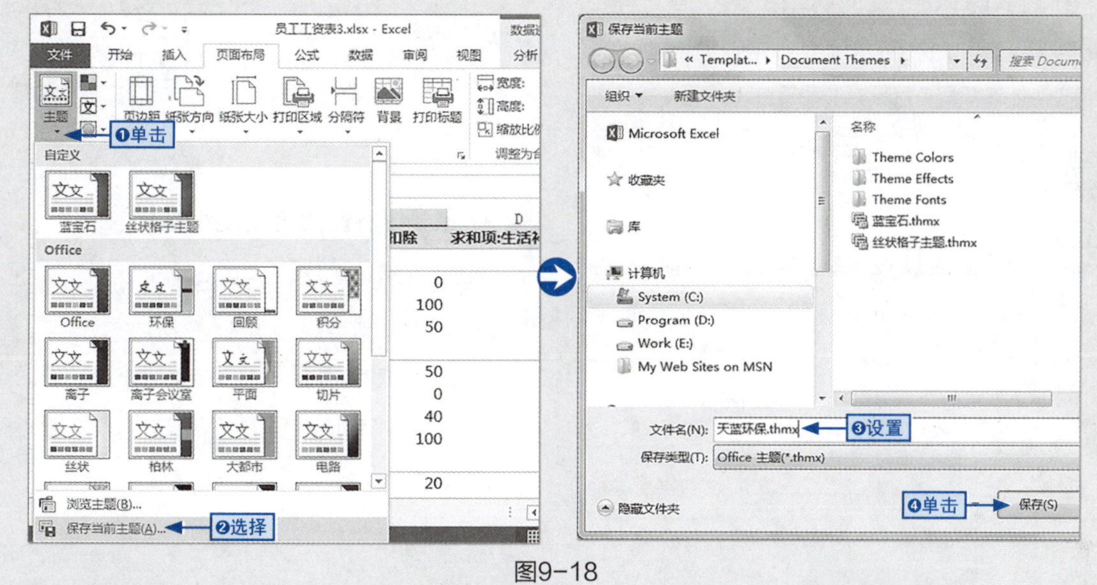


图9-18

# 9.2 完善工资表中的数据透视表

**小白：**在工资表中，想对其完善汇总方式、明细数据显示和添加计算字段等，可以吗?

**阿智：**当然可以，而且实现这些想法并不难。

用户不仅可以对数据透视表中的数据进行美化，还可以对透视表中的数据进行汇总方式、数据明细显示、位置和字段等进行设置。

## 9.2.1 隐藏和显示明细数据

数据透视表中一般有明细数据，可以根据实际需要进行隐藏和显示，下面分别进行介绍。

### 1. 隐藏/折叠明细数据

在数据透视表中，隐藏明细数据的方法通常有隐藏/折叠当前明细数据、隐藏/折叠所有明细数据和隐藏/折叠到指定明细数据等，具体操作如下。

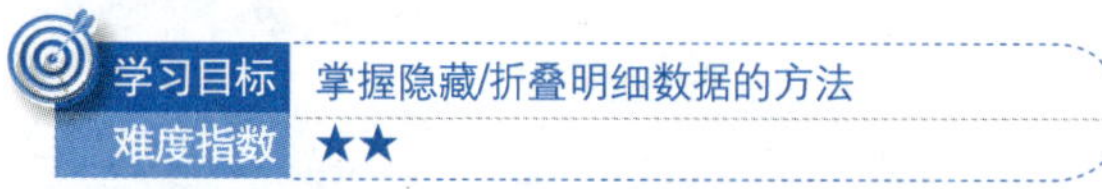


### 隐藏/折叠当前明细数据

在需要隐藏/折叠的明细数据位置，单击减号按钮，或在标签字段上右击，选择“展开/折叠”→“折叠”命令，如图9-19所示。

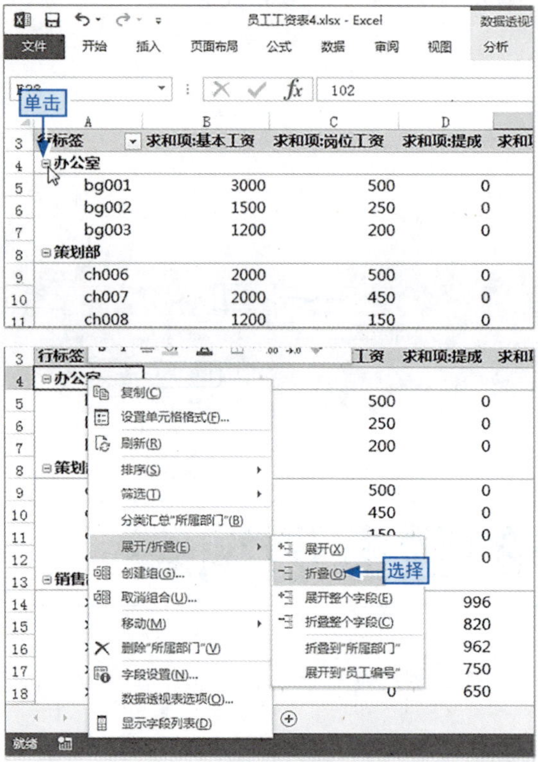

图9-19

### 隐藏/折叠整个字段明细数据

要将数据透视表整个字段的明细数据隐藏或折叠，可在任意字段上右击，选择“折叠整个字段”命令，如图9-20所示。

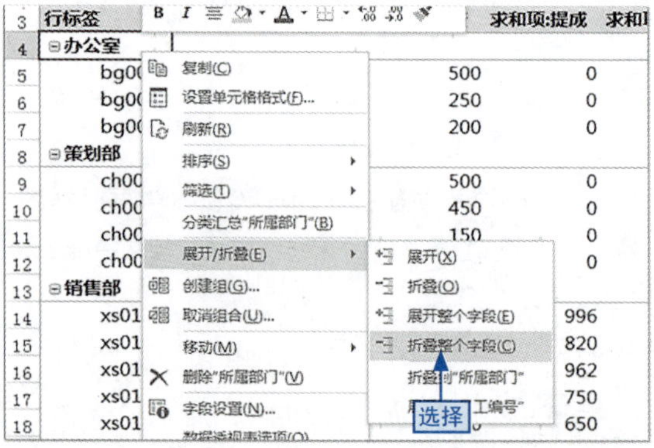

图9-20

### 隐藏/折叠到指定明细数据

隐藏/折叠到指定明细数据是将数据隐藏/折叠到指定字段位置处。可在任意字段上右击，选择要折叠的字段名称，这里选择“展开/折叠”→“折叠到‘所属部门’”命令，如图9-21所示。

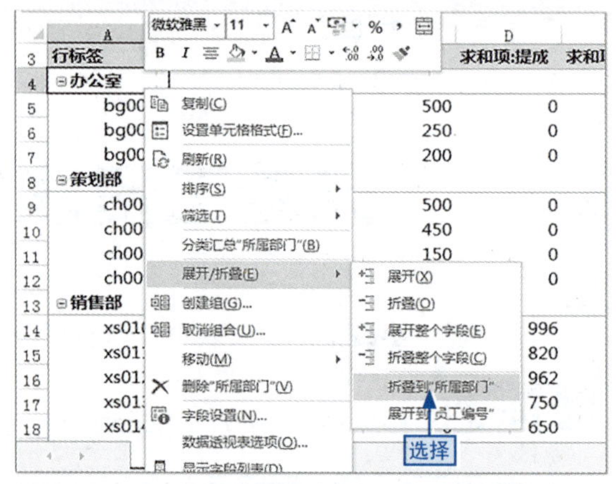


图9-21

## 2. 显示/展开明细数据

隐藏或折叠明细数据后，可再将其显示/展示，下面就分别介绍显示/展开明细数据的操作（与每种隐藏/折叠明细数据方法相对应的）。

## 显示/展开当前明细数据

在需要显示/展开的明细数据位置，单击加号按钮，或在标签字段上右击，选择“展开/折叠”→“展开”命令，如图9-22所示。

图9-22

## 显示/展开所有明细数据

要将数据透视表中整个字段的明细数据显示/展开出来，可在任意字段上右击，选择“展开/折叠”→“展开整个字段”命令，如图9-23所示。

图9-23

## 显示/展开到指定明细数据

显示/展开到指定明细数据是将数据显示/展开到指定字段位置处，只需在任意字段上右击，选择要展开到的字段名称，这里选择“展开/折叠”→“展开到‘员工编号’”命令，如图9-24所示。

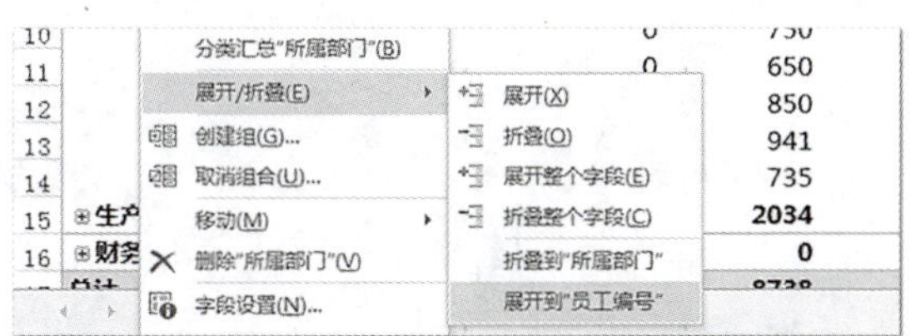


图9-24

### 隐藏明细按钮

在系统默认情况下，数据透视表的明细数据字段前都有隐藏/折叠按钮。有时为了整体样式简洁，可将其隐藏，只需单击 按钮（要将这些明细按钮重新显示出来，可再次单击 按钮），如图 9-25 所示。

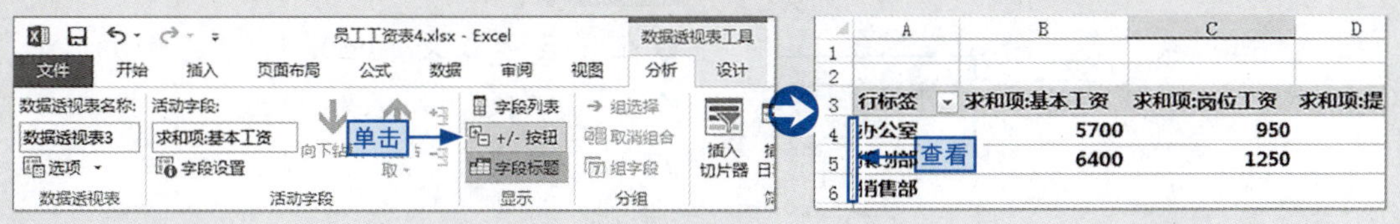


图9-25

## 9.2.2 更改数据透视表的汇总方式

在数据透视表中，系统默认的汇总方式是求和。也可根据实际需要对其进行更改，实现多维透视。

下面以将工资数据透视表中实发工资数据的汇总方式更改为“平均”为例，介绍其具体操作。

| | |
|---|---|
| 本节素材 | ⊙素材\Chapter09\员工工资表4.xlsx |
| 本节效果 | ⊙效果\Chapter09\员工工资表4.xlsx |
| 学习目标 | 掌握更改数据透视表的汇总方式的操作 |
| 难度指数 | ★★ |

**步骤01** 打开“员工工资表4.xlsx”素材文件，在“实发工资”列中的任一数据单元格上右击，选择“值汇总依据”→“平均值”命令，如图9-26所示。

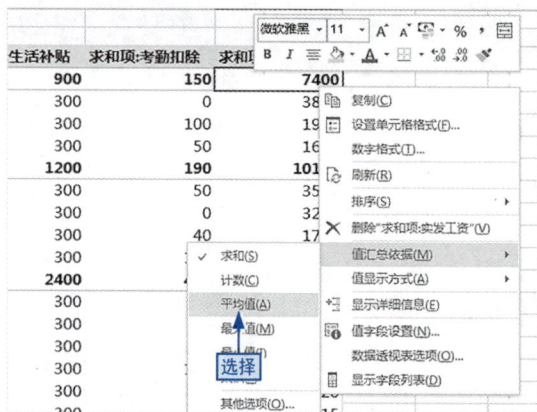

图9-26

**步骤02** 系统自动将实发工资的数据汇总方式更改为“平均”，效果如图9-27所示。

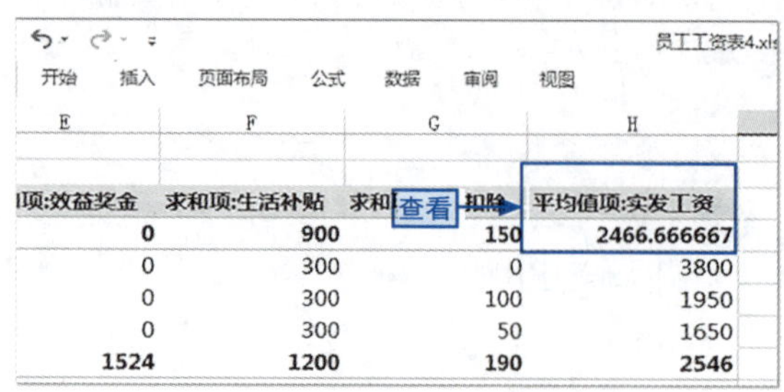


图9-27

## 9.2.3 使用计算字段

数据透视表中除了默认的数据字段外，还可添加一些字段来对指定数据进行计算，从而实现数据的多维分析。

下面以在工资数据透视表中添加“应发工资”计算字段为例，介绍其具体操作。

| | |
|---|---|
| 本节素材 | ⊙素材\Chapter09\员工工资表5.xlsx |
| 本节效果 | ⊙效果\Chapter09\员工工资表5.xlsx |
| 学习目标 | 掌握在数据透视表中添加字段的方法 |
| 难度指数 | ★★★ |

**步骤01** 打开“员工工资表5.xlsx”素材文件，❶选择数据透视表中任一数据单元格，❷单击“数据透视表工具”下“分析”选项卡中的“字段、项目和集”下拉按钮，❸选择“计算字段”选项，如图9-28所示。

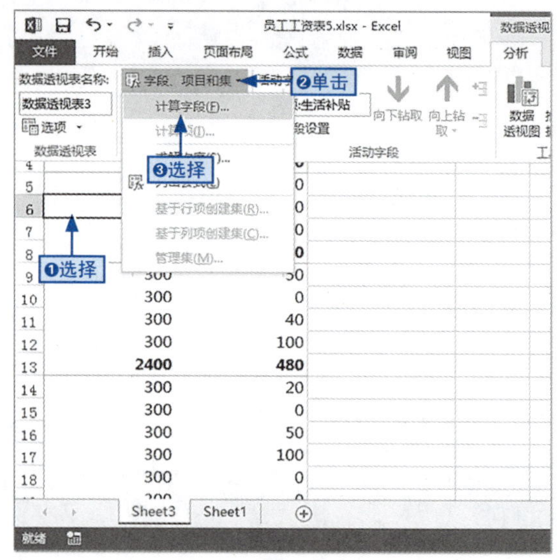


图9-28

**步骤02** 打开“插入计算字段”对话框，❶在“名称”文本框中输入“应发工资”，❷在“字段”列表框中选择“基本工资”选项，❸单击“插入字段”按钮，如图9-29所示。

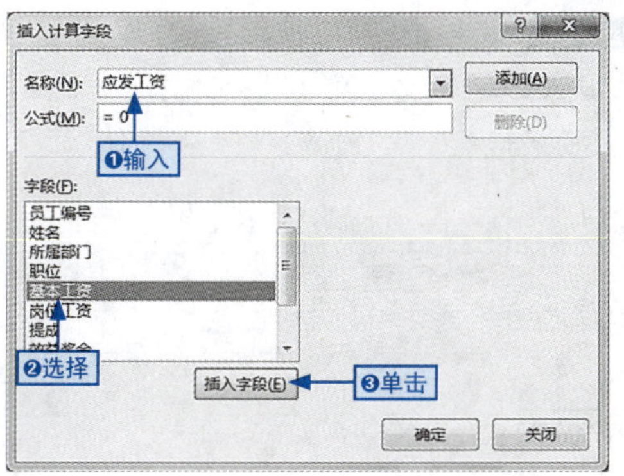


图9-29

步骤03 ❶在“公式”文本框中输入“=基本工资+”，❷在“字段”列表框中双击“岗位工资”选项，如图9-30所示。

图9-30

步骤04 ❶以同样的方法完善公式，❷单击“确定”按钮，如图9-31所示。

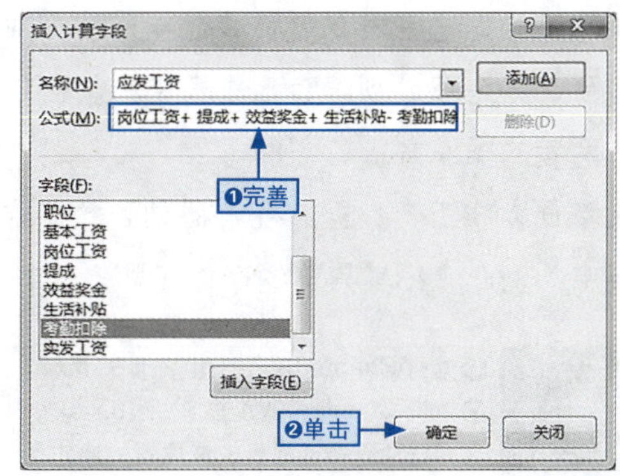


图9-31

步骤05 返回到工作表中，即可查看到添加计算字段的效果，如图9-32所示。

| | F | G | H | I | J |
|---|---|---|---|---|---|
| 1 | | | | | |
| 2 | | | | | |
| 3 | 求和项:生活补贴 | 求和项:考勤扣除 | 求和项:应发工资 | | |
| 4 | 900 | 150 | ¥7,400.00 | | |
| 5 | 300 | 0 | ¥3,800.00 | | |
| 6 | 300 | 100 | ¥1,950.00 | | |
| 7 | 300 | 50 | ¥1,650.00 | | |
| 8 | 1200 | 190 | ¥10,184.00 | | |
| 9 | 300 | 50 | ¥3,550.00 | | |
| 10 | 300 | 0 | ¥3,270.00 | | |
| 11 | 300 | 40 | ¥1,712.00 | | |
| 12 | 300 | 100 | ¥1,652.00 | | |
| 13 | 2400 | 480 | ¥19,846.00 | | |

图9-32

## 列出计算字段公式

对于一些较为复杂的公式或特殊计算方式，为了方便他人查看，可以将其专门列出来。其方法为：❶单击“字段、项目和集”下拉按钮，❷选择“列出公式”选项，系统自动列出计算公式，如图 9-33 所示。

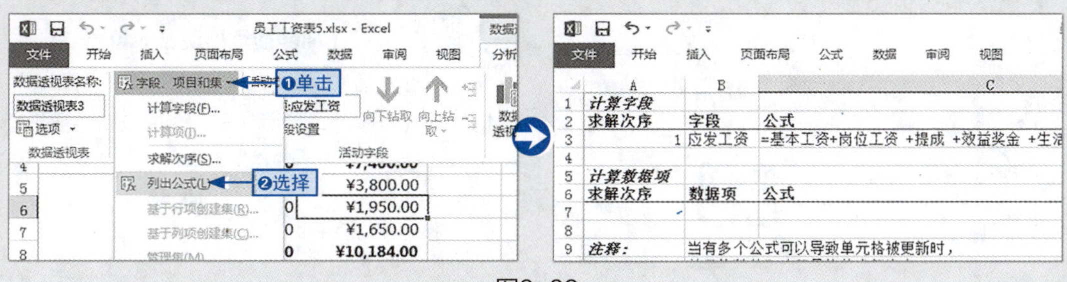


图9-33

## 9.2.4 移动数据透视表

移动数据透视表就是移动数据透视表放置的位置，分为移动到已有工作表中和新工作表中，两者的操作方式基本相同。

下面以将工资数据透视表移动到数据源工作表中为例，介绍其具体的操作步骤。

| | |
|---|---|
| 本节素材 | ⊙素材\Chapter09\员工工资表6.xlsx |
| 本节效果 | ⊙效果\Chapter09\员工工资表6.xlsx |
| 学习目标 | 掌握移动数据透视表放置位置的操作 |
| 难度指数 | ★★ |

**步骤01** 打开“员工工资表6.xlsx”素材文件，❶在数据透视表中选择任一数据单元格，❷单击“数据透视表工具”下“分析”选项卡中的“移动数据透视表”按钮，如图9-34所示。

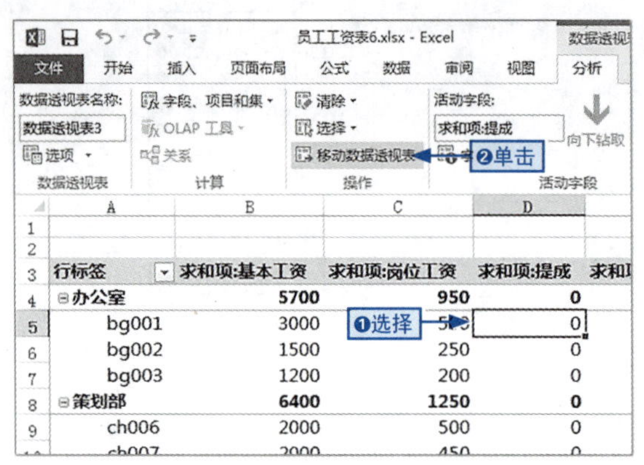


图9-34

**步骤02** 打开“移动数据透视表”对话框，❶选中“现有工作表”单选按钮，❷单击“确定”按钮，如图9-35所示。

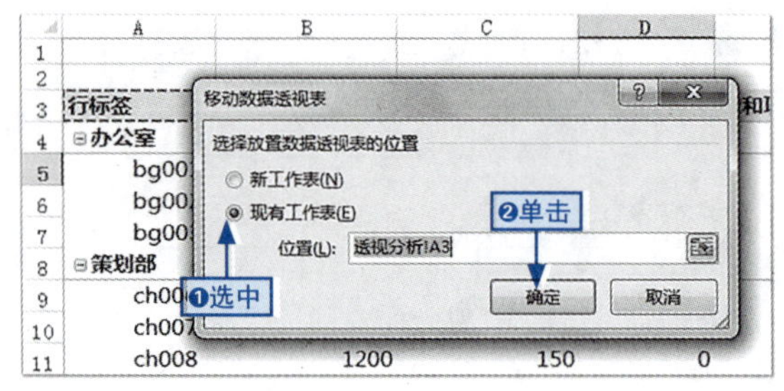


图9-35

**步骤03** ❶单击“数据源”工作表标签，❷选择A29单元格，❸单击“展开”按钮，如图9-36所示。

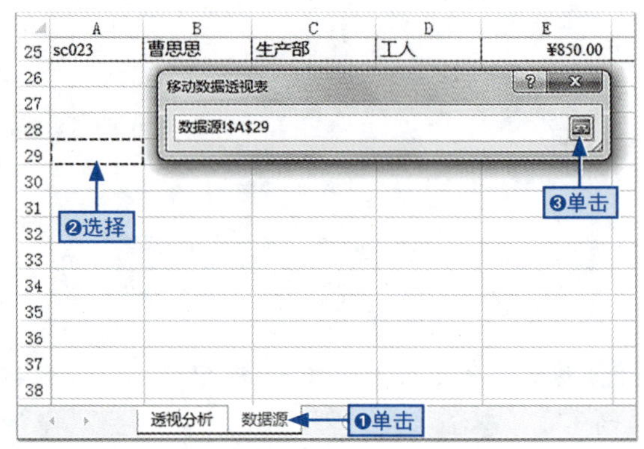


图9-36

**步骤04** 系统会自动将数据透视表移动到“数据源”工作表中的指定位置处，如图9-37所示。

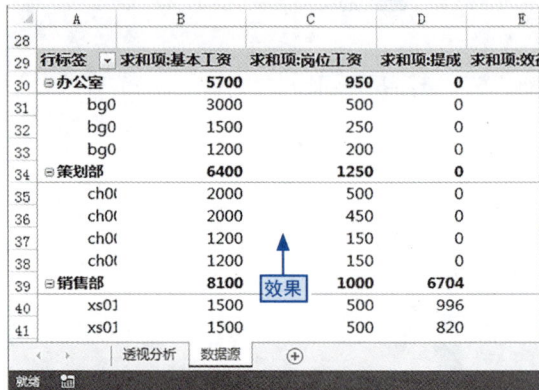

| | A | B | C | D | E |
|---|---|---|---|---|---|
| 28 | | | | | |
| 29 | 行标签 | 求和项:基本工资 | 求和项:岗位工资 | 求和项:提成 | 求和项:效 |
| 30 | ⊟办公室 | 5700 | 950 | 0 | |
| 31 | bg0 | 3000 | 500 | 0 | |
| 32 | bg0 | 1500 | 250 | 0 | |
| 33 | bg0 | 1200 | 200 | 0 | |
| 34 | ⊟策划部 | 6400 | 1250 | 0 | |
| 35 | ch0( | 2000 | 500 | 0 | |
| 36 | ch0( | 2000 | 450 | 0 | |
| 37 | ch0( | 1200 | 150 | 0 | |
| 38 | ch0( | 1200 | 150 | 0 | |
| 39 | ⊟销售部 | 8100 | 1000 | 6704 | |
| 40 | xs01 | 1500 | 500 | 996 | |
| 41 | xs01 | 1500 | 500 | 820 | |

效果　透视分析　数据源　就绪

图9-37

**小绝招　手动移动数据透视表位置**

除了通过对话框移动数据透视表外，还可以通过剪切的方式来移动，其操作是：选择数据透视表所在的行并右击，在弹出的快捷菜单中选择“剪切”命令；然后切换到目标工作表中，按Ctrl+V组合键进行粘贴即可。

# 9.3 切片器在人事档案中的筛选功能

**小白**：自动筛选显得麻烦且操作不便捷，要想快速直接地让数据透视表筛选出指定项数据，该怎样做呢？

**阿智**：可以使用切片器来控制数据透视表数据项的显示，并进行快速便捷的操作。

切片器是数据透视表的一个重要辅助工具，能快速控制数据透视表数据的筛选，帮助用户及时快捷地查阅和分析指定数据。

## 9.3.1 在数据透视表中创建切片器

在数据透视表中创建切片器都是通过插入的方式。下面以在“员工档案管理”工作簿中为数据透视表插入“部门”切片器为例，介绍其具体操作。

| 本节素材 | ⊙素材\Chapter09\员工档案管理.xlsx |
|---|---|
| 本节效果 | ⊙效果\Chapter09\员工档案管理.xlsx |
| 学习目标 | 学会在数据透视表中插入切片器 |
| 难度指数 | ★★ |

**步骤01** 打开“员工档案管理.xlsx”素材文件，❶选择数据透视表任一数据单元格，❷选择“数据透视表工具”下的“分析”选项卡，❸单击“插入切片器”按钮，如图9-38所示。

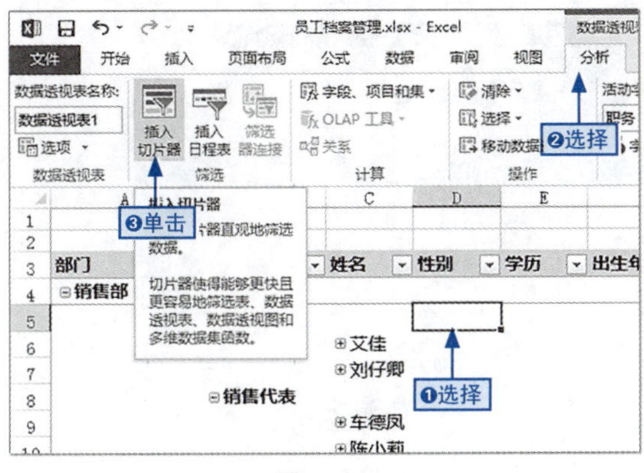


图9-38

**步骤02** 打开“插入切片器”对话框，❶选中“部门”复选框，❷单击“确定”按钮，如图9-39所示。

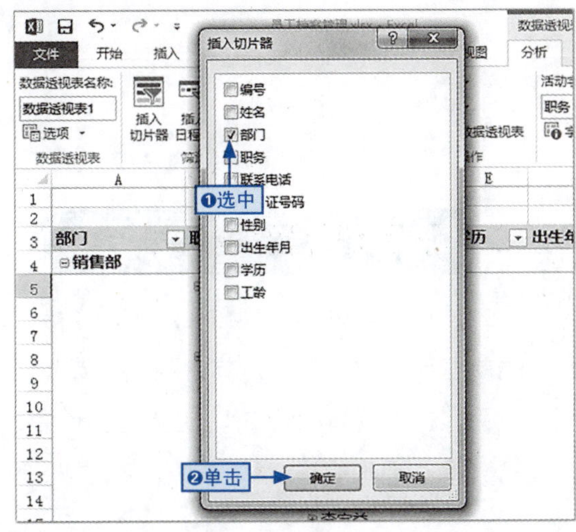


图9-39

**同时添加多个字段切片器**

若同时需要多个切片器，可以在“插入切片器”对话框中同时选中多个字段复选框，然后单击“确定”按钮即可。

**步骤03** 返回到工作表中，即可查看到创建的切片器。单击其中的筛选器，如单击“销售部”筛选器，即可控制数据透视表的数据项显示，如图9-40所示。

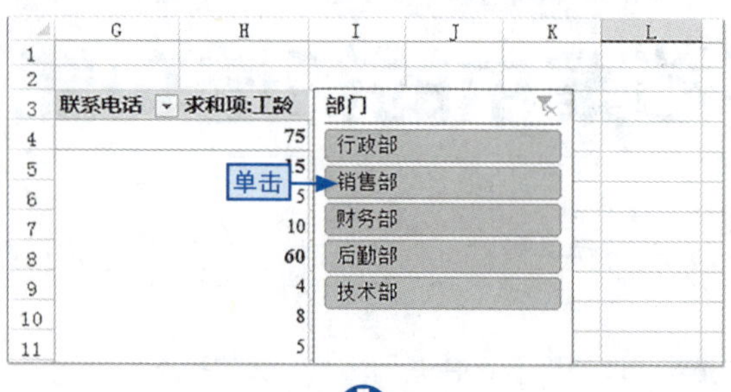


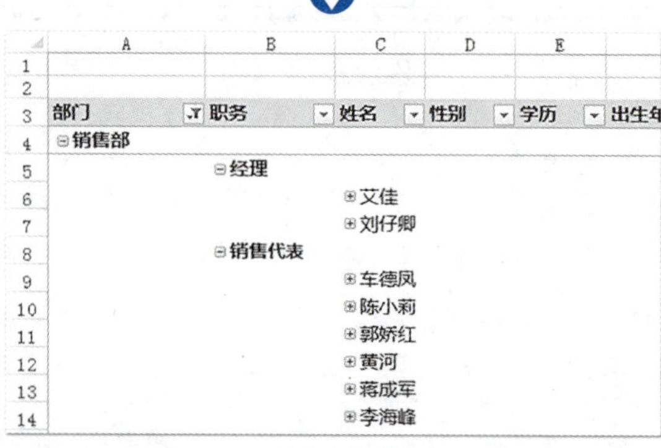


图9-40

## 9.3.2 设置切片器的格式

插入的切片器是整个表格的一部分。为了整体的美观和协调，需要对其进行格式设置。

下面以通过设置“部门”切片器的格式，让其与数据透视表的样式协调为例，介绍其具体操作。

| | |
|---|---|
| 本节素材 | ⊙素材\Chapter09\员工档案管理1.xlsx |
| 本节效果 | ⊙效果\Chapter09\员工档案管理1.xlsx |
| 学习目标 | 学会设置数据透视表切片器的格式 |
| 难度指数 | ★★ |

**步骤01** 打开“员工档案管理1.xlsx”素材文件，❶选择切片器，❷单击“切片器工具”下的“选项”选项卡，❸在“切片器样式”列表框中选择“切片器样式深色6”选项，如图9-41所示。

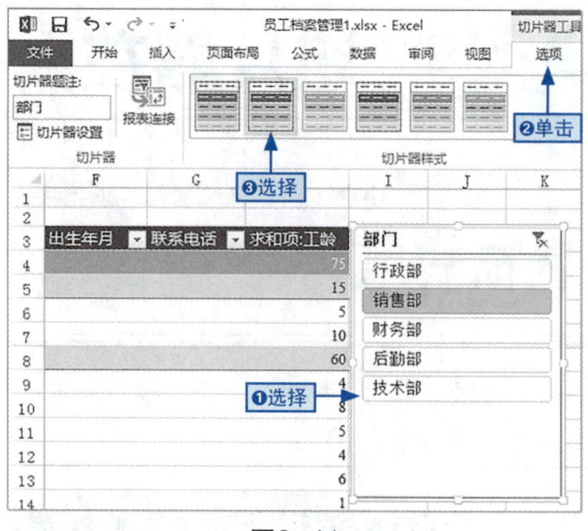


图9-41

**步骤02** ❶在“大小”组中的“高度”和“宽度”文本框中输入“4.52厘米”和“3.2厘米”，❷在“按钮”组中的“宽度”文本框中输入“2.73厘米”，如图9-42所示。

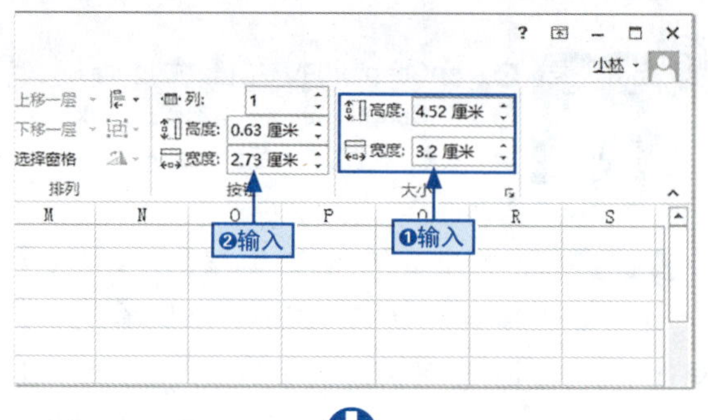


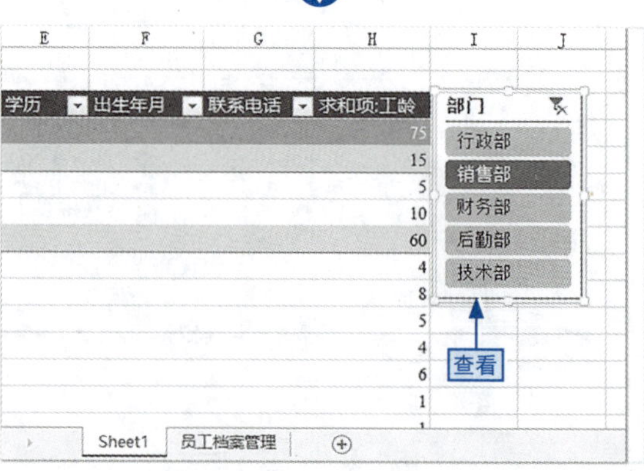


图9-42

**为切片器设置一个合适的名称**

切片器的名称通常都是相应字段的名称。为了让切片器的功能和作用发挥得更直接，可以通过设置其标题名称来实现。其方法为：❶选择切片器，❷在“切片器工具”下的“选项”选项卡的“切片器题注”文本框中输入相应的名称，按 Enter 键确认，如图 9-43 所示。

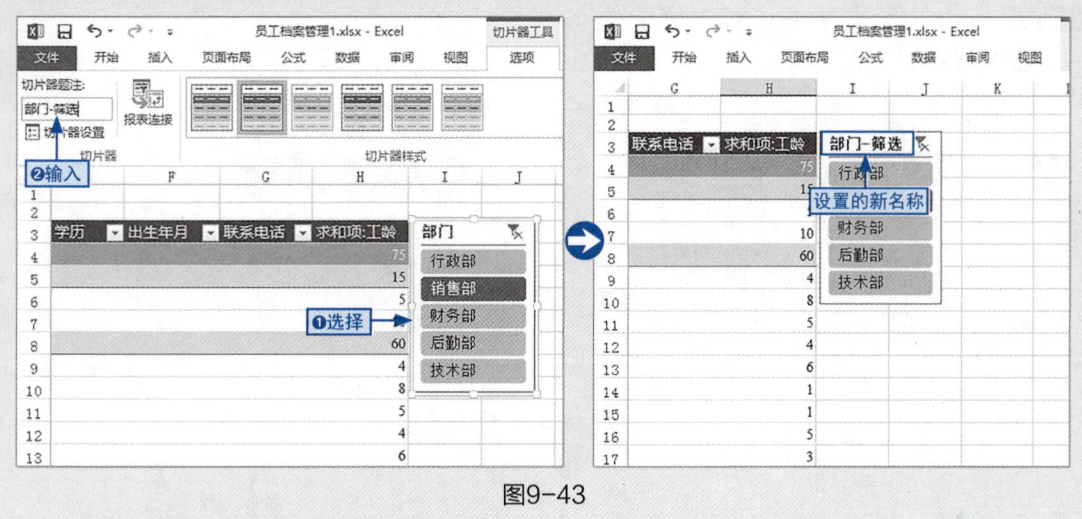


图9-43

## 9.3.3 多个报表中实现切片器共享

多个报表中实现切片器共享，就是用一个切片器控制多个数据透视表。

下面以在“员工档案管理2”工作簿中让“部门”切片器控制Sheet1工作表中的两张数据透视表为例，介绍其具体操作。

| 本节素材 | 素材\Chapter09\员工档案管理2.xlsx |
| --- | --- |
| 本节效果 | 效果\Chapter09\员工档案管理2.xlsx |
| 学习目标 | 掌握共享切片器的方法 |
| 难度指数 | ★★ |

**步骤01** 打开“员工档案管理2.xlsx”素材文件，❶选择切片器，这里选择“财务部”选项，❷单击“切片器工具”下“选项”选项卡中的“报表连接”按钮，打开“数据透视表连接”对话框，如图9-44所示。

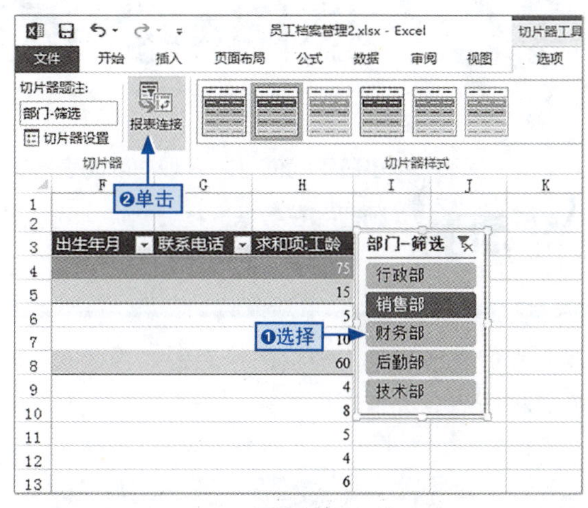


图9-44

**步骤02** ❶选中“数据透视表1”和“数据透视表2”复选框，❷单击“确定”按钮，如图9-45所示。

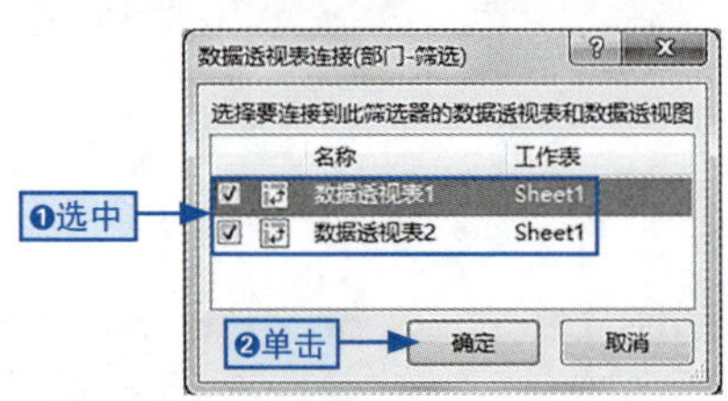


图9-45

**步骤03** 在切片器中单击“财务部”筛选器，如图9-46所示。

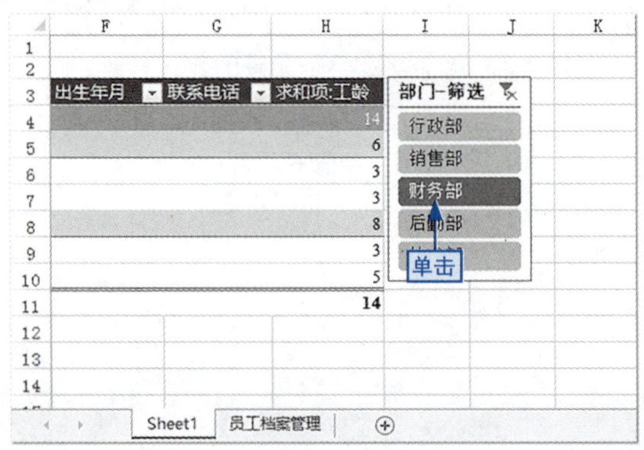


图9-46

**步骤04** 两张数据透视表同时筛选出“财务部”的相关数据，如图9-47所示。

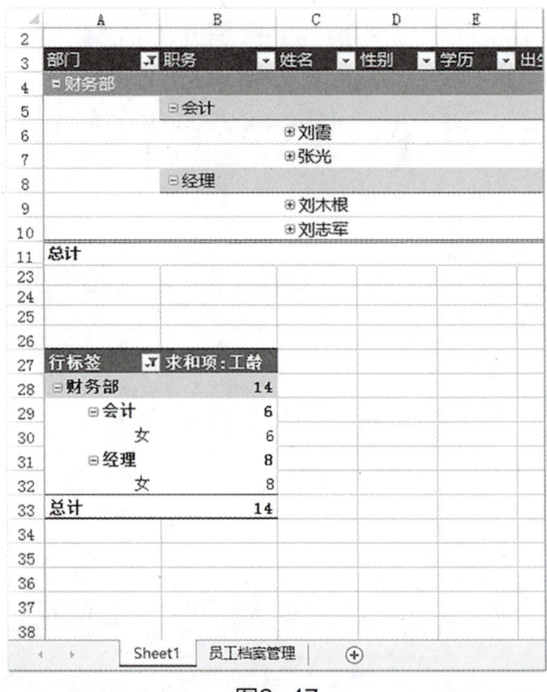


图9-47

# 9.4 使用数据透视图分析工作统计表

**小白：**我们可以直观地以图表方式来分析透视数据吗?

**阿智：**在数据透视分析中，可以使用数据透视表进行表格的透视分析，同时也可使用数据透视图进行直观展示。

数据透视图是与数据透视表相对应的数据分析工具，但是它必须依赖于数据透视表，也就是必须有相应的数据透视表才行。下面就介绍数据透视图的相关知识。

## 9.4.1 创建数据透视图

在Excel中创建数据透视图有两个途径：一是直接根据数据源创建；二是在数据透视表上创建。下面分别进行介绍。

### 1. 根据数据源创建数据透视图

根据数据源创建数据透视图其实就是直接在数据源的基础创建。

下面以在“工作量完成情况”工作簿中创建数据透视图来分析工作完成情况为例，介绍其具体操作。

步骤01 打开“工作量完成情况.xlsx”素材文件，❶选择任一数据单元格，❷单击“插入”选项卡中的“数据透视图”按钮，如图9-48所示。

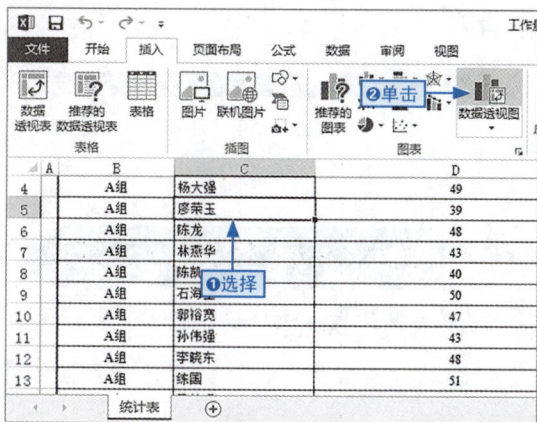

图9-48

步骤02 打开“创建数据透视图”对话框，直接单击“确定”按钮，如图9-49所示。

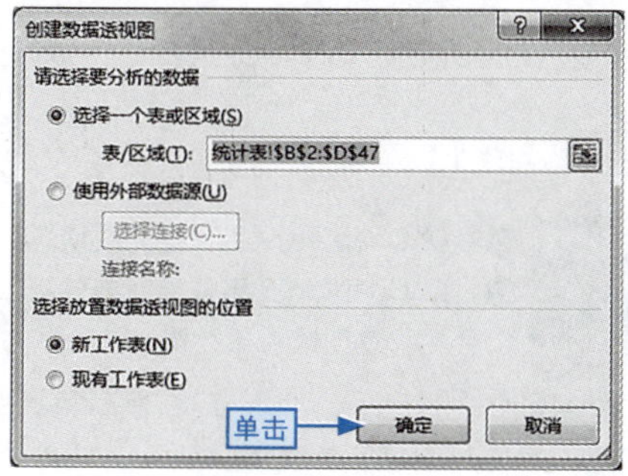


图9-49

步骤03 在“数据透视图字段”窗格中依次选中“小组”“姓名”和“完成量”复选框，如图9-50所示。

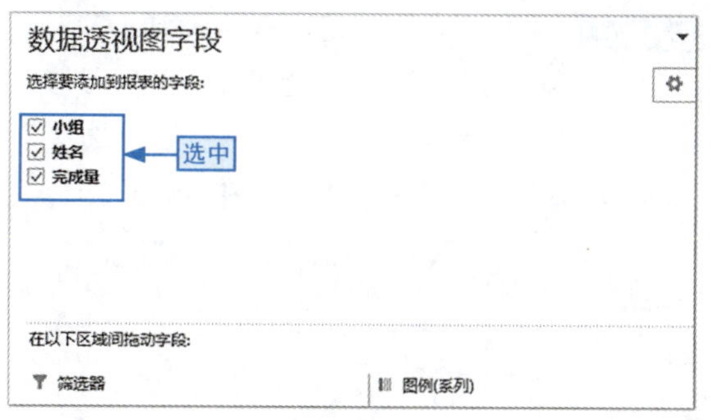


图9-50

步骤04 在工作表中即可查看到创建的数据透视图的样式，并可对其进行相应的格式设置（数据透视图的格式设置与图表格式设置操作完全一样），如图9-51所示。

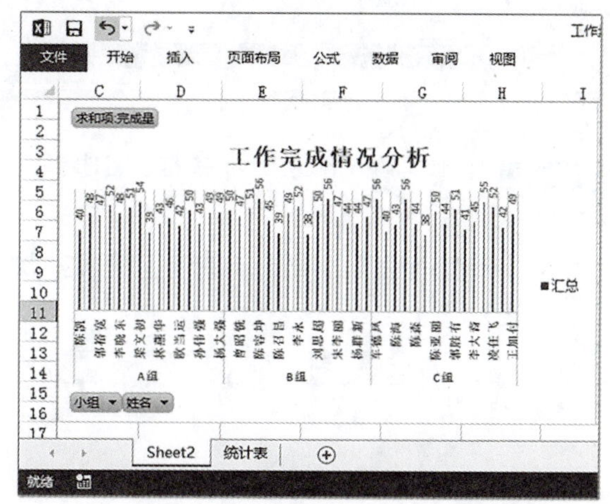


图9-51

## 2. 在数据透视表上创建数据透视图

若工作簿中已存在数据透视表，这时可以在数据透视表基础上创建透视图。

下面以在“工作量完成情况1”工作簿中创建数据透视图来分析工作完成情况为例，介绍其具体操作。

**步骤01** 打开“工作量完成情况1.xlsx”素材文件，❶在数据透视表上选择任一单元格，❷单击“数据透视表工具”下“分析”选项卡中的“数据透视图”按钮，如图9-52所示。

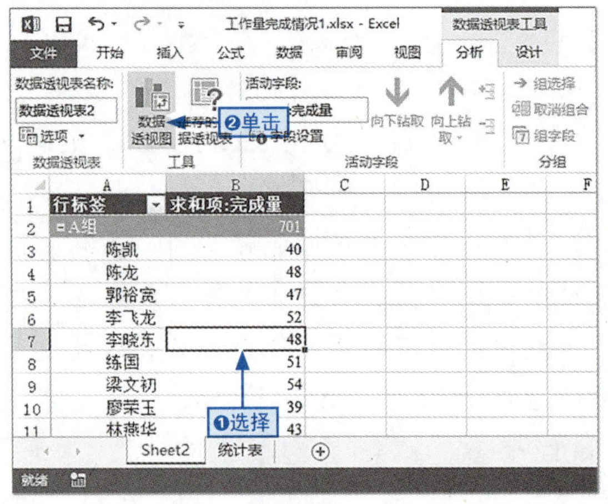


图9-52

**步骤02** 打开“插入图表”对话框，❶选择需要的图表类型，这里选择“柱形图”选项，❷选择“簇状柱形图”选项，单击“确定”按钮，如图9-53所示。

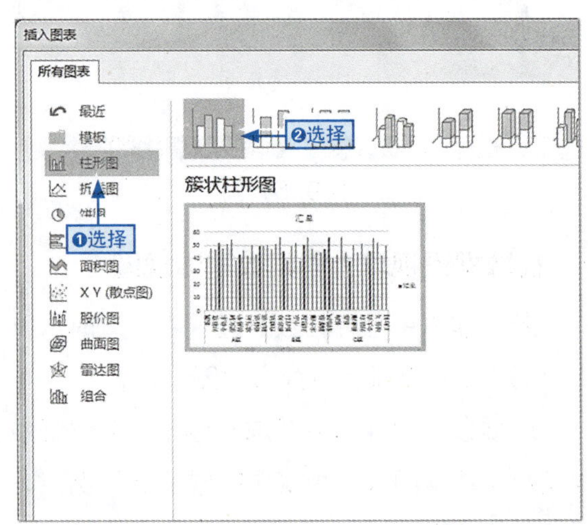


图9-53

**步骤03** 返回到工作表中，即可查看到创建的数据透视图的样式，并可对其进行相应的格式设置（数据透视图的格式设置与图表格式设置操作完全一样），如图9-54所示。

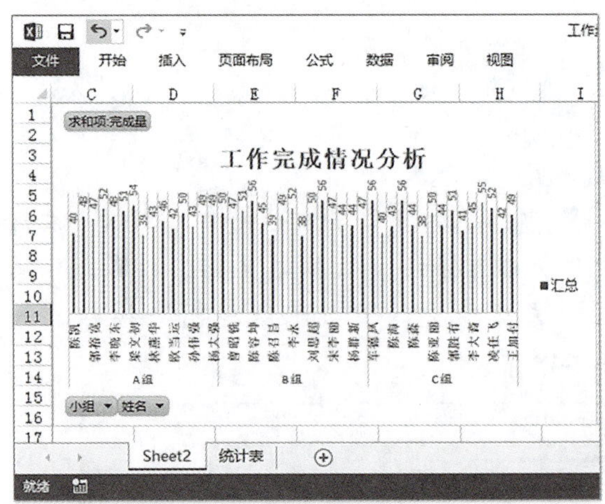


图9-54

## 9.4.2 更改数据透视图图表类型

在创建数据透视图，特别是直接在数据源上创建数据透视图时，系统会选用默认的簇状柱形图类型，但有时获得的透视图就不太合适，这时用户就需要对数据透视图类型进行更改。

下面以更改“工作量完成情况2”工作簿中的数据透视图类型为“条形图”为例，介绍其具体操作。

| | |
|---|---|
| 本节素材 | ⊙素材\Chapter09\工作量完成情况2.xlsx |
| 本节效果 | ⊙效果\Chapter09\工作量完成情况2.xlsx |
| 学习目标 | 学会更改数据透视图类型 |
| 难度指数 | ★★ |

**步骤01** 打开“工作量完成情况2.xlsx”素材文件，❶选择数据透视图，❷单击“数据透视图工具”下“设计”选项卡中的“更改图表类型”按钮，如图9-55所示。

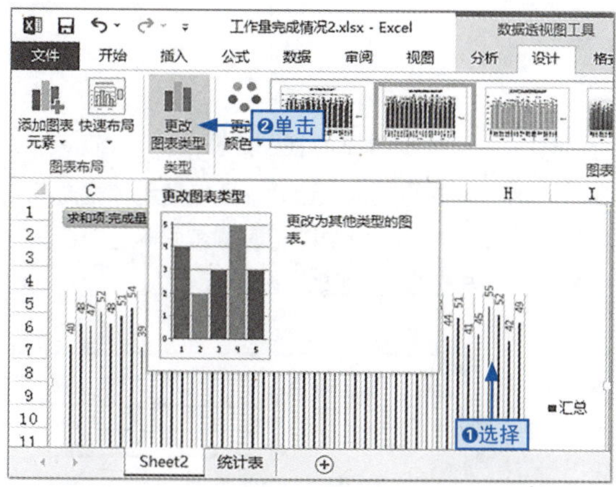


图9-55

**步骤02** 打开“更改图表类型”对话框，❶选择“条形图”选项，❷选择“簇状条形图”选项，然后单击“确定”按钮即可，如图9-56所示。

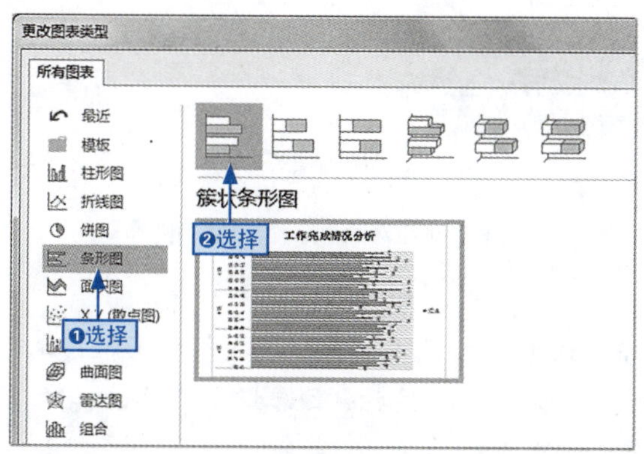


图9-56

**步骤03** 返回到工作表中，即可查看到更改图表类型的效果，如图9-57所示。

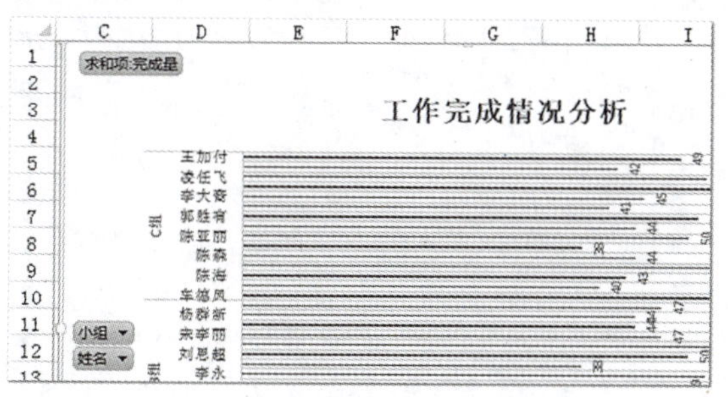


图9-57

## 9.4.3 使用筛选功能改变图表数据

数据透视图是动态数据透视图，因为其中带有筛选按钮，通过筛选可以控制数据透视图的显示和绘制。

下面以筛选“工作量完成情况3”工作簿中的数据透视图的小组数据为“A组”为例，介绍其具体操作。

本节素材 ◎素材\Chapter09\工作量完成情况3.xlsx
本节效果 ◎效果\Chapter09\工作量完成情况3.xlsx
学习目标 学会用筛选功能控制透视图的显示和绘制
难度指数 ★★

**步骤01** 打开“工作量完成情况3.xlsx”素材文件，❶单击“小组”下拉按钮，❷取消选中“全选”复选框，如图9-58所示。

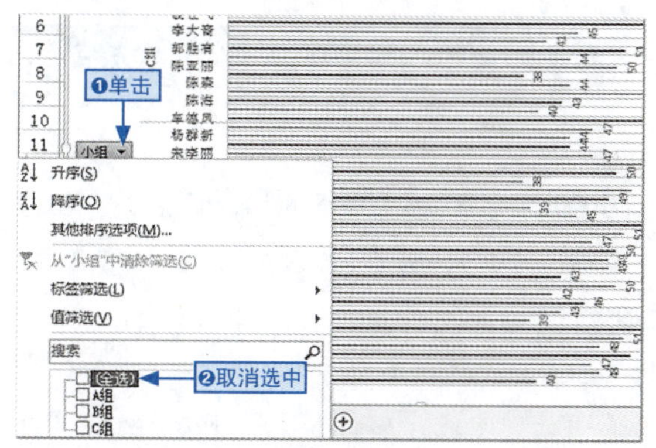


图9-58

**步骤02** ❶选中“A组”复选框，❷单击“确定”按钮，如图9-59所示。

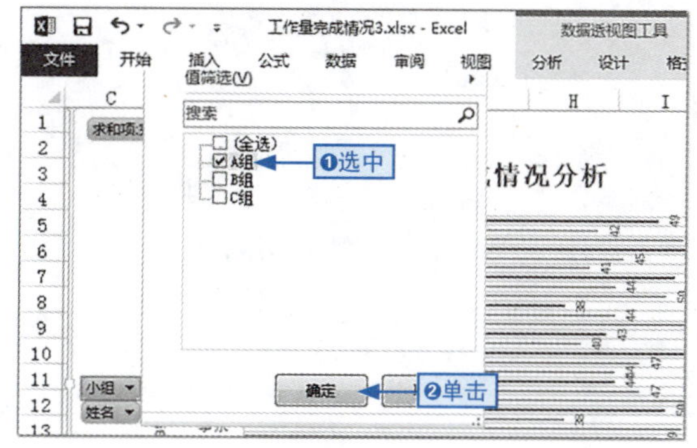


图9-59

**步骤03** 系统自动筛选出A组成员数据并显示在数据透视图中，效果如图9-60所示。

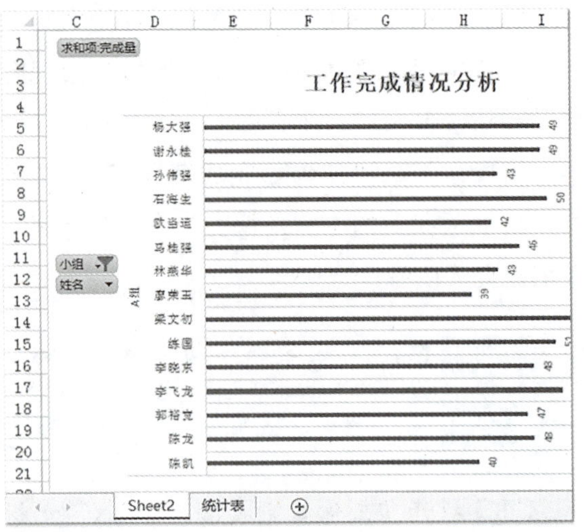

图9-60

**小绝招**

**恢复数据透视图原貌**

通过筛选字段进行数据筛选后，要恢复到数据透视图的最初样貌，可再次单击相应的字段筛选按钮，选择清除筛选命令，如图9-61所示。

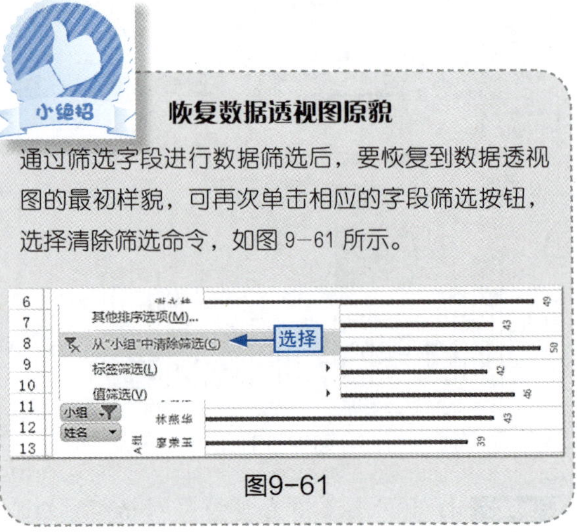


图9-61

## 给你支招 | 如何修改添加的计算字段内容

**小白：**在数据透视表中添加计算字段后，怎样对其进行修改，如名称的修改和计算公式的修改等?

**阿智：**计算字段有其特殊的修改方式，只需按照正确的步骤操作即可。其具体操作步骤如下。

**步骤01** ❶选择数据透视表中任一数据单元格，❷单击“数据透视表工具”下“分析”选项卡中的“字段、项目和集”下拉按钮，❸选择“计算字段”选项，如图9-62所示。

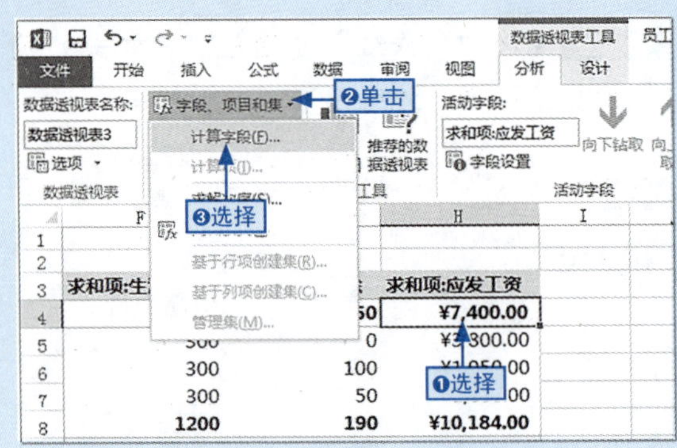


图9-62

**步骤02** 打开“插入计算字段”对话框，❶单击“名称”下拉按钮，❷选择要修改编辑的字段名称选项，如图9-63所示。

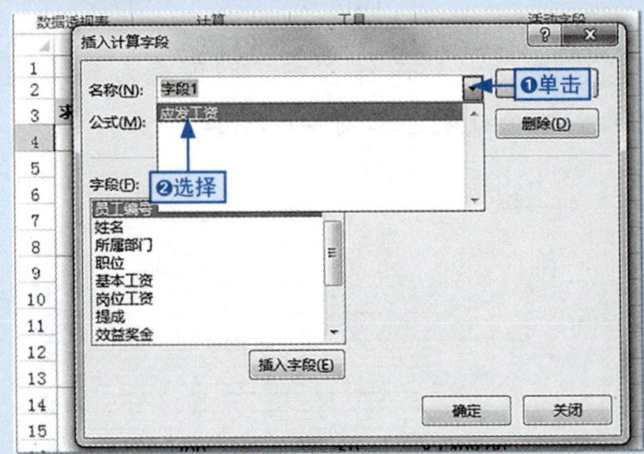


图9-63

步骤03 ❶修改相应的名称和计算公式，❷单击“添加”按钮，如图9-64所示。

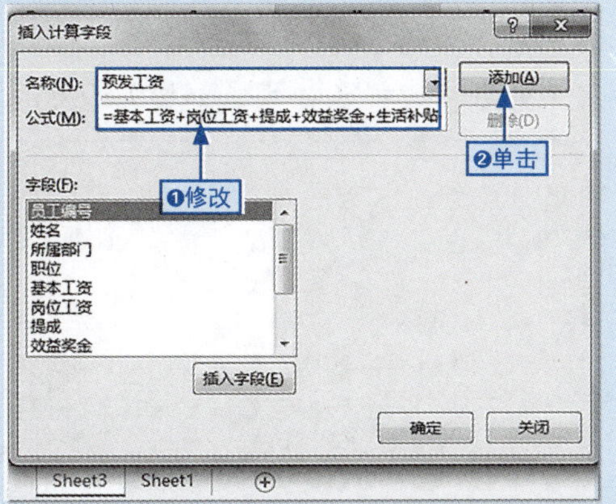


图9-64

步骤04 ❶单击“名称”下拉按钮，❷选择先前要修改的目标字段选项，❸单击“删除”按钮，❹单击“确定”按钮，如图9-65所示。

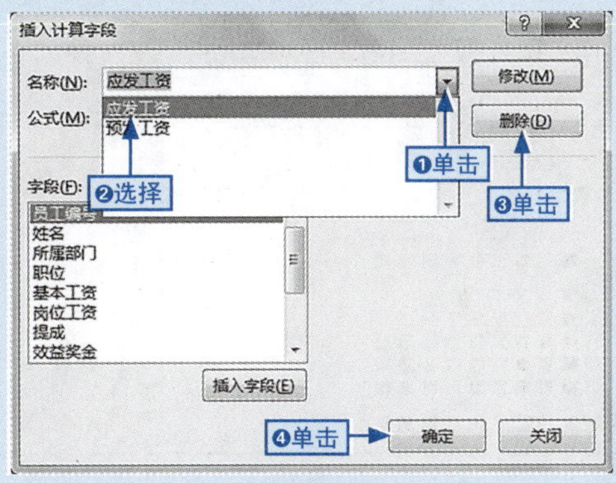


图9-65

## 给你支招 | 这样自定义数据透视表样式

**小白：**在数据透视表样式中没有想要的表格样式时该怎么办呢?

**阿智：**我们可以通过自定义新建的方式来量身打造，其具体操作如下。

步骤01 选择数据透视表中任意单元格，单击“数据透视表样式”组中的“其他”下拉按钮，选择“新建数据透视表样式”选项，如图9-66所示。

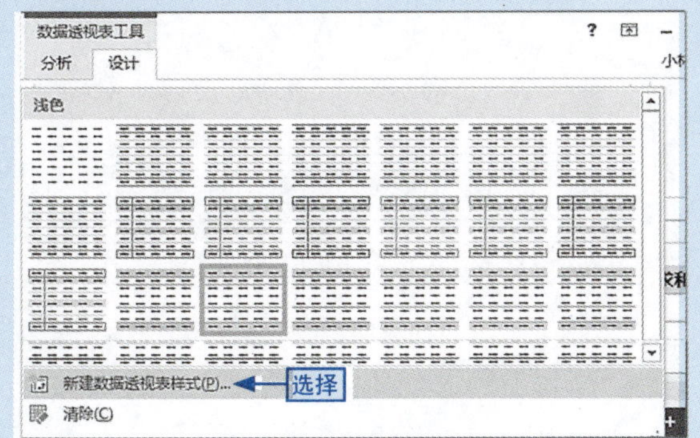


图9-66

步骤02 打开“新建数据透视表样式”对话框，❶设置新建透视表样式的名称，❷在“表元素”列表框中选择相应选项，❸单击“格式”按钮，如图9-67所示。

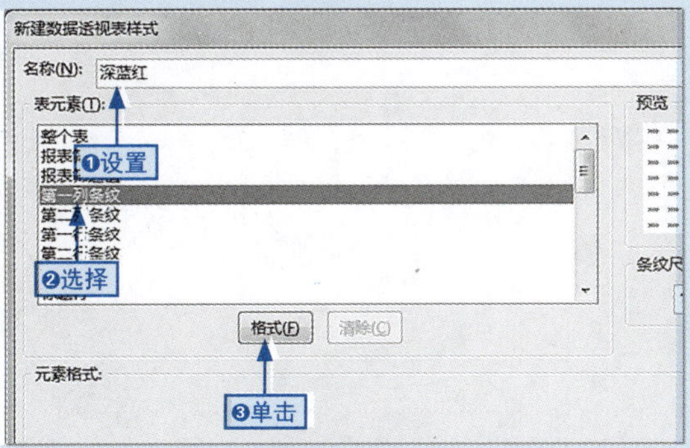


图9-67

步骤03 打开“设置单元格格式”对话框，在其中进行相应的设置（要多次重复第2～3步操作进行样式设置），然后依次单击“确定”按钮即可，如图9-68所示。

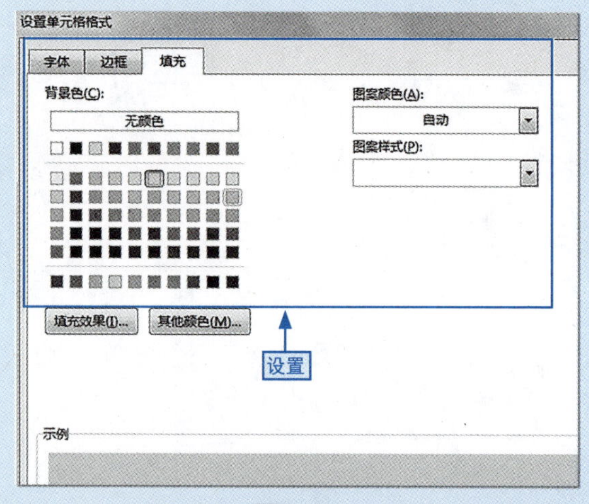


图9-68

步骤04 在“数据透视表工具”下“设计”选项卡中单击“数据透视表样式”组中的“其他”下拉按钮，在“自定义”栏中选择自定义的数据透视表样式，如图9-69所示。

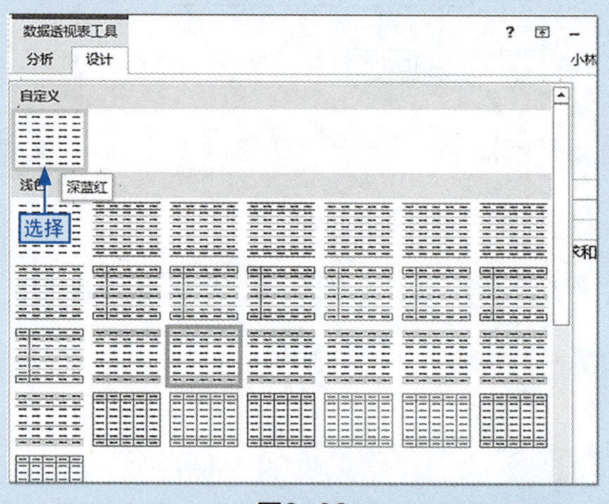


图9-69

# Chapter 10 这样才更高效：协同办公

## 学习目标

Excel是自动化办公中不可缺少的软件之一，而它的使用不仅仅限于自身，同时还需要与其他Office组件进行协同和数据共享。本章将具体介绍Excel数据共享和协同办公的方法。

## 本章要点

- 从Access中获取数据
- 将Excel数据导入Access
- 在局域网中共享工作簿
- 按用户权限设置编辑区域
- 在修订模式下操作工作簿
- 新建批注
- 查看批注
- 删除批注
- 在Word中插入Excel表格
- 使用邮件合并添加数据

| 知识要点 | 学习时间 | 学习难度 |
|---|---|---|
| 人事档案在 Excel 和 Access 中共享 | 30 分钟 | ★★★ |
| 多人共享项目监听复核表 | 25 分钟 | ★★ |
| Excel 与 Word 协作打印工资条 | 40 分钟 | ★★★★ |

# 10.1 人事档案在Excel和Access中共享

**小白：** Access也是数据处理软件，可以让Access中的数据与Excel中的数据进行相互共享吗？

**阿智：** Office组件间的数据，其实都是可以相互调用和共享的。

Access与Excel是Office中两大数据处理组件，而且它们之间的数据还可以相互调用，这样就极大地拓展了数据处理与分析能力。

## 10.1.1 从Access中获取数据

从Access中获取或调用数据主要是通过导入的方式来进行。下面以将Access中的数据调用到“人事档案”工作簿为例，介绍其具体操作。

| 本节素材 | ⊙素材\Chapter10\导入外部Access数据 |
|---|---|
| 本节效果 | ⊙效果\Chapter10\人事档案.xlsx |
| 学习目标 | 学会导入外部的Access数据 |
| 难度指数 | ★★★ |

**步骤01** 打开“人事档案.xlsx”素材文件，单击“数据”选项卡中的“自Access”按钮，如图10-1所示。

图10-1

**步骤02** 打开“选取数据源”对话框，❶选择目标Access文件的放置位置，❷选择“人事档案管理.accdb”选项，❸单击“打开”按钮，如图10-2所示。

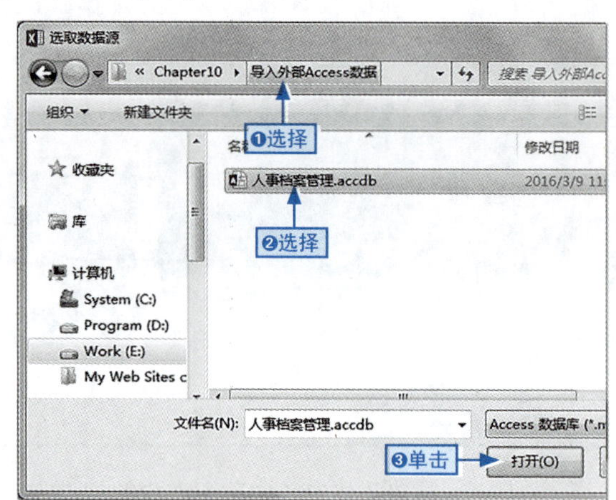


图10-2

**步骤03** 打开“选择表格”对话框，❶选择“人员信息”选项，❷单击“确定”按钮，如图10-3所示。

**步骤节省**

若是目标数据库中（也就是Access文件中）只有唯一一张数据表，则有可能没有打开“选择表格”对话框的操作。

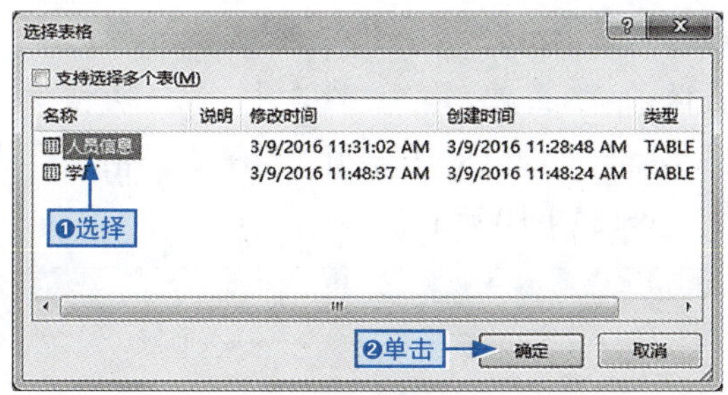


图10-3

**步骤04** 打开“导入数据”对话框，❶选中“表”单选按钮，❷单击“折叠”按钮，如图10-4所示。

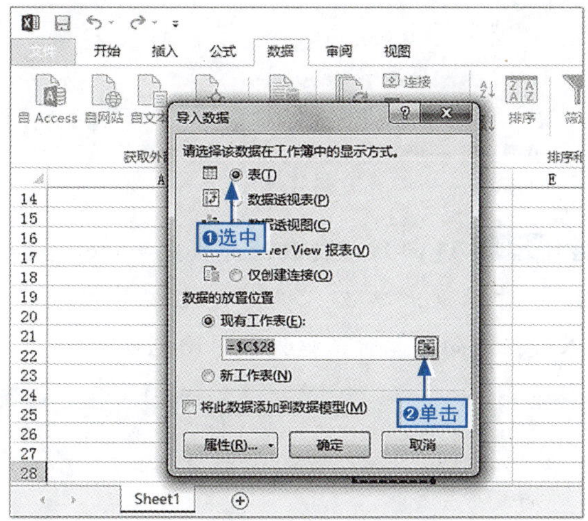


图10-4

**步骤05** ❶在表中选择A1单元格，❷单击“展开”按钮，如图10-5所示。

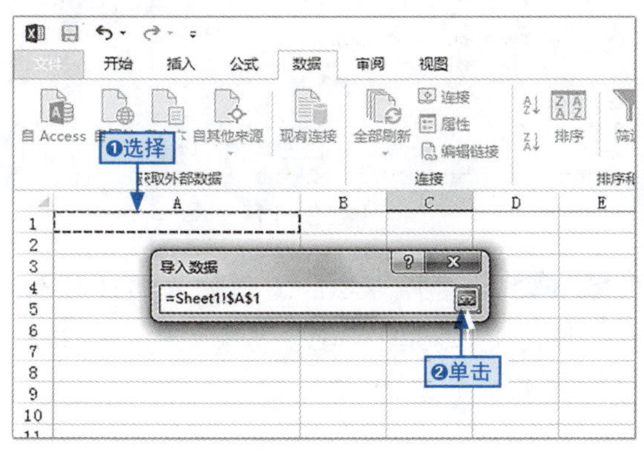


图10-5

**步骤06** 在激活的“表格工具”下的“设计”选项卡中，❶单击“转换为区域”按钮，❷在打开的提示对话框中单击“确定”按钮，如图10-6所示。

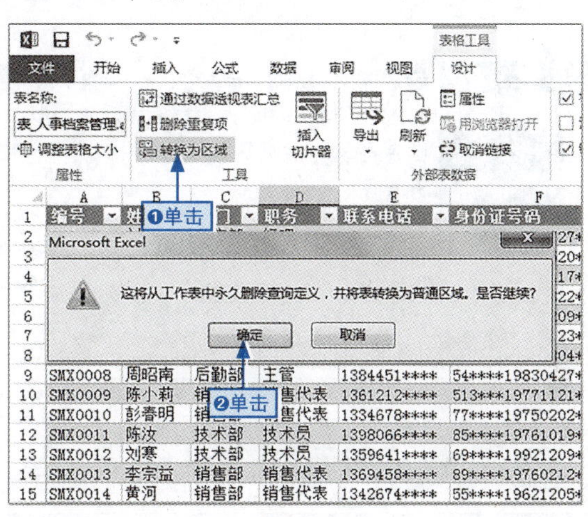


图10-6

**步骤07** 在工作表中即可查看到导入的Access数据的普通表格样式，效果如图10-7所示。

| | A | B | C | D | E | F |
|---|---|---|---|---|---|---|
| 1 | 编号 | 姓名 | 部门 | 职务 | 联系电话 | 身份证号码 |
| 2 | SMX0001 | 刘仔卿 | 销售部 | 经理 | 1314456**** | 57****19700727** |
| 3 | SMX0002 | 陈佳龙 | 后勤部 | 送货员 | 1371512**** | 36****19820520** |
| 4 | SMX0003 | 李海红 | 行政部 | 主管 | 1581512**** | 67****19720417** |
| 5 | SMX0004 | 刘木根 | 财务部 | 经理 | 1324465**** | 76****19740322** |
| 6 | SMX0005 | 刘艳飞 | 销售部 | 销售代表 | 1591212**** | 40****19700209** |
| 7 | SMX0006 | 车德凤 | 销售部 | 销售代表 | 1324578**** | 74****19630123** |
| 8 | SMX0007 | 王海靓 | 行政部 | 文员 | 1304453**** | 96****19820804** |
| 9 | SMX0008 | 周昭南 | 后勤部 | 主管 | 1384451**** | 54****19830427** |
| 10 | SMX0009 | 陈小莉 | 销售部 | 销售代表 | 1361212**** | 513***19771121** |
| 11 | SMX0010 | 彭春明 | 销售部 | 销售代表 | 1334678**** | 77****19750202** |
| 12 | SMX0011 | 陈汝 | 技术部 | 技术员 | 1398066**** | 85****19761019** |
| 13 | SMX0012 | 刘寒 | 技术部 | 技术员 | 1359641**** | 69****19921209** |
| 14 | SMX0013 | 李宗益 | 销售部 | 销售代表 | 1369458**** | 89****19760212** |
| 15 | SMX0014 | 黄河 | 销售部 | 销售代表 | 1342674**** | 55****19621205** |
| 16 | SMX0015 | 陈龙 | 技术部 | 技术员 | 1369787**** | 50****19720303** |
| 17 | SMX0016 | 刘霞 | 财务部 | 会计 | 1514545**** | 54****19810423** |
| 18 | SMX0017 | 郭娇红 | 销售部 | 销售代表 | 1391324**** | 28****19720125** |

图10-7

## 10.1.2 将Excel数据导入Access

不仅可以将Access的数据导入Excel中，同时也可将Excel中的数据导入Access中，实现数

据共享。

下面以将“人事档案管理.xlsx”Excel 工作簿中的数据调入到“人事档案管理.accdb”Access文件中存放为例，介绍其具体操作。

| | |
|---|---|
| 本节素材 | 素材\Chapter10\导入外部Access数据 |
| 本节效果 | 效果\Chapter10\人事档案管理.accdb |
| 学习目标 | 学会将Excel数据导入Access中 |
| 难度指数 | ★★★ |

**步骤01** 打开“人事档案管理.accdb”Access素材文件，❶选择“外部数据”选项卡，❷单击Excel按钮，如图10-8所示。

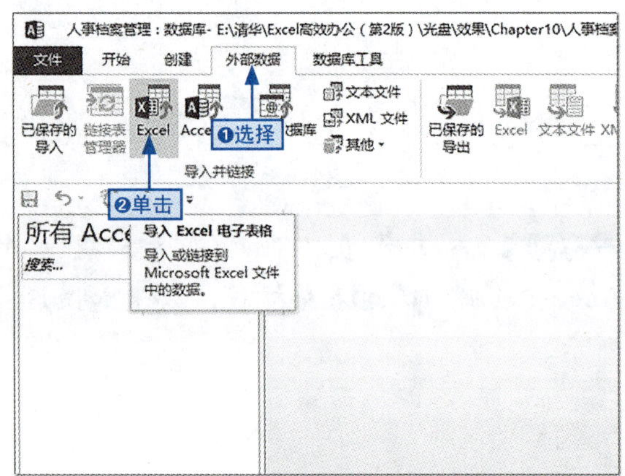


图10-8

**步骤02** 打开“获取外部数据-Excel电子表格”对话框，❶选中“将数据源导入当前数据库的新表中”单选按钮，❷单击“浏览”按钮，如图10-9所示。

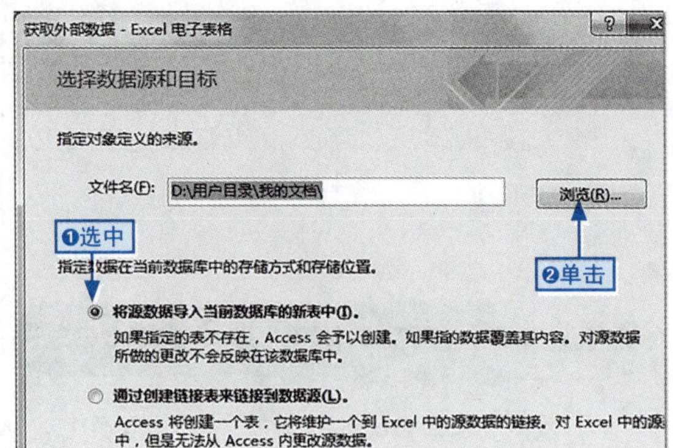


图10-9

**步骤03** 打开“打开”对话框，❶选择数据保存的位置路径，❷选择“人事档案管理.xlsx”Excel文件选项，❸单击“打开”按钮，如图10-10所示。

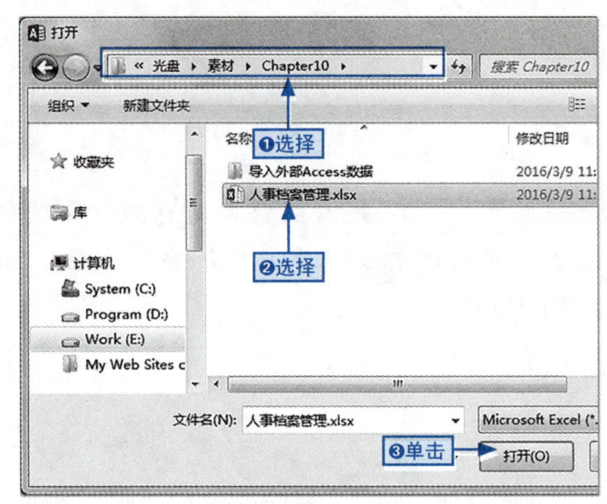


图10-10

**步骤04** 返回到“获取外部数据-Excel电子表格”对话框，单击“确定”按钮，打开“导入数据表向导”对话框，如图10-11所示。

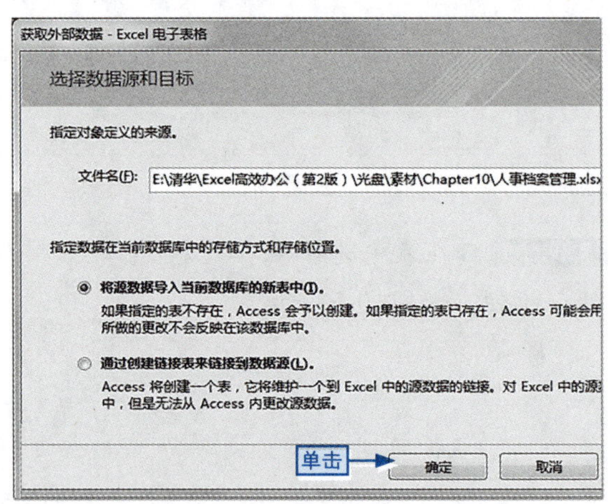


图10-11

**步骤05** ❶选中“显示工作表”单选按钮，❷选择“员工档案管理”选项，❸单击“下一步”按钮，如图10-12所示。

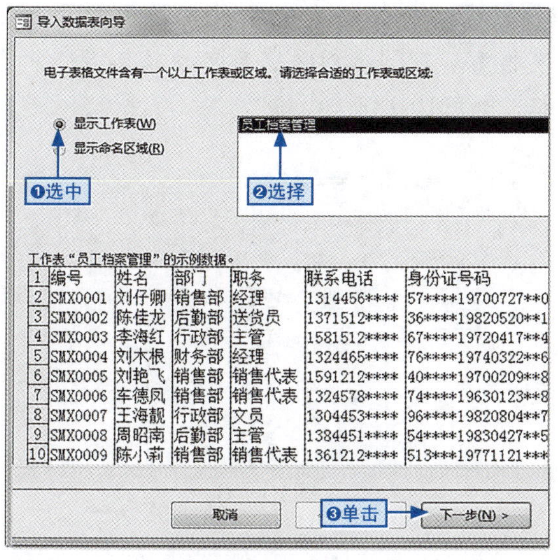


图10-12

**步骤06** 进入到下一步操作的界面中，❶选中“第一行包含列标题”复选框，❷单击“下一步”按钮，如图10-13所示。

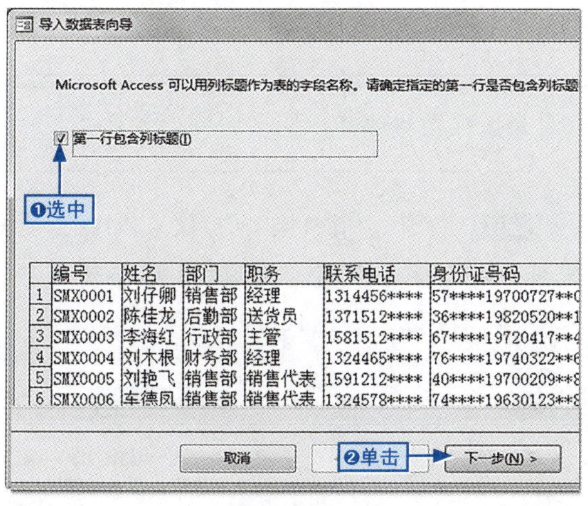


图10-13

**步骤07** 进入到下一步操作的界面中，直接单击“下一步”按钮，如图10-14所示。

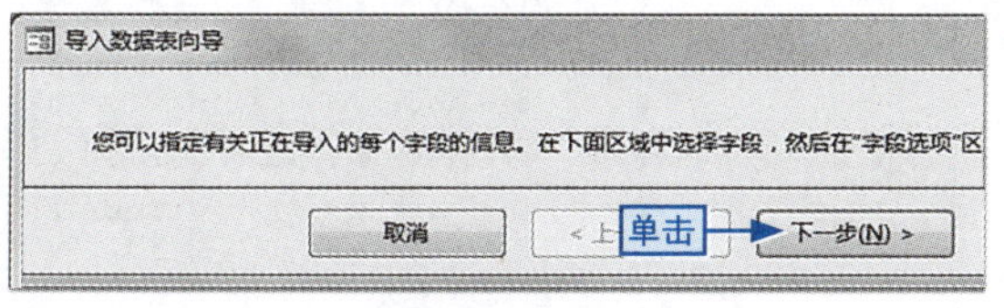


图10-14

**步骤08** 进入到下一步操作的界面中，❶选中“我自己选择主键”单选按钮，❷设置主键为“编号”，然后单击“下一步”按钮即可，如图10-15所示。

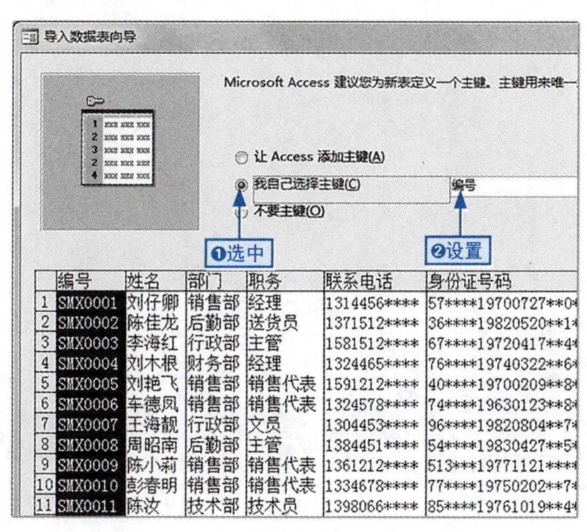


图10-15

**步骤09** 进入到下一步操作的界面中，❶在“导入到表”文本框中输入“人事档案管理”，❷单击“完成”按钮，如图10-16所示。

图10-16

**步骤10** 进入到下一步操作的界面中，直接单击“关闭”按钮，如图10-17所示。

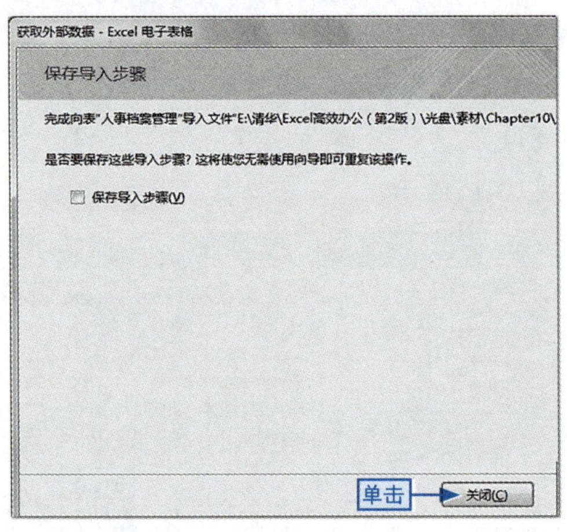


图10-17

**步骤11** 在数据库的导航窗格中双击“人事档案管理”表对象，即可查看到导入的数据，如图10-18所示。

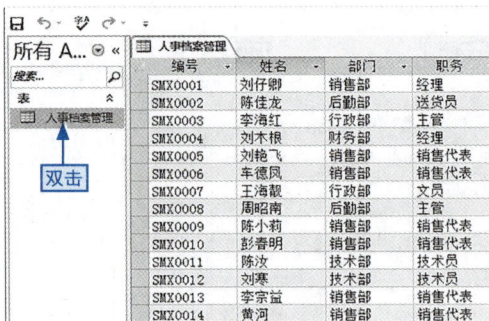

| 编号 | 姓名 | 部门 | 职务 |
|---|---|---|---|
| SMX0001 | 刘仔卿 | 销售部 | 经理 |
| SMX0002 | 陈佳龙 | 后勤部 | 送货员 |
| SMX0003 | 李海红 | 行政部 | 主管 |
| SMX0004 | 刘木根 | 财务部 | 经理 |
| SMX0005 | 刘艳飞 | 销售部 | 销售代表 |
| SMX0006 | 车德凤 | 销售部 | 销售代表 |
| SMX0007 | 王海靓 | 行政部 | 文员 |
| SMX0008 | 周昭南 | 后勤部 | 主管 |
| SMX0009 | 陈小莉 | 销售部 | 销售代表 |
| SMX0010 | 彭春明 | 销售部 | 销售代表 |
| SMX0011 | 陈汝 | 技术部 | 技术员 |
| SMX0012 | 刘寒 | 技术部 | 技术员 |
| SMX0013 | 李宗溢 | 销售部 | 销售代表 |
| SMX0014 | 黄河 | 销售部 | 销售代表 |

图10-18

# 10.2 多人共享项目监听复核表

**小白：**我们的项目复核表需要公司的多人同时进行打开查看的操作，有办法实现吗?

**阿智：**可以通过在网络中共享数据来轻松实现。

共享工作簿可以让局域网中的成员对工作簿进行查看或编辑等操作，实现协同办公。

## 10.2.1 在局域网中共享工作簿

在局域网中共享工作簿有两种方法，即普通共享和带密保共享。其中普通共享是局域网中每个成员都能进行操作，而带密保共享就是有密码保护的共享，下面分别进行介绍。

### 1. 普通共享

普通共享是最常规的共享，它的操作较为简单。下面以将“项目监听复核表”工作簿进行共享为例，介绍其具体操作步骤。

| | |
|---|---|
| 本节素材 | 素材\Chapter10\项目监听复核表.xlsx |
| 本节效果 | 效果\Chapter10\项目监听复核表.xlsx |
| 学习目标 | 学会对工作簿进行常规共享 |
| 难度指数 | ★★ |

**步骤01** 打开“项目监听复核表.xlsx”素材文件，❶选择“审阅”选项卡，❷单击“共享工作簿”按钮，如图10-19所示。

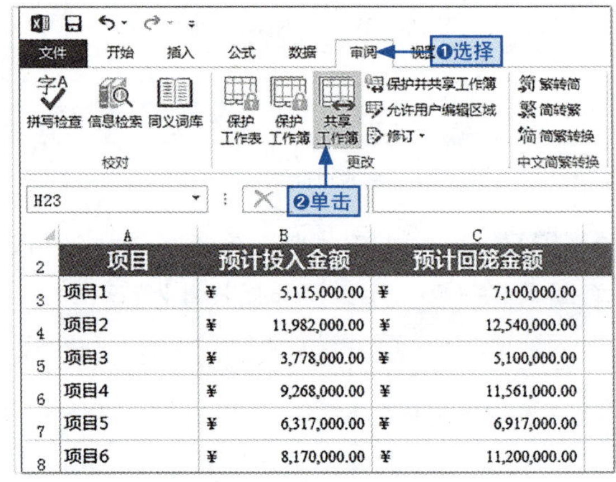


图10-19

步骤02 打开“共享工作簿”对话框，❶选中“允许多用户同时编辑，同时允许工作簿合并”复选框，❷单击“确定”按钮，如图10-20所示。

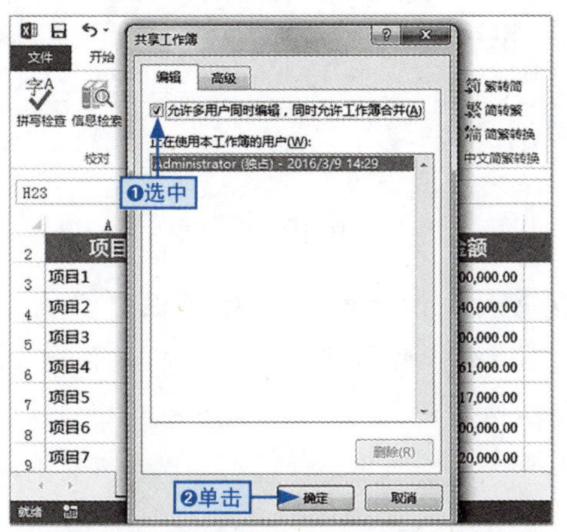


图10-20

步骤03 在打开的提示对话框中单击“确定”按钮，确认共享并保存工作簿，如图10-21所示。

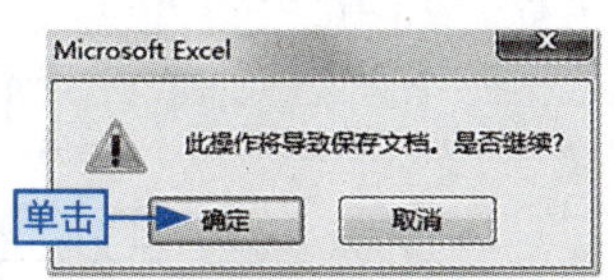


图10-21

步骤04 在工作簿的标题位置上即可查看到“[共享]”字样，如图10-22所示。

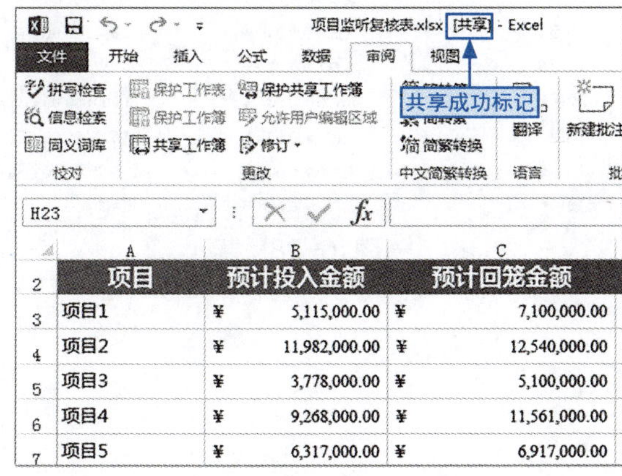


图10-22

**取消常规共享**

若已经不需要当前工作簿在局域网中处于共享状态，可单击“共享工作簿”按钮，打开“共享工作簿”对话框，❶取消选中“允许多用户同时编辑，同时允许工作簿合并”复选框，❷单击“确定”按钮，如图10-23所示。

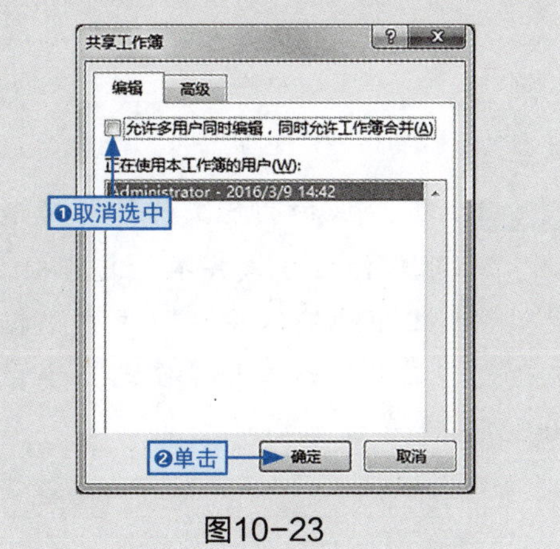


图10-23

## 2. 带密保共享

若共享的工作簿只希望局域网中部分有权限的人员查看和操作，可以通过设置带有密码保护的共享。

下面以将“项目监听复核表1”工作簿设置为带有密码保护的局域网共享为例，介绍其具体操作。

| | |
|---|---|
| 本节素材 | ⊙素材\Chapter10\项目监听复核表1.xlsx |
| 本节效果 | ⊙效果\Chapter10\项目监听复核表1.xlsx |
| 学习目标 | 学会将工作簿进行带有保护的共享 |
| 难度指数 | ★★★ |

步骤01 打开“项目监听复核表1.xlsx”素材文件，❶选择“审阅”选项卡，❷单击“保护并共享工作簿”按钮，如图10-24所示。

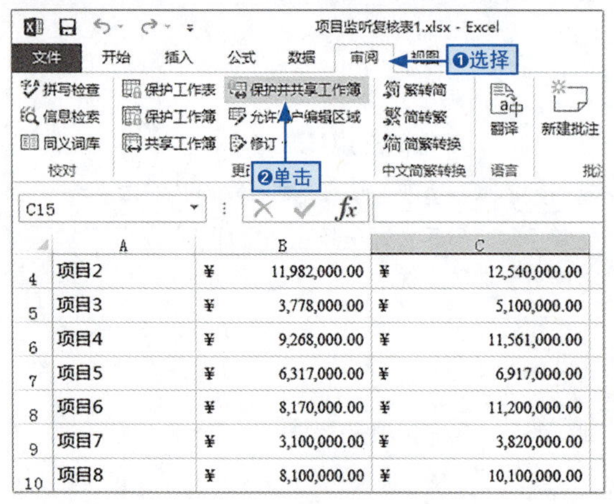


图10-24

**步骤02** 打开“保护共享工作簿”对话框，❶选中“以跟踪修订方式共享”复选框，❷在“密码”文本框中输入密码（用户根据自身情况设置密码），❸单击“确定”按钮，如图10-25所示。

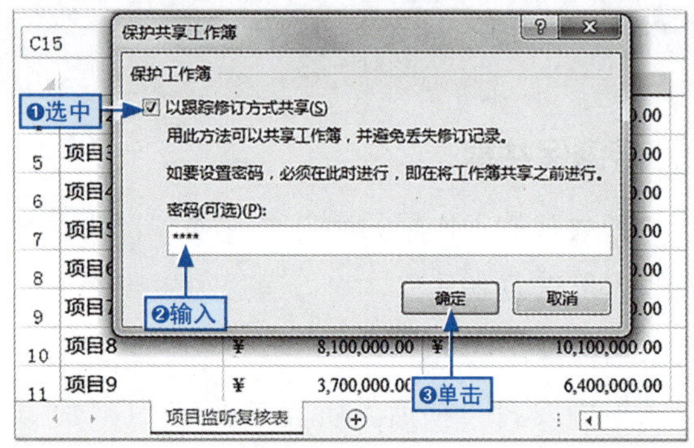


图10-25

**步骤03** 打开“确认密码”对话框，❶在“重新输入密码”文本框中再次输入完全相同的密码，❷单击“确定”按钮，如图10-26所示。

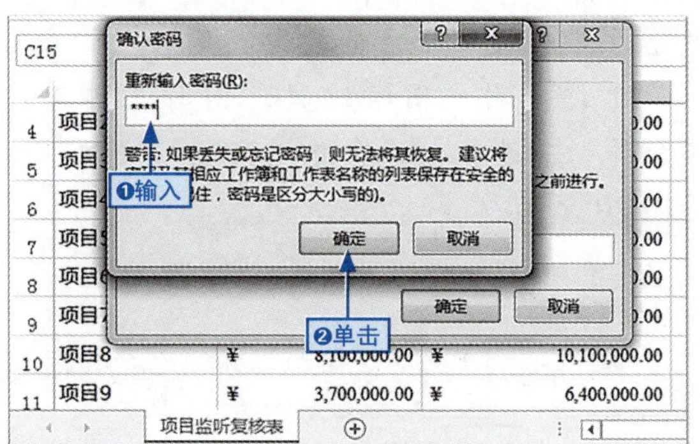


图10-26

**步骤04** 在打开的提示对话框中单击“确定”按钮，确认共享并保存工作簿，如图10-27所示。

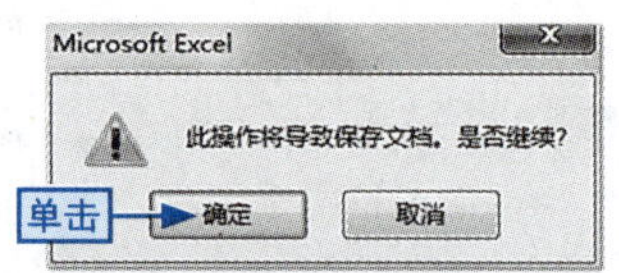


图10-27

**步骤05** 在工作簿的标题位置上即可查看到“[共享]”字样，如图10-28所示。

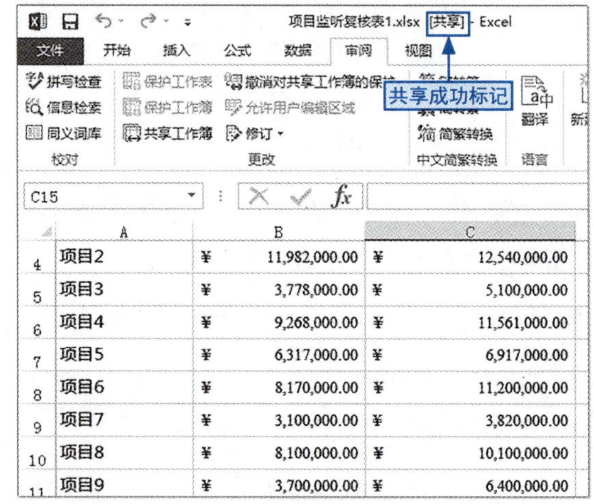


图10-28

**取消带密保共享**

要取消设置了密码工作簿的共享，❶单击“取消对共享工作簿的保护”按钮，❷在打开的“取消共享保护”对话框中输入保护密码，❸单击“确定”按钮，❹在打开的提示对话框中单击“是”按钮，如图10−29所示。

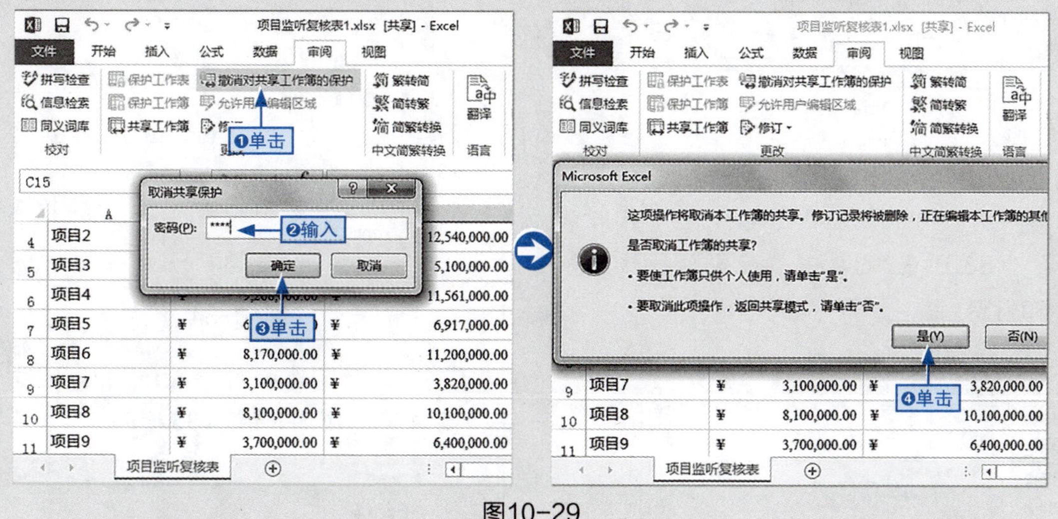


图10−29

## 10.2.2 按用户权限设置编辑区域

在共享工作簿中，可以设置可编辑区域，让那些有权限的人员才能对数据进行编辑，从而实现对数据的保护。而对一些特殊用户，可让其对可编辑区域进行任意编辑。

下面以设置B3:B13单元格为受到保护的可编辑区域，同时指定工作组中的14为特殊权限可进行任意编辑为例，介绍其具体操作。

| | |
|---|---|
| 本节素材 | ⊙素材\Chapter10\项目监听复核表2.xlsx |
| 本节效果 | ⊙效果\Chapter10\项目监听复核表2.xlsx |
| 学习目标 | 学会对编辑区域设置权限 |
| 难度指数 | ★★★ |

**步骤01** 打开“项目监听复核表2.xlsx”素材文件，❶选择“审阅”选项卡，❷单击“允许用户编辑区域”按钮，如图10-30所示。

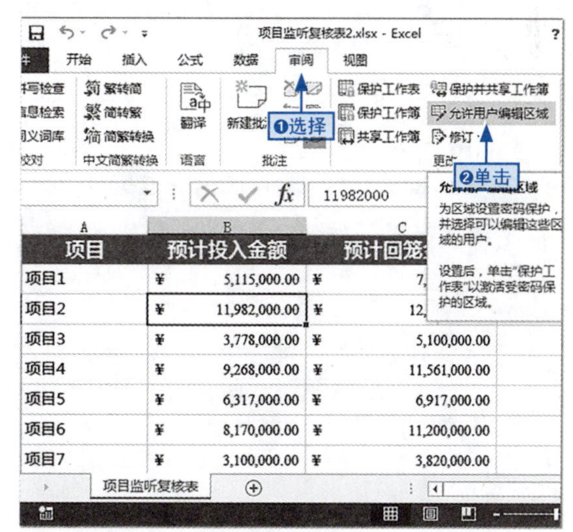


图10−30

**步骤02** 打开“允许用户编辑区域”对话框，单击“新建”按钮，如图10-31所示。

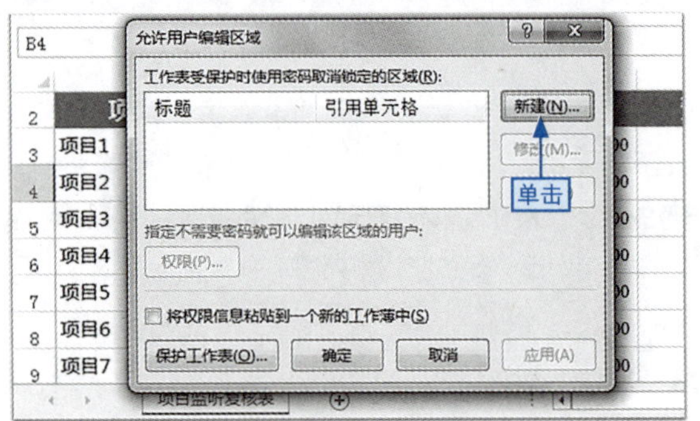


图10-31

步骤03 打开“新区域”对话框，❶设置“标题”为“可编辑区”，❷设置“引用单元格”为B3:B13，❸单击“确定”按钮，如图10-32所示。

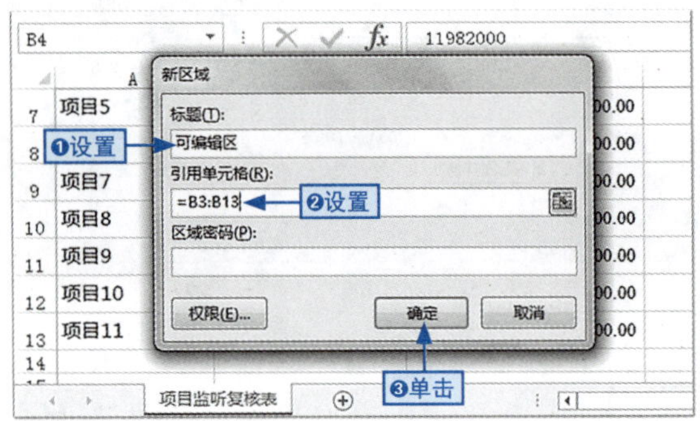


图10-32

步骤04 返回到“允许用户编辑区域”对话框，单击“权限”按钮，如图10-33所示。

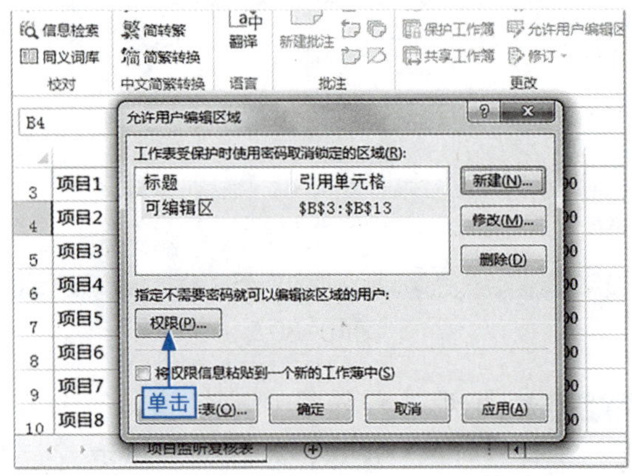


图10-33

步骤05 打开“可编辑区的权限”对话框，单击“添加”按钮，如图10-34所示。

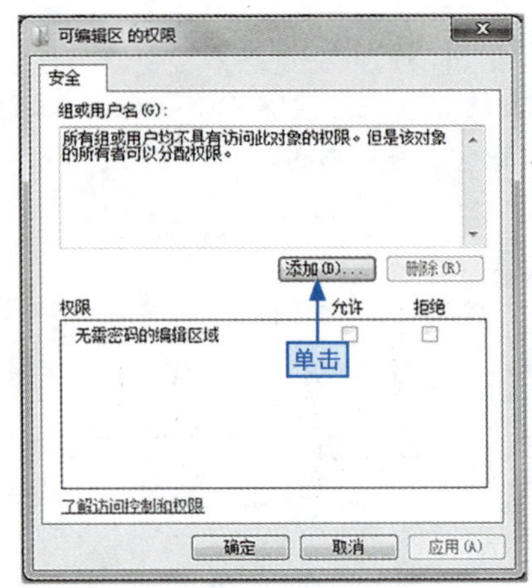


图10-34

步骤06 打开“选择用户或组”对话框，单击“高级”按钮，如图10-35所示。

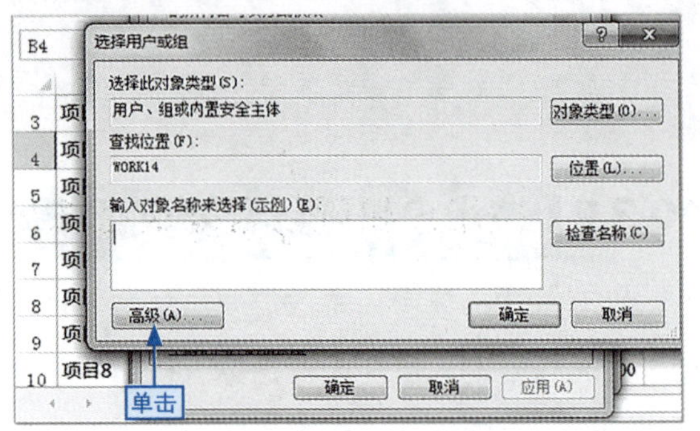


图10-35

步骤07 打开新的“选择用户或组”对话框，单击“立即查找”按钮，如图10-36所示。

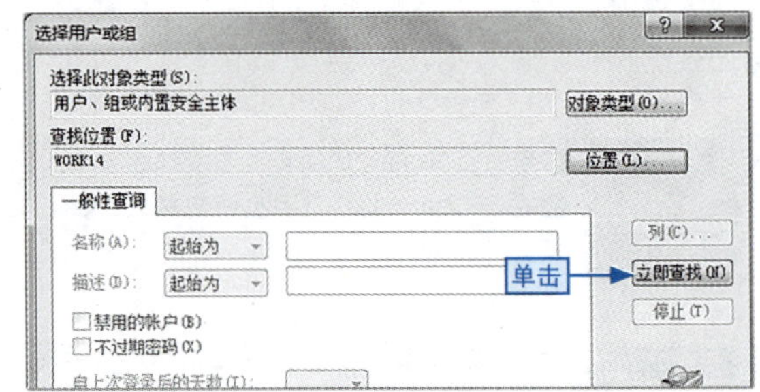


图10-36

**步骤08** ❶在“搜索结果”列表框中选择相应的名称选项，❷单击“确定”按钮，如图10-37所示。

图10-37

**步骤09** 返回到“可编辑区的权限”对话框中，❶选中“无需密码的编辑区域”后的“允许”复选框，❷单击“确定”按钮，如图10-38所示。

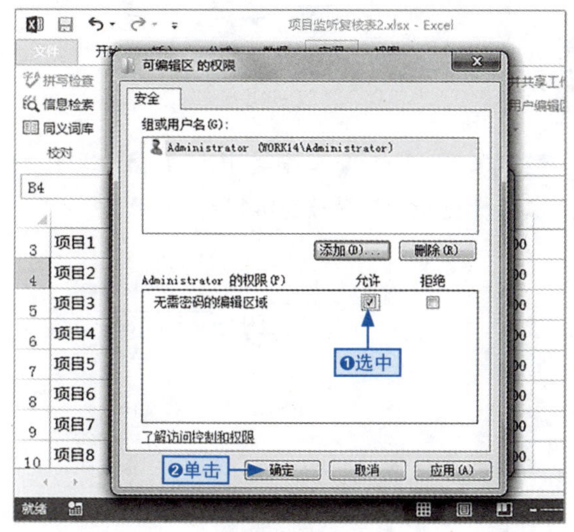


图10-38

**步骤10** 返回到“允许用户编辑区域”对话框中，单击“保护工作表”按钮，如图10-39所示。

图10-39

**步骤11** 打开“保护工作表”对话框，单击“确定”按钮，如图10-40所示。

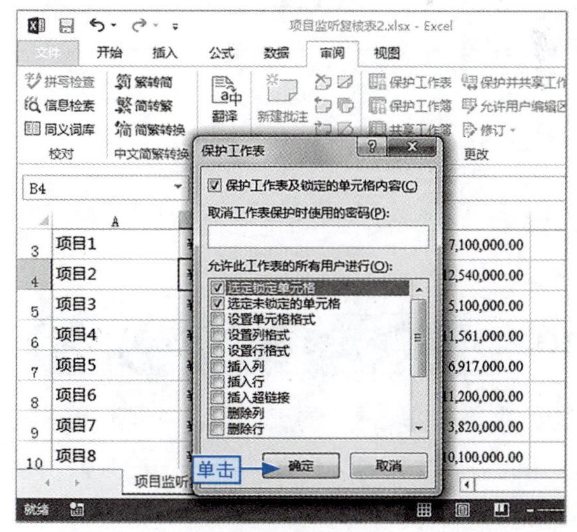


图10-40

**步骤12** 对工作簿进行常规共享，在B3:B13单元格区域进行编辑，系统自动打开“取消锁定区域”对话框并要求输入密码，如图10-41所示。

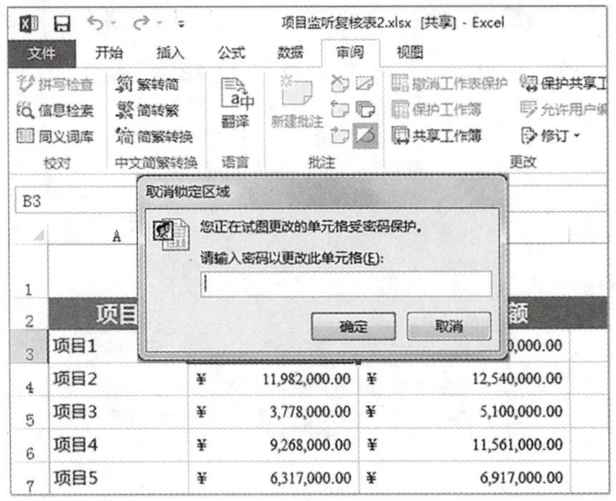


图10-41

**步骤13** 在其他区域进行操作，系统会自动打开编辑受到保护的提示对话框，如图10-42所示。

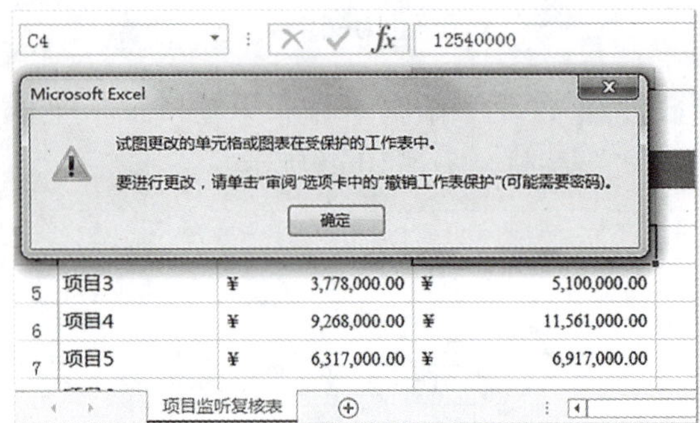


图10-42

## 10.2.3 在修订模式下操作工作簿

共享在局域网中的工作簿，若是有用户进行修改或编辑，可以让其及时标记出来，供他们进行查看和操作。

下面以让共享的"项目监听复核表3"工作簿处于修订模式为例，介绍其具体操作。

| | |
|---|---|
| 本节素材 | ⊙素材\Chapter10\项目监听复核表3.xlsx |
| 本节效果 | ⊙效果\Chapter10\无 |
| 学习目标 | 让共享工作簿及时标记修订 |
| 难度指数 | ★★★ |

**步骤01** 打开"项目监听复核表3.xlsx"素材文件，❶单击"修订"下拉按钮，❷选择"突出显示修订"选项，如图10-43所示。

图10-43

**步骤02** 打开"突出显示修订"对话框，❶设置修订显示方式，❷单击"确定"按钮，如图10-44所示。

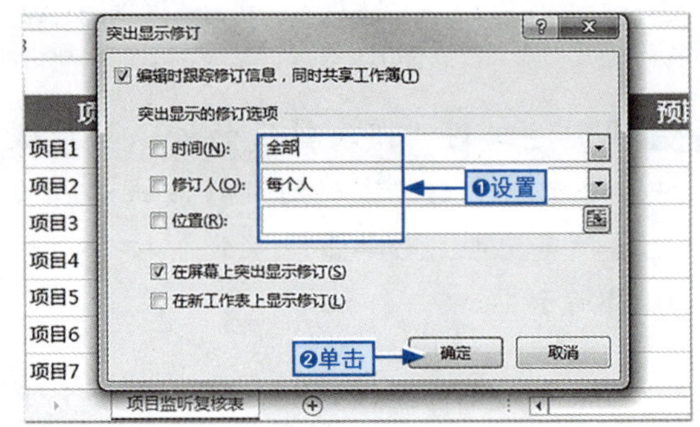


图10-44

**步骤03** 在修订的工作簿中即可查看到修订内容的标记效果，如图10-45所示。

| | A | B | C |
|---|---|---|---|
| 4 | 项目2 | ¥ 11,982,000.00 | ¥ 12,540,000.00 |
| 5 | 项目3 | ¥ 4,562,174.00 | 突出显示修订 …00.00 |
| 6 | 项目4 | ¥ 9,268,000.00 | ¥ 11,561,000.00 |
| 7 | 项目5 | ¥ 6,317,000.00 | ¥ 6,917,000.00 |
| 8 | 项目6 | ¥ 8,170,000.00 | ¥ 11,200,000.00 |
| 9 | 项目7 | ¥ 3,100,000.00 | ¥ 3,820,000.00 |
| 10 | 项目8 | ¥ 8,100,000.00 | ¥ 10,100,000.00 |
| 11 | 项目9 | ¥ 3,700,000.00 | ¥ 6,400,000.00 |
| 12 | 项目10 | ¥ 1,100,000.00 | ¥ 1,300,000.00 |
| 13 | 项目11 | ¥ 2,700,000.00 | 突出显示修订 …000.00 |

图10-45

**设置修订的保存和更新时间**

在局域网中共享的工作簿，可设定一定的时间进行保存并更新，对于不同性质的工作簿，可以设定不同的保存时间和更新频率，使其最符合实际的需要。

其方法为：单击“审阅”选项卡中的“共享工作簿”按钮，在打开的“共享工作簿”对话框中，❶选择“高级”选项卡，❷在“保存修订记录”微调框中输入保存时间，❸选中“自动更新间隔”单选按钮，❹在微调框中设置刷新时间，❺单击“确定”按钮，如图10-46所示。

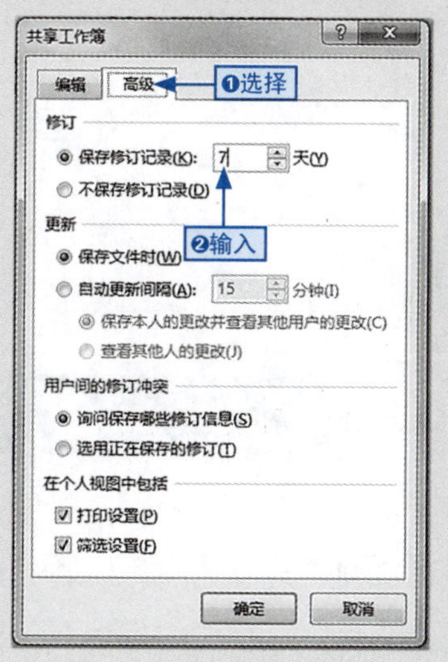


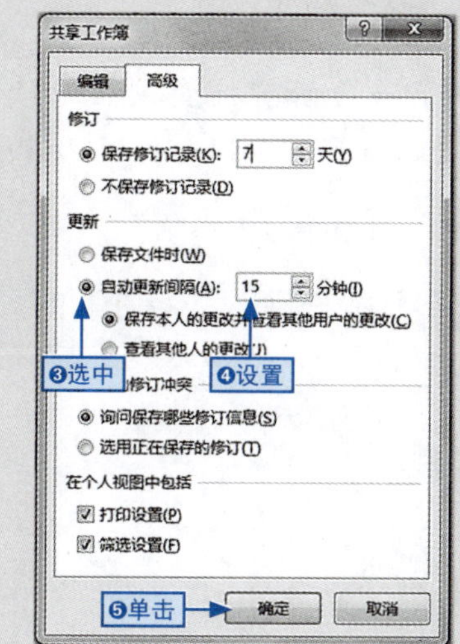


图10-46

## 10.2.4　处理其他人的修订数据

共享在局域网中的工作簿，可让其他用户进行编辑和修订。而作为工作簿的主人，我们可以决定哪些修订是接受的，哪些修订是拒绝的。

下面以接受和拒绝B3:B13单元格区域中的输入金额数据为例，介绍其具体操作。

| 本节素材 | ⊙素材\Chapter10\项目监听复核表3.xlsx |
| --- | --- |
| 本节效果 | ⊙效果\Chapter10\项目监听复核表3.xlsx |
| 学习目标 | 接受或拒绝局域网中其他用户修订 |
| 难度指数 | ★★★ |

**步骤01** 打开“项目监听复核表3.xlsx”素材文件，❶单击“修订”下拉按钮，❷选择“接受/拒绝修订”选项，如图10-47所示。

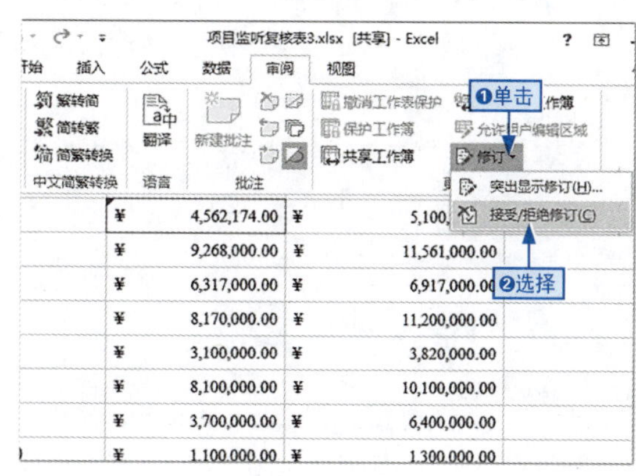


图10-47

**步骤02** 打开“接受或拒绝修订”对话框，❶设置“时间”为“无”，❷单击“确定”按钮，如图10-48所示。

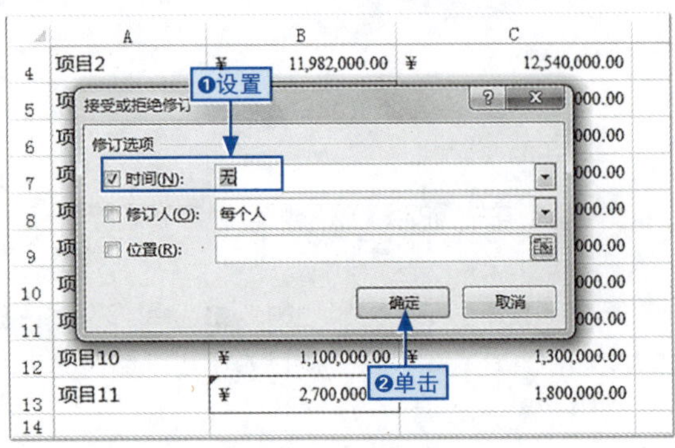


图10-48

**步骤03** 进入到下一步的“接受或拒绝修订”对话框，单击“接受”按钮，如图10-49所示。

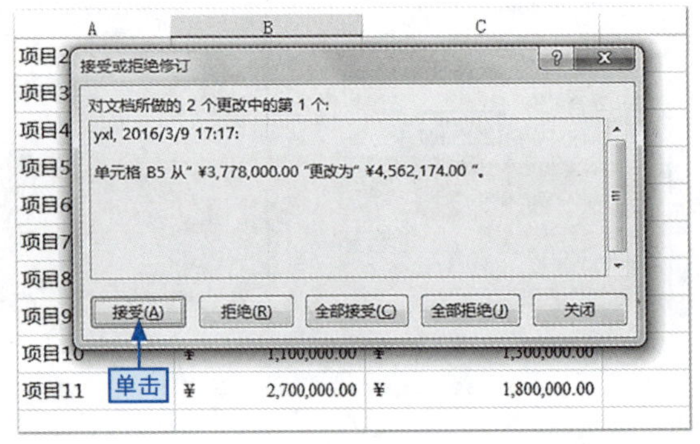


图10-49

**步骤04** 进入到下一步的“接受或拒绝修订”对话框，单击“拒绝”按钮，如图10-50所示。

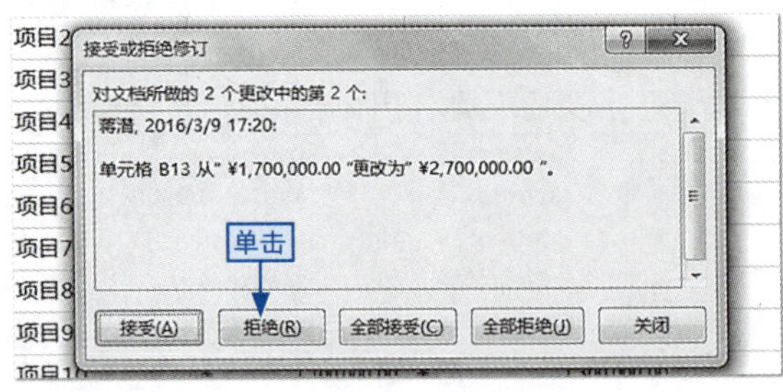


图10-50

**接受或拒绝全部修订**

若要对修订进行全部接受或全部拒绝，可在“接受或拒绝修订”对话框中单击“全部接受”或“全部拒绝”按钮，如图10-51所示。

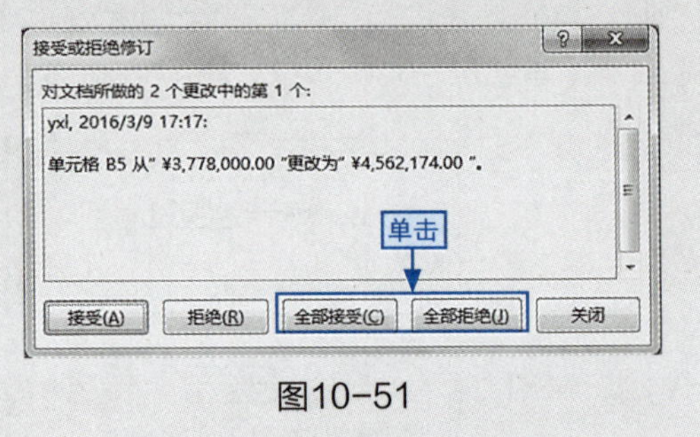


图10-51

## 10.2.5 新建批注

在工作簿中，对一些数据或项目有自己的看法或建议时，用户可以通过批注的方式供其他人查看，这样能很好地避免对工作簿数据的修改破坏。

下面以在“项目监听复核表4”工作簿的“项目11”行中添加放弃该项目的批注为例，介绍其具体操作。

| 本节素材 | ⊙素材\Chapter10\项目监听复核表4.xlsx |
|---|---|
| 本节效果 | ⊙效果\Chapter10\项目监听复核表4.xlsx |
| 学习目标 | 学会在工作表中新建批注 |
| 难度指数 | ★★★ |

**步骤01** 打开“项目监听复核表4.xlsx”素材文件，❶选择A13单元格，❷单击“新建批注”按钮，如图10-52所示。

**巧解批注无法使用的情况**

在共享工作簿中，若工作簿处于保护状态，也就是设置了保护工作表，同时没有授予插入批注的权限，这时批注功能将无法使用，此时只需取消工作表的保护即可。

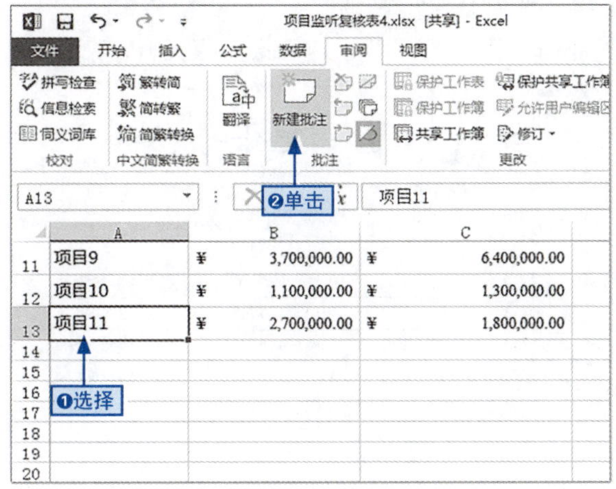


图10-52

**步骤02** 新建批注，并在其中输入内容，如图10-53所示。

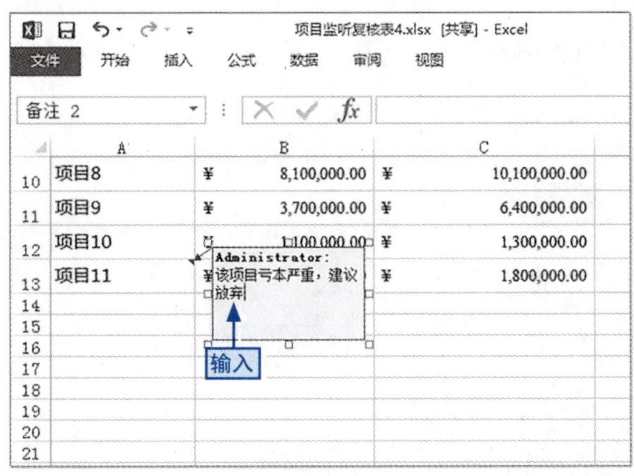


图10-53

**步骤03** 在批注框上右击，在弹出的快捷菜单中选择“设置批注格式”命令，如图10-54所示。

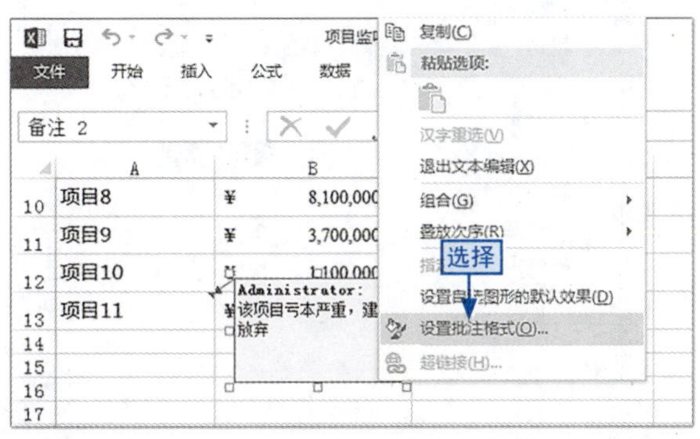


图10-54

**步骤04** 打开“设置批注格式”对话框，在“字体”选项卡中分别设置字体、字号和字体颜色等，如图10-55所示。

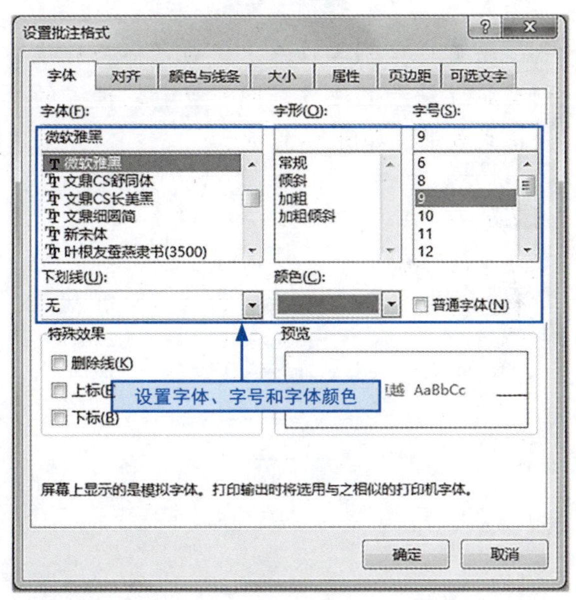


图10-55

**步骤05** ❶选择“对齐”选项卡，❷选中“自动调整大小”复选框，❸单击“确定”按钮，如图10-56所示。

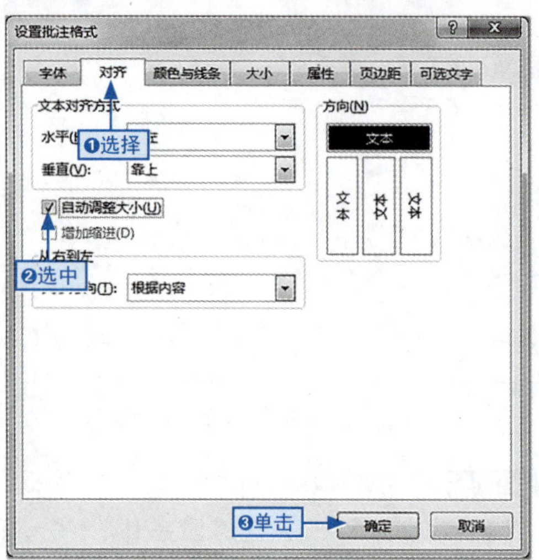


图10-56

**步骤06** 返回到工作表中，将鼠标指针移动到有批注符号的地方，即可查看到设置的批注格式效果，如图10-57所示。

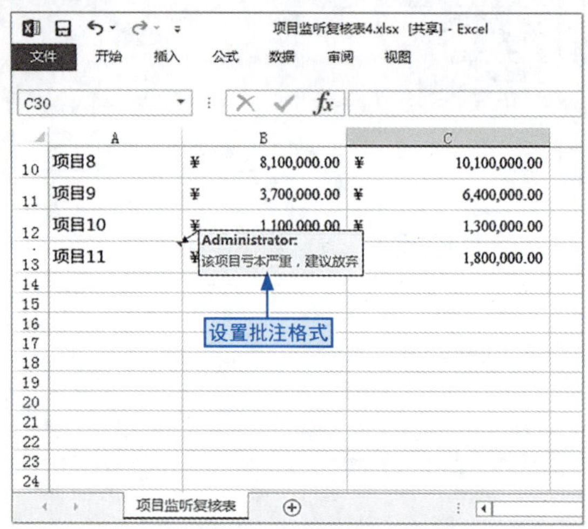


图10-57

## 10.2.6 查看批注

工作表中的批注在默认情况下都是隐藏的，这时可以让其显示出来，同时还可以进行逐条批注的自动切换。

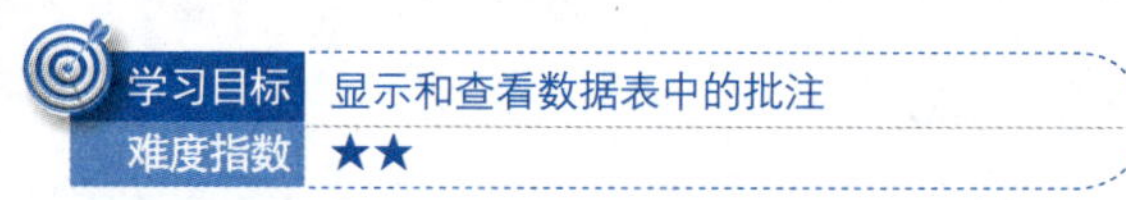

学习目标
显示和查看数据表中的批注
难度指数
★★


### 显示所有批注

要将工作表中所有批注显示出来，可直接单击“审阅”选项卡中的“显示所有批注”按钮，如图10-58所示。

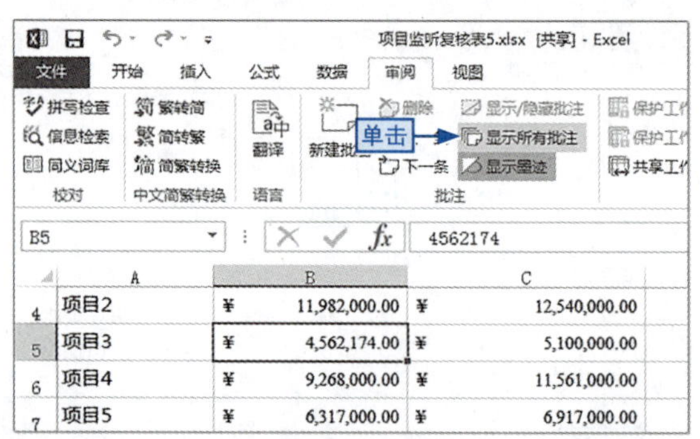


图10-58

### 显示当前批注

❶选择批注所在的单元格，❷单击“审阅”选项卡中的“编辑批注”按钮，如图10-59所示。也可以将鼠标指针移到右上角的红色三角形墨迹上，如图10-60所示。

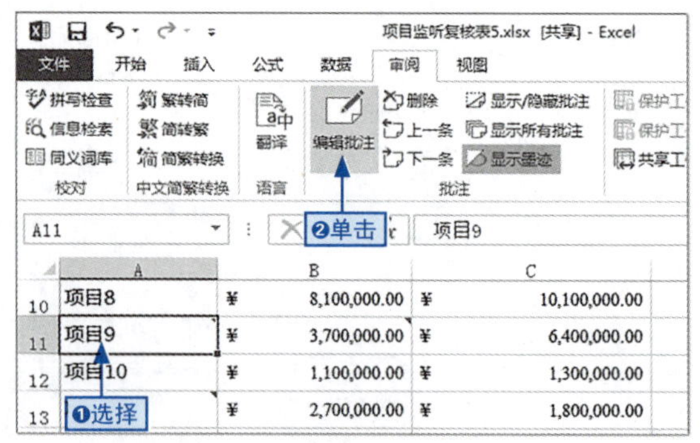


图10-59

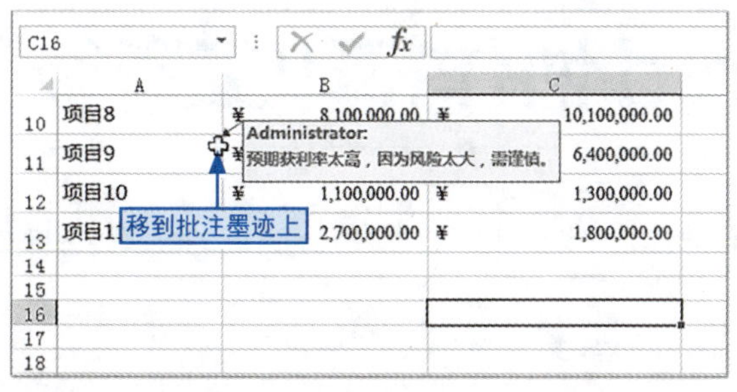


图10-60

### 逐条显示批注

要逐条显示批注，可单击“审阅”选项卡中的“上一条”或“下一条”按钮，如图10-61所示。

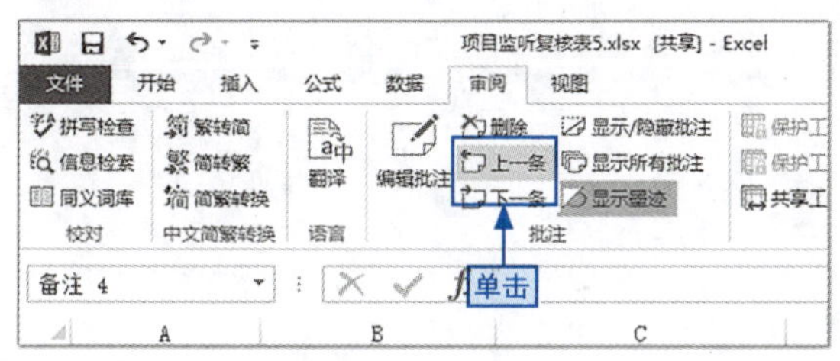


图10-61

## 10.2.7 删除批注

当出现不需要创建的批注时，可以将其删除。

下面以在“项目监听复核表5”工作簿中删除所有批注为例，介绍其具体操作。

| 本节素材 | ⊙素材\Chapter10\项目监听复核表5.xlsx |
|---|---|
| 本节效果 | ⊙效果\Chapter10\项目监听复核表5.xlsx |
| 学习目标 | 学会一次性删除所有批注 |
| 难度指数 | ★★★ |

步骤01 打开“项目监听复核表5.xlsx”素材文件，❶单击“开始”选项卡中的“查找和选择”下拉按钮，❷在弹出的下拉菜单中选择“批注”选项，如图10-62所示。

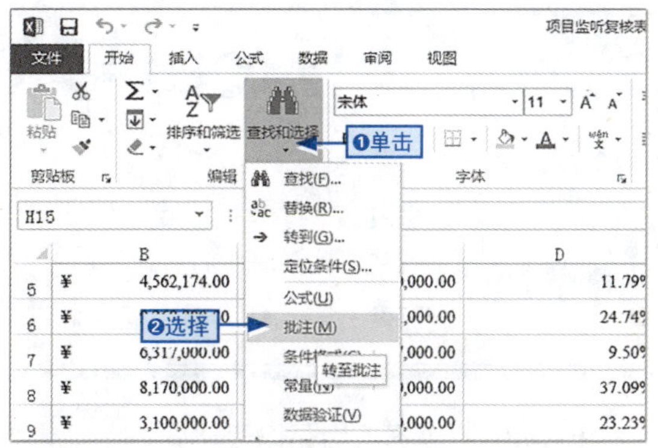


图10-62

步骤02 系统自动定位所有批注单元格，单击“删除”按钮，如图10-63所示。

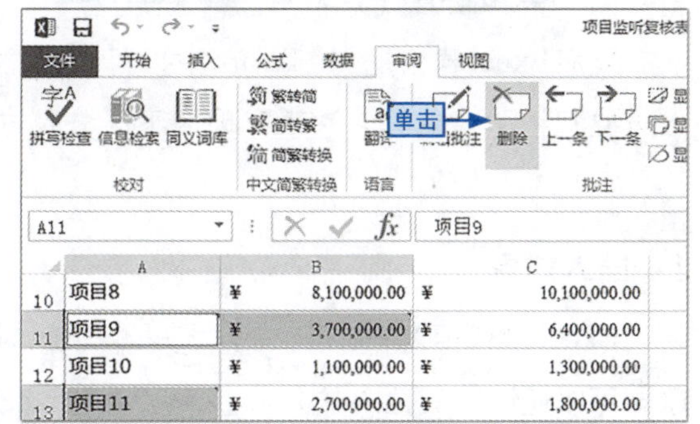


图10-63

步骤03 在表格中即可查看到所有批注被删除，效果如图10-64所示。

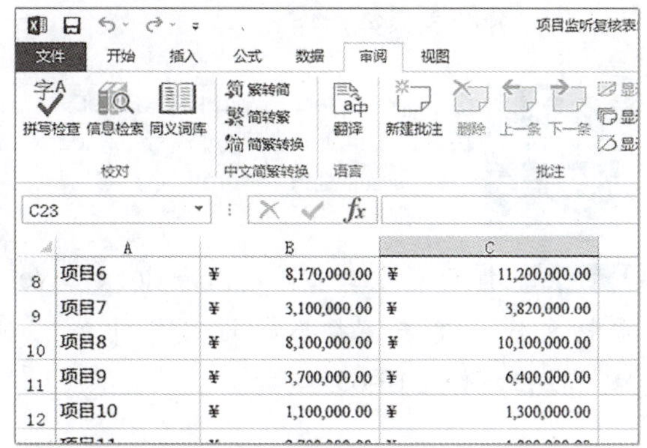

图10-64

# 10.3 Excel 与 Word 协作打印工资条

**小白：** Word与Excel是办公自动化中合作较为密切的两大组件，它们之间的数据该怎样实现共享呢?

**阿智：** 将Excel中的数据共享到Word中的方法有很多，如插入对象等。

Excel中的数据虽然是以表格方式呈现，但由于Word具有表格、域和插入对象等功能，可以将Excel数据轻松共享到Word中。

## 10.3.1 在Word中插入Excel表格

要将Excel表格插入到Word中，可通过插入对象和粘贴对象的方法来实现，下面分别进行介绍。

### 1. 插入对象

Excel表格相对Word而言，是一个外部对象，可以通过将其插入的方法，实现调用Excel数据的目的。

下面以将“工资结构表”工作簿中的结构数据区域插入到“员工工资数据条.docx”文档中为例，介绍其具体操作。

| 本节素材 | 素材\Chapter10\Word中插入Excel表格 |
|---|---|
| 本节效果 | 效果\Chapter10\员工工资数据条.docx |
| 学习目标 | 将Excel表格插入到Word中实现共享 |
| 难度指数 | ★★★ |

**步骤01** 打开“员工工资数据条.docx”Word素材文件，单击“插入”选项卡中的“对象”按钮，如图10-65所示。

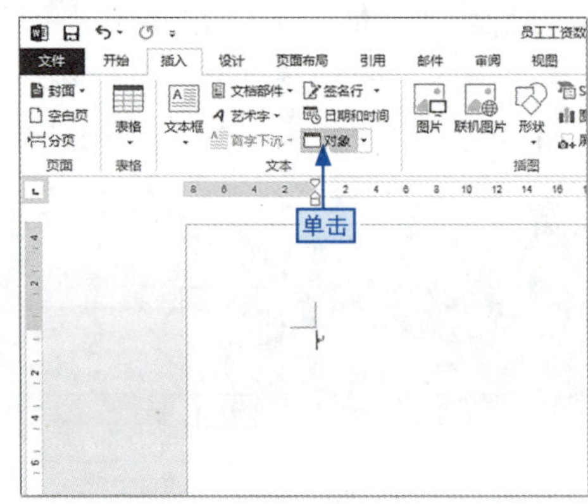


图10-65

**步骤02** 打开“对象”对话框，❶选择“由文件创建”选项卡，❷单击“浏览”按钮，如图10-66所示。

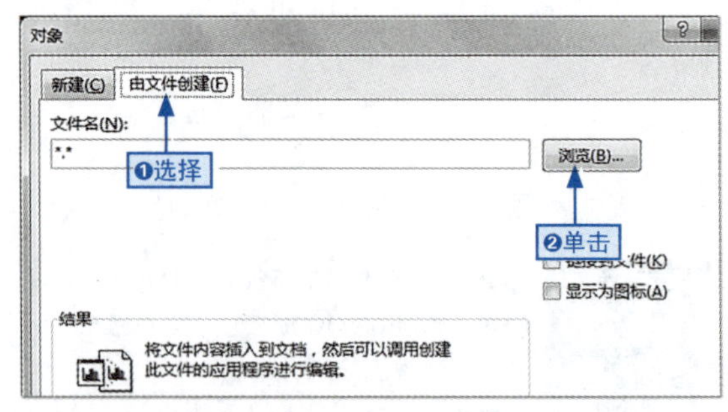


图10-66

**步骤03** 打开“浏览”对话框，❶选择“工资结构表.xlsx”选项，❷单击“插入”按钮，如图10-67所示。

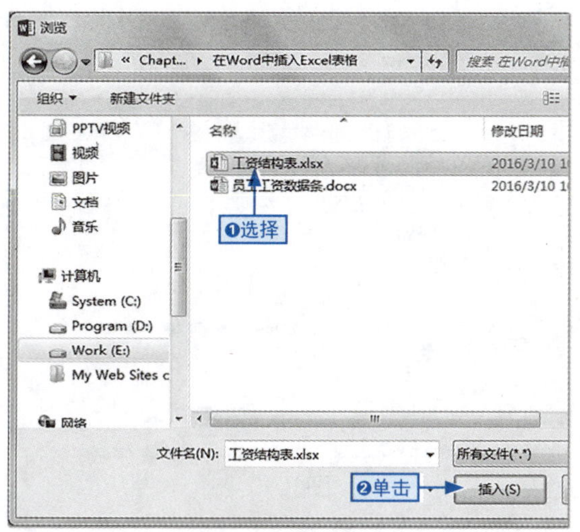


图10-67

**步骤04** 返回到“对象”对话框，单击“确定”按钮，如图10-68所示。

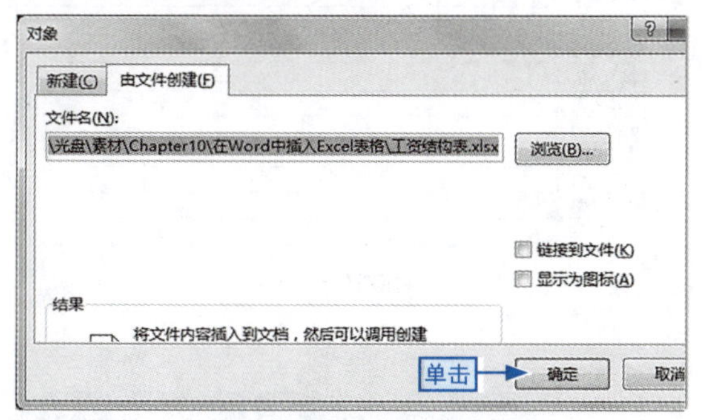


图10-68

**步骤05** 双击表格进入编辑状态，将鼠标指针移到表格边框上，当鼠标指针变成水平双向箭头时，按住鼠标左键不放，将其拖动到合适宽度释放鼠标，如图10-69所示。

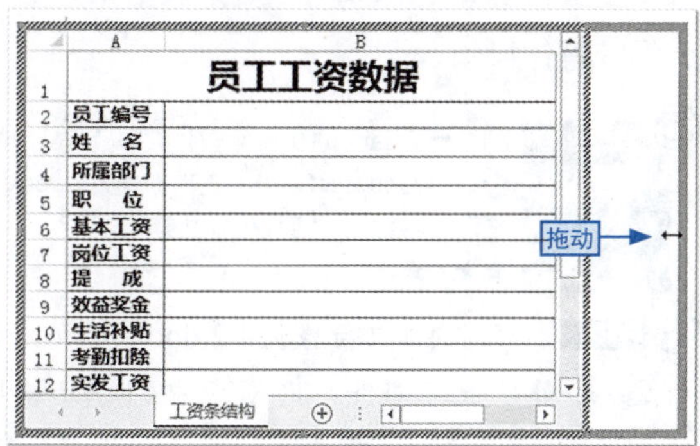


图10-69

**步骤06** 将鼠标指针移到B和C列之间的边界上，当鼠标指针变成水平双向箭头时，按住鼠标左键不放，将其拖动到合适宽度释放鼠标，如图10-70所示。

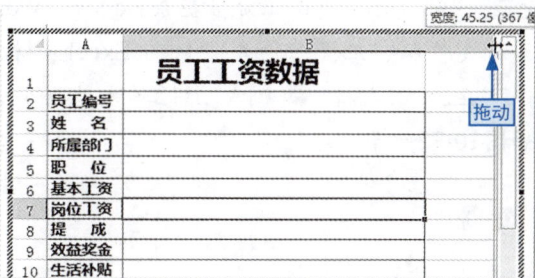

图10-70

**步骤07** 使用第5步的操作，将表格的宽度调整到与B列宽度一样宽，然后单击工作簿中其他任意位置退出，如图10-71所示。

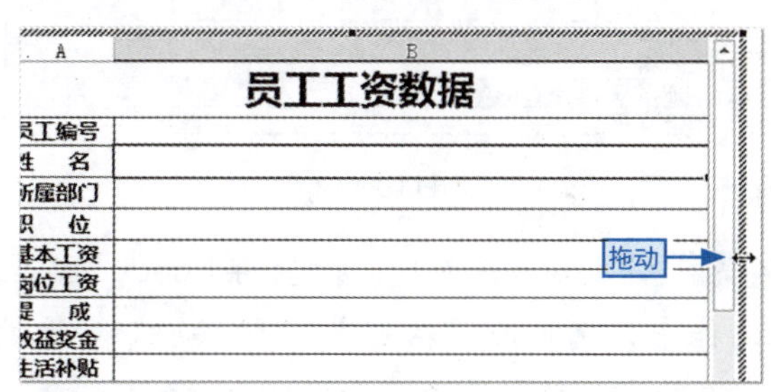


图10-71

**避免插入的表格不是需要的**

通过插入对象的方式将Excel表格调入到Word时一定要注意，由于是通过插入文件的方式导入，所以目标数据工作表一定要是工作簿的第一张工作表，不然获取的就是其他数据。

## 2. 粘贴对象

对于Excel表格中的数据，还可以通过粘贴的方式将其分享到Word中。

下面以将“工资结构表1”工作簿中的结构数据区域粘贴到“员工工资数据条1.docx”文档中为例，介绍其具体操作。

| 本节素材 | ⊙素材\Chapter10\Word中粘贴Excel数据 |
| --- | --- |
| 本节效果 | ⊙效果\Chapter10\员工工资数据条1.docx |
| 学习目标 | 将Excel表格粘贴到Word中实现共享 |
| 难度指数 | ★★★ |

**步骤01** 打开“员工工资数据条1.docx”Word素材文件和“工资结构表1.xlsx”Excel素材文件，在Excel表格中复制A1:B12单元格区域，如图10-72所示。

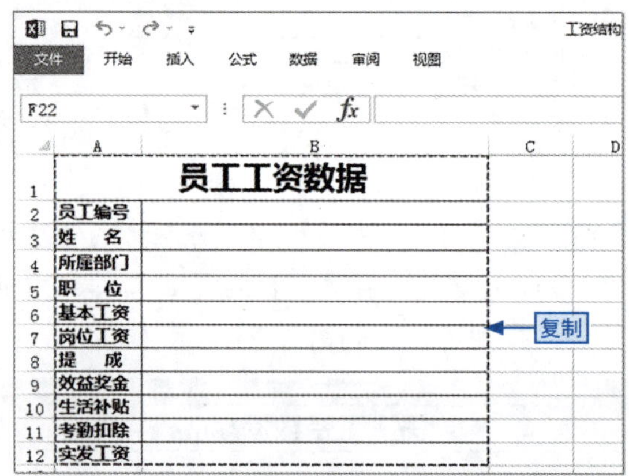


图10-72

**步骤02** 切换到“员工工资数据条1.docx”Word文件中，❶单击“粘贴”下拉按钮，❷选择“选择性粘贴”选项，如图10-73所示。

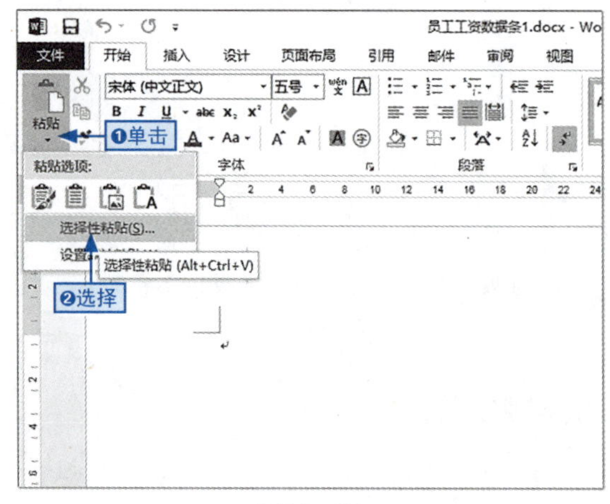


图10-73

**步骤03** 打开“选择性粘贴”对话框，❶选择“Microsoft Excel 工作表对象”选项，❷单击“确定”按钮，如图10-74所示。

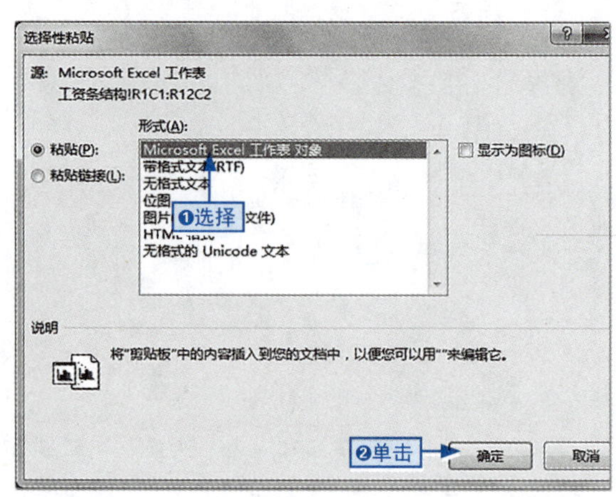


图10-74

**步骤04** 返回到Word中，对粘贴的表格进行相应的调整，效果如图10-75所示。

| 员工工资数据 | |
| --- | --- |
| 员工编号 | |
| 姓　名 | |
| 所属部门 | |
| 职　位 | |
| 基本工资 | |
| 岗位工资 | |
| 提　成 | |
| 效益奖金 | |
| 生活补贴 | |
| 考勤扣除 | |

图10-75

## 10.3.2 使用邮件合并添加数据

要将Excel数据逐一对应到Word中指定的表格中，可以通过邮件合并的方法来轻松实现。

下面以使用邮件合并功能来将Excel的员工工资数据合并到Word的工资条表格中为例，介绍其具体操作。

| 本节素材 | ⊙素材\Chapter10\邮件合并打印数据 |
| --- | --- |
| 本节效果 | ⊙效果\Chapter10\员工工资数据条2.docx |
| 学习目标 | 将Excel数据合并到Word中实现共享 |
| 难度指数 | ★★★★ |

**步骤01** 打开“员工工资数据条2.docx”Word素材文件，❶单击“邮件”选项卡中的“开始邮件合并”下拉按钮，❷选择“信函”选项，如

图10-76所示。

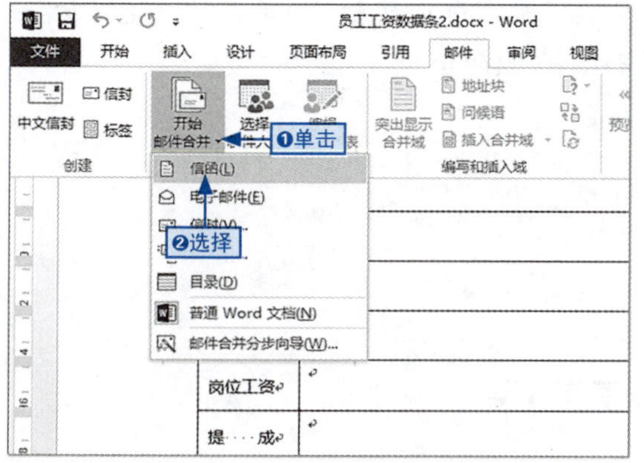


图10-76

步骤02 ❶单击“选择收件人”下拉按钮，❷在弹出的下拉菜单中选择“使用现有列表”选项，如图10-77所示。

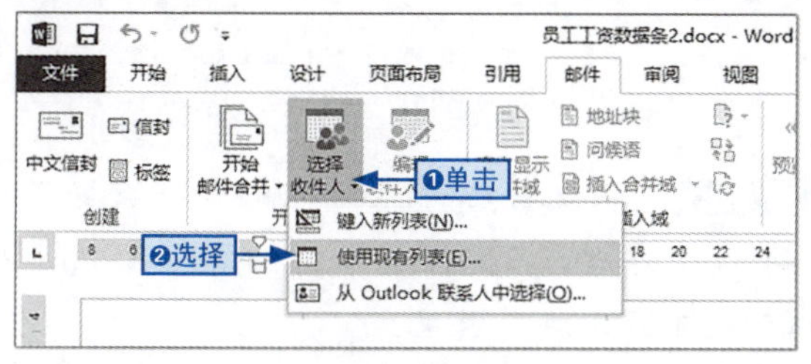


图10-77

步骤03 打开“选取数据源”对话框，❶选择“工资数据.xlsx”选项，❷单击“打开”按钮，如图10-78所示。

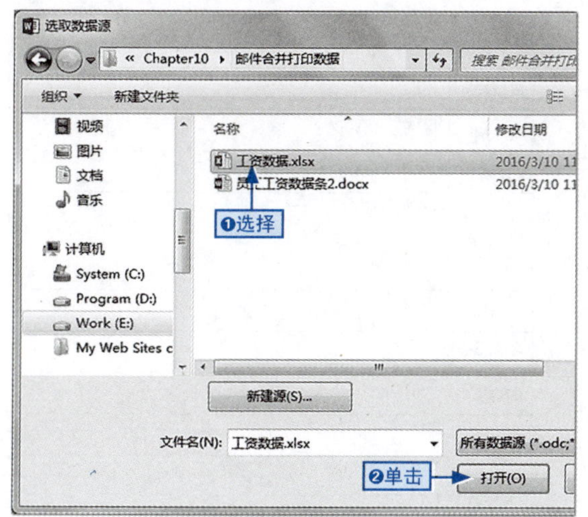


图10-78

步骤04 打开“选择表格”对话框，❶选择Sheet1工作表选项（由于数据在Sheet1工作表中），❷单击“确定”按钮，如图10-79所示。

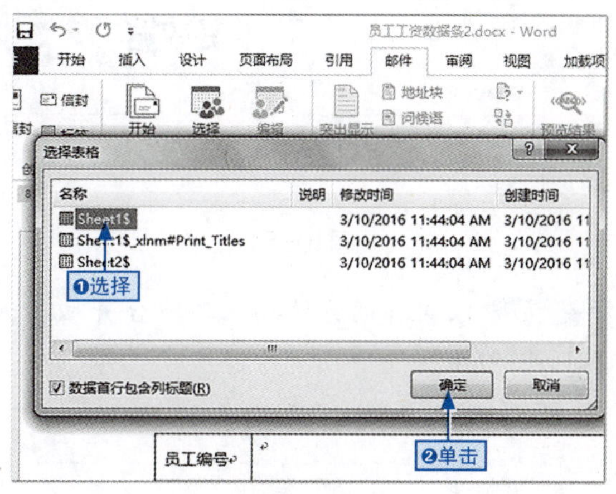


图10-79

步骤05 ❶将文本插入点定位在“员工编号”对应的单元格中，❷单击“插入合并域”下拉按钮，❸选择“员工编号”选项，如图10-80所示。

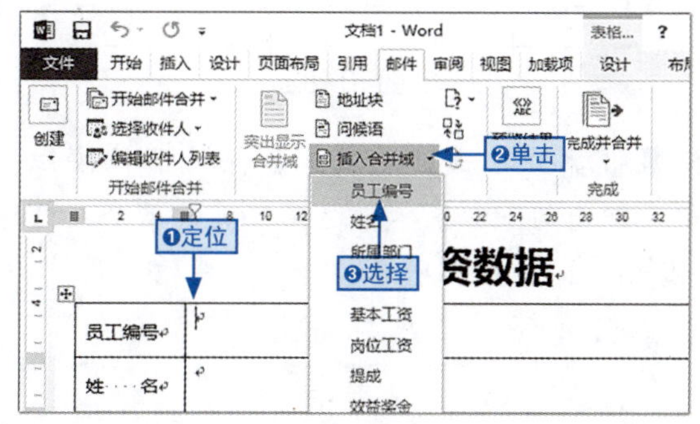


图10-80

步骤06 ❶将文本插入点定位在“姓名”对应的单元格中，❷单击“插入合并域”下拉按钮，❸选择“姓名”选项，如图10-81所示。

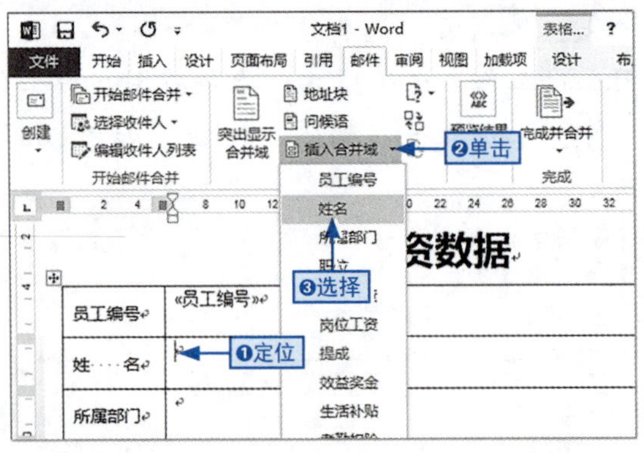


图10-81

**步骤07** 以同样的方法插入其他合并域，如图10-82所示。

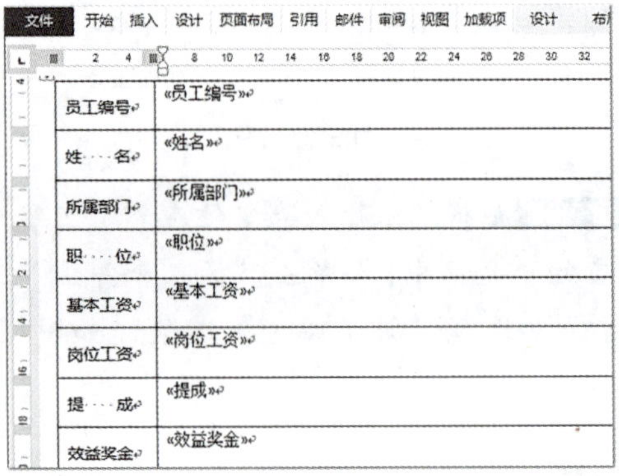

| 员工编号 | «员工编号» |
|---|---|
| 姓　名 | «姓名» |
| 所属部门 | «所属部门» |
| 职　位 | «职位» |
| 基本工资 | «基本工资» |
| 岗位工资 | «岗位工资» |
| 提　成 | «提成» |
| 效益奖金 | «效益奖金» |

图10-82

**步骤08** ❶单击“完成并合并”下拉按钮，❷在弹出的下拉菜单中选择“编辑单个文档”选项，如图10-83所示。

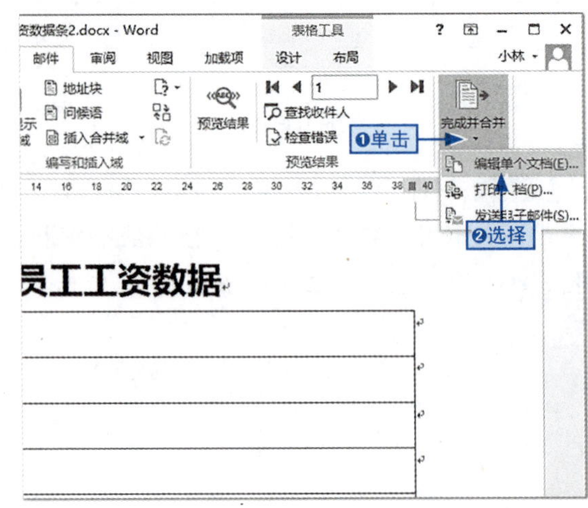


图10-83

**步骤09** 打开“合并到新文档”对话框，❶选中“全部”单选按钮，❷单击“确定”按钮，如图10-84所示。

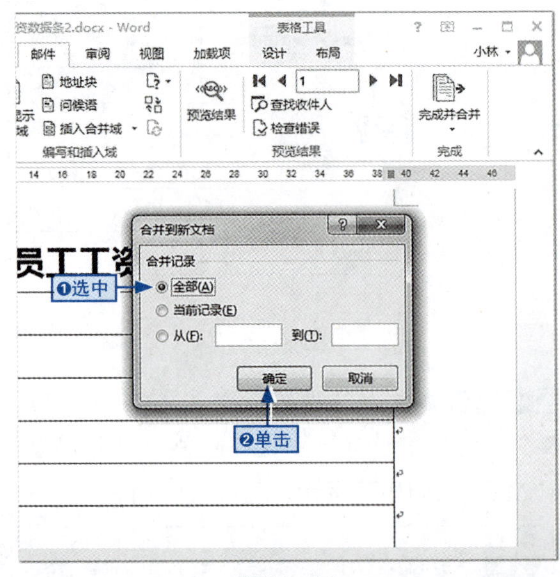


图10-84

**步骤10** 系统自动将Excel中的全部数据合并到Word文档的指定位置中，如图10-85所示是前3项工资数据的效果。

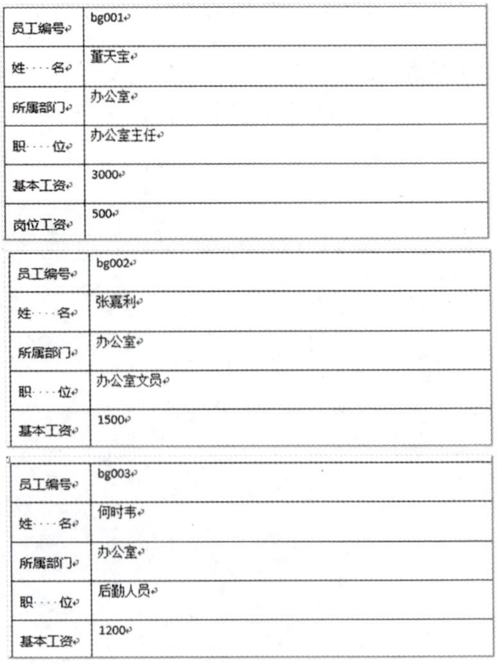

| 员工编号 | bg001 |
|---|---|
| 姓　名 | 董天宝 |
| 所属部门 | 办公室 |
| 职　位 | 办公室主任 |
| 基本工资 | 3000 |
| 岗位工资 | 500 |

| 员工编号 | bg002 |
|---|---|
| 姓　名 | 张嘉利 |
| 所属部门 | 办公室 |
| 职　位 | 办公室文员 |
| 基本工资 | 1500 |

| 员工编号 | bg003 |
|---|---|
| 姓　名 | 何时韦 |
| 所属部门 | 办公室 |
| 职　位 | 后勤人员 |
| 基本工资 | 1200 |

图10-85

**打印合并数据**

在合并数据的新文档中，若要将所有数据打印出来，只需按Ctrl+P组合键，进入到“打印”界面中单击“打印”按钮即可，如图10-86所示。

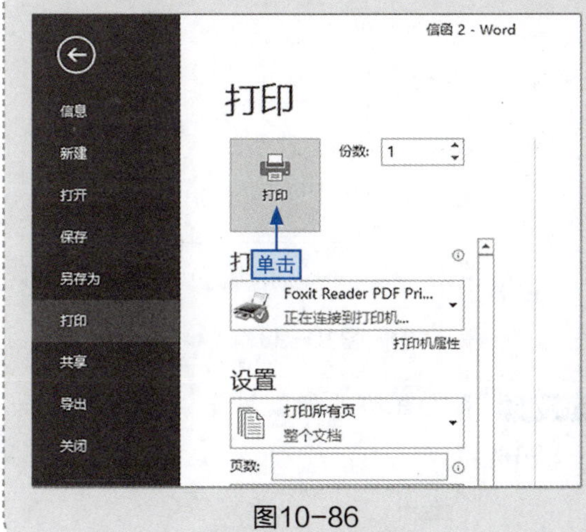


图10-86

## 10.3.3 预览和打印工资条

通过合并域功能将Excel数据分享到Word中，可进行逐条预览，也可以将其打印出来。

下面以预览和打印“员工工资数据条3.docx”文档中的合并域数据为例，介绍其具体操作。

| 本节素材 | ⊙素材\Chapter10\员工工资数据条3.docx |
|---|---|
| 本节效果 | ⊙效果\Chapter10\员工工资数据条3.docx |
| 学习目标 | 学会打印合并域数据文档 |
| 难度指数 | ★★ |

**步骤01** 打开“员工工资数据条3.docx”Word素材文件，单击“预览结果”按钮，如图10-87所示。

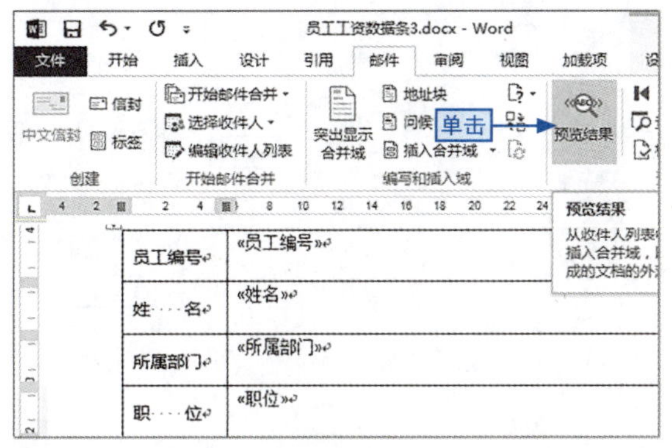


图10-87

**步骤02** 进入预览结果视图，单击记录切换按钮，这里单击“下一记录”按钮，如图10-88所示。

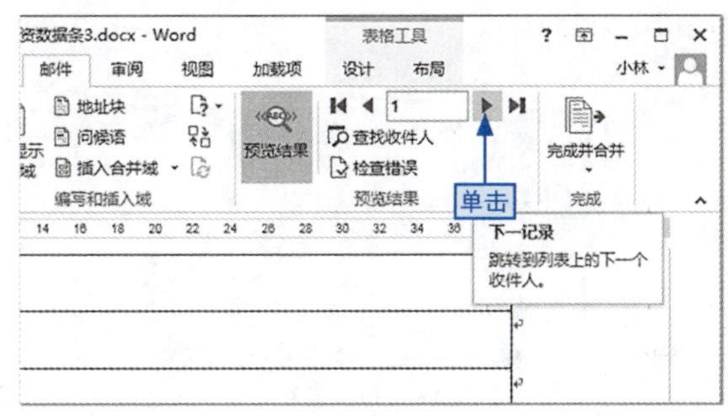


图10-88

**步骤03** 系统立即切换到下一条记录中，如图10-89所示。

| 员工编号 | bg002 |
|---|---|
| 姓　名 | 张嘉利 |
| 所属部门 | 办公室 |
| 职　位 | 办公室文员 |
| 基本工资 | 1500 |
| 岗位工资 | 250 |
| 提　成 | 0 |
| 效益奖金 | 0 |

图10-89

**步骤04** ❶单击“完成并合并”下拉按钮，❷在弹出的下拉列表中选择“打印文档”选项，如图10-90所示。

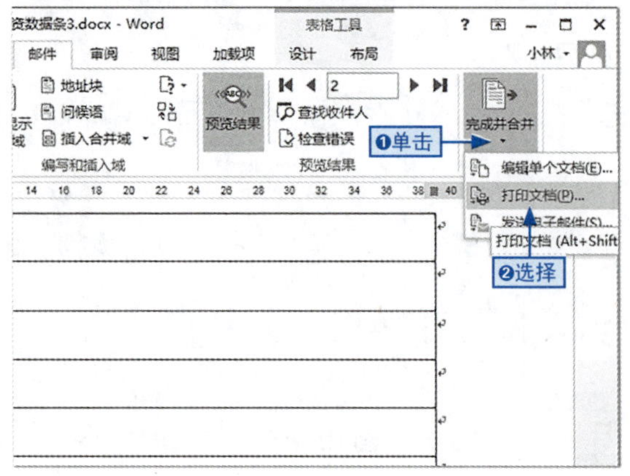


图10-90

**步骤05** 打开“合并到打印机”对话框，❶选中“全部”单选按钮，❷单击“确定”按钮，如图10-91所示。

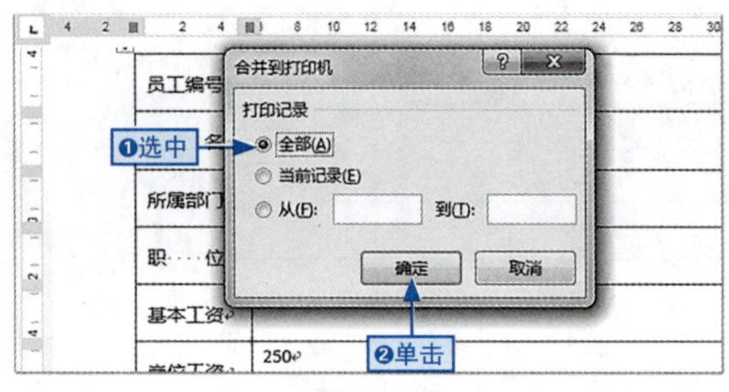


图10-91

**步骤06** 打开“打印”对话框，❶在“名称”下拉列表框中选择打印机名称，❷单击“确定”按钮，如图10-92所示。

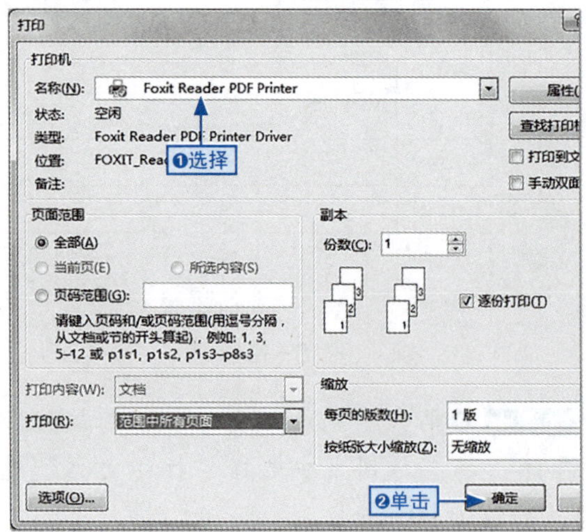


图10-92

**步骤07** 打开“打印成PDF文件-福昕PDF打印机”对话框，❶选择保存位置，❷单击“保存”按钮，如图10-93所示。

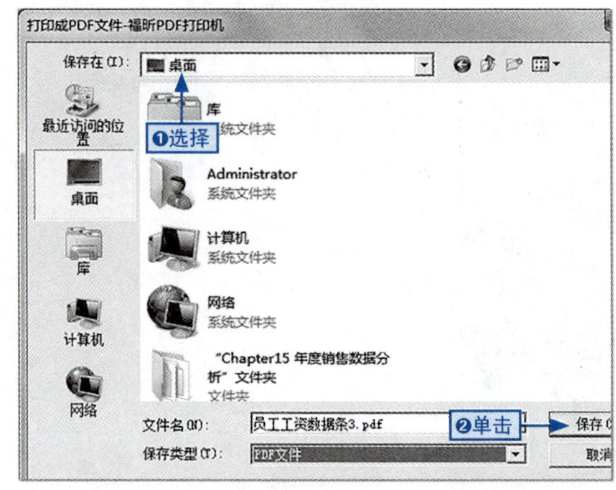


图10-93

**步骤08** 系统自动进行数据记录的打印，如图10-94所示。

图10-94

## 给你支招 | 如何让局域网用户查找到共享工作簿并进行操作

**小白：**将工作簿设置为共享后，怎样将其放置到局域网中让其他用户有权限查找并进行相应的操作呢？

**阿智：**可以创建一个无密码保护的共享文件夹，把共享工作簿放置在其中即可，其具体操作如下。

**步骤01** 在要共享的文件夹上右击，❶在弹出的快捷菜单中选择“共享”命令，❷选择“特定用户”命令，如图10-95所示。

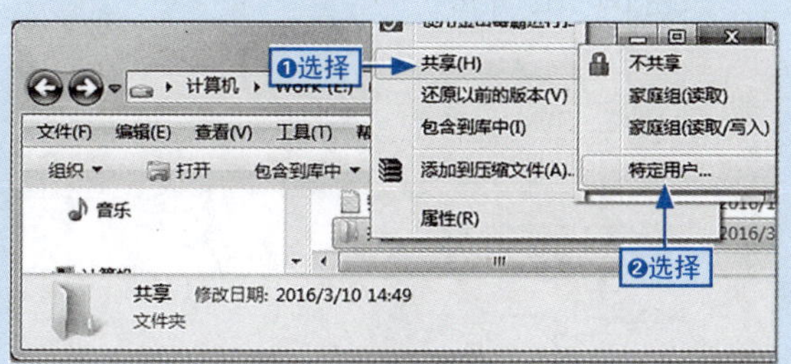


图10-95

**步骤02** 打开“文件共享”窗口，❶单击“共享”下拉按钮，❷在弹出的下拉列表中选择Everyone选项，如图10-96所示。

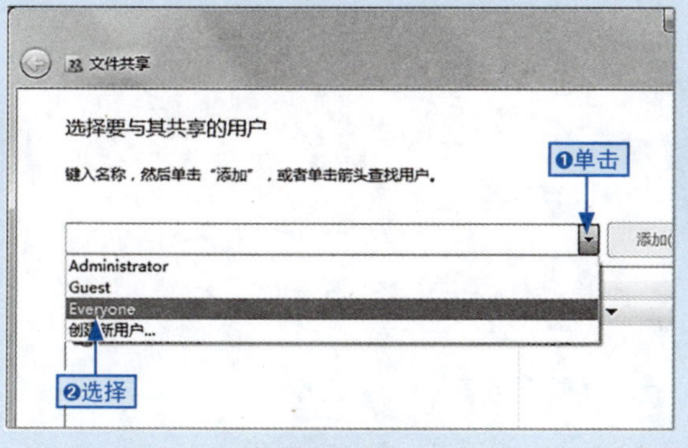


图10-96

**步骤03** ❶单击“添加”按钮，❷单击“共享”按钮，如图10-97所示。

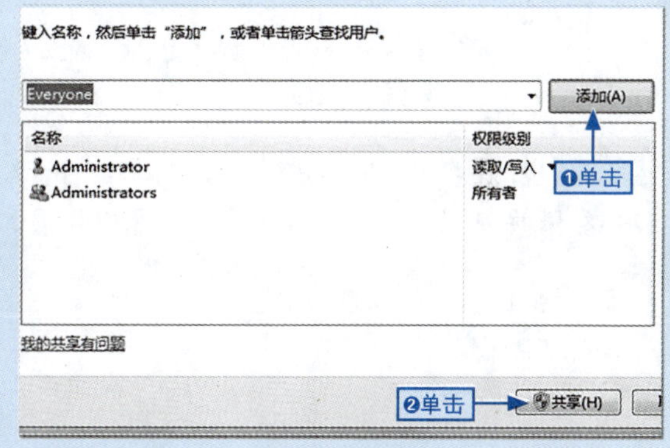


图10-97

**步骤04** 进入到完成共享窗口中，单击“完成”按钮，如图10-98所示。

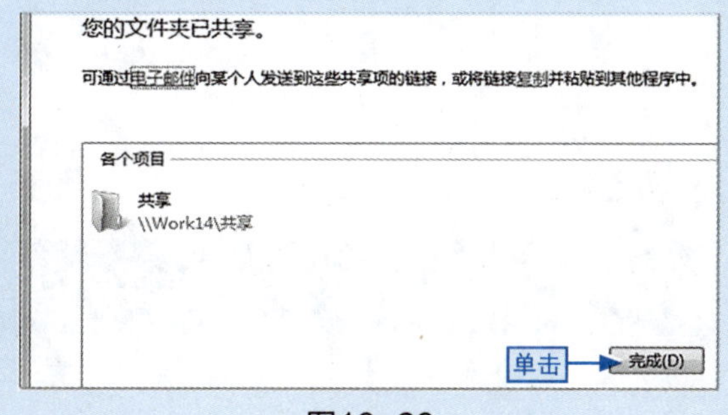


图10-98

**步骤05** 在共享文件夹上右击，在弹出的快捷菜单中选择“属性”命令，如图10-99所示。

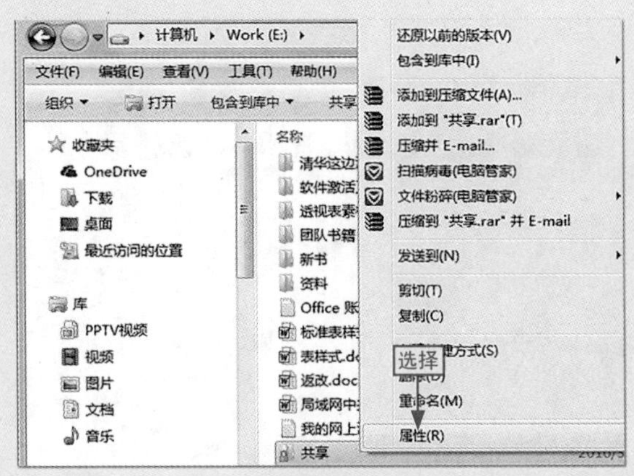


图10-99

步骤06 打开“共享 属性”对话框，单击“网络和共享中心”超链接，如图10-100所示。

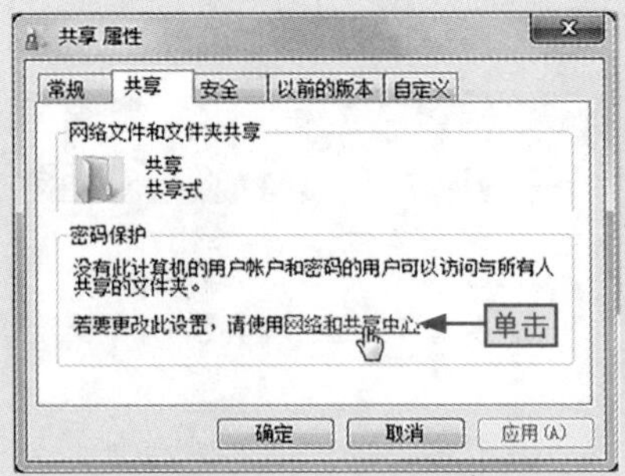


图10-100

步骤07 在打开的窗口中，❶选中“关闭密码保护共享”单选按钮，❷单击“保存修改”按钮，如图10-101所示。

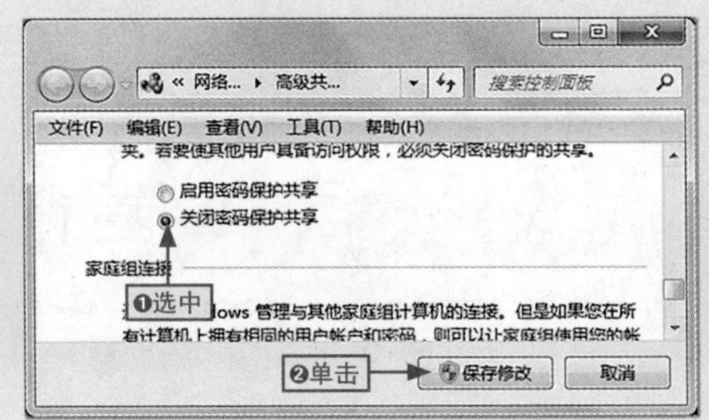


图10-101

## 给你支招 | 设置密码保护共享工作簿

**小白：**若要对共享工作簿进行密码保护，让那些知道密码的人员可以打开查看，该怎样操作呢?

**阿智：**可以先对工作簿进行密码保护，然后进行共享，其具体操作如下。

步骤01 进入文档的Backstage界面，在“信息”选项卡中，❶单击“保护工作簿”下拉选项，❷选择“用密码进行加密”选项，如图10-102所示。

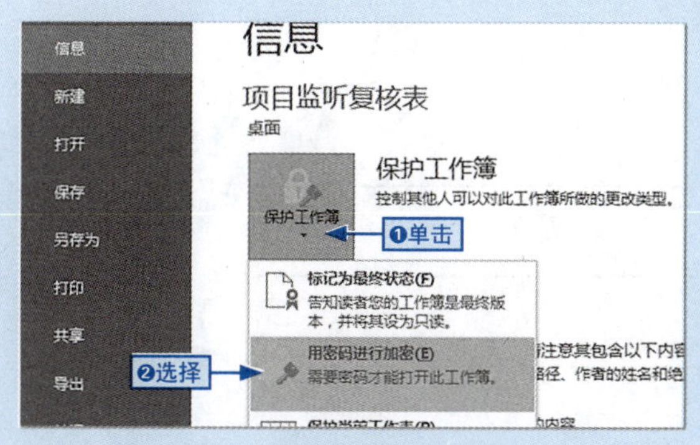


图10-102

步骤02 打开“加密文档”对话框，❶在“密码”文本框中输入密码（根据用户需求进行设置），❷单击“确定”按钮，如图10-103所示。

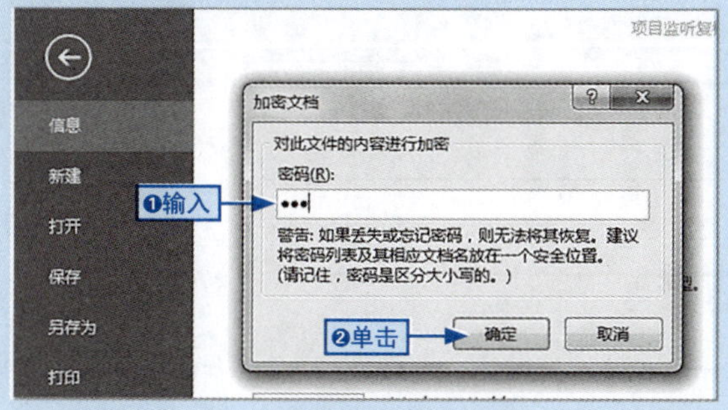


图10-103

步骤03 ❶打开“确认密码”对话框，再次输入完全相同的密码，❷单击“确定”按钮，然后对工作簿进行共享即可，如图10-104所示。

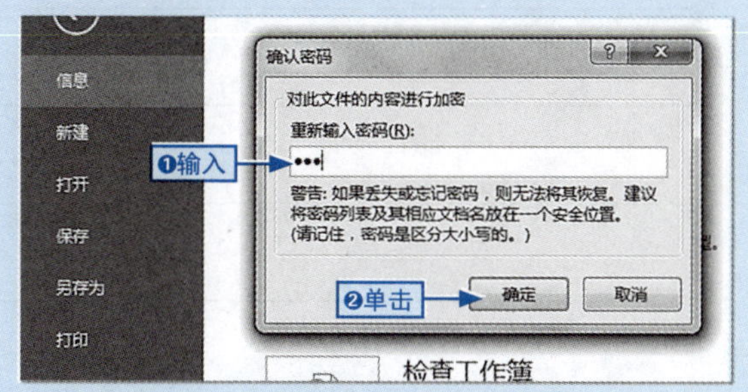


图10-104

阅读随笔

# Chapter 11 人事档案管理系统

## 学习目标

本章将通过数据格式设置、边框添加、单元格和行的添加、函数、数据验证、形状和文本框等知识点来制作和完善人事档案管理系统，从而帮助用户更好、更灵活地使用相应的Excel知识来解决实际问题，同时达到举一反三的目的。

## 本章要点

- 创建流程图标题
- 制作流程模块
- 添加流程引导线
- 完善招聘流程图
- 制作通知单表头
- 使用符号标识的重要性
- 自动计算总分和评定
- 自动生成临时编号
- 提供部门选项
- 设置身份证号的有效输入

| 知识要点 | 学习时间 | 学习难度 |
| --- | --- | --- |
| 制作招聘流程图和面试通知单 | 50 分钟 | ★★★★★ |
| 制作面试评分表和员工登记表 | 50 分钟 | ★★★★★ |
| 制作员工工作证 | 50 分钟 | ★★★★★ |

# 11.1 案例制作效果和思路

**小白：**我打算将公司的招聘、考核和员工信息等数据有机组合在一起，方便进行更统一的管理和分析，该怎样操作呢?

**阿智：**前面学了这么多，这次我们来做一个综合案例——人事档案管理系统，以便对整体的Excel知识进行复习与巩固。

人事档案管理系统是一个综合系统，它包括多个方面，如招聘、考核和信息登记等，所以需要进行多方面的准备。如图11-1所示的是制作的人事档案管理系统的部分效果。如图11-2所示的是制作该案例的大体操作思路。

| | |
|---|---|
| 本节素材 | ⊙素材\Chapter11\无 |
| 本节效果 | ⊙效果\Chapter11\人事档案管理系统.xlsx |
| 学习目标 | 复习、巩固和提高Excel知识 |
| 难度指数 | ★★★★★ |

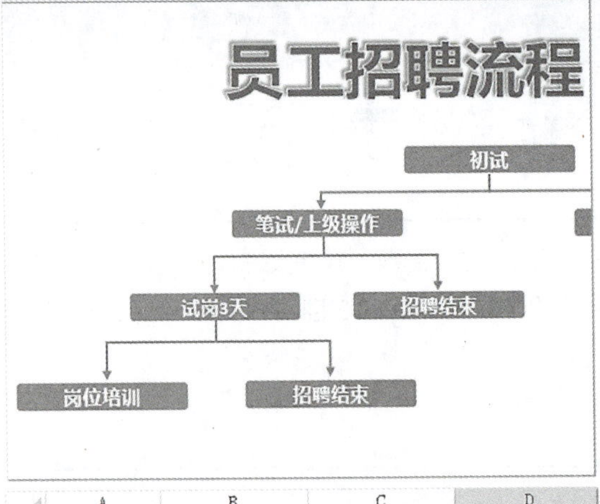


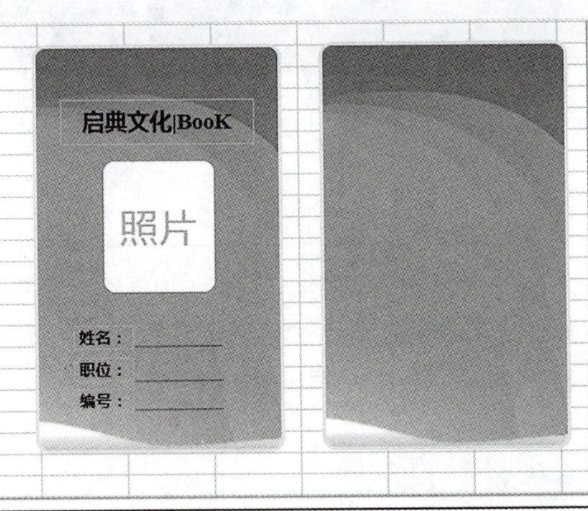


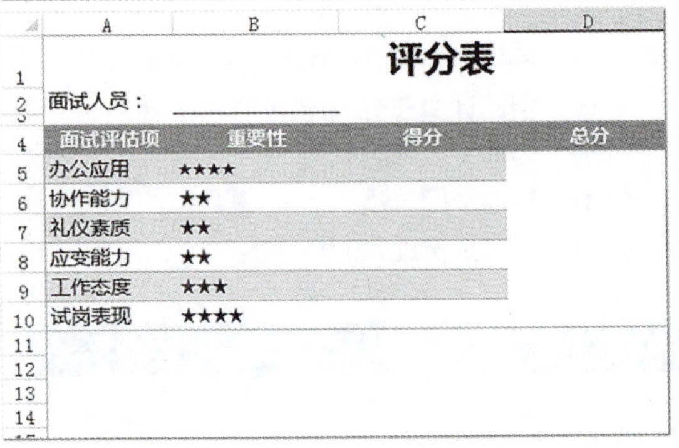

评分表

面试人员：

| 面试评估项 | 重要性 | 得分 | 总分 |
|---|---|---|---|
| 办公应用 | ★★★★ | | |
| 协作能力 | ★★ | | |
| 礼仪素质 | ★★ | | |
| 应变能力 | ★★ | | |
| 工作态度 | ★★★ | | |
| 试岗表现 | ★★★★ | | |

公司面试通知单

______先生/女士

一、欢迎您应聘本公司职位，您的学识、经历给我们留下了良好的印
解，请您___月___日___时___分前来本公司参加：

1.面谈（初、复）
2.笔试（试题、上机）

二、如您时间上不方便，请事先以电话与___先生（女士）联系，

此致

图11-1

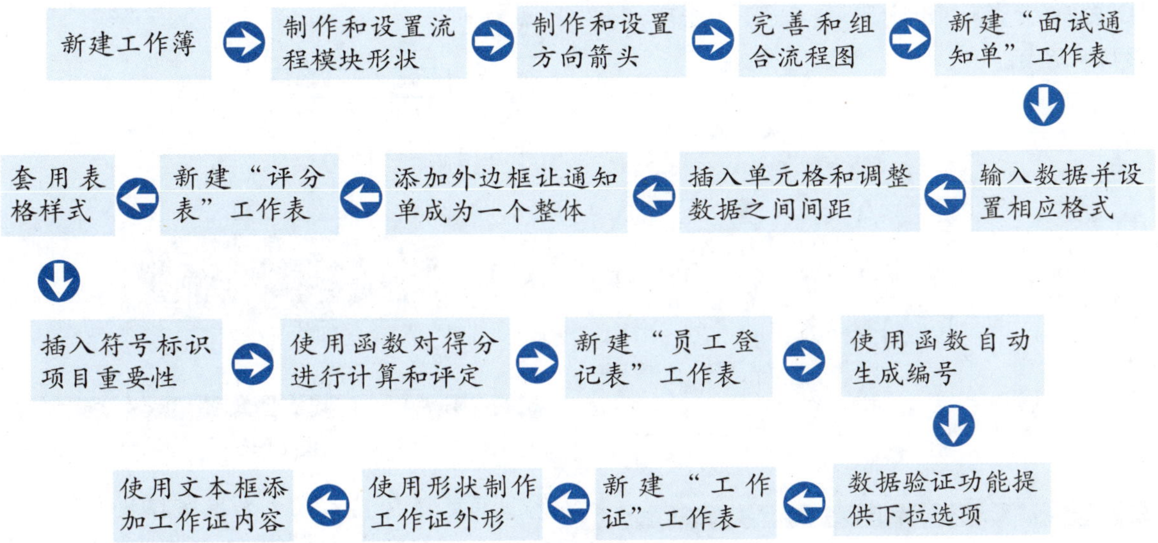

新建工作簿 → 制作和设置流程模块形状 → 制作和设置方向箭头 → 完善和组合流程图 → 新建“面试通知单”工作表

→ 输入数据并设置相应格式 → 插入单元格和调整数据之间间距 → 添加外边框让通知单成为一个整体 → 新建“评分表”工作表 → 套用表格样式

→ 插入符号标识项目重要性 → 使用函数对得分进行计算和评定 → 新建“员工登记表”工作表 → 使用函数自动生成编号

→ 数据验证功能提供下拉选项 → 新建“工作证”工作表 → 使用形状制作工作证外形 → 使用文本框添加工作证内容

图11-2

# 11.2 制作招聘流程图

招聘是公司常规工作之一。为了让其更规范、效率更高、更科学，同时让公司内部人员清楚明白其流程，特别制作一份招聘流程图，其中将主要使用到艺术字和形状对象。

## 11.2.1 创建流程图标题

要实现动态的分析费用使用情况，就需使用到名称来获取已有和新添加的数据，其具体操作如下。

步骤01 ❶新建空白工作簿，并将其另存为“人事档案管理系统”，❷双击工作表标签进入其编辑状态，输入“招聘流程”为标签命名，然后按Enter键，如图11-3所示。

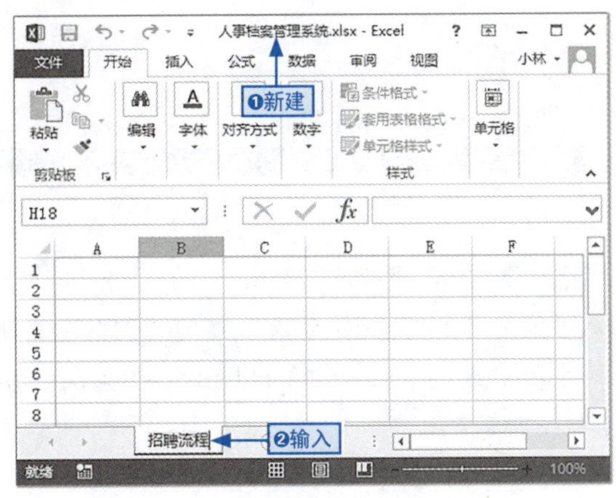


图11-3

步骤02 ❶单击“插入”选项卡中的“艺术字”下拉按钮，❷选择“填充-黑色，文本

1，轮廓-背景1，清晰阴影-着色1”选项，如图11-4所示。

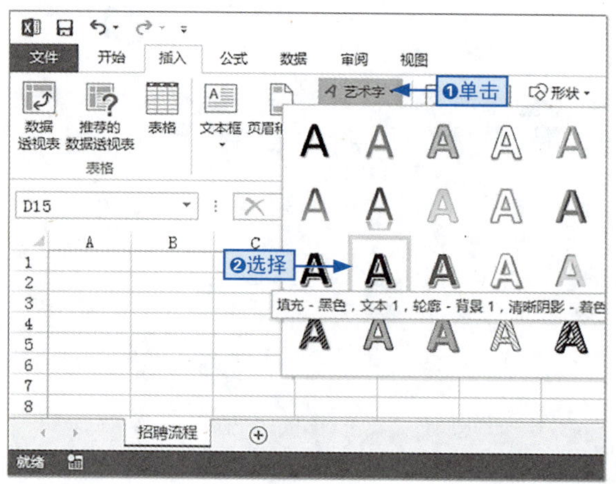


图11-4

步骤03 在插入的艺术字文本框中输入“员工招聘流程”并将其选中，如图11-5所示。

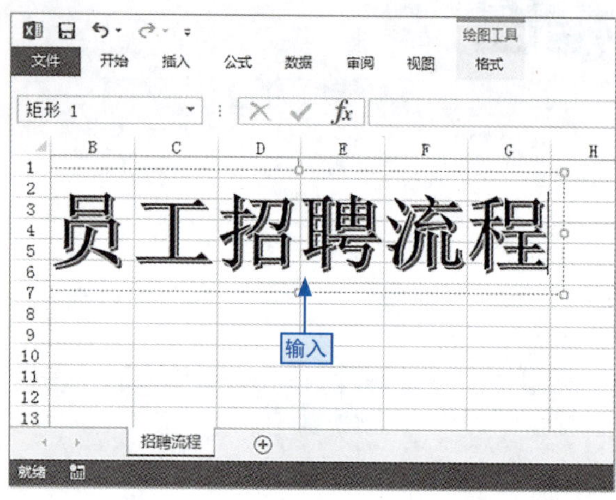


图11-5

步骤04 在“开始”选项卡的“字体”下拉列表中选择“微软雅黑”，在“字号”下拉列表中选择38，然后按Enter键确认，如图11-6所示。

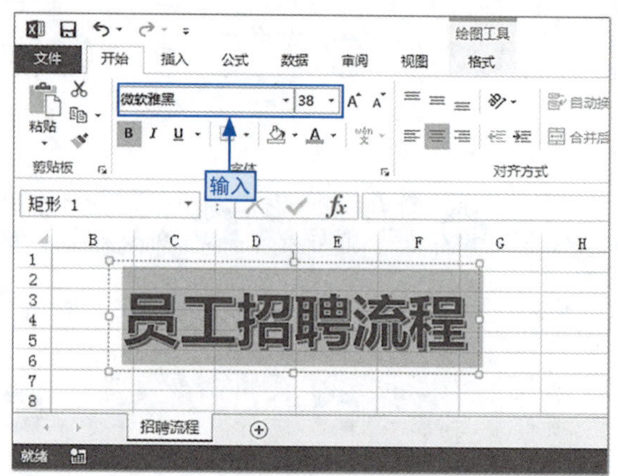


图11-6

步骤05 保持艺术字文本框选择状态，切换到“绘图工具”下的“格式”选项卡，❶单击“文本填充”下拉按钮，❷选择“橙色，着色2，深色25%”选项，如图11-7所示。

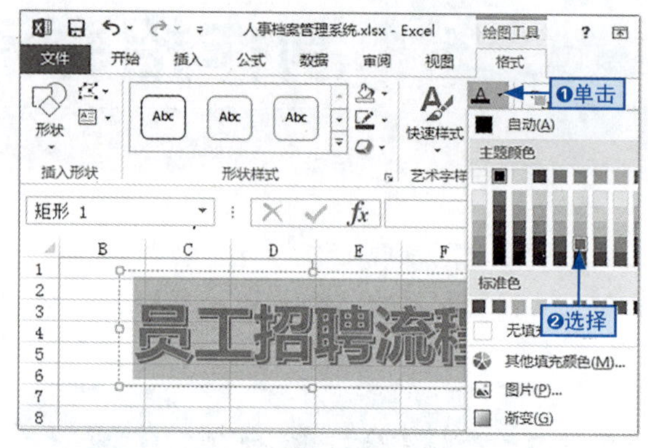


图11-7

步骤06 ❶单击“文字效果”下拉按钮，❷在弹出的列表框中选择“阴影/左上斜偏移”选项，如图11-8所示。

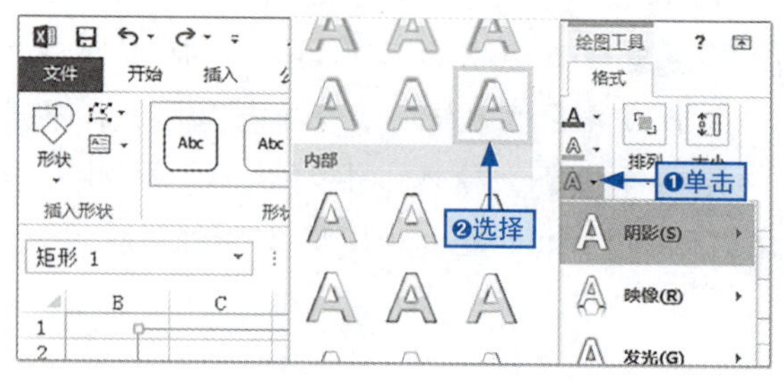


图11-8

**步骤07** 在表格中即可查看到创建和设置的样式效果，如图11-9所示。

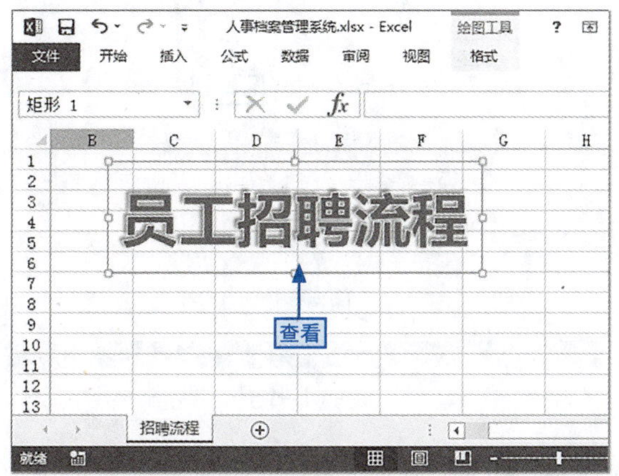


图11–9

## 11.2.2 制作流程模块

为了让招聘流程图更加形象和直观，可以使用形状来制作相应模块，其具体操作如下。

**步骤01** ❶单击"形状"下拉按钮，❷选择"圆角矩形"选项，如图11-10所示。

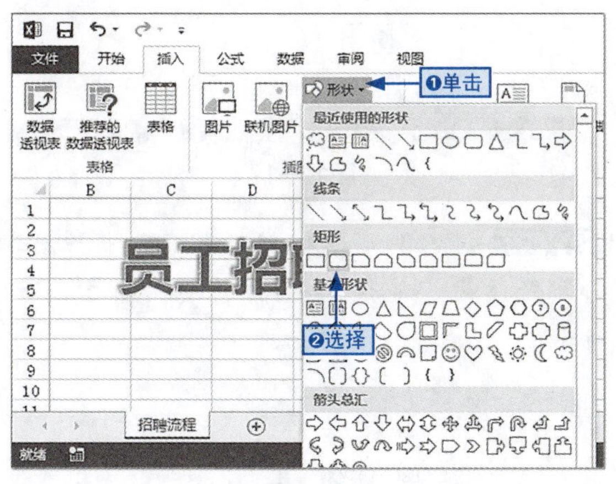


图11–10

**步骤02** ❶绘制矩形并在其上右击，❷选择"编辑文字"命令，如图11-11所示。

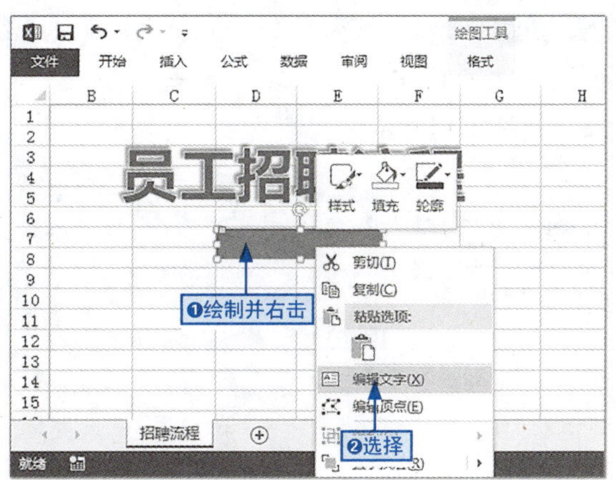


图11–11

**步骤03** 进入到形状的编辑状态，❶输入"初试"文本，❷在其上右击，选择"字体"命令，如图11-12所示。

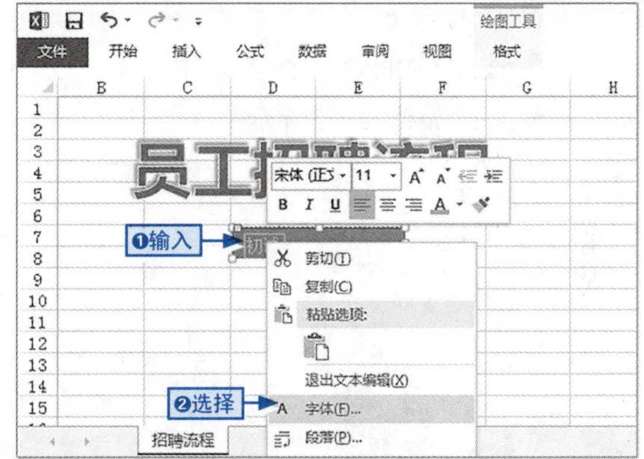


图11–12

**步骤04** 打开"字体"对话框，❶设置"中文字体"为"微软雅黑"，❷设置"字体样式"为"加粗"，❸设置"大小"为12，如图11-13所示。

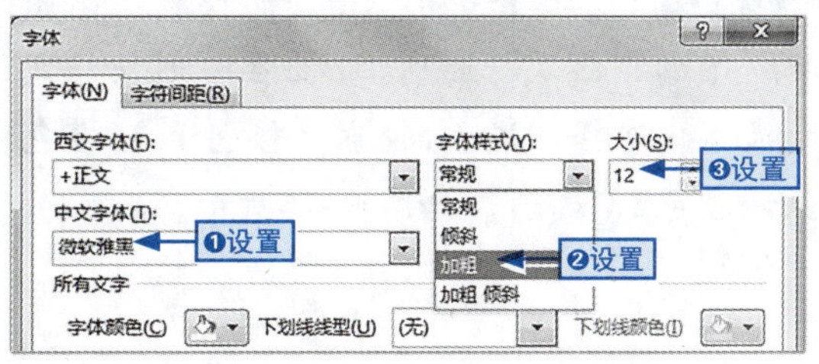


图11–13

步骤05 ❶选择“字符间距”选项卡，❷在“度量值”文本框中输入0.2，❸单击“确定”按钮，如图11-14所示。

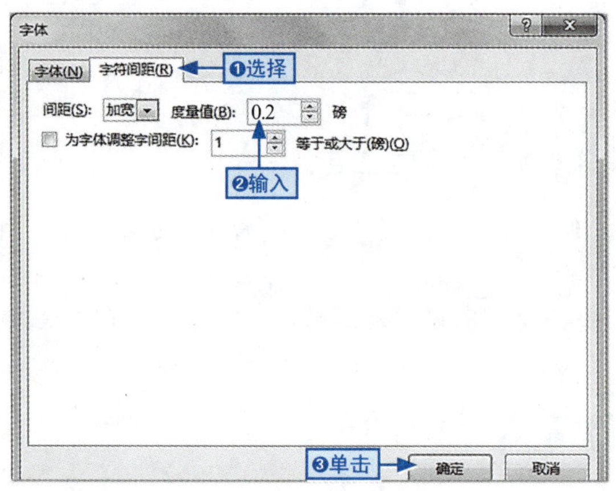


图11-14

步骤06 保持形状中文本的选择状态，单击“开始”选项卡中的“垂直居中”和“水平居中”按钮，如图11-15所示。

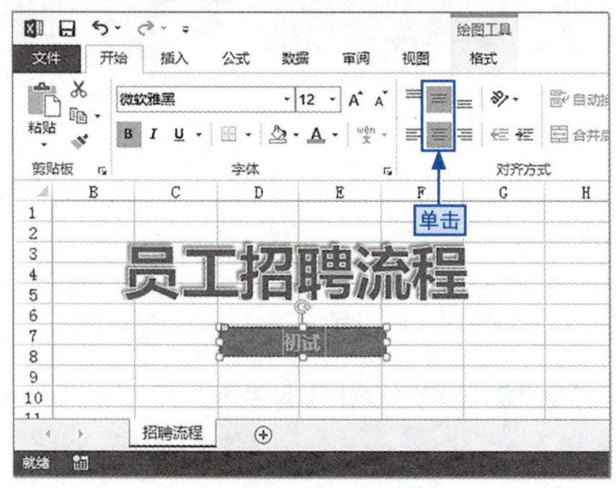


图11-15

步骤07 ❶选择整个形状，❷切换到“绘图工具”下的“格式”选项卡，❸在“形状样式”列表框中选择“浅色1轮廓，彩色填充-橙色，强调颜色2”选项，如图11-16所示。

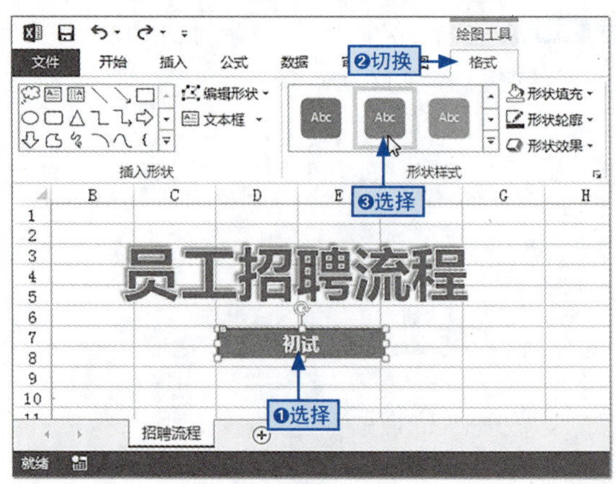


图11-16

步骤08 将鼠标指针移到形状框上，按住Ctrl键进行拖动，进行强制复制，如图11-17所示。

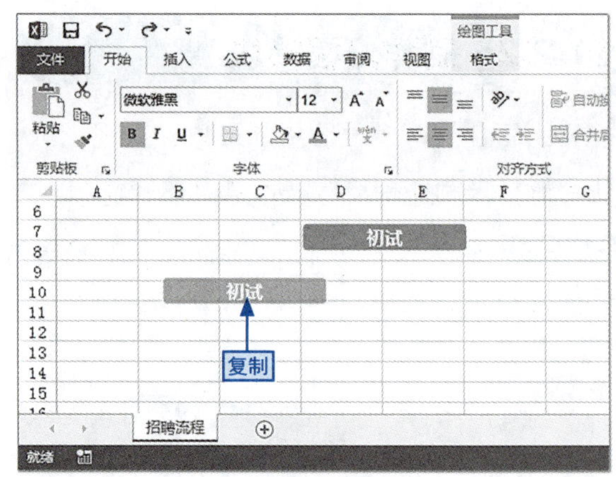


图11-17

步骤09 进入到形状的编辑状态，将原有的内容修改为“笔试/上机操作”，如图11-18所示。

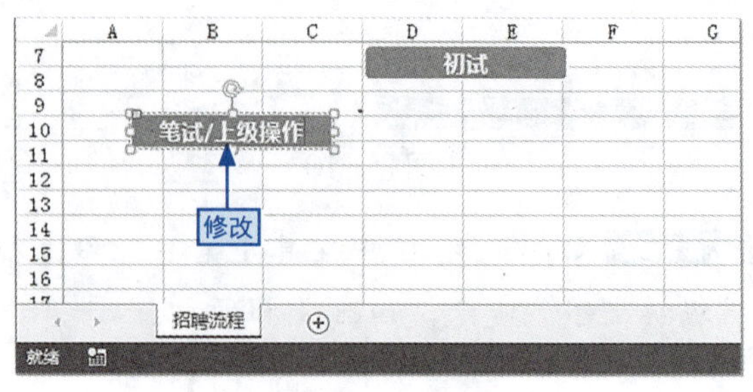


图11-18

步骤10 以同样的方法复制其他流程形状，并修改相应的内容，如图11-19所示。

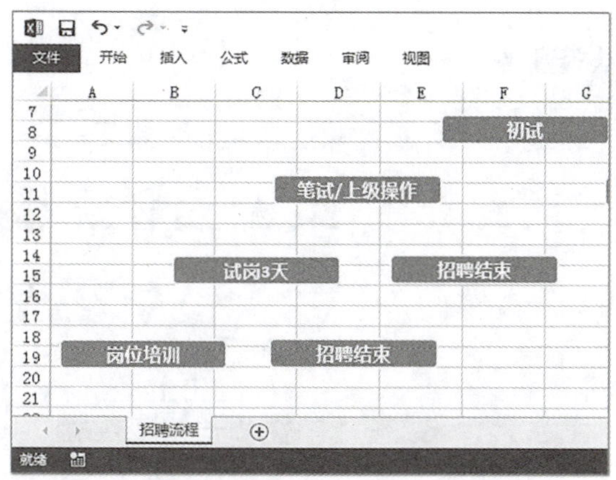

图11-19

步骤11 ❶单击“开始”选项卡中的“查找和选择”下拉按钮，❷选择“选择对象”选项，如图11-20所示。

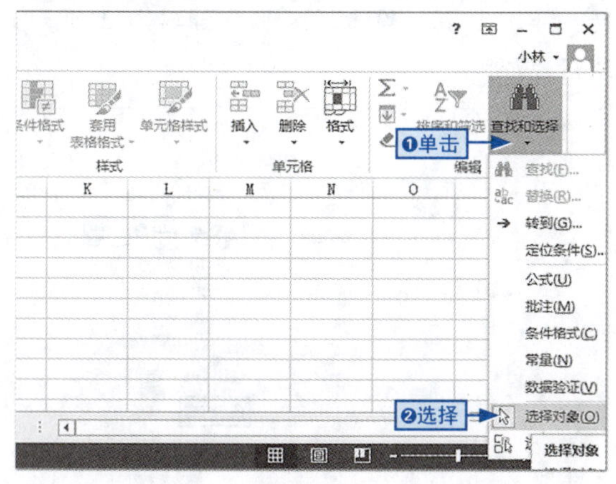


图11-20

步骤12 在工作表中，拖动选择所有流程形状对象，移动它们的位置，使其与标题的相对位置合理（流程与流程之间距离和相对位置也可用该方法进行调整），如图11-21所示。

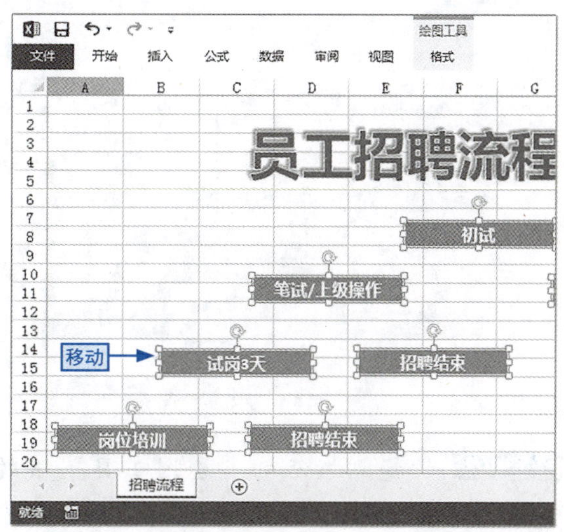


图11-21

## 11.2.3 添加流程引导线

流程模块需要使用引导线来将它们连接起来，使其有流程方向感，具体操作如下。

步骤01 ❶单击“形状”下拉按钮，❷选择“肘形箭头连接符”选项，如图11-22所示。

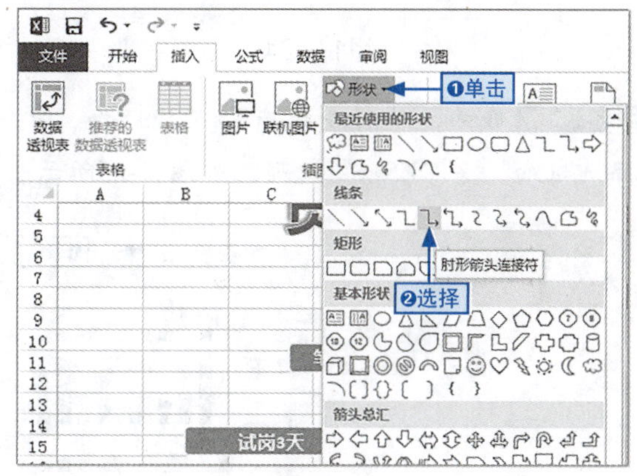


图11-22

步骤02 按住鼠标左键不放，从第1个流程形状的下方中心连接点开始慢慢拖动鼠标绘制连接符，直到与之连接形状上方的中心连接点时释放鼠标，如图11-23所示。

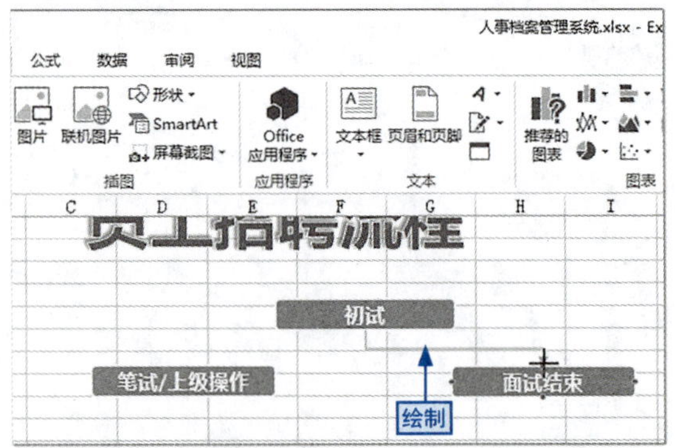

图11-23

步骤03 切换到激活的“绘图工具”下的“格式”选项卡，在“形状样式”列表框中选择“细线-强电颜色2”选项，如图11-24所示。

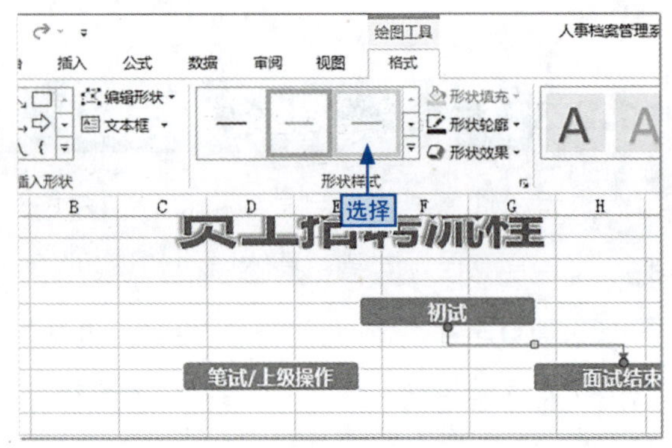

图11-24

步骤04 ❶单击“形状轮廓”下拉按钮，❷选择“粗细”→“1.5磅”选项，如图11-25所示。

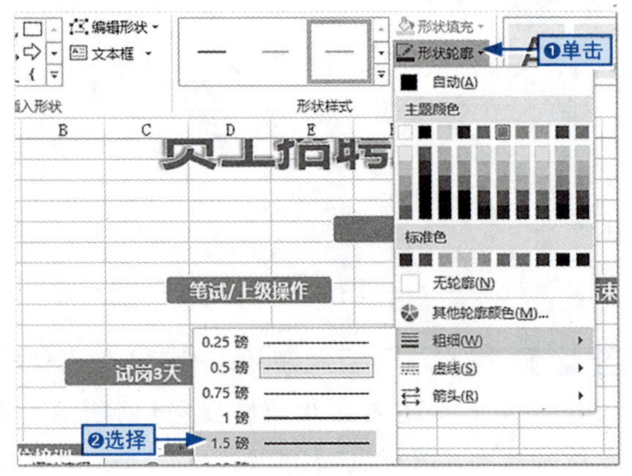

图11-25

步骤05 按住Ctrl键强制拖动连接符进行复制，如图11-26所示。

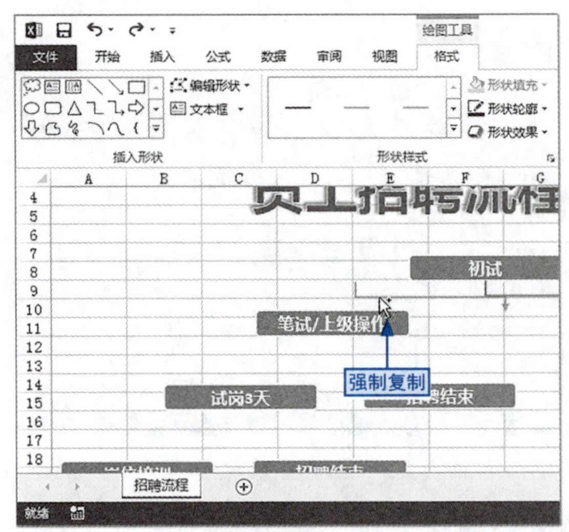

图11-26

步骤06 保持连接符的选择状态，❶单击“旋转”下拉按钮，❷选择“水平翻转”选项，如图11-27所示。

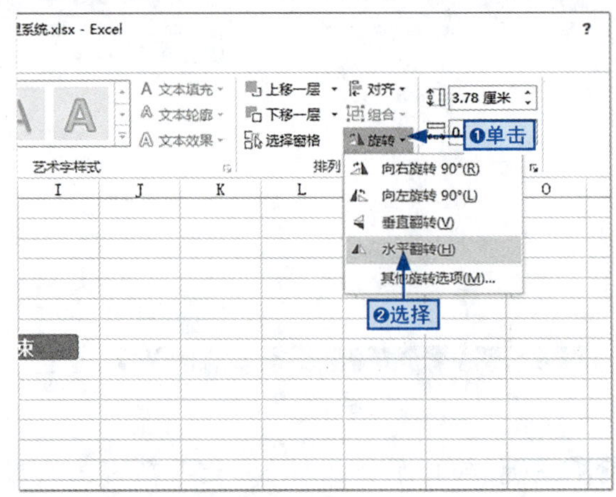

图11-27

步骤07 按方向键移动复制的连接符，使其与原有的连接符部分重叠，形成单线，如图11-28所示。

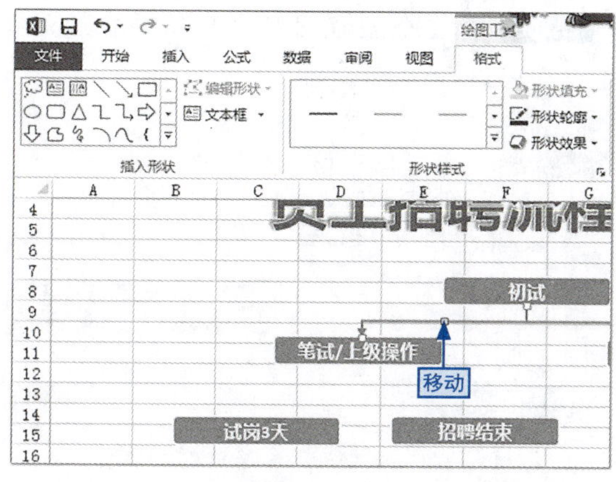


图11-28

步骤08 选择和复制所有的连接符形状，❶单击“绘图工具”下“格式”选项卡中的“对齐”下拉按钮，❷选择“顶端对齐”选项，如图11-29所示。

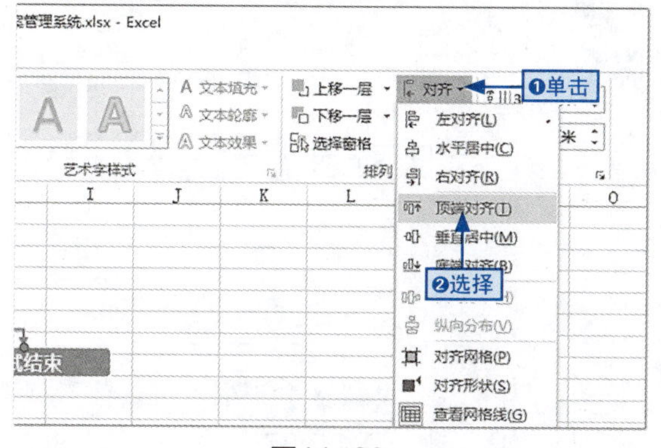


图11-29

步骤09 以同样的方法添加其他连接形状并放置在相应的流程模块位置处，效果如图11-30所示。

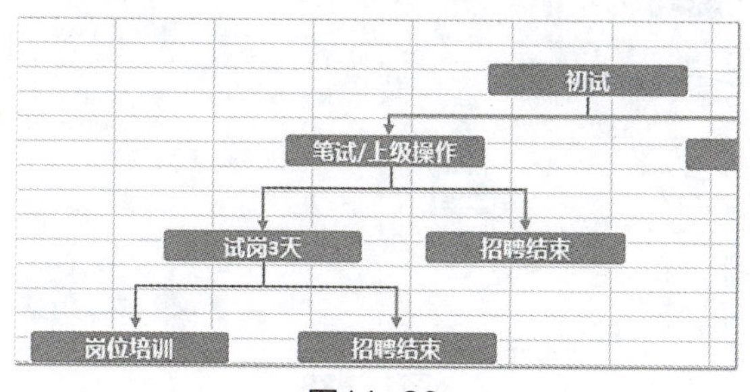


图11-30

## 11.2.4 完善招聘流程图

此时的流程图不像是一个整体，较为零散，这时需要采用相应的措施将它们在外观和形式上变成一个整体，其具体操作如下。

步骤01 ❶单击“形状”下拉按钮，❷选择“圆角矩形”选项，如图11-31所示。

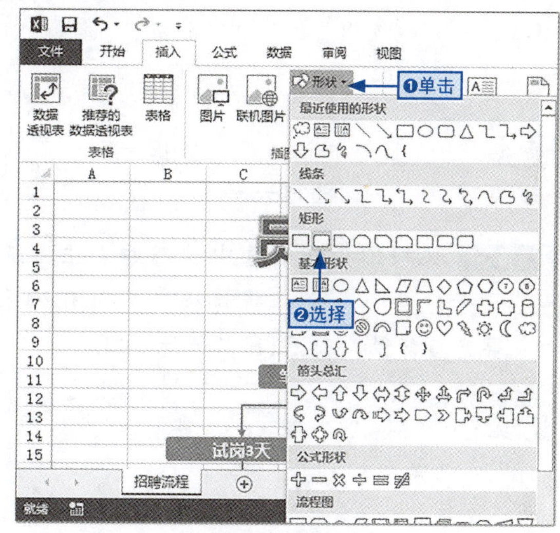


图11-31

步骤02 绘制圆角矩形形状，将鼠标指针移到小黄点上，拖动鼠标进行圆角大小的调整，如图11-32所示。

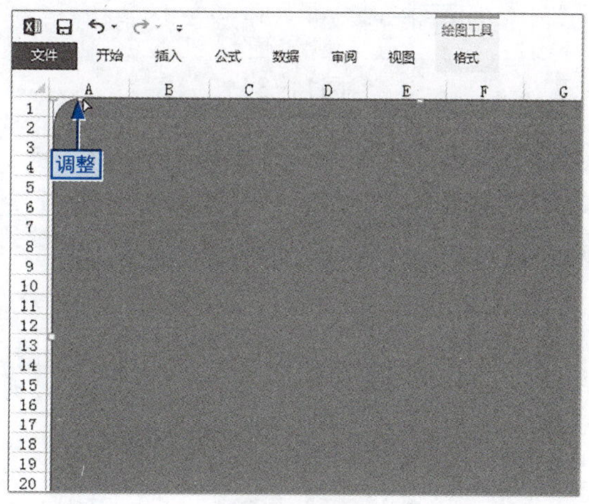


图11-32

步骤03 保持圆角矩形的选中状态，在“形状样式”列表框中选择“彩色轮廓-橙色，强调颜色2”选项，如图11-33所示。

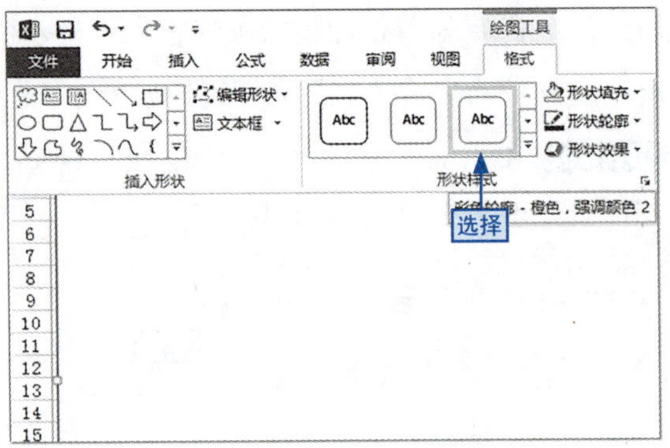


图11-33

步骤04 保持圆角矩形选中状态并右击，选择“置于底层”命令，将其放置在所有对象的底层充当背景，如图11-34所示。

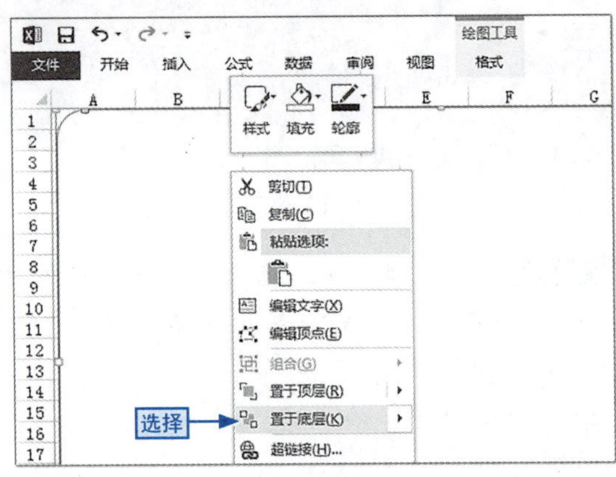


图11-34

步骤05 选择所有流程图对象并在其上右击，选择“组合”→“组合”命令，如图11-35所示。

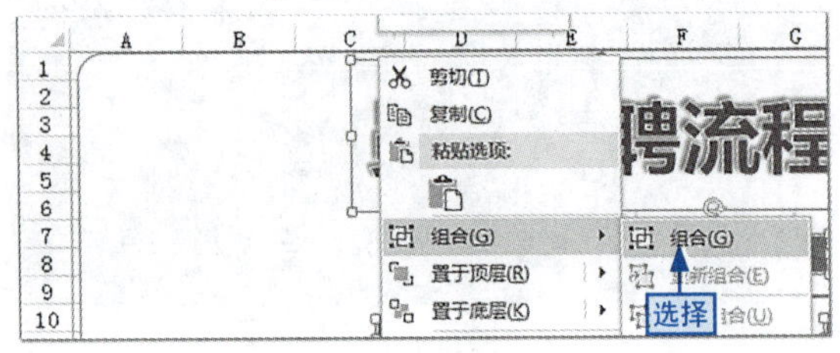


图11-35

步骤06 将整个流程图对象移动到合适的位置，如图11-36所示。

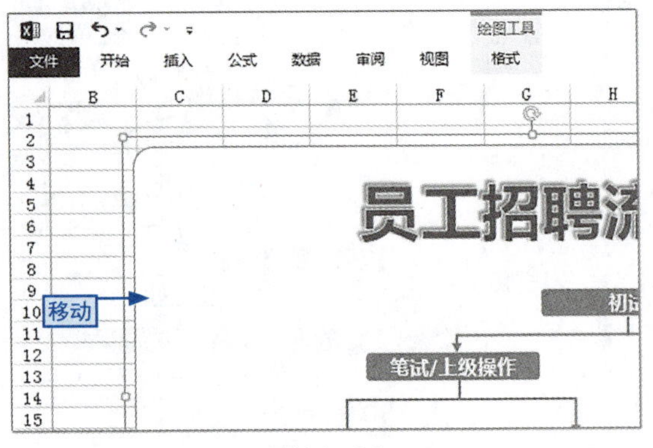


图11-36

步骤07 ❶选择“视图”选项卡，❷取消选中“网格线”复选框，如图11-37所示。

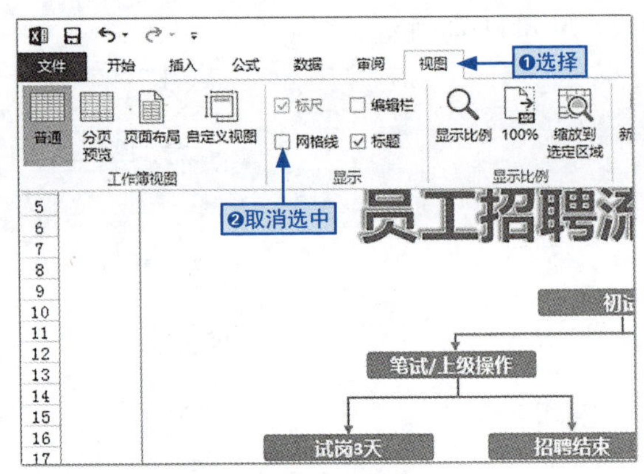


图11-37

步骤08 单击“审阅”选项卡中的“保护工作表”按钮，如图11-38所示。

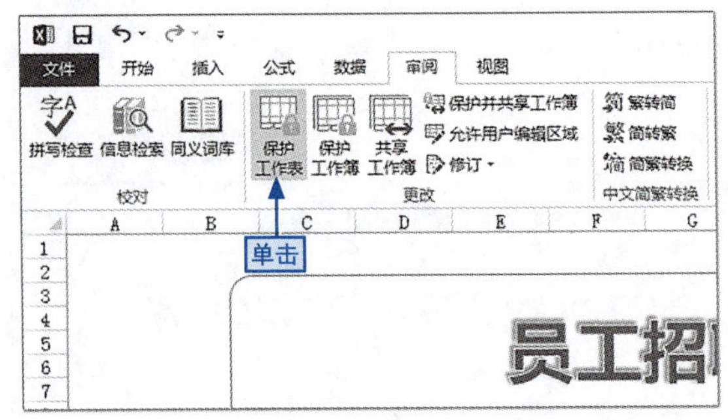


图11-38

**步骤09** 打开“保护工作表”对话框，直接单击“确定”按钮，如图11-39所示。

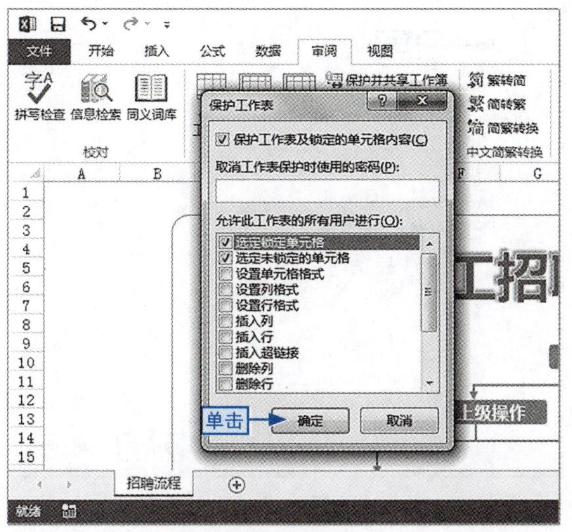


图11-39

**步骤10** 在工作表中不能对流程图进行任何操作，在工作表中的其他位置进行操作，系统也会立即提示工作表受到保护，如图11-40所示。

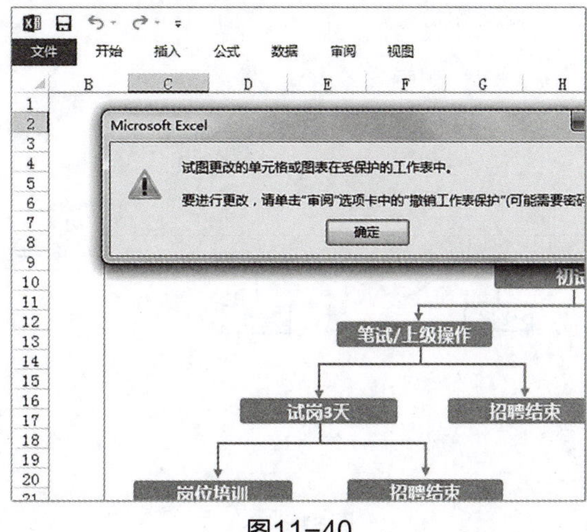


图11-40

# 11.3 制作面试通知单

公司要让应聘人员到单位来面试，需要对其进行通知。为了显得正式，可用单位内部的面试通知单进行告知。下面就在工作簿中制作一份面试通知单模板。

## 11.3.1 制作通知单表头

在Excel中，表头基本上都是最先进行制作的，通知单表头的制作也不例外。下面通过格式设置对话框来设置表头的格式，使其正规专业，具体操作如下。

**步骤01** ❶单击“新建工作表”按钮，❷输入新建工作表的名称为“面试通知单”，如图11-41所示。

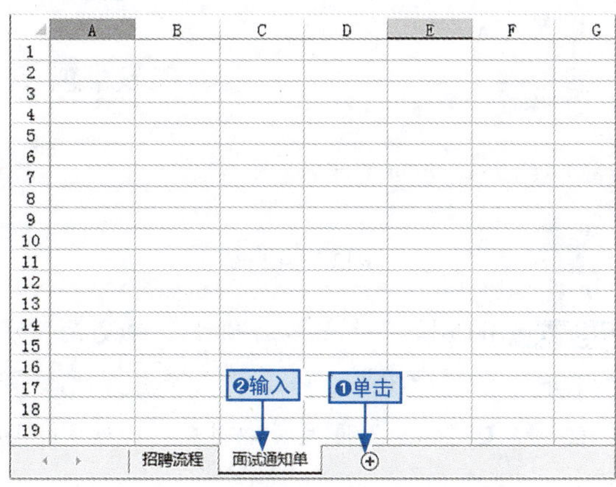


图11-41

步骤02 ❶在A1单元格中输入"公司面试通知单"，❷选择A1:H1单元格区域，❸单击"字体"组中的"对话框启动器"按钮，如图11-42所示。

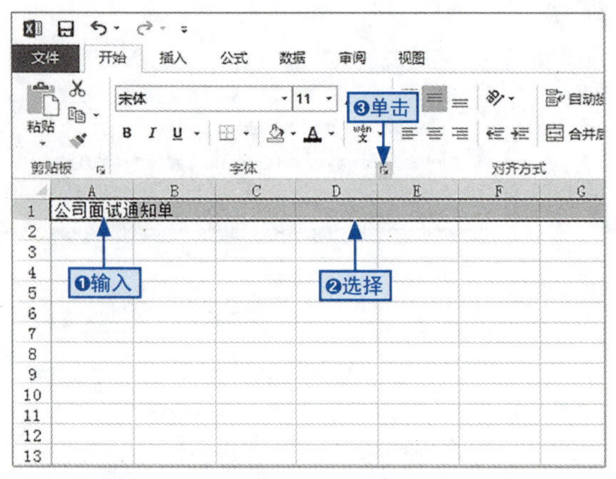


图11-42

步骤03 打开"设置单元格格式"对话框，设置"字体"为"微软雅黑"、"字形"为"加粗"、"字号"为20，如图11-43所示。

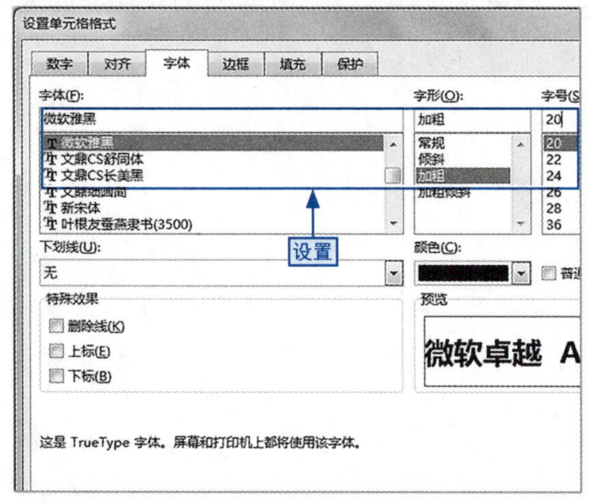


图11-43

步骤04 ❶选择"对齐"选项卡，❷设置"水平对齐"为"居中"，❸选中"合并单元格"复选框，❹单击"确定"按钮，如图11-44所示。

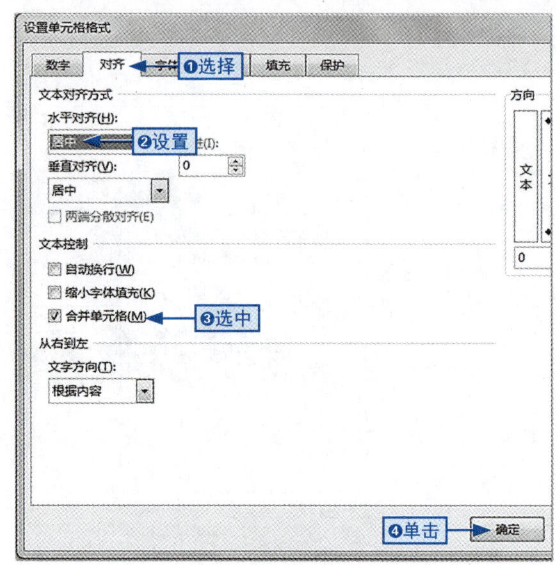


图11-44

## 11.3.2 制作通知单主体部分

面试通知单的主要内容全部在主体，这一部分需要特别细心地制作，其具体操作如下。

步骤01 ❶在表格中输入面试通知单的主体部分，❷设置其"字体"为"微软雅黑"、"字号"为11，如图11-45所示。

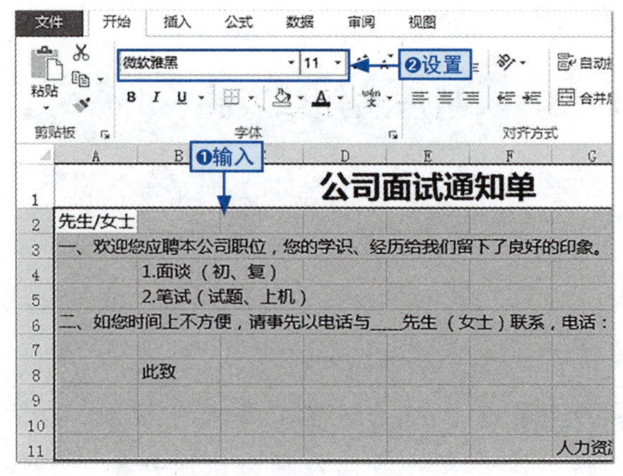


图11-45

**步骤02** ❶选择A2单元格并在其上右击，❷选择“插入”命令，如图11-46所示。

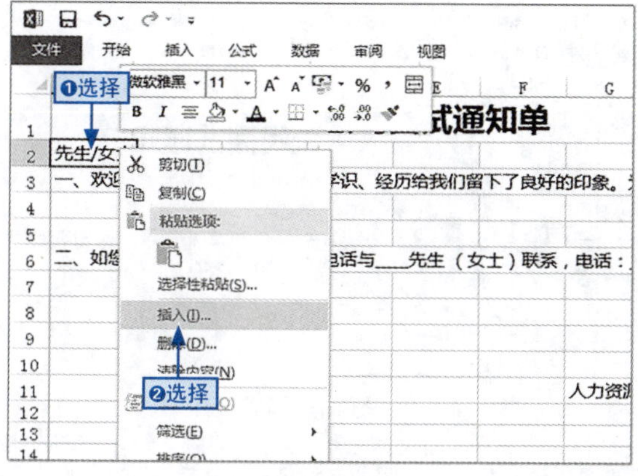


图11-46

**步骤03** 打开“插入”对话框，❶选中“活动单元格右移”单选按钮，❷单击“确定”按钮，如图11-47所示。

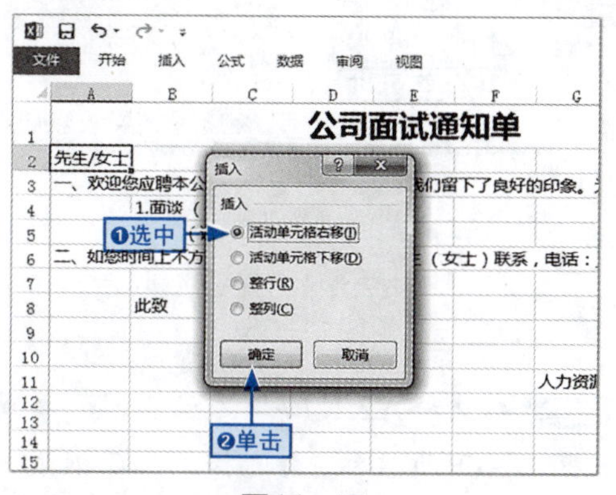


图11-47

**步骤04** ❶选择新插入的单元格，❷单击“下框线”按钮添加下框线，如图11-48所示。

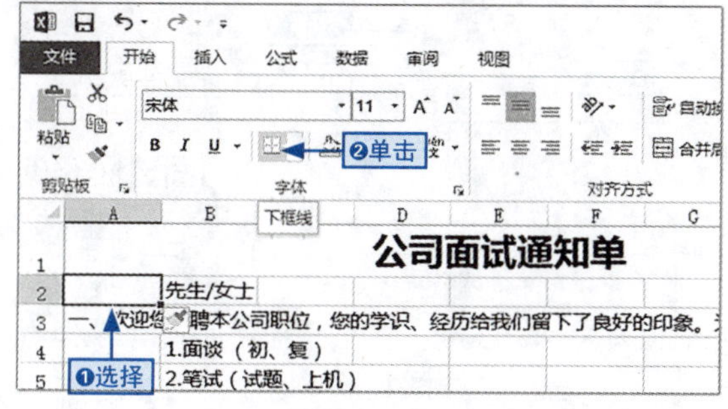


图11-48

**步骤05** ❶选择A3:H3单元格区域，❷单击“合并后居中”下拉按钮，❸选择“合并单元格”选项，❹单击“自动换行”按钮，如图11-49所示。

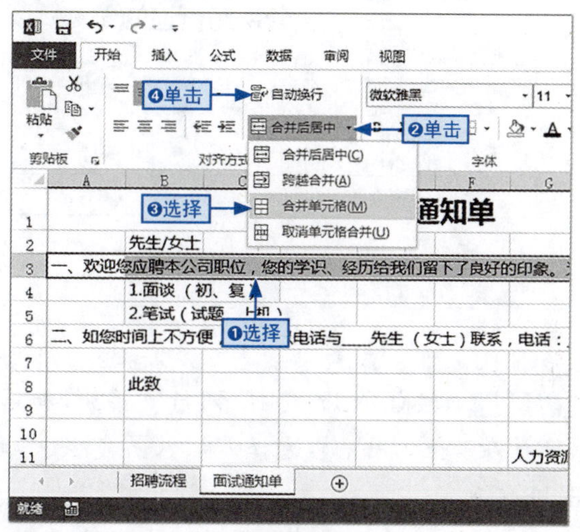


图11-49

**步骤06** 将鼠标指针移到第3和第4行交界处，手动拖动调整行高，使其中的内容全部显示，如图11-50所示。

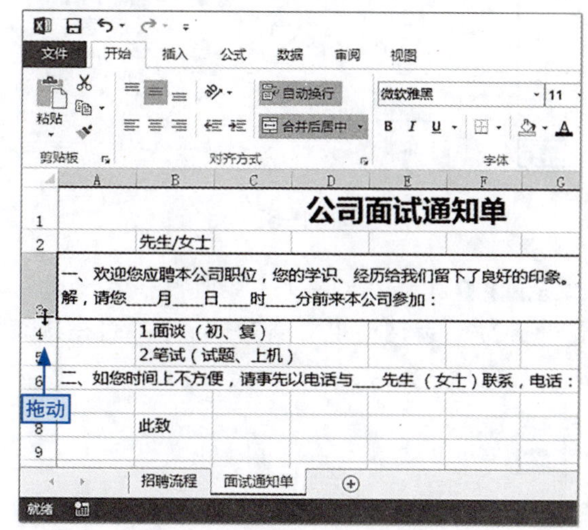


图11-50

**步骤07** 以同样的方法为面试通知单第2条内容设置相同的样式，如图11-51所示。

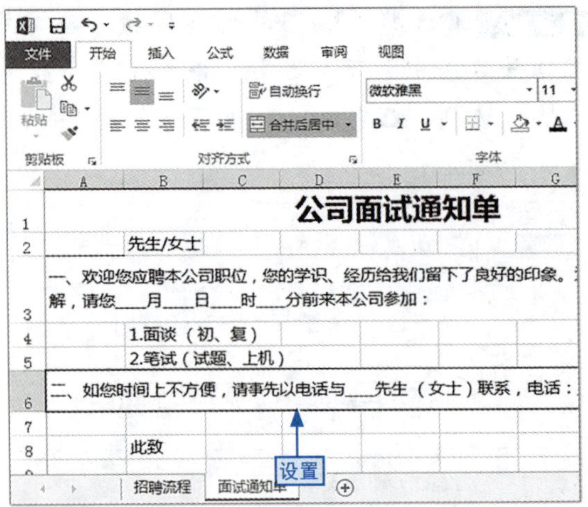

图11-51

步骤08 ❶按住Ctrl键选择第1行、第3行和第6行并在其上右击，❷选择“插入”命令，如图11-52所示。

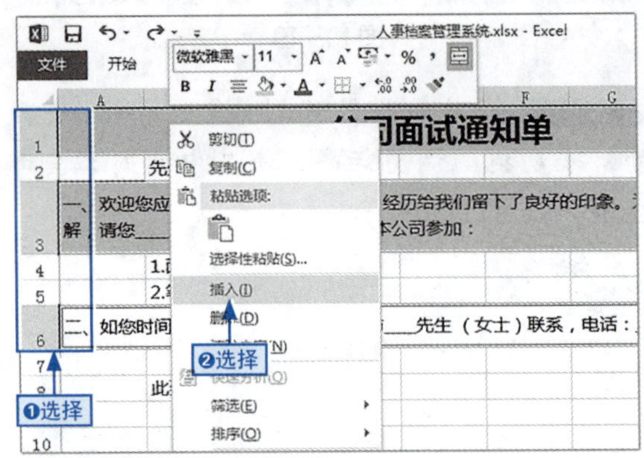

图11-52

步骤09 ❶在插入的第1行下面再插入一行，成为第2行，❷调整现有第2行的行高到合适高度，如图11-53所示。

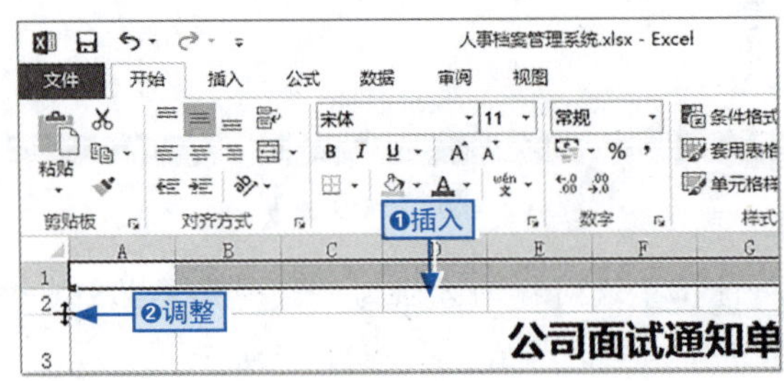

图11-53

步骤10 选择A列并在其上右击，选择“插入”命令，如图11-54所示。

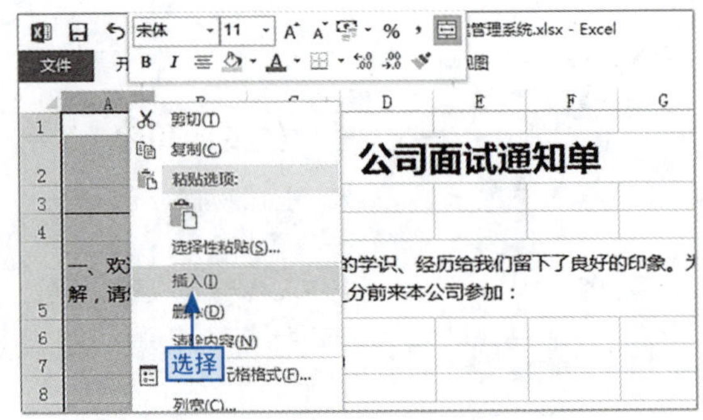

图11-54

步骤11 在“视图”选项卡中取消选中“网格线”复选框，如图11-55所示。

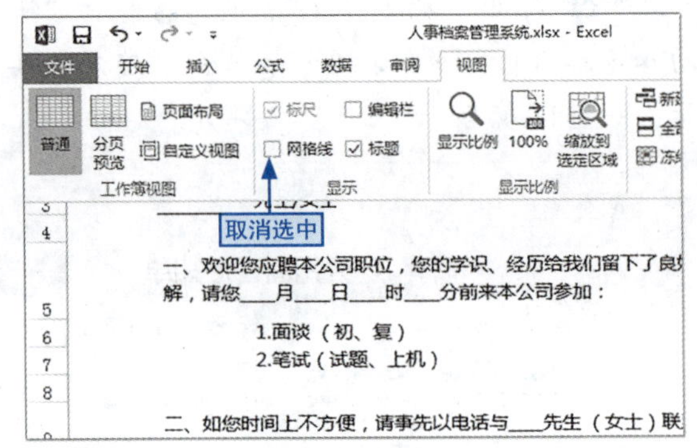

图11-55

步骤12 ❶选择A2:K17单元格区域，❷单击“下框线”下拉按钮，❸选择“粗匣框线”选项，如图11-56所示。

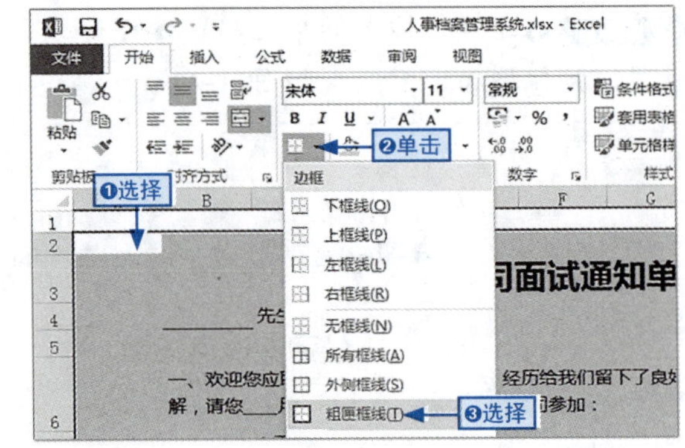

图11-56

# 11.4 制作面试评分表

在对员工进行面试过程中或考核期间，需要对面试人员进行相关分数的评定，从而决定其是否被录用。下面通过使用插入符号、套用表格样式和函数来制作与实现面试评分表的样式及功能。

## 11.4.1 制作评分表的结构

制作评分表，首先要确定整体结构，然后再进行样式和函数的添加，其具体操作如下。

**步骤01** ❶新建“评分表”工作表，❷在表格中输入相应的内容并对其字体格式进行相应设置，如图11-57所示。

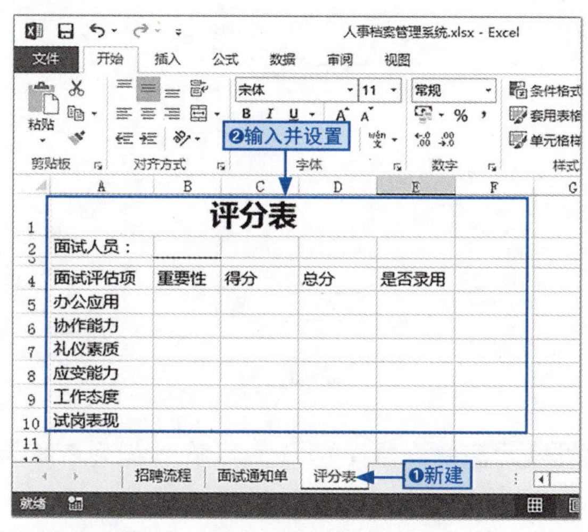


图11-57

**步骤02** ❶选择B～E列并在其上右击，❷选择“列宽”命令，打开“列宽”对话框，❸在“列宽”文本框中输入15，❹单击“确定”按钮，如图11-58所示。

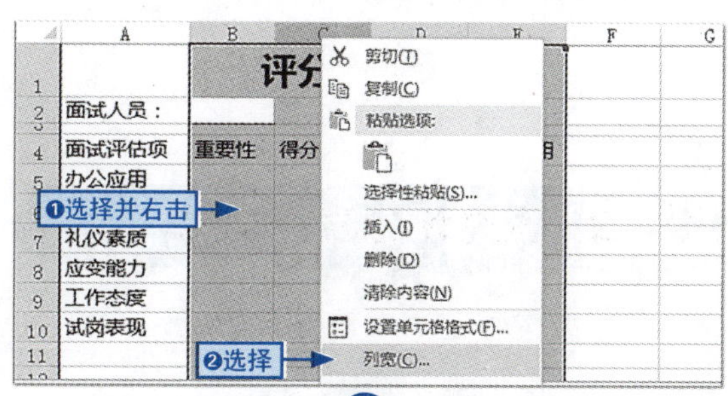


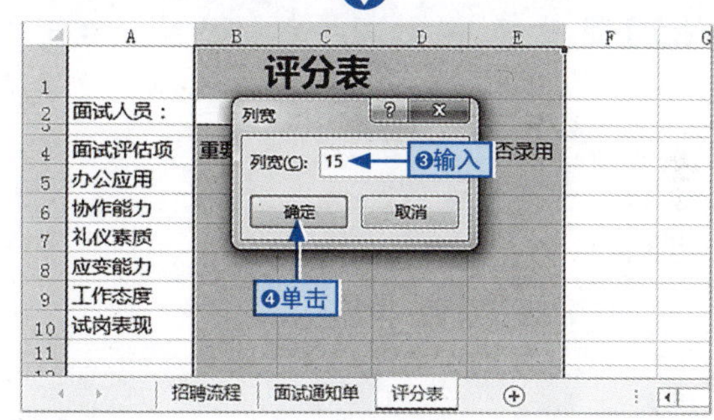


图11-58

**步骤03** ❶选择第4～10行并在其上右击，❷选择“行高”命令，打开“行高”对话框，如图11-59所示。

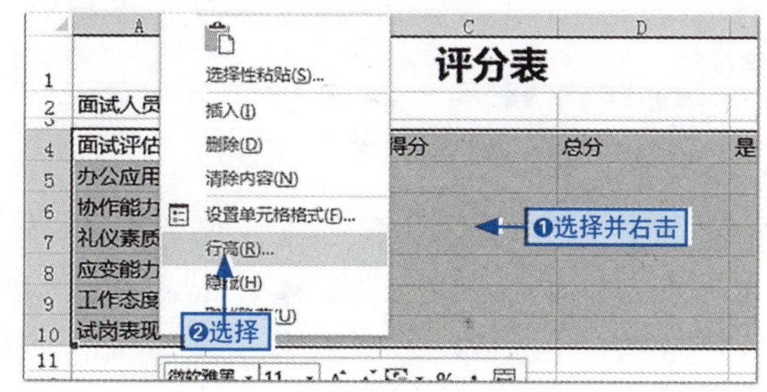


图11-59

步骤04 ❶在“行高”文本框中输入17，❷单击“确定”按钮调整行高，如图11-60所示。

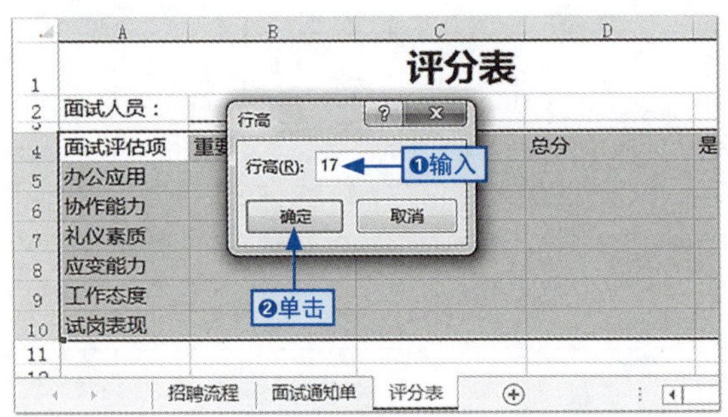


图11-60

## 11.4.2 设置评分表的样式

整体结构确定后，需要为面试评分表“上妆”，让其更加美观好看，具体操作如下。

步骤01 选择A4:E10单元格区域，❶单击“套用表格样式”下拉按钮，❷选择“中等深浅样式3”选项，如图11-61所示。

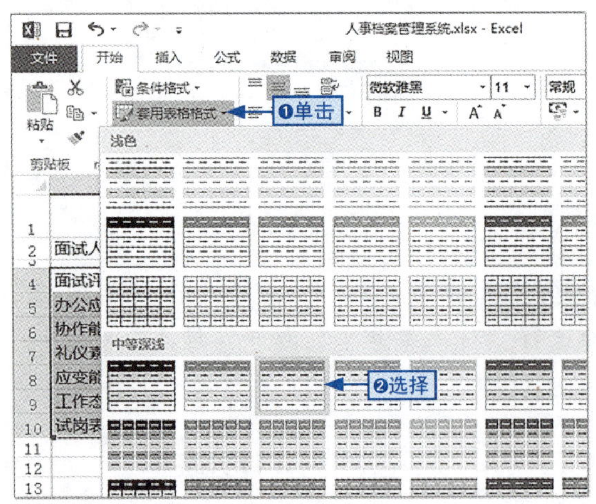


图11-61

步骤02 打开“套用表格式”对话框，❶选中“表包含标题”复选框，❷单击“确定”按钮，如图11-62所示。

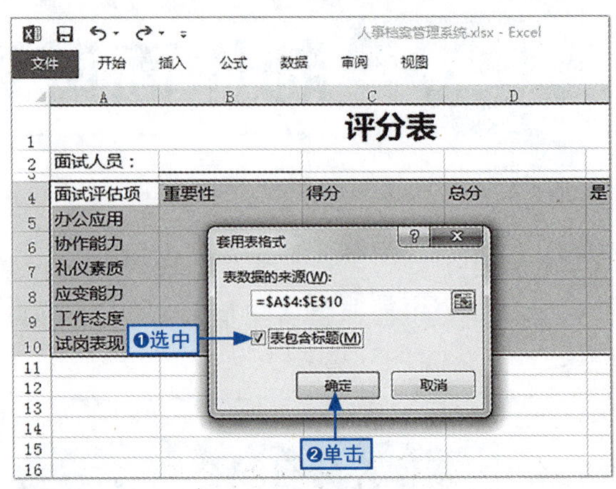


图11-62

步骤03 ❶在激活的“表格工具”下的“设计”选项卡中单击“转换为区域”按钮，❷在打开的提示对话框中单击“是”按钮，如图11-63所示。

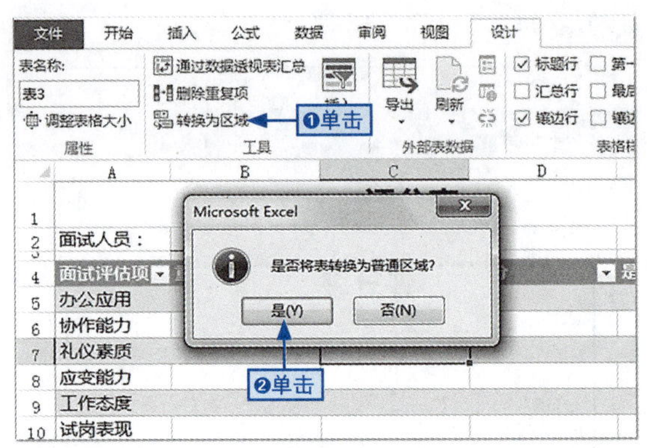


图11-63

步骤04 ❶选择A4:E4单元格区域，❷单击“居中”按钮，然后取消网格线的显示，如图11-64所示。

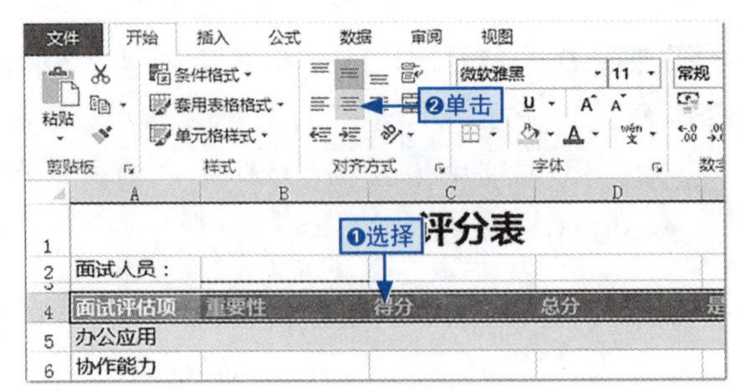


图11-64

## 11.4.3 使用符号标识的重要性

在评分表中要明确标识出项目的重要性，从而招聘到岗位需要的人才，其具体操作如下。

**步骤01** ❶选择B5单元格，❷单击“插入”选项卡中的“符号”按钮，打开“符号”对话框，如图11-65所示。

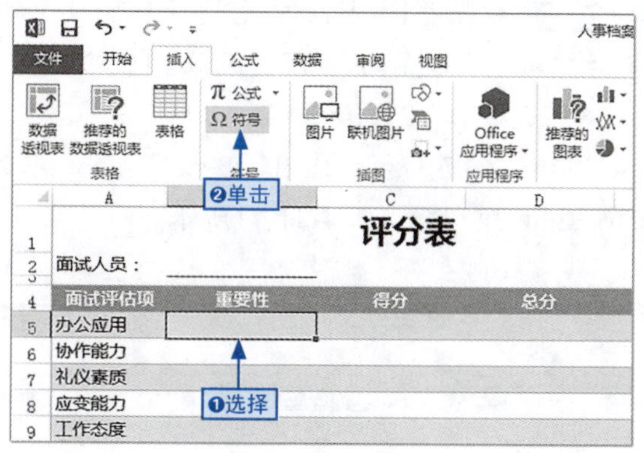


图11-65

**步骤02** ❶选择“子集”选项为“其他符号”，❷选择五角星符号选项，❸单击“插入”按钮，然后关闭对话框，如图11-66所示。

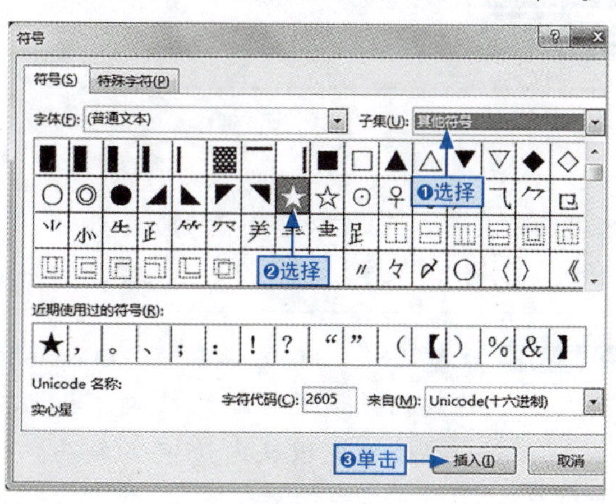


图11-66

**步骤03** ❶复制插入的五角星符号，❷设置字号大小，如图11-67所示。

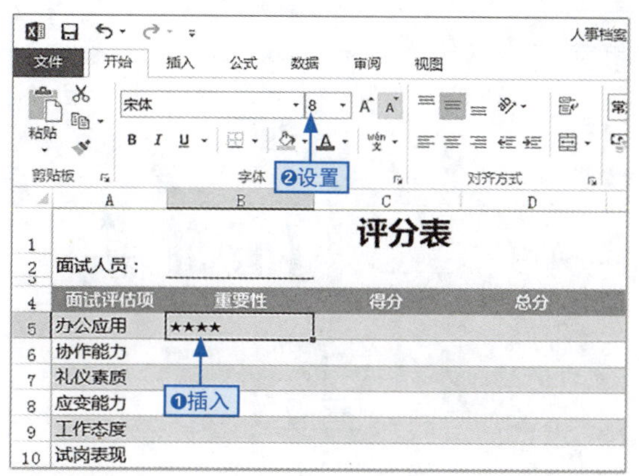


图11-67

**步骤04** 以同样的方法插入符号，标识项目的重要性，如图11-68所示。

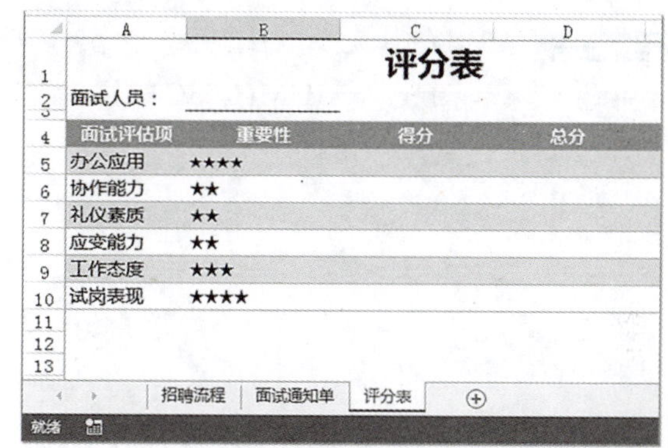


图11-68

## 11.4.4 自动计算总分和评定

应聘人员是否符合录取条件，不是靠感觉来判断，而是根据面试项目的得分情况来决定。

下面通过使用SUM()函数和IF()函数来让系统自动对各考核项目进行求和计算，并根据成绩分数和项目重要性系数来自动判定是否对其进行录用，其具体操作如下。

**步骤01** ❶合并D5:D10单元格区域为D5单元格，❷单击“填充颜色”下拉按钮，❸选择“无填充颜色”选项，如图11-69所示。

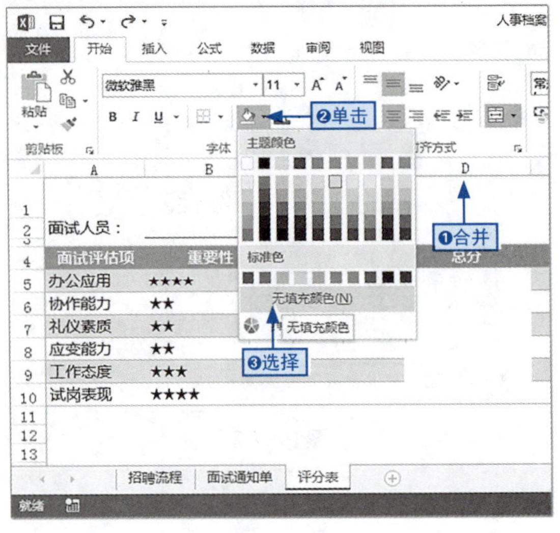


图11-69

步骤02 保持D5单元格选择状态，在编辑栏中输入求和函数“=SUM(C5:C10)”，按Ctrl+Enter组合键，如图11-70所示。

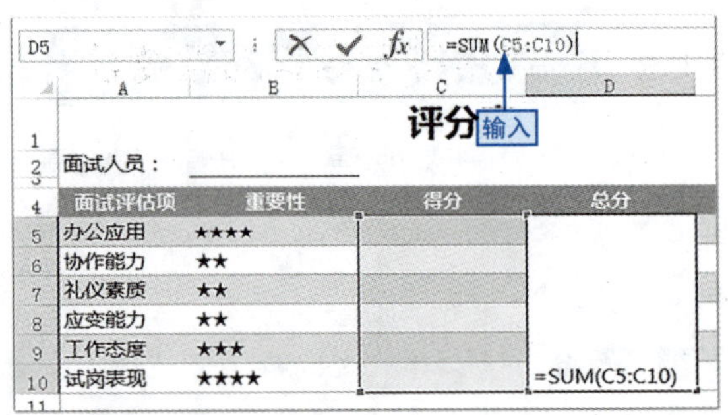


图11-70

步骤03 ❶合并E5:E10单元格区域，❷在编辑栏中输入评定函数“IF（AND（C5>=4，C6>=2，C7>=2，C8>=2，C9>=3，C10>=4，D5>=17），“录用”，“”）”，按Ctrl+Enter组合键，如图11-71所示。

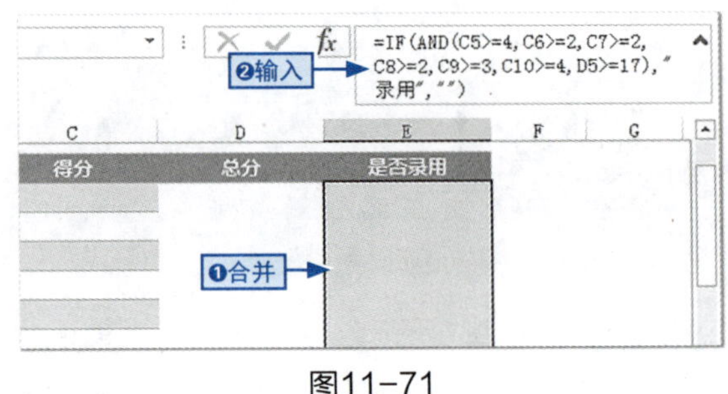


图11-71

# 11.5 制作员工登记表

应聘人员应聘成功成为公司内部一员后，作为人事相关人员，应及时将其登记到员工表格中，并对其相应的信息进行登记和管理。下面通过设置该表样式和功能来学习该表的制作流程。

## 11.5.1 自动生成临时编号

在表格中登记新成员的信息时，都会为其添加一个临时编号，让整个信息表变得有序。通常情况下，编号一般是手动输入，这里通过COUNTA()函数来根据输入的员工数据信息自动生成编号，其具体操作如下。

步骤01 ❶新建“员工登记表”，❷在其中输入相应的数据并设置它们的格式，包括字体、字号、字体颜色以及内边框线条等，如图11-72所示。

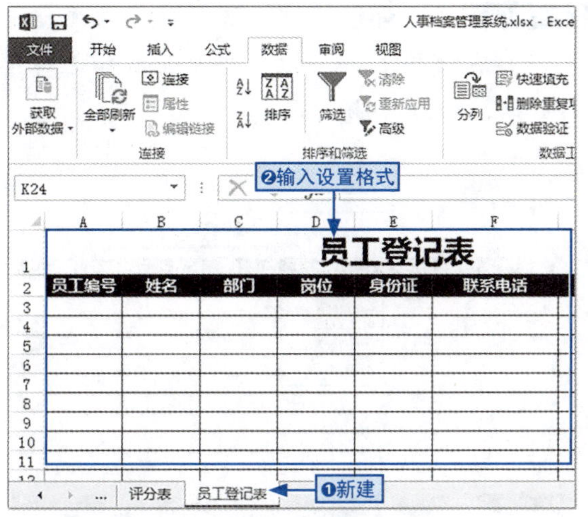


图11-72

**步骤02** 在A列主体部分中，❶选择相应数量的单元格区域，❷单击“公式”选项卡中的“插入函数”按钮，如图11-73所示。

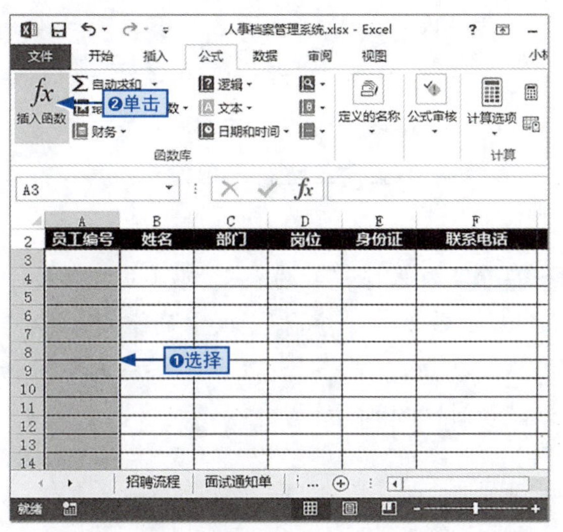


图11-73

**步骤03** 打开“插入函数”对话框：❶选择函数类别为“统计”，❷在“选择函数”列表框中选择COUNTA选项，❸单击“确定”按钮，如图11-74所示。

图11-74

**步骤04** 打开“函数参数”对话框，❶设置Value1参数为$B$2:$B2，❷单击“确定”按钮，如图11-75所示。

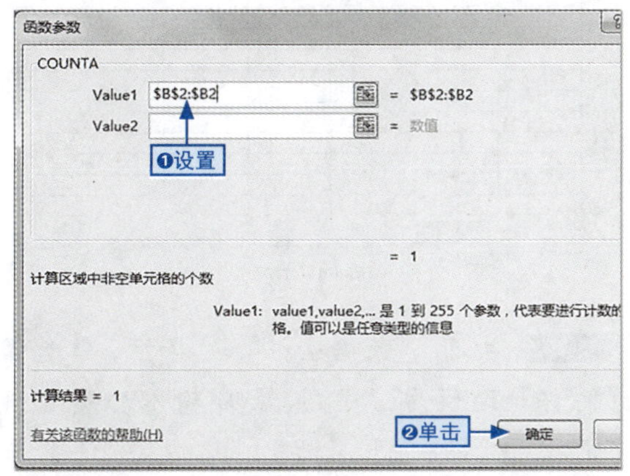


图11-75

**步骤05** 返回到工作表中，按Ctrl+Enter组合键。由于没有输入员工名称及相应的信息，自动生成的编号全部为1，效果如图11-76所示。

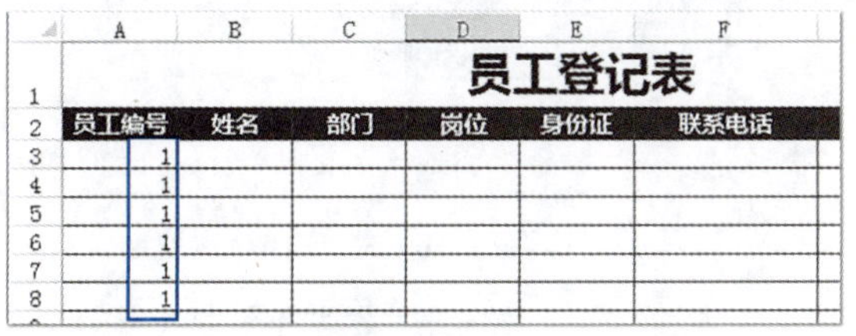


图11-76

## 11.5.2 提供部门选项

单位的部门基本上是固定的，所以在完善员工登记表时，可为其提供特定的部门选项，实现快速输入数据的目的，具体操作如下。

**步骤01** 在“部门”列中，❶选择相应的单元格区域，❷单击“数据验证”按钮，如图11-77所示。

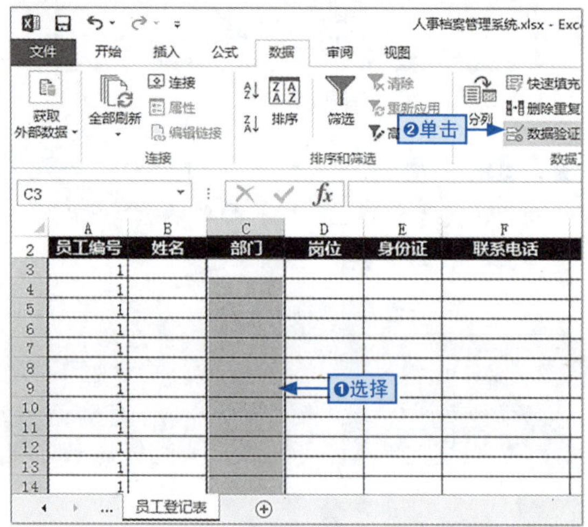


图11-77

**步骤02** 打开“数据验证”对话框，❶选择“允许”选项为“序列”，❷输入序列选项“来源”数据，❸取消选中“忽略空值”复选框，❹单击“确定”按钮，如图11-78所示。

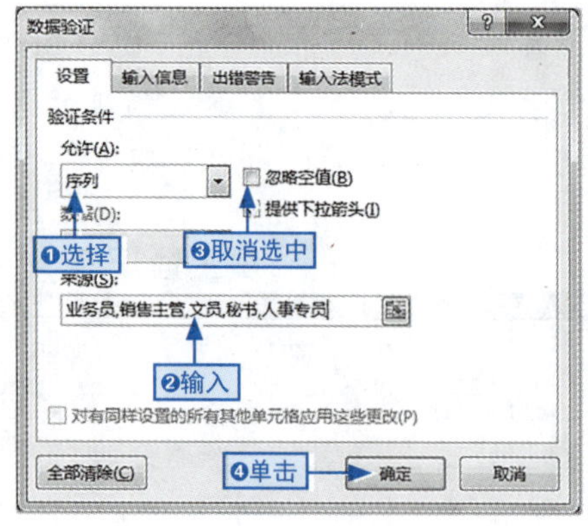


图11-78

**步骤03** 在“部门”列中选择任意单元格，单击其右侧的下拉按钮，即可查看和选择部门数据，如图11-79所示。

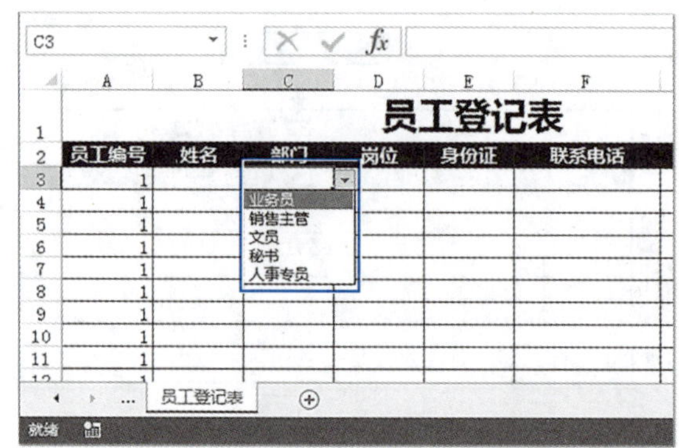


图11-79

## 11.5.3 设置身份证号的有效输入

身份证号是登记表中必须填写的一项。但在表格中，默认会将超过11位的数字以科学计数法显示，这不符合实际的需求。这时可以对单元格的数据类型进行简单设置，具体操作如下。

**步骤01** ❶选择“身份证”列（或直接选中E列），❷单击“字体”组中的“对话框启动器”按钮，打开“设置单元格格式”对话框，如图11-80所示。

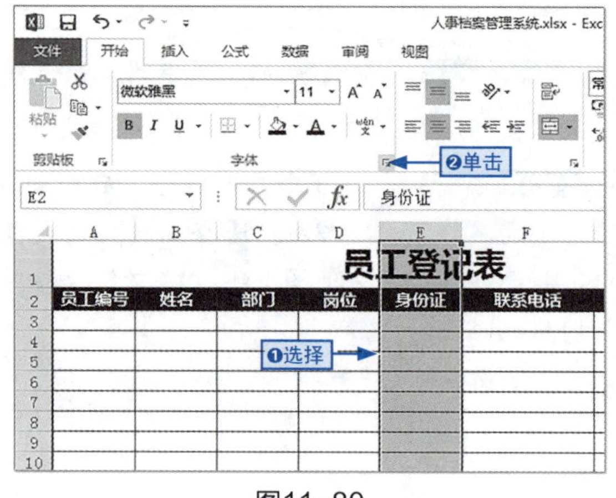


图11-80

步骤02 ❶选择“数字”选项卡，❷选择“文本”选项，❸单击“确定”按钮，如图11-81所示。

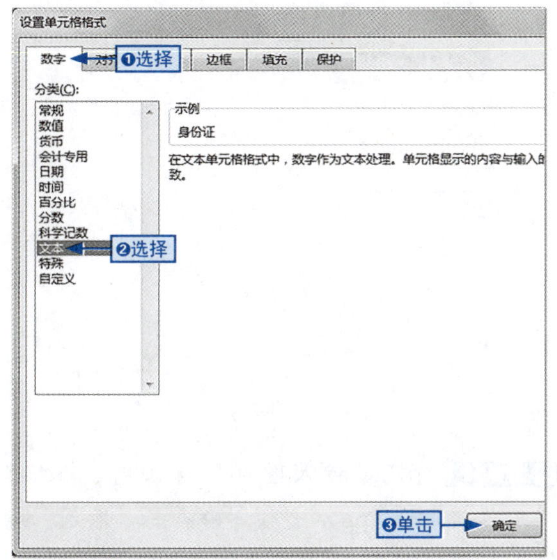


图11-81

步骤03 返回到工作表中，手动调整“身份证”列的列宽，保证输入的18位数字能全部显示出来，如图11-82所示。

图11-82

## 11.6 制作员工工作证

一些公司为了使管理更加规范，会专门为员工配发内部制作的工作证（或叫工作牌）。本节将在Excel中通过形状和文本框对象来制作工作证的模板。

### 11.6.1 制作工作证样式

工作证一般都是高9cm、宽5.4cm的矩形形状，分为正面和背面；正面用来填写姓名、编号、岗位信息以及粘贴个人照片，背面内容相对随意。

使用形状对象来制作工作证的整体结构样式，其具体操作如下。

步骤01 新建“工作证”工作表，❶单击“插入”选项卡中的“形状”下拉按钮，❷选择“圆角矩形”选项，如图11-83所示。

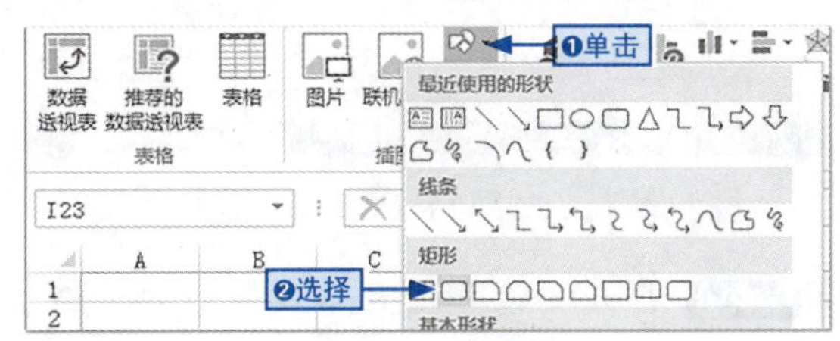


图11-83

步骤02 在表格中绘制圆角矩形并调整其圆角到合适大小，如图11-84所示。

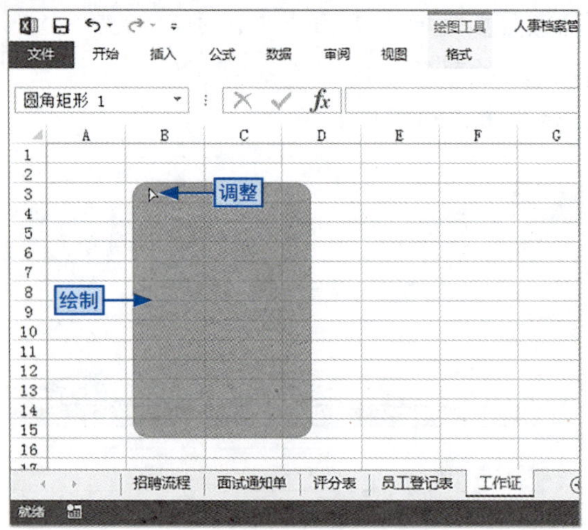

图11-84

**步骤03** ❶切换到“绘图工具”下的“格式”选项卡，❷分别在“高度”和“宽度”文本框中输入“9厘米”和“5.4厘米”，❸单击“大小”组中的“对话框启动器”按钮，如图11-85所示。

图11-85

**步骤04** 打开“设置图片格式”窗格，❶在“填充线条”选项卡中选中“图片或纹理填充”单选按钮，❷单击“文件”按钮，如图11-86所示。

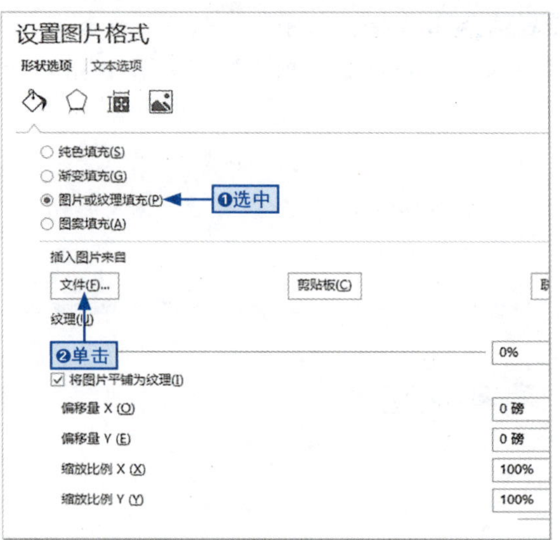

图11-86

**步骤05** 打开“插入图片”对话框，❶选择“工作证背景.jpg”选项，❷单击“插入”按钮，如图11-87所示。

图11-87

**步骤06** ❶展开“线条”栏，❷单击“颜色”下拉按钮，❸选择“绿色，着色，淡色40%”选项，如图11-88所示。

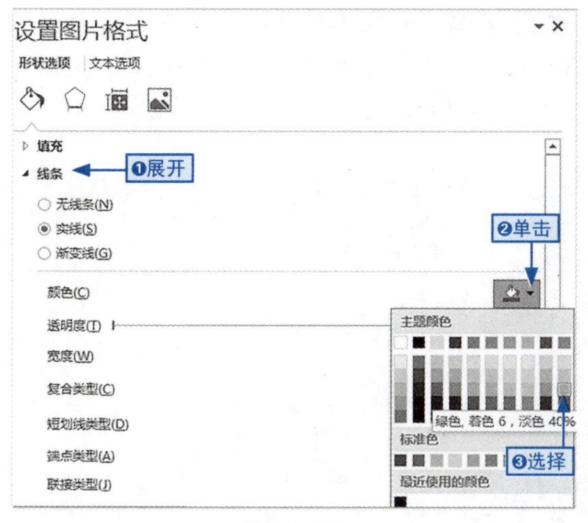


图11-88

步骤07 在工作证上右击，选择“置于底层”→“置于底层”命令，如图11-89所示。

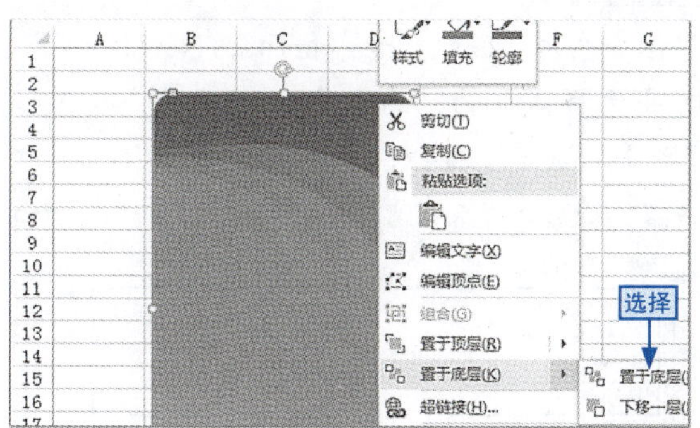


图11-89

步骤08 ❶绘制一个合适大小的圆角矩形，❷选择应用“彩色轮廓-橄榄色，强调颜色3”形状样式，如图11-90所示。

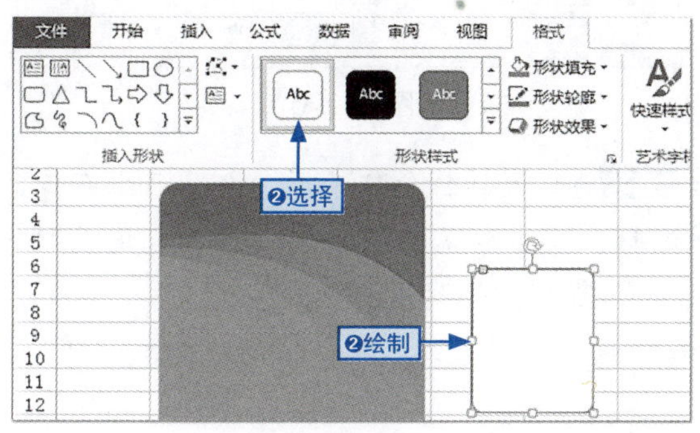


图11-90

步骤09 在形状上右击，❶选择“编辑文字”命令进入形状编辑状态，❷输入“照片”并将其选中，❸设置其字体格式和对齐方式，如图11-91所示。

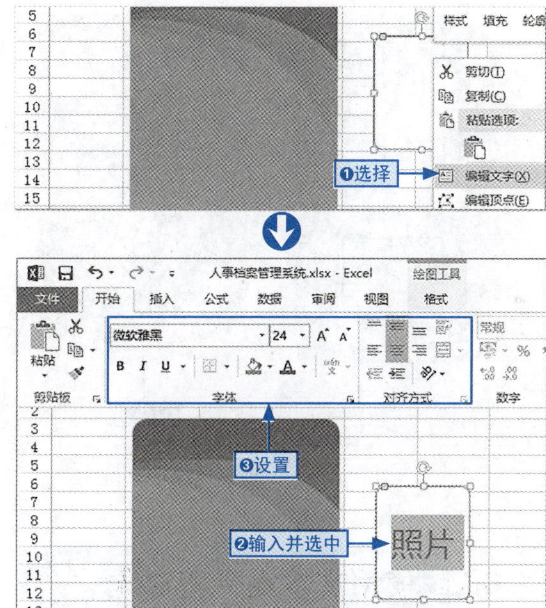


图11-91

步骤10 ❶将“照片”形状移到工作证形状上并将它们选中，❷单击“对齐”下拉按钮，❸选择“水平居中”选项，如图11-92所示。

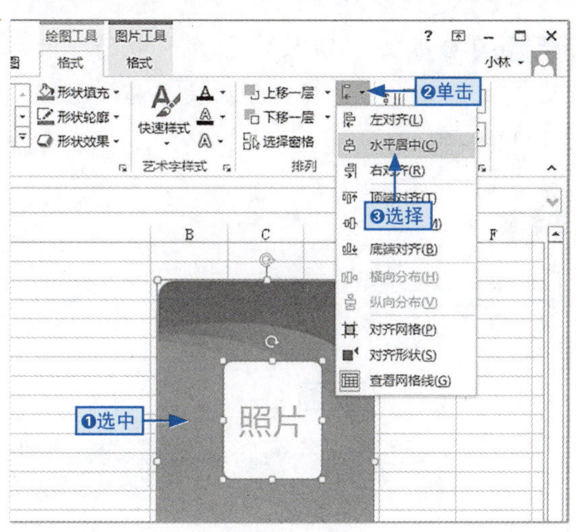


图11-92

步骤11 ❶复制工作证形状，❷在工作证上绘制相应的直线用来填写姓名、岗位和编号等信息，如图11-93所示。

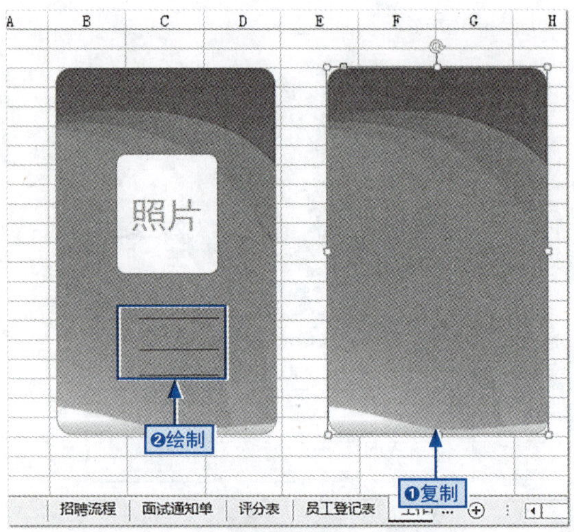


图11-93

## 11.6.2 使用文本框完善对象

工作证中需要一些必要的文字内容，如公司名称、姓名、岗位和标号标识等。

使用文本框对象来添加工作证中必要的文本标识内容，其具体操作如下。

步骤01 ❶单击"插入"选项卡中的"文本框"下拉按钮，❷选择"横排文本框"选项，如图11-94所示。

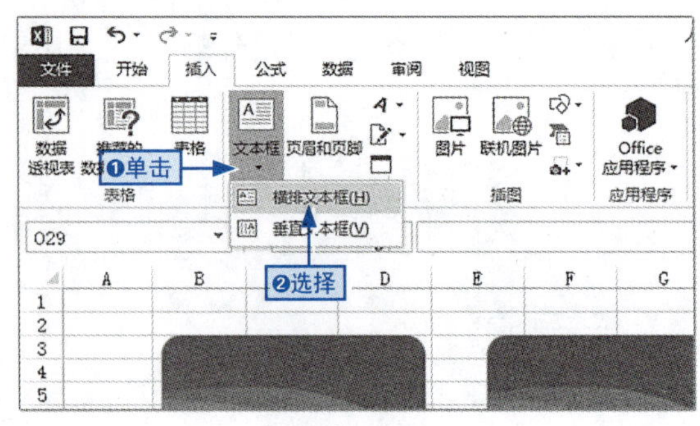


图11-94

步骤02 ❶绘制文本框并输入文本"智云科技|Book"，将其选中并右击，❷选择"字体"命令，如图11-95所示。

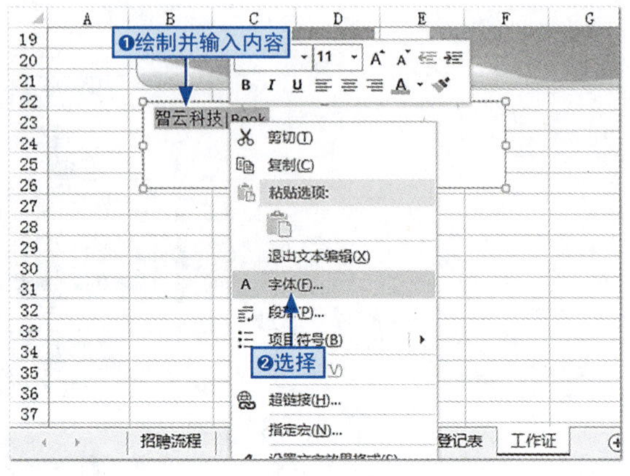


图11-95

步骤03 打开"字体"对话框，❶设置中西文字体分别为"微软雅黑"和Times New Roman，"字体样式"为"加粗"，"大小"为14，❷单击"确定"按钮，如图11-96所示。

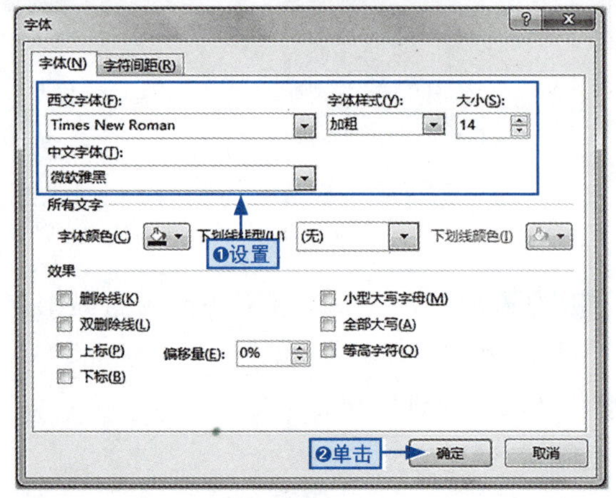


图11-96

步骤04 ❶选择整个文本框，并在其上右击，❷选择"大小和属性"命令，打开"设置形状格式"窗格，如图11-97所示。

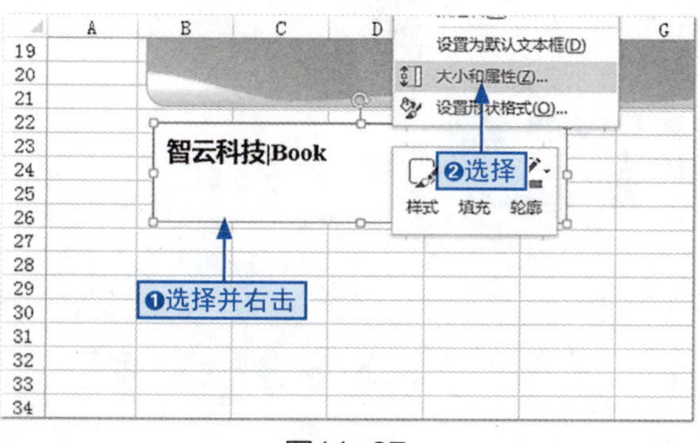


图11-97

步骤05 ❶设置垂直对齐方式为"中部对齐"，❷取消选中"形状中的文字自动换行"复选框，❸选中"根据文字调整形状大小"复选框，如图11-98所示。

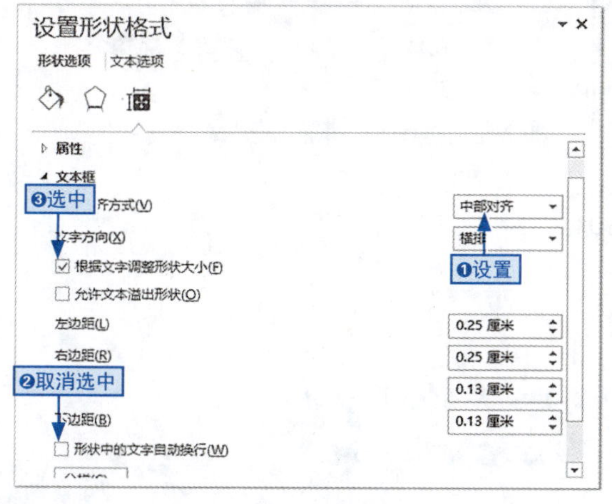


图11-98

步骤06 ❶选择"填充线条"选项卡，❷分别选中"无填充"和"无线条"单选按钮，如图11-99所示。

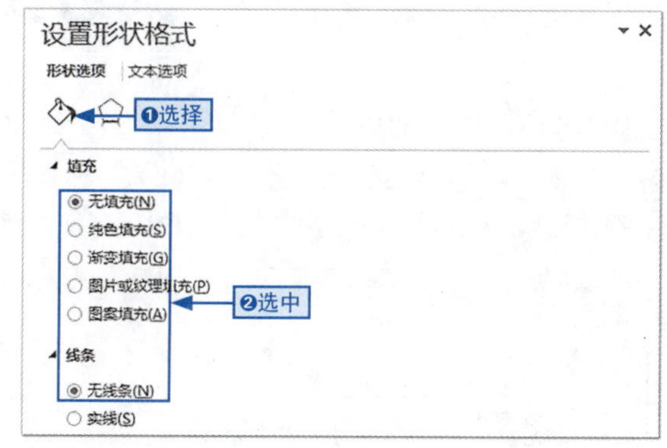


图11-99

步骤07 添加"姓名""职位"和"编号"文本框并设置格式，如图11-100所示。

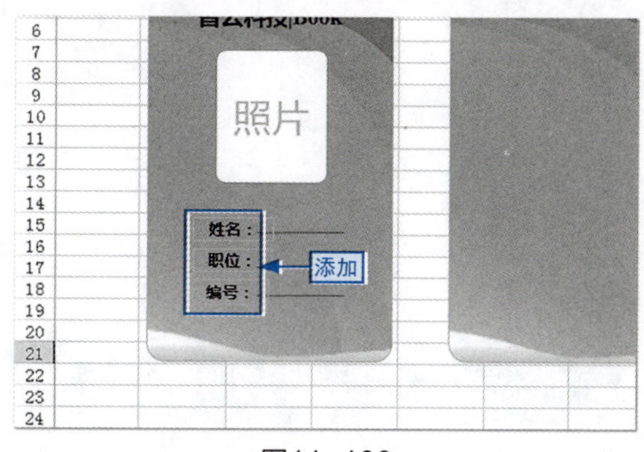


图11-100

## 11.7 案例制作总结和答疑

本章制作的人事档案管理系统，使用的基本上都是较为基础的操作，其中稍微复杂的知识点有数据验证、形状和文本框的使用等，一般只要用户按照相应顺序就能制作完成。

下面对在制作过程中可能会遇到的几个问题做简要回答，帮助大家顺利地完成制作。

## 给你支招 | 让流程图真正以图片方式显示

**小白：**想让制作的流程图最后以图片的形式显示，该怎样操作?

**阿智：**复制流程图的整个对象，按Alt+E+S组合键。打开“选择性粘贴”对话框，❶选择相应的图片格式选项，❷单击“确定”按钮，如图11-101所示。

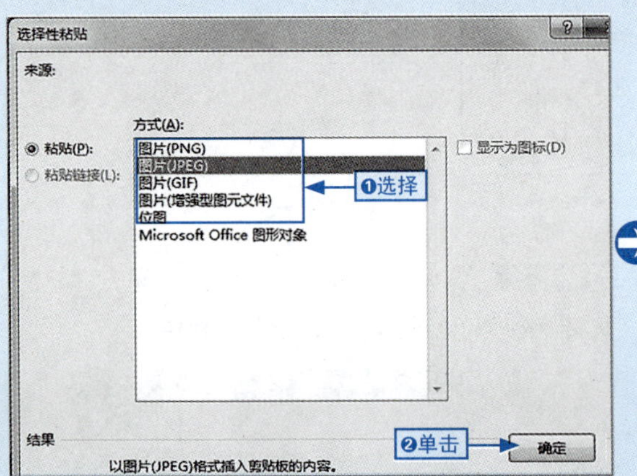


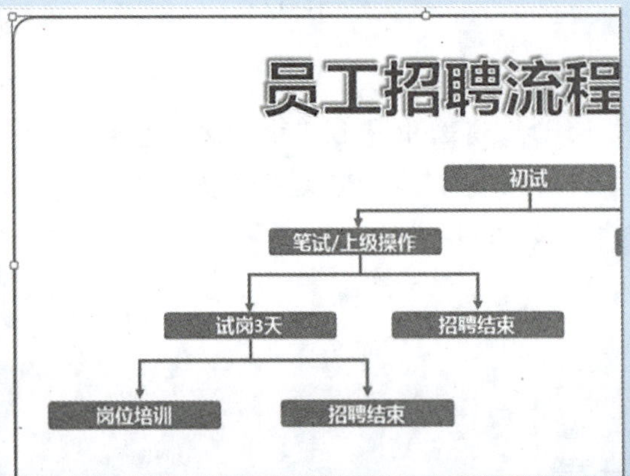


图11-101

## 给你支招 | 如何控制“总分”单元格显示为空白

**小白：**如何让没有输入项目得分的“总分”单元格显示为空白，而不是0?

**阿智：**可以在求和SUM()函数前添加一个IF()函数判定即可，如图11-102所示。

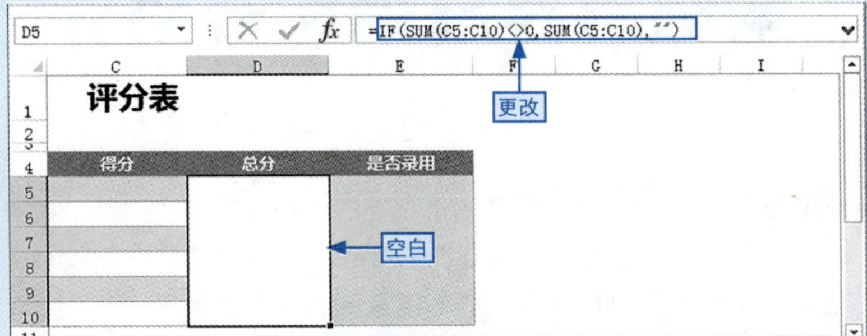


图11-102

# Chapter 12 员工薪酬管理系统

## 学习目标

本章将通过对数据计算、调用和分析的综合应用来制作员工薪酬管理系统，其中涉及的主要知识点包括公式函数、合并计算、批注、数据透视表、数据验证和图表等。

## 本章要点

- 使用函数进行信息完善
- 对信息档案数据进行排序
- 对人力结构进行分析
- 统计考勤数据
- 计算考勤扣除数据
- 用批注说明时长计算规则
- 累计加班时长
- 使用名称参与计算
- 调用工资相关数据
- 整体工资对比分析

| 知识要点 | 学习时间 | 学习难度 |
|---|---|---|
| 完善员工基本档案表 | 60 分钟 | ★★★★★ |
| 制作考勤统计表和加班记录表 | 60 分钟 | ★★★★★ |
| 制作薪酬数据表 | 60 分钟 | ★★★★★ |

# 12.1 案例制作效果和思路

**小白：**公司员工的薪酬数据是我最常处理的数据，现在我也想把它制作成一个综合的系统。

**阿智：**创建一个这样的系统，不仅可以对其中的数据进行统一的记录，并且可以对这些数据进行计算和分析，轻松得到想要的结果。

员工薪酬管理系统是由多张独立的数据表组成，最后组建成一个完整的薪酬管理系统，如图12-1所示是制作的员工薪酬管理系统的部分效果。如图12-2所示是制作该案例的大体操作思路。

| 本节素材 | 素材\Chapter12\员工薪酬管理系统.xlsx |
|---|---|
| 本节效果 | 效果\Chapter12\员工薪酬管理系统.xlsx |
| 学习目标 | 巩固复习和使用Excel的相关知识 |
| 难度指数 | ★★★★★ |

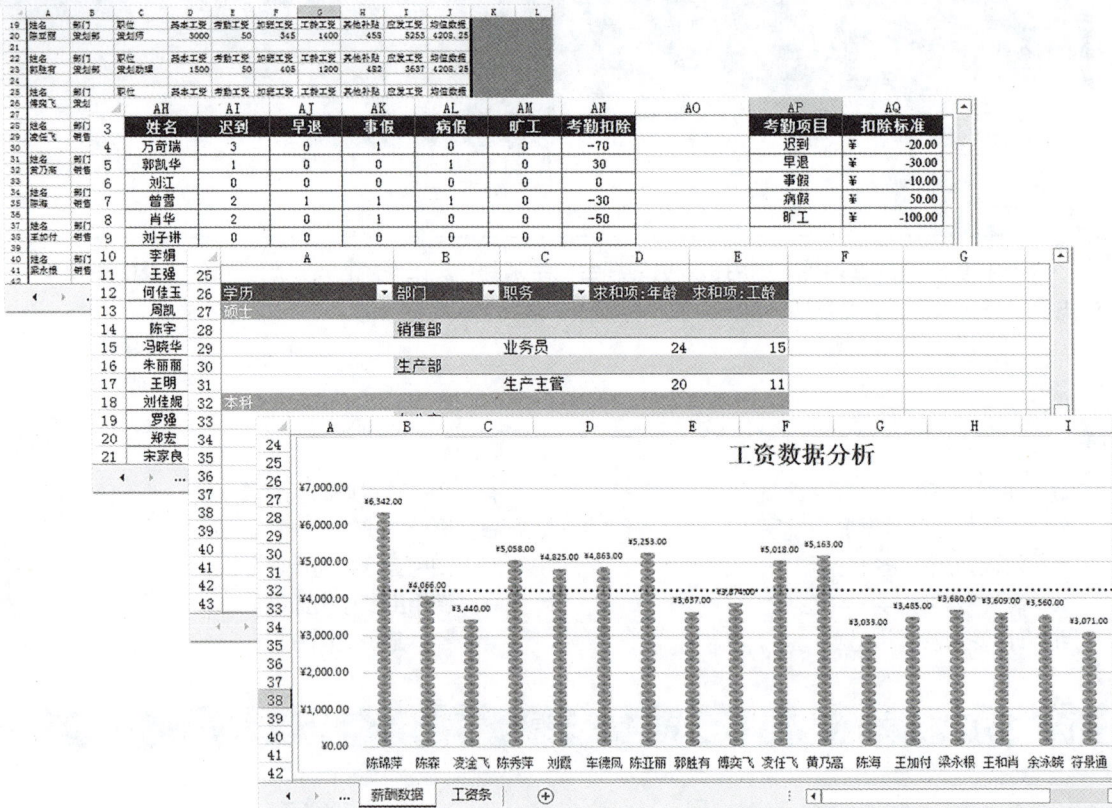

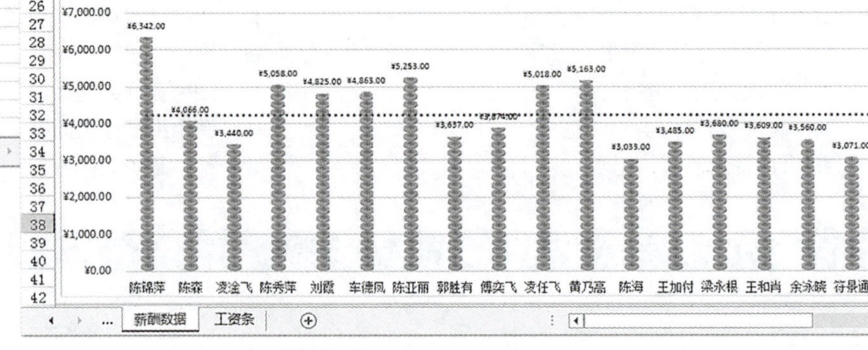


图12-1

对员工档案进行信息完善 → 对档案数据进行排序 → 对人力结构进行分析 → 统计考勤数据 → 计算考勤扣除数据

计算加班时长 → 用批注说明时长计算规则 → 累计加班时长 → 定义加班工资单价数据

↓

调用工资相关数据 → 整体工资对比分析 → 员工个体薪酬结构分析 → 使用嵌套函数制作工资条

↓

调整工资条字段数据 → 打印工资条

图12-2

## 12.2 完善员工基本档案表

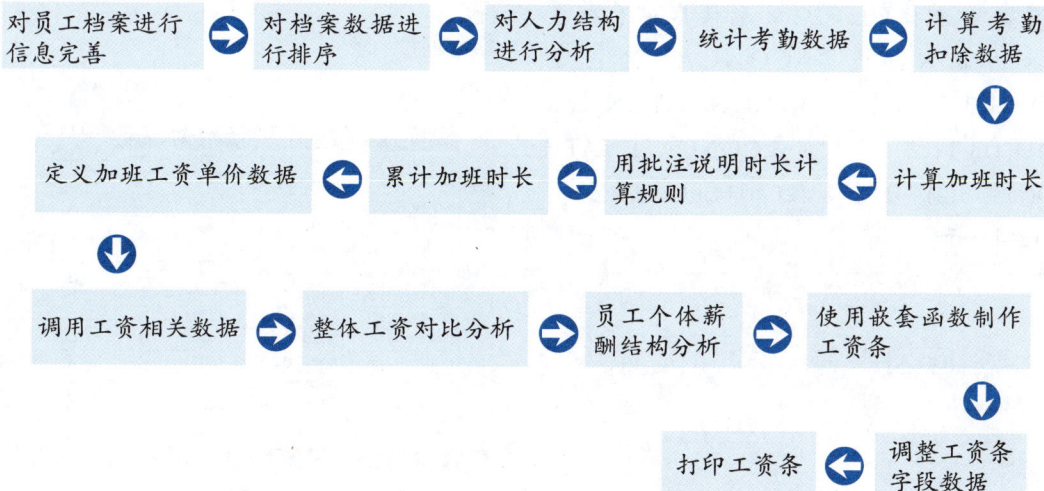

薪酬管理系统需要有一份准确和完善的员工基本档案表，保证员工信息查看方便，同时为人力结构分析做好准备。下面将用函数来完善档案表，并使用数据透视表来进行分析。

### 12.2.1 使用函数进行信息完善

在员工档案中，只要有身份证号码，就可以通过函数自动获取或填写其他相关信息。

通过使用函数分别自动获取性别、出生年月和年龄，以及根据入职日期数据计算出工龄数据，其具体操作如下。

步骤01 在“员工档案”表中，❶选择E3:E22单元格区域，❷在编辑栏中输入函数“=IF(ISODD(MID(D3,17,1)),"男","女")”，按Ctrl+Enter组合键获取性别信息，如图12-3所示。

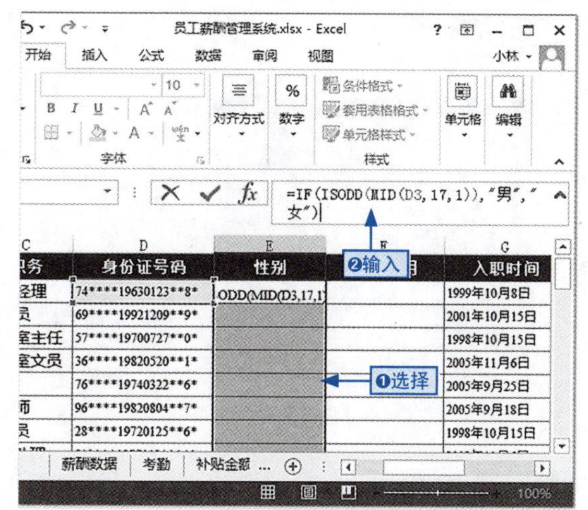


图12-3

**步骤02** ❶选择F3:F22单元格区域，❷在编辑栏中输入函数“=CONCATENATE(MID（D3,7,4）,"年")&CONCATENATE（MID(D3,11,2）,"月"）&CONCATENATE(MID(D3,13,2),"日"”，按Ctrl+Enter组合键，如图12-4所示。

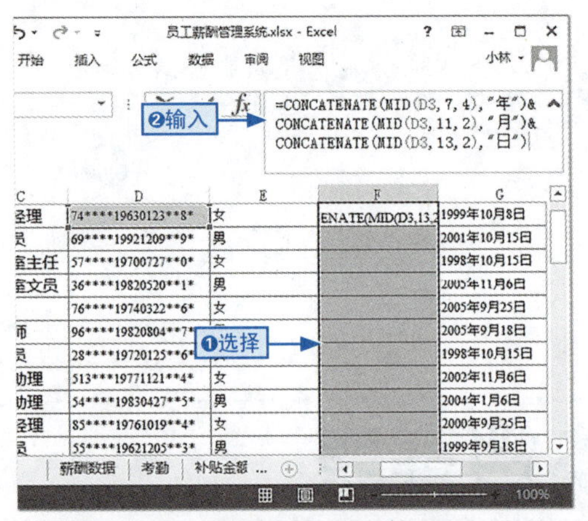


图12-4

**步骤03** ❶选择I3:I22单元格区域，❷在编辑栏中输入函数“=YEAR(NOW())-MID(D3,7,4)”，按Ctrl+Enter组合键获取年龄，如图12-5所示。

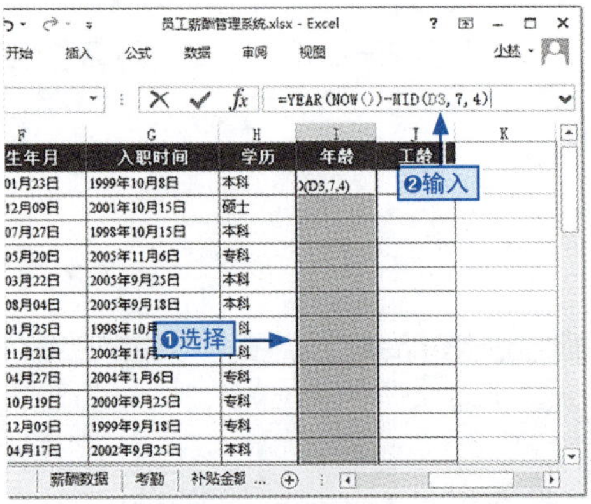

图12-5

**步骤04** ❶选择J3:J22单元格区域，❷在编辑栏中输入函数“=YEAR(NOW())-YEAR(G3)”，按Ctrl+Enter组合键获取工龄，如图12-6所示。

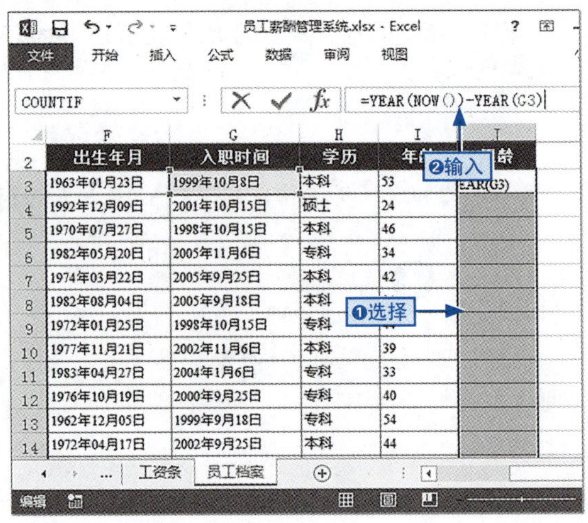


图12-6

**步骤05** 在工作表中即可查看到使用函数自动获取和填写的数据效果，如图12-7所示。

| 出生年月 | 入职时间 | 学历 | 年龄 | 工龄 |
|---|---|---|---|---|
| 1963年01月23日 | 1999年10月8日 | 本科 | 53 | 17 |
| 1992年12月09日 | 2001年10月15日 | 硕士 | 24 | 15 |
| 1970年07月27日 | 1998年10月15日 | 本科 | 46 | 18 |
| 1982年05月20日 | 2005年11月6日 | 专科 | 34 | 11 |
| 1974年03月22日 | 2005年9月25日 | 本科 | 42 | 11 |
| 1982年08月04日 | 2005年9月18日 | 本科 | 34 | 11 |
| 1972年01月25日 | 1998年10月15日 | 专科 | 44 | 18 |
| 1977年11月21日 | 2002年11月6日 | 本科 | 39 | 14 |
| 1983年04月27日 | 2004年1月6日 | 专科 | 33 | 12 |
| 1976年10月19日 | 2000年9月25日 | 专科 | 40 | 16 |
| 1962年12月05日 | 1999年9月18日 | 专科 | 54 | 17 |
| 1972年04月17日 | 2002年9月25日 | 本科 | 44 | 14 |
| 1975年02月02日 | 1996年10月8日 | 专科 | 41 | 20 |
| 1970年02月09日 | 2003年10月15日 | 专科 | 46 | 13 |
| 1996年09月06日 | 2005年11月6日 | 硕士 | 20 | 11 |
| 1972年03月03日 | 2000年11月6日 | 专科 | 44 | 16 |
| 1976年02月12日 | 2005年9月25日 | 本科 | 40 | 11 |
| 1987年07月04日 | 2004年9月25日 | 专科 | 29 | 12 |
| 1981年04月23日 | 2004年9月25日 | 专科 | 35 | 12 |
| 1983年09月25日 | 2002年9月25日 | 专科 | 33 | 14 |

图12-7

## 12.2.2 对信息档案数据进行排序

为了让数据显得有条理，需对档案表进行排序管理，其具体操作如下。

**步骤01** ❶在“员工档案”表中选择任一单元格，❷单击“数据”选项卡中的“排序”按钮，如图12-8所示。

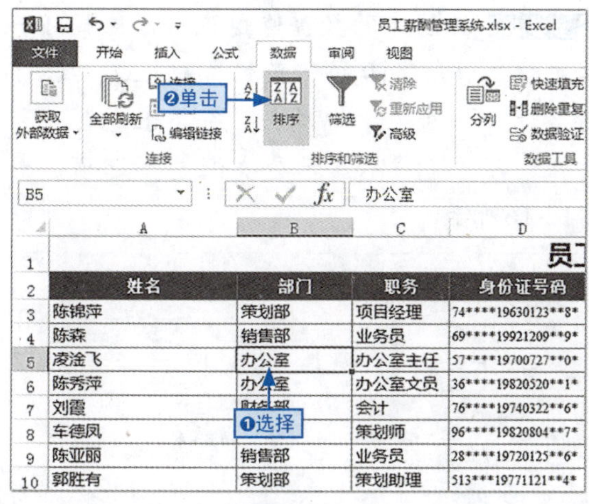


| | A | B | C | D |
|---|---|---|---|---|
| 1 | | | | 员工 |
| 2 | 姓名 | 部门 | 职务 | 身份证号码 |
| 3 | 陈锦萍 | 策划部 | 项目经理 | 74****19630123**8* |
| 4 | 陈森 | 销售部 | 业务员 | 69****19921209**9* |
| 5 | 凌淦飞 | 办公室 | 办公室主任 | 57****19700727**0* |
| 6 | 陈秀萍 | 办公室 | 办公室文员 | 36****19820520**1* |
| 7 | 刘霞 | 财务部 | 会计 | 76****19740322**6* |
| 8 | 车德凤 | | 策划师 | 96****19820804**7* |
| 9 | 陈亚丽 | 销售部 | 业务员 | 28****19720125**6* |
| 10 | 郭胜有 | 策划部 | 策划助理 | 513***19771121**4* |

图12-8

**步骤02** 打开“排序”对话框，❶设置“主要关键字”为“部门”，❷单击“次序”下拉按钮，选择“自定义序列”选项，如图12-9所示。

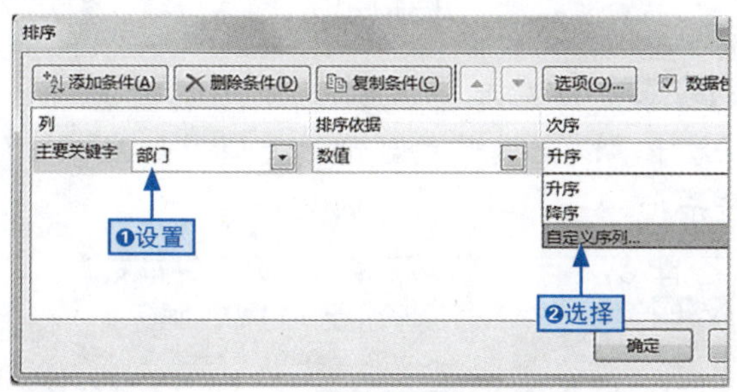


图12-9

**步骤03** 打开“自定义序列”对话框，在“输入序列”文本框中输入指定排序方式，单击“确定”按钮，如图12-10所示。

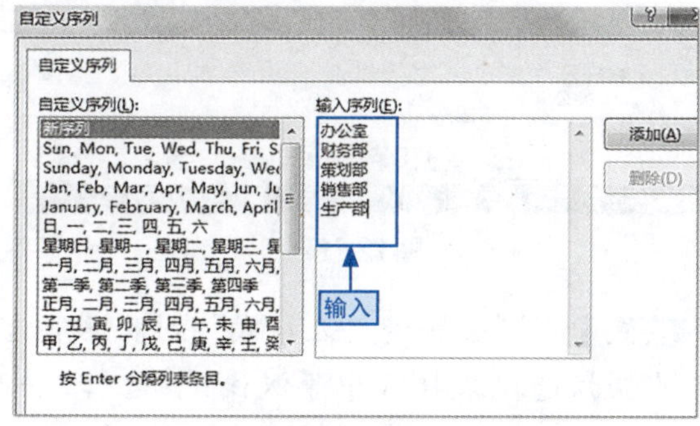


图12-10

**步骤04** 返回到“排序”对话框，❶添加“职务”和“学历”次要关键字排序条件，❷单击“确定”按钮，如图12-11所示。

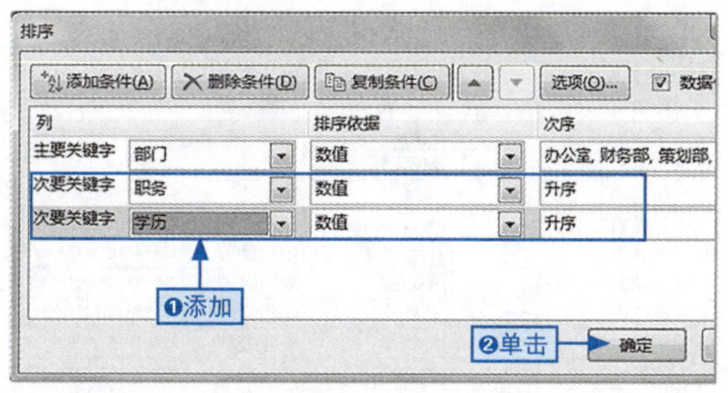


图12-11

**步骤05** 返回到工作表，即可查看到多条件排序的效果，如图12-12所示。

员工薪酬管理系统.xlsx - Excel

文件 开始 插入 公式 数据 审阅 视图

K20

| | A | B | C | D |
|---|---|---|---|---|
| 2 | 姓名 | 部门 | 职务 | 身份证号码 |
| 3 | 陈秀萍 | 办公室 | 办公室文员 | 36****19820520**1* |
| 4 | 凌淦飞 | 办公室 | 办公室主任 | 57****19700727**0* |
| 5 | 陈海 | 办公室 | 后勤人员 | 67****19720417**4* |
| 6 | 梁永根 | 财务部 | 出纳 | 40****19700209**8* |
| 7 | 刘霞 | 财务部 | 会计 | 76****19740322**6* |
| 8 | 车德凤 | 策划部 | 策划师 | 96****19820804**7* |
| 9 | 郭胜有 | 策划部 | 策划助理 | 513***19771121**4* |
| 10 | 傅奕飞 | 策划部 | 策划助理 | 54****19830427**5* |
| 11 | 陈锦萍 | 策划部 | 项目经理 | 74****19630123**8* |
| 12 | 凌任飞 | 销售部 | 销售经理 | 85****19761019**4* |
| 13 | 王加付 | 销售部 | 销售经理 | 77****19750202**7* |
| 14 | 符晨通 | 销售部 | 业务员 | 89****19760212**3* |

图12-12

## 12.2.3 对人力结构进行分析

在档案表中，可以通过数据透视表来轻松展示和分析出公司内部的人力资源构成与分配使用情况，具体操作如下。

**步骤01** ❶在“员工档案”表中选择任一数据单元格，❷单击“插入”选项卡中的“数据透视表”按钮，打开“创建数据透视表”对话框，如图12-13所示。

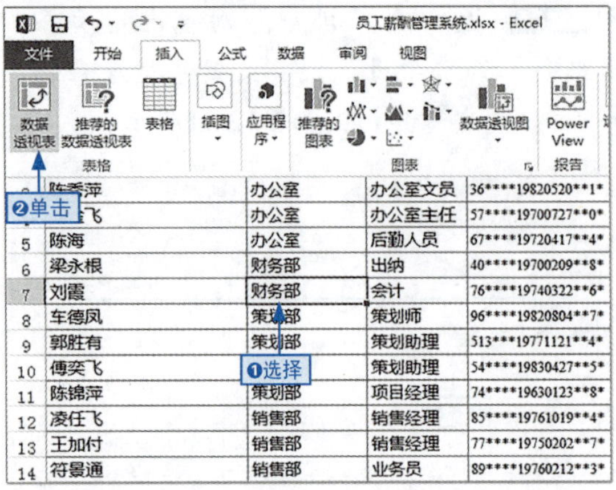

图12-13

**步骤02** ❶选中“现有工作表”单选按钮，❷设置其“位置”为当前工作表的A26单元格，❸单击“确定”按钮，如图12-14所示。

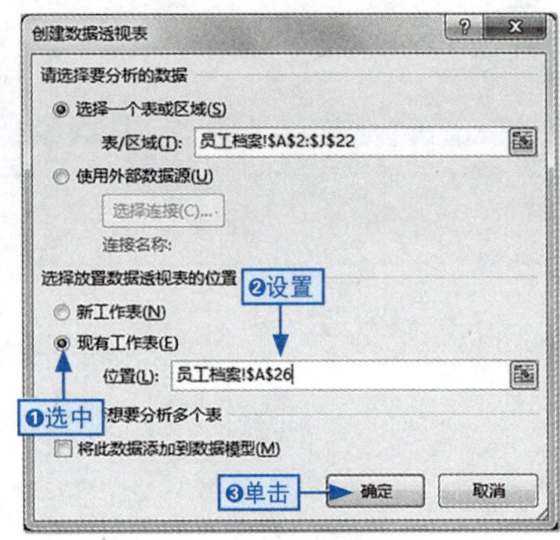


图12-14

**步骤03** 在“数据透视表字段”窗格中依次选中“学历”“年龄”和“工龄”复选框，如图12-15所示。

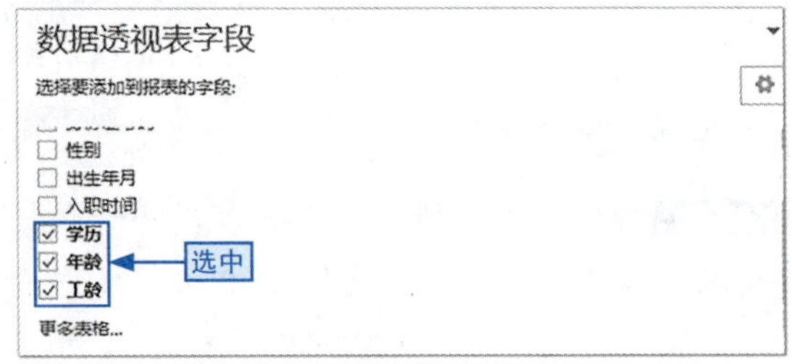


图12-15

**步骤04** 在创建的数据透视表中，选择任一单元格，❶在激活的“数据透视表工具”下的“设计”选项卡中单击“分类汇总”下拉按钮，❷选择“不显示分类汇总”选项，如图12-16所示。

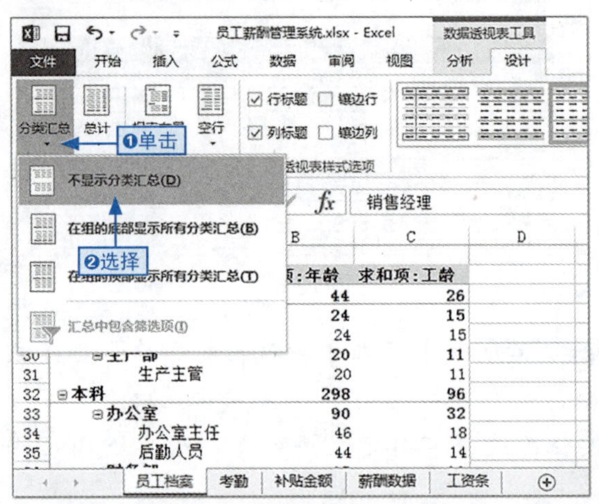


图12-16

**步骤05** ❶单击“报表布局”下拉按钮，❷选择“以大纲形式显示”选项，如图12-17所示。

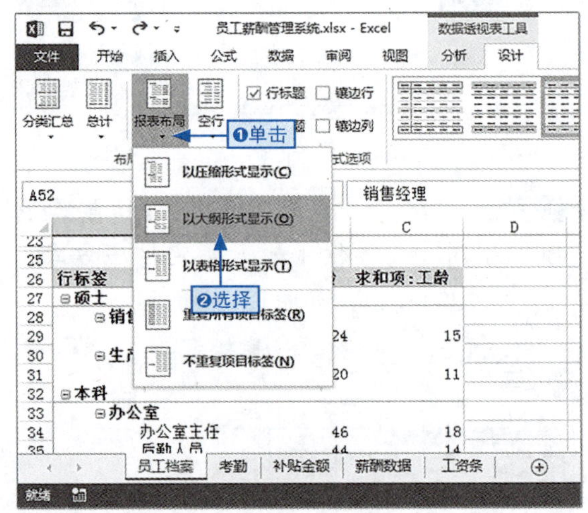


图12-17

**步骤06** 在“数据透视表样式”列表框中选择“数据透视表样式中等深浅7”选项，如图12-18所示。

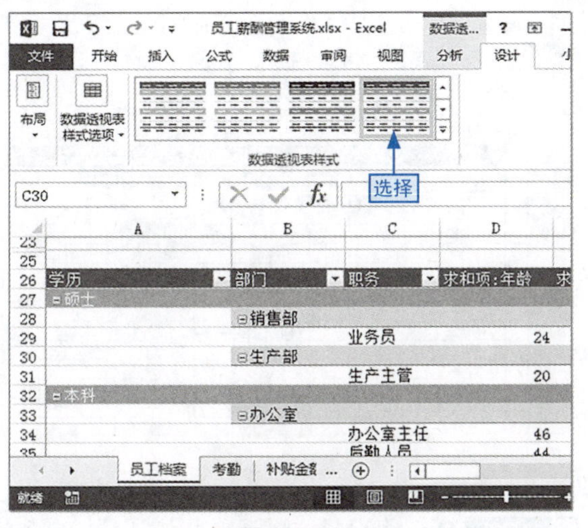


图12-18

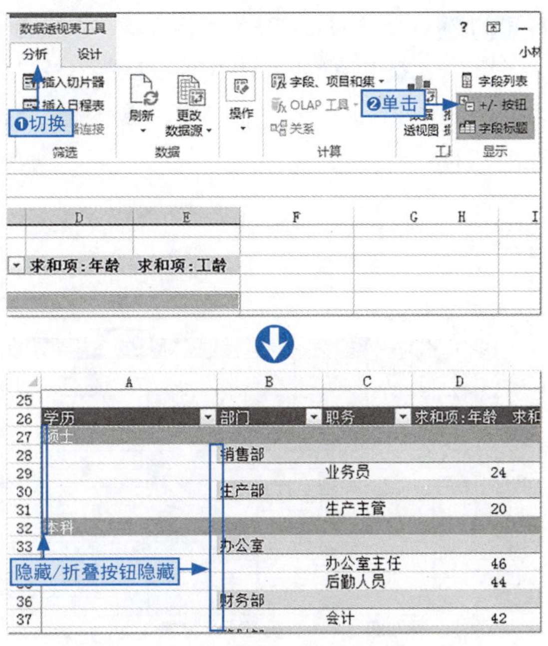


图12-19

**步骤07** ❶切换到“数据透视表工具”下的“分析”选项卡中，❷单击“+/-”（显示或隐藏）按钮，如图12-19所示。

# 12.3 制作考勤统计表

在人事的薪酬管理工作中，不可避免地会与考勤数据挂钩或有所牵连。本节将使用函数自动计算出相应的考勤数据，为后面的工资数据明细计算做好数据准备。

## 12.3.1 统计考勤数据

在“考勤”数据表中有已标识的考勤表（考勤卡），只需利用相应的符号就可以统计出相应的考勤数据，其具体操作如下。

**步骤01** ❶切换到“考勤”工作表中，❷选择AI4:AI23单元格区域，❸在编辑栏中输入函数“=COUNTIF(B5:AF5,"=▲")”，按Ctrl+Enter组合键获取迟到考勤数据，如图12-20所示。

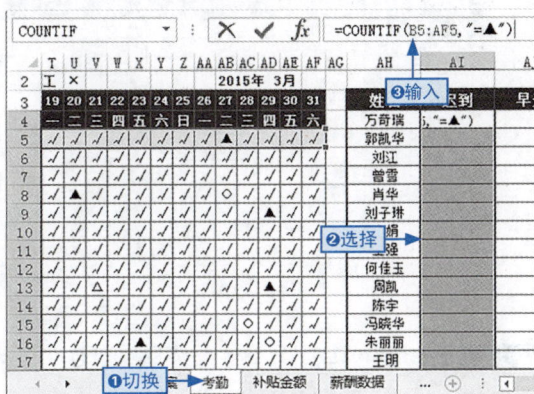

图12-20

**步骤02** ❶选择AJ4:AJ23单元格区域，❷在编辑栏中输入函数“=COUNTIF(C6:AG5,"=△")”，按Ctrl+Enter组合键获取早退考勤数据，如图12-21所示。

图12-21

**步骤03** ❶选择AK4:AK23单元格区域，❷在编辑栏中输入函数“=COUNTIF(B5:AF5,"=◯")”，按Ctrl+Enter组合键获取事假考勤数据，如图12-22所示。

图12-22

**步骤04** ❶选择AL4:AL23单元格区域，❷在编辑栏中输入函数“=COUNTIF(B5:AF5,"=□")”，按Ctrl+Enter组合键获取病假考勤数据，如图12-23所示。

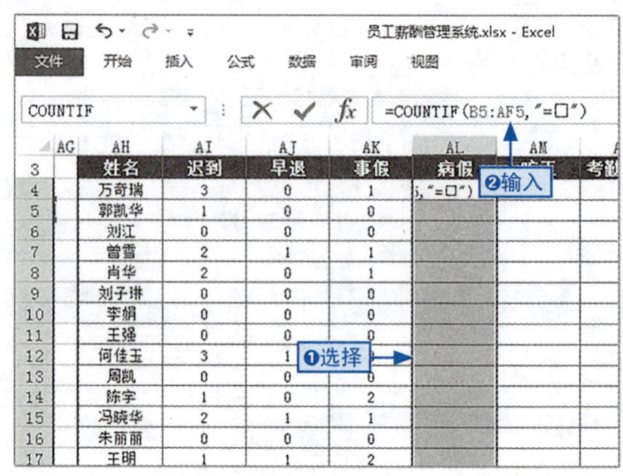


图12-23

**步骤05** ❶选择AM4:AM23单元格区域，❷在编辑栏中输入函数“=COUNTIF(B5:AF5,"=×")”，按Ctrl+Enter组合键获取旷工考勤数据，如图12-24所示。

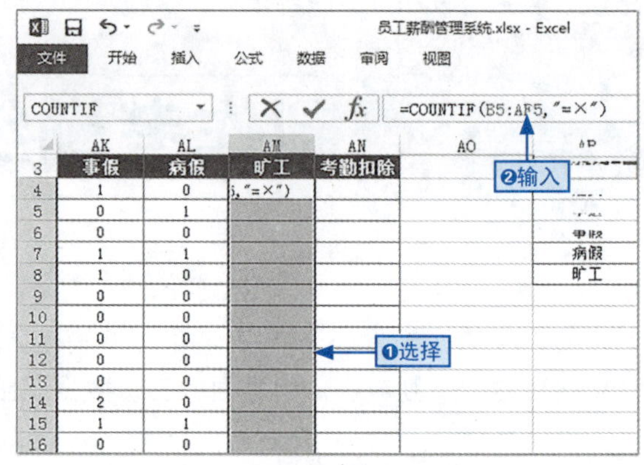


图12-24

**步骤06** 在考勤数据统计表中即可查看到系统自动根据考勤表（卡）获取并填写的考勤数据，如图12-25所示。

| | AH | AI | AJ | AK | AL | AM | AN |
|---|---|---|---|---|---|---|---|
| 2 | | | | | | | |
| 3 | 姓名 | 迟到 | 早退 | 事假 | 病假 | 旷工 | 考勤扣 |
| 4 | 万奇瑞 | 3 | 0 | 1 | 0 | 0 | |
| 5 | 郭凯华 | 1 | 0 | 0 | 1 | 0 | |
| 6 | 刘江 | 0 | 0 | 0 | 0 | 0 | |
| 7 | 曾雪 | 2 | 1 | 1 | 1 | 0 | |
| 8 | 肖华 | 2 | 0 | 1 | 0 | 0 | |
| 9 | 刘子琳 | 0 | 0 | 0 | 0 | 0 | |
| 10 | 李娟 | 0 | 0 | 0 | 0 | 0 | |
| 11 | 王强 | 0 | 0 | 0 | 0 | 0 | |
| 12 | 何佳玉 | 3 | 1 | 0 | 0 | 0 | |
| 13 | 周凯 | 0 | 0 | 0 | 0 | 0 | |
| 14 | 陈宇 | 1 | 0 | 2 | 0 | 0 | |

图12-25

## 12.3.2 计算考勤扣除数据

只要员工有缺勤的情况出现，就会有扣钱进行惩罚的行为。使用函数来完全自动地获取考勤项目数据和考勤扣除数据，其具体操作如下。

**步骤01** ❶在“考勤”工作表中选择AP4:AP8单元格区域，❷在编辑栏中单击“插入函数”按钮，打开“插入函数”对话框，如图12-26所示。

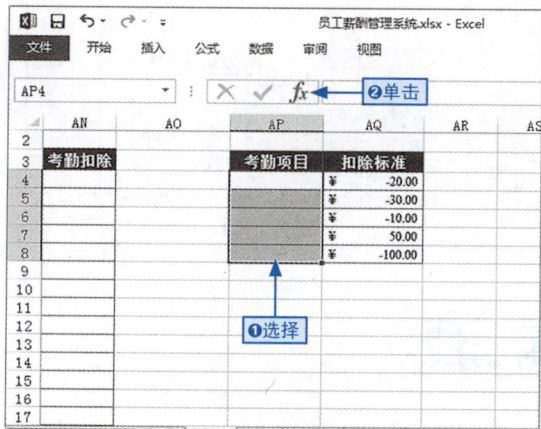

图12-26

**步骤02** ❶选择函数类别为“查找与引用”，❷选择TRANSPOSE选项，❸单击“确定”按钮，如图12-27所示。

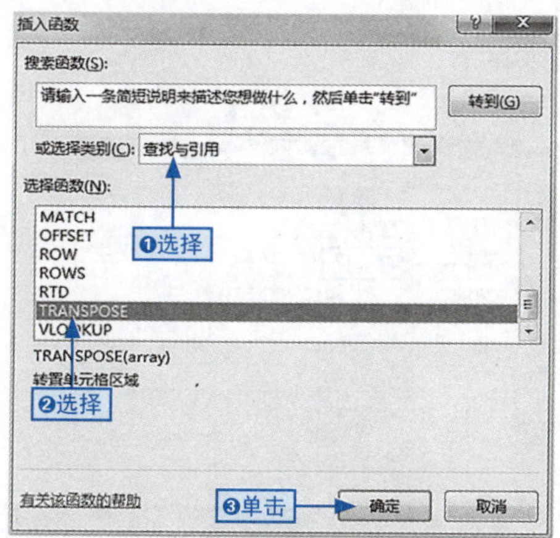


图12-27

**步骤03** ❶打开“函数参数”对话框，将Array设置为AI3:AM3，❷单击“确定”按钮，如图12-28所示。

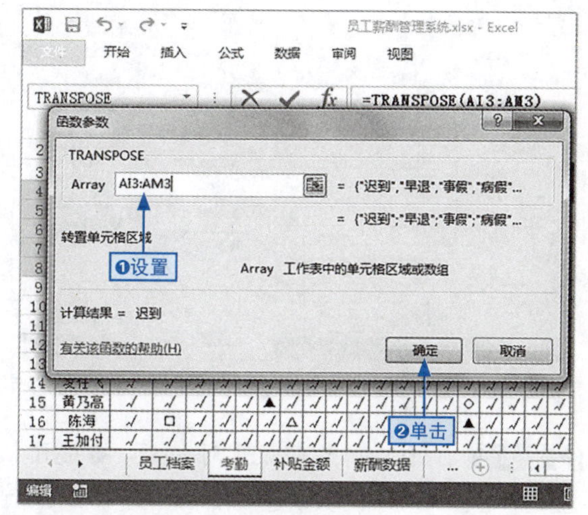


图12-28

**步骤04** 返回到工作表，将鼠标指针定位在编辑栏中，按Ctrl+Shift+Enter组合键，如图12-29所示。

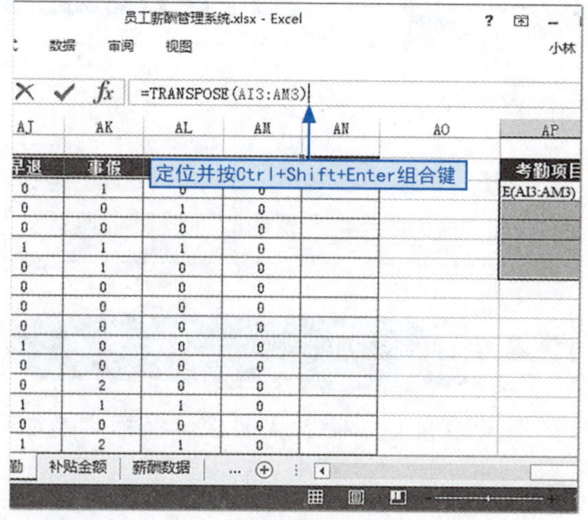


图12-29

**步骤05** ❶选择AN4单元格，❷单击“数学和三角函数”下拉按钮，❸选择MMULT选项，如图12-30所示。

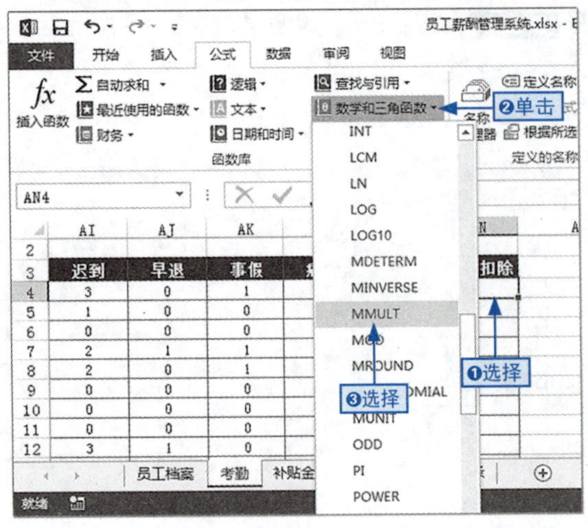


图12-30

**步骤06** 打开“函数参数”对话框，❶设置相应的参数，❷单击“确定”按钮，返回到工作表中向下填充函数到AN23，自动计算出相应的考勤扣除数据，如图12-31所示。

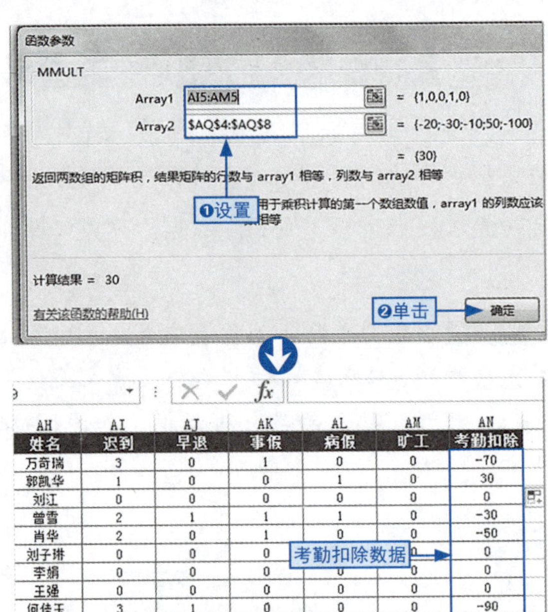


图12-31

## 12.4 制作加班记录表

加班是工作中在所难免的事，同时也是员工额外收入来源之一。下面就通过使用函数来计算加班时长，并使用合并计算功能计算员工累计的加班工资薪酬数据。

### 12.4.1 计算加班时长

每一次加班，相关人员都会将相应的加班数据记录下来，在合适的时候按照相应的规则进行计算，其具体操作如下。

**步骤01** 打开“加班记录表”工作簿中的“加班1”工作表，❶选择E3单元格，❷在编辑栏中输入函数“=HOUR(D3-C3)”，按Ctrl+Enter组合键计算出加班小时数，如图12-32所示。

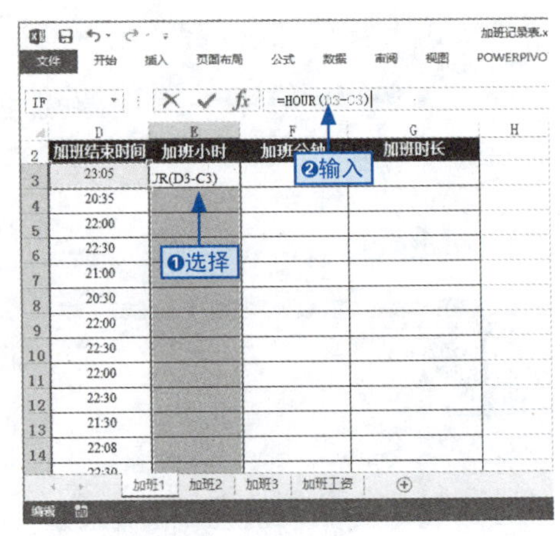


图12-32

**步骤02** ❶选择F3单元格，❷在编辑栏中输入函数“=MINUTE(D3-C3)”，按Ctrl+Enter组合键，计算出加班分钟数，如图12-33所示。

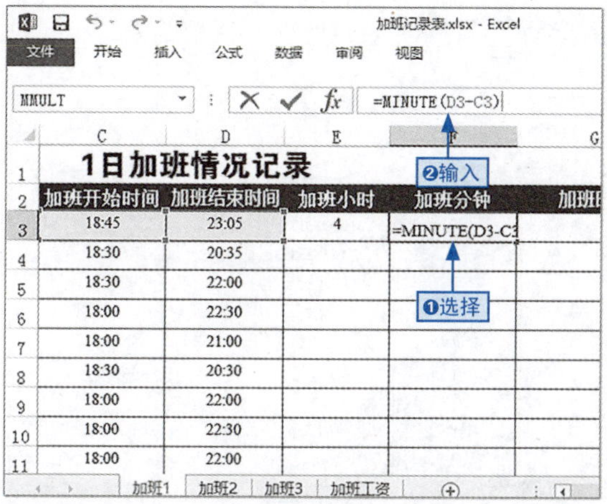

图12-33

**步骤03** ❶选择G3单元格，❷在编辑栏中输入公式“=E3+F3/60”，按Ctrl+Enter组合键，如图12-34所示计算出加班时长。

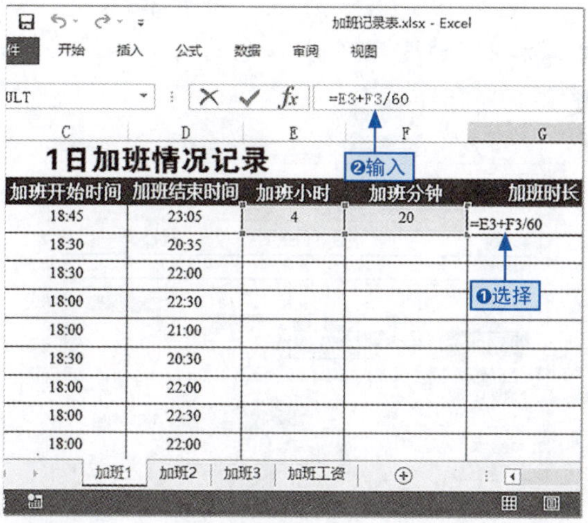

图12-34

**步骤04** 选择E3:G3单元格区域，将鼠标移到区域的右下角，当鼠标指针变成“+”形状时，拖动鼠标指针到第22行后释放，如图12-35所示。

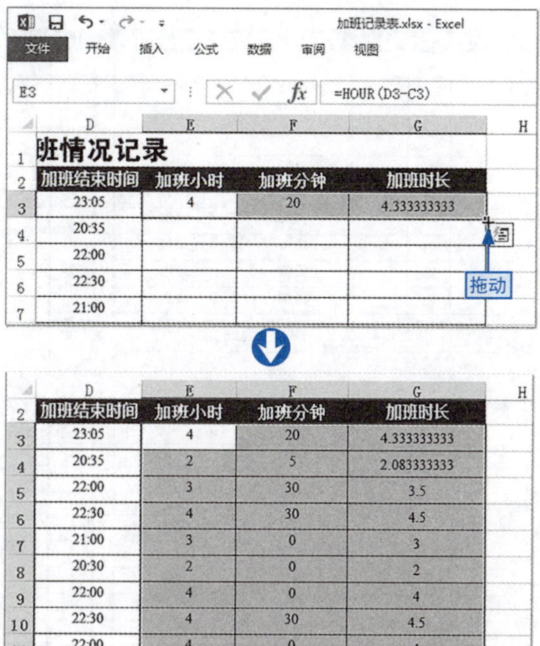


图12-35

**步骤05** ❶选择B3:B22单元格区域，❷在编辑栏中输入函数“=E3+IF(F3<=15,0,IF(AND(F3>15,F3<=45),0.5,1))”，按Ctrl+Enter组合键，如图12-36所示。

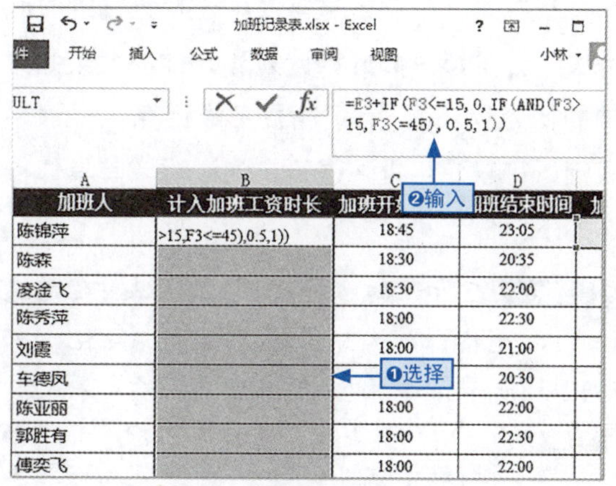


图12-36

**步骤06** 以同样的方法计算出“加班2”“加班3”工作表中相应的加班时长数据，如图12-37所示。

| | B | C | D | E |
|---|---|---|---|---|
| 2 | 计入加班工资时长 | 加班开始时间 | 加班结束时间 | 加班小时 |
| 3 | 4 | 18:00 | 22:11 | 4 |
| 4 | 2.5 | 18:11 | 20:35 | 2 |
| 5 | 3 | 18:13 | 21:00 | 2 |
| 6 | 3.5 | 19:00 | 22:30 | 3 |
| 7 | 3 | 18:00 | 21:00 | 3 |
| 8 | 2 | 18:30 | 20:30 | 2 |
| 9 | 3 | 19:00 | 22:00 | 3 |
| 10 | 4.5 | 18:00 | 22:30 | 4 |
| 11 | 2 | 20:00 | 22:00 | 2 |
| 12 | 4.5 | 18:00 | 22:30 | 4 |

加班1 加班2 加班3 加班工资

| | B | C | D | E |
|---|---|---|---|---|
| 2 | 计入加班工资时长 | 加班开始时间 | 加班结束时间 | 加班小时 |
| 3 | 4.5 | 18:00 | 22:30 | 4 |
| 4 | 4.5 | 18:00 | 22:30 | 4 |
| 5 | 4.5 | 18:00 | 22:30 | 4 |
| 6 | 4.5 | 18:00 | 22:30 | 4 |
| 7 | 4.5 | 18:00 | 22:30 | 4 |
| 8 | 4.5 | 18:00 | 22:30 | 4 |
| 9 | 4.5 | 18:00 | 22:30 | 4 |
| 10 | 4.5 | 18:00 | 22:30 | 4 |
| 11 | 4.5 | 18:00 | 22:30 | 4 |
| 12 | 4.5 | 18:00 | 22:30 | 4 |
| 13 | 4.5 | 18:00 | 22:30 | 4 |

加班1 加班2 加班3 加班工资

图12-37

## 12.4.2 用批注说明时长计算规则

在加班计时中，通常对小于15分钟的时间舍去不计，15～45分钟计为30分钟，大于45分钟的计为1小时。为了让员工或计算人员清楚规则，可以使用批注进行专门说明，其具体操作如下。

**步骤01** 在打开的“加班1”工作表中，❶选择A1单元格，❷单击“新建批注”按钮，如图12-38所示。

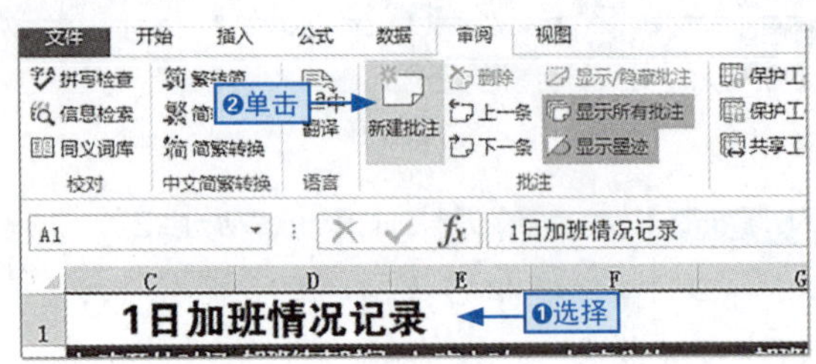


图12-38

**步骤02** ❶在新建的批注文本框中输入加班计时规则说明，❷然后在批注框上右击，选择“设置批注格式”命令，如图12-39所示。

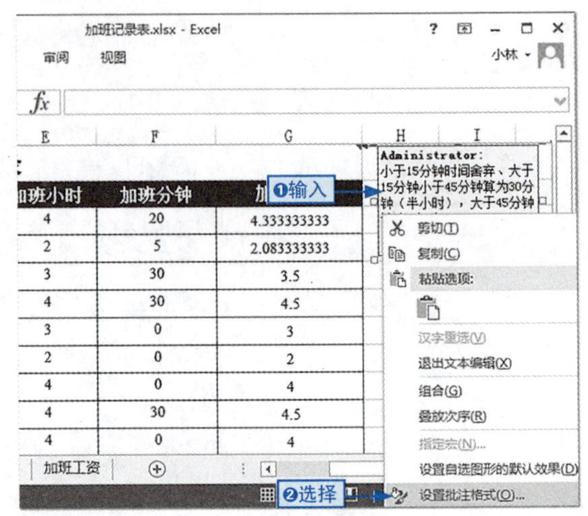


图12-39

**步骤03** 打开“设置批注格式”对话框，❶选择“字体”选项卡，❷设置“字体”“字形”和“字号”分别为“微软雅黑”“加粗”和8，❸设置字体颜色为“深绿”，如图12-40所示。

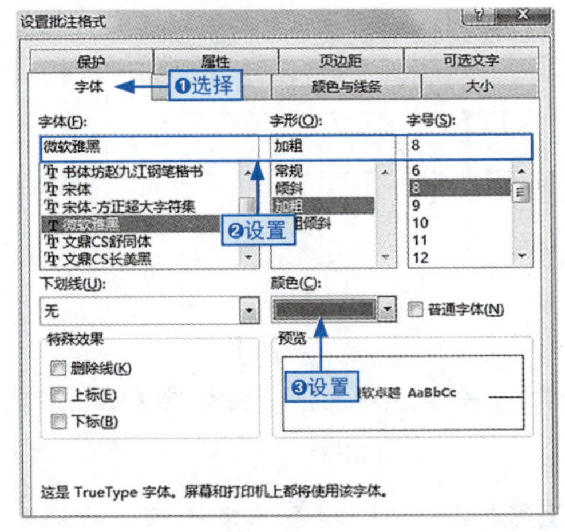


图12-40

**步骤04** ❶选择“对齐”选项卡，❷设置“水平”“垂直”对齐方式为“居中”，❸选中“自动调整大小”复选框，如图12-41所示。

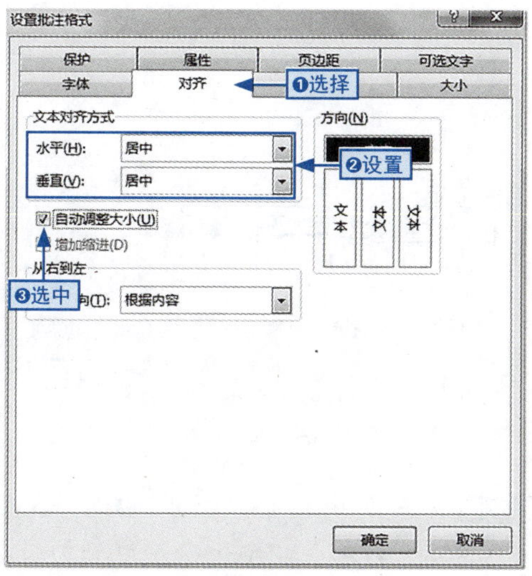


图12-41

步骤05 ❶选择“颜色与线条”选项卡，❷设置线条颜色为“深绿”，❸单击“确定”按钮，如图12-42所示。

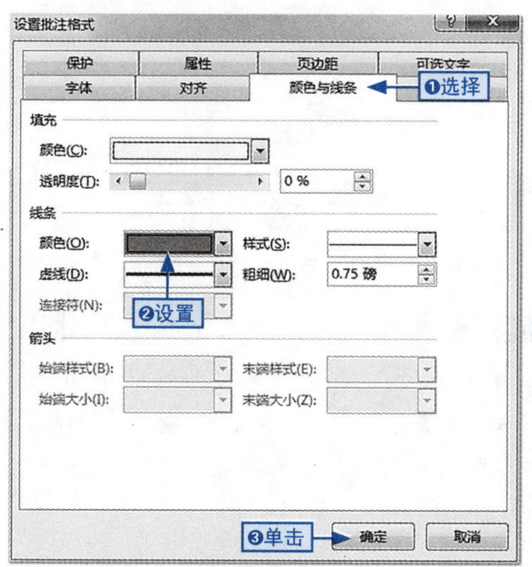


图12-42

步骤06 返回到批注框中，将批注标题内容“Administrator：”更改为“加班计算说明：”，如图12-43所示。

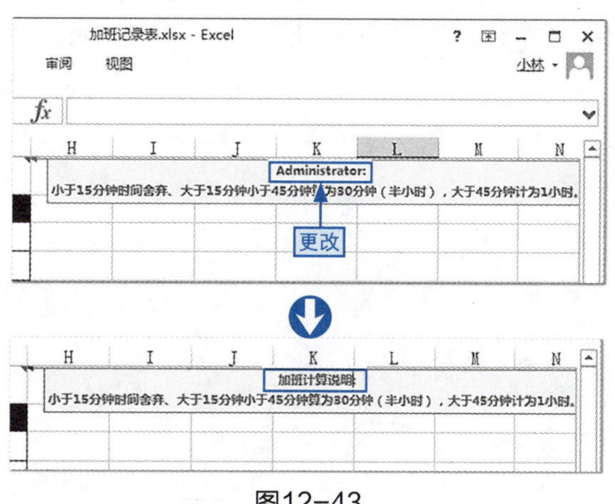


图12-43

## 12.4.3 累计加班时长

在一段时间（主要是当月）内有多次加班的情况，在结算工资时或结算工资前一段时间应将加班时长统计出来，从而保证工资计算正确，提高员工加班的积极性以及对单位的信赖。

使用合并计算功能来进行加班时长的累计计算，同时通过设置自定义类型为时长数据添加“小时”单位，具体操作如下。

步骤01 ❶切换到“加班工资”工作表中，❷选择A4:B23单元格区域，❸单击“数据”选项卡中的“合并计算”按钮，如图12-44所示。

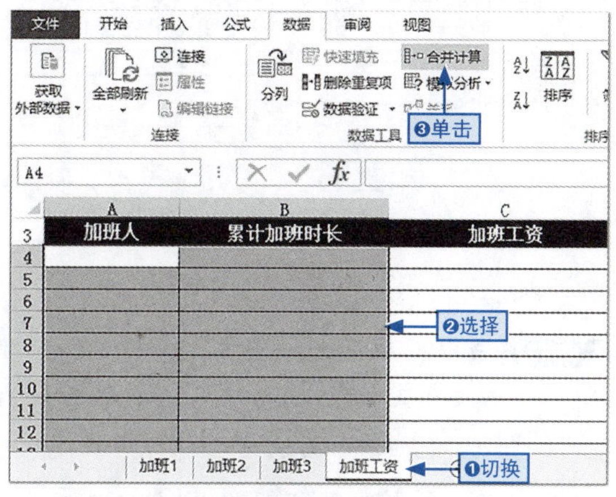


图12-44

步骤02 打开“合并计算”对话框，❶设置“函数”类型为“求和”，❷单击“折叠”按钮，❸单击“加班1”工作表标签，如图12-45所示。

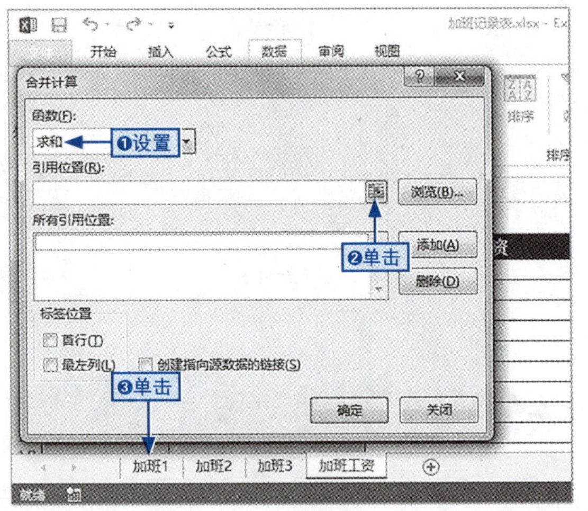


图12-45

步骤03 ❶在“加班1”表格中选择A3:B22单元格区域，❷单击“展开”按钮，如图12-46所示。

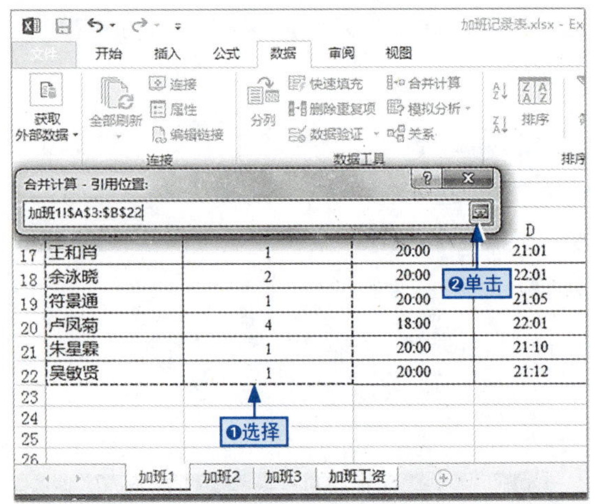


图12-46

步骤04 ❶以同样的方法将“加班2”和“加班3”工作表中A3:B22单元格区域数据添加为合并计算的数据源，❷选中“最左列”复选框，❸单击“确定”按钮，如图12-47所示。

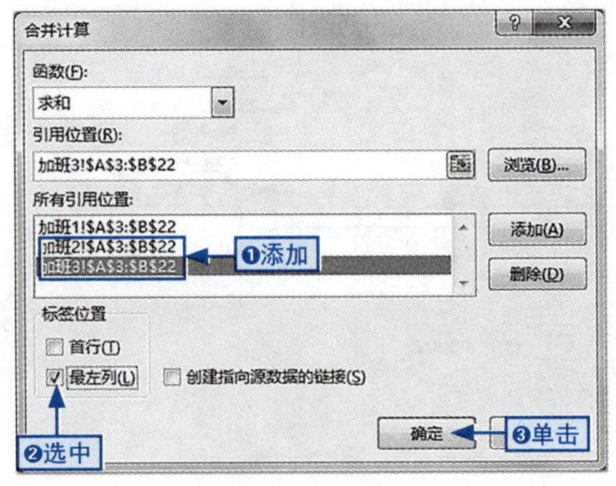


图12-47

步骤05 在“加班工资”表中，❶选择B3:B22单元格区域，❷单击“字体”组中的“对话框启动器”按钮，如图12-48所示。

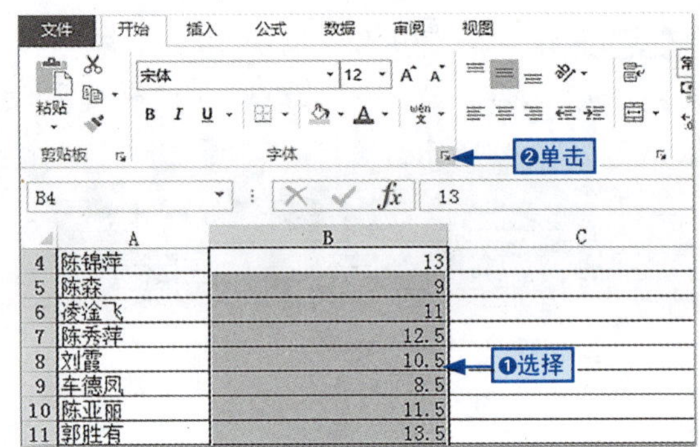


图12-48

步骤06 打开“设置单元格格式”对话框，❶选择“数字”选项卡，❷选择“自定义”选项，❸在“类型”文本框中输入“G/通用格式 小时”，然后单击“确定”按钮即可，如图12-49所示。

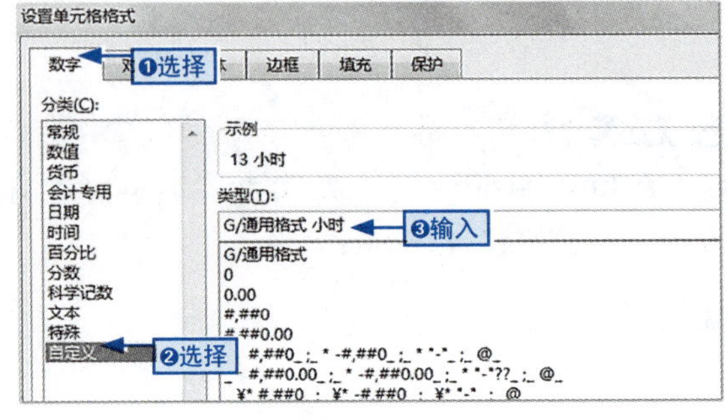


图12-49

**步骤07** 返回工作表，即可看到添加“小时”单位的时长数据，效果如图12-50所示。

| | A | B | C |
|---|---|---|---|
| 3 | 加班人 | 累计加班时长 | 加班工资 |
| 4 | 陈锦萍 | 13 小时 | |
| 5 | 陈森 | 9 小时 | |
| 6 | 凌溢飞 | 11 小时 | |
| 7 | 陈秀萍 | 12.5 小时 | |
| 8 | 刘霞 | 10.5 小时 | |
| 9 | 车德凤 | 8.5 小时 | |
| 10 | 陈亚丽 | 11.5 小时 | |
| 11 | 郭胜有 | 13.5 小时 | |
| 12 | 傅奕飞 | 10.5 小时 | |
| 13 | 凌任飞 | 13.5 小时 | |
| 14 | 黄乃高 | 9.5 小时 | |
| 15 | 陈海 | 10.5 小时 | |
| 16 | 王加付 | 9.5 小时 | |
| 17 | 梁永根 | 7.5 小时 | |

查看

图12-50

## 12.4.4 使用名称参与计算

计算出累计加班时长和加班小时工资数据，就可以使用公式将加班工资计算出来。为了让整个加班工资计算更加直观，这里调用定义的名称参与计算，其具体操作如下。

**步骤01** 在“加班工资”表中，❶选择B2单元格，❷单击“定义名称”按钮，如图12-51所示。

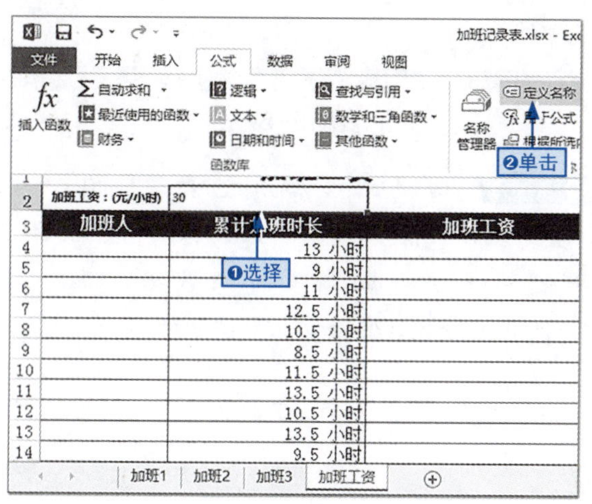


图12-51

**步骤02** 打开“新建名称”对话框，❶在“名称”文本框中输入“加班工资_单价”，❷单击“确定”按钮，如图12-52所示。

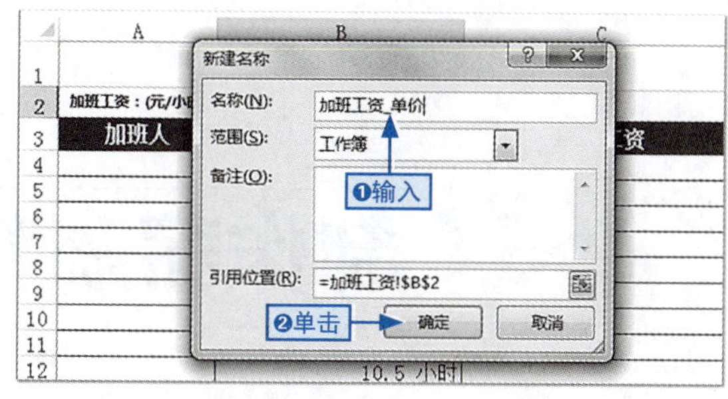


图12-52

**步骤03** ❶选择C4单元格，❷在编辑栏中输入“=B4*”，按F3键，如图12-53所示。

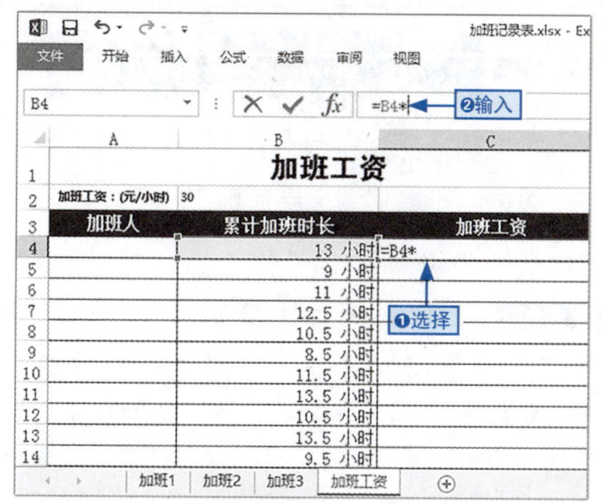


图12-53

**步骤04** 打开“粘贴名称”对话框，❶选择“加班工资_单价”选项，❷单击“确定”按钮，如图12-54所示。

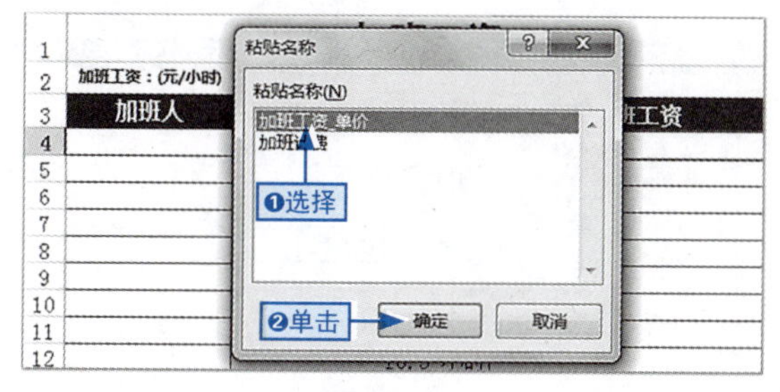


图12-54

**步骤05** 返回到工作表，按Ctrl+Enter组合键确认并向下填充函数，系统自动计算出相应的加班工资数据，效果如图12-55所示。

| | 累计加班时长 | 加班工资 |
|---|---|---|
| 4 | 13 小时 | ¥390.00 |
| 5 | 9 小时 | ¥270.00 |
| 6 | 11 小时 | ¥330.00 |
| 7 | 12.5 小时 | ¥375.00 |
| 8 | 10.5 小时 | ¥315.00 |
| 9 | 8.5 小时 | ¥255.00 |
| 10 | 11.5 小时 | ¥345.00 |
| 11 | 13.5 小时 | ¥405.00 |

图12-55

# 12.5 制作薪酬数据表

所有的数据基本上都已准备完善，现需要调用这些数据来完善薪酬数据表，并对数据进行计算、分析和相应功能的完善，其中将会用到函数和图表等重要知识。

## 12.5.1 调用工资相关数据

要准确地计算出员工的薪酬工资，必须先将相关的工资数据调用到目标工作表中，其具体操作如下。

**步骤01** 打开素材文件“员工薪酬管理系统”工作簿，切换到“薪酬数据”工作表中，❶选择E3:E22单元格区域，❷在编辑栏中输入函数“=IF(考勤!AN4=0,考勤!AN4+50,考勤!AN4)”，按Ctrl+Enter组合键，如图12-56所示。

员工薪酬管理系统.xlsx - Excel

=IF(考勤!AN4=0,考勤!AN4+50,考勤!AN4)

| 基本工资 | 考勤工资 | 加班工资 | 工龄工资 | 其他补贴 |
|---|---|---|---|---|
| ¥4,500.00 | 考勤!AN4) | | | |
| ¥1,500.00 | | | | |
| ¥1,200.00 | | | | |
| ¥3,000.00 | | | | |
| ¥3,000.00 | | | | |
| ¥3,000.00 | | | | |
| ¥3,000.00 | | | | |
| ¥1,500.00 | | | | |

❷输入 ❶选择

图12-56

**步骤02** ❶选择F3:F22单元格区域，❷在编辑栏中输入“=”，如图12-57所示。

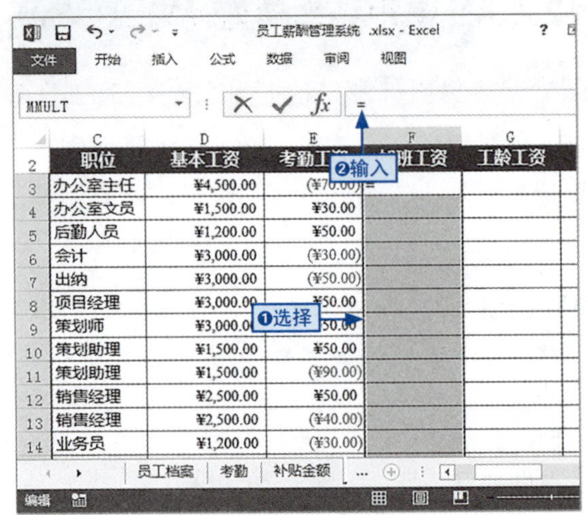


| | 职位 | 基本工资 | 考勤工资 | 加班工资 | 工龄工资 |
|---|---|---|---|---|---|
| 3 | 办公室主任 | ¥4,500.00 | (¥70.00) | = | |
| 4 | 办公室文员 | ¥1,500.00 | ¥30.00 | | |
| 5 | 后勤人员 | ¥1,200.00 | ¥50.00 | | |
| 6 | 会计 | ¥3,000.00 | (¥30.00) | | |
| 7 | 出纳 | ¥3,000.00 | (¥50.00) | | |
| 8 | 项目经理 | ¥3,000.00 | ¥50.00 | | |
| 9 | 策划师 | ¥3,000.00 | ¥50.00 | | |
| 10 | 策划助理 | ¥1,500.00 | ¥50.00 | | |
| 11 | 策划助理 | ¥1,500.00 | (¥90.00) | | |
| 12 | 销售经理 | ¥2,500.00 | ¥50.00 | | |
| 13 | 销售经理 | ¥2,500.00 | (¥40.00) | | |
| 14 | 业务员 | ¥1,200.00 | (¥30.00) | | |

图12-57

**步骤03** 切换到“加班记录表”工作簿中，选择“加班工资”工作表中的C3:C22单元格区域，回到“薪酬数据”表，按Ctrl+Shift+Enter组合键，如图12-58所示。

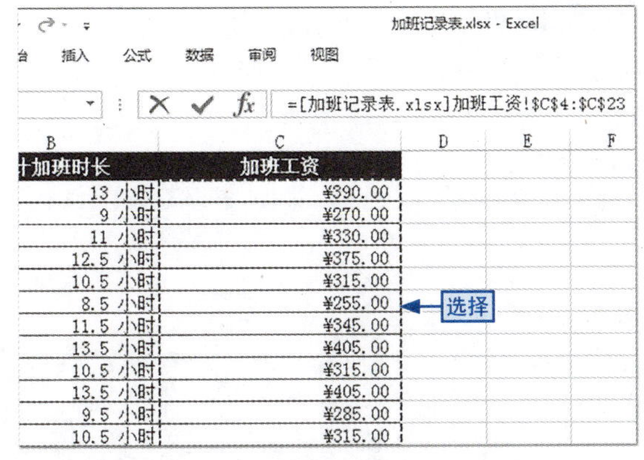


图12-58

**步骤04** 在素材文件的“薪酬数据”表中，❶选择G3单元格，❷在编辑栏中输入公式“=员工档案!J3*100”，按Ctrl+Enter组合键确认并向下填充，如图12-59所示。

员工薪酬管理系统.xlsx - Excel

MMULT　=员工档案!J3*100

| | 职位 | 基本工资 | 考勤工资 | 加班工资 | 工龄工资 |
|---|---|---|---|---|---|
| 3 | 办公室主任 | ¥4,500.00 | (¥70.00) | ¥390.00 | 案!J3*100 |
| 4 | 办公室文员 | ¥1,500.00 | ¥30.00 | ¥270.00 | |
| 5 | 后勤人员 | ¥1,200.00 | ¥50.00 | ¥330.00 | |
| 6 | 会计 | ¥3,000.00 | (¥30.00) | ¥375.00 | |
| 7 | 出纳 | ¥3,000.00 | (¥50.00) | ¥315.00 | |
| 8 | 项目经理 | ¥3,000.00 | ¥50.00 | ¥255.00 | |
| 9 | 策划师 | ¥3,000.00 | ¥50.00 | ¥345.00 | |
| 10 | 策划助理 | ¥1,500.00 | ¥50.00 | ¥405.00 | |
| 11 | 策划助理 | ¥1,500.00 | (¥90.00) | ¥315.00 | |
| 12 | 销售经理 | ¥2,500.00 | ¥50.00 | ¥405.00 | |

❷输入　❶选择

图12-59

**步骤05** ❶选择H3单元格，❷单击“自动求和”按钮，如图12-60所示。

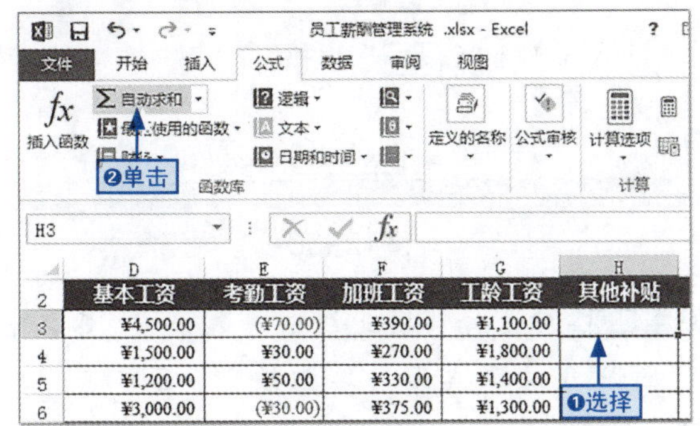


图12-60

**步骤06** 在编辑栏中选择SUM函数的参数，切换到“补贴金额”工作表中选择B3:E3单元格区域，按Ctrl+Enter组合键确认并向下填充函数，如图12-61所示。

B3　=SUM(补贴金额!B3:E3)

| | 姓名 | 卫生补贴 | 住房补贴 | 交通补贴 | 通讯补贴 |
|---|---|---|---|---|---|
| 3 | 陈锦萍 | ¥ 100.00 | ¥ 157.00 | ¥ 78.00 | ¥ 87.00 |
| 4 | 陈霖 | ¥ 100.00 | ¥ [illegible] | ¥ 106.00 | ¥ 103.00 |
| 5 | 凌淦飞 | ¥ 100.00 | ¥ [illegible] | ¥ 97.00 | ¥ [illegible] |
| 6 | 陈秀萍 | ¥ 100.00 | ¥ [illegible] | ¥ 72.00 | ¥ 86.00 |
| 7 | 刘霞 | ¥ 100.00 | ¥ [illegible] | ¥ 97.00 | ¥ 110.00 |
| 8 | 车德凤 | ¥ 100.00 | ¥ 174.00 | ¥ 102.00 | ¥ 82.00 |
| 9 | 陈亚丽 | ¥ 100.00 | ¥ 166.00 | ¥ 97.00 | ¥ 95.00 |
| 10 | 郭胜有 | ¥ 100.00 | ¥ 188.00 | ¥ 85.00 | ¥ 109.00 |
| 11 | 傅奕飞 | ¥ 100.00 | ¥ 157.00 | ¥ 85.00 | ¥ 107.00 |
| 12 | 凌任飞 | ¥ 100.00 | ¥ 168.00 | ¥ 103.00 | ¥ 92.00 |

选择　SUM(number1

考勤　补贴金额　薪酬数据

| 基本工资 | 考勤工资 | 加班工资 | 工龄工资 | 其他补贴 | 应发 |
|---|---|---|---|---|---|
| ¥4,500.00 | (¥70.00) | ¥390.00 | ¥1,100.00 | ¥422.00 | ¥6, |
| ¥1,500.00 | ¥30.00 | ¥270.00 | ¥1,800.00 | ¥466.00 | ¥4, |
| ¥1,200.00 | ¥50.00 | ¥330.00 | ¥1,400.00 | ¥460.00 | ¥3, |
| ¥3,000.00 | (¥30.00) | ¥375.00 | ¥1,300.00 | ¥413.00 | ¥5, |
| ¥3,000.00 | (¥50.00) | ¥315.00 | ¥1,100.00 | ¥460.00 | ¥4, |
| ¥3,000.00 | ¥50.00 | ¥255.00 | ¥1,100.00 | ¥458.00 | ¥4, |
| ¥3,000.00 | ¥50.00 | ¥345.00 | ¥1,400.00 | ¥458.00 | ¥5, |
| ¥1,500.00 | ¥50.00 | ¥405.00 | ¥1,200.00 | ¥482.00 | ¥3, |
| ¥1,500.00 | (¥90.00) | ¥315.00 | ¥1,700.00 | ¥449.00 | ¥3, |
| ¥2,500.00 | ¥50.00 | ¥405.00 | ¥1,600.00 | ¥463.00 | ¥5, |
| ¥2,500.00 | (¥40.00) | ¥285.00 | ¥2,000.00 | ¥418.00 | ¥5, |

考勤　补贴金额　薪酬数据

图12-61

## 12.5.2 整体工资对比分析

员工之间的薪酬对比以及整体薪酬的情况，是人事必要的工作，也是用人单位非常重视的。

下面通过使用簇状柱形图表来对比分析员工之间的薪酬数据，并添加辅助列来标识平均水平界限，从而更加客观和直观地展示出单位整体薪酬水平情况，其具体操作如下。

**步骤01** 在“员工薪酬管理系统”工作簿的“薪酬数据”表中，❶选择A3:A22和I3:I22单元格区域，❷单击“插入”选项卡中的“插入柱形图”下拉按钮，❸选择“簇状柱形图”选

项，如图12-62所示。

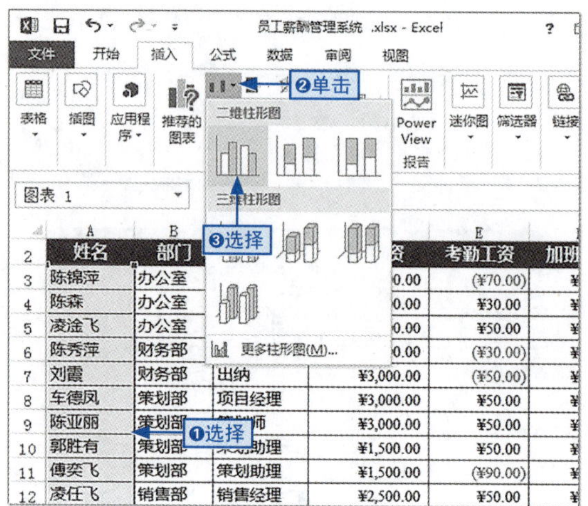


图12-62

**步骤02** 移动图表位置，调整图表到合适大小并更改其标题内容为“工资数据分析”，如图12-63所示。

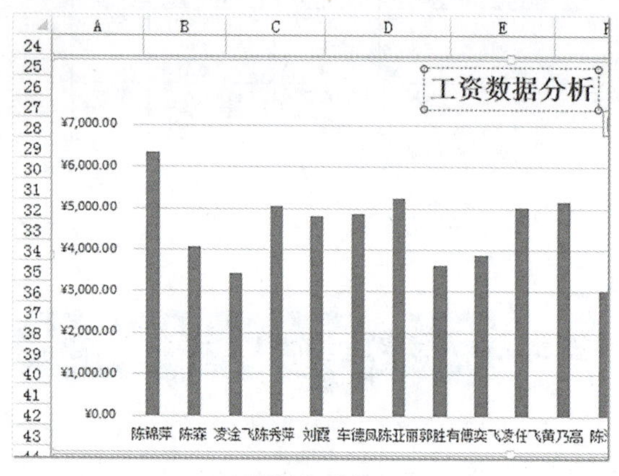


图12-63

**步骤03** 在数据系列上右击鼠标，选择“添加数据标签”命令添加数据标签，如图12-64所示。

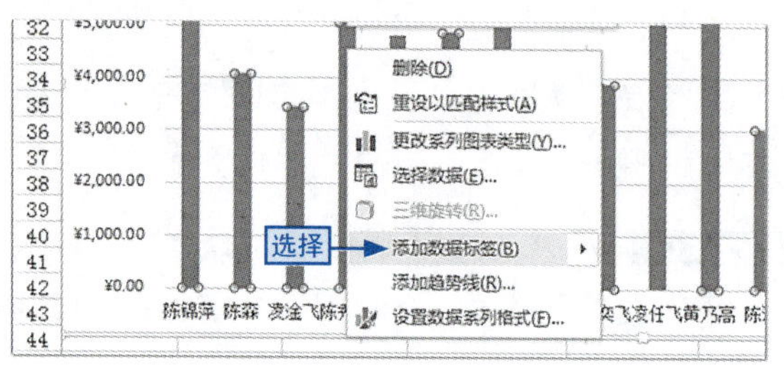


图12-64

**步骤04** ❶选择添加的数据标签，❷单击“减小字号”按钮，如图12-65所示。

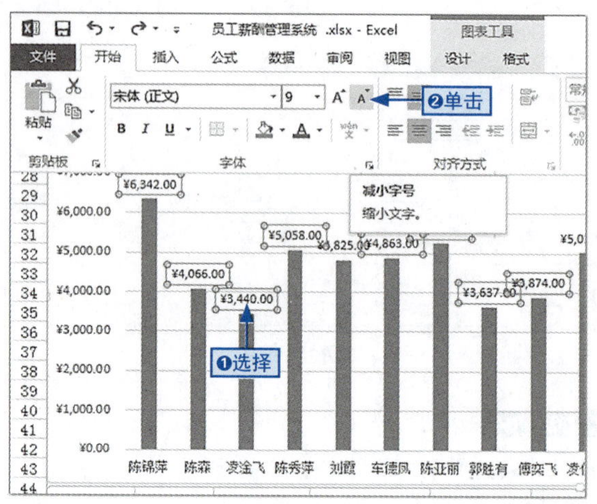


图12-65

**步骤05** 在数据系列上右击，选择“设置数据系列格式”命令，打开“设置数据系列格式”窗格，如图12-66所示。

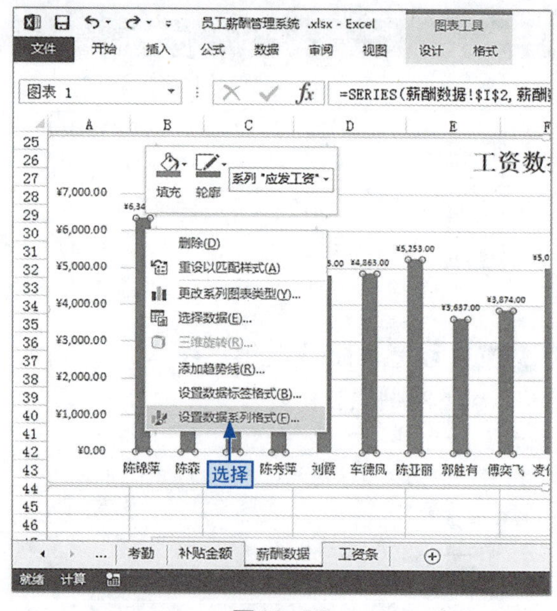


图12-66

**步骤06** ❶选择“填充线条”选项卡，❷选中“图片或纹理填充”单选按钮，❸单击“文件”按钮，如图12-67所示。

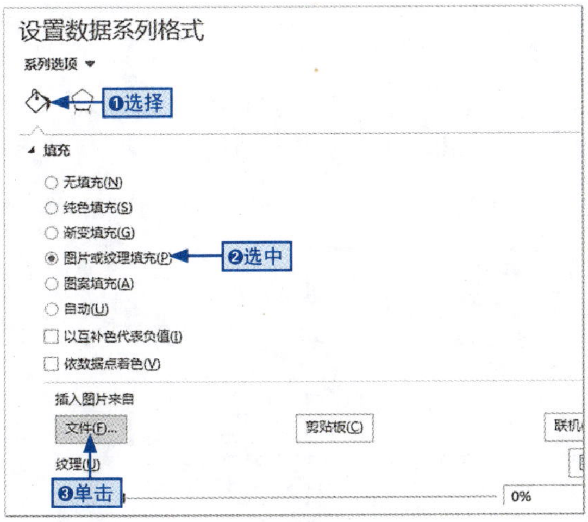

图12-67

![步骤07] 打开“插入图片”对话框，❶选中“金币11111.png”图片，❷单击“插入”按钮，如图12-68所示。

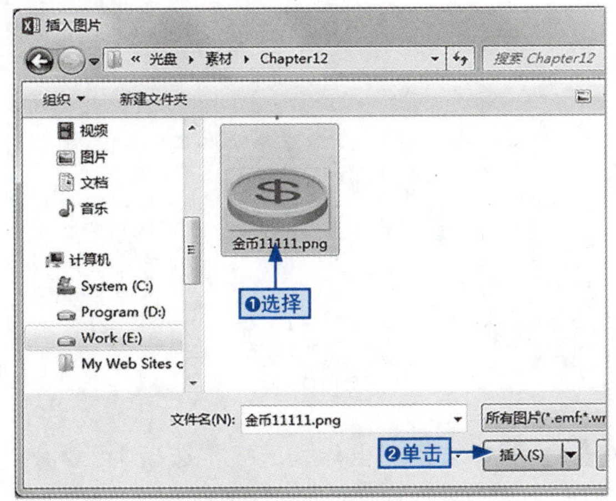


图12-68

![步骤08] 返回到“设置数据系列格式”窗格，选中“层叠”单选按钮，如图12-69所示。

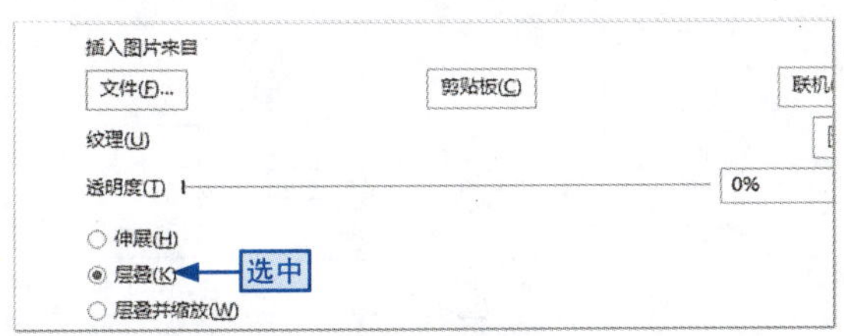


图12-69

![步骤09] 使用AVERAGE()函数为表中的I3:I22单元格区域制作辅助列“均值数据”，如图12-70所示。

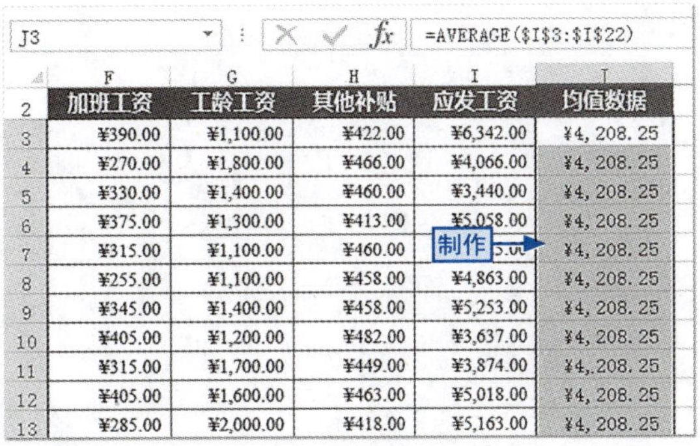

| | 加班工资 | 工龄工资 | 其他补贴 | 应发工资 | 均值数据 |
|---|---|---|---|---|---|
| 3 | ¥390.00 | ¥1,100.00 | ¥422.00 | ¥6,342.00 | ¥4, 208. 25 |
| 4 | ¥270.00 | ¥1,800.00 | ¥466.00 | ¥4,066.00 | ¥4, 208. 25 |
| 5 | ¥330.00 | ¥1,400.00 | ¥460.00 | ¥3,440.00 | ¥4, 208. 25 |
| 6 | ¥375.00 | ¥1,300.00 | ¥413.00 | ¥5,058.00 | ¥4, 208. 25 |
| 7 | ¥315.00 | ¥1,100.00 | ¥460.00 | [illegible] | ¥4, 208. 25 |
| 8 | ¥255.00 | ¥1,100.00 | ¥458.00 | ¥4,863.00 | ¥4, 208. 25 |
| 9 | ¥345.00 | ¥1,400.00 | ¥458.00 | ¥5,253.00 | ¥4, 208. 25 |
| 10 | ¥405.00 | ¥1,200.00 | ¥482.00 | ¥3,637.00 | ¥4, 208. 25 |
| 11 | ¥315.00 | ¥1,700.00 | ¥449.00 | ¥3,874.00 | ¥4, 208. 25 |
| 12 | ¥405.00 | ¥1,600.00 | ¥463.00 | ¥5,018.00 | ¥4, 208. 25 |
| 13 | ¥285.00 | ¥2,000.00 | ¥418.00 | ¥5,163.00 | ¥4, 208. 25 |

图12-70

![步骤10] 选择J3:J22单元格区域，按Ctrl+C组合键复制，如图12-71所示。

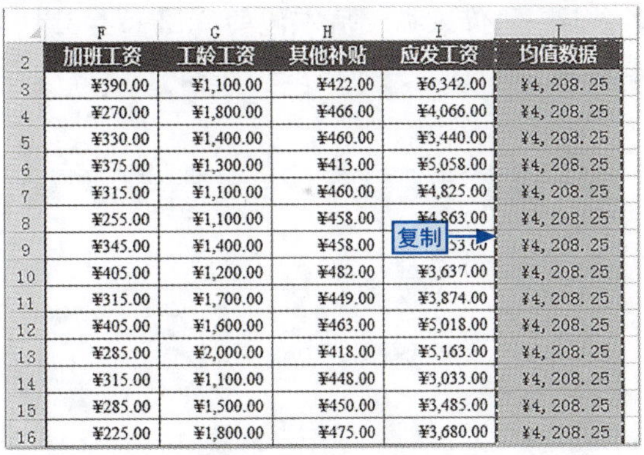

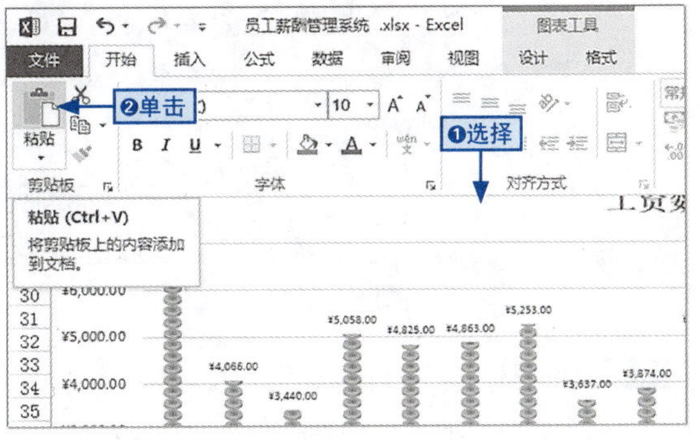

| | 加班工资 | 工龄工资 | 其他补贴 | 应发工资 | 均值数据 |
|---|---|---|---|---|---|
| 3 | ¥390.00 | ¥1,100.00 | ¥422.00 | ¥6,342.00 | ¥4, 208. 25 |
| 4 | ¥270.00 | ¥1,800.00 | ¥466.00 | ¥4,066.00 | ¥4, 208. 25 |
| 5 | ¥330.00 | ¥1,400.00 | ¥460.00 | ¥3,440.00 | ¥4, 208. 25 |
| 6 | ¥375.00 | ¥1,300.00 | ¥413.00 | ¥5,058.00 | ¥4, 208. 25 |
| 7 | ¥315.00 | ¥1,100.00 | ¥460.00 | ¥4,825.00 | ¥4, 208. 25 |
| 8 | ¥255.00 | ¥1,100.00 | ¥458.00 | ¥4,863.00 | ¥4, 208. 25 |
| 9 | ¥345.00 | ¥1,400.00 | ¥458.00 | [illegible] | ¥4, 208. 25 |
| 10 | ¥405.00 | ¥1,200.00 | ¥482.00 | ¥3,637.00 | ¥4, 208. 25 |
| 11 | ¥315.00 | ¥1,700.00 | ¥449.00 | ¥3,874.00 | ¥4, 208. 25 |
| 12 | ¥405.00 | ¥1,600.00 | ¥463.00 | ¥5,018.00 | ¥4, 208. 25 |
| 13 | ¥285.00 | ¥2,000.00 | ¥418.00 | ¥5,163.00 | ¥4, 208. 25 |
| 14 | ¥315.00 | ¥1,100.00 | ¥448.00 | ¥3,033.00 | ¥4, 208. 25 |
| 15 | ¥285.00 | ¥1,500.00 | ¥450.00 | ¥3,485.00 | ¥4, 208. 25 |
| 16 | ¥225.00 | ¥1,800.00 | ¥475.00 | ¥3,680.00 | ¥4, 208. 25 |

图12-71

![步骤11] ❶选择整个图表，❷单击“开始”选项卡中的“粘贴”按钮，如图12-72所示。

图12-72

**步骤12** 在新添加的"均值数据"数据系列上右击，选择"更改系列图表类型"命令，如图12-73所示。

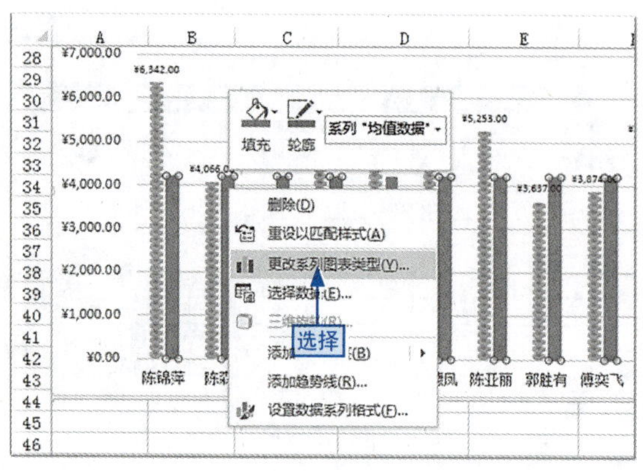


图12-73

**步骤13** 打开"更改图表类型"对话框，❶单击"均值数据"项右侧的"图表类型"下拉按钮，❷选择"折线图"选项，如图12-74所示。

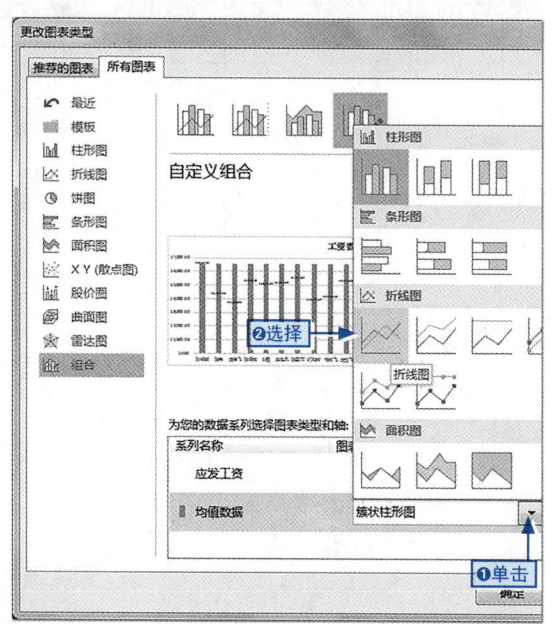


图12-74

**步骤14** ❶选中"均值数据"选项右侧的"次坐标轴"复选框，❷单击"确定"按钮，如图12-75所示。

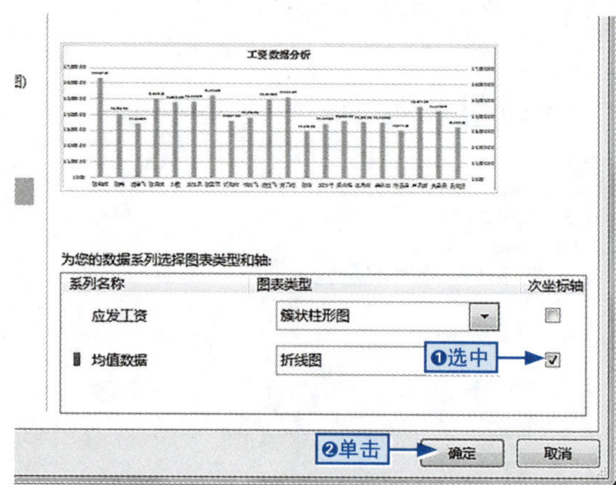


图12-75

**步骤15** 在添加的次要坐标轴上右击，选择"设置坐标轴格式"命令，打开"设置坐标轴格式"窗格，如图12-76所示。

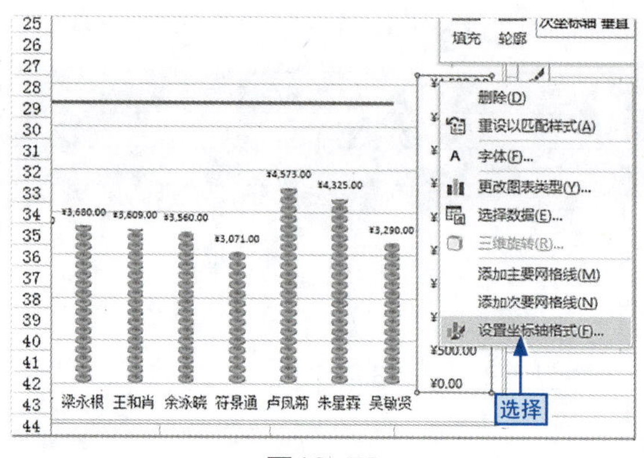


图12-76

**步骤16** ❶选择"坐标轴选项"选项卡，❷分别设置"最大值"和"主要"为7000和1000，如图12-77所示。

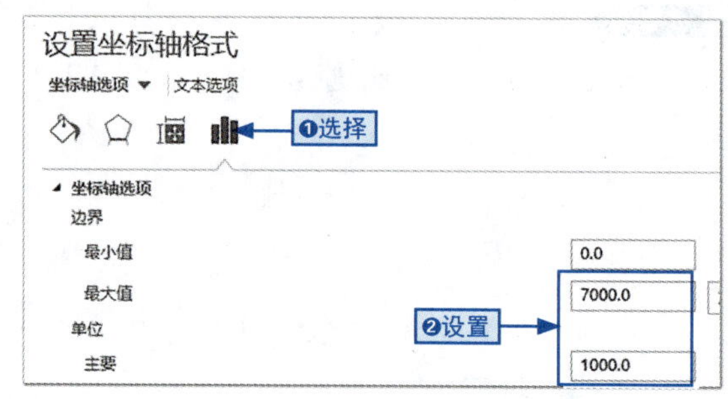


图12-77

步骤17 在图表中选择“均值数据”数据系列，❶选择“填充线条”选项卡，❷选中“实线”单选按钮，❸设置颜色为绿色，如图12-78所示。

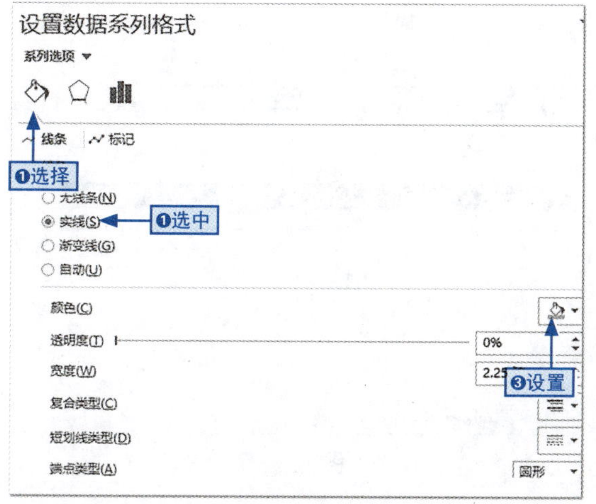


图12-78

步骤18 ❶单击“短划线类型”下拉按钮，❷选择“圆点”选项，如图12-79所示。

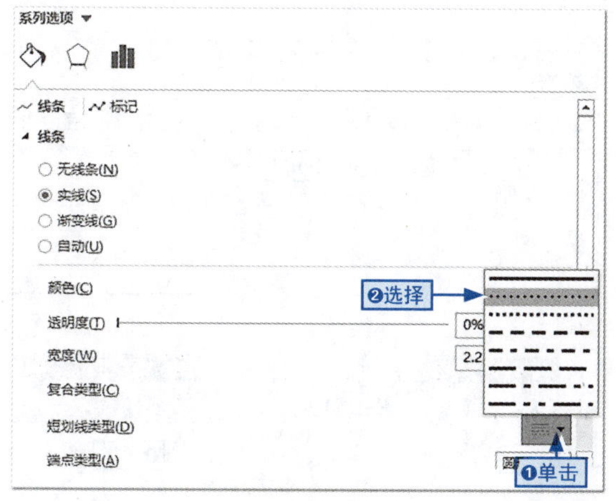


图12-79

步骤19 选择整个图表，❶单击“图表工具”下“格式”选项卡中的“形状效果”下拉按钮，❷选择“棱台”→“十字形”选项，添加棱台样式，如图12-80所示。

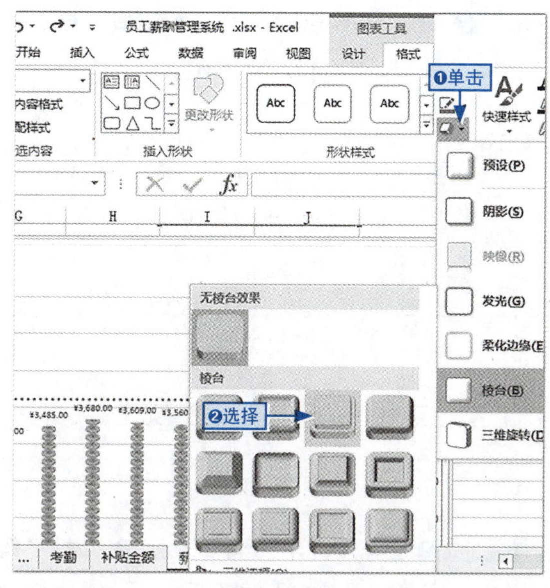


图12-80

## 12.5.3 员工个体薪酬结构分析

除了将所有员工的工资数据进行整体对比分析外，还应该从员工个体入手，对其薪酬组成的结构进行分析，其具体操作如下。

步骤01 打开素材文件“员工薪酬管理系统”，在“薪酬数据”表中，❶按住Ctrl键，选择A2单元格和D2:H2单元格区域，❷单击“复制”按钮，如图12-81所示。

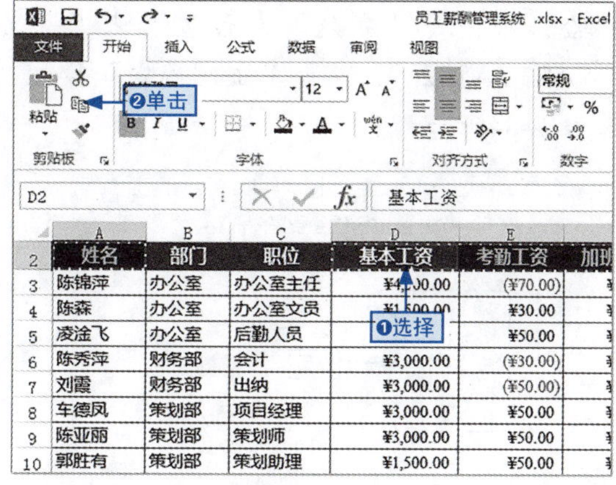


图12-81

步骤02 ❶选择A46:F46单元格区域，❷单击“粘贴”按钮，如图12-82所示。

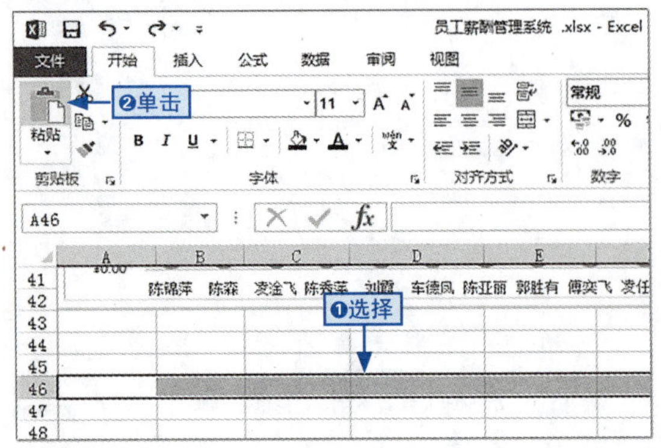


图12-82

步骤03 ❶选择A47单元格区域，❷单击“数据验证”按钮，如图12-83所示。

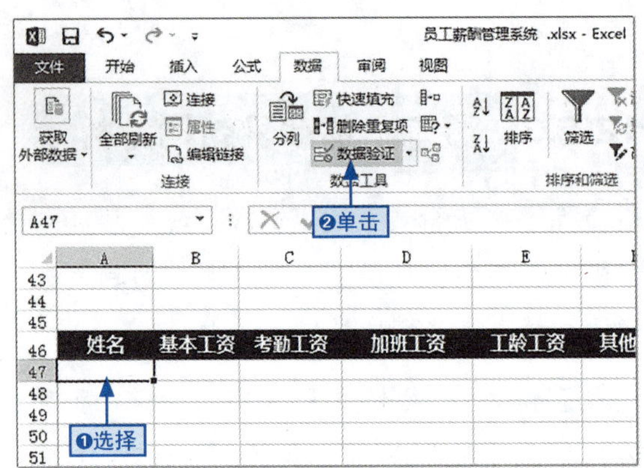


图12-83

步骤04 打开“数据验证”对话框，设置验证条件为“序列”，设置“来源”为“$A$3:$A$22”，然后单击“确定”按钮，如图12-84所示。

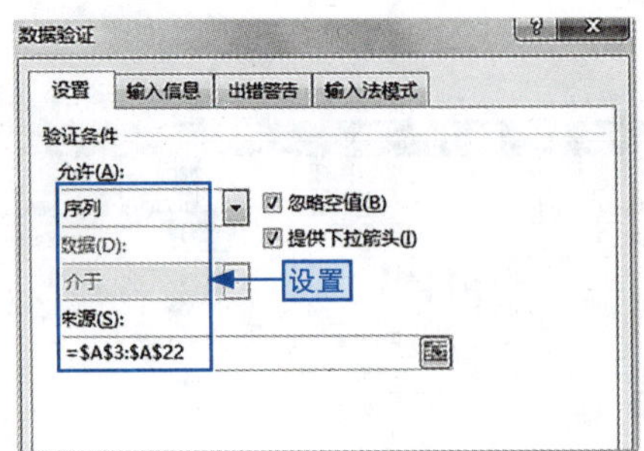


图12-84

步骤05 ❶选择B47:F47单元格区域，❷在编辑栏中输入函数“=INDEX（$D$3:$H$22,MATCH（$A$47,$A$3:$A$22,0),）”，按Ctrl+Shift+Enter组合键转换为数组函数，如图12-85所示。

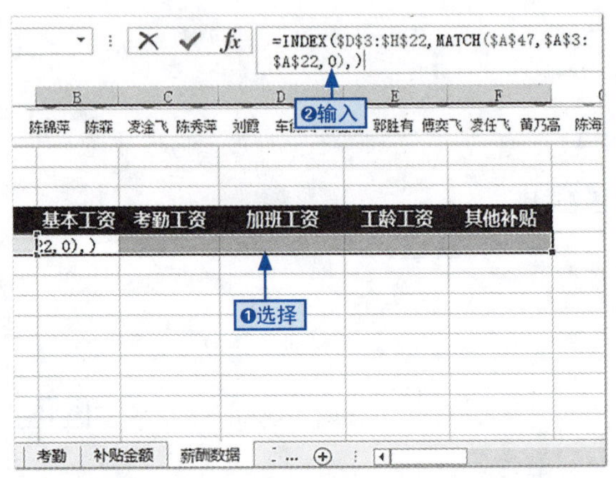


图12-85

步骤06 ❶选择A47单元格，❷选择B47:F47单元格区域，❸单击“插入饼图或圆环图”下拉按钮，❹选择“三维饼图”选项，如图12-86所示。

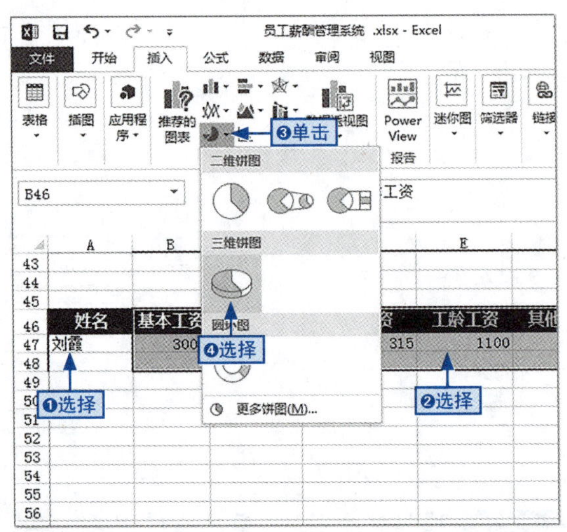


图12-86

步骤07 移动图表位置，调整图表到合适大小并将其标题内容更改为“薪酬构成结构分析”，如图12-87所示。

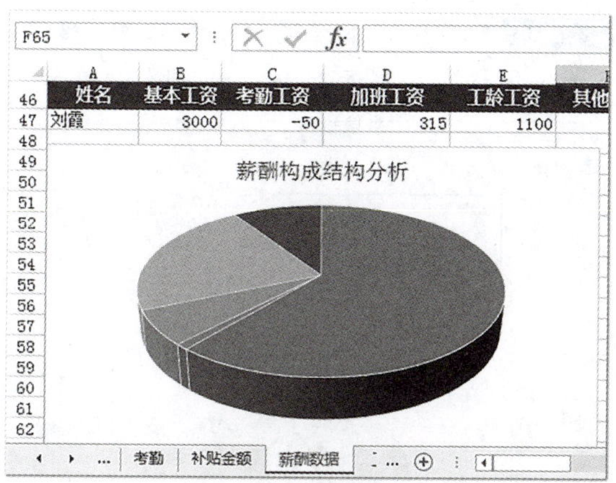

图12-87

步骤08 选择整个图表并为其应用“样式9”图表样式，如图12-88所示。

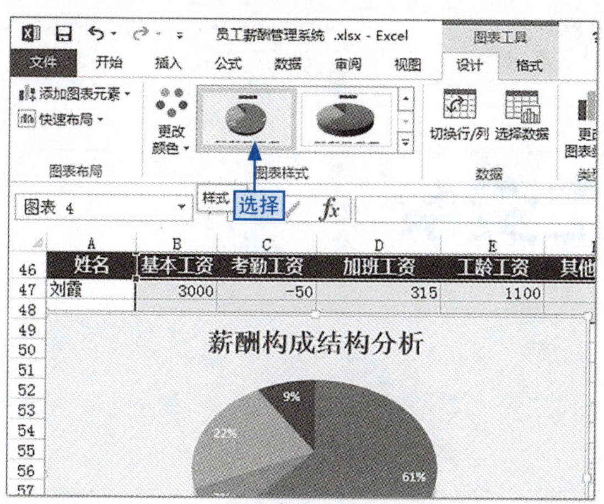


图12-88

步骤09 在数据系列上右击，选择“设置数据系列格式”命令，打开“设置数据系列格式”窗格，如图12-89所示。

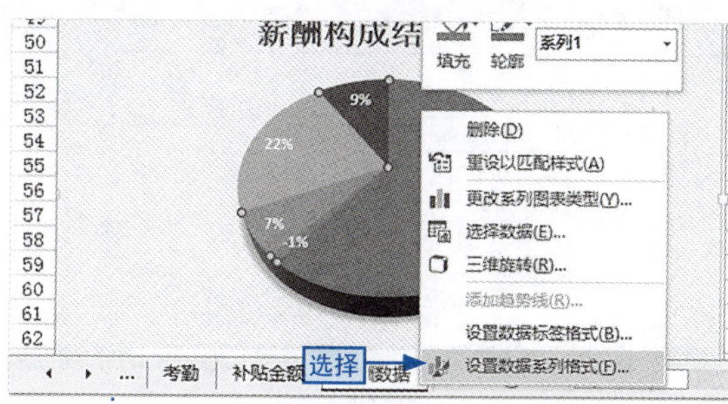


图12-89

步骤10 分别设置“第一扇区起始角度”和“饼图分离程度”为202°和6%，如图12-90所示。

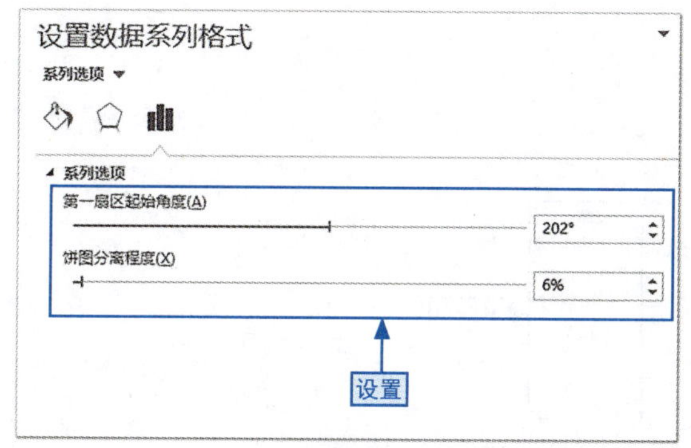


图12-90

步骤11 ❶单击“形状”下拉按钮，❷选择“文本框”选项，如图12-91所示。

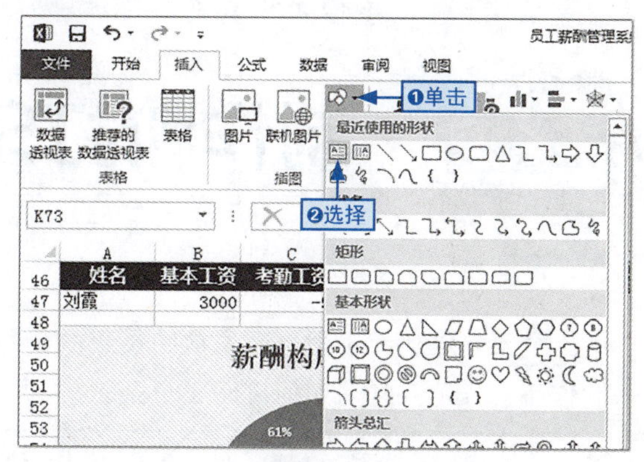


图12-91

步骤12 ❶在图表上绘制文本框，❷在编辑栏中输入“=$A$47”，按Ctrl+Enter组合键，如图12-92所示。

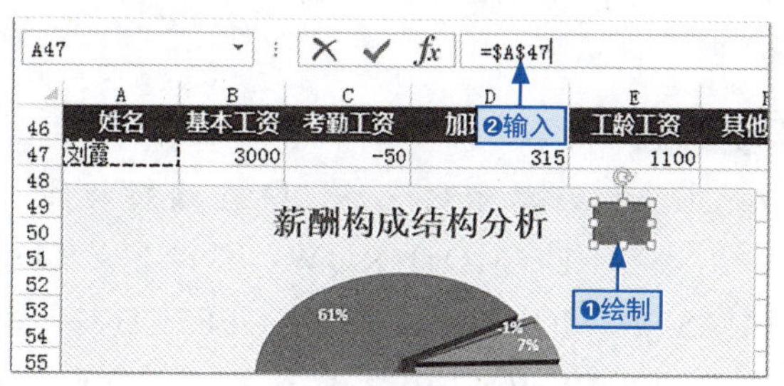


图12-92

步骤13 在“设置形状格式”窗格的“填充线条”选项卡中，选中“无填充”和“无线条”单选按钮，如图12-93所示。

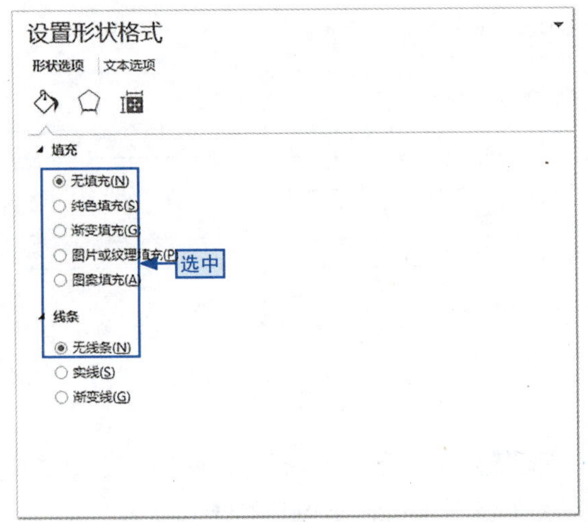


图12-93

步骤14 ❶调整文本框的大小和位置，❷设置其他字体格式和字号大小，如图12-94所示。

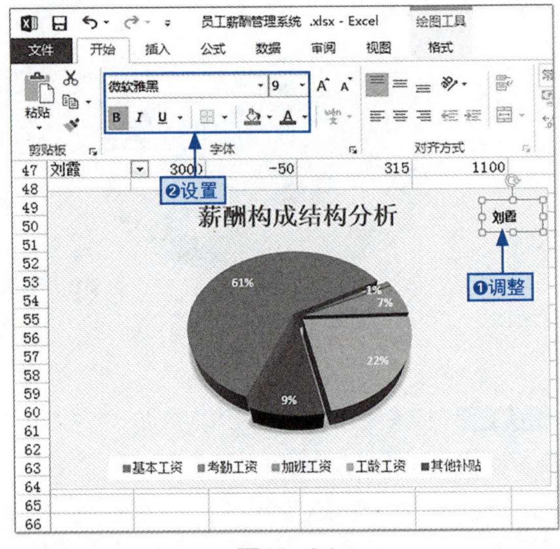


图12-94

# 12.6 制作和打印工资条

工资条是伴随着工资一起发放给员工的，所以制作工资条是一项常备工作。下面通过使用函数来制作工资条，并学习如何打印工资条。

## 12.6.1 制作工资条

制作工资条较为简单的方法就是使用嵌套函数来自动获取和划分数据，其具体操作如下。

步骤01 切换到“工资条”工作表中，❶选择A1:J1单元格区域，❷在编辑栏中输入函数“=IF(MOD(ROW(),3)=1,薪酬数据!A$2,IF(MOD(ROW(),3)=2,OFFSET(薪酬数据!A$2,ROW()/3+1,0),""))”，按Ctrl+Enter组合键，如图12-95所示。

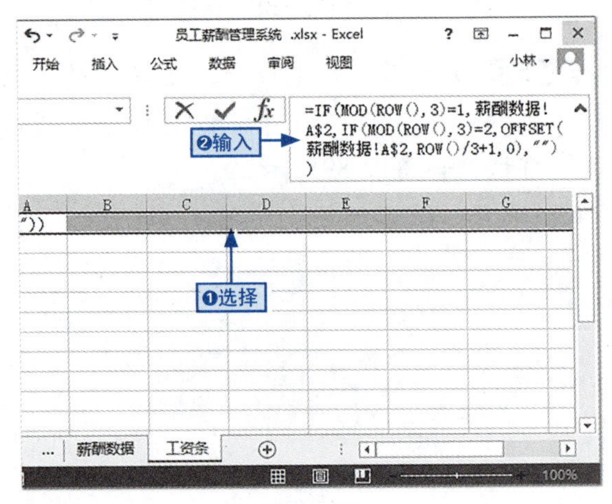


图12-95

**步骤02** 保持A1:J1单元格区域填充函数后的选择状态，将鼠标指针移到该区域的右下角（也就是J1单元格的右下角），待鼠标指针变成“+”形状向下拖动，直到所有工资数据全部显示完全为止，然后释放鼠标，如图12-96所示。

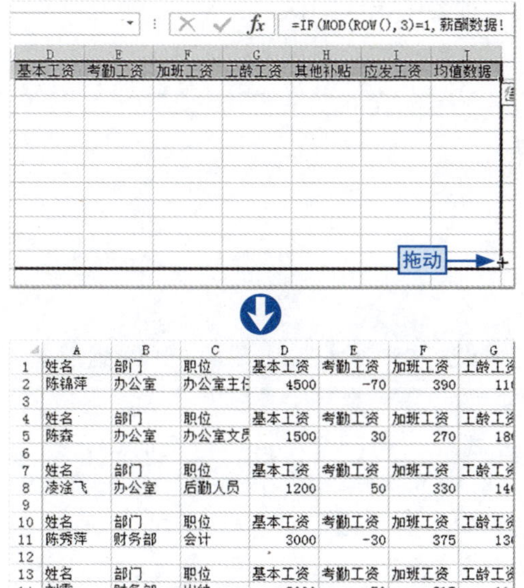


图12-96

## 12.6.2 打印工资条

工资条打印出来必须包含所有的字段数据，所以在打印前必须将所有字段数据调整在同一页中，然后再进行打印，其具体操作如下。

**步骤01** 单击“视图”选项卡中的“分页预览”按钮，如图12-97所示。

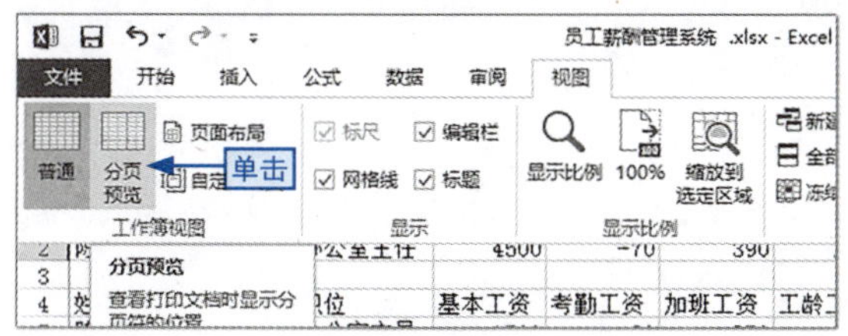


图12-97

**步骤02** 进入分页预览视图中，拖动蓝色分页控制线，将其拖动到边框上，使所有的字段数据显示在同一页中，如图12-98所示。

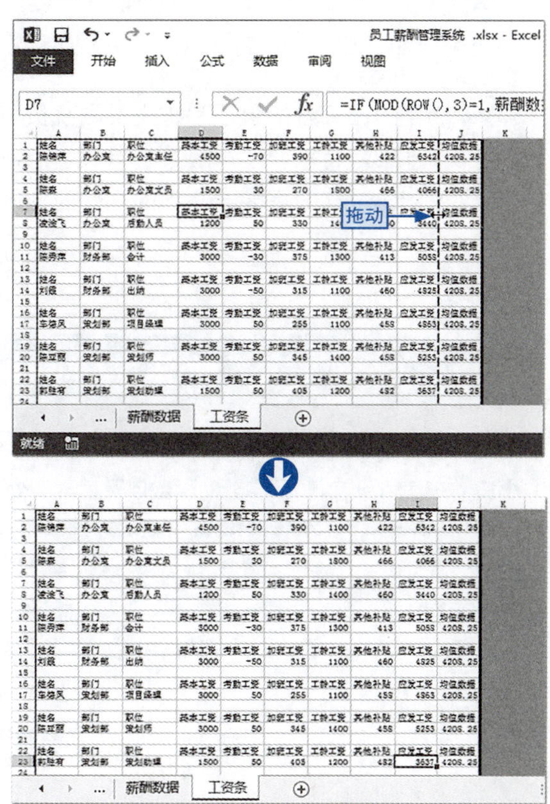


图12-98

**步骤03** 按Ctrl+P组合键，进入到“打印”界面，单击“打印”按钮打印工资条，如图12-99所示。

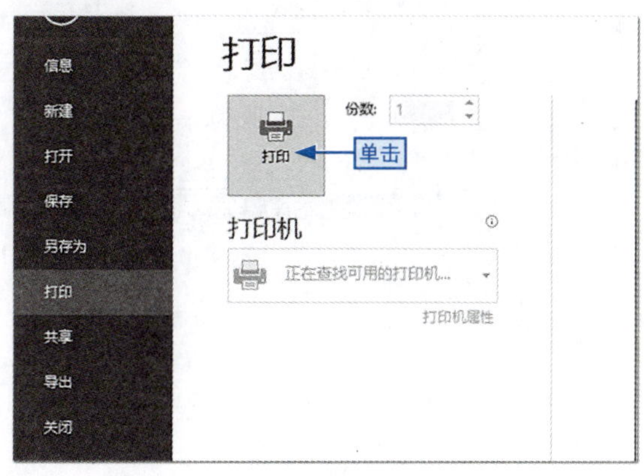


图12-99

# 12.7 案例制作总结和答疑

本章制作的员工薪酬管理系统主要围绕员工的收入构成数据进行计算、获取和分析，用户在制作过程中需仔细，特别要注意函数的参数引用，这些地方很容易出现错误。

下面就制作过程中可能会遇到的几个问题做简要回答，帮助大家顺利地完成制作。

## 给你支招 | 数组函数的特殊性

**小白：**在使用TRANSPOSE()函数以及后面多处引用/调用数据时，都会按Ctrl+Shift+Enter组合键，而不是常用的Ctrl+Enter组合键，这是为什么呢?

**阿智：**这是因为数组函数的一个特殊要求；而且公式在引用一个Array数据时，必须按Ctrl+Shift+Enter组合键，否则系统无法进行正常计算而报错。如图12-100所示是使用TRANSPOSE()函数时未将其转换为数组函数的报错效果（也就是没有按Ctrl+Shift+Enter组合键）。

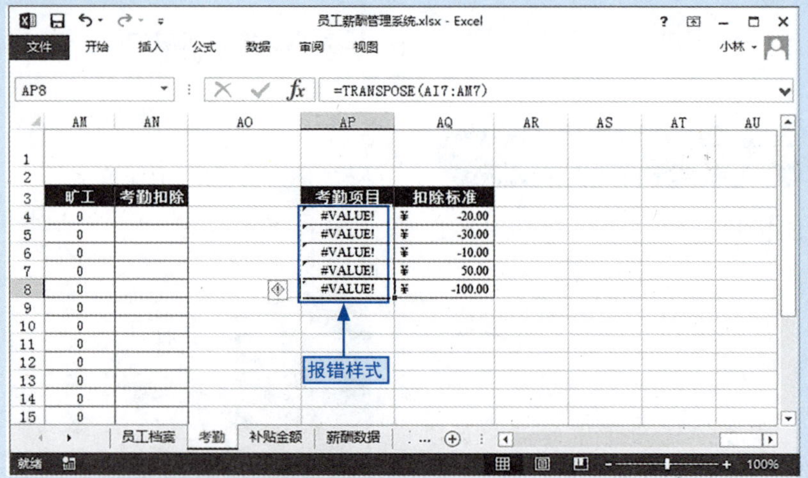


图12-100

## 给你支招 | 规避数据项不出现的情况

**小白：**“加班1”“加班2”以及“加班3”工作表中，数据项完全相同，结构也完全相同，为什么还要选中“最左列”复选框，让系统按位置进行数据计算呢？

**阿智：**这里按位置进行计算是为了让系统自动识别和获取员工姓名数据，否则将出现如图12-101所示的情况。为避免这种状况，可以事先在“加班工资”工作表的A4:A22单元格区域中输入姓名数据，因为“加班工资”工作表的结构与其他工资表的结构不完全相同（在第3行有说明行数据）。

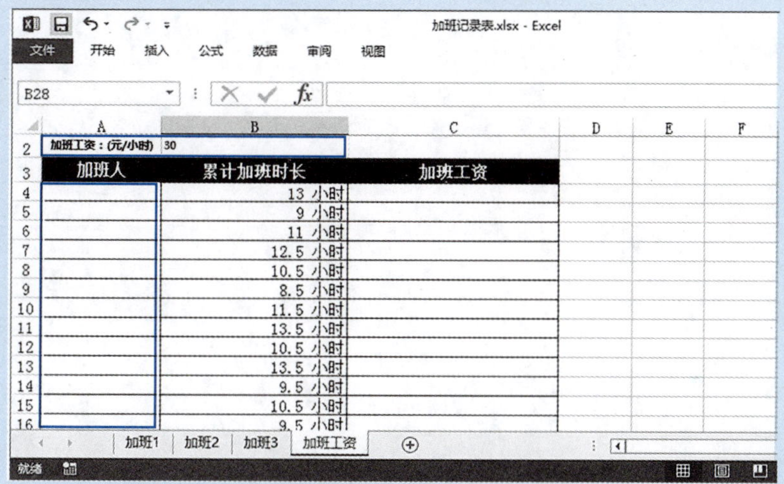


图12-101